개념원리

이홍섭 지음

수학 필독서 5,500만 부 돌파!

개념원리 인강

수학의 시작 개념원리

대수

KB127417

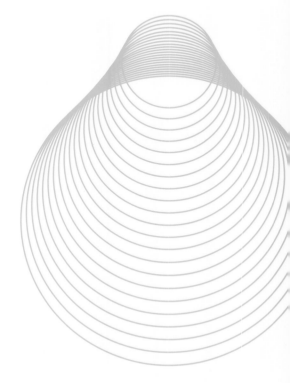

개념원리 수학연구소

수학 점수 제대로 올리는 방법

방법1 개념원리 X RPM 조합으로 공부하기

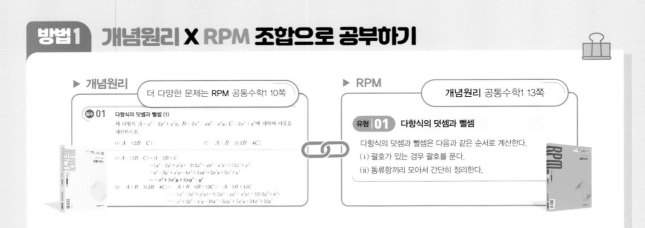

개념원리 와 RPM 에 있는 링크를 통해 개념과 유형의 학습 효율 최대화!

방법2 RPM 전 문항 무료 강의 활용하기

RPM 전 문항 무료 강의는 2022 개정부터 적용됩니다.

RPM 무료 해설 강의로 모든 유형을 확실하게!

학생 모두가 수학을 쉽게 배울 수 있는 환경이 조성될 때까지
개념원리의 노력은 계속됩니다.

에그릿 과 함께 수학여행 떠나자

egrit

다항식

다항식의 연산

다항식의 덧셈과 뺄셈

다항식의 곱셈

곱셈 공식

개념원리와 함께 학습하면 좋은 EGRIT APP 활용법

① 쉽고 빠른 정답 확인

궁금증은 즉시 해결!
정답은 바로바로
확인할 수 있어요.

② 책에 없는 다양한 해설

영상 해설이나
친구들의 풀이를 통해
문제 이해가 쉬워져요.

③ 분석 및 문제 추천

취약점 확인하고
나에게 딱 맞는
맞춤 문제를 풀 수 있어요.

QR을 통해 앱을 다운 받고 **바코드**로 교재를 추가해 보세요.

[Egrit] 어플 접속 후, 학습 탭 > 교재 추가

1711074879407

개념원리 대수

발행일	2024년 4월 10일 (1판 1쇄)
기획 및 집필	이홍섭, 개념원리 수학연구소
콘텐츠 개발 총괄	한소영
콘텐츠 개발 책임	이선옥, 모규리, 김현진, 오영석, 오지애, 오서희, 김경숙
사업 책임	황은정
마케팅 책임	권가민, 이미혜, 정성훈
제작/유통 책임	이건호
영업 책임	정현호
디자인	(주)이츠북스
펴낸이	고사무열
펴낸곳	(주)개념원리
등록번호	제 22-2381호
주소	서울시 강남구 테헤란로 8길 37, 7층(한동빌딩) 06239
고객센터	1644-1248

개념원리

수학의 시작 개념원리

대수

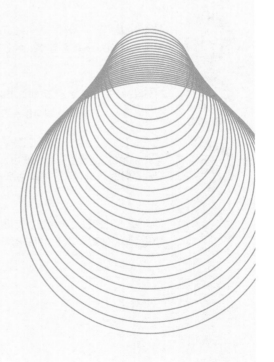

많은 학생들은

왜 개념원리로 공부할까요?

정확한 개념과 원리의 이해, 확실한 개념 학습 노하우가
개념원리에 있기 때문입니다.

개념원리 **수학의 특징**

01 — 하나를 알면 10개, 20개를 풀 수 있고 어려운 수학에 흥미를
갖게 하여 쉽게 수학을 정복할 수 있습니다.

02 — 나선식 교육법으로 쉬운 것부터 어려운 것까지 체계적으로 구
성하여 혼자서도 충분히 학습할 수 있습니다.

03 — 문제 해결의 **KEY** Point 부터 틀리기 쉬운 부분까지 꼼꼼히
짚어 주어 문제 해결력을 키울 수 있습니다.

04 — 전국 내신 기출 문제와 수능, 평가원, 교육청 기출 문제를 엄선
하여 수록함으로써 어떤 시험도 철저히 대비할 수 있습니다.

"
수학을 어떻게 하면
잘할 수 있을까요?

문제를 많이 풀어 보면 될까요?
개념과 공식을 단순히 암기하면 될까요?
두 방법 모두 수학 성적을 올리는 데 도움이 되겠지만,
근본적인 해결책은 아닙니다.

수학은 개념과 원리를 이해하고, 이를 적용하여 문제를 해결하면서
사고력을 키우는 과목입니다.
어렵고 복잡해 보이는 문제도, 새로운 유형의 문제도
핵심 개념을 파악하고, 하나하나 연결 지어 생각해 보면
결국, 답을 찾을 수 있기 때문입니다.

개념원리 수학은 단순 암기식 풀이가 아니라 학생들의 눈높이에 맞춰 **개념과 원리를
이해하기 쉽게 설명**하고, **개념을 문제에 적용하면서 쉬운 문제부터 차근차근 단계별로
학습해 스스로 사고하는 능력을 기를 수 있도록 구성**하였습니다.
이러한 개념원리만의 특별한 학습법으로 문제를 하나하나 풀어나가다 보면, 수학적 사고에
기반한 창의적인 문제 해결력뿐만 아니라 수학에 대한 자신감 또한 키울 수 있습니다.

스스로 생각하는 방법을 알려주는 개념원리 수학으로
개념을 차근차근 다져가면서
제대로 된 수학 개념 학습을 시작하세요!

구성과 특징

> 개념원리 수학은 개념원리만의 교수법과 짜임새 있는 구성으로
> 단순 암기식 문제 풀이가 아닌 사고력, 응용력, 추리력을 기르고,
> 생각하는 방법까지 깨우칠 수 있습니다.

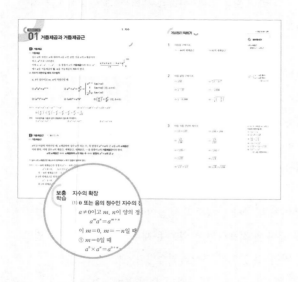

01 개념원리 이해

각 단원의 주요 개념을 일목요연하게 정리하고, 그 원리를 이해하기 쉽게 설명하였으므로 충분한 개념 학습을 할 수 있습니다.

❮ 보충 학습　심화 개념, 혼동하기 쉬운 개념, 문제에 자주 활용되는 개념을 학습할 수 있습니다.

❮ 확인하기　개념과 공식에 대한 설명 또는 증명을 자세히 다루어 깊이 있는 학습을 할 수 있습니다.

개념원리 익히기

개념과 공식을 바로 확인할 수 있는 기본 문제로 구성하여 개념을 정확히 이해했는지 확인할 수 있습니다.

❖ 알아둡시다!　문제에 이용되는 개념, 공식을 다시 한번 확인하며 개념을 탄탄히 다질 수 있습니다.

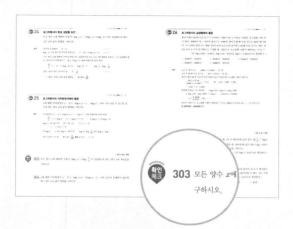

02 필수 / 발전

반드시 알아야 하는 중요 문제는 '필수' 문제로, 그중 어려운 문제는 '발전' 문제로 구성하였습니다.

◉ KEY Point　문제를 해결하기 위한 핵심 개념이나 해결 전략을 확인하고 정리할 수 있습니다.

확인체크

필수, 발전 문제와 유사한 문제를 풀어 봄으로써 해당 문제를 확실하게 이해할 수 있습니다.

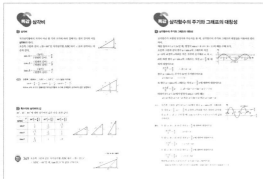

03 특강

내신 심화 개념 또는 교육과정 외의 개념이라도 실전에 도움이 되는 개념을 선별 제시하였습니다.
또 이전에 학습한 개념 중 해당 단원과 연계된 개념을 총정리함으로써 앞으로 학습할 개념에 대한 이해도를 높일 수 있습니다.

04 연습문제

단원에서 꼭 알아야 하는 중요 문제와 학교 시험에 자주 출제되는 문제를 **STEP1**, **STEP2**, **실력UP⁺**의 수준별 3단계로 구성하여 단계적으로 실력을 키울 수 있습니다. 또 최신 경향의 **수능** 기출, **평가원** 기출, **교육청** 기출 모의고사 문제를 엄선, 수록하여 문제 해결력도 기를 수 있습니다.

QR **동영상** ▶ 무료 해설 강의를 이용하면 고난도 문제를 이해하는 데 도움이 됩니다.

05 정답 및 풀이

누구나 이해할 수 있도록 풀이 과정을 쉽게 풀어 설명하였고, 사고력을 기를 수 있도록 다른 풀이를 충분히 제시하였습니다. 또 연습문제의 '전략'을 활용하면 문제 해결의 실마리를 찾을 수 있습니다.

개념노트 문제 해결의 핵심 개념을 확인하여 문제 속에 내포된 개념을 이해할 수 있습니다.

해설 Focus 실전에 도움이 되는 활용 방법을 구체적으로 설명하였습니다.

빠른 정답 찾기

본책 뒤에 제시된 '빠른 정답 찾기'를 이용하면 정답을 빠르게 확인하고 채점할 수 있습니다.

차례

Ⅱ 삼각함수

차례

Ⅲ 수열

Self 체크

I

지수함수와 로그함수

2 로그

3 지수함수

4 로그함수

이 단원에서는

거듭제곱과 거듭제곱근의 뜻을 알고, 지수의 범위를 정수, 유리수, 실수까지 확장하여 정의합니다. 또 거듭제곱근의 성질과 지수법칙을 이용하는 다양한 계산 문제를 풀어 봅니다.

개념원리 이해

01 거듭제곱과 거듭제곱근

1 거듭제곱

(1) 거듭제곱

실수 a와 자연수 n에 대하여 a를 n번 곱한 것을 a의 n제곱이라 하고, a^n으로 나타낸다.

이때 a, a^2, a^3, $\cdots$, a^n, $\cdots$을 통틀어 a의 **거듭제곱**이라 하고, a^n에서 **a**를 거듭제곱의 **밑**, **n**을 거듭제곱의 **지수**라 한다.

$$\underbrace{a \times a \times a \times \cdots \times a}_{n\text{개}} = a^n \quad \substack{\text{지수} \\ \text{밑}}$$

(2) 지수가 자연수일 때의 지수법칙

a, b가 실수이고 m, n이 자연수일 때

① $a^m a^n = a^{m+n}$

② $a^m \div a^n = \dfrac{a^m}{a^n} = \begin{cases} a^{m-n} & (m > n) \\ 1 & (m = n) \\ \dfrac{1}{a^{n-m}} & (m < n) \end{cases}$ (단, $a \neq 0$)

③ $(a^m)^n = a^{mn}$

④ $(ab)^n = a^n b^n$

⑤ $\left(\dfrac{a}{b}\right)^n = \dfrac{a^n}{b^n}$ (단, $b \neq 0$)

보기 ▶ (1) $a^2 \times a^6 \div a^4 = a^{2+6-4} = a^4$

(2) $(a^3)^2 \times (ab^2)^2 = a^6 \times a^2 b^4 = a^8 b^4$

(3) $\left(\dfrac{a}{b^2}\right)^2 \div \left(\dfrac{a^2}{b}\right)^3 = \dfrac{a^2}{b^4} \div \dfrac{a^6}{b^3} = \dfrac{a^2}{b^4} \times \dfrac{b^3}{a^6} = \dfrac{1}{a^4 b}$

주의 지수법칙을 다음과 같이 혼동하지 않도록 주의한다.

① $a^m + a^n \neq a^{m+n}$

② $a^m \times a^n \neq a^{mn}$

③ $a^m \div a^m \neq 0$

2 거듭제곱근   ∽ 필수 01~04

(1) 거듭제곱근

n이 2 이상의 자연수일 때, n제곱하여 실수 a가 되는 수, 즉 방정식 $x^n = a$의 근 x를 a의 **n제곱근**이라 한다. 이때 실수 a의 제곱근, 세제곱근, 네제곱근, $\cdots$을 통틀어 a의 **거듭제곱근**이라 한다.

$$a\text{의 } n\text{제곱근} \iff n\text{제곱하여 } a\text{가 되는 수} \iff \text{방정식 } x^n = a\text{의 근 } x$$

❯ 실수 a의 n제곱근은 복소수의 범위에서 n개가 있음이 알려져 있다.

보기 ▶ (1) -8의 세제곱근은 방정식 $x^3 = -8$의 근이므로

$\qquad x^3 + 8 = 0$, $(x+2)(x^2 - 2x + 4) = 0$ $\therefore x = -2$ 또는 $x = 1 \pm \sqrt{3}i$

즉 -8의 세제곱근은 -2, $1 + \sqrt{3}i$, $1 - \sqrt{3}i$이다.

(2) 1의 네제곱근은 방정식 $x^4 = 1$의 근이므로

$\qquad x^4 - 1 = 0$, $(x^2 + 1)(x+1)(x-1) = 0$ $\therefore x = \pm i$ 또는 $x = \pm 1$

즉 1의 네제곱근은 $-i$, i, -1, 1이다.

(2) a의 실수인 n제곱근

실수 a와 자연수 n $(n \geq 2)$에 대하여

① n이 짝수일 때

    ⊙ $a > 0$이면 a의 n제곱근 중 실수인 것은 2개 존재한다. ⇨ $\sqrt[n]{a}$, $-\sqrt[n]{a}$

    ⓒ $a = 0$이면 a의 n제곱근 중 실수인 것은 0 하나뿐이다. ⇨ $\sqrt[n]{0} = 0$

    ⓒ $a < 0$이면 a의 n제곱근 중 실수인 것은 존재하지 않는다.

② n이 홀수일 때

    a의 값에 관계없이 a의 n제곱근 중 실수인 것은 1개 존재한다. ⇨ $\sqrt[n]{a}$

> $\sqrt[n]{a}$를 'n제곱근 a'로 읽는다.

설명   실수 a의 n제곱근 중에서 실수인 것은 방정식 $x^n = a$의 실근이므로 함수 $y = x^n$의 그래프와 직선 $y = a$의 교점의 x좌표와 같다.

  ① n이 짝수일 때

    ⊙ $a > 0$이면 교점이 2개이고, 교점의 x좌표는 각각 양수와 음수이므로 a의 n제곱근 중에서 실수인 것은 2개이고, 이것을 각각 $\sqrt[n]{a}$, $-\sqrt[n]{a}$로 나타낸다.

    ⓒ $a = 0$이면 교점이 1개이고, 교점의 x좌표는 0이므로 a의 n제곱근 중에서 실수인 것은 0 하나뿐이다. 즉 $\sqrt[n]{0} = 0$이다.

    ⓒ $a < 0$이면 교점이 없으므로 a의 n제곱근 중에서 실수인 것은 없다.

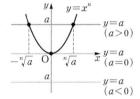

  ② n이 홀수일 때

    a의 값에 관계없이 교점이 항상 1개이므로 a의 n제곱근 중에서 실수인 것은 하나뿐이고, 이것을 $\sqrt[n]{a}$로 나타낸다.

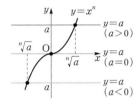

위의 내용을 정리하면 실수 a의 n제곱근 중 실수인 것은 다음과 같다.

n \ a	$a > 0$	$a = 0$	$a < 0$
n이 짝수	$\sqrt[n]{a}$, $-\sqrt[n]{a}$	0	없다.
n이 홀수	$\sqrt[n]{a}$	0	$\sqrt[n]{a}$

예제 ▷   다음 중 실수인 것을 구하시오.

   (1) 16의 네제곱근

   (2) -125의 세제곱근

풀이   (1) 16의 네제곱근은 방정식 $x^4 = 16$의 근이므로

$$x^4 - 16 = 0, \qquad (x^2 + 4)(x + 2)(x - 2) = 0$$

$$\therefore x = \pm 2i \ \text{또는} \ x = \pm 2$$

    이 중 실수인 것은 -2, 2이다.   → $-\sqrt[4]{16} = -2$, $\sqrt[4]{16} = 2$

   (2) -125의 세제곱근은 방정식 $x^3 = -125$의 근이므로

$$x^3 + 125 = 0, \qquad (x + 5)(x^2 - 5x + 25) = 0$$

$$\therefore x = -5 \ \text{또는} \ x = \frac{5 \pm 5\sqrt{3}i}{2}$$

    이 중 실수인 것은 -5이다.   → $\sqrt[3]{-125} = -5$

(3) 거듭제곱근의 성질

$a>0$, $b>0$이고 m, n이 2 이상의 자연수일 때

① $(\sqrt[n]{a})^n = a$

② $\sqrt[n]{a}\,\sqrt[n]{b} = \sqrt[n]{ab}$

③ $\dfrac{\sqrt[n]{a}}{\sqrt[n]{b}} = \sqrt[n]{\dfrac{a}{b}}$

④ $(\sqrt[n]{a})^m = \sqrt[n]{a^m}$

⑤ $\sqrt[m]{\sqrt[n]{a}} = \sqrt[mn]{a} = \sqrt[n]{\sqrt[m]{a}}$

⑥ $\sqrt[np]{a^{mp}} = \sqrt[n]{a^m}$ (단, p는 자연수이다.)

설명 $a>0$, $b>0$이고 m, n이 2 이상의 자연수일 때

① $\sqrt[n]{a}$는 a의 양의 n제곱근이므로　$(\sqrt[n]{a})^n = a$

② 지수법칙에 의하여　$(\sqrt[n]{a}\,\sqrt[n]{b})^n = (\sqrt[n]{a})^n (\sqrt[n]{b})^n = ab$

　이때 $a>0$, $b>0$에서 $\sqrt[n]{a}>0$, $\sqrt[n]{b}>0$이므로　$\sqrt[n]{a}\,\sqrt[n]{b}>0$

　따라서 $\sqrt[n]{a}\,\sqrt[n]{b}$는 ab의 양의 n제곱근이므로　$\sqrt[n]{a}\,\sqrt[n]{b} = \sqrt[n]{ab}$

③ 지수법칙에 의하여　$\left(\dfrac{\sqrt[n]{a}}{\sqrt[n]{b}}\right)^n = \dfrac{(\sqrt[n]{a})^n}{(\sqrt[n]{b})^n} = \dfrac{a}{b}$

　이때 $a>0$, $b>0$에서 $\sqrt[n]{a}>0$, $\sqrt[n]{b}>0$이므로　$\dfrac{\sqrt[n]{a}}{\sqrt[n]{b}}>0$

　따라서 $\dfrac{\sqrt[n]{a}}{\sqrt[n]{b}}$는 $\dfrac{a}{b}$의 양의 n제곱근이므로　$\dfrac{\sqrt[n]{a}}{\sqrt[n]{b}} = \sqrt[n]{\dfrac{a}{b}}$

④ 지수법칙에 의하여　$\{(\sqrt[n]{a})^m\}^n = (\sqrt[n]{a})^{mn} = \{(\sqrt[n]{a})^n\}^m = a^m$

　이때 $a>0$에서 $\sqrt[n]{a}>0$이므로　$(\sqrt[n]{a})^m>0$

　따라서 $(\sqrt[n]{a})^m$은 a^m의 양의 n제곱근이므로　$(\sqrt[n]{a})^m = \sqrt[n]{a^m}$

⑤ 지수법칙에 의하여　$(\sqrt[m]{\sqrt[n]{a}})^{mn} = \{(\sqrt[m]{\sqrt[n]{a}})^m\}^n = (\sqrt[n]{a})^n = a$

　이때 $a>0$에서　$\sqrt[m]{\sqrt[n]{a}}>0$

　따라서 $\sqrt[m]{\sqrt[n]{a}}$는 a의 양의 mn제곱근이므로　$\sqrt[m]{\sqrt[n]{a}} = \sqrt[mn]{a}$

⑥ 지수법칙에 의하여　$(\sqrt[n]{a^m})^{np} = \{(\sqrt[n]{a^m})^n\}^p = (a^m)^p = a^{mp}$

　이때 $a>0$에서　$a^{mp}>0$, $\sqrt[n]{a^m}>0$

　따라서 $\sqrt[n]{a^m}$은 a^{mp}의 양의 np제곱근이므로　$\sqrt[n]{a^m} = \sqrt[np]{a^{mp}}$

보기▶ ① $(\sqrt[5]{6})^5 = 6$

② $\sqrt[5]{3}\,\sqrt[5]{5} = \sqrt[5]{3\times5} = \sqrt[5]{15}$

③ $\dfrac{\sqrt[3]{2}}{\sqrt[3]{4}} = \sqrt[3]{\dfrac{2}{4}} = \sqrt[3]{\dfrac{1}{2}}$

④ $(\sqrt[5]{3})^2 = \sqrt[5]{3^2}$

⑤ $\sqrt[3]{\sqrt[5]{5}} = \sqrt[3\times2]{5} = \sqrt[3]{\sqrt[5]{5}}$

⑥ $\sqrt[15]{6^{10}} = \sqrt[3\times5]{6^{2\times5}} = \sqrt[3]{6^2}$

참고　$\sqrt[n]{a^n} = \begin{cases} a & (n\text{은 홀수}) \Rightarrow \sqrt[3]{(-5)^3} = -5 \\ |a| & (n\text{은 짝수}) \Rightarrow \sqrt[4]{7^4} = 7,\ \sqrt[4]{(-7)^4} = |-7| = 7 \end{cases}$

(4) 거듭제곱근의 대소 비교

$a>0$, $b>0$일 때

$$a>b \iff \sqrt[n]{a} > \sqrt[n]{b}$$ (단, n은 2 이상의 자연수이다.)

참고　거듭제곱근의 성질 ⑥과 위의 성질을 이용하여 $\sqrt{3}$, $\sqrt[3]{4}$의 대소를 비교해 보자.

　$\sqrt{3} = \sqrt[2\times3]{3^3} = \sqrt[6]{27}$, $\sqrt[3]{4} = \sqrt[3\times2]{4^2} = \sqrt[6]{16}$

　$27>16$에서 $\sqrt[6]{27} > \sqrt[6]{16}$이므로　$\sqrt{3} > \sqrt[3]{4}$

개념원리 익히기

알아둡시다!

a의 n제곱근
⇨ 방정식 $x^n = a$의 근

1 다음을 구하시오.

(1) -64의 세제곱근   (2) 81의 네제곱근

2 다음 값을 구하시오.

(1) $\sqrt[5]{32}$ (2) $\sqrt[10]{(-3)^{10}}$

(3) $\sqrt[3]{-27}$ (4) $-\sqrt[4]{256}$

(5) $\sqrt[3]{-0.008}$ (6) $-\sqrt[6]{\left(-\dfrac{3}{2}\right)^6}$

$$\sqrt[n]{a^n} = \begin{cases} a & (n\text{은 홀수}) \\ |a| & (n\text{은 짝수}) \end{cases}$$
$$(\text{단, } n \geq 2)$$

3 다음 식을 간단히 하시오.

(1) $\sqrt[4]{3} \times \sqrt[4]{27}$ (2) $\sqrt[5]{16} \times \sqrt[5]{64}$

(3) $\dfrac{\sqrt[3]{2}}{\sqrt[3]{16}}$ (4) $\dfrac{\sqrt[4]{3}}{\sqrt[4]{27}}$

(5) $\left(\sqrt[6]{25}\right)^3$ (6) $\left(\sqrt[8]{81}\right)^4$

(7) $\sqrt[3]{\sqrt{27}}$ (8) $\sqrt{\sqrt[3]{4}}$

(9) $\sqrt[12]{3^4} \times \sqrt[9]{3^6}$ (10) $\sqrt[4]{\sqrt[3]{8}} \times \sqrt{\sqrt[4]{64}}$

$a > 0$, $b > 0$이고 m, n이 2 이상의 자연수일 때
① $\left(\sqrt[n]{a}\right)^n = a$
② $\sqrt[n]{a}\,\sqrt[n]{b} = \sqrt[n]{ab}$
③ $\dfrac{\sqrt[n]{a}}{\sqrt[n]{b}} = \sqrt[n]{\dfrac{a}{b}}$
④ $\left(\sqrt[n]{a}\right)^m = \sqrt[n]{a^m}$
⑤ $\sqrt[m]{\sqrt[n]{a}} = \sqrt[mn]{a} = \sqrt[n]{\sqrt[m]{a}}$
⑥ $\sqrt[np]{a^{mp}} = \sqrt[n]{a^m}$
$(\text{단, } p\text{는 자연수이다.})$

필수 01 거듭제곱근

보기에서 옳은 것만을 있는 대로 고르시오.

보기
ㄱ. 64의 세제곱근은 4이다.　　　　　ㄴ. −81의 네제곱근 중 실수인 것은 없다.
ㄷ. −6은 −216의 세제곱근이다.　　　ㄹ. −5의 세제곱근 중 실수인 것은 1개이다.

풀이　ㄱ. 64의 세제곱근을 x라 하면 $x^3 = 64$이므로

$$x^3 - 64 = 0, \quad (x-4)(x^2 + 4x + 16) = 0$$
$$\therefore x = 4 \text{ 또는 } x = -2 \pm 2\sqrt{3}i \text{ (거짓)}$$

ㄴ. −81의 네제곱근을 x라 하면　$x^4 = -81$

이를 만족시키는 실수 x는 존재하지 않으므로 −81의 네제곱근 중 실수인 것은 없다. (참)

ㄷ. $(-6)^3 = -216$이므로 −6은 −216의 세제곱근이다. (참)

ㄹ. −5의 세제곱근 중 실수인 것은 $\sqrt[3]{-5}$의 1개이다. (참)

이상에서 옳은 것은 ㄴ, ㄷ, ㄹ이다.

KEY Point

• a의 n제곱근 ⇨ $x^n = a$를 만족시키는 x의 값
• 실수 a의 n제곱근 중 실수인 것은 다음과 같다.

	$a > 0$	$a = 0$	$a < 0$
n이 짝수	$\sqrt[n]{a}, -\sqrt[n]{a}$	0	없다.
n이 홀수	$\sqrt[n]{a}$	0	$\sqrt[n]{a}$

● 정답 및 풀이 **2**쪽

확인체크

4 다음 중 옳은 것은?

① −4의 제곱근은 −2i이다.　　　　② 네제곱근 16은 4이다.
③ 27의 세제곱근은 3이다.　　　　　④ 9의 네제곱근 중 실수인 것은 2개이다.
⑤ −16의 네제곱근 중 실수인 것은 $\sqrt[4]{-16}$이다.

5 −10의 네제곱근 중 실수인 것의 개수를 a, 세제곱근 중 실수인 것의 개수를 b라 하고, 10의 네제곱근 중 실수인 것의 개수를 c, 세제곱근 중 실수인 것의 개수를 d라 할 때, $ab - cd$의 값을 구하시오.

필수 02 **거듭제곱근의 계산**

다음을 계산하시오.

(1) $\sqrt[3]{27^2} \times (\sqrt[4]{3})^8 + \sqrt{\sqrt[3]{729}}$

(2) $\dfrac{\sqrt{2}\,(\sqrt[3]{3}-1)(\sqrt[3]{9}+\sqrt[3]{3}+1)}{\sqrt[4]{16}}$

(3) $\sqrt{\dfrac{\sqrt[6]{64}}{\sqrt[3]{64}}} \times \sqrt[3]{\dfrac{\sqrt{64}}{\sqrt[6]{64}}} \times \sqrt[6]{\dfrac{\sqrt[3]{64}}{\sqrt{64}}}$

(4) $\sqrt{\dfrac{8^{10}+4^{10}}{8^4+4^{11}}}$

풀이

(1) $\sqrt[3]{27^2} \times (\sqrt[4]{3})^8 + \sqrt{\sqrt[3]{729}} = \sqrt[3]{(3^3)^2} \times \sqrt[4]{3^8} + \sqrt[6]{729} = \sqrt[3]{(3^2)^3} \times \sqrt[4]{(3^2)^4} + \sqrt[6]{3^6}$
$= 3^2 \times 3^2 + 3 = \mathbf{84}$

(2) $\dfrac{\sqrt{2}\,(\sqrt[3]{3}-1)(\sqrt[3]{9}+\sqrt[3]{3}+1)}{\sqrt[4]{16}} = \dfrac{\sqrt{2}\,(\sqrt[3]{3}-1)(\sqrt[3]{3^2}+\sqrt[3]{3}+1)}{\sqrt[4]{2^4}}$

$= \dfrac{\sqrt{2}\,(\sqrt[3]{3}-1)\{(\sqrt[3]{3})^2+\sqrt[3]{3}+1\}}{2}$

$= \dfrac{\sqrt{2}\{(\sqrt[3]{3})^3-1^3\}}{2} = \dfrac{\sqrt{2}\,(3-1)}{2} = \boldsymbol{\sqrt{2}}$

(3) $\sqrt{\dfrac{\sqrt[6]{64}}{\sqrt[3]{64}}} \times \sqrt[3]{\dfrac{\sqrt{64}}{\sqrt[6]{64}}} \times \sqrt[6]{\dfrac{\sqrt[3]{64}}{\sqrt{64}}} = \dfrac{\sqrt{\sqrt[6]{64}}}{\sqrt{\sqrt[3]{64}}} \times \dfrac{\sqrt[3]{\sqrt{64}}}{\sqrt[3]{\sqrt[6]{64}}} \times \dfrac{\sqrt[6]{\sqrt[3]{64}}}{\sqrt[6]{\sqrt{64}}}$

$= \dfrac{\sqrt[12]{64}}{\sqrt[6]{64}} \times \dfrac{\sqrt[6]{64}}{\sqrt[18]{64}} \times \dfrac{\sqrt[18]{64}}{\sqrt[12]{64}} = \mathbf{1}$

(4) $\sqrt{\dfrac{8^{10}+4^{10}}{8^4+4^{11}}} = \sqrt{\dfrac{(2^3)^{10}+(2^2)^{10}}{(2^3)^4+(2^2)^{11}}} = \sqrt{\dfrac{2^{30}+2^{20}}{2^{12}+2^{22}}} = \sqrt{\dfrac{2^{20}(2^{10}+1)}{2^{12}(1+2^{10})}} = \sqrt{2^8} = 2^4 = \mathbf{16}$

KEY Point

• $a>0$, $b>0$이고 m, n, p가 2 이상의 자연수일 때

① $(\sqrt[n]{a})^n = a$

② $\sqrt[n]{a}\,\sqrt[n]{b} = \sqrt[n]{ab}$

③ $\dfrac{\sqrt[n]{a}}{\sqrt[n]{b}} = \sqrt[n]{\dfrac{a}{b}}$

④ $(\sqrt[n]{a})^m = \sqrt[n]{a^m}$

⑤ $\sqrt[m]{\sqrt[n]{a}} = \sqrt[mn]{a} = \sqrt[n]{\sqrt[m]{a}}$

⑥ $\sqrt[np]{a^{mp}} = \sqrt[n]{a^m}$

● 정답 및 풀이 3쪽

확인체크 6 다음을 계산하시오.

(1) $\sqrt[5]{32^2} \div (\sqrt[3]{2})^6 - \sqrt[3]{\sqrt{64}}$

(2) $\dfrac{(\sqrt[3]{2}+1)(\sqrt[3]{4}-\sqrt[3]{2}+1)}{\sqrt[3]{27}}$

(3) $\sqrt[4]{\dfrac{\sqrt[3]{125}}{\sqrt[9]{125}}} \times \sqrt[6]{\dfrac{\sqrt[3]{125}}{\sqrt{125}}} \times \sqrt[9]{\dfrac{\sqrt[4]{125}}{\sqrt{125}}}$

(4) $\sqrt{\dfrac{81^2+9^5}{27^4+9^5}}$

03 **문자의 거듭제곱근의 계산**

다음 식을 간단히 하시오. (단, $a>0$, $b>0$)

(1) $\sqrt{a^3 b} \div \sqrt[3]{a^4 b^2} \times \sqrt[6]{a^5 b^2}$ (2) $\sqrt[3]{\dfrac{\sqrt{a}}{\sqrt[4]{a}}} \times \sqrt{\dfrac{\sqrt[6]{a}}{\sqrt[3]{a}}}$ (3) $\sqrt{a \times \sqrt[4]{a \times \sqrt[3]{a^2}}}$

풀이

(1) $\sqrt{a^3 b} \div \sqrt[3]{a^4 b^2} \times \sqrt[6]{a^5 b^2} = \sqrt[6]{a^9 b^3} \div \sqrt[6]{a^8 b^4} \times \sqrt[6]{a^5 b^2}$

$\qquad = \dfrac{\sqrt[6]{a^9 b^3} \times \sqrt[6]{a^5 b^2}}{\sqrt[6]{a^8 b^4}} = \sqrt[6]{\dfrac{a^{14} b^5}{a^8 b^4}}$

$\qquad = \sqrt[6]{a^6 b} = \boldsymbol{a \sqrt[6]{b}}$ ($\because a>0$)

(2) $\sqrt[3]{\dfrac{\sqrt{a}}{\sqrt[4]{a}}} \times \sqrt{\dfrac{\sqrt[6]{a}}{\sqrt[3]{a}}} = \dfrac{\sqrt[3]{\sqrt{a}}}{\sqrt[3]{\sqrt[4]{a}}} \times \dfrac{\sqrt{\sqrt[6]{a}}}{\sqrt{\sqrt[3]{a}}} = \dfrac{\sqrt[6]{a}}{\sqrt[12]{a}} \times \dfrac{\sqrt[12]{a}}{\sqrt[6]{a}} = \boldsymbol{1}$

(3) $\sqrt{a \times \sqrt[4]{a \times \sqrt[3]{a^2}}} = \sqrt{a \times \sqrt[4]{a \times \sqrt[3]{a^2}}} = \sqrt{a \times \sqrt[8]{a \times \sqrt[3]{a^2}}} = \sqrt{a \times \sqrt[8]{a} \times \sqrt[8]{\sqrt[3]{a^2}}}$

$\qquad = \sqrt{a \times \sqrt[8]{a} \times \sqrt[24]{a^2}} = \sqrt[24]{a^{12}} \times \sqrt[24]{a^3} \times \sqrt[24]{a^2} = \sqrt[24]{a^{12} \times a^3 \times a^2}$

$\qquad = \sqrt[24]{a^{12+3+2}} = \boldsymbol{\sqrt[24]{a^{17}}}$

 04 **거듭제곱근의 대소 비교**

세 수 $A=\sqrt{5}$, $B=\sqrt[3]{10}$, $C=\sqrt[6]{120}$의 대소를 비교하시오.

풀이

2, 3, 6의 최소공배수는 6이므로

$\qquad A = \sqrt{5} = \sqrt[6]{5^3} = \sqrt[6]{125}$, $B = \sqrt[3]{10} = \sqrt[6]{10^2} = \sqrt[6]{100}$, $C = \sqrt[6]{120}$

이때 $\sqrt[6]{100} < \sqrt[6]{120} < \sqrt[6]{125}$이므로 $\boldsymbol{B < C < A}$

KEY Point

• $a>0$, $b>0$일 때

$\qquad a>b \Longleftrightarrow \sqrt[n]{a} > \sqrt[n]{b}$ (단, n은 2 이상의 자연수이다.)

● 정답 및 풀이 **3**쪽

확인 체크 **7** 다음 식을 간단히 하시오. (단, $x>0$, $y>0$)

(1) $\sqrt[4]{xy^2} \times \sqrt[8]{x^2 y} \div \sqrt[6]{x^2 y^3}$

(2) $\sqrt[5]{\dfrac{\sqrt[3]{x}}{\sqrt{x}}} \times \sqrt[3]{\dfrac{\sqrt{x}}{\sqrt[5]{x}}} \times \sqrt{\dfrac{\sqrt[5]{x}}{\sqrt[3]{x}}}$

(3) $\sqrt[5]{x \times \sqrt[4]{x^3 \times \sqrt[3]{x}}}$

8 세 수 $A=\sqrt[3]{\sqrt{15}}$, $B=\sqrt[4]{6}$, $C=\sqrt[3]{4}$의 대소를 비교하시오.

개념원리 이해

02 지수의 확장

❶ 지수의 확장

지금까지는 지수가 자연수(양의 정수)인 경우만 생각하였으나 지수가 0 또는 음의 정수인 경우, 더 나아가 유리수, 실수인 경우까지 확장하여 생각할 수 있다.

❷ 지수법칙: 지수가 정수인 경우

(1) **0 또는 음의 정수인 지수의 정의**

$a \neq 0$이고 n이 양의 정수일 때

① $a^0 = 1$ 　　　　　　　　　　　② $a^{-n} = \dfrac{1}{a^n}$

▶ 밑이 0인 경우, 즉 0^0, 0^{-2} 등은 정의되지 않는다.

설명 보충학습 (1) 참조

보기 ▶ ① $5^0 = 1$, 　$(-2)^0 = 1$

② $3^{-2} = \dfrac{1}{3^2} = \dfrac{1}{9}$, 　$\left(\dfrac{1}{2}\right)^{-1} = \dfrac{1}{\frac{1}{2}} = 2$

(2) **지수가 정수일 때의 지수법칙**

$a \neq 0$, $b \neq 0$이고 m, n이 정수일 때

① $a^m a^n = a^{m+n}$ 　　　　　　　② $a^m \div a^n = a^{m-n}$

③ $(a^m)^n = a^{mn}$ 　　　　　　　　④ $(ab)^n = a^n b^n$

보기 ▶ ① $2^3 \times 2^{-4} = 2^{3+(-4)} = 2^{-1} = \dfrac{1}{2}$

② $5^2 \div 5^4 = 5^{2-4} = 5^{-2} = \dfrac{1}{5^2} = \dfrac{1}{25}$

③ $(2^2)^{-5} = 2^{2 \times (-5)} = 2^{-10} = \dfrac{1}{2^{10}} = \dfrac{1}{1024}$

④ $(2^2 \times 3)^{-2} = 2^{2 \times (-2)} \times 3^{1 \times (-2)} = 2^{-4} \times 3^{-2} = \dfrac{1}{2^4} \times \dfrac{1}{3^2} = \dfrac{1}{144}$

17

3 지수법칙; 지수가 유리수인 경우 ☞ 필수 05~10

(1) 유리수인 지수의 정의

$a>0$이고 m, n $(n\geq 2)$이 정수일 때

$$a^{\frac{m}{n}}=\sqrt[n]{a^m}, \text{ 특히 } a^{\frac{1}{n}}=\sqrt[n]{a}$$

➤ $a>0$이고 m, n $(n\geq 2)$이 정수일 때

$$a^{-\frac{m}{n}}=\frac{1}{a^{\frac{m}{n}}}=\frac{1}{\sqrt[n]{a^m}}$$

설명 보충학습 (2) 참조

보기 ▶ ① $5^{\frac{2}{3}}=\sqrt[3]{5^2}=\sqrt[3]{25}$

② $9^{\frac{2}{3}}=\sqrt[3]{9^2}=\sqrt[3]{3^4}=\sqrt[3]{3^3\times 3}=3\sqrt[3]{3}$

③ $8^{-\frac{2}{3}}=\sqrt[3]{8^{-2}}=\sqrt[3]{(2^3)^{-2}}=\sqrt[3]{(2^{-2})^3}=2^{-2}=\frac{1}{2^2}=\frac{1}{4}$

(2) 지수가 유리수일 때의 지수법칙

$a>0$, $b>0$이고 p, q가 유리수일 때

① $a^p a^q=a^{p+q}$ 　　　　　② $a^p \div a^q=a^{p-q}$

③ $(a^p)^q=a^{pq}$ 　　　　　④ $(ab)^p=a^p b^p$

증명 $a>0$이고 $p=\dfrac{l}{k}$, $q=\dfrac{n}{m}$ $(k, l, m, n$은 정수, $k\geq 2$, $m\geq 2)$이라 하면

$$a^p a^q=a^{\frac{l}{k}}a^{\frac{n}{m}}=a^{\frac{lm}{km}}a^{\frac{kn}{km}}=\sqrt[km]{a^{lm}}\times \sqrt[km]{a^{kn}}$$
$$=\sqrt[km]{a^{lm+kn}}=a^{\frac{lm+kn}{km}}=a^{\frac{l}{k}+\frac{n}{m}}=a^{p+q}$$

따라서 지수법칙 ①이 성립함을 알 수 있다.
마찬가지 방법으로 지수법칙 ②, ③, ④가 성립함을 증명할 수 있다.

보기 ▶ ① $8^{\frac{1}{2}}\times 4^{\frac{1}{4}}\times 2^{-2}=(2^3)^{\frac{1}{2}}\times (2^2)^{\frac{1}{4}}\times 2^{-2}=2^{\frac{3}{2}+\frac{1}{2}-2}=2^0=1$

② $5^{\frac{5}{2}}\div 5^2=5^{\frac{5}{2}-2}=5^{\frac{1}{2}}=\sqrt{5}$

③ $(3^{\frac{4}{3}})^{\frac{3}{2}}=3^{\frac{4}{3}\times \frac{3}{2}}=3^2=9$

④ $(2^3\times 3)^{\frac{2}{3}}=2^{3\times \frac{2}{3}}\times 3^{1\times \frac{2}{3}}=2^2\times 3^{\frac{2}{3}}$

주의　지수가 정수가 아닌 유리수인 경우에는 밑이 양수일 때에만 정의되므로 밑이 음수이면 지수법칙을 적용할 수 없다.

　　⇨ $\{(-2)^2\}^{\frac{1}{2}}=(-2)^{2\times \frac{1}{2}}=-2$ (✕)　　　$\{(-2)^2\}^{\frac{1}{2}}=4^{\frac{1}{2}}=(2^2)^{\frac{1}{2}}=2^{2\times \frac{1}{2}}=2$ (○)
　　　밑이 음수이므로 잘못된 계산

4 지수법칙: 지수가 실수인 경우 ∽ 필수 05

$a > 0$, $b > 0$이고 x, y가 실수일 때

(1) $a^x a^y = a^{x+y}$

(2) $a^x \div a^y = a^{x-y}$

(3) $(a^x)^y = a^{xy}$

(4) $(ab)^x = a^x b^x$

설명 보충학습 (3) 참조

보기 ▶ (1) $5^{\sqrt{3}} \times 5^{2\sqrt{3}} = 5^{\sqrt{3}+2\sqrt{3}} = 5^{3\sqrt{3}}$

(2) $(2^{\sqrt{3}})^{\sqrt{2}} = 2^{\sqrt{3} \times \sqrt{2}} = 2^{\sqrt{6}}$

(2) $3^{\sqrt{2}} \div 3^{-\sqrt{2}} = 3^{\sqrt{2}-(-\sqrt{2})} = 3^{2\sqrt{2}}$

(4) $(2^{\sqrt{2}} \times 3^{2\sqrt{2}})^{\sqrt{2}} = 2^{\sqrt{2} \times \sqrt{2}} \times 3^{2\sqrt{2} \times \sqrt{2}} = 2^2 \times 3^4 = 324$

보충 학습

지수의 확장

(1) **0 또는 음의 정수인 지수의 정의**

$a \neq 0$이고 m, n이 양의 정수일 때의 지수법칙

$$a^m a^n = a^{m+n}$$

이 $m = 0$, $m = -n$일 때도 성립한다고 하면 a^0, a^{-n}을 다음과 같이 정의할 수 있다.

① $m = 0$일 때

$a^0 \times a^n = a^{0+n} = a^n = 1 \times a^n$이므로

$$a^0 = 1$$

② $m = -n$일 때

$a^{-n} \times a^n = a^{-n+n} = a^0 = 1 = \dfrac{1}{a^n} \times a^n$이므로

$$a^{-n} = \frac{1}{a^n}$$

(2) **유리수인 지수의 정의**

$a > 0$이고 m, n $(n \geq 2)$이 정수일 때의 지수법칙

$$(a^m)^n = a^{mn}$$

이 지수가 유리수 $\dfrac{m}{n}$인 경우에도 성립한다고 하면

$$(a^{\frac{m}{n}})^n = a^{\frac{m}{n} \times n} = a^m$$

이때 $a^{\frac{m}{n}} > 0$에서 $a^{\frac{m}{n}}$은 a^m의 양의 n제곱근이므로

$$a^{\frac{m}{n}} = \sqrt[n]{a^m}$$

(3) **실수인 지수의 정의**

지수를 실수의 범위까지 확장하기 위하여 지수가 무리수인 $2^{\sqrt{2}}$의 값을 생각해 보자.

$\sqrt{2} = 1.4142\cdots$이므로 $\sqrt{2}$에 한없이 가까워지는 유리수 1.4, 1.41, 1.414, 1.4142, $\cdots$를 지수로 갖는 수 $2^{1.4}$, $2^{1.41}$, $2^{1.414}$, $2^{1.4142}$, $\cdots$의 값은 어떤 일정한 수에 가까워진다는 사실이 알려져 있다. 이 일정한 수를 $2^{\sqrt{2}}$으로 정의한다.

이와 같은 방법으로 $a > 0$이고 x가 실수일 때, a^x을 정의할 수 있다.

알아둡시다!

$a \neq 0$이고 n이 양의 정수일 때
$$a^0 = 1, \ a^{-n} = \frac{1}{a^n}$$

9 다음 값을 구하시오.

(1) $\left(2\sqrt{2}\right)^0$

(2) 3^{-2}

(3) $\left(\dfrac{1}{2}\right)^{-4}$

(4) $8^0 + \left(\dfrac{1}{4}\right)^{-2}$

$a > 0$이고, x, y가 실수일 때
① $a^x a^y = a^{x+y}$
② $a^x \div a^y = a^{x-y}$
③ $(a^x)^y = a^{xy}$

10 다음을 계산하시오.

(1) $\left(2^{\frac{3}{4}}\right)^2 \times 2^{\frac{3}{2}}$

(2) $5^{\frac{4}{3}} \times 25^{-\frac{1}{6}}$

(3) $3^{\frac{1}{2}} \div \left(3^{\frac{1}{4}}\right)^6$

(4) $32^{\frac{1}{2}} \div 4^{\frac{1}{4}}$

(5) $\left\{\left(\dfrac{1}{100}\right)^{\frac{3}{4}}\right\}^{-\frac{8}{3}}$

(6) $\left\{\left(\dfrac{1}{2}\right)^{-\frac{10}{3}}\right\}^{\frac{12}{5}}$

(7) $\left(4^{\sqrt{3}}\right)^{\sqrt{12}}$

(8) $5^{3\sqrt{5}} \div 5^{\sqrt{5}}$

(9) $3^{\sqrt{2}(\sqrt{2}+1)} \times 3^{2-\sqrt{2}}$

(10) $5^{\sqrt{3}} \times 5^{1-\sqrt{3}} \times 3^{\pi} \times 3^{2-\pi}$

$a > 0$이고 m은 정수, n은 2 이상의 정수일 때
$$\sqrt[n]{a^m} = a^{\frac{m}{n}}$$

11 $a > 0$일 때, 다음을 a^k의 꼴로 나타내시오.

(1) $\sqrt{a} \times \sqrt[3]{a}$

(2) $\sqrt[4]{a^5} \div \sqrt[6]{a^9}$

필수 05 **지수법칙**

다음을 계산하시오.

(1) $4^{\frac{2}{3}} \div 24^{\frac{1}{3}} \times 18^{\frac{2}{3}}$

(2) $\left\{\left(\dfrac{27}{125}\right)^{-\frac{1}{3}}\right\}^{\frac{3}{2}} \times \left(\dfrac{27}{5}\right)^{\frac{1}{2}}$

(3) $\left(5^{\sqrt{2}} \div 2^{\sqrt{6}}\right)^{\sqrt{2}} \times 4^{\sqrt{3}}$

풀이

(1) $4^{\frac{2}{3}} \div 24^{\frac{1}{3}} \times 18^{\frac{2}{3}} = (2^2)^{\frac{2}{3}} \div (2^3 \times 3)^{\frac{1}{3}} \times (2 \times 3^2)^{\frac{2}{3}}$

$\qquad = 2^{\frac{4}{3}} \div (2 \times 3^{\frac{1}{3}}) \times (2^{\frac{2}{3}} \times 3^{\frac{4}{3}})$

$\qquad = 2^{\frac{4}{3}-1+\frac{2}{3}} \times 3^{-\frac{1}{3}+\frac{4}{3}} = 2 \times 3 = \mathbf{6}$

(2) $\left\{\left(\dfrac{27}{125}\right)^{-\frac{1}{3}}\right\}^{\frac{3}{2}} \times \left(\dfrac{27}{5}\right)^{\frac{1}{2}} = \left[\left\{\left(\dfrac{3}{5}\right)^3\right\}^{-\frac{1}{3}}\right]^{\frac{3}{2}} \times \left(\dfrac{3^3}{5}\right)^{\frac{1}{2}} = \left(\dfrac{3}{5}\right)^{-\frac{3}{2}} \times \left(\dfrac{3^3}{5}\right)^{\frac{1}{2}}$

$\qquad = \dfrac{3^{-\frac{3}{2}}}{5^{-\frac{3}{2}}} \times \dfrac{3^{\frac{3}{2}}}{5^{\frac{1}{2}}} = \dfrac{3^0}{5^{-1}} = \mathbf{5}$

(3) $\left(5^{\sqrt{2}} \div 2^{\sqrt{6}}\right)^{\sqrt{2}} \times 4^{\sqrt{3}} = \left(\dfrac{5^{\sqrt{2}}}{2^{\sqrt{6}}}\right)^{\sqrt{2}} \times (2^2)^{\sqrt{3}} = \dfrac{5^2}{2^{2\sqrt{3}}} \times 2^{2\sqrt{3}} = \mathbf{25}$

KEY Point

• $a>0$, $b>0$이고 x, y가 실수일 때

① $a^x a^y = a^{x+y}$

② $a^x \div a^y = a^{x-y}$

③ $(a^x)^y = a^{xy}$

④ $(ab)^x = a^x b^x$

● 정답 및 풀이 **4**쪽

12 다음을 계산하시오.

(1) $8^{\frac{1}{4}} \times 32^{-\frac{1}{2}} \div 2^{-\frac{3}{4}}$

(2) $\left\{\left(\dfrac{125}{216}\right)^{-\frac{1}{3}}\right\}^{\frac{5}{2}} \div \left(\dfrac{6}{125}\right)^{\frac{1}{2}}$

(3) $3^{2+2\sqrt{2}} \div 3^{2\sqrt{2}-1} - \left\{(-3)^6\right\}^{\frac{1}{2}}$

13 $2^x = 3$일 때, $\left(\dfrac{1}{8}\right)^{\frac{x}{3}}$의 값을 구하시오.

필수 **06** 거듭제곱근을 지수로 나타내기

다음을 만족시키는 유리수 k의 값을 구하시오.

(1) $\sqrt{2 \times \sqrt[3]{4} \times \sqrt[4]{8}} = 2^k$

(2) $\sqrt{a\sqrt{a\sqrt{a}}} \times \sqrt{\sqrt[4]{a}} = a^k$ (단, $a > 0$, $a \neq 1$)

설명 $a > 0$일 때, $\sqrt[n]{a^m} = a^{\frac{m}{n}}$임을 이용하여 거듭제곱근을 유리수인 지수로 변형한 다음 지수법칙을 이용한다.

풀이 (1) $\sqrt{2 \times \sqrt[3]{4} \times \sqrt[4]{8}} = (2 \times 4^{\frac{1}{3}} \times 8^{\frac{1}{4}})^{\frac{1}{2}} = (2 \times 2^{\frac{2}{3}} \times 2^{\frac{3}{4}})^{\frac{1}{2}}$

$$= (2^{1 + \frac{2}{3} + \frac{3}{4}})^{\frac{1}{2}} = (2^{\frac{29}{12}})^{\frac{1}{2}} = 2^{\frac{29}{24}}$$

$$\therefore k = \frac{29}{24}$$

(2) $\sqrt{a\sqrt{a\sqrt{a}}} \times \sqrt{\sqrt[4]{a}} = \{a \times (a \times a^{\frac{1}{2}})^{\frac{1}{2}}\}^{\frac{1}{2}} \times (a^{\frac{1}{4}})^{\frac{1}{2}}$

$$= \{a \times (a^{\frac{3}{2}})^{\frac{1}{2}}\}^{\frac{1}{2}} \times a^{\frac{1}{8}} = (a \times a^{\frac{3}{4}})^{\frac{1}{2}} \times a^{\frac{1}{8}}$$

$$= (a^{\frac{7}{4}})^{\frac{1}{2}} \times a^{\frac{1}{8}} = a^{\frac{7}{8}} \times a^{\frac{1}{8}} = a^1$$

$$\therefore k = 1$$

다른 풀이 (1) $\sqrt{2 \times \sqrt[3]{4} \times \sqrt[4]{8}} = \sqrt{2} \times \sqrt{\sqrt[3]{4}} \times \sqrt{\sqrt[4]{8}} = \sqrt{2} \times \sqrt[6]{4} \times \sqrt[8]{8}$

$$= 2^{\frac{1}{2}} \times (2^2)^{\frac{1}{6}} \times (2^3)^{\frac{1}{8}} = 2^{\frac{1}{2} + \frac{1}{3} + \frac{3}{8}} = 2^{\frac{29}{24}}$$

(2) $\sqrt{a\sqrt{a\sqrt{a}}} \times \sqrt{\sqrt[4]{a}} = \sqrt{a} \times \sqrt{\sqrt{a}} \times \sqrt{\sqrt{\sqrt{a}}} \times \sqrt{\sqrt[4]{a}}$

$$= \sqrt{a} \times \sqrt[4]{a} \times \sqrt[8]{a} \times \sqrt[8]{a}$$

$$= a^{\frac{1}{2}} \times a^{\frac{1}{4}} \times a^{\frac{1}{8}} \times a^{\frac{1}{8}}$$

$$= a^{\frac{1}{2} + \frac{1}{4} + \frac{1}{8} + \frac{1}{8}} = a^1$$

● 정답 및 풀이 **4쪽**

14 다음을 만족시키는 유리수 k의 값을 구하시오. (단, $a > 0$, $a \neq 1$)

(1) $\sqrt[3]{a^2} \div \sqrt[4]{a} \times \sqrt[12]{a} = a^k$ 　　　　　　(2) $\sqrt[3]{a^2} = \sqrt[4]{a\sqrt{a^k}}$

15 $\sqrt[3]{6\sqrt{6} \times \dfrac{6}{\sqrt[4]{6}}} = 6^k$일 때, 유리수 k의 값을 구하시오.

16 100 이하의 자연수 n에 대하여 $\sqrt[5]{2^n}$이 자연수가 되도록 하는 n의 개수를 구하시오.

● 더 다양한 문제는 **RPM** 대수 11쪽

 07 **지수를 변형하여 문자로 나타내기**

$2^6=a$, $3^5=b$라 할 때, 다음을 a, b를 이용하여 나타내시오.

(1) 6^{11} (2) 18^5

풀이 $2^6=a$에서 $2=a^{\frac{1}{6}}$, $3^5=b$에서 $3=b^{\frac{1}{5}}$이므로

(1) $6^{11}=(2\times3)^{11}=2^{11}\times3^{11}=(a^{\frac{1}{6}})^{11}(b^{\frac{1}{5}})^{11}=\boldsymbol{a^{\frac{11}{6}}b^{\frac{11}{5}}}$

(2) $18^5=(2\times3^2)^5=2^5\times3^{10}=(a^{\frac{1}{6}})^5(b^{\frac{1}{5}})^{10}=\boldsymbol{a^{\frac{5}{6}}b^2}$

● 더 다양한 문제는 **RPM** 대수 11쪽

 08 **지수법칙과 곱셈 공식, 인수분해 공식**

다음 식을 간단히 하시오. (단, $x>0$, $y>0$)

(1) $(x+y^{-1})\div(x^{\frac{1}{3}}+y^{-\frac{1}{3}})$ (2) $(x^{\frac{1}{4}}+y^{-\frac{1}{4}})(x^{\frac{1}{4}}-y^{-\frac{1}{4}})(x^{\frac{1}{2}}+y^{-\frac{1}{2}})$

풀이   (1) $(x+y^{-1})\div(x^{\frac{1}{3}}+y^{-\frac{1}{3}})=\{(x^{\frac{1}{3}})^3+(y^{-\frac{1}{3}})^3\}\div(x^{\frac{1}{3}}+y^{-\frac{1}{3}})$

$\qquad\qquad =\dfrac{(x^{\frac{1}{3}}+y^{-\frac{1}{3}})(x^{\frac{2}{3}}-x^{\frac{1}{3}}y^{-\frac{1}{3}}+y^{-\frac{2}{3}})}{x^{\frac{1}{3}}+y^{-\frac{1}{3}}}=\boldsymbol{x^{\frac{2}{3}}-x^{\frac{1}{3}}y^{-\frac{1}{3}}+y^{-\frac{2}{3}}}$

(2) $(x^{\frac{1}{4}}+y^{-\frac{1}{4}})(x^{\frac{1}{4}}-y^{-\frac{1}{4}})(x^{\frac{1}{2}}+y^{-\frac{1}{2}})=\{(x^{\frac{1}{4}})^2-(y^{-\frac{1}{4}})^2\}(x^{\frac{1}{2}}+y^{-\frac{1}{2}})$

$\qquad\qquad =(x^{\frac{1}{2}}-y^{-\frac{1}{2}})(x^{\frac{1}{2}}+y^{-\frac{1}{2}})=(x^{\frac{1}{2}})^2-(y^{-\frac{1}{2}})^2$

$\qquad\qquad =x-y^{-1}=\boldsymbol{x-\dfrac{1}{y}}$

KEY Point

• $a>0$, $b>0$이고 x, y가 실수일 때

① $(a^x+b^y)(a^x-b^y)=a^{2x}-b^{2y}$

② $(a^x\pm b^y)^2=a^{2x}\pm2a^xb^y+b^{2y}$ (복호동순)

③ $(a^x\pm b^y)(a^{2x}\mp a^xb^y+b^{2y})=a^{3x}\pm b^{3y}$ (복호동순)

● 정답 및 풀이 **5쪽**

 17 $2^3=a$, $3^4=b$라 할 때, 12^8을 a, b를 이용하여 나타내시오.

18 $a=\sqrt[3]{6}$, $b=\sqrt{7}$이라 할 때, $\sqrt[9]{42}$를 a, b를 이용하여 나타내시오.

19   다음 식을 간단히 하시오. (단, $a>0$, $b>0$)

(1) $(a^{\frac{1}{3}}-b^{\frac{1}{3}})(a^{\frac{2}{3}}+a^{\frac{1}{3}}b^{\frac{1}{3}}+b^{\frac{2}{3}})$ (2) $(3^{\frac{1}{2}}+1)(3^{\frac{1}{2}}-1)(8^{\frac{1}{6}}+1)(8^{\frac{1}{6}}-1)$

— 더 다양한 문제는 **RPM** 대수 12쪽 ─

필수 09 **지수법칙과 곱셈 공식을 이용하여 식의 값 구하기 (1)**

$x^{\frac{1}{2}}+x^{-\frac{1}{2}}=3$일 때, 다음 식의 값을 구하시오. (단, $x>0$)

(1) $x+x^{-1}$ (2) x^2+x^{-2} (3) $x^{\frac{3}{2}}+x^{-\frac{3}{2}}$

풀이 (1) $x^{\frac{1}{2}}+x^{-\frac{1}{2}}=3$의 양변을 제곱하면
$$x+2+x^{-1}=9 \quad \therefore x+x^{-1}=\mathbf{7}$$
(2) $x+x^{-1}=7$의 양변을 제곱하면
$$x^2+2+x^{-2}=49 \quad \therefore x^2+x^{-2}=\mathbf{47}$$
(3) $x^{\frac{1}{2}}+x^{-\frac{1}{2}}=3$의 양변을 세제곱하면
$$(x^{\frac{1}{2}})^3+(x^{-\frac{1}{2}})^3+3(x^{\frac{1}{2}}+x^{-\frac{1}{2}})=27$$
$$x^{\frac{3}{2}}+x^{-\frac{3}{2}}+3\times 3=27 \quad \therefore x^{\frac{3}{2}}+x^{-\frac{3}{2}}=\mathbf{18}$$

— 더 다양한 문제는 **RPM** 대수 12쪽 ─

필수 10 **지수법칙과 곱셈 공식을 이용하여 식의 값 구하기 (2)**

$a=2^{\frac{1}{3}}+2^{-\frac{1}{3}}$일 때, $2a^3-6a+5$의 값을 구하시오.

풀이 $a=2^{\frac{1}{3}}+2^{-\frac{1}{3}}$의 양변을 세제곱하면
$$a^3=(2^{\frac{1}{3}}+2^{-\frac{1}{3}})^3=(2^{\frac{1}{3}})^3+(2^{-\frac{1}{3}})^3+3(2^{\frac{1}{3}}+2^{-\frac{1}{3}})$$
$$=2+\frac{1}{2}+3a=\frac{5}{2}+3a$$
즉 $a^3-3a=\frac{5}{2}$이므로 $2a^3-6a+5=2(a^3-3a)+5=2\times\frac{5}{2}+5=\mathbf{10}$

KEY Point

• $x>0$일 때
① $(x^{\frac{1}{2}}+x^{-\frac{1}{2}})^2=x+x^{-1}+2$ ② $(x+x^{-1})^2=x^2+x^{-2}+2$
③ $(x^{\frac{1}{2}}+x^{-\frac{1}{2}})^3=x^{\frac{3}{2}}+x^{-\frac{3}{2}}+3(x^{\frac{1}{2}}+x^{-\frac{1}{2}})$

● 정답 및 풀이 **5쪽**

 20 $x^{\frac{1}{2}}-x^{-\frac{1}{2}}=1$일 때, x^3+x^{-3}의 값을 구하시오. (단, $x>0$)

21 $a^{\frac{1}{2}}+a^{-\frac{1}{2}}=4$일 때, $\dfrac{a^{\frac{3}{2}}+a^{-\frac{3}{2}}-4}{a^2+a^{-2}-2}$의 값을 구하시오. (단, $a>0$)

22 $x=4^{\frac{1}{3}}+2^{\frac{1}{3}}$일 때, x^3-6x의 값을 구하시오.

필수 11 $\dfrac{a^x - a^{-x}}{a^x + a^{-x}}$의 꼴의 식의 값 구하기

$a^{2x} = 5$일 때, 다음 식의 값을 구하시오. (단, $a > 0$)

(1) $\dfrac{a^x - a^{-x}}{a^x + a^{-x}}$　　　　　　　　　　(2) $\dfrac{a^{3x} + a^{-3x}}{a^x + a^{-x}}$

설명 구하는 식의 분모, 분자에 각각 a^x을 곱하여 a^{2x}을 포함한 식으로 변형한다.

풀이 　(1) $\dfrac{a^x - a^{-x}}{a^x + a^{-x}} = \dfrac{a^x(a^x - a^{-x})}{a^x(a^x + a^{-x})} = \dfrac{a^{2x} - 1}{a^{2x} + 1} = \dfrac{5-1}{5+1} = \dfrac{2}{3}$

　(2) $\dfrac{a^{3x} + a^{-3x}}{a^x + a^{-x}} = \dfrac{a^x(a^{3x} + a^{-3x})}{a^x(a^x + a^{-x})} = \dfrac{a^{4x} + a^{-2x}}{a^{2x} + 1} = \dfrac{(a^{2x})^2 + (a^{2x})^{-1}}{a^{2x} + 1} = \dfrac{5^2 + \dfrac{1}{5}}{5+1} = \dfrac{21}{5}$

필수 12 **지수를 변형하여 식의 값 구하기**

$13^x = 27$, $117^y = 81$일 때, $\dfrac{3}{x} - \dfrac{4}{y}$의 값을 구하시오.

설명 다음을 이용하여 식을 변형한 후 지수법칙을 이용하여 필요한 식을 유도한다.

$$a^x = b \Longleftrightarrow a = b^{\frac{1}{x}} \ (\text{단, } a > 0, \ b > 0, \ x \neq 0)$$

풀이 　$13^x = 27$에서　$13 = 27^{\frac{1}{x}} = (3^3)^{\frac{1}{x}} = 3^{\frac{3}{x}}$　　$\cdots\cdots$ ㉠

　　　$117^y = 81$에서　$117 = 81^{\frac{1}{y}} = (3^4)^{\frac{1}{y}} = 3^{\frac{4}{y}}$　　$\cdots\cdots$ ㉡

　　　㉠$\div$㉡을 하면　$\dfrac{13}{117} = 3^{\frac{3}{x}} \div 3^{\frac{4}{y}}$

　　　$\dfrac{1}{9} = 3^{\frac{3}{x} - \frac{4}{y}}$,　　$3^{-2} = 3^{\frac{3}{x} - \frac{4}{y}}$　　$\therefore \dfrac{3}{x} - \dfrac{4}{y} = -2$

• 정답 및 풀이 **5**쪽

23 $x^{-2} = 6$일 때, $\dfrac{x^3 - x^{-3}}{x + x^{-1}}$의 값을 구하시오.

24 $9^x = 2$일 때, $\dfrac{27^x - 27^{-x}}{3^x + 3^{-x}}$의 값을 구하시오.

25 $\dfrac{a^x + a^{-x}}{a^x - a^{-x}} = 2$일 때, a^x의 값을 구하시오. (단, $a > 0$)

26 $4^x = 9^y = 6^z$일 때, $\dfrac{1}{x} + \dfrac{1}{y} - \dfrac{2}{z}$의 값을 구하시오. (단, $xyz \neq 0$)

27 8의 세제곱근 중 실수인 것을 a, -64의 세제곱근 중 실수인 것을 b라 하자. $a+b$가 실수 x의 세제곱근일 때, x의 값을 구하시오.

n이 홀수일 때, a의 n제곱근 중 실수인 것은
$\sqrt[n]{a}$

28 보기에서 옳은 것만을 있는 대로 고르시오.

> 보기
> ㄱ. $\sqrt{16}$의 네제곱근은 ± 2, $\pm 2i$이다.
> ㄴ. $\sqrt[3]{-125} = -5$
> ㄷ. -49의 네제곱근 중 실수인 것은 ± 7이다.
> ㄹ. -11의 세제곱근 중 실수인 것은 $-\sqrt[3]{11}$이다.

a의 n제곱근
$\iff$ 방정식 $x^n = a$의 근

29 세 수 $A = \sqrt{2 \times \sqrt[3]{3}}$, $B = \sqrt[3]{3\sqrt{2}}$, $C = \sqrt[3]{2\sqrt{3}}$ 의 대소를 비교하시오.

$a > 0$, $b > 0$일 때
$a > b \iff \sqrt[n]{a} > \sqrt[n]{b}$

30 $a > 0$일 때, $\sqrt[4]{81a\sqrt{a}} \div \sqrt[8]{a^3}$ 을 간단히 하시오.

31 $\sqrt{2} \times \sqrt[3]{3} \times \sqrt[4]{4} \times \sqrt[6]{6} = 2^a \times 3^b$일 때, 유리수 a, b에 대하여 $a+b$의 값을 구하시오.

32 $\sqrt[3]{a\sqrt{a\sqrt[4]{a\sqrt[3]{a}}}} = a^k$일 때, 유리수 k의 값을 구하시오.

(단, $a > 0$, $a \neq 1$)

생각해 봅시다! 💡

33 $a^{\frac{1}{2}}-a^{-\frac{1}{2}}=3$일 때, $\dfrac{a^{\frac{3}{2}}-a^{-\frac{3}{2}}+9}{a+a^{-1}+4}$의 값을 구하시오. (단, $a>0$)

34 $x=\sqrt[3]{9}-\sqrt[3]{3}$일 때, $2x^3+18x-5$의 값을 구하시오.

35 $a\neq0$일 때, $\dfrac{a^2+a^4+a^6+a^8+a^{10}}{a^{-1}+a^{-3}+a^{-5}+a^{-7}+a^{-9}}$을 간단히 하시오.

STEP 2

36 2 이상의 자연수 n에 대하여 실수 a의 n제곱근 중 실수의 개수를 $f_n(a)$라 할 때, $f_3(-2)-f_4(8)+f_5(4)$의 값을 구하시오.

<u>평가원</u> 기출
37 자연수 n이 $2\leq n\leq11$일 때, $-n^2+9n-18$의 n제곱근 중에서 음의 실수가 존재하도록 하는 모든 n의 값의 합은?

① 31   ② 33   ③ 35   ④ 37   ⑤ 39

38 $(\sqrt[3]{3^4})^{\frac{1}{3}}$이 어떤 자연수의 n제곱근이 되도록 하는 두 자리 자연수 n의 개수를 구하시오.

어떤 자연수를 x라 하면
$\{(\sqrt[3]{3^4})^{\frac{1}{3}}\}^n=x$

39 이차방정식 $x^2-6x+2=0$의 두 근을 2^a, 2^b이라 할 때, 8^a+8^b의 값을 구하시오.

이차방정식 $px^2+qx+r=0$의 두 근이 α, β이면
$\alpha+\beta=-\dfrac{q}{p}$, $\alpha\beta=\dfrac{r}{p}$

40 이차방정식 $x^2-4x+1=0$의 한 근을 α라 할 때, $\alpha^2-\alpha^{-2}$의 값을 구하시오. (단, $a>2$)

41 $2^x=5^y=10^z$일 때, $xy-yz-zx$의 값을 구하시오. (단, $xyz\neq0$)

$a^x=k\Longleftrightarrow a=k^{\frac{1}{x}}$
  (단, $a>0$, $k>0$, $x\neq0$)

42 $5^x=80^y=a^z=10$이고 $\dfrac{1}{x}+\dfrac{1}{y}-\dfrac{1}{z}=2$일 때, 양수 a의 값을 구하시오.

실력 UP⁺

43 $\left(x^{\frac{1}{a-b}}\right)^{\frac{1}{b-c}}\times\left(x^{\frac{1}{b-c}}\right)^{\frac{1}{c-a}}\times\left(x^{\frac{1}{c-a}}\right)^{\frac{1}{a-b}}$ 을 간단히 하시오.
(단, $x>0$, $a\neq b$, $b\neq c$, $c\neq a$)

44 세 양수 a, b, c에 대하여 $a^6=5$, $b^5=7$, $c^2=11$일 때, $(abc)^n$이 자연수가 되도록 하는 자연수 n의 최솟값을 구하시오.

네 자연수 m, p, q, r에 대하여 $\dfrac{m}{p}$, $\dfrac{m}{q}$, $\dfrac{m}{r}$이 모두 자연수이다.
⇨ m은 p, q, r의 공배수이다.

45 양수 a에 대하여 $f(x)=\dfrac{a^x-a^{-x}}{a^x+a^{-x}}$이라 할 때, $f(p)=\dfrac{1}{2}$, $f(q)=\dfrac{1}{3}$이다. 이때 $f(p+q)$의 값을 구하시오.

I

지수함수와 로그함수

이 단원에서는

지수를 이용하여 로그라는 새로운 개념을 정의하고, 로그의 여러 가지 성질을 학습합니다. 특히 실생활과 밀접한 관련이 있는 밑이 10인 로그와 관련된 다양한 문제를 풀어 봅니다.

개념원리 이해

01 로그

1 로그의 정의 ⚲ 필수 01

$a>0$, $a\neq1$일 때, 양수 N에 대하여 $a^x=N$을 만족시키는 실수 x는 오직 하나 존재한다. 이 실수 x를 $\log_a N$과 같이 나타내고, a를 **밑**으로 하는 N의 **로그**라 한다. 이때 N을 $\log_a N$의 **진수**라 한다.

$$a^x=N \iff x=\log_a N \leftarrow \text{진수}$$
$$\uparrow \text{밑}$$

▶ log는 영어 logarithm의 약자이고 '로그'라 읽는다.

설명 $2^x=8$을 만족시키는 x의 값은 3임을 쉽게 알 수 있지만, $2^x=5$를 만족시키는 x의 값은 쉽게 구할 수 없으므로 기호 log를 이용하여 $x=\log_2 5$와 같이 나타낸다.

보기 ▶ $3^2=9 \iff 2=\log_3 9$, $9^{\frac{1}{2}}=3 \iff \frac{1}{2}=\log_9 3$

2 $\log_a N$이 정의되기 위한 조건 ⚲ 필수 02

$\log_a N$이 정의되기 위한 조건은 다음과 같다.
(1) **밑의 조건: $a>0$, $a\neq1$**　　　　　　(2) **진수의 조건: $N>0$**

설명 (1) 밑의 조건
　　(i) $a<0$인 경우
　　　　$\log_{-2} 3=x$라 하면　　$(-2)^x=3$
　　　　그런데 x가 어떤 값을 갖더라도 $(-2)^x$은 결코 3이 될 수 없으므로 $a<0$일 수 없다.
　　(ii) $a=0$인 경우
　　　　$\log_0 3=x$라 하면　　$0^x=3$
　　　　그런데 x가 어떤 값을 갖더라도 0^x은 결코 3이 될 수 없으므로 $a=0$일 수 없다.
　　(iii) $a=1$인 경우
　　　　$\log_1 3=x$라 하면　　$1^x=3$
　　　　그런데 x가 어떤 값을 갖더라도 1^x은 결코 3이 될 수 없으므로 $a=1$일 수 없다.
　　이상에서 $\log_a N$의 밑 a는 1이 아닌 양수이어야 한다.　→ $a>0$, $a\neq1$
　(2) 진수의 조건
　　　$\log_3(-4)=x$라 하면　　$3^x=-4$
　　　$\log_3 0=x$라 하면　　$3^x=0$
　　　그런데 3^x은 항상 양수이므로 $3^x=-4$, $3^x=0$을 만족시키는 x의 값은 존재하지 않는다.
　　　따라서 $\log_3(-4)$, $\log_3 0$과 같은 수는 정의되지 않는다.
　　　즉 $\log_a N$의 진수 N은 양수이어야 한다.　→ $N>0$

보기 ▶ $\log_{x-1}(4-x)$가 정의되도록 하는 실수 x의 값의 범위는
　(i) (밑)>0, (밑)$\neq1$에서　　$x-1>0$, $x-1\neq1$　　∴ $x>1$, $x\neq2$　　…… ㉠
　(ii) (진수)>0에서　　$4-x>0$　　∴ $x<4$　　…… ㉡
　㉠, ㉡의 공통부분은　　$1<x<2$ 또는 $2<x<4$

개념원리 익히기

> 🖋 **알아둡시다!**
>
> $a^x = N \Longleftrightarrow x = \log_a N$
> (단, $a > 0$, $a \neq 1$, $N > 0$)

46 다음 등식을 $x = \log_a N$의 꼴로 나타내시오.

(1) $4^2 = 16$ (2) $10^{-3} = 0.001$

(3) $4^0 = 1$ (4) $5^1 = 5$

(5) $5^{\frac{1}{2}} = \sqrt{5}$ (6) $(\sqrt{3})^4 = 9$

47 다음 등식을 $a^x = N$의 꼴로 나타내시오.

(1) $\log_3 81 = 4$ (2) $\log_{\sqrt{2}} 4 = 4$

(3) $\log_{\frac{1}{3}} \frac{1}{27} = 3$ (4) $\log_5 1 = 0$

48 다음 값을 구하시오.

(1) $\log_2 16$ (2) $\log_3 \frac{1}{81}$

(3) $\log_4 64$ (4) $\log_{\frac{1}{5}} 125$

49 다음 등식을 만족시키는 N의 값을 구하시오.

(1) $\log_3 N = -2$ (2) $\log_{\frac{1}{4}} N = 3$

(3) $\log_2 N = 1$ (4) $\log_6 N = 0$

50 다음이 정의되도록 하는 실수 x의 값의 범위를 구하시오.

(1) $\log_2 (x+4)$ (2) $\log_{2x} 5$

> $\log_a N$이 정의되기 위한 조건
> ⇨ $a > 0$, $a \neq 1$, $N > 0$

 **01** **로그의 정의**

다음 등식을 만족시키는 x의 값을 구하시오.

(1) $\log_{16} x = \dfrac{1}{2}$ (2) $\log_x 9 = 2$ (3) $\log_{\sqrt{2}} 16 = x$

(4) $\log_{\frac{1}{4}} x^2 = 0$ (5) $\log_x 27 = -\dfrac{3}{2}$ (6) $\log_4 (\log_{16} x) = -1$

설명 $\log_a N = x \Longleftrightarrow a^x = N$ (단, $a>0$, $a \neq 1$, $N>0$)

풀이

(1) $\log_{16} x = \dfrac{1}{2}$에서 $x = 16^{\frac{1}{2}} = (4^2)^{\frac{1}{2}} = \mathbf{4}$

(2) $\log_x 9 = 2$에서 $x^2 = 9$이고, 밑의 조건에서 $x > 0$이므로 $x = \mathbf{3}$

(3) $\log_{\sqrt{2}} 16 = x$에서 $(\sqrt{2})^x = 16$, $2^{\frac{x}{2}} = 2^4$, $\dfrac{x}{2} = 4$ $\therefore x = \mathbf{8}$

(4) $\log_{\frac{1}{4}} x^2 = 0$에서 $x^2 = \left(\dfrac{1}{4}\right)^0 = 1$ $\therefore x = \mathbf{\pm 1}$

(5) $\log_x 27 = -\dfrac{3}{2}$에서 $x^{-\frac{3}{2}} = 27$ $\therefore x = (27)^{-\frac{2}{3}} = (3^3)^{-\frac{2}{3}} = 3^{-2} = \mathbf{\dfrac{1}{9}}$

(6) $\log_4 (\log_{16} x) = -1$에서 $\log_{16} x = 4^{-1} = \dfrac{1}{4}$ $\therefore x = 16^{\frac{1}{4}} = (2^4)^{\frac{1}{4}} = \mathbf{2}$

필수 **02** **로그의 밑과 진수의 조건**

다음이 정의되도록 하는 실수 x의 값의 범위를 구하시오.

(1) $\log_4 (x-2)^2$ (2) $\log_{x-3} (-x^2 + 5x - 4)$

설명 $\log_a N$이 정의되기 위한 조건 $\Rightarrow a>0$, $a \neq 1$, $N>0$

풀이

(1) 진수의 조건에서 $(x-2)^2 > 0$ $\therefore$ $x \neq 2$인 모든 실수

(2) 밑의 조건에서 $x-3>0$, $x-3 \neq 1$ $\therefore x>3$, $x \neq 4$ ...... ㉠

진수의 조건에서 $-x^2 + 5x - 4 > 0$

$x^2 - 5x + 4 < 0$, $(x-1)(x-4) < 0$ $\therefore 1 < x < 4$ ...... ㉡

㉠, ㉡의 공통부분은 $\mathbf{3 < x < 4}$

● 정답 및 풀이 10쪽

 51 다음 등식을 만족시키는 x의 값을 구하시오.

(1) $\log_8 0.25 = x$ (2) $\log_{0.1} 0.001 = x$ (3) $\log_x 81 = -\dfrac{4}{3}$

(4) $\log_{\frac{1}{\sqrt{2}}} x = -2$ (5) $\log_4 \{\log_3 (\log_2 x)\} = 0$

52 $\log_a 27 = -2$, $\log_{\sqrt{3}} b = 3$일 때, ab의 값을 구하시오.

53 $\log_{x-2} (-x^2 + 8x - 7)$이 정의되도록 하는 모든 자연수 x의 값의 합을 구하시오.

개념원리 이해

02 로그의 성질

1 로그의 성질   ∽ 필수 03~05

$a>0$, $a\neq1$, $M>0$, $N>0$일 때

(1) $\log_a 1=0$, $\log_a a=1$

(2) $\log_a MN=\log_a M+\log_a N$

(3) $\log_a \dfrac{M}{N}=\log_a M-\log_a N$

(4) $\log_a M^k=k\log_a M$ (단, k는 실수이다.)

증명   (1) $a^0=1$, $a^1=a$이므로 로그의 정의에 의하여

$$\log_a 1=0, \ \log_a a=1$$

(2) $\log_a M=x$, $\log_a N=y$라 하면 로그의 정의에 의하여

$$a^x=M, \ a^y=N \quad \therefore MN=a^x a^y=a^{x+y}$$

따라서 로그의 정의에 의하여

$$\log_a MN=x+y=\log_a M+\log_a N$$

(3) $\log_a M=x$, $\log_a N=y$라 하면 로그의 정의에 의하여

$$a^x=M, \ a^y=N \quad \therefore \frac{M}{N}=\frac{a^x}{a^y}=a^{x-y}$$

따라서 로그의 정의에 의하여

$$\log_a \frac{M}{N}=x-y=\log_a M-\log_a N$$

(4) $\log_a M=x$라 하면 로그의 정의에 의하여

$$a^x=M \quad \therefore M^k=(a^x)^k=a^{kx}$$

따라서 로그의 정의에 의하여

$$\log_a M^k=kx=k\log_a M$$

보기 ▶ (1) $\log_{10} 1=0$, $\log_3 3=1$

(2) $\log_2 15=\log_2(3\times5)=\log_2 3+\log_2 5$

(3) $\log_2 \dfrac{5}{3}=\log_2 5-\log_2 3$

(4) $\log_3 4=\log_3 2^2=2\log_3 2$

주의   다음은 잘못된 계산이다.

(1) $\log_a 1=1$ (×)   → $\log_a 1=0$

(2) $\log_a(M+N)=\log_a M+\log_a N$ (×)

     $\log_a M\times\log_a N=\log_a(M+N)$ (×)   → $\log_a MN=\log_a M+\log_a N$

(3) $\log_a(M-N)=\log_a M-\log_a N$ (×)

     $\dfrac{\log_a M}{\log_a N}=\log_a(M-N)$ (×)   → $\log_a \dfrac{M}{N}=\log_a M-\log_a N$

(4) $(\log_a M)^k=k\log_a M$ (×)   → $\log_a M^k=k\log_a M$

2 로그의 밑의 변환 공식   ∽ 필수 04

$\log_a b$에서 밑을 a가 아닌 다른 수로 바꿀 때, 다음과 같은 로그의 밑의 변환 공식을 이용한다.

> $a>0$, $a\neq1$, $b>0$일 때
>
> (1) $\log_a b = \dfrac{\log_c b}{\log_c a}$ (단, $c>0$, $c\neq1$)   (2) $\log_a b = \dfrac{1}{\log_b a}$ (단, $b\neq1$)

증명 (1) $\log_a b = x$, $\log_c a = y$라 하면 $b=a^x$, $a=c^y$이므로 $b=a^x=(c^y)^x=c^{xy}$

로그의 정의에 의하여 $xy=\log_c b$이므로 $\log_a b \times \log_c a = \log_c b$

이때 $a\neq1$에서 $\log_c a \neq 0$이므로 양변을 $\log_c a$로 나누면 $\log_a b = \dfrac{\log_c b}{\log_c a}$

(2) (1)에서 $c=b$라 하면 $\log_a b = \dfrac{\log_b b}{\log_b a} = \dfrac{1}{\log_b a}$

보기 ▶ (1) $\log_5 4 = \dfrac{\log_3 4}{\log_3 5}$ (2) $\log_2 5 = \dfrac{1}{\log_5 2}$

3 로그의 여러 가지 성질   ∽ 필수 04, 05

> 1이 아닌 세 양수 a, b, c에 대하여
>
> (1) $\log_a b \times \log_b a = 1$, $\log_a b \times \log_b c \times \log_c a = 1$
>
> (2) $\log_{a^m} b^n = \dfrac{n}{m} \log_a b$ (단, $m\neq0$)
>
> (3) $a^{\log_a b} = b$ (4) $a^{\log_c b} = b^{\log_c a}$

➤ 양수 x, y, a에 대하여 $x=y$이면 $\log_a x = \log_a y$이다. (단, $a\neq1$)

증명 (1) 로그의 밑의 변환 공식을 이용하여 밑을 x ($x>0$, $x\neq1$)로 변형하면

$$\log_a b \times \log_b c \times \log_c a = \frac{\log_x b}{\log_x a} \times \frac{\log_x c}{\log_x b} \times \frac{\log_x a}{\log_x c} = 1$$

(2) 로그의 밑의 변환 공식을 이용하여 밑을 a로 변형하면

$$\log_{a^m} b^n = \frac{\log_a b^n}{\log_a a^m} = \frac{n\log_a b}{m\log_a a} = \frac{n}{m}\log_a b$$

(3) $a^{\log_a b}$에 a를 밑으로 하는 로그를 취하면 $\log_a a^{\log_a b} = \log_a b \times \log_a a = \log_a b$

즉 $\log_a a^{\log_a b} = \log_a b$이므로 $a^{\log_a b} = b$

(4) $a^{\log_c b}$에 c를 밑으로 하는 로그를 취하면

$\log_c a^{\log_c b} = \log_c b \times \log_c a = \log_c a \times \log_c b = \log_c b^{\log_c a}$

즉 $\log_c a^{\log_c b} = \log_c b^{\log_c a}$이므로 $a^{\log_c b} = b^{\log_c a}$

보기 ▶ (1) $\log_2 3 \times \log_3 2 = 1$, $\log_2 3 \times \log_3 4 \times \log_4 2 = 1$

(2) $\log_4 125 = \log_{2^2} 5^3 = \dfrac{3}{2} \log_2 5$

(3) $10^{\log_{10} 2} = 2$ (4) $3^{\log_4 5} = 5^{\log_4 3}$

참고 정수 n에 대하여 $n \leq \log_a N < n+1$일 때

(1) $\log_a N$의 정수 부분: n

(2) $\log_a N$의 소수 부분: $\log_a N - n$

54 다음 값을 구하시오.

(1) $\log_5 5$ (2) $\log_3 1$

(3) $\log_4 4$ (4) $\log_{\frac{1}{2}} 1$

$a>0$, $a\neq 1$일 때
$\log_a a = 1$
$\log_a 1 = 0$

$\boxed{\text{I -2}}$

로그

55 다음 값을 구하시오.

(1) $\log_4 8 + \log_4 2$ (2) $\log_{10} 50 - \log_{10} 5$

(3) $\log_3 \dfrac{3}{4} + \log_3 12$ (4) $\log_3 27\sqrt{3}$

$a>0$, $a\neq 1$, $M>0$, $N>0$
일 때
① $\log_a M + \log_a N$
  $= \log_a MN$
② $\log_a M - \log_a N$
  $= \log_a \dfrac{M}{N}$
③ $\log_a M^k = k\log_a M$
    (단, k는 실수이다.)

56 $\log_{10} 2 = a$, $\log_{10} 3 = b$라 할 때, 다음을 a, b로 나타내시오.

(1) $\log_{10} 6$ (2) $\log_{10} 18$

(3) $\log_{10} 5$ (4) $\log_{10} \dfrac{9}{8}$

57 다음 값을 구하시오.

(1) $\log_{16} 8$ (2) $\log_{1000} \dfrac{1}{10}$

(3) $2^{\log_2 5}$ (4) $4^{\log_2 9}$

$a>0$, $a\neq 1$, $b>0$, $c>0$,
$c\neq 1$일 때
① $\log_{a^m} b^n = \dfrac{n}{m} \log_a b$
      (단, $m\neq 0$)
② $a^{\log_c b} = b^{\log_c a}$

58 다음을 밑이 10인 로그로 나타내시오.

(1) $\log_7 2$ (2) $\log_3 8$ (3) $\log_3 100$

$a>0$, $a\neq 1$, $b>0$, $c>0$,
$c\neq 1$일 때
$\log_a b = \dfrac{\log_c b}{\log_c a}$

03 **로그의 성질**

다음 값을 구하시오.

(1) $\log_7 25 + 2\log_7 \dfrac{1}{5}$

(2) $\dfrac{1}{3}\log_2 32 + \log_2 \sqrt[3]{2}$

(3) $\log_3 2 - 2\log_3 6 + 2\log_3 \sqrt{18}$

(4) $\log_{10} \dfrac{1}{4} - \log_{10} 9 - 2\log_{10} \dfrac{5}{3}$

풀이

(1) $\log_7 25 + 2\log_7 \dfrac{1}{5} = \log_7 5^2 + 2\log_7 5^{-1} = 2\log_7 5 - 2\log_7 5 = \mathbf{0}$

(2) $\dfrac{1}{3}\log_2 32 + \log_2 \sqrt[3]{2} = \dfrac{1}{3}\log_2 2^5 + \log_2 2^{\frac{1}{3}} = \dfrac{5}{3} + \dfrac{1}{3} = \mathbf{2}$

(3) $\log_3 2 - 2\log_3 6 + 2\log_3 \sqrt{18} = \log_3 2 - \log_3 6^2 + \log_3 (\sqrt{18})^2$

$\qquad = \log_3 (2 \div 36 \times 18) = \log_3 1 = \mathbf{0}$

(4) $\log_{10} \dfrac{1}{4} - \log_{10} 9 - 2\log_{10} \dfrac{5}{3} = \log_{10} \dfrac{1}{4} - \log_{10} 9 - \log_{10} \left(\dfrac{5}{3}\right)^2 = \log_{10} \left\{ \dfrac{1}{4} \div 9 \div \left(\dfrac{5}{3}\right)^2 \right\}$

$\qquad = \log_{10} \left(\dfrac{1}{4} \times \dfrac{1}{9} \times \dfrac{9}{25} \right) = \log_{10} \dfrac{1}{100} = \log_{10} 10^{-2} = \mathbf{-2}$

다른 풀이

(3) $\log_3 2 - 2\log_3 6 + 2\log_3 \sqrt{18} = \log_3 2 - 2\log_3 (2 \times 3) + 2\log_3 (2 \times 3^2)^{\frac{1}{2}}$

$\qquad = \log_3 2 - 2(\log_3 2 + \log_3 3) + \log_3 2 + \log_3 3^2$

$\qquad = \log_3 2 - 2\log_3 2 - 2 + \log_3 2 + 2 = 0$

(4) $\log_{10} \dfrac{1}{4} - \log_{10} 9 - 2\log_{10} \dfrac{5}{3} = \log_{10} 2^{-2} - \log_{10} 3^2 - 2(\log_{10} 5 - \log_{10} 3)$

$\qquad = -2\log_{10} 2 - 2\log_{10} 3 - 2\log_{10} 5 + 2\log_{10} 3$

$\qquad = -2(\log_{10} 2 + \log_{10} 5) = -2\log_{10} (2 \times 5) = -2$

KEY **Point**

• $a > 0$, $a \neq 1$, $M > 0$, $N > 0$일 때

① $\log_a 1 = 0$, $\log_a a = 1$

② $\log_a MN = \log_a M + \log_a N$

③ $\log_a \dfrac{M}{N} = \log_a M - \log_a N$

④ $\log_a M^k = k\log_a M$ (단, k는 실수이다.)

● 정답 및 풀이 11쪽

 59 다음 값을 구하시오.

(1) $\dfrac{1}{2}\log_2 \dfrac{9}{49} - \log_2 \dfrac{3}{14}$

(2) $\dfrac{1}{2}\log_2 3 + 3\log_2 \sqrt{2} - \log_2 \sqrt{6}$

(3) $2\log_{10} \dfrac{5}{3} - \log_{10} \dfrac{7}{4} + 2\log_{10} 3 + \dfrac{1}{2}\log_{10} 49$

(4) $3\log_5 \sqrt[3]{2} + \log_5 \sqrt{10} - \dfrac{1}{2}\log_5 8$

60 $f(x) = \log_2 \left(1 - \dfrac{1}{x+2}\right)$일 때, $f(1) + f(2) + f(3) + \cdots + f(30)$의 값을 구하시오.

Ⅰ-2

로그

 04 **로그의 밑의 변환 공식과 여러 가지 성질**

다음 값을 구하시오.

(1) $\left(\log_3 2 + \log_{27} 4\right)\left(\log_{16} 9 + \log_{32} 81\right)$ (2) $3^{2\log_3 4 + \log_3 5 - 3\log_3 2}$

(3) $8^{\log_2 3} - 9^{\log_3 \sqrt{10}}$ (4) $\log_3 5 \times \log_5 7 \times \log_7 3$

풀이

(1) $\left(\log_3 2 + \log_{27} 4\right)\left(\log_{16} 9 + \log_{32} 81\right) = \left(\log_3 2 + \log_{3^3} 2^2\right)\left(\log_{2^4} 3^2 + \log_{2^5} 3^4\right)$

$\qquad = \left(\log_3 2 + \dfrac{2}{3}\log_3 2\right)\left(\dfrac{1}{2}\log_2 3 + \dfrac{4}{5}\log_2 3\right)$

$\qquad = \dfrac{5}{3}\log_3 2 \times \dfrac{13}{10}\log_2 3$

$\qquad = \dfrac{13}{6}\log_3 2 \times \log_2 3 = \dfrac{\mathbf{13}}{\mathbf{6}}$

(2) $2\log_3 4 + \log_3 5 - 3\log_3 2 = \log_3 4^2 + \log_3 5 - \log_3 2^3 = \log_3 \dfrac{16 \times 5}{8} = \log_3 10$

$\qquad \therefore\ 3^{2\log_3 4 + \log_3 5 - 3\log_3 2} = 3^{\log_3 10} = \mathbf{10}$

(3) $8^{\log_2 3} - 9^{\log_3 \sqrt{10}} = 3^{\log_2 8} - (\sqrt{10})^{\log_3 9} = 3^3 - (\sqrt{10})^2 = \mathbf{17}$

(4) $\log_3 5 \times \log_5 7 \times \log_7 3 = \dfrac{\log_{10} 5}{\log_{10} 3} \times \dfrac{\log_{10} 7}{\log_{10} 5} \times \dfrac{\log_{10} 3}{\log_{10} 7} = \mathbf{1}$

KEY Point

• 밑이 다를 때에는 밑의 변환 공식을 이용하여 밑을 같게 한다.

$\Rightarrow \log_a b = \dfrac{\log_c b}{\log_c a}$, $\log_a b = \dfrac{1}{\log_b a}$ (단, a, b, c는 1이 아닌 양수이다.)

• $\log_{a^m} b^n = \dfrac{n}{m}\log_a b$, $a^{\log_c b} = b^{\log_c a}$ (단, $a>0$, $a \neq 1$, $b>0$, $c>0$, $c \neq 1$, $m \neq 0$)

● 정답 및 풀이 **12**쪽

 61 다음 값을 구하시오.

(1) $\left(\log_2 3 + \log_8 9\right)\left(\log_9 2 + \log_{27} 16\right)$ (2) $5^{2\log_5 4 - 3\log_5 2}$

(3) $4^{\log_2 7} + 27^{\log_3 2}$ (4) $\log_2 3 \times \log_3 5 \times \log_5 6 \times \log_6 8$

62 다음을 만족시키는 양수 a의 값을 구하시오.

(1) $\log_2 3 \times \log_4 a = \log_4 3$

(2) $\left(\log_2 3 + 2\log_4 5\right)\log_{\sqrt{15}} a = 6$

05 로그의 대소 관계

세 수
$$A=2^{1+\log_2 4},\ B=\log_3 81\sqrt{3},\ C=2\log_4 64\sqrt{8}$$
의 대소 관계를 바르게 나타낸 것은?

① $A<C<B$　　　　② $B<A<C$　　　　③ $B<C<A$

④ $C<A<B$　　　　⑤ $C<B<A$

풀이　$A=2^{1+\log_2 4}=2^{1+2}=2^3=8$

$B=\log_3 81\sqrt{3}=\log_3(3^4\times 3^{\frac{1}{2}})=\log_3 3^{\frac{9}{2}}=\dfrac{9}{2}$

$C=2\log_4 64\sqrt{8}=2\log_{2^2}(2^6\times 2^{\frac{3}{2}})=\log_2 2^{\frac{15}{2}}=\dfrac{15}{2}$

　　$\therefore B<C<A$

따라서 대소 관계를 바르게 나타낸 것은 ③이다.

 06 로그의 성질의 활용

양수 $x,\ y,\ z$에 대하여 $\log_2 x+2\log_4 y+3\log_8 z=1$일 때, $\{(2^x)^y\}^z$의 값을 구하시오.

풀이　$\log_2 x+2\log_4 y+3\log_8 z=1$에서

　　$\log_2 x+2\log_{2^2} y+3\log_{2^3} z=1$

　　$\log_2 x+\log_2 y+\log_2 z=1$

　　$\log_2 xyz=1$　　$\therefore xyz=2$

　　$\therefore \{(2^x)^y\}^z=2^{xyz}=2^2=\mathbf{4}$

● 정답 및 풀이 **13**쪽

 63 세 수 $A=\dfrac{1}{3}\log_{\frac{1}{4}} 8$, $B=8^{\log_{\frac{1}{4}} 16}$, $C=\dfrac{1}{7}\log_{27} 3\sqrt{3}$의 대소를 비교하시오.

64 $a^2 b^3=1$일 때, $\log_a a^3 b^2$의 값을 구하시오. (단, $a>0$, $a\neq 1$, $b>0$)

필수 07 **로그를 문자로 나타내기; $\log_a b = c$가 주어진 경우**

$\log_{10} 2 = a$, $\log_{10} 3 = b$라 할 때, 다음을 a, b로 나타내시오.

(1) $\log_{10} 1.08$ (2) $\log_{60} 300$

설명 (1) 소인수분해를 이용하여 $\log_{10} 1.08$을 $\log_{10} 2$와 $\log_{10} 3$에 대한 식으로 나타낸다.

(2) $\log_{60} 300$을 밑이 10인 로그로 변형한다.

풀이 (1) $\log_{10} 1.08 = \log_{10} \dfrac{108}{100} = \log_{10} 108 - \log_{10} 100 = \log_{10} (2^2 \times 3^3) - \log_{10} 10^2$

$\qquad\qquad = \log_{10} 2^2 + \log_{10} 3^3 - 2 = 2\log_{10} 2 + 3\log_{10} 3 - 2$

$\qquad\qquad = \boldsymbol{2a + 3b - 2}$

(2) $\log_{60} 300 = \dfrac{\log_{10} 300}{\log_{10} 60} = \dfrac{\log_{10} (3 \times 10^2)}{\log_{10} (2 \times 3 \times 10)} = \dfrac{\log_{10} 3 + \log_{10} 10^2}{\log_{10} 2 + \log_{10} 3 + \log_{10} 10} = \dfrac{\boldsymbol{b+2}}{\boldsymbol{a+b+1}}$

필수 08 **로그를 문자로 나타내기; $a^x = b$가 주어진 경우**

$10^x = a$, $10^y = b$, $10^z = c$일 때, 다음을 x, y, z로 나타내시오. (단, $xyz \neq 0$)

(1) $\log_a b$ (2) $\log_{ab} c^2$ (3) $\log_{\sqrt{b}} c$

설명 로그의 정의를 이용하여 x, y, z를 밑이 10인 로그로 나타내고, 로그의 밑의 변환 공식을 이용하여 구하는 식을
밑이 10인 로그로 나타낸다.

풀이 $10^x = a$, $10^y = b$, $10^z = c$에서 $\qquad x = \log_{10} a$, $y = \log_{10} b$, $z = \log_{10} c$

(1) $\log_a b = \dfrac{\log_{10} b}{\log_{10} a} = \dfrac{\boldsymbol{y}}{\boldsymbol{x}}$

(2) $\log_{ab} c^2 = \dfrac{\log_{10} c^2}{\log_{10} ab} = \dfrac{2\log_{10} c}{\log_{10} a + \log_{10} b} = \dfrac{\boldsymbol{2z}}{\boldsymbol{x+y}}$

(3) $\log_{\sqrt{b}} c = \dfrac{\log_{10} c}{\log_{10} \sqrt{b}} = \dfrac{\log_{10} c}{\dfrac{1}{2} \log_{10} b} = \dfrac{\boldsymbol{2z}}{\boldsymbol{y}}$

● 정답 및 풀이 13쪽

확인체크 65 $\log_{10} 2 = a$, $\log_{10} 3 = b$라 할 때, 다음을 a, b로 나타내시오.

(1) $\log_{10} 25$ (2) $\log_{10} 0.72$

(3) $\log_{\frac{1}{10}} 15$ (4) $\log_4 \sqrt{30}$

66 $3^x = a$, $3^y = b$일 때, $\log_{a^3} \sqrt[4]{a^3 b}$를 x, y로 나타내시오. (단, $x \neq 0$)

● 더 다양한 문제는 **RPM** 대수 23쪽

필수 09 로그의 정의와 성질을 이용하여 식의 값 구하기

$25^x = 4^y = 10$일 때, $\dfrac{1}{x} + \dfrac{1}{y}$의 값을 구하시오.

풀이 $25^x = 10$에서 $x = \log_{25} 10$이므로

$$\frac{1}{x} = \frac{1}{\log_{25} 10} = \log_{10} 25$$

$4^y = 10$에서 $y = \log_4 10$이므로

$$\frac{1}{y} = \frac{1}{\log_4 10} = \log_{10} 4$$

$$\therefore \ \frac{1}{x} + \frac{1}{y} = \log_{10} 25 + \log_{10} 4$$
$$= \log_{10} (25 \times 4) = \log_{10} 10^2$$
$$= 2$$

다른 풀이 $25^x = 10$에서 $25 = 10^{\frac{1}{x}}$ ····· ㉠

$4^y = 10$에서 $4 = 10^{\frac{1}{y}}$ ····· ㉡

㉠ × ㉡을 하면 $100 = 10^{\frac{1}{x}} \times 10^{\frac{1}{y}}$

$$10^2 = 10^{\frac{1}{x} + \frac{1}{y}}$$

$$\therefore \ \frac{1}{x} + \frac{1}{y} = 2$$

 KEY Point

- $a^x = b^y = k$일 때, 로그의 정의에 의하여
  $x = \log_a k$, $y = \log_b k$ (단, a, b는 1이 아닌 양수이다.)

● 정답 및 풀이 **13**쪽

 67 $32^x = 243^y = 216$일 때, $\dfrac{1}{x} + \dfrac{1}{y}$의 값을 구하시오.

68 $3.45^x = 100$, $0.00345^y = 100$일 때, $\dfrac{1}{x} - \dfrac{1}{y}$의 값을 구하시오.

필수 10   **로그와 이차방정식**

이차방정식 $x^2-5x+5=0$의 두 실근을 α, β라 할 때, $\log_{\alpha-\beta}\alpha+\log_{\alpha-\beta}\beta$의 값을 구하시오. (단, $\alpha>\beta$)

풀이   이차방정식 $x^2-5x+5=0$의 두 실근이 α, β이므로 근과 계수의 관계에 의하여

$$\alpha+\beta=5,\ \alpha\beta=5$$

따라서 $(\alpha-\beta)^2=(\alpha+\beta)^2-4\alpha\beta=5^2-4\times5=5$이므로

$$\alpha-\beta=\sqrt{5}\ (\because\ \alpha>\beta)$$

$$\therefore\ \log_{\alpha-\beta}\alpha+\log_{\alpha-\beta}\beta=\log_{\alpha-\beta}\alpha\beta=\log_{\sqrt{5}}5=\log_{\sqrt{5}}(\sqrt{5})^2=\mathbf{2}$$

더 다양한 문제는 **RPM** 대수 25쪽

필수 11   **로그의 정수 부분과 소수 부분**

$\log_2 7$의 정수 부분을 a, 소수 부분을 b라 할 때, $4(3^a+2^b)$의 값을 구하시오.

설명 $\log_2 7=($정수 부분$)+($소수 부분$)$에서 $($소수 부분$)=\log_2 7-($정수 부분$)$

풀이 $\log_2 4=2,\ \log_2 8=3$이므로 $2<\log_2 7<3$

즉 $\log_2 7$의 정수 부분은 2이므로 $a=2$

따라서 $\log_2 7$의 소수 부분은

$$\log_2 7-2=\log_2 7-\log_2 2^2=\log_2 \frac{7}{4}\qquad \therefore\ b=\log_2\frac{7}{4}$$

$$\therefore\ 4(3^a+2^b)=4(3^2+2^{\log_2\frac{7}{4}})=4\left(9+\frac{7}{4}\right)=\mathbf{43}$$

KEY Point

- 정수 n에 대하여 $n\leq\log_a N<n+1\ (a>0,\ a\neq1,\ N>0)$일 때

  ① $\log_a N$의 정수 부분: n ② $\log_a N$의 소수 부분: $\log_a N-n$

• 정답 및 풀이 **14쪽**

69   이차방정식 $x^2-9x+3=0$의 두 실근을 α, β라 할 때, $\log_3(\alpha^{-1}+\beta^{-1})$의 값을 구하시오.

70   이차방정식 $x^2-5x+3=0$의 두 실근을 $\log_{10}\alpha$, $\log_{10}\beta$라 할 때, $\log_\alpha\beta+\log_\beta\alpha$의 값을 구하시오.

71 $\log_5 100$의 정수 부분을 a, 소수 부분을 b라 할 때, $4^a+4^{\frac{1}{b}}$의 값을 구하시오.

연습 문제

72 $x = \log_2 (2 + \sqrt{3})$일 때, $2^x + 2^{-x}$의 값을 구하시오.

73 $a = \dfrac{2}{\sqrt{3} - 1}$일 때, $\log_3 (a^3 - 1) - \log_3 (a^2 + a + 1)$의 값을 구하시오.

> 생각해 봅시다! 💡
>
> $x^3 - 1$
> $= (x-1)(x^2 + x + 1)$

74 다음을 만족시키는 상수 a의 값을 구하시오.
$$\log_a (\log_3 2) + \log_a (\log_4 3) + \log_a (\log_5 4) + \cdots + \log_a (\log_{64} 63)$$
$$= -1$$

75 $\log_a x = \dfrac{1}{4}$, $\log_b x = \dfrac{1}{5}$, $\log_c x = \dfrac{1}{6}$일 때, $\dfrac{2}{\log_{abc} x}$의 값을 구하시오.

76 세 수 $A = (\sqrt{3})^{\log_2 12 - \log_2 3}$, $B = (4\sqrt{2})^{-\log_2 \frac{\sqrt{3}}{3}}$, $C = \log_4 2 + \log_9 3$의 대소를 비교하시오.

77 $\log_5 2 = a$, $\log_5 3 = b$라 할 때, $\log_5 \sqrt{2.4}$를 a, b로 나타내시오.

> $2.4 = \dfrac{2^2 \times 3}{5}$

78 $\log_a b = \dfrac{1}{5}$일 때, $\log_{b^2} a$의 정수 부분을 구하시오.

STEP 2

79 모든 실수 x에 대하여 $\log_{a-1}(ax^2-ax+2)$가 정의되도록 하는 모든 정수 a의 값의 합을 구하시오.

생각해 봅시다!

로그가 정의되기 위한 조건
⇨ (밑)>0, (밑)$\neq 1$,
   (진수)>0

80 $\log_2(a+b)=3$, $\log_2 a+\log_2 b=3$일 때, a^3+b^3의 값을 구하시오.

81 수능 기출

두 상수 a, $b\,(1<a<b)$에 대하여 좌표평면 위의 두 점 $(a,\ \log_2 a)$, $(b,\ \log_2 b)$를 지나는 직선의 y절편과 두 점 $(a,\ \log_4 a)$, $(b,\ \log_4 b)$를 지나는 직선의 y절편이 같다. 함수 $f(x)=a^{bx}+b^{ax}$에 대하여 $f(1)=40$일 때, $f(2)$의 값은?

① 760　　② 800　　③ 840　　④ 880　　⑤ 920

두 점 $(x_1,\ y_1)$, $(x_2,\ y_2)$를 지나는 직선의 방정식은

$$y-y_1=\frac{y_2-y_1}{x_2-x_1}(x-x_1)$$
$$(\text{단, } x_1\neq x_2)$$

82 $5^x=2^y=(\sqrt[3]{10}\,)^z$일 때, $\dfrac{1}{x}+\dfrac{1}{y}-\dfrac{3}{z}$의 값을 구하시오.

$(\text{단, } xyz\neq 0)$

83 이차방정식 $x^2-3x+1=0$의 두 실근을 $\log_{10}\alpha$, $\log_{10}\beta$라 할 때, $2\log_{a^2}\beta-\dfrac{1}{3}\log_\beta \alpha^3$의 값을 구하시오. $(\text{단, } \log_{10}\alpha<\log_{10}\beta)$

이차방정식
$ax^2+bx+c=0$의 두 근이
α, β이면
$$\alpha+\beta=-\frac{b}{a},\ \alpha\beta=\frac{c}{a}$$

실력 UP⁺

84 수능 기출

$\log_4 2n^2-\dfrac{1}{2}\log_2\sqrt{n}$ 의 값이 40 이하의 자연수가 되도록 하는 자연수 n의 개수를 구하시오.

85 세 양수 a, b, c에 대하여

$$a^2=b^3=c^5,\ \log_4 a+\log_4 b+\log_4 c=31$$

일 때, $\log_8 a\times\log_8 b\times\log_8 c$의 값을 구하시오.

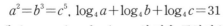

개념원리 이해

03 상용로그

1 상용로그의 정의

10을 밑으로 하는 로그를 **상용로그**라 하고, 양수 N에 대하여 상용로그 $\log_{10} N$은 보통 밑 10을 생략하여 **$\log N$**과 같이 나타낸다.

> $\log 10^n = n \log 10 = n$

보기 ▶ $\log 10 = \log_{10} 10 = 1$, $\log 1000 = \log_{10} 10^3 = 3 \log_{10} 10 = 3$,

$\log \sqrt{10} = \log_{10} 10^{\frac{1}{2}} = \frac{1}{2} \log_{10} 10 = \frac{1}{2}$, $\log 0.01 = \log_{10} 10^{-2} = -2 \log_{10} 10 = -2$

2 상용로그표

상용로그표는 0.01의 간격으로 1.00부터 9.99까지의 수에 대한 상용로그의 값을 반올림하여 소수점 아래 넷째 자리까지 나타낸 것이다.

예를 들어 $\log 5.73$의 값은 오른쪽 상용로그표에서 5.7의 가로줄과 3의 세로줄이 만나는 곳의 수 0.7582이다. 즉

$\log 5.73 = 0.7582$

이다.

수	0	1	2	**3**	$\cdots$	9
$\cdots$	$\vdots$	$\vdots$	$\vdots$	$\vdots$	$\vdots$	$\vdots$
5.7	.7559	.7566	.7574	.7582	$\cdots$	.7627
$\cdots$	$\vdots$	$\vdots$	$\vdots$	$\vdots$	$\vdots$	$\vdots$

> ① 상용로그표에서 .7582는 0.7582를 뜻한다.
> ② 상용로그표에서 상용로그의 값은 어림한 값이지만 편의상 등호를 사용하여 $\log 5.73 = 0.7582$로 나타낸다.

참고   로그의 성질과 상용로그표를 이용하면 상용로그표에 없는 양수의 상용로그의 값을 구할 수 있다.
예를 들어 상용로그표에서 $\log 5.73 = 0.7582$이므로
$\log 57.3 = \log (10 \times 5.73) = \log 10 + \log 5.73 = 1 + 0.7582 = 1.7582$
$\log 0.573 = \log (10^{-1} \times 5.73) = \log 10^{-1} + \log 5.73 = -1 + 0.7582 = -0.2418$

3 상용로그의 정수 부분과 소수 부분   ∞ 필수 13~15

임의의 양수 N에 대하여 상용로그는

$$\log N = n + \overbrace{\log a}^{\log N \text{의 소수 부분}} \ (n\text{은 정수}, \ 0 \leq \log a < 1)$$

$\underbrace{}_{\log N \text{의 정수 부분}}$

와 같이 나타낼 수 있다.

설명 $735 = 7.35 \times 10^2$, $0.0546 = 5.46 \times 10^{-2}$과 같이 임의의 양수 N은 10의 거듭제곱을 이용하여

$$N = a \times 10^n \ (1 \leq a < 10, \ n\text{은 정수})$$

의 꼴로 나타낼 수 있다.

위의 식의 양변에 상용로그를 취하면

$$\log N = \log(a \times 10^n) = \log a + \log 10^n = n + \log a$$

이고, $1 \leq a < 10$에서 $0 \leq \log a < 1$이므로 상용로그의 값은 (정수) + (0 이상 1 미만의 수)로 표현할 수 있다.
이때 $\log N$의 정수 부분은 n, 소수 부분은 $\log a$이다.

보기 ▶ (1) $\log 375 = \log(3.75 \times 10^2) = \log 3.75 + \log 10^2$

$\qquad\qquad = 2 + 0.5740$

이므로 $\log 375$의 정수 부분은 2, 소수 부분은 0.5740이다.

(2) $\log 0.0375 = \log(3.75 \times 10^{-2}) = \log 3.75 + \log 10^{-2}$

$\qquad\qquad = -2 + 0.5740$

이므로 $\log 0.0375$의 정수 부분은 -2, 소수 부분은 0.5740이다.

주의 $0 \leq (\text{소수 부분}) < 1$이므로 $\log 0.00732 = -2.1355$의 소수 부분이 -0.1355라고 생각하지 않도록 주의한다.

$\Rightarrow \log 0.00732 = -2.1355 = -2 - 0.1355 = (-2-1) + (1-0.1355) = -3 + 0.8645$

1을 빼기 ⌐ ⌐ 1을 더하기

정수 부분   소수 부분

이므로 $\log 0.00732$의 정수 부분은 -3, 소수 부분은 0.8645이다.

4 **상용로그의 정수 부분과 소수 부분의 성질**   ∽ 필수 16, 17

(1) 상용로그의 정수 부분

① 정수 부분이 n자리인 수의 상용로그의 정수 부분은 $n-1$이다.

② 소수점 아래 n째 자리에서 처음으로 0이 아닌 숫자가 나타나는 수의 상용로그의 정수 부분은 $-n$이다.

(2) 상용로그의 소수 부분

숫자의 배열이 같고 소수점의 위치만 다른 양수의 상용로그의 소수 부분은 모두 같다.

설명 (1) ① $N = 109000$일 때 N의 정수 부분은 6자리이고

$$10^5 < N < 10^6 \qquad \therefore 5 < \log N < 6$$

즉 $\log N = 5 + \alpha \ (0 < \alpha < 1)$이므로 $\log N$의 정수 부분은 5이다.

② $N = 0.00109$일 때 N은 소수점 아래 셋째 자리에서 처음으로 0이 아닌 숫자가 나타나고

$$10^{-3} < N < 10^{-2} \qquad \therefore -3 < \log N < -2$$

즉 $\log N = -3 + \alpha \ (0 < \alpha < 1)$이므로 $\log N$의 정수 부분은 -3이다.

(2) $\log 2.75 = 0.4393$에서

$\log 27.5 = \log(10 \times 2.75) = \log 10 + \log 2.75 = 1 + 0.4393$

$\log 275 = \log(10^2 \times 2.75) = \log 10^2 + \log 2.75 = 2 + 0.4393$

$\log 0.275 = \log(10^{-1} \times 2.75) = \log 10^{-1} + \log 2.75 = -1 + 0.4393$

$\log 0.0275 = \log(10^{-2} \times 2.75) = \log 10^{-2} + \log 2.75 = -2 + 0.4393$

위의 상용로그의 소수 부분은 모두 0.4393이다.

즉 진수의 숫자 배열이 같으면 소수점의 위치에 관계없이 상용로그의 소수 부분이 모두 같음을 알 수 있다.

● 정답 및 풀이 **18**쪽

 알아둡시다!

$\log 10^n = n \log 10 = n$

86 다음 값을 구하시오.

(1) $\log 10000$ (2) $\log \dfrac{1}{100}$ (3) $\log 0.001$

(4) $\log \sqrt[4]{10^3}$ (5) $\log 10\sqrt{10}$ (6) $\log \sqrt[3]{100}$

87 299~300쪽의 상용로그표를 이용하여 다음 값을 구하시오.

(1) $\log 5.16$ (2) $\log 6.6$ (3) $\log 2.48$

88 다음은 $\log 3.62 = 0.5587$임을 이용하여 $\log 362$의 값을 구하는 과정이다.

$$\log 362 = \log(3.62 \times 10^{\boxed{(가)}}) = \log 3.62 + \log 10^{\boxed{(가)}}$$
$$= \boxed{(나)} + \boxed{(가)}$$
$$= \boxed{(다)}$$

위의 과정에서 (가), (나), (다)에 알맞은 것을 구하시오.

89 $\log 3.24 = 0.5105$임을 이용하여 다음 상용로그의 값을 구하시오.

$\log(a \times 10^n) = \log a + n$

(1) $\log 3240$ (2) $\log 0.00324$ (3) $\log \sqrt[5]{324}$

90 양수 N의 상용로그의 값이 다음과 같을 때, $\log N$의 정수 부분과 소수 부분을 각각 구하시오.

(1) $\log N = 3.5593$ (2) $\log N = -0.0693$ (3) $\log N = -2.6021$

필수 12 **상용로그의 값**

$\log 2 = 0.3010$, $\log 3 = 0.4771$일 때, 다음 상용로그의 값을 구하시오.

(1) $\log 12$　　　　　　(2) $\log \dfrac{5}{2}$　　　　　　(3) $\log \sqrt{5}$

풀이 (1) $\log 12 = \log(2^2 \times 3) = 2\log 2 + \log 3 = 2 \times 0.3010 + 0.4771 = \mathbf{1.0791}$

(2) $\log \dfrac{5}{2} = \log \dfrac{10}{4} = \log 10 - 2\log 2 = 1 - 2 \times 0.3010 = \mathbf{0.3980}$

(3) $\log \sqrt{5} = \log 5^{\frac{1}{2}} = \dfrac{1}{2}\log\dfrac{10}{2} = \dfrac{1}{2}(\log 10 - \log 2) = \dfrac{1}{2} \times (1 - 0.3010) = \mathbf{0.3495}$

참고 $\log 5 = \log\dfrac{10}{2} = \log 10 - \log 2 = 1 - \log 2$

필수 13 **상용로그의 정수 부분과 소수 부분**

$\log 2.71 = 0.4330$임을 이용하여 다음 상용로그의 값을 구하고, 정수 부분과 소수 부분을 말하시오.

(1) $\log 2710$　　　　　　　　(2) $\log 0.00271$

풀이 (1) $\log 2710 = \log(2.71 \times 10^3) = \log 2.71 + \log 10^3 = 3 + 0.4330 = \mathbf{3.4330}$
따라서 **정수 부분은 3, 소수 부분은 0.4330**이다.

(2) $\log 0.00271 = \log(2.71 \times 10^{-3}) = \log 2.71 + \log 10^{-3} = -3 + 0.4330 = \mathbf{-2.5670}$
따라서 **정수 부분은 −3, 소수 부분은 0.4330**이다.

● 정답 및 풀이 **18쪽**

91 $\log 2 = 0.3010$, $\log 3 = 0.4771$일 때, 다음 상용로그의 값을 구하시오.

(1) $\log 18$　　　　　　(2) $\log \dfrac{5}{3}$　　　　　　(3) $\log \sqrt{6}$

92 $\log 5.23 = 0.7185$임을 이용하여 다음 상용로그의 값을 구하고, 정수 부분과 소수 부분을 말하시오.

(1) $\log 52.3$　　　　　　　　(2) $\log 0.0523$

93 $\log 50$의 소수 부분을 α라 할 때, 1000^α의 값을 구하시오.

● 더 다양한 문제는 **RPM** 대수 **24**쪽

 14 **상용로그의 진수 구하기**

$\log 5.67 = 0.7536$임을 이용하여 다음 등식을 만족시키는 x의 값을 구하시오.

(1) $\log x = 4.7536$ (2) $\log x = -2.2464$

풀이

(1) $\log x = 4.7536 = 4 + 0.7536$
       $= \log 10^4 + \log 5.67 = \log (5.67 \times 10^4)$
       $= \log 56700$
     $\therefore x = \mathbf{56700}$

(2) $\log x = -2.2464 = -2 - 0.2464 = -3 + 0.7536$
       $= \log 10^{-3} + \log 5.67 = \log (5.67 \times 10^{-3})$
       $= \log 0.00567$
     $\therefore x = \mathbf{0.00567}$

● 더 다양한 문제는 **RPM** 대수 **25**쪽

 15 **이차방정식과 상용로그의 정수 부분, 소수 부분**

$\log A$의 정수 부분과 소수 부분이 이차방정식 $3x^2 + 7x + k = 0$의 두 근일 때, 상수 k의 값을 구하시오.

풀이

$\log A = n + \alpha$ (n은 정수, $0 \le \alpha < 1$)라 하면 n과 α가 이차방정식 $3x^2 + 7x + k = 0$의 두 근이므로 근과 계수의 관계에 의하여

$$n + \alpha = -\frac{7}{3} \quad \cdots\cdots \text{㉠}$$

$$n\alpha = \frac{k}{3} \quad \cdots\cdots \text{㉡}$$

n은 정수이고, $0 \le \alpha < 1$이므로 ㉠에서

$$n + \alpha = -\frac{7}{3} = -2 - \frac{1}{3} = -3 + \frac{2}{3}$$

$$\therefore n = -3, \ \alpha = \frac{2}{3}$$

이를 ㉡에 대입하면 $-3 \times \dfrac{2}{3} = \dfrac{k}{3}$ $\therefore k = \mathbf{-6}$

● 정답 및 풀이 **19**쪽

 94 $\log 2.34 = 0.3692$임을 이용하여 다음 등식을 만족시키는 x의 값을 구하시오.

(1) $\log x = 2.3692$ (2) $\log x = -0.6308$ (3) $\log x = -2.6308$

95 $\log A$의 정수 부분과 소수 부분이 이차방정식 $2x^2 + 5x + k = 0$의 두 근일 때, 상수 k의 값을 구하시오.

필수 16 자릿수 결정 (1)

$\log 2 = 0.3010$, $\log 3 = 0.4771$일 때, 다음 수는 몇 자리의 정수인지 구하시오.

(1) 3^{20} (2) 6^{50}

설명 $\log N \, (N \geq 1)$의 정수 부분이 n $\Rightarrow$ N의 정수 부분은 $(n+1)$자리

풀이 (1) $\log 3^{20} = 20 \log 3 = 20 \times 0.4771 = 9.542$

따라서 $\log 3^{20}$의 정수 부분이 9이므로 3^{20}은 **10자리**의 정수이다.

(2) $\log 6^{50} = 50 \log (2 \times 3) = 50(\log 2 + \log 3) = 50(0.3010 + 0.4771) = 38.905$

따라서 $\log 6^{50}$의 정수 부분이 38이므로 6^{50}은 **39자리**의 정수이다.

필수 17 자릿수 결정 (2)

$\left(\dfrac{1}{5}\right)^{100}$을 소수로 나타낼 때, 소수점 아래 몇째 자리에서 처음으로 0이 아닌 숫자가 나타나는지 구하시오. (단, $\log 2 = 0.3010$으로 계산한다.)

설명 $\log N \, (0 < N < 1)$의 정수 부분이 n

$\Rightarrow$ N은 소수점 아래 $-n$째 자리에서 처음으로 0이 아닌 숫자가 나타난다.

풀이 $\log \left(\dfrac{1}{5}\right)^{100} = \log 5^{-100} = -100 \log \dfrac{10}{2} = -100(\log 10 - \log 2) = -100 \times (1 - 0.3010)$

$= -69.9 = -69 - 0.9 = -70 + 0.1$

따라서 $\log \left(\dfrac{1}{5}\right)^{100}$의 정수 부분이 -70이므로 $\left(\dfrac{1}{5}\right)^{100}$을 소수로 나타내면 **소수점 아래 70째 자리**에서 처음으로 0이 아닌 숫자가 나타난다.

● 정답 및 풀이 **19**쪽

확인 체크 96 $\log 2 = 0.3010$, $\log 3 = 0.4771$일 때, 다음 수는 몇 자리의 정수인지 구하시오.

(1) 5^{30} (2) $2^{30} \times 3^{30}$

97 다음 수를 소수로 나타낼 때, 소수점 아래 몇째 자리에서 처음으로 0이 아닌 숫자가 나타나는지 구하시오. (단, $\log 2 = 0.3010$으로 계산한다.)

(1) 2^{-20} (2) $\left(\dfrac{1}{8}\right)^{100}$

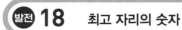

발전 18 최고 자리의 숫자

다음 물음에 답하시오. (단, $\log 2 = 0.3010$, $\log 3 = 0.4771$로 계산한다.)

(1) 3^{14}은 몇 자리의 정수인지 구하시오.

(2) 3^{14}의 최고 자리의 숫자를 구하시오.

설명 a^k의 자릿수는 $\log a^k$의 정수 부분을. 최고 자리의 숫자는 $\log a^k$의 소수 부분을 이용하여 구한다.

풀이 $\log 3^{14} = 14 \log 3 = 14 \times 0.4771 = 6.6794$

(1) $\log 3^{14}$의 정수 부분이 6이므로 3^{14}은 **7자리**의 정수이다.

(2) $\log 3^{14}$의 소수 부분이 0.6794이고

$$\log 4 = 2 \log 2 = 2 \times 0.3010 = 0.6020,$$

$$\log 5 = \log \frac{10}{2} = \log 10 - \log 2 = 1 - 0.3010 = 0.6990$$

이므로　　$\log 4 < 0.6794 < \log 5$

각 변에 6을 더하면　　$\log 4 + 6 < 6.6794 < \log 5 + 6$

즉 $\log 4 + \log 10^6 < \log 3^{14} < \log 5 + \log 10^6$이므로

$$\log(4 \times 10^6) < \log 3^{14} < \log(5 \times 10^6)$$

$$\therefore \ 4 \times 10^6 < 3^{14} < 5 \times 10^6$$

따라서 3^{14}의 최고 자리의 숫자는 **4**이다.

• a^k의 최고 자리의 숫자는 다음과 같은 순서로 구한다.

(ⅰ) $\log a^k$의 소수 부분 α를 구한다.

(ⅱ) $\log N \leq \alpha < \log(N+1)$을 만족시키는 자연수 N을 찾는다.

(ⅲ) a^k의 최고 자리의 숫자는 N이다.

• 정답 및 풀이 **20**쪽

 98 5^{20}은 a자리의 정수이고, 최고 자리의 숫자가 b일 때, $a+b$의 값을 구하시오.

(단, $\log 2 = 0.3010$, $\log 3 = 0.4771$로 계산한다.)

발전 19 **상용로그의 소수 부분의 활용**

다음 물음에 답하시오.

(1) $10 < x < 100$이고 $\log x$의 소수 부분과 $\log x^3$의 소수 부분이 같을 때, x의 값을 구하시오.

(2) $\log x$의 정수 부분이 3이고, $\log x$의 소수 부분과 $\log \sqrt[3]{x}$의 소수 부분의 합이 1일 때, 양수 x의 값을 구하시오.

설명 (1) 두 상용로그의 소수 부분이 같다. ⇨ 두 상용로그의 차가 정수이다.

(2) 두 상용로그의 소수 부분의 합이 1이다. ⇨ 두 상용로그의 합이 정수이다.

풀이 (1) $\log x$의 소수 부분과 $\log x^3$의 소수 부분이 같으므로

$$\log x^3 - \log x = 3\log x - \log x = 2\log x = (\text{정수})$$

$10 < x < 100$에서 $\log 10 < \log x < \log 100$이므로　　$1 < \log x < 2$

따라서 $2 < 2\log x < 4$이고, $2\log x$는 정수이므로

$$2\log x = 3, \qquad \log x = \frac{3}{2} \qquad \therefore x = 10^{\frac{3}{2}}$$

(2) $\log x$의 소수 부분과 $\log \sqrt[3]{x}$의 소수 부분의 합이 1이므로

$$\log x + \log \sqrt[3]{x} = \log x + \frac{1}{3}\log x = \frac{4}{3}\log x = (\text{정수})$$

이때 $\log x$의 정수 부분이 3이므로　　$3 < \log x < 4$　← $\log x$의 소수 부분은 0이 아니므로　$\log x \neq 3$

따라서 $4 < \frac{4}{3}\log x < \frac{16}{3}$이고, $\frac{4}{3}\log x$는 정수이므로

$$\frac{4}{3}\log x = 5, \qquad \log x = \frac{15}{4} \qquad \therefore x = 10^{\frac{15}{4}}$$

다른 풀이 (2) $\log x$의 소수 부분을 α라 하면　　$\log x = 3 + \alpha \ (0 < \alpha < 1)$

$$\therefore \log \sqrt[3]{x} = \frac{1}{3}\log x = \frac{1}{3}(3 + \alpha) = 1 + \frac{\alpha}{3}$$

즉 $\log \sqrt[3]{x}$의 소수 부분은 $\frac{\alpha}{3}$이므로　　$\alpha + \frac{\alpha}{3} = 1 \quad \therefore \alpha = \frac{3}{4}$

따라서 $\log x = 3 + \frac{3}{4} = \frac{15}{4}$이므로　　$x = 10^{\frac{15}{4}}$

● 정답 및 풀이 **20**쪽

확인 체크 **99** $\log x$의 정수 부분이 2이고, $\log x^2 - \log \dfrac{1}{x}$의 값이 정수가 되도록 하는 양수 x의 값을 모두 구하시오.

100 $\log x$의 정수 부분이 4이고, $\log x$의 소수 부분과 $\log \sqrt{x}$의 소수 부분의 합이 1일 때, $\log \sqrt[4]{x}$의 소수 부분을 구하시오.

● 더 다양한 문제는 **RPM** 대수 **24**쪽

필수 20 **상용로그의 실생활에의 활용**

어떤 용액의 수소 이온 농도를 $[H^+]$라 할 때, 이 용액의 산성도를 나타내는 pH는

$$-\log[H^+]$$

로 정의한다. 사탕을 먹은 직후 채취한 타액의 pH는 6.6이었고, 사탕을 먹고 10분 후 채취한 타액의 수소 이온 농도는 사탕을 먹은 직후 채취한 타액의 수소 이온 농도의 50 배였다고 할 때, 사탕을 먹고 10분 후 채취한 타액의 pH를 구하시오.

(단, $\log 2 = 0.3$으로 계산한다.)

풀이 사탕을 먹은 직후 채취한 타액의 수소 이온 농도를 x라 하면

$$6.6 = -\log x, \qquad \log x = -6.6$$
$$\therefore x = 10^{-6.6}$$

사탕을 먹고 10분 후 채취한 타액의 수소 이온 농도는

$$50x = 50 \times 10^{-6.6} = 5 \times 10^{-5.6}$$

따라서 사탕을 먹고 10분 후 채취한 타액의 pH는

$$-\log(5 \times 10^{-5.6}) = -(\log 5 + \log 10^{-5.6})$$
$$= -\left(\log \frac{10}{2} - 5.6\right)$$
$$= -\log 10 + \log 2 + 5.6$$
$$= -1 + 0.3 + 5.6 = \mathbf{4.9}$$

● 정답 및 풀이 **20**쪽

101 외부 공기의 온도를 T_a (°C), 어떤 물체의 처음 온도를 T_0 (°C), t분 후의 온도를 T (°C) 라 할 때, 다음 관계식이 성립한다고 한다.

$$T = T_a + (T_0 - T_a)10^{-0.02t} \text{ (°C)}$$

외부 공기의 온도가 20 °C, 이 물체의 처음 온도가 120 °C일 때, 이 물체의 온도가 25 °C가 되는 것은 몇 분 후인지 구하시오.

(단, 외부 공기의 온도는 변하지 않는다고 가정하고, $\log 2 = 0.3$으로 계산한다.)

102 밀폐된 용기 속의 온도가 t (°C)일 때, 어떤 액체의 포화증기압 P에 대하여

$$\log P = 9 - \frac{2200}{t + 180} \ (0 < t < 70)$$

이 성립한다. 밀폐된 용기 속의 온도가 30 °C일 때 이 액체의 포화증기압을 P_1, 40 °C일 때 이 액체의 포화증기압을 P_2라 할 때, $\dfrac{P_2}{P_1}$의 값은?

① $10^{\frac{2}{7}}$ ② $10^{\frac{8}{21}}$ ③ $10^{\frac{10}{21}}$ ④ $10^{\frac{4}{7}}$ ⑤ $10^{\frac{2}{3}}$

STEP 1

103 $\log 3.23 = 0.5092$일 때, $\log \dfrac{1}{3230}$의 값을 구하시오.

104 양수 A에 대하여 $\log A = 1.2$일 때, $\log \dfrac{1}{\sqrt[4]{A}}$의 정수 부분을 a, 소수 부분을 b라 하자. $100ab$의 값을 구하시오.

생각해 봅시다! 💡

$\dfrac{1}{\sqrt[4]{A}} = A^{-\frac{1}{4}}$

105 오른쪽 상용로그표를 이용하여 $\log x = -0.4260$을 만족시키는 x의 값을 구하시오.

수	...	4	5	6
3.5	...	.5490	.5502	.5514
3.6	...	.5611	.5623	.5635
3.7	...	.5729	.5740	.5752
3.8	...	.5843	.5855	.5866

106 $\log 200$의 정수 부분과 소수 부분이 이차방정식 $x^2 + ax + b = 0$의 두 근일 때, 상수 a, b에 대하여 $2a + b$의 값을 구하시오.

107 3^{100}은 a자리의 정수이고, $\left(\dfrac{1}{2}\right)^{200}$을 소수로 나타내면 소수점 아래 b째 자리에서 처음으로 0이 아닌 숫자가 나타난다. $a + b$의 값을 구하시오.
(단, $\log 2 = 0.3010$, $\log 3 = 0.4771$로 계산한다.)

$\log 3^{100}$, $\log \left(\dfrac{1}{2}\right)^{200}$의 정수 부분을 이용한다.

STEP 2

108 $\log_3 x = 20$인 양수 x에 대하여 $\log \dfrac{1}{x} = n + \alpha$ (n은 정수, $0 \le \alpha < 1$)라 할 때, 1000α의 값을 구하시오. (단, $\log 3 = 0.4771$로 계산한다.)

생각해 봅시다! 💡

109 $\log 12$의 정수 부분을 x, 소수 부분을 y라 할 때, $10^x + 10^{-y}$의 값을 구하시오.

110 자연수 A에 대하여 A^{50}이 67자리의 정수일 때, A^{20}은 몇 자리의 정수 인지 구하시오.

A^{50}이 n자리의 정수이면 $\log A^{50}$의 정수 부분은 $n-1$ 이다.

111 $2 < \log x < 3$이고, $\log x^4$의 소수 부분과 $\log x^2$의 소수 부분이 같을 때, 양수 x의 값을 구하시오.

두 상용로그의 소수 부분이 같다.
➡ (상용로그의 차)=(정수)

112 $\log x$의 정수 부분이 2일 때, $\log x^3 + \log x^2$의 값이 정수가 되도록 하 는 x의 개수를 구하시오.

113 어떤 상품의 수요량 D와 판매 가격 P 사이에는

$$\log D = \log c - \frac{1}{3} \log P \ (c > 0)$$

인 관계가 성립한다고 한다. 이 상품의 판매 가격이 P_1, $4P_1$일 때의 수요량을 각각 D_1, D_2라 할 때, $\dfrac{D_2}{D_1} = 2^k$이다. 이때 상수 k의 값을 구 하시오.

114 $\log z$의 정수 부분과 소수 부분이 이차방정식 $x^2-ax+b=0$의 두 근

이고, $\log \dfrac{1}{z}$의 정수 부분과 소수 부분이 이차방정식

$x^2+ax+b-\dfrac{3}{2}=0$의 두 근일 때, 상수 a, b의 값을 구하시오.

(단, $b\neq0$)

생각해 봅시다! 💡

$\log \dfrac{1}{z}=\log z^{-1}$
$\qquad\ =-\log z$

I -2

로그

115 $\left(\dfrac{3}{5}\right)^n$을 소수로 나타낼 때, 소수점 아래 14째 자리에서 처음으로 0이

아닌 숫자가 나타나도록 하는 자연수 n의 개수를 구하시오.

(단, $\log 2=0.30$, $\log 3=0.48$로 계산한다.)

116 $\log 2=0.3010$, $\log 3=0.4771$일 때, $27^{100}\div 5^{200}$의 정수 부분은 a자

리의 수이고, 최고 자리의 숫자는 b이다. 이때 ab의 값을 구하시오.

$\log(27^{100}\div 5^{200})$의 정수 부분과 소수 부분을 이용한다.

117 $\log x$의 정수 부분이 3이고, $\log x$의 소수 부분과 $\log \sqrt{x}$의 소수 부분

의 합이 $\dfrac{3}{4}$일 때, $\log \sqrt{x}$의 소수 부분을 구하시오.

118 일정한 온도에서 어떤 세균의 수는 2시간마다 3배가 된다고 한다. 이

세균을 일정한 온도에서 48시간 동안 배양하면 세균의 수가 x배가 된

다고 할 때, x는 몇 자리의 정수인지 구하시오.

(단, $\log 3=0.48$로 계산한다.)

오랫동안

꿈을 그리는 사람은

마침내 그 꿈을 닮아 간다.

- 앙드레 말로 -

I

지수함수와 로그함수

이 단원에서는

지수함수의 뜻을 알고 그래프의 성질을 이해합니다. 또 지수함수의 최대·최소를 구하고
다양한 형태의 지수방정식과 지수부등식을 푸는 방법을 학습합니다.

개념원리 이해

01 지수함수의 뜻과 그래프

1 지수함수

a가 1이 아닌 양수일 때, 실수 x에 대하여 a^x의 값은 하나로 정해진다. 따라서 x에 a^x을 대응시키면 $y=a^x\ (a>0,\ a\neq1)$은 x에 대한 함수이다. 이 함수를 a를 밑으로 하는 **지수함수**라 한다.

▶ 함수 $y=a^x$에서 지수 x는 실수이므로 밑 a는 $a>0$인 경우만 생각한다. 또 $a=1$이면 함수 $y=a^x$은 $y=1$인 상수함수가 되므로 지수함수의 밑은 1이 아닌 양수인 경우만 생각한다.

2 지수함수 $y=a^x\ (a>0,\ a\neq1)$의 성질 ∽ 필수 01

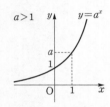 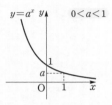

⑴ **정의역은 실수 전체**의 집합이고, **치역은 양의 실수 전체**의 집합이다.

⑵ 그래프는 점 $(0,\ 1)$, $(1,\ a)$를 지나고 x축 (직선 $y=0$)을 점근선으로 갖는다.

⑶ $a>1$일 때, x의 값이 증가하면 y의 값도 **증가**한다.

　$0<a<1$일 때, x의 값이 증가하면 y의 값은 **감소**한다.

⑷ 실수 전체의 집합에서 양의 실수 전체의 집합으로의 일대일대응이다.

⑸ $y=a^x$의 그래프와 $y=\left(\dfrac{1}{a}\right)^x$의 그래프는 y축에 대하여 대칭이다.

▶ ① $a>0$, $a\neq1$일 때, 모든 실수 x에 대하여 $a^x>0$이므로 치역은 $\{y\,|\,y>0\}$이다.
　② 곡선이 어떤 직선에 한없이 가까워질 때, 이 직선을 그 곡선의 점근선이라 한다.

설명 ⑸ $y=\left(\dfrac{1}{a}\right)^x=(a^{-1})^x=a^{-x}$이므로 $y=a^x$의 그래프와 $y=\left(\dfrac{1}{a}\right)^x$의 그래프는 y축에 대하여 대칭이다.

3 지수함수 $y=a^x$의 그래프의 평행이동과 대칭이동 ∽ 필수 02, 03

⑴ **평행이동**

> 지수함수 $y=a^x\ (a>0,\ a\neq1)$의 그래프를 x축의 방향으로 m만큼, y축의 방향으로 n만큼 평행이동한 그래프의 식은
> $$y-n=a^{x-m},\ \text{즉}\ y=a^{x-m}+n$$

▶ ① 지수함수 $y=a^{x-m}+n$의 정의역은 $\{x\,|\,x$는 실수$\}$, 치역은 $\{y\,|\,y>n\}$이고, 그래프의 점근선은 직선 $y=n$이다.
　② x축의 방향으로 m만큼 평행이동 ➾ x 대신 $x-m$ 대입
　　y축의 방향으로 n만큼 평행이동 ➾ y 대신 $y-n$ 대입

보기 ▶ 함수 $y=3^x$의 그래프를 x축의 방향으로 -1만큼, y축의 방향으로 2만큼 평행 이동한 그래프의 식은
$$y=3^{x+1}+2$$
이때 함수 $y=3^{x+1}+2$의 정의역은 $\{x \,|\, x$는 실수$\}$, 치역은 $\{y \,|\, y>2\}$이고, 그래프의 점근선은 직선 $y=2$이다.

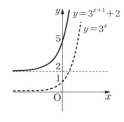

(2) 대칭이동

지수함수 $y=a^x$ $(a>0,\ a\neq1)$의 그래프를
① $\boldsymbol{x}$축에 대하여 대칭이동한 그래프의 식 ⇨ $\boldsymbol{y=-a^x}$
② $\boldsymbol{y}$축에 대하여 대칭이동한 그래프의 식 ⇨ $\boldsymbol{y=\left(\dfrac{1}{a}\right)^x}$
③ 원점에 대하여 대칭이동한 그래프의 식 ⇨ $\boldsymbol{y=-\left(\dfrac{1}{a}\right)^x}$

> ① x축에 대하여 대칭이동 ⇨ y 대신 $-y$ 대입
> ② y축에 대하여 대칭이동 ⇨ x 대신 $-x$ 대입
> ③ 원점에 대하여 대칭이동 ⇨ x 대신 $-x$, y 대신 $-y$ 대입

보기 ▶ 함수 $y=2^x$의 그래프를
① x축에 대하여 대칭이동한 그래프의 식은 $-y=2^x$, 즉 $y=-2^x$
② y축에 대하여 대칭이동한 그래프의 식은 $y=2^{-x}$, 즉 $y=\left(\dfrac{1}{2}\right)^x$
③ 원점에 대하여 대칭이동한 그래프의 식은 $-y=2^{-x}$, 즉 $y=-\left(\dfrac{1}{2}\right)^x$

4 지수함수를 이용한 수의 대소 관계 ◌ 필수 04

밑을 같게 하여 지수의 대소를 먼저 비교한 후 밑의 범위에 따른 지수함수의 증가와 감소를 이용하여 수의 대소를 비교한다.

지수함수 $y=a^x$ $(a>0,\ a\neq1)$에서
(1) $\boldsymbol{a>1}$일 때, $\boldsymbol{x_1<x_2}$이면 $\boldsymbol{a^{x_1}<a^{x_2}}$ ← 부등호 방향 그대로
(2) $\boldsymbol{0<a<1}$일 때, $\boldsymbol{x_1<x_2}$이면 $\boldsymbol{a^{x_1}>a^{x_2}}$ ← 부등호 방향 반대로

예제 ▶ 다음 세 수의 대소를 비교하시오.
(1) $5^3,\ 5^{\sqrt{2}},\ 5$
(2) $\left(\dfrac{2}{3}\right)^{-1},\ \left(\dfrac{2}{3}\right)^2,\ \left(\dfrac{2}{3}\right)^{0.5}$

풀이 (1) $1<\sqrt{2}<3$이고, 함수 $y=5^x$에서 x의 값이 증가하면 y의 값도 증가하므로
$$5<5^{\sqrt{2}}<5^3$$
(2) $-1<0.5<2$이고, 함수 $y=\left(\dfrac{2}{3}\right)^x$에서 x의 값이 증가하면 y의 값은 감소하므로
$$\left(\dfrac{2}{3}\right)^{-1}>\left(\dfrac{2}{3}\right)^{0.5}>\left(\dfrac{2}{3}\right)^2,\ \text{즉}\ \left(\dfrac{2}{3}\right)^2<\left(\dfrac{2}{3}\right)^{0.5}<\left(\dfrac{2}{3}\right)^{-1}$$

개념원리 익히기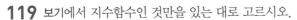

✏️ **알아둡시다!**

$y=a^x \ (a>0, \ a\neq1)$
⇨ a를 밑으로 하는 지수함수

119 보기에서 지수함수인 것만을 있는 대로 고르시오.

> **보기**
>
> ㄱ. $y=2^x$　　　　ㄴ. $y=0.3^x$　　　　ㄷ. $y=-2x^3$
>
> ㄹ. $y=2\times3^x$　　　ㅁ. $y=x^2$　　　　　ㅂ. $y=\dfrac{1}{2^x}$

120 두 함수 $f(x)=2^x$, $g(x)=\left(\dfrac{1}{3}\right)^x$에 대하여 다음을 구하시오.

(1) $f(2)$　　　　　(2) $f\left(-\dfrac{1}{2}\right)$　　　　(3) $f(-3)$

(4) $g(0)$　　　　　(5) $g(3)$　　　　　(6) $g(-2)$

121 함수 $f(x)=a^x \ (a>0, \ a\neq1)$에 대하여 □ 안에 알맞은 것을 써넣으시오.

(1) 정의역은 □ 전체의 집합이다.

(2) 치역은 □ 전체의 집합이다.

(3) $a>1$일 때, $x_1<x_2$이면 $f(x_1)$ □ $f(x_2)$이다.

(4) $0<a<1$일 때, $x_1<x_2$이면 $f(x_1)$ □ $f(x_2)$이다.

(5) 그래프의 점근선은 □이다.

122 $y=3^x$의 그래프를 이용하여 다음 함수의 그래프를 그리고, 정의역, 치역, 점근선의 방정식을 구하시오.

(1) $y=3^{x-1}$　　(2) $y=3^x+2$　　(3) $y=\left(\dfrac{1}{3}\right)^x$　　(4) $y=-3^x$

지수함수 $y=a^{x-m}+n$에서
① 정의역: $\{x \,|\, x$는 실수$\}$
② 치역: $\{y \,|\, y>n\}$
③ 점근선의 방정식: $y=n$

123 다음 두 수의 대소를 비교하시오.

(1) $\sqrt[3]{3}, \ \sqrt[4]{9}$　　　　　　　(2) $\left(\dfrac{1}{5}\right)^{-2}, \ \left(\dfrac{1}{5}\right)^{0.5}$

① $a>1$일 때
　$x_1<x_2$이면 $a^{x_1}<a^{x_2}$
② $0<a<1$일 때
　$x_1<x_2$이면 $a^{x_1}>a^{x_2}$

● 더 다양한 문제는 **RPM** 대수 32쪽

필수 01　지수함수의 성질

함수 $y=\left(\dfrac{1}{3}\right)^x$에 대하여 보기에서 옳은 것만을 있는 대로 고르시오.

> **보기**
> ㄱ. 그래프는 점 $(1,\,0)$을 지난다.
> ㄴ. 그래프의 점근선은 y축이다.
> ㄷ. 그래프는 제3사분면을 지나지 않는다.
> ㄹ. x의 값이 증가하면 y의 값도 증가한다.

풀이　함수 $y=\left(\dfrac{1}{3}\right)^x$의 그래프는 오른쪽 그림과 같다.

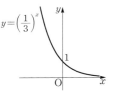

ㄱ. $x=1$일 때 $y=\dfrac{1}{3}$이므로 그래프는 점 $(1,\,0)$을 지나지 않는다. (거짓)

ㄴ. 그래프의 점근선은 x축이다. (거짓)

ㄷ. 그래프는 제1, 2사분면을 지난다. (참)

ㄹ. x의 값이 증가하면 y의 값은 감소한다. (거짓)

이상에서 옳은 것은 ㄷ뿐이다.

● 정답 및 풀이 **25**쪽

124 함수 $y=5^x$에 대하여 보기에서 옳은 것만을 있는 대로 고르시오.

> **보기**
> ㄱ. 그래프는 점 $(0,\,1)$을 지난다.
> ㄴ. 그래프의 점근선의 방정식은 $x=0$이다.
> ㄷ. x의 값이 증가하면 y의 값도 증가한다.
> ㄹ. 두 실수 $x_1,\,x_2$에 대하여 $x_1\neq x_2$이면 $f(x_1)\neq f(x_2)$이다.

125 함수 $f(x)=a^x$에 대하여 보기에서 옳은 것만을 있는 대로 고르시오. (단, $a>0$, $a\neq1$)

> **보기**
> ㄱ. $f(x+1)=af(x)$　　　　　ㄴ. $f(-x)=\dfrac{1}{f(x)}$
> ㄷ. $f(x^2)=\{f(x)\}^2$　　　　　ㄹ. $f(x+y)=f(x)f(y)$

• 더 다양한 문제는 **RPM** 대수 31쪽

필수 02 지수함수의 그래프

다음 함수의 그래프를 그리고, 정의역, 치역, 점근선의 방정식을 구하시오.

(1) $y=2^{x-1}-1$ (2) $y=3^{-x}+1$

풀이 (1) $y=2^{x-1}-1$의 그래프는 $y=2^x$의 그래프를 x축의 방향으로 1만큼,
y축의 방향으로 -1만큼 평행이동한 것이다.
따라서 함수 $y=2^{x-1}-1$의 그래프는 오른쪽 그림과 같고,

정의역은 $\{x\,|\,x$는 실수$\}$

치역은 $\{y\,|\,y>-1\}$

점근선의 방정식은 $y=-1$

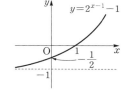

(2) $y=3^{-x}+1$의 그래프는 $y=3^x$의 그래프를 y축에 대하여 대칭이동한
후 y축의 방향으로 1만큼 평행이동한 것이다.
따라서 함수 $y=3^{-x}+1$의 그래프는 오른쪽 그림과 같고,

정의역은 $\{x\,|\,x$는 실수$\}$

치역은 $\{y\,|\,y>1\}$

점근선의 방정식은 $y=1$

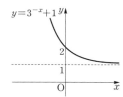

• 정답 및 풀이 **25**쪽

126 다음 함수의 그래프를 그리고, 정의역, 치역, 점근선의 방정식을 구하시오.

(1) $y=2^{-x}-1$ (2) $y=-2^{-x}$

(3) $y=2^{x-2}-1$ (4) $y=\left(\dfrac{1}{4}\right)^{x-1}+2$

(5) $y=3^{-x+1}$ (6) $y=-\left(\dfrac{1}{2}\right)^x+2$

127 함수 $y=5^{x-1}-2$의 그래프가 지나는 사분면을 모두 말하시오.

필수 03 **지수함수의 그래프의 평행이동과 대칭이동**

함수 $y=2^x$의 그래프를 x축의 방향으로 2만큼, y축의 방향으로 1만큼 평행이동한 후 x축에 대하여 대칭이동한 그래프의 식이 $y=a \times 2^x+b$일 때, 상수 a, b의 값을 구하시오.

풀이 $y=2^x$의 그래프를 x축의 방향으로 2만큼, y축의 방향으로 1만큼 평행이동한 그래프의 식은

$$y=2^{x-2}+1 \quad \cdots\cdots \ \ominus$$

$\ominus$의 그래프를 x축에 대하여 대칭이동한 그래프의 식은 $\quad -y=2^{x-2}+1$

$$\therefore y=-2^{x-2}-1=-2^x \times 2^{-2}-1=-\frac{1}{4} \times 2^x-1$$

$$\therefore a=-\frac{1}{4}, \ b=-1$$

필수 04 **지수함수를 이용한 대소 관계**

다음 세 수의 대소를 비교하시오.

(1) $3^{0.5}$, $\sqrt{27}$, $\sqrt[3]{9}$ (2) $0.1^{-0.1}$, $0.1^{-\frac{1}{2}}$, 0.1^{-4}

설명 (1) $a>1$일 때, $\quad x_1<x_2 \Longleftrightarrow a^{x_1}<a^{x_2}$ (2) $0<a<1$일 때, $\quad x_1<x_2 \Longleftrightarrow a^{x_1}>a^{x_2}$

풀이 (1) $3^{0.5}=3^{\frac{1}{2}}$, $\sqrt{27}=\sqrt{3^3}=3^{\frac{3}{2}}$, $\sqrt[3]{9}=\sqrt[3]{3^2}=3^{\frac{2}{3}}$

이때 $\dfrac{1}{2}<\dfrac{2}{3}<\dfrac{3}{2}$이고, 함수 $y=3^x$에서 x의 값이 증가하면 y의 값도 증가하므로

$$3^{\frac{1}{2}}<3^{\frac{2}{3}}<3^{\frac{3}{2}} \qquad \therefore \mathbf{3^{0.5}<\sqrt[3]{9}<\sqrt{27}}$$

(2) $-4<-\dfrac{1}{2}<-0.1$이고, 함수 $y=0.1^x$에서 x의 값이 증가하면 y의 값은 감소하므로

$$0.1^{-4}>0.1^{-\frac{1}{2}}>0.1^{-0.1}, \ \text{즉} \ \mathbf{0.1^{-0.1}<0.1^{-\frac{1}{2}}<0.1^{-4}}$$

● 정답 및 풀이 **26쪽**

 128 함수 $y=3^x$의 그래프를 x축의 방향으로 3만큼, y축의 방향으로 -2만큼 평행이동한 후 원점에 대하여 대칭이동한 그래프의 식이 $y=a \times 3^{-x}+b$일 때, 상수 a, b의 값을 구하시오.

129 함수 $y=\left(\dfrac{2}{3}\right)^x$의 그래프를 x축의 방향으로 -1만큼 평행이동한 후 y축에 대하여 대칭이동하면 두 점 $(-1, m)$, $(2, n)$을 지난다. mn의 값을 구하시오.

130 다음 세 수의 대소를 비교하시오.

(1) $\sqrt{2^3}$, $0.5^{\frac{1}{3}}$, $\sqrt[3]{4}$ (2) $\sqrt{\dfrac{1}{9}}$, $\sqrt[3]{\dfrac{1}{3}}$, $\sqrt[4]{\dfrac{1}{27}}$

── 더 다양한 문제는 **RPM** 대수 33쪽 ──

필수 05 **지수함수의 그래프에서의 함숫값**

오른쪽 그림은 함수 $f(x)=3^x$의 그래프이다. $a+b=4$일 때, mn의 값을 구하시오.

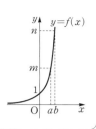

풀이 $f(a)=m$, $f(b)=n$이므로 $3^a=m$, $3^b=n$

$\therefore mn=3^a \times 3^b=3^{a+b}=3^4=\mathbf{81}$

── 더 다양한 문제는 **RPM** 대수 33쪽 ──

필수 06 **지수함수의 그래프와 도형의 넓이**

두 함수 $y=2^x$, $y=2^{x-2}$의 그래프와 두 직선 $y=1$, $y=3$으로 둘러싸인 부분의 넓이를 구하시오.

풀이 $y=2^{x-2}$의 그래프는 $y=2^x$의 그래프를 x축의 방향으로 2만큼 평행이동한 것이다.

따라서 오른쪽 그림에서 빗금 친 두 부분의 넓이가 같으므로 구하는 넓이는 평행사변형 ABCD의 넓이와 같다.

즉 구하는 넓이는 $2 \times (3-1)=\mathbf{4}$

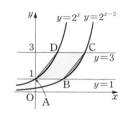

● 정답 및 풀이 **27쪽**

확인 체크

131 함수 $y=2^x$의 그래프와 직선 $y=x$가 오른쪽 그림과 같을 때, $a+b+c+d$의 값을 구하시오.

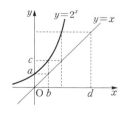

132 두 함수 $y=\left(\dfrac{1}{5}\right)^x$, $y=4 \times \left(\dfrac{1}{5}\right)^x$의 그래프와 두 직선 $y=1$, $y=4$로 둘러싸인 도형의 넓이를 구하시오.

연습 문제

STEP 1

생각해 봅시다! 💡

133 함수 $f(x)=a^x$에 대하여 $f(2)=16$일 때, $\dfrac{f(-1)f(3)}{f(1)}$의 값을 구하시오. (단, $a>0$)

I-3

지수함수

134 다음 중 함수 $y=3^{2x-1}+1$에 대한 설명으로 옳은 것은?

① 치역은 $\{y\,|\,y\geq -1\}$이다.

② x의 값이 증가하면 y의 값은 감소한다.

③ 그래프는 $y=9^x$의 그래프를 x축의 방향으로 1만큼, y축의 방향으로 1만큼 평행이동한 것이다.

④ 그래프의 점근선은 직선 $y=1$이다.

⑤ 그래프는 평행이동에 의하여 $y=3^x$의 그래프와 겹쳐진다.

지수함수 $y=a^{x-m}+n$의 그래프는 $y=a^x$의 그래프를 x축의 방향으로 m만큼, y축의 방향으로 n만큼 평행이동한 것이다.

135 함수 $y=4^x$의 그래프를 x축의 방향으로 m만큼, y축의 방향으로 n만큼 평행이동하면 함수 $y=\dfrac{1}{2}\times 2^{2x}-1$의 그래프와 겹쳐진다고 할 때, $m+n$의 값을 구하시오.

136 함수 $y=3^x$의 그래프를 y축에 대하여 대칭이동한 후 x축의 방향으로 a만큼, y축의 방향으로 b만큼 평행이동한 그래프가 오른쪽 그림과 같을 때, $a+b$의 값을 구하시오.

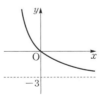

지수함수 $y=a^{x-m}+n$의 그래프의 점근선의 방정식은
$$y=n$$

137 교육청 기출

$a>1$인 실수 a에 대하여 직선 $y=-x$가 곡선 $y=a^x$과 만나는 점의 좌표를 $(p,\,-p)$, 곡선 $y=a^{2x}$과 만나는 점의 좌표를 $(q,\,-q)$라 할 때, $\log_a pq=-8$이다. $p+2q$의 값은?

① 0 ② -2 ③ -4 ④ -6 ⑤ -8

곡선 $y=a^x$이 점 $(p,\,-p)$를 지나고 곡선 $y=a^{2x}$이 점 $(q,\,-q)$를 지난다.

생각해 봅시다! 💡

138 오른쪽 그림은 함수 $y=3^x$의 그래프이다. $\alpha\beta=27$일 때, $a+b$의 값은?

① 1   ② 2   ③ 3

④ 4   ⑤ 5

$k>0$이고 x, y가 실수일 때,
$$k^x k^y = k^{x+y}$$

139 함수 $y=2^x$의 그래프와 $y=2^x$의 역함수 $y=g(x)$의 그래프가 오른쪽 그림과 같을 때, k의 값을 구하시오.

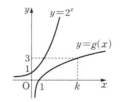

두 함수 $f(x)$와 $g(x)$가 각각 서로의 역함수이면
$$f(a)=b \Longleftrightarrow g(b)=a$$

STEP 2

140 함수 $f(x)=a^x$ $(a>0,\ a\neq1)$에 대하여
$$8f(x+2)=2f(x+1)+f(x)$$
가 성립할 때, $f(3)$의 값을 구하시오.

141 보기에서 그래프를 평행이동하여 함수 $y=4^x$의 그래프와 겹쳐질 수 있는 함수인 것만을 있는 대로 고르시오.

함수식을 변형하여 $y=4^{x-m}+n$의 꼴이 되는 것을 찾는다.

> **보기**
>
> ㄱ. $y=\left(\dfrac{1}{4}\right)^x$ ㄴ. $y=\left(\dfrac{1}{4}\right)^{3-x}$
>
> ㄷ. $y=-\left(\dfrac{1}{2}\right)^{2x}$ ㄹ. $y=2^{2x-1}$

142 함수 $y=a^{2x}$ $(a>0,\ a\neq1)$의 그래프를 x축의 방향으로 2만큼, y축의 방향으로 3만큼 평행이동한 그래프는 a의 값에 관계없이 항상 점 $(\alpha,\ \beta)$를 지난다. 이때 $\alpha\beta$의 값을 구하시오.

I -3

지수함수

143 함수 $y=2^{-3x+6}+k$의 그래프가 제3사분면을 지나지 않도록 하는 정수 k의 최솟값을 구하시오.

144 $0<a<1$일 때, 세 수

$$A=\sqrt[n-1]{a^n},\ B=\sqrt[n]{a^{n+1}},\ C=\sqrt[n+1]{a^{n+2}}$$

의 대소를 비교하시오. (단, n은 3 이상의 자연수이다.)

수능 기출

145 지수함수 $y=a^x\ (a>1)$의 그래프와 직선 $y=\sqrt{3}$이 만나는 점을 A라 하자. 점 B(4, 0)에 대하여 직선 OA와 직선 AB가 서로 수직이 되도록 하는 모든 a의 값의 곱은? (단, O는 원점이다.)

① $3^{\frac{1}{3}}$　　② $3^{\frac{2}{3}}$　　③ 3　　④ $3^{\frac{4}{3}}$　　⑤ $3^{\frac{5}{3}}$

직선 OA와 직선 AB가 서로 수직이면 두 직선의 기울기의 곱이 -1이다.

146 오른쪽 그림과 같이 점 P(0, k)를 지나고 x축에 평행한 직선이 두 함수 $y=a^x$, $y=3^x$의 그래프와 만나는 점을 각각 A, B라 하자. 삼각형 OAP와 삼각형 OBP의 넓이의 비가 $1:2$일 때, 상수 a의 값을 구하시오.

(단, $k>1$, $a>3$이고 O는 원점이다.)

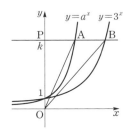

$\triangle$OAP : $\triangle$OBP=1 : 2이므로

$\overline{\text{PA}}:\overline{\text{PB}}=1:2$

147 두 함수 $y=2^x$, $y=2^{x-2}-2$의 그래프와 두 직선 $y=-x+3$, $y=-x+1$로 둘러싸인 부분의 넓이를 구하시오.

개념원리 이해

02 지수함수의 최대·최소

1 지수함수의 최대·최소

정의역이 $\{x \mid m \leq x \leq n\}$일 때, 지수함수 $f(x)=a^x$ $(a>0, a\neq1)$은

(1) $a>1$이면 $x=m$에서 **최솟값 $f(m)$**, $x=n$에서 **최댓값 $f(n)$**을 갖는다.

(2) $0<a<1$이면 $x=m$에서 **최댓값 $f(m)$**, $x=n$에서 **최솟값 $f(n)$**을 갖는다.

설명 정의역이 $\{x \mid m \leq x \leq n\}$일 때, 함수 $f(x)=a^x$의 그래프는 a의 값의 범위에 따라 다음과 같다.

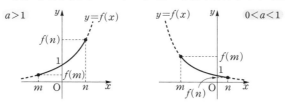

(1) $a>1$이면

　　x의 값이 증가할 때 y의 값도 증가하므로 <u>$x=m$에서 최솟값 $f(m)$, $x=n$에서 최댓값 $f(n)$</u>을 갖는다.
　　　　　　　　　　　　　　　　　　　　　　　　└▶ 치역은 　$\{y \mid f(m) \leq y \leq f(n)\}$

(2) $0<a<1$이면

　　x의 값이 증가할 때 y의 값은 감소하므로 <u>$x=m$에서 최댓값 $f(m)$, $x=n$에서 최솟값 $f(n)$</u>을 갖는다.
　　　　　　　　　　　　　　　　　　　　　　　　└▶ 치역은 　$\{y \mid f(n) \leq y \leq f(m)\}$

보기 ▶ (1) $-2 \leq x \leq 1$일 때, 함수 $y=3^x$은

　　　　$x=-2$에서 최솟값 $3^{-2}=\dfrac{1}{9}$, $x=1$에서 최댓값 $3^1=3$

　　　을 갖는다. ⟶ $\left\{y \mid \dfrac{1}{9} \leq y \leq 3\right\}$

　　(2) $-3 \leq x \leq 2$일 때, 함수 $y=\left(\dfrac{1}{2}\right)^x$은

　　　　$x=-3$에서 최댓값 $\left(\dfrac{1}{2}\right)^{-3}=8$, $x=2$에서 최솟값 $\left(\dfrac{1}{2}\right)^2=\dfrac{1}{4}$

　　　을 갖는다. ⟶ $\left\{y \mid \dfrac{1}{4} \leq y \leq 8\right\}$

2 함수 $y=a^{f(x)}$의 최대·최소 ∽ 필수 07~09

지수함수 $y=a^{f(x)}$ $(a>0, a\neq1)$은

(1) **$a>1$인 경우**

　　$f(x)$가 **최대**일 때 **최댓값**, $f(x)$가 **최소**일 때 **최솟값**을 갖는다.

(2) **$0<a<1$인 경우**

　　$f(x)$가 **최대**일 때 **최솟값**, $f(x)$가 **최소**일 때 **최댓값**을 갖는다.

개념원리 익히기

알아둡시다!

148 다음은 정의역이 $\{x \mid -1 \le x \le 2\}$인 함수 $y=4^x$의 최댓값과 최솟값을 구하는 과정이다. □ 안에 알맞은 것을 써넣으시오.

함수 $y=4^x$에서 x의 값이 증가하면 y의 값은 □한다.
따라서 $-1 \le x \le 2$일 때, 함수 $y=4^x$은

$x=$□에서 최댓값 □,

$x=$□에서 최솟값 □

을 갖는다.

149 다음은 정의역이 $\{x \mid -2 \le x \le 3\}$인 함수 $y=\left(\dfrac{1}{3}\right)^x$의 최댓값과 최솟값을 구하는 과정이다. □ 안에 알맞은 것을 써넣으시오.

함수 $y=\left(\dfrac{1}{3}\right)^x$에서 x의 값이 증가하면 y의 값은 □한다.
따라서 $-2 \le x \le 3$일 때, 함수 $y=\left(\dfrac{1}{3}\right)^x$은

$x=$□에서 최댓값 □,

$x=$□에서 최솟값 □

을 갖는다.

150 다음 함수의 최댓값과 최솟값을 구하시오.

(1) $y=2^x \ (0 \le x \le 3)$ (2) $y=\left(\dfrac{1}{4}\right)^x \ (-2 \le x \le 2)$

(3) $y=5^x \ (x \ge 1)$ (4) $y=\left(\dfrac{1}{3}\right)^x \ (x \le -4)$

정의역이 $\{x \mid m \le x \le n\}$인
지수함수 $f(x)=a^x$에서
① $a>1$이면
　　최댓값: $f(n)$
　　최솟값: $f(m)$
② $0<a<1$이면
　　최댓값: $f(m)$
　　최솟값: $f(n)$

● 더 다양한 문제는 **RPM** 대수 34쪽 ─

필수 07 **지수함수의 최대·최소; 지수가 일차식인 경우**

다음 함수의 최댓값과 최솟값을 구하시오.

(1) $y=3^{x+2}$ $(-2 \le x \le 1)$　　　　　　(2) $y=2^{1-x}$ $(-1 \le x \le 2)$

(3) $y=4^x \times 3^{-x}$ $(0 \le x \le 1)$

설명　지수가 일차식 지수함수의 최댓값과 최솟값은 정의역의 양 끝 값에서의 함숫값을 이용하여 구한다.

풀이　(1) 함수 $y=3^{x+2}$에서 x의 값이 증가하면 y의 값도 증가한다.

따라서 $-2 \le x \le 1$일 때, 함수 $y=3^{x+2}$은

$x=1$에서 **최댓값** $3^3=\mathbf{27}$

$x=-2$에서 **최솟값** $3^0=\mathbf{1}$

을 갖는다.

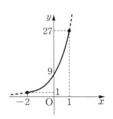

(2) $y=2^{1-x}=2^{-(x-1)}=\left(\dfrac{1}{2}\right)^{x-1}$이므로 함수 $y=2^{1-x}$에서 x의 값이 증가하

면 y의 값은 감소한다.

따라서 $-1 \le x \le 2$일 때, 함수 $y=2^{1-x}$은

$x=-1$에서 **최댓값** $2^2=\mathbf{4}$,

$x=2$에서 **최솟값** $2^{-1}=\dfrac{\mathbf{1}}{\mathbf{2}}$

을 갖는다.

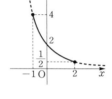

(3) $y=4^x \times 3^{-x}=4^x \times \left(\dfrac{1}{3}\right)^x=\left(\dfrac{4}{3}\right)^x$이므로 함수 $y=4^x \times 3^{-x}$에서 x의 값

이 증가하면 y의 값도 증가한다.

따라서 $0 \le x \le 1$일 때, 함수 $y=4^x \times 3^{-x}$은

$x=1$에서 **최댓값** $4^1 \times 3^{-1}=\dfrac{\mathbf{4}}{\mathbf{3}}$,

$x=0$에서 **최솟값** $4^0 \times 3^0=\mathbf{1}$

을 갖는다.

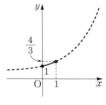

• 지수함수 $y=a^{px+q}$ $(p>0)$의 최대·최소

① $a>1$ ⇨ x가 최대일 때 y도 최대, x가 최소일 때 y도 최소

② $0<a<1$ ⇨ x가 최대일 때 y는 최소, x가 최소일 때 y는 최대

● 정답 및 풀이 **31**쪽

151 다음 함수의 최댓값과 최솟값을 구하시오.

(1) $y=3^{x+1}-2$ $(-1 \le x \le 2)$　　　　　　(2) $y=2^{x-1}+4$ $(-1 \le x \le 3)$

(3) $y=2^{2-x}$ $(-2 \le x \le 1)$　　　　　　(4) $y=2^x \times 3^{1-x}$ $(-1 \le x \le 1)$

필수 08 **지수함수의 최대·최소; 지수가 이차식인 경우 (1)**

함수 $y=2^{-x^2+2x+2}$이 $x=a$에서 최댓값 b를 가질 때, a, b의 값을 구하시오.

풀이 $f(x)=-x^2+2x+2$로 놓으면 주어진 함수는 $\qquad y=2^{f(x)}$

$y=2^{f(x)}$의 밑 2가 1보다 크므로 $f(x)$가 최대일 때 함수 $y=2^{f(x)}$도 최대가 된다.

$f(x)=-x^2+2x+2=-(x-1)^2+3$이므로 $f(x)$는 $x=1$에서 최댓값 3을 갖는다.

따라서 함수 $y=2^{f(x)}$은 $x=1$에서 최댓값 $2^3=8$을 가지므로 $\qquad \boldsymbol{a=1, \ b=8}$

필수 09 **지수함수의 최대·최소; 지수가 이차식인 경우 (2)**

정의역이 $\{x\,|\,1\leq x\leq 4\}$인 함수 $y=\left(\dfrac{1}{4}\right)^{-x^2+6x-8}$의 최댓값과 최솟값을 구하시오.

풀이 $f(x)=-x^2+6x-8$로 놓으면 주어진 함수는 $\qquad y=\left(\dfrac{1}{4}\right)^{f(x)}$

$y=\left(\dfrac{1}{4}\right)^{f(x)}$의 밑 $\dfrac{1}{4}$이 1보다 작은 양수이므로 $y=\left(\dfrac{1}{4}\right)^{f(x)}$은 $f(x)$가 최소일 때 최대가 되고,

$f(x)$가 최대일 때 최소가 된다.

$f(x)=-x^2+6x-8=-(x-3)^2+1$이므로 $1\leq x\leq 4$일 때, $f(x)$는

$x=3$에서 최댓값 1, $x=1$에서 최솟값 -3을 갖는다.

따라서 $1\leq x\leq 4$일 때, 함수 $y=\left(\dfrac{1}{4}\right)^{f(x)}$은

$\qquad x=1$에서 **최댓값** $\left(\dfrac{1}{4}\right)^{-3}=\boldsymbol{64}$, $x=3$에서 **최솟값** $\boldsymbol{\dfrac{1}{4}}$

을 갖는다.

KEY Point

• 지수함수 $y=a^{f(x)}$의 최대·최소

① $a>1 \Rightarrow f(x)$가 최대일 때 y도 최대, $f(x)$가 최소일 때 y도 최소

② $0<a<1 \Rightarrow f(x)$가 최대일 때 y는 최소, $f(x)$가 최소일 때 y는 최대

● 정답 및 풀이 32쪽

152 다음 함수가 $x=a$에서 최솟값 b를 가질 때, a, b의 값을 구하시오.

(1) $y=3^{x^2+4x+2}$
(2) $y=\left(\dfrac{1}{3}\right)^{-x^2-2x+3}$

153 함수 $y=a^{-x^2-2x+1}\ (a>1)$의 최댓값이 16일 때, 상수 a의 값을 구하시오.

154 다음 함수의 최댓값과 최솟값을 구하시오.

(1) $y=2^{-x^2-3x+5}\ (-1\leq x\leq 1)$
(2) $y=\left(\dfrac{1}{2}\right)^{-x^2+4x-7}\ (1\leq x\leq 4)$

필수 10 a^x의 꼴이 반복되는 함수의 최대·최소

$0 \le x \le 2$일 때, 함수 $y = 4^x - 2^{x+1}$의 최댓값과 최솟값을 구하시오.

설명 $y = 4^x - 2^{x+1} = (2^x)^2 - 2 \times 2^x$에서 2^x이 반복되어 나타나는 것을 알 수 있다.

이와 같이 a^x의 꼴이 반복해서 나타나면 이를 t로 치환한 후 t의 값의 범위에서 함수의 최대·최소를 구한다.

풀이 $y = 4^x - 2^{x+1} = (2^x)^2 - 2 \times 2^x$

$2^x = t \ (t > 0)$로 놓으면 $0 \le x \le 2$에서

$\qquad 2^0 \le 2^x \le 2^2 \qquad \therefore 1 \le t \le 4$

이때 주어진 함수는

$\qquad y = t^2 - 2t = (t-1)^2 - 1$

따라서 $1 \le t \le 4$일 때, 함수 $y = (t-1)^2 - 1$은

$\qquad t = 4$에서 **최댓값 8**,

$\qquad t = 1$에서 **최솟값 -1**

을 갖는다.

참고 ① $t = 2^x$에서 x의 값이 증가하면 t의 값도 증가하므로 $0 \le x \le 2$이면

$\qquad 2^0 \le 2^x \le 2^2 \qquad \therefore 1 \le t \le 4$

② 주어진 함수는 $t = 2^x = 4$, 즉 $x = 2$에서 최대이고, $t = 2^x = 1$, 즉 $x = 0$에서 최소이다.

KEY Point

• a^x의 꼴 반복되는 함수의 최댓값과 최솟값은 다음과 같은 순서로 구한다.

(i) 지수법칙을 이용하여 식을 변형한다.

(ii) $a^x = t$로 치환한 후 t의 값의 범위에서 최댓값과 최솟값을 구한다.

• 정답 및 풀이 **32쪽**

155 다음 함수의 최댓값과 최솟값을 구하시오.

(1) $y = 9^x - 4 \times 3^x + 6 \ (-1 \le x \le 1)$

(2) $y = \left(\dfrac{1}{4}\right)^x - \left(\dfrac{1}{2}\right)^{x-1} + 3 \ (-1 \le x \le 2)$

(3) $y = 4^x - 2^{x+2} + 2 \ (x \le 3)$

156 함수 $y = 9^x + k \times 3^{x+1} + 3$의 최솟값이 -6일 때, 상수 k의 값을 구하시오.

● 더 다양한 문제는 **RPM** 대수 36쪽

필수 11 **산술평균과 기하평균을 이용한 함수의 최대·최소**

함수 $y=2^x+2^{1-x}$의 최솟값을 구하시오.

풀이 $2^x>0$, $2^{1-x}>0$이므로 산술평균과 기하평균의 관계에 의하여

$$y=2^x+2^{1-x}$$
$$\geq 2\sqrt{2^x\times 2^{1-x}}=2\sqrt{2} \left(\text{단, 등호는 } 2^x=2^{1-x}, \text{즉 } x=\frac{1}{2}\text{일 때 성립}\right)$$

따라서 함수 $y=2^x+2^{1-x}$의 최솟값은 **$2\sqrt{2}$**이다.

● 더 다양한 문제는 **RPM** 대수 36쪽

필수 12 **공통부분이 a^x+a^{-x}의 꼴인 함수의 최대·최소**

함수 $y=4^x+4^{-x}-2(2^x+2^{-x})$의 최솟값을 구하시오.

설명 4^x+4^{-x}은 2^x+2^{-x}의 식으로 변형할 수 있으므로 공통부분인 2^x+2^{-x}을 t로 치환한다. 이때 t의 값의 범위에 유의한다.

풀이 $2^x+2^{-x}=t$로 놓으면 $2^x>0$, $2^{-x}>0$이므로 산술평균과 기하평균의 관계에 의하여

$$t=2^x+2^{-x}\geq 2\sqrt{2^x\times 2^{-x}}=2 \text{ (단, 등호는 } 2^x=2^{-x}, \text{즉 } x=0\text{일 때 성립)}$$

또 $4^x+4^{-x}=(2^x)^2+(2^{-x})^2=(2^x+2^{-x})^2-2=t^2-2$이므로
주어진 함수는

$$y=t^2-2-2t=(t-1)^2-3$$

따라서 $t\geq 2$일 때, 함수 $y=(t-1)^2-3$은

$$t=2\text{에서 최솟값 } -2$$

를 갖는다.

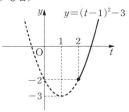

• $a>0$, $a\neq 1$일 때, 모든 실수 x에 대하여 $a^x>0$, $a^{-x}>0$이므로
$$a^x+a^{-x}\geq 2\sqrt{a^x\times a^{-x}}=2 \text{ (단, 등호는 } x=0\text{일 때 성립)}$$

● 정답 및 풀이 **33**쪽

157 함수 $y=5^x+5^{-x}$이 $x=a$에서 최솟값 b를 가질 때, $a+b$의 값을 구하시오.

158 함수 $y=10^{2x-1}+10^{3-2x}$이 $x=\alpha$에서 최솟값 β를 가질 때, $\beta-\alpha$의 값을 구하시오.

159 함수 $y=9^x+9^{-x}+2(3^x+3^{-x})+5$의 최솟값을 구하시오.

연습 문제

● 정답 및 풀이 **34**쪽

STEP 1

160 정의역이 $\{x \,|\, 0 \le x \le 1\}$인 함수 $y = 2^{x+1} \times 5^{1-x}$의 최댓값을 M, 최솟값을 m이라 할 때, $M - m$의 값을 구하시오.

161 정의역이 $\{x \,|\, a \le x \le 3\}$인 함수 $y = 3^{-x} + b$의 최솟값이 $\dfrac{1}{9}$, 최댓값이 $\dfrac{5}{27}$일 때, 상수 a, b의 값을 구하시오.

162 두 함수 $f(x) = -x^2 + 4x - 5$, $g(x) = \left(\dfrac{1}{2}\right)^x$에 대하여 $1 \le x \le 4$일 때, 함수 $y = (g \circ f)(x)$의 최댓값과 최솟값의 합을 구하시오.

STEP 2

163 함수 $y = f(x)$의 그래프는 함수 $y = 2^x$의 그래프를 y축에 대하여 대칭이동한 후 x축의 방향으로 -2만큼, y축의 방향으로 3만큼 평행이동한 것이다. $-3 \le x \le -1$에서 함수 $f(x)$의 최댓값과 최솟값의 곱을 구하시오.

164 정의역이 $\{x \,|\, -1 \le x \le 3\}$인 함수 $y = -4^x + 2^{x+2} + k$의 최댓값이 5일 때, 최솟값을 구하시오. (단, k는 상수이다.)

165 함수 $y = 3^{x+k} + \left(\dfrac{1}{3}\right)^{x-k}$의 최솟값이 18일 때, 상수 k의 값을 구하시오.

실력 UP⁺

166 함수 $y = 4^x + 4^{-x} - 2k(2^x + 2^{-x})$의 최솟값이 -2일 때, 상수 k의 값을 구하시오.

생각해 봅시다! 💡

$a > 0$이고 m, n이 실수일 때
$$a^{m+n} = a^m \times a^n,$$
$$a^{m-n} = a^m \times \left(\dfrac{1}{a}\right)^n$$

$(g \circ f)(x) = g(f(x))$

$4^x + 4^{-x} = 2^{2x} + 2^{-2x}$
$\quad = (2^x + 2^{-x})^2 - 2$

개념원리 이해

03 지수함수의 활용; 방정식

❶ 지수방정식과 지수함수의 관계

지수에 미지수가 있는 방정식을 **지수방정식**이라 한다. 지수방정식은 다음 성질을 이용하여 푼다.

> $a>0$, $a \neq 1$일 때,
> $$a^{x_1}=a^{x_2} \Longleftrightarrow x_1=x_2$$

설명 지수함수 $y=a^x$은 실수 전체의 집합에서 양의 실수 전체의 집합으로의 일대일대응이므로 위의 성질이 성립한다.

❷ 지수방정식의 풀이 ◯ 필수 13~15

(1) **밑을 같게 할 수 있을 때**

밑을 같게 한 후 지수가 같음을 이용한다.

$\Rightarrow a^{f(x)}=a^{g(x)} \Longleftrightarrow f(x)=g(x)$ (단, $a>0$, $a \neq 1$)

(2) **a^x의 꼴이 반복될 때**

$a^x=t$ $(t>0)$로 **치환**하여 t에 대한 방정식을 푼다.

이때 $a^x>0$, 즉 $t>0$임에 주의한다.

(3) **밑에도 미지수가 있을 때**

① 지수가 같은 경우

밑이 같거나 지수가 0임을 이용한다.

$\Rightarrow a^{f(x)}=b^{f(x)} \Longleftrightarrow a=b$ 또는 $f(x)=0$ (단, $a>0$, $b>0$)

② 밑이 같은 경우

지수가 같거나 밑이 1임을 이용한다.

$\Rightarrow x^{f(x)}=x^{g(x)} \Longleftrightarrow f(x)=g(x)$ 또는 $x=1$ (단, $x>0$)

▶ 밑도 지수도 같지 않으면 양변에 로그를 취하여 푼다.

설명 (3) ① $a^{f(x)}=b^{f(x)}$에서 $f(x)=0$이면 $a^0=b^0=1$이므로 등식이 성립한다. 따라서 $f(x)=0$을 만족시키는 x는 방정식의 해이다.

② $x^{f(x)}=x^{g(x)}$에서 $x=1$이면 $1^{f(x)}=1^{g(x)}=1$이므로 등식이 성립한다. 따라서 $x=1$은 방정식의 해이다.

예제 ▶ 다음 방정식을 푸시오.

(1) $2^{x+1}=32$ (2) $3^{-x+4}=9^{x+1}$

풀이 (1) $2^{x+1}=32=2^5$이므로 $x+1=5$ $\therefore x=4$

(2) $9^{x+1}=(3^2)^{x+1}=3^{2x+2}$이므로 $3^{-x+4}=3^{2x+2}$

따라서 $-x+4=2x+2$이므로

$$3x=2 \qquad \therefore x=\frac{2}{3}$$

개념원리 익히기

167 다음 방정식을 푸시오.

(1) $2^x = 8$

(2) $\left(\dfrac{1}{2}\right)^x = \dfrac{1}{16}$

(3) $3^x = \dfrac{1}{81}$

(4) $5^x = 125$

(5) $\left(\dfrac{1}{3}\right)^x = \dfrac{1}{9}$

(6) $\left(\dfrac{1}{5}\right)^x = 25$

168 다음 방정식을 푸시오.

$a > 0$, $a \neq 1$일 때,
$a^{f(x)} = a^{g(x)}$이면
$f(x) = g(x)$

(1) $2^{2x} = 2^{3-x}$

(2) $\left(\dfrac{1}{5}\right)^{-2x-3} = \left(\dfrac{1}{5}\right)^{4x+3}$

(3) $3^{2x-4} - 3^{3x+1} = 0$

(4) $\left(\dfrac{1}{81}\right)^{4x+4} - \left(\dfrac{1}{81}\right)^{x-1} = 0$

169 다음 방정식을 푸시오.

(1) $2^{2x-3} = 128$

(2) $2^{-x+2} = 16^{2x}$

(3) $25^{x+3} = \left(\dfrac{1}{125}\right)^{2x-1}$

(4) $\left(\dfrac{1}{9}\right)^{-x+2} = 81\sqrt{3}$

(5) $\left(\dfrac{1}{2}\right)^{x+1} = (\sqrt{2})^{x-3}$

(6) $4^{x+2} - 8^{x-7} = 0$

170 다음은 방정식 $4^x - 3 \times 2^x + 2 = 0$의 해를 구하는 과정이다. □ 안에 알맞은 것을 써넣으시오.

방정식 $4^x - 3 \times 2^x + 2 = 0$에서 $2^x = t$ $(t > 0)$로 놓으면

$\boxed{} - 3 \times \boxed{} + 2 = 0$ ∴ $t = 1$ 또는 $t = \boxed{}$

즉 $2^x = 1$ 또는 $2^x = \boxed{}$이므로

$x = \boxed{}$ 또는 $x = \boxed{}$

● 더 다양한 문제는 **RPM** 대수 36쪽

필수 13 밑을 같게 할 수 있는 지수방정식

다음 방정식을 푸시오.

$$(1)\ 2^{x^2-3}=4^x \qquad (2)\ 3^{2x^2-6x}=\left(\frac{1}{9}\right)^{x-8} \qquad (3)\ \left(\frac{3}{4}\right)^{x^2+3x}=\left(\frac{4}{3}\right)^{2x+6}$$

설명 밑을 같게 한 후 지수가 같음을 이용한다.

풀이

(1) $2^{x^2-3}=4^x$에서 $\quad 2^{x^2-3}=2^{2x}$
$$x^2-3=2x, \quad x^2-2x-3=0, \quad (x+1)(x-3)=0$$
$$\therefore\ \boldsymbol{x=-1\ \text{또는}\ x=3}$$

(2) $3^{2x^2-6x}=\left(\frac{1}{9}\right)^{x-8}$에서 $\quad 3^{2x^2-6x}=(3^{-2})^{x-8}, \quad 3^{2x^2-6x}=3^{-2x+16}$
$$2x^2-6x=-2x+16, \quad x^2-2x-8=0, \quad (x+2)(x-4)=0$$
$$\therefore\ \boldsymbol{x=-2\ \text{또는}\ x=4}$$

(3) $\left(\frac{3}{4}\right)^{x^2+3x}=\left(\frac{4}{3}\right)^{2x+6}$에서 $\quad \left(\frac{3}{4}\right)^{x^2+3x}=\left\{\left(\frac{3}{4}\right)^{-1}\right\}^{2x+6}, \quad \left(\frac{3}{4}\right)^{x^2+3x}=\left(\frac{3}{4}\right)^{-2x-6}$
$$x^2+3x=-2x-6, \quad x^2+5x+6=0, \quad (x+3)(x+2)=0$$
$$\therefore\ \boldsymbol{x=-3\ \text{또는}\ x=-2}$$

● 더 다양한 문제는 **RPM** 대수 37쪽

필수 14 a^x의 꼴이 반복되는 지수방정식

방정식 $4\times2^{2x}-9\times2^{x+2}+32=0$을 푸시오.

풀이

$4\times2^{2x}-9\times2^{x+2}+32=0$에서
$$4\times(2^x)^2-36\times2^x+32=0$$
$2^x=t\ (t>0)$로 놓으면 $\quad 4t^2-36t+32=0, \quad t^2-9t+8=0$
$$(t-1)(t-8)=0 \quad \therefore\ t=1\ \text{또는}\ t=8$$
즉 $2^x=1$ 또는 $2^x=8$이므로 $\quad \boldsymbol{x=0\ \text{또는}\ x=3}$

● 정답 및 풀이 **36**쪽

확인체크

171 다음 방정식을 푸시오.

$$(1)\ 9^{x^2+3x}=3^{x^2+4x+3} \qquad\qquad (2)\ (2\sqrt{2})^{2x^2+12}=2^{15x}$$

$$(3)\ \frac{3^{x^2+1}}{3^{x-1}}=81 \qquad\qquad (4)\ \left(\frac{2}{3}\right)^{x^2}=\left(\frac{3}{2}\right)^{2-3x}$$

172 다음 방정식을 푸시오.

$$(1)\ 9^x-6\times3^x-27=0 \qquad\qquad (2)\ 4^{x+1}-5\times2^{x+2}+16=0$$

$$(3)\ 3^x-9\times3^{-x}=8 \qquad\qquad (4)\ \left(\frac{1}{9}\right)^x+\left(\frac{1}{3}\right)^x=12$$

15 **밑에 미지수가 포함된 방정식**

다음 방정식을 푸시오.

(1) $(x+2)^x=3^x$ (단, $x>-2$)　　　　(2) $(x-3)^{x+2}=(x-3)^{x^2-4}$ (단, $x>3$)

설명 (1) $a^{f(x)}=b^{f(x)} \Longleftrightarrow a=b$ 또는 $f(x)=0$ (단, $a>0$, $b>0$)

(2) $a^{f(x)}=a^{g(x)} \Longleftrightarrow f(x)=g(x)$ 또는 $a=1$ (단, $a>0$)

풀이 (1) 지수가 같으므로 밑이 같거나 지수가 0이어야 한다.

　(i) $x+2=3$에서　　$x=1$

　(ii) $x=0$이면 $2^0=3^0$이므로 등식이 성립한다.

　(i), (ii)에서 구하는 해는　　**$x=0$ 또는 $x=1$**

(2) 밑이 같으므로 지수가 같거나 밑이 1이어야 한다.

　(i) $x+2=x^2-4$에서

　　　$x^2-x-6=0$,　　$(x+2)(x-3)=0$

　　　∴ $x=-2$ 또는 $x=3$

　　그런데 $x>3$이므로 조건을 만족시키지 않는다.

　(ii) $x-3=1$, 즉 $x=4$이면 $1^6=1^{12}$이므로 등식이 성립한다.

　(i), (ii)에서 구하는 해는　　**$x=4$**

● 정답 및 풀이 37쪽

 173 다음 방정식을 푸시오.

(1) $(x+7)^{x-1}=4^{x-1}$ (단, $x>-7$)

(2) $(2x-1)^{x-3}=(3x-5)^{x-3}$ $\left(단, x>\dfrac{5}{3}\right)$

(3) $x^{3x+1}=x^{2x+3}$ (단, $x>0$)

(4) $(x-1)^{x^2}=(x-1)^{2x+3}$ (단, $x>1$)

174 방정식 $x^{x^2}=x^{2x+8}$ ($x>0$)의 모든 근의 합을 구하시오.

● 더 다양한 문제는 **RPM** 대수 38쪽

필수 16 a^x의 꼴이 반복되는 지수방정식의 활용; 두 근의 합

방정식 $9^x - 3^{x+1} + 1 = 0$의 두 근을 α, β라 할 때, $\alpha + \beta$의 값을 구하시오.

풀이 $9^x - 3^{x+1} + 1 = 0$에서 $(3^x)^2 - 3 \times 3^x + 1 = 0$

$3^x = t \ (t > 0)$로 놓으면 $t^2 - 3t + 1 = 0$ $\cdots\cdots$ ㉠

방정식 $9^x - 3^{x+1} + 1 = 0$의 두 근이 α, β이므로 방정식 ㉠의 두 근은 3^α, 3^β이다.

따라서 이차방정식의 근과 계수의 관계에 의하여

$$3^\alpha \times 3^\beta = 1, \qquad 3^{\alpha+\beta} = 3^0 \qquad \therefore \alpha + \beta = \mathbf{0}$$

● 더 다양한 문제는 **RPM** 대수 38쪽

필수 17 a^x의 꼴이 반복되는 지수방정식의 활용; 근의 판별

방정식 $4^x - 3 \times 2^{x+2} + k = 0$이 서로 다른 두 실근을 갖도록 하는 실수 k의 값의 범위를 구하시오.

풀이 $4^x - 3 \times 2^{x+2} + k = 0$에서 $(2^x)^2 - 12 \times 2^x + k = 0$ $\cdots\cdots$ ㉠

$2^x = t \ (t > 0)$로 놓으면 $t^2 - 12t + k = 0$ $\cdots\cdots$ ㉡

방정식 ㉠이 서로 다른 두 실근을 가지려면 방정식 ㉡이 서로 다른 두 양의 실근을 가져야 한다.

따라서 이차방정식 ㉡의 판별식을 D라 하면

$$\frac{D}{4} = (-6)^2 - k > 0 \qquad \therefore k < 36 \qquad \cdots\cdots ㉢$$

또 이차방정식 ㉡의 두 근의 합과 곱이 모두 양수이어야 하므로 $k > 0$ $\cdots\cdots$ ㉣

㉢, ㉣에서 $\mathbf{0 < k < 36}$

KEY Point

• $(a^x)^2 + ma^x + n = 0 \ (a > 0, \ a \neq 1)$의 두 실근이 α, β이다.

⇨ $a^x = t$로 놓으면 이차방정식 $t^2 + mt + n = 0$의 두 근은 a^α, a^β이다.

● 정답 및 풀이 **38**쪽

175 다음 물음에 답하시오.

(1) 방정식 $4^x - 5 \times 2^x + 2 = 0$의 두 근을 α, β라 할 때, $\alpha + \beta$의 값을 구하시오.

(2) 방정식 $2^{2x+1} - 2^x + k = 0$의 두 근의 합이 -5일 때, 상수 k의 값을 구하시오.

176 방정식 $3^x + (k+1) \times 3^{-x} - 3 = 0$이 서로 다른 두 실근을 갖도록 하는 실수 k의 값의 범위를 구하시오.

18 **지수방정식의 실생활에의 활용**

어떤 세균 1마리를 플라스크에 배양하면 x시간 후에 a^x마리로 증식한다고 한다. 세균 10마리를 플라스크에 배양하였더니 3시간 후 80마리가 되었다고 할 때, 세균 10마리가 2560마리가 되는 것은 배양을 시작한 지 몇 시간 후인가? (단, a는 상수이다.)

① 6시간 　　② 7시간 　　③ 8시간 　　④ 9시간 　　⑤ 10시간

풀이 처음에 10마리였던 세균이 3시간 후에 80마리가 되었으므로

$$10 \times a^3 = 80, \qquad a^3 = 8$$
$$\therefore a = 2$$

처음에 10마리였던 세균이 t시간 후에 2560마리가 되었다고 하면

$$10 \times 2^t = 2560, \qquad 2^t = 256 = 2^8$$
$$\therefore t = 8$$

따라서 세균 10마리가 2560마리가 되는 것은 ③ **8시간** 후이다.

● 정답 및 풀이 **38쪽**

 177 어느 회사에서 만든 정수 필터를 1개 통과할 때마다 물에 잔류하는 불순물의 양이 반으로 줄어든다고 한다. 이 정수 필터를 x개 통과하였더니 물에 잔류하는 불순물의 양이 정수 필터를 통과하기 전의 불순물의 양의 12.5 %가 되었다고 할 때, x의 값을 구하시오.

178 어떤 도시에서 매년 1월에 나온 음식물 쓰레기의 양 T_1(톤)과 t개월 후에 나온 음식물 쓰레기의 양 T(톤)에 대하여

$$T = T_1 \times \left(\frac{4}{5}\right)^{\frac{2}{5}kt} \quad (k\text{는 상수})$$

과 같은 관계식이 성립한다고 한다. 이 도시에서 2024년 1월에 나온 음식물 쓰레기의 양은 1200톤, 같은 해 7월에 나온 음식물 쓰레기의 양은 960톤일 때, 상수 k의 값을 구하시오.

(단, 음식물 쓰레기의 양은 매월 말에 조사한다.)

연습 문제

STEP 1

179 방정식 $\left(\dfrac{5}{7}\right)^{x^3+6}=\left(\dfrac{7}{5}\right)^{-2x^2-5x}$ 의 세 실근을 α, β, γ라 할 때, $\alpha^2+\beta^2+\gamma^2$의 값을 구하시오.

180 방정식 $\dfrac{1}{4^x}-3\times\dfrac{1}{2^{x-2}}+32=0$의 두 실근을 α, β라 할 때, $4^{-\alpha}+4^{-\beta}$ 의 값을 구하시오.

181 방정식 $a^{2x}-a^x=2$의 해가 $\dfrac{1}{7}$일 때, 상수 a의 값을 구하시오.

(단, $a>0$, $a\neq1$)

182 방정식 $9^x=2\times3^{x+1}-2k$가 서로 다른 두 실근을 갖도록 하는 정수 k 의 개수를 구하시오.

이차방정식이 서로 다른 두 양의 실근을 가질 조건
⇨ (판별식)>0,
  (두 근의 합)>0,
  (두 근의 곱)>0

183 어떤 미생물 1마리를 플라스크에 배양하면 x시간 후에 10^{ax}마리로 증식한다고 한다. 플라스크에 미생물을 배양하기 시작한 지 10시간 후 미생물의 수가 처음의 16배가 되었다고 할 때, 미생물의 수가 처음의 64배가 되는 것은 배양을 시작한 지 n시간 후이다. n의 값을 구하시오. (단, a는 상수이다.)

STEP 2

184 연립방정식 $\begin{cases}3^{x+1}+3^y=18\\3^{x+y-1}=9\end{cases}$의 해가 $x=\alpha$, $y=\beta$일 때, $\alpha^2+\beta^2$의 값 을 구하시오.

3^x과 3^y을 각각 한 문자로 치환한다.

185 두 함수 $y=3^x$, $y=-\left(\dfrac{1}{3}\right)^x+k$의 그래프가 만나는 두 점을 각각 A, B라 할 때, 선분 AB의 중점의 좌표가 $\left(0, \dfrac{5}{3}\right)$이다. 이때 상수 k의 값 을 구하시오.

두 점 $P(x_1, y_1)$, $Q(x_2, y_2)$에 대하여 선분 PQ의 중점의 좌표는
$$\left(\dfrac{x_1+x_2}{2}, \dfrac{y_1+y_2}{2}\right)$$

연습 문제

생각해 봅시다! 💡

186 방정식 $\dfrac{1}{3} \times 2^{2x+1} - 11 \times 2^x + k = 0$의 두 근의 합이 3일 때, 두 근의 곱을 구하시오. (단, k는 상수이다.)

187 방정식 $4^x - 5 \times 2^{x+1} + k = 0$의 두 근의 차가 2일 때, 상수 k의 값을 구하시오.

두 근을 α, β $(\alpha < \beta)$라 하면
$$\beta = \alpha + 2$$

188 방정식 $9^x - k \times 3^{x-1} + 1 = 0$이 오직 하나의 실근 α를 가질 때, $k + \alpha$의 값을 구하시오. (단, k는 상수이다.)

실력 UP⁺

수능 기출

189 직선 $y = 2x + k$가 두 함수
$$y = \left(\dfrac{2}{3}\right)^{x+3} + 1,$$
$$y = \left(\dfrac{2}{3}\right)^{x+1} + \dfrac{8}{3}$$
의 그래프와 만나는 점을 각각 P, Q 라 하자. $\overline{PQ} = \sqrt{5}$일 때, 상수 k의 값은?

$\overline{PQ} = \sqrt{5}$임을 이용하여 두 점 P, Q의 x좌표 사이의 관계식을 구한다.

① $\dfrac{31}{6}$ ② $\dfrac{16}{3}$ ③ $\dfrac{11}{2}$ ④ $\dfrac{17}{3}$ ⑤ $\dfrac{35}{6}$

190 방정식 $3(9^x + 9^{-x}) - (3^x + 3^{-x}) - 24 = 0$을 푸시오.

$a > 0$일 때,
$$a^{2x} + a^{-2x} = (a^x + a^{-x})^2 - 2$$

191 방정식 $4^x + a \times 2^x - 4a = 0$의 실근은 α뿐이고 $1 < \alpha < 2$일 때, 양수 a의 값의 범위를 구하시오.

개념원리 이해

04 지수함수의 활용; 부등식

1 지수부등식과 지수함수의 관계

지수에 미지수가 있는 부등식을 **지수부등식**이라 한다. 지수부등식을 풀 때에는 밑의 범위에 따른 지수함수의 성질을 이용한다.

(1) $a > 1$이면

$$x_1 < x_2 \Longleftrightarrow a^{x_1} < a^{x_2}$$

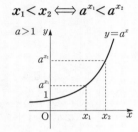

(2) $0 < a < 1$이면

$$x_1 < x_2 \Longleftrightarrow a^{x_1} > a^{x_2}$$

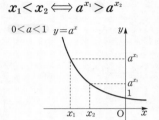

2 지수부등식의 풀이 ⚲ 필수 19~21

(1) **밑을 같게 할 수 있을 때**

밑을 같게 한 후 다음을 이용하여 푼다.

① $a > 1$일 때, $a^{f(x)} < a^{g(x)} \Longleftrightarrow f(x) < g(x)$ ← 지수의 부등호 방향 그대로

② $0 < a < 1$일 때, $a^{f(x)} < a^{g(x)} \Longleftrightarrow f(x) > g(x)$ ← 지수의 부등호 방향 반대로

(2) **a^x의 꼴이 반복될 때**

$a^x = t \ (t > 0)$로 **치환**하여 t에 대한 부등식을 푼다.

이때 $a^x > 0$, 즉 $t > 0$임에 주의한다.

(3) **밑에도 미지수가 있을 때**

밑이 미지수일 때에는 다음과 같이 밑의 범위를 나누어 푼다.

① $0 < (밑) < 1$　　　　　② $(밑) = 1$　　　　　③ $(밑) > 1$

보기 ▶ (1) $4^x > 4^{-x+2}$에서 밑이 1보다 크므로

$x > -x + 2$ 　 ∴ $x > 1$

(2) $\left(\dfrac{1}{2}\right)^x > \left(\dfrac{1}{2}\right)^{-x+2}$에서 밑이 1보다 작은 양수이므로

$x < -x + 2$ 　 ∴ $x < 1$

● 정답 및 풀이 **42**쪽

✏️ **알아둡시다!**

192 다음 부등식을 푸시오.

(1) $3^x < 9$

(2) $\left(\dfrac{1}{2}\right)^x > 8$

(3) $\left(\dfrac{5}{3}\right)^x \geq \left(\dfrac{5}{3}\right)^6$

(4) $5^x \geq 125$

(5) $\left(\dfrac{1}{3}\right)^x \leq \dfrac{1}{81}$

(6) $2^x < \dfrac{1}{64}$

193 다음 부등식을 푸시오.

(1) $2^{3x} \leq 2^{4+x}$

(2) $\left(\dfrac{1}{5}\right)^{-5x+1} > \left(\dfrac{1}{5}\right)^{-4x-1}$

(3) $2^{2x} - 2^{x+1} < 0$

(4) $\left(\dfrac{1}{25}\right)^{-4x-5} - \left(\dfrac{1}{25}\right)^{2x+1} \geq 0$

① $a > 1$일 때
$a^{f(x)} < a^{g(x)}$
$\iff f(x) < g(x)$
② $0 < a < 1$일 때
$a^{f(x)} < a^{g(x)}$
$\iff f(x) > g(x)$

194 다음 부등식을 푸시오.

(1) $2^{-x+1} < 16$

(2) $3^{3x-1} \leq 9$

(3) $\left(\dfrac{1}{5}\right)^{x+3} > \dfrac{1}{25}$

(4) $\left(\dfrac{1}{3}\right)^{x-2} \leq \dfrac{1}{27}$

195 다음은 부등식 $4^x - 5 \times 2^x + 4 < 0$의 해를 구하는 과정이다. □ 안에 알맞은 것을 써넣으시오.

부등식 $4^x - 5 \times 2^x + 4 < 0$에서 $2^x = t\ (t > 0)$로 놓으면

$\boxed{} - 5 \times \boxed{} + 4 < 0$ $\quad \therefore\ \boxed{} < t < \boxed{}$

즉 $\boxed{} < 2^x < \boxed{}$이므로 $\quad \boxed{} < x < \boxed{}$

● 더 다양한 문제는 **RPM** 대수 **38**쪽

필수 19 밑을 같게 할 수 있는 지수부등식

다음 부등식을 푸시오.

(1) $2^{-2x+21} < \left(\dfrac{1}{32}\right)^{2x-1}$　　(2) $0.2^{3x-5} \leq \left(\dfrac{1}{25}\right)^{-x}$　　(3) $3^{x-1} > 27^{-x^2+x}$

설명 밑을 같게 한 후 지수에 대한 부등식을 세운다.

⇨ 밑이 1보다 크면 부등호 방향 그대로, 밑이 1보다 작은 양수이면 부등호 방향 반대로

풀이 (1) $2^{-2x+21} < \left(\dfrac{1}{32}\right)^{2x-1}$ 에서

$2^{-2x+21} < (2^{-5})^{2x-1}$　　∴ $2^{-2x+21} < 2^{-10x+5}$

밑이 1보다 크므로　　$-2x+21 < -10x+5$

$8x < -16$　　∴ $\boldsymbol{x < -2}$

(2) $0.2^{3x-5} \leq \left(\dfrac{1}{25}\right)^{-x}$ 에서　　$\left(\dfrac{1}{5}\right)^{3x-5} \leq \left\{\left(\dfrac{1}{5}\right)^2\right\}^{-x}$

∴ $\left(\dfrac{1}{5}\right)^{3x-5} \leq \left(\dfrac{1}{5}\right)^{-2x}$

밑이 1보다 작은 양수이므로　　$3x-5 \geq -2x$

$5x \geq 5$　　∴ $\boldsymbol{x \geq 1}$

(3) $3^{x-1} > 27^{-x^2+x}$ 에서

$3^{x-1} > (3^3)^{-x^2+x}$　　∴ $3^{x-1} > 3^{-3x^2+3x}$

밑이 1보다 크므로　　$x-1 > -3x^2+3x$

$3x^2-2x-1 > 0$,　　$(3x+1)(x-1) > 0$

∴ $\boldsymbol{x < -\dfrac{1}{3}}$ 또는 $\boldsymbol{x > 1}$

다른 풀이 (2) 밑을 5로 변형하여 풀 수 있다.

$0.2^{3x-5} \leq \left(\dfrac{1}{25}\right)^{-x}$ 에서　　$(5^{-1})^{3x-5} \leq (5^{-2})^{-x}$　　∴ $5^{5-3x} \leq 5^{2x}$

밑이 1보다 크므로　　$5-3x \leq 2x$　　∴ $x \geq 1$

● 정답 및 풀이 **43**쪽

 196 다음 부등식을 푸시오.

(1) $9^{-x} \geq (3\sqrt{3})^{-2-5x}$　　　　　　　　(2) $\left(\dfrac{5}{4}\right)^{x+2} > \left(\dfrac{4}{5}\right)^{2-3x}$

(3) $(2\sqrt{2})^{x+1} \geq 8^{-10x-2}$　　　　　　　(4) $\left(\dfrac{1}{4}\right)^{x^2+x+12} \leq \left(\dfrac{1}{16}\right)^{x^2+x}$

197 부등식 $\left(\dfrac{1}{2}\right)^{4x-3} < \left(\dfrac{1}{2}\right)^{x^2} < \left(\dfrac{1}{2}\right)^{x-1}$ 을 푸시오.

— 더 다양한 문제는 **RPM** 대수 39쪽 —

필수 20 a^x의 꼴이 반복되는 지수부등식

부등식 $2 \times 4^x - 5 \times 2^x + 2 \geq 0$을 푸시오.

설명 $a^x = t \ (t>0)$로 치환하여 t에 대한 이차부등식을 푼다.

풀이 $2 \times 4^x - 5 \times 2^x + 2 \geq 0$에서 $\quad 2 \times (2^x)^2 - 5 \times 2^x + 2 \geq 0$

$2^x = t \ (t>0)$로 놓으면

$$2t^2 - 5t + 2 \geq 0, \quad (2t-1)(t-2) \geq 0$$

$$\therefore t \leq \frac{1}{2} \ \text{또는} \ t \geq 2$$

그런데 $t>0$이므로 $\quad 0 < t \leq \frac{1}{2} \ \text{또는} \ t \geq 2$

즉 $0 < 2^x \leq \frac{1}{2} \ \text{또는} \ 2^x \geq 2$이므로

$$0 < 2^x \leq 2^{-1} \ \text{또는} \ 2^x \geq 2^1$$

밑이 1보다 크므로

$$\boldsymbol{x \leq -1 \ \text{또는} \ x \geq 1}$$

참고 ① $a>1$이면

$$a^\alpha \leq a^x \leq a^\beta \Longleftrightarrow \alpha \leq x \leq \beta \quad \longleftarrow \text{부등호 방향 그대로}$$

② $0 < a < 1$이면

$$a^\alpha \leq a^x \leq a^\beta \Longleftrightarrow \beta \leq x \leq \alpha \quad \longleftarrow \text{부등호 방향 반대로}$$

● 정답 및 풀이 **44쪽**

 198 다음 부등식을 푸시오.

(1) $4^x - 3 \times 2^{x+1} + 8 < 0$

(2) $9^x + 3^{x+1} \leq 3^{x+2} + 27$

(3) $\left(\dfrac{1}{3}\right)^{2x} + \left(\dfrac{1}{3}\right)^{x+2} > \left(\dfrac{1}{3}\right)^{x-2} + 1$

199 부등식 $4^x + a \times 2^x + b > 0$의 해가 $x < -1$ 또는 $x > 2$일 때, 상수 a, b의 값을 구하시오.

필수 21 **밑에 미지수가 포함된 부등식**

부등식 $x^{3x+1} > x^{x+5}$을 푸시오. (단, $x > 0$)

설명 밑이 미지수일 때에는 $0 < ($밑$) < 1$, $($밑$) = 1$, $($밑$) > 1$인 경우로 나누어 생각한다.

풀이 (i) $0 < x < 1$일 때

밑이 1보다 작은 양수이므로 $3x + 1 < x + 5$

$2x < 4$ ∴ $x < 2$

그런데 $0 < x < 1$이므로 $0 < x < 1$

(ii) $x = 1$일 때

$1^4 > 1^6$이므로 부등식이 성립하지 않는다.

(iii) $x > 1$일 때

밑이 1보다 크므로 $3x + 1 > x + 5$

$2x > 4$ ∴ $x > 2$

그런데 $x > 1$이므로 $x > 2$

이상에서 구하는 해는   **$0 < x < 1$ 또는 $x > 2$**

● 정답 및 풀이 **44**쪽

200 다음 부등식을 푸시오.

(1) $x^{x+1} \le x^5$ (단, $x > 0$)

(2) $(x+1)^{-2x-3} < (x+1)^5$ (단, $x > -1$)

201 부등식 $x^{2x-5} > x^9$을 만족시키는 정수 x의 최솟값을 구하시오. (단, $x > 0$)

● 더 다양한 문제는 **RPM** 대수 **40**쪽

필수 22 **지수부등식이 항상 성립할 조건**

모든 실수 x에 대하여 부등식 $2^{2x}-3\times 2^{x+2}+2k>0$이 성립하도록 하는 실수 k의 값의 범위를 구하시오.

설명 모든 실수 x에 대하여 부등식 $(a^x)^2+pa^x+q>0$ (p, q는 상수)이 성립
➡ $a^x=t$ $(t>0)$라 할 때, $t>0$에서 부등식 $t^2+pt+q>0$이 항상 성립

풀이 $2^{2x}-3\times 2^{x+2}+2k>0$에서 $(2^x)^2-12\times 2^x+2k>0$
$2^x=t$ $(t>0)$로 놓으면 $t^2-12t+2k>0$ ······ ㉠
$f(t)=t^2-12t+2k=(t-6)^2+2k-36$이라 할 때, $t>0$에서 부등식
㉠이 항상 성립하려면 $y=f(t)$의 그래프가 오른쪽 그림과 같아야 하므로
$\qquad f(6)=2k-36>0$ $\therefore$ **$k>18$**

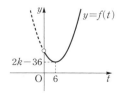

● 더 다양한 문제는 **RPM** 대수 **40**쪽

필수 23 **지수부등식의 실생활에의 활용**

전자파가 특수 소재로 제작한 필름 1장을 통과하면 그 세기가 75 %씩 감소하는 것으로 나타났다. 전자파의 세기를 처음의 $\dfrac{1}{1024}$ 이하로 줄이기 위해 필요한 필름은 최소 몇 장인지 구하시오.

풀이 전자파가 필름 1장을 통과할 때마다 그 세기가 75 %씩 감소하므로 필름 1장을 통과하면 전자파의 세기는 처음의 $\dfrac{1}{4}$이 된다.

필름 n장을 통과했을 때 전자파의 세기가 처음의 $\dfrac{1}{1024}$ 이하로 줄었다고 하면
$$\left(\dfrac{1}{4}\right)^n\leq\dfrac{1}{1024} \qquad \therefore \left(\dfrac{1}{4}\right)^n\leq\left(\dfrac{1}{4}\right)^5$$
밑이 1보다 작은 양수이므로 $n\geq 5$
따라서 자연수 n의 최솟값은 5이므로 필름은 최소 **5장**이 필요하다.

● 정답 및 풀이 **45**쪽

 202 모든 실수 x에 대하여 다음 부등식이 성립하기 위한 실수 k의 값의 범위를 구하시오.

(1) $25^x-2\times 5^{x+1}+k-2\geq 0$

(2) $\left(\dfrac{1}{3}\right)^{2x}+2\times\left(\dfrac{1}{3}\right)^{x-1}+k+1>0$

203 A_0(만 원)에 산 새 자동차의 t년 후의 가격이 A(만 원)일 때,
$\qquad A=A_0 k^t$ (k는 상수)
과 같은 관계식이 성립한다고 한다. 4000만 원에 산 새 자동차의 1년 후의 가격이 2000만 원일 때, 이 자동차의 가격이 250만 원 이하로 떨어지는 것은 최소 m년 후이다. 자연수 m의 값을 구하시오.

연습 문제

생각해 봅시다! 💡

204 부등식 $4^{x^2} \leq \left(\dfrac{1}{\sqrt{2}}\right)^{8x}$ 을 만족시키는 x의 최댓값을 M, 최솟값을 m이라 할 때, $M+m$의 값을 구하시오.

205 두 집합 $A = \{x \mid 3^{2x+2} - 82 \times 3^x + 9 = 0\}$,

$B = \left\{x \mid \left(\dfrac{1}{4}\right)^x + 2 \times \left(\dfrac{1}{2}\right)^x > 8\right\}$ 에 대하여 $A \cap B$의 모든 원소의 합을 구하시오.

a^x의 꼴이 반복되는 방정식과 부등식은 a^x을 한 문자로 치환하여 푼다.

206 부등식 $48 \leq 3^{2x} + 21 \leq 4 \times 3^{x+1} - 6$의 해를 구하시오.

$\begin{cases} 48 \leq 3^{2x} + 21 \\ 3^{2x} + 21 \leq 4 \times 3^{x+1} - 6 \end{cases}$

207 부등식 $x^{2x+5} \geq x^{3x-2}$을 만족시키는 정수 x의 개수를 구하시오.

(단, $x > 0$)

208 모든 실수 x에 대하여 부등식 $\left(\dfrac{1}{5}\right)^{x^2+2x} \leq 25^{x+k}$이 성립하도록 하는 실수 k의 최솟값을 구하시오.

모든 실수 x에 대하여 부등식 $x^2 + ax + b \geq 0$이 성립하려면 $x^2 + ax + b = 0$의 판별식을 D라 할 때

$D \leq 0$

209 부등식 $\left(\dfrac{1}{4}\right)^{x^2} > (\sqrt{2})^{kx}$을 만족시키는 정수 x의 개수가 3일 때, 자연수 k의 최댓값을 M, 최솟값을 m이라 하자. $M+m$의 값을 구하시오.

연습 문제

생각해 봅시다!

210 부등식 $a \times 6^x + 6^{1-x} - b \leq 0$의 해가 $-1 \leq x \leq 1$일 때, 상수 a, b에 대하여 $a+b$의 값을 구하시오.

해가 $\alpha \leq x \leq \beta$이고 x^2의 계수가 k $(k>0)$인 이차부등식은
$$k(x-\alpha)(x-\beta) \leq 0$$

211 모든 실수 x에 대하여 부등식 $x^2 - (2^{k+1}-4)x + 2^k > 0$이 성립하도록 하는 실수 k의 값의 범위를 구하시오.

212 $x \geq 0$인 실수 x에 대하여 부등식 $4^{x+1} - 2^{x+1} + k + 1 > 0$이 항상 성립하도록 하는 정수 k의 최솟값을 구하시오.

$x \geq 0$이면 $2^x \geq 1$

실력 UP⁺

213 모든 실수 x에 대하여 부등식 $9^x - 2k \times 3^x + 16 \geq 0$이 성립하도록 하는 실수 k의 값의 범위를 구하시오.

$k>0$, $k=0$, $k<0$일 때로 나누어 생각한다.

214 미생물 A는 1주마다 그 수가 2배가 되고, 미생물 B는 1주마다 그 수가 4배가 된다고 한다. 미생물 A, B를 각각 10마리씩 동시에 배양했을 때, 미생물 A, B의 수의 합이 2720마리 이상이 되는 것은 최소 m주 후이다. m의 값을 구하시오.

I

지수함수와 로그함수

↓

2 로그

↓

3 지수함수

↓

4 로그함수

이 단원에서는

로그함수의 뜻을 알고 그래프의 성질을 이해합니다. 또 로그함수의 최대·최소를 구하고
다양한 형태의 로그방정식과 로그부등식을 푸는 방법을 학습합니다.

01 로그함수의 뜻과 그래프

1 로그함수

지수함수 $y=a^x$ $(a>0,\ a\neq1)$은 실수 전체의 집합에서 양의 실수 전체의 집합으로의 일대일대응이므로 역함수를 갖는다.

이때 로그의 정의에 의하여 $x=\log_a y$이므로 x와 y를 서로 바꾸면 지수함수 $y=a^x$의 역함수 $y=\log_a x$ $(a>0,\ a\neq1)$를 얻는다. 이 함수를 a를 밑으로 하는 **로그함수**라 한다.

2 로그함수 $y=\log_a x$의 성질 ◯ 필수 02

로그함수 $y=\log_a x$ $(a>0,\ a\neq1)$는 지수함수 $y=a^x$의 역함수이므로 $y=\log_a x$의 그래프는 $y=a^x$의 그래프와 직선 $y=x$에 대하여 대칭이다.

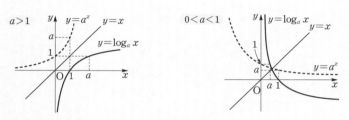

(1) **정의역은 양의 실수 전체**의 집합이고, **치역은 실수 전체**의 집합이다.

(2) 그래프는 점 $(1,\ 0)$, $(a,\ 1)$을 지나고 y**축** (직선 $x=0$)을 점근선으로 갖는다.

(3) $a>1$일 때, x의 값이 증가하면 y의 값도 **증가**한다.

　$0<a<1$일 때, x의 값이 증가하면 y의 값은 **감소**한다.

(4) 양의 실수 전체의 집합에서 실수 전체의 집합으로의 일대일대응이다.

(5) $y=\log_a x$의 그래프와 $y=\log_{\frac{1}{a}} x$의 그래프는 x축에 대하여 대칭이다.

(6) $y=\log_a x$와 $y=a^x$은 각각 서로의 **역함수**이다.

　⇨ $y=\log_a x$의 그래프와 $y=a^x$의 그래프는 **직선 $y=x$에 대하여 대칭**이다.

설명 (5) $y=\log_{\frac{1}{a}} x=-\log_a x$에서 $-y=\log_a x$이므로 $y=\log_a x$의 그래프와 $y=\log_{\frac{1}{a}} x$의 그래프는 x축에 대하여 대칭이다.

3 로그함수 $y=\log_a x$의 그래프의 평행이동과 대칭이동 ◯ 필수 03, 04

(1) **평행이동**

로그함수 $y=\log_a x$ $(a>0,\ a\neq1)$의 그래프를 x축의 방향으로 m만큼, y축의 방향으로 n만큼 평행이동한 그래프의 식은

$$y-n=\log_a(x-m),\ \ 즉\ y=\log_a(x-m)+n$$

▶ 로그함수 $y=\log_a(x-m)+n$의 정의역은 $\{x|x>m\}$, 치역은 $\{y|y$는 실수$\}$이고, 그래프의 점근선은 직선 $x=m$이다.

보기 ▶ 함수 $y=\log_3 x$의 그래프를 x축의 방향으로 1만큼, y축의 방향으로 1만큼 평
행이동한 그래프의 식은

$$y=\log_3 (x-1)+1$$

이때 함수 $y=\log_3 (x-1)+1$의 정의역은 $\{x\,|\,x>1\}$, 치역은 $\{y\,|\,y$는 실수$\}$
이고, 그래프의 점근선은 직선 $x=1$이다.

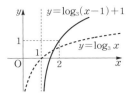

(2) 대칭이동

로그함수 $y=\log_a x \ (a>0,\ a\neq 1)$의 그래프를

① **x축**에 대하여 대칭이동한 그래프의 식 $\Rightarrow y=\log_a \dfrac{1}{x}$

② **y축**에 대하여 대칭이동한 그래프의 식 $\Rightarrow y=\log_a (-x)$

③ **원점**에 대하여 대칭이동한 그래프의 식 $\Rightarrow y=\log_a \left(-\dfrac{1}{x}\right)$

④ **직선 $y=x$**에 대하여 대칭이동한 그래프의 식 $\Rightarrow y=a^x$

▶ ④ 직선 $y=x$에 대하여 대칭이동 $\Rightarrow x$ 대신 y, y 대신 x 대입

보기 ▶ 함수 $y=\log_2 x$의 그래프를

① x축에 대하여 대칭이동한 그래프의 식은 $-y=\log_2 x$, 즉 $y=\log_2 \dfrac{1}{x}$

② y축에 대하여 대칭이동한 그래프의 식은 $y=\log_2 (-x)$

③ 원점에 대하여 대칭이동한 그래프의 식은 $-y=\log_2 (-x)$, 즉 $y=\log_2 \left(-\dfrac{1}{x}\right)$

④ 직선 $y=x$에 대하여 대칭이동한 그래프의 식은 $x=\log_2 y$, 즉 $y=2^x$

4 로그함수를 이용한 수의 대소 관계   ∽ 필수 05

밑을 같게 하여 진수의 대소를 먼저 비교한 후 밑의 범위에 따른 로그함수의 증가와 감소를 이용하여 수의
대소를 비교한다.

로그함수 $y=\log_a x \ (a>0,\ a\neq 1)$에서

(1) $a>1$일 때, $0<x_1<x_2$이면 $\log_a x_1<\log_a x_2$ ← 부등호 방향 그대로

(2) $0<a<1$일 때, $0<x_1<x_2$이면 $\log_a x_1>\log_a x_2$ ← 부등호 방향 반대로

예제 ▶ 다음 세 수의 대소를 비교하시오.

     (1) $\log_5 3,\ \log_5 \dfrac{1}{2},\ \log_5 \sqrt{6}$ (2) $\log_{\frac{1}{3}} 0.8,\ \log_{\frac{1}{3}} 4,\ \log_{\frac{1}{3}} \sqrt{5}$

풀이   (1) $\dfrac{1}{2}<\sqrt{6}<3$이고, 함수 $y=\log_5 x$에서 x의 값이 증가하면 y의 값도 증가하므로

$$\log_5 \dfrac{1}{2}<\log_5 \sqrt{6}<\log_5 3$$

       (2) $0.8<\sqrt{5}<4$이고, 함수 $y=\log_{\frac{1}{3}} x$에서 x의 값이 증가하면 y의 값은 감소하므로

$$\log_{\frac{1}{3}} 0.8>\log_{\frac{1}{3}} \sqrt{5}>\log_{\frac{1}{3}} 4, \ \text{즉} \ \log_{\frac{1}{3}} 4<\log_{\frac{1}{3}} \sqrt{5}<\log_{\frac{1}{3}} 0.8$$

알아둡시다!

215 두 함수 $f(x)=\log_2 x$, $g(x)=\log_{\frac{1}{3}} x$에 대하여 다음을 구하시오.

(1) $f(4)$　　　　　　(2) $f\left(\dfrac{1}{2}\right)$　　　　　　(3) $f(1)$

(4) $g\left(\dfrac{1}{9}\right)$　　　　　　(5) $g(27)$　　　　　　(6) $g(1)$

216 함수 $f(x)=\log_a x\ (a>0,\ a\neq1)$에 대하여 □ 안에 알맞은 것을 써넣으시오.

(1) 정의역은 □□□□ 전체의 집합이다.

(2) 치역은 □□□ 전체의 집합이다.

(3) $a>1$일 때, $0<x_1<x_2$이면 $f(x_1)$ □ $f(x_2)$이다.

(4) $0<a<1$일 때, $0<x_1<x_2$이면 $f(x_1)$ □ $f(x_2)$이다.

(5) 그래프의 점근선은 □□□이다.

217 다음 함수의 그래프를 그리고, 정의역, 치역, 점근선의 방정식을 구하시오.

(1) $y=\log_3(x-1)$　　　　　　(2) $y=\log_{\frac{1}{2}} x+2$

218 $y=\log_2 x$의 그래프를 다음과 같이 평행이동 또는 대칭이동한 그래프의 식을 구하시오.

(1) x축의 방향으로 -1만큼, y축의 방향으로 4만큼 평행이동

(2) x축에 대하여 대칭이동

219 다음은 함수 $y=6^x$의 역함수를 구하는 과정이다. (개)~(래)에 알맞은 것을 구하시오.

> 함수 $y=6^x$은 실수 전체의 집합에서 [(개)] 전체의 집합으로의 [(나)]이므로 역함수가 존재한다.
>
> $y=6^x$에서 로그의 정의에 의하여 　$x=$ [(다)]
>
> x와 y를 서로 바꾸면 함수 $y=6^x$의 역함수는
>
> 　$y=$ [(래)]

로그함수
$y=\log_a(x-m)+n$에서
① 정의역: $\{x\,|\,x>m\}$
② 치역: $\{y\,|\,y$는 실수$\}$
③ 점근선의 방정식: $x=m$

지수함수 $y=a^x$의 역함수는
　$y=\log_a x$

● 더 다양한 문제는 **RPM** 대수 **48**쪽

필수 01 **로그함수의 함숫값**

함수 $f(x)=\log_a(2x+3)+2$에 대하여 $f(3)=4$일 때, $f(12)$의 값을 구하시오.

(단, a는 상수이다.)

풀이 $f(3)=4$에서 $\log_a 9+2=4$, $\log_a 9=2$

$a^2=9$ $\therefore a=3 \; (\because a>0)$

따라서 $f(x)=\log_3(2x+3)+2$이므로 $f(12)=\log_3 27+2=3+2=\mathbf{5}$

● 더 다양한 문제는 **RPM** 대수 **48**쪽

필수 02 **로그함수의 성질**

함수 $y=\log_5 x$에 대하여 보기에서 옳은 것만을 있는 대로 고르시오.

> 보기
>
> ㄱ. 그래프는 점 $(1,\ 0)$을 지난다.
> ㄴ. 그래프의 점근선은 x축이다.
> ㄷ. 정의역은 실수 전체의 집합이다.
> ㄹ. 양수 x에 대하여 x의 값이 증가하면 y의 값도 증가한다.
> ㅁ. 그래프는 $y=5^x$의 그래프와 직선 $y=x$에 대하여 대칭이다.

풀이   함수 $y=\log_5 x$의 그래프는 오른쪽 그림과 같다.

ㄱ. $x=1$일 때 $y=0$이므로 그래프는 점 $(1,\ 0)$을 지난다. (참)

ㄴ. 그래프의 점근선은 y축이다. (거짓)

ㄷ. 정의역은 양의 실수 전체의 집합이다. (거짓)

ㄹ. 양수 x에 대하여 x의 값이 증가하면 y의 값도 증가한다. (참)

ㅁ. $y=\log_5 x$는 $y=5^x$의 역함수이므로 $y=\log_5 x$의 그래프는 $y=5^x$의 그래프와 직선 $y=x$에 대하여 대칭이다. (참)

이상에서 옳은 것은 ㄱ, ㄹ, ㅁ이다.

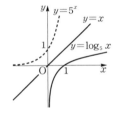

● 정답 및 풀이 **49**쪽

220 두 함수 $f(x)=\left(\dfrac{1}{9}\right)^x$, $g(x)=\log_3 x^2$에 대하여 $(g \circ f)\left(-\dfrac{1}{2}\right)$의 값을 구하시오.

221 함수 $f(x)=\log_{\frac{1}{2}} x$에 대하여 보기에서 옳은 것만을 있는 대로 고르시오.

> 보기
>
> ㄱ. 그래프는 점 $\left(1,\ \dfrac{1}{2}\right)$을 지난다.
> ㄴ. 그래프의 점근선의 방정식은 $x=0$이다.
> ㄷ. 두 양수 x_1, x_2에 대하여 $x_1<x_2$이면 $f(x_1)<f(x_2)$이다.
> ㄹ. 두 양수 x_1, x_2에 대하여 $x_1 \neq x_2$이면 $f(x_1) \neq f(x_2)$이다.
> ㅁ. 그래프는 $y=\log_2 x$의 그래프와 y축에 대하여 대칭이다.

● 더 다양한 문제는 **RPM** 대수 **47**쪽

필수 03 **로그함수의 그래프**

다음 함수의 그래프를 그리고, 정의역, 치역, 점근선의 방정식을 구하시오.

(1) $y=\log_3(x+1)+2$　　　　　　(2) $y=\log_3(-x)-1$

풀이 (1) $y=\log_3(x+1)+2$의 그래프는 $y=\log_3 x$의 그래프를 x축의 방향으로 -1만큼, y축의 방향으로 2만큼 평행이동한 것이므로 오른쪽 그림과 같고,
　　정의역은 　　$\{x|x>-1\}$
　　치역은 　　$\{y|y$는 실수$\}$
　　점근선의 방정식은 　　$x=-1$

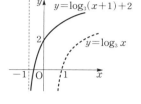

(2) $y=\log_3(-x)-1$의 그래프는 $y=\log_3 x$의 그래프를 y축에 대하여 대칭이동한 후 y축의 방향으로 -1만큼 평행이동한 것이므로 오른쪽 그림과 같고,
　　정의역은 　　$\{x|x<0\}$
　　치역은 　　$\{y|y$는 실수$\}$
　　점근선의 방정식은 　　$x=0$

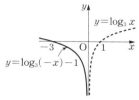

● 더 다양한 문제는 **RPM** 대수 **49**쪽

필수 04 **로그함수의 그래프의 평행이동과 대칭이동**

함수 $y=\log_2 x$의 그래프를 x축의 방향으로 m만큼, y축의 방향으로 n만큼 평행이동한 그래프의 식이 $y=\log_2(4x-8)+1$일 때, m, n의 값을 구하시오.

풀이 $y=\log_2(4x-8)+1=\log_2\{4(x-2)\}+1=\log_2 4+\log_2(x-2)+1=\log_2(x-2)+3$
따라서 함수 $y=\log_2(4x-8)+1$의 그래프는 $y=\log_2 x$의 그래프를 x축의 방향으로 2만큼, y축의 방향으로 3만큼 평행이동한 것이므로
　　$m=2$, $n=3$

● 정답 및 풀이 **49**쪽

222 다음 함수의 그래프를 그리고, 정의역, 치역, 점근선의 방정식을 구하시오.

(1) $y=\log_{\frac{1}{2}}(x+2)+1$　　(2) $y=\log_{\frac{1}{2}}(-x)-2$　　(3) $y=-\log_{\frac{1}{2}}(x-3)$

223 함수 $y=\log_3 x$의 그래프를 x축의 방향으로 m만큼, y축의 방향으로 n만큼 평행이동한 그래프의 식이 $y=\log_3(27x+9)$일 때, mn의 값을 구하시오.

224 함수 $y=\log_{\frac{1}{5}}x$의 그래프를 x축에 대하여 대칭이동한 후 x축의 방향으로 2만큼, y축의 방향으로 -3만큼 평행이동한 그래프의 식을 구하시오.

● 더 다양한 문제는 **RPM** 대수 **49쪽**

필수 05 **로그함수를 이용한 대소 관계**

다음 세 수의 대소를 비교하시오.

(1) 3, $\log_2 7$, $\log_4 63$
(2) $\log_{\frac{1}{3}} 2$, $\log_{\frac{1}{3}} \frac{1}{2}$, -1

설명 (1) $a>1$일 때, $0<x_1<x_2 \Longleftrightarrow \log_a x_1 < \log_a x_2$
(2) $0<a<1$일 때, $0<x_1<x_2 \Longleftrightarrow \log_a x_1 > \log_a x_2$

풀이 (1) $3=\log_4 4^3 = \log_4 64$, $\log_2 7 = \log_{2^2} 7^2 = \log_4 49$

이때 $49<63<64$이고, 함수 $y=\log_4 x$에서 x의 값이 증가하면 y의 값도 증가하므로

$\log_4 49 < \log_4 63 < \log_4 64$ ∴ $\log_2 7 < \log_4 63 < 3$

(2) $-1 = \log_{\frac{1}{3}} \left(\frac{1}{3} \right)^{-1} = \log_{\frac{1}{3}} 3$

이때 $\frac{1}{2}<2<3$이고, 함수 $y=\log_{\frac{1}{3}} x$에서 x의 값이 증가하면 y의 값은 감소하므로

$\log_{\frac{1}{3}} \frac{1}{2} > \log_{\frac{1}{3}} 2 > \log_{\frac{1}{3}} 3$ ∴ $-1 < \log_{\frac{1}{3}} 2 < \log_{\frac{1}{3}} \frac{1}{2}$

● 더 다양한 문제는 **RPM** 대수 **51쪽**

필수 06 **지수함수와 로그함수의 역함수**

다음 함수의 역함수를 구하시오.

(1) $y=3^{x-2}+1$
(2) $y=\log_2 (x-1)+1$

풀이 (1) $y=3^{x-2}+1$에서 $y-1=3^{x-2}$

로그의 정의에 의하여 $x-2=\log_3 (y-1)$ ∴ $x=\log_3 (y-1)+2$

x와 y를 서로 바꾸면 구하는 역함수는 $y=\log_3 (x-1)+2$

(2) $y=\log_2 (x-1)+1$에서 $y-1=\log_2 (x-1)$

로그의 정의에 의하여 $x-1=2^{y-1}$ ∴ $x=2^{y-1}+1$

x와 y를 서로 바꾸면 구하는 역함수는 $y=2^{x-1}+1$

● 정답 및 풀이 **50쪽**

225 다음 세 수의 대소를 비교하시오.

(1) $\log_4 25$, $\log_8 80$, 2
(2) -2, $\log_{\frac{1}{2}} 3$, $\log_{\frac{1}{2}} 5$

226 다음 함수의 역함수를 구하시오.
(1) $y=2^{-x+1}-3$
(2) $y=\log_{\frac{1}{3}} (x-2)+1$

227 함수 $y=\log_4 (x+a)-3$의 역함수가 $y=4^{x+b}-1$일 때, 상수 a, b에 대하여 $a+b$의 값을 구하시오.

필수 07 **로그함수의 그래프에서의 함숫값**

함수 $y=\log_2 x$의 그래프와 직선 $y=x$가 오른쪽 그림과 같을 때, $d-c$의 값을 구하시오.

(단, 점선은 x축 또는 y축에 평행하다.)

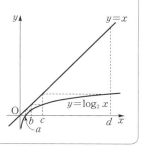

풀이

$y=\log_2 x$의 그래프가 점 $(1, 0)$을 지나므로

$\qquad a=1$

$y=\log_2 x$의 그래프가 점 $(b, 1)$을 지나므로 $1=\log_2 b$에서

$\qquad b=2$

$y=\log_2 x$의 그래프가 점 $(c, 2)$를 지나므로 $2=\log_2 c$에서

$\qquad c=2^2=4$

$y=\log_2 x$의 그래프가 점 $(d, 4)$를 지나므로 $4=\log_2 d$에서

$\qquad d=2^4=16$

$\qquad \therefore d-c=\mathbf{12}$

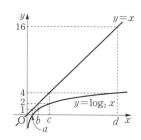

• 정답 및 풀이 **50쪽**

확인 체크 **228** 두 함수 $y=3^x$, $y=\log_3 x$의 그래프가 오른쪽 그림과 같을 때, a의 값을 구하시오. (단, 점선은 x축 또는 y축에 평행하다.)

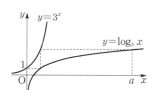

229 오른쪽 그림과 같이 두 함수 $y=\log_2 x$, $y=\log_4 x$의 그래프와 직선 $x=k$의 교점을 각각 A, B라 할 때, $\overline{AB}=2$를 만족시키는 상수 k의 값을 구하시오. (단, $k>1$)

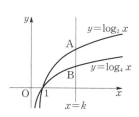

● 더 다양한 문제는 **RPM** 대수 50쪽

필수 08 **로그함수의 그래프와 도형의 넓이**

오른쪽 그림은 두 함수 $y=\log_2 x$, $y=\log_2(x+4)$의 그래프이다. x축과 평행한 두 직선 AB, CD와 두 곡선으로 둘러싸인 부분의 넓이를 구하시오.

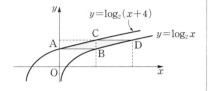

설명 평행이동한 함수의 그래프로 둘러싸인 부분의 넓이 ⇨ 넓이가 같은 도형을 찾는다.

풀이 $y=\log_2(x+4)$의 그래프는 $y=\log_2 x$의 그래프를 x축의 방향으로 -4만큼 평행이동한 것이다.
따라서 오른쪽 그림에서 빗금 친 두 부분의 넓이가 같으므로 구하는 넓이는 직사각형 ABCE의 넓이와 같다.
점 A의 y좌표는 $\log_2 4=2$이므로
$\quad$ B$(4, 2)$
점 C의 x좌표가 4이므로 y좌표는
$\quad \log_2 8=3$
따라서 구하는 넓이는
$\quad \square \text{ABCE}=4\times(3-2)=\mathbf{4}$

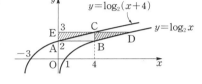

● 정답 및 풀이 **50**쪽

230 오른쪽 그림과 같이 두 곡선 $y=\log_3 x$, $y=\log_3 x+1$과 두 직선 $x=3$, $x=4$로 둘러싸인 부분의 넓이를 구하시오.

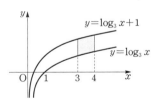

231 오른쪽 그림과 같이 두 함수 $y=\log_2(x+1)$, $y=\log_2(x+1)+2$의 그래프와 두 직선 $x=0$, $x=3$으로 둘러싸인 부분의 넓이를 구하시오.

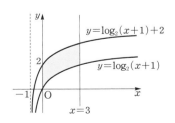

232 함수 $f(x)=\log_3 x+k\log_x 81$에 대하여 $f(27)=f(9)$일 때, 상수 k의 값을 구하시오.

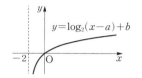

233 함수 $y=\log_2(x-a)+b$의 그래프가 오른쪽 그림과 같을 때, 상수 a, b에 대하여 ab의 값을 구하시오.

234 다음 중 함수 $y=\log_3(x-5)+2$에 대한 설명으로 옳지 <u>않은</u> 것은?

① 정의역은 $\{x \mid x>5\}$이다.
② 치역은 실수 전체의 집합이다.
③ 역함수는 $y=3^{x+2}+5$이다.
④ 그래프는 $y=\log_3 x$의 그래프를 x축의 방향으로 5만큼, y축의 방향으로 2만큼 평행이동한 것이다.
⑤ $x>5$일 때, x의 값이 증가하면 y의 값도 증가한다.

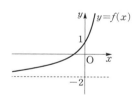

235 함수 $y=\log_a(x+b)-2$의 역함수 $f(x)$에 대하여 $y=f(x)$의 그래프가 오른쪽 그림과 같을 때, ab의 값을 구하시오.
(단, a, b는 상수이다.)

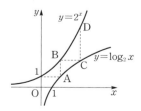

236 두 함수 $y=2^x$, $y=\log_2 x$의 그래프가 오른쪽 그림과 같을 때, 점 D의 y좌표를 구하시오.
(단, 점선은 x축 또는 y축에 평행하다.)

생각해 봅시다! 💡

$a>0$, $a\neq1$, $b>0$일 때
$$\log_{a^m} b^n=\frac{n}{m}\log_a b$$
(단, $m\neq0$)

로그함수
$y=\log_a(x-m)+n$의 그래프의 점근선의 방정식은
$x=m$

점 (p, q)가 $y=f(x)$의 그래프 위의 점이면
$q=f(p)$

생각해 봅시다! 💡

로그함수 $y=\log_a x$의 그래프는 a의 값에 관계없이 점 $(1, 0)$을 항상 지난다.

237 두 곡선 $y=\log_2 x$, $y=\log_a x$ $(0<a<1)$이 x축 위의 점 A에서 만난다. 직선 $x=4$가 곡선 $y=\log_2 x$와 만나는 점을 B, 곡선 $y=\log_a x$와 만나는 점을 C라 하자. 삼각형 ABC의 넓이가 $\dfrac{9}{2}$일 때, 상수 a의 값은?

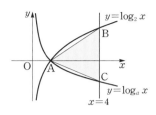

① $\dfrac{1}{16}$　　② $\dfrac{1}{8}$　　③ $\dfrac{3}{16}$　　④ $\dfrac{1}{4}$　　⑤ $\dfrac{5}{16}$

STEP 2

238 보기에서 함수 $y=\log_2 x$의 그래프를 평행이동 또는 대칭이동하여 겹쳐질 수 있는 그래프의 식인 것만을 있는 대로 고르시오.

> **보기**
>
> ㄱ. $y=\log_{\frac{1}{2}} 4x$　　　　　ㄴ. $y=\log_2 \sqrt{x}$
>
> ㄷ. $y=2^{x-1}$　　　　　　　ㄹ. $y=\log_2 \dfrac{1}{x}$

239 함수 $y=f(x)$의 그래프는 $y=\log_2 x+1$의 그래프를 x축의 방향으로 a만큼, y축의 방향으로 b만큼 평행이동한 것이다. $y=f(x)$의 그래프가 두 점 $(7, 0)$, $(11, 1)$을 지날 때, $a+b$의 값을 구하시오.

함수 $y=f(x)$의 그래프가 점 (a, b)를 지난다.
⇨ $f(a)=b$

240 $1<a<2$일 때, 세 수 $A=\log_2 a$, $B=\log_2 \dfrac{1}{a}$, $C=\log_a 2$의 대소를 비교하시오.

$1<a<2$이므로
$\log_2 1<\log_2 a<\log_2 2$

241 오른쪽 그림에서 사각형 ABCD는 한 변의 길이가 4인 정사각형이고, 두 점 D, E는 곡선 $y=\log_2 x$ 위의 점이다. 두 점 B, C가 x축 위의 점일 때, 선분 BE의 길이는?

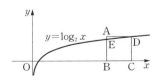

① 2　　　　② 3　　　　③ $2+\log_2 3$

④ $2+\log_2 5$　　⑤ $4\log_2 3$

생각해 봅시다!

242 오른쪽 그림과 같이 함수 $y=g(x)$의 그래프는 함수 $y=\log_2(x-1)$의 그래프와 직선 $y=x$에 대하여 대칭이다. $y=g(x)$의 그래프는 점 P$(2,\ b)$를 지나고, $y=\log_2(x-1)$의 그래프는 점 Q$(a,\ b)$를 지날 때, $a+b$의 값을 구하시오.

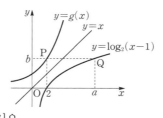

그래프가 직선 $y=x$에 대하여 대칭인 두 함수는 서로의 역함수이다.

243 오른쪽 그림은 함수 $y=\log_2 x$의 그래프이다. 두 점 A$(2,\ 0)$, C$(16,\ 0)$에 대하여 점 E가 선분 DF를 $1:2$로 내분하는 점일 때, 점 B의 x좌표를 구하시오.

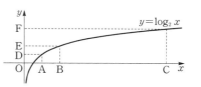

두 점 A$(x_1,\ y_1)$, B$(x_2,\ y_2)$에 대하여 선분 AB를 $m:n$으로 내분하는 점의 좌표는
$$\left(\frac{mx_2+nx_1}{m+n},\ \frac{my_2+ny_1}{m+n}\right)$$

 실력 UP

244 오른쪽 그림과 같이 두 곡선 $y=\log_4 x$와 $y=-\log_2 x$가 직선 $x=\alpha\ (0<\alpha<1)$와 만나는 점을 각각 P, Q라 하고, 직선 $x=\beta\ (\beta>1)$와 만나는 점을 각각 R, S라 하자. 선분 PR의 중점의 x좌표가 $\dfrac{9}{4}$이고 $\overline{PQ}:\overline{RS}=1:2$일 때, $\beta-\alpha$의 값을 구하시오.

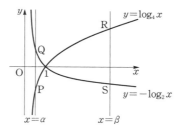

P$(\alpha,\ \log_4\alpha)$,
Q$(\alpha,\ -\log_2\alpha)$,
R$(\beta,\ \log_4\beta)$,
S$(\beta,\ -\log_2\beta)$

245 두 곡선 $y=\log_2 5x$, $y=\log_2 x$가 직선 $y=a\,(a>0)$와 만나는 점을 각각 A, B라 하고 점 A를 지나고 y축과 평행한 직선이 곡선 $y=\log_2 x$와 만나는 점을 C, 점 B를 지나고 y축과 평행한 직선이 곡선 $y=\log_2 5x$와 만나는 점을 D라 하자. 두 직선 AC, BD와 두 곡선으로 둘러싸인 도형의 넓이가 $\log_2 125$일 때, 2^a의 값을 구하시오.

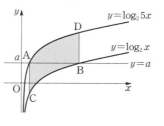

개념원리 이해

02 로그함수의 최대·최소

1 로그함수의 최대·최소

정의역이 $\{x \mid m \leq x \leq n\}$일 때, 로그함수 $f(x) = \log_a x \ (a > 0, \ a \neq 1)$는

(1) $a > 1$이면 $x = m$에서 **최솟값 $f(m)$**, $x = n$에서 **최댓값 $f(n)$**을 갖는다.

(2) $0 < a < 1$이면 $x = m$에서 **최댓값 $f(m)$**, $x = n$에서 **최솟값 $f(n)$**을 갖는다.

설명 정의역이 $\{x \mid m \leq x \leq n\}$일 때, 함수 $f(x) = \log_a x$의 그래프는 a의 값의 범위에 따라 다음과 같다.

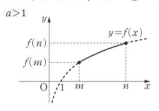 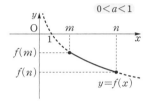

(1) $a > 1$이면

x의 값이 증가할 때 y의 값도 증가하므로 <u>$x = m$에서 최솟값 $f(m)$, $x = n$에서 최댓값 $f(n)$을 갖는다.</u>
└─▶ 치역은 $\{y \mid f(m) \leq y \leq f(n)\}$

(2) $0 < a < 1$이면

x의 값이 증가할 때 y의 값은 감소하므로 <u>$x = m$에서 최댓값 $f(m)$, $x = n$에서 최솟값 $f(n)$을 갖는다.</u>
└─▶ 치역은 $\{y \mid f(n) \leq y \leq f(m)\}$

보기 ▶ (1) $2 \leq x \leq 4$일 때, 함수 $y = \log_2 x$는

$\qquad x = 2$에서 최솟값 $\log_2 2 = 1$, $x = 4$에서 최댓값 $\log_2 4 = 2$

를 갖는다. ⟶ $\{y \mid 1 \leq y \leq 2\}$

(2) $\dfrac{1}{3} \leq x \leq 9$일 때, 함수 $y = \log_{\frac{1}{3}} x$는

$\qquad x = \dfrac{1}{3}$에서 최댓값 $\log_{\frac{1}{3}} \dfrac{1}{3} = 1$, $x = 9$에서 최솟값 $\log_{\frac{1}{3}} 9 = -2$

를 갖는다. ⟶ $\{y \mid -2 \leq y \leq 1\}$

2 로그함수 $y = \log_a f(x)$의 최대·최소   ∞ 필수 09~11

로그함수 $y = \log_a f(x) \ (a > 0, \ a \neq 1)$는

(1) **$a > 1$인 경우**

$\quad f(x)$가 **최대**일 때 **최댓값**, $f(x)$가 **최소**일 때 **최솟값**을 갖는다.

(2) **$0 < a < 1$인 경우**

$\quad f(x)$가 **최대**일 때 **최솟값**, $f(x)$가 **최소**일 때 **최댓값**을 갖는다.

● 정답 및 풀이 54쪽

알아둡시다!

246 다음은 정의역이 $\left\{x \mid \dfrac{1}{2} \leq x \leq 1\right\}$인 함수 $y = \log_2 x$의 최댓값과 최솟값을 구하는 과정이다. □ 안에 알맞은 것을 써넣으시오.

함수 $y = \log_2 x$에서 x의 값이 증가하면 y의 값은 □ 한다.

따라서 $\dfrac{1}{2} \leq x \leq 1$일 때, 함수 $y = \log_2 x$는

$x = $ □ 에서 최댓값 □,

$x = $ □ 에서 최솟값 □

을 갖는다.

247 다음은 정의역이 $\left\{x \mid \dfrac{1}{9} \leq x \leq 3\right\}$인 함수 $y = \log_{\frac{1}{3}} x$의 최댓값과 최솟값을 구하는 과정이다. □ 안에 알맞은 것을 써넣으시오.

함수 $y = \log_{\frac{1}{3}} x$에서 x의 값이 증가하면 y의 값은 □ 한다.

따라서 $\dfrac{1}{9} \leq x \leq 3$일 때, 함수 $y = \log_{\frac{1}{3}} x$는

$x = $ □ 에서 최댓값 □,

$x = $ □ 에서 최솟값 □

을 갖는다.

248 다음 함수의 최댓값과 최솟값을 구하시오.

(1) $y = \log_3 x \ (3 \leq x \leq 9)$

(2) $y = \log_{\frac{1}{4}} x \ \left(\dfrac{1}{16} \leq x \leq 4\right)$

(3) $y = \log_5 x \ (x \geq 1)$

(4) $y = \log_{\frac{1}{2}} x \ \left(x \geq \dfrac{1}{16}\right)$

정의역이 $\{x \mid m \leq x \leq n\}$인
로그함수 $f(x) = \log_a x$에서
① $a > 1$이면
　최댓값: $f(n)$
　최솟값: $f(m)$
② $0 < a < 1$이면
　최댓값: $f(m)$
　최솟값: $f(n)$

필수 09 **로그함수의 최대·최소; 진수가 일차식인 경우**

다음 함수의 최댓값과 최솟값을 구하시오.

(1) $y=\log_2(x-2)$ $(4\leq x\leq6)$ (2) $y=\log_{\frac{1}{3}}(x+1)-2$ $(2\leq x\leq8)$

설명 진수가 일차식인 로그함수의 최댓값과 최솟값은 정의역의 양 끝 값에서의 함숫값을 이용하여 구한다.

풀이 (1) 함수 $y=\log_2(x-2)$에서 x의 값이 증가하면 y의 값도 증가한다.

따라서 $4\leq x\leq6$일 때, 함수 $y=\log_2(x-2)$는

$x=6$에서 **최댓값** $\log_24=\mathbf{2}$,

$x=4$에서 **최솟값** $\log_22=\mathbf{1}$

을 갖는다.

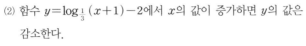

(2) 함수 $y=\log_{\frac{1}{3}}(x+1)-2$에서 x의 값이 증가하면 y의 값은 감소한다.

따라서 $2\leq x\leq8$일 때, 함수 $y=\log_{\frac{1}{3}}(x+1)-2$는

$x=2$에서 **최댓값** $\log_{\frac{1}{3}}3-2=\mathbf{-3}$,

$x=8$에서 **최솟값** $\log_{\frac{1}{3}}9-2=\mathbf{-4}$

를 갖는다.

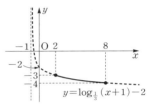

KEY Point

• 로그함수 $y=\log_a(px+q)$ $(p>0)$의 최대·최소
① $a>1$ ⇨ x가 최대일 때 y도 최대, x가 최소일 때 y도 최소
② $0<a<1$ ⇨ x가 최대일 때 y는 최소, x가 최소일 때 y는 최대

● 정답 및 풀이 **54**쪽

249 다음 함수의 최댓값과 최솟값을 구하시오.

(1) $y=\log_2(x+1)-3$ $(1\leq x\leq7)$

(2) $y=\log_{\frac{1}{3}}(2x+1)+3$ $(1\leq x\leq4)$

250 정의역이 $\{x\,|\,6\leq x\leq8\}$인 함수 $y=\log_{\frac{1}{2}}(x-a)$의 최솟값이 -2일 때, 최댓값을 구하시오. (단, a는 상수이다.)

● 더 다양한 문제는 **RPM** 대수 51쪽

 10 로그함수의 최대·최소; 진수가 이차식인 경우 (1)

함수 $y=\log_2(x^2-4x+6)$이 $x=a$에서 최솟값 b를 가질 때, $a+b$의 값을 구하시오.

풀이 $f(x)=x^2-4x+6$으로 놓으면 주어진 함수는 $y=\log_2 f(x)$

함수 $y=\log_2 f(x)$의 밑 2가 1보다 크므로 $f(x)$가 최소일 때 함수 $y=\log_2 f(x)$도 최소가 된다.

$f(x)=x^2-4x+6=(x-2)^2+2$이므로 $f(x)$는 $x=2$에서 최솟값 2를 갖는다.

따라서 함수 $y=\log_2 f(x)$는 $x=2$에서 최솟값 $\log_2 2=1$을 가지므로

$a=2,\ b=1$ $\therefore a+b=3$

● 더 다양한 문제는 **RPM** 대수 51쪽

 11 로그함수의 최대·최소; 진수가 이차식인 경우 (2)

정의역이 $\{x\,|\,-2\le x\le 1\}$인 함수 $y=\log_{\frac{1}{2}}(-x^2-2x+7)$의 최댓값과 최솟값을 구하시오.

풀이 $f(x)=-x^2-2x+7$로 놓으면 주어진 함수는 $y=\log_{\frac{1}{2}} f(x)$

함수 $y=\log_{\frac{1}{2}} f(x)$의 밑 $\frac{1}{2}$이 1보다 작은 양수이므로 함수 $y=\log_{\frac{1}{2}} f(x)$는

$f(x)$가 최소일 때 최대가 되고, $f(x)$가 최대일 때 최소가 된다.

$f(x)=-x^2-2x+7=-(x+1)^2+8$이므로 $-2\le x\le 1$일 때, $f(x)$는

$x=-1$에서 최댓값 8, $x=1$에서 최솟값 4를 갖는다.

따라서 $-2\le x\le 1$일 때, 함수 $y=\log_{\frac{1}{2}} f(x)$는

$x=1$에서 **최댓값** $\log_{\frac{1}{2}} 4=-2$, $x=-1$에서 **최솟값** $\log_{\frac{1}{2}} 8=-3$

을 갖는다.

KEY Point
• 로그함수 $y=\log_a f(x)$의 최대·최소
① $a>1 \Rightarrow f(x)$가 최대일 때 y도 최대, $f(x)$가 최소일 때 y도 최소
② $0<a<1 \Rightarrow f(x)$가 최대일 때 y는 최소, $f(x)$가 최소일 때 y는 최대

● 정답 및 풀이 55쪽

 251 함수 $y=\log_2(-x^2+6x+7)$이 $x=a$에서 최댓값 b를 가질 때, $a+b$의 값을 구하시오.

252 함수 $y=\log_a(x^2-2x+5)\,(0<a<1)$의 최댓값이 -2일 때, 상수 a의 값을 구하시오.

253 정의역이 $\{x\,|\,-3\le x\le 0\}$인 함수 $y=\log_{\frac{1}{2}}(x^2+4x+8)$의 최댓값과 최솟값을 구하시오.

필수 12 $\log_a x$의 꼴이 반복되는 함수의 최대·최소

다음 함수의 최댓값과 최솟값을 구하시오.

(1) $y=(\log_3 x)^2-\log_3 x^2+2$ $(3\le x\le 9)$

(2) $y=\log_{\frac{1}{2}} x\times\log_{\frac{1}{2}}\dfrac{4}{x}$ $\left(\dfrac{1}{4}\le x\le 2\right)$

풀이

(1) $y=(\log_3 x)^2-\log_3 x^2+2$
$\qquad =(\log_3 x)^2-2\log_3 x+2$

$\log_3 x=t$로 놓으면 $3\le x\le 9$에서
$\qquad \log_3 3\le\log_3 x\le\log_3 9$ $\quad\therefore 1\le t\le 2$
이때 주어진 함수는 $\qquad y=t^2-2t+2=(t-1)^2+1$ $\quad\cdots\cdots$ ㉠
따라서 $1\le t\le 2$일 때, ㉠은
$\qquad t=2$에서 **최댓값 2**, $t=1$에서 **최솟값 1**
을 갖는다.

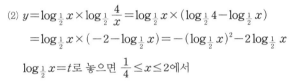

(2) $y=\log_{\frac{1}{2}} x\times\log_{\frac{1}{2}}\dfrac{4}{x}=\log_{\frac{1}{2}} x\times(\log_{\frac{1}{2}} 4-\log_{\frac{1}{2}} x)$
$\qquad =\log_{\frac{1}{2}} x\times(-2-\log_{\frac{1}{2}} x)=-(\log_{\frac{1}{2}} x)^2-2\log_{\frac{1}{2}} x$

$\log_{\frac{1}{2}} x=t$로 놓으면 $\dfrac{1}{4}\le x\le 2$에서
$\qquad \log_{\frac{1}{2}} 2\le\log_{\frac{1}{2}} x\le\log_{\frac{1}{2}}\dfrac{1}{4}$ $\quad\therefore -1\le t\le 2$
이때 주어진 함수는 $\qquad y=-t^2-2t=-(t+1)^2+1$ $\quad\cdots\cdots$ ㉠
따라서 $-1\le t\le 2$일 때, ㉠은
$\qquad t=-1$에서 **최댓값 1**, $t=2$에서 **최솟값 -8**
을 갖는다.

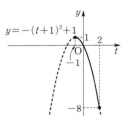

KEY Point

• $\log_a x$의 꼴이 반복되는 함수의 최대·최소
$\Rightarrow \log_a x=t$로 치환한 후 t의 값의 범위에서 최댓값과 최솟값을 구한다.

● 정답 및 풀이 **55쪽**

254 다음 함수의 최댓값과 최솟값을 구하시오.

(1) $y=(\log_{\frac{1}{3}} x)^2-\log_{\frac{1}{3}} x^2+2$ $(3\le x\le 9)$

(2) $y=\log_3\dfrac{x}{9}\times\log_3\dfrac{3}{x}$ $(1\le x\le 27)$

255 함수 $y=2(\log_3 x)^2+a\log_3\dfrac{1}{x^2}+b$가 $x=\dfrac{1}{3}$에서 최솟값 1을 가질 때, 상수 a, b에 대하여 $a+b$의 값을 구하시오.

I-4

로그함수

13 **지수에 로그가 포함된 함수의 최대·최소**

정의역이 $\{x \mid 1 \leq x \leq 100\}$인 함수 $y = x^{2+\log x}$의 최댓값과 최솟값을 구하시오.

설명 지수에 로그가 있으면 양변에 로그를 취한다.

$\Rightarrow y = f(x)^{g(x)}$에서 $\log y = g(x) \log f(x)$ (단, $f(x) > 0$)

풀이 $y = x^{2+\log x}$의 양변에 상용로그를 취하면

$$\log y = \log x^{2+\log x} = (2 + \log x) \log x$$
$$= (\log x)^2 + 2 \log x \quad \cdots\cdots \ \bigcirc$$

$\log x = t$로 놓으면 $1 \leq x \leq 100$에서

$$\log 1 \leq \log x \leq \log 100 \quad \therefore \ 0 \leq t \leq 2$$

이때 $\bigcirc$에서

$$\log y = t^2 + 2t = (t+1)^2 - 1$$

따라서 $0 \leq t \leq 2$일 때, $\log y$는

$t = 2$에서 최댓값 8,

$t = 0$에서 최솟값 0

을 갖는다.

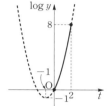

$\log y = 8$에서 $y = 10^8$, $\log y = 0$에서 $y = 1$이므로 구하는 **최댓값은 10^8**, **최솟값은 1**이다.

• **지수에 로그가 포함된 함수의 최대·최소**

$\Rightarrow$ 양변에 로그를 취하여 구한다.

● 정답 및 풀이 **56**쪽

 256 정의역이 $\{x \mid 1 \leq x \leq 1000\}$인 함수 $y = (100x)^{6-\log x}$이 $x = a$에서 최댓값 b를 가질 때, ab의 값을 구하시오.

연습 문제

STEP 1

생각해 봅시다!

257 정의역이 $\{x\,|\,1\le x\le 5\}$인 함수 $y=\log_2(x+3)-1$의 최댓값을 M, 최솟값을 m이라 할 때, Mm의 값을 구하시오.

258 정의역이 $\{x\,|\,21\le x\le 27\}$인 두 함수 $f(x)=-\log_{\frac{1}{3}}x^2$, $g(x)=\log_{\frac{1}{3}}(x-18)+2$에 대하여 $f(x)$의 최댓값을 M, $g(x)$의 최솟값을 m이라 할 때, $M+m$의 값을 구하시오.

259 두 함수 $f(x)=\log_{\frac{1}{2}}x$, $g(x)=x^2+ax+b$에 대하여 함수 $(f\circ g)(x)$는 $x=-3$에서 최댓값 -1을 갖는다. 이때 상수 a, b에 대하여 $a+b$의 값을 구하시오.

$(f\circ g)(x)=f(g(x))$

260 $1\le x\le 4$일 때, 함수 $y=\log_{\frac{1}{2}}(x^2-4x+8)$의 최솟값을 구하시오.

261 함수 $y=\log_3 3x\times\log_3\dfrac{9}{x}$의 최댓값을 구하시오.

$a>0$, $a\ne 1$, $M>0$, $N>0$
일 때
① $\log_a MN$
  $=\log_a M+\log_a N$
② $\log_a\dfrac{M}{N}$
  $=\log_a M-\log_a N$

STEP 2

262 함수 $y=\log_a(x+2)+\log_a(4-x)$의 최솟값이 -2일 때, 상수 a의 값을 구하시오.

$a>1$일 때와 $0<a<1$일 때로 나누어 생각한다.

263 두 함수 $f(x)=\left(\dfrac{1}{5}\right)^{-x^2-4x-5}$, $g(x)=\log_2(x^2+4x+k)$의 최솟값이 서로 같을 때, 상수 k의 값을 구하시오.

생각해 봅시다! 💡

264 $-1 \leq x \leq 2$에서 함수 $f(x) = \log_3 (x^2 - 2x + k)$의 최솟값이 -1일 때, 최댓값은 $\log_3 M$이다. 이때 M의 값을 구하시오.

(단, k는 상수이다.)

265 함수 $y = (\log_2 x)^2 + a \log_4 x + 2$가 $x = \dfrac{1}{4}$에서 최솟값 b를 가질 때, $a + b$의 값을 구하시오. (단, a는 상수이다.)

_{평가원} 기출

266 $\angle A = 90°$이고 $\overline{AB} = 2 \log_2 x$, $\overline{AC} = \log_4 \dfrac{16}{x}$인 삼각형 ABC의 넓이를 $S(x)$라 하자. $S(x)$가 $x = a$에서 최댓값 M을 가질 때, $a + M$의 값은? (단, $1 < x < 16$)

$S(x) = \dfrac{1}{2} \times \overline{AB} \times \overline{AC}$

① 6   ② 7   ③ 8   ④ 9   ⑤ 10

267 $x > 1$일 때, 함수 $y = \log_4 x + \log_x 256$의 최솟값을 구하시오.

a, b가 1이 아닌 양수이고 $c > 0$일 때
$\log_a b \times \log_b c = \log_a c$

268 정의역이 $\{x \mid 1 \leq x \leq 4\}$인 함수 $y = 16 x^{\log_2 x^3 - 6}$의 최댓값을 M, 최솟값을 m이라 할 때, $M + m$의 값을 구하시오.

_{실력} **UP**⁺

269 함수 $y = 3^{\log x} \times x^{\log 3} - 3(3^{\log x} + x^{\log 3}) + 7$이 $x = a$에서 최솟값 b를 가질 때, $\dfrac{a}{b}$의 값을 구하시오.

$x^{\log 3} = 3^{\log x}$이므로 $3^{\log x}$을 한 문자로 치환한다.

개념원리 이해

03 로그함수의 활용; 방정식

1 로그방정식과 로그함수의 관계

로그의 진수 또는 밑에 미지수가 있는 방정식을 **로그방정식**이라 한다. 로그방정식은 다음 성질을 이용하여 푼다.

> $a>0$, $a \neq 1$일 때
> (1) $\log_a x = b \Longleftrightarrow x = a^b$ (단, $x>0$)
> (2) $\log_a x_1 = \log_a x_2 \Longleftrightarrow x_1 = x_2$ (단, $x_1 > 0$, $x_2 > 0$)

설명 로그함수 $y = \log_a x$는 양의 실수 전체의 집합에서 실수 전체의 집합으로의 일대일대응이므로 (2)의 성질이 성립한다.

2 로그방정식의 풀이 ∞ 필수 14~16

먼저 주어진 방정식에서 밑의 조건과 진수의 조건을 확인한 후 다음과 같이 방정식을 푼다.

> (1) $\log_a f(x) = b \Longleftrightarrow f(x) = a^b$ (단, $a>0$, $a \neq 1$, $f(x)>0$)
> (2) **밑을 같게 할 수 있을 때**
> 밑을 같게 한 후 진수가 같음을 이용한다.
> $\Rightarrow \log_a f(x) = \log_a g(x) \Longleftrightarrow f(x) = g(x)$ (단, $a>0$, $a \neq 1$, $f(x)>0$, $g(x)>0$)
> (3) $\log_a x$**의 꼴이 반복될 때**
> $\log_a x = t$**로 치환**하여 t에 대한 방정식을 푼다.
> (4) **진수가 같을 때**
> 밑이 같거나 진수가 1임을 이용한다.
> $\Rightarrow \log_a f(x) = \log_b f(x) \Longleftrightarrow a = b$ 또는 $f(x) = 1$ (단, $a>0$, $a \neq 1$, $b>0$, $b \neq 1$, $f(x)>0$)
> (5) **지수에 로그가 있을 때**
> 양변에 로그를 취하여 푼다.

주의 (2) $f(x) = g(x)$의 해 중에서 (진수)>0, 즉 $f(x)>0$, $g(x)>0$을 만족시키는 것만 주어진 방정식의 해이다.

예제 ▶ 방정식 $2\log_2 x = \log_2(x+12) + 1$을 푸시오.

풀이 진수의 조건에서 $x>0$, $x+12>0$ ∴ $x>0$ ……㉠
주어진 방정식에서 $\log_2 x^2 = \log_2(x+12) + \log_2 2$, $\log_2 x^2 = \log_2\{2(x+12)\}$
$x^2 = 2(x+12)$, $x^2 - 2x - 24 = 0$, $(x+4)(x-6) = 0$
∴ $x = -4$ 또는 $x = 6$
그런데 ㉠에서 구하는 해는 $x = 6$

알아둡시다!

$\log_a f(x) = b$이면
$\quad f(x) = a^b$

270 다음 방정식을 푸시오.

(1) $\log_2 x = 3$ (2) $\log_{\frac{1}{3}} x = -3$ (3) $\log_5 x = 0$

271 다음 방정식을 푸시오.

(1) $\log_2 (3x-1) = 3$ (2) $\log_{\frac{1}{3}} (-x+6) = -2$

(3) $\log_3 (x+2) = 2$ (4) $\log_{\frac{1}{2}} (-3x+4) = -1$

(5) $\log_{0.1} (x-2) = -1$ (6) $\log_{\frac{1}{3}} (-3x+1) = -1$

$a > 0$, $a \neq 1$일 때,
$\log_a f(x) = \log_a g(x)$이면
$\quad f(x) = g(x)$
$\quad$(단, $f(x) > 0$, $g(x) > 0$)

272 다음 방정식을 푸시오.

(1) $\log_2 (2-x) = \log_2 (2x+5)$

(2) $\log_{\frac{1}{5}} (-3x+1) = \log_{\frac{1}{5}} (x+9)$

273 다음은 방정식 $(\log x)^2 - 4\log x + 3 = 0$의 해를 구하는 과정이다. ☐ 안에 알맞은 것을 써넣으시오.

방정식 $(\log x)^2 - 4\log x + 3 = 0$에서 $\log x = t$로 놓으면

$\boxed{} - 4 \times \boxed{} + 3 = 0$ $\therefore t = \boxed{}$ 또는 $t = 3$

즉 $\log x = \boxed{}$ 또는 $\log x = 3$이므로

$x = \boxed{}$ 또는 $x = \boxed{}$

더 다양한 문제는 **RPM** 대수 53쪽

필수 14 밑을 같게 할 수 있는 로그방정식

다음 방정식을 푸시오.

(1) $\log_2 x + \log_2 (x-1) = \log_2 6$ (2) $\log_2 (x+4) - \log_{\frac{1}{2}} x = \log_2 5$

(3) $\log_2 (x-3) = \log_4 (x-1)$

설명 (3) $\log_{a^m} b^n = \dfrac{n}{m} \log_a b$임을 이용하여 밑을 같게 한다.

풀이 (1) 진수의 조건에서 $x>0,\ x-1>0$ $\therefore\ x>1$ ...... ㉠

$\log_2 x + \log_2 (x-1) = \log_2 6$에서 $\log_2 x(x-1) = \log_2 6$

$x(x-1) = 6,\quad x^2 - x - 6 = 0$

$(x+2)(x-3) = 0\quad \therefore\ x=-2 \text{ 또는 } x=3$

그런데 ㉠에서 구하는 해는 $\boldsymbol{x=3}$

(2) 진수의 조건에서 $x+4>0,\ x>0$ $\therefore\ x>0$ ...... ㉠

$\log_2 (x+4) - \log_{\frac{1}{2}} x = \log_2 5$에서 $\log_2 (x+4) + \log_2 x = \log_2 5$

$\log_2 x(x+4) = \log_2 5,\quad x(x+4) = 5,\quad x^2 + 4x - 5 = 0$

$(x+5)(x-1) = 0\quad \therefore\ x=-5 \text{ 또는 } x=1$

그런데 ㉠에서 구하는 해는 $\boldsymbol{x=1}$

(3) 진수의 조건에서 $x-3>0,\ x-1>0$ $\therefore\ x>3$ ...... ㉠

$\log_2 (x-3) = \log_4 (x-1)$에서 $\log_4 (x-3)^2 = \log_4 (x-1)$

$(x-3)^2 = x-1,\quad x^2 - 7x + 10 = 0$

$(x-2)(x-5) = 0\quad \therefore\ x=2 \text{ 또는 } x=5$

그런데 ㉠에서 구하는 해는 $\boldsymbol{x=5}$

KEY Point

- **로그방정식의 풀이**

① 로그의 정의를 이용한다.

⇨ $\log_a f(x) = b \Longleftrightarrow f(x) = a^b$ (단, $a>0,\ a\neq 1,\ f(x)>0$)

② 밑을 같게 한 후 진수가 같음을 이용한다.

⇨ $\log_a f(x) = \log_a g(x) \Longleftrightarrow f(x) = g(x)$ (단, $a>0,\ a\neq 1,\ f(x)>0,\ g(x)>0$)

● 정답 및 풀이 **60**쪽

274 다음 방정식을 푸시오.

(1) $\log (x^2 + 3x) = 1$ (2) $\log_{x-2} 4 = 2$

(3) $\log x + \log (x-10) = 2 + \log 2$ (4) $\log_{\frac{1}{4}} (3x+1) = \log_{\frac{1}{2}} (x+1)$

(5) $\log_{\sqrt{3}} (x-1) = \log_3 (x+5) + 1$ (6) $\log_3 (2x-1) = \dfrac{1}{2} \log_3 (x^2 + 5)$

113

I-4 로그함수

15 $\log_a x$의 꼴이 반복되는 로그방정식

다음 방정식을 푸시오.

(1) $(\log_5 x)^2 - \log_5 x^3 + 2 = 0$　　　　　(2) $\log_3 x = \log_x 9 - 1$

 (1) $\log_5 x = t$로 치환하여 t에 대한 방정식을 푼다.

(2) 로그의 밑의 변환 공식을 이용하여 밑을 3으로 같게 한 후 $\log_3 x = t$로 치환한다.

풀이 (1) $(\log_5 x)^2 - \log_5 x^3 + 2 = 0$에서　　$(\log_5 x)^2 - 3\log_5 x + 2 = 0$

$\log_5 x = t$로 놓으면

$t^2 - 3t + 2 = 0$,　　$(t-1)(t-2) = 0$　　∴ $t = 1$ 또는 $t = 2$

즉 $\log_5 x = 1$ 또는 $\log_5 x = 2$이므로　　**$x = 5$ 또는 $x = 25$**

(2) $\log_3 x = \log_x 9 - 1$에서　　$\log_3 x = 2\log_x 3 - 1$　　∴ $\log_3 x = \dfrac{2}{\log_3 x} - 1$

$\log_3 x = t$로 놓으면

$t = \dfrac{2}{t} - 1$,　　$t^2 + t - 2 = 0$,　　$(t+2)(t-1) = 0$

∴ $t = -2$ 또는 $t = 1$

즉 $\log_3 x = -2$ 또는 $\log_3 x = 1$이므로　　**$x = \dfrac{1}{9}$ 또는 $x = 3$**

참고 위와 같이 $\log_a x = t$로 치환하여 구한 방정식의 해는 진수의 조건을 항상 만족시킨다.

 KEY Point

• $\log_a x$의 꼴이 반복될 때

⇨ $\log_a x = t$로 치환하여 t에 대한 방정식을 푼다.

● 정답 및 풀이 **60**쪽

 275 다음 방정식을 푸시오.

(1) $(\log x)^2 = 3 + \log x^2$

(2) $\log x - \log_x 100 = 1$

(3) $(2 + \log x)^2 + (\log x - 1)^2 = (1 + \log x^2)^2$

(4) $\log_2 2x \times \log_2 \dfrac{x}{2} = 3$

(5) $\log_2 x + \log_8 x = 2\log_2 x \times \log_8 x$

(6) $(\log_3 x)^3 - 4(\log_9 x)^2 + \log_{81} x = 0$

━ 더 다양한 문제는 **RPM** 대수 54쪽 ━

필수 16 **지수에 로그가 포함된 방정식**

다음 방정식을 푸시오.

(1) $x^{\log_2 x} = 8x^2$

(2) $2^{\log_5 x} \times x^{\log_5 2} = 6 \times 2^{\log_5 x} - 8$

I -4

로그함수

풀이

(1) $x^{\log_2 x} = 8x^2$의 양변에 밑이 2인 로그를 취하면

$$\log_2 x^{\log_2 x} = \log_2 8x^2, \qquad \log_2 x \times \log_2 x = 3 + 2\log_2 x$$

$$\therefore (\log_2 x)^2 - 2\log_2 x - 3 = 0$$

$\log_2 x = t$로 놓으면 $\quad t^2 - 2t - 3 = 0, \quad (t+1)(t-3) = 0 \quad \therefore t = -1$ 또는 $t = 3$

즉 $\log_2 x = -1$ 또는 $\log_2 x = 3$이므로 $\quad x = \dfrac{1}{2}$ 또는 $x = 8$

(2) $x^{\log_5 2} = 2^{\log_5 x}$이므로 $2^{\log_5 x} \times x^{\log_5 2} = 6 \times 2^{\log_5 x} - 8$에서

$$2^{\log_5 x} \times 2^{\log_5 x} = 6 \times 2^{\log_5 x} - 8 \quad \therefore (2^{\log_5 x})^2 - 6 \times 2^{\log_5 x} + 8 = 0$$

$2^{\log_5 x} = t \ (t>0)$로 놓으면 $\quad t^2 - 6t + 8 = 0, \quad (t-2)(t-4) = 0 \quad \therefore t = 2$ 또는 $t = 4$

즉 $2^{\log_5 x} = 2$ 또는 $2^{\log_5 x} = 4$이므로

$$\log_5 x = 1 \text{ 또는 } \log_5 x = 2 \quad \therefore x = 5 \text{ 또는 } x = 25$$

━ 더 다양한 문제는 **RPM** 대수 54쪽 ━

필수 17 $\log_a x$**의 꼴이 반복되는 로그방정식의 활용**

방정식 $\left(\log_{\frac{1}{3}} x\right)^2 + 2\log_{\frac{1}{3}} x - 6 = 0$의 두 실근을 α, β라 할 때, $\alpha\beta$의 값을 구하시오.

풀이

$\log_{\frac{1}{3}} x = t$로 놓으면 주어진 방정식은 $\quad t^2 + 2t - 6 = 0 \quad \cdots\cdots \ \text{㉠}$

방정식 $\left(\log_{\frac{1}{3}} x\right)^2 + 2\log_{\frac{1}{3}} x - 6 = 0$의 두 실근이 α, β이므로 이차방정식 ㉠의 두 근은

$\log_{\frac{1}{3}} \alpha$, $\log_{\frac{1}{3}} \beta$이다.

따라서 이차방정식의 근과 계수의 관계에 의하여 $\quad \log_{\frac{1}{3}} \alpha + \log_{\frac{1}{3}} \beta = -2$

$$\log_{\frac{1}{3}} \alpha\beta = -2 \quad \therefore \alpha\beta = 9$$

참고

이차방정식 ㉠은 서로 다른 두 실근을 가지므로 $x = \left(\dfrac{1}{3}\right)^t > 0$이다. 즉 진수의 조건을 만족시킨다.

● 정답 및 풀이 **61**쪽

276 다음 방정식을 푸시오.

(1) $x^{\log x} = \dfrac{1000}{x^2}$

(2) $2^{\log x} + 2^{2-\log x} = 4$

(3) $x^{\log 3} \times 3^{\log x} - 5(x^{\log 3} + 3^{\log x}) + 9 = 0$

277 다음 방정식의 두 실근을 α, β라 할 때, $\alpha\beta$의 값을 구하시오.

(1) $(\log_2 x)^2 - 4\log_2 x + 3 = 0$

(2) $\log_2 x - 5\log_x 2 - 2 = 0$

● 더 다양한 문제는 **RPM** 대수 57쪽

필수 18 로그방정식의 이차방정식에의 활용

x에 대한 이차방정식 $x^2-(\log a)x-\log a+3=0$이 중근을 갖도록 하는 모든 실수 a의 값의 곱을 구하시오.

풀이 이차방정식 $x^2-(\log a)x-\log a+3=0$의 판별식을 D라 하면
$$D=(-\log a)^2-4\times1\times(-\log a+3)=0 \qquad \therefore (\log a)^2+4\log a-12=0$$
$\log a=t$로 놓으면
$$t^2+4t-12=0, \qquad (t+6)(t-2)=0 \qquad \therefore t=-6 \ \text{또는} \ t=2$$
즉 $\log a=-6$ 또는 $\log a=2$이므로 $\qquad a=10^{-6}$ 또는 $a=10^2$

따라서 모든 실수 a의 값의 곱은 $\qquad 10^{-6}\times10^2=10^{-4}=\dfrac{1}{10000}$

● 더 다양한 문제는 **RPM** 대수 57쪽

필수 19 로그방정식의 실생활에의 활용

온도가 T_0 (℃)인 물체를 온도가 k (℃)인 실내에 t분 동안 두었을 때의 물체의 온도를 T (℃)라 하면
$$t=-15\log\frac{T-k}{T_0-k} \ (k\neq T_0)$$
와 같은 관계가 성립한다. 온도가 120 ℃인 물체를 온도가 20 ℃인 실내에 30분 동안 두었을 때, 물체의 온도를 구하시오.

풀이 주어진 식에 $T_0=120$, $k=20$, $t=30$을 대입하면
$$30=-15\log\frac{T-20}{120-20}$$
$$-2=\log\frac{T-20}{100}, \qquad -2=\log(T-20)-2, \qquad \log(T-20)=0$$
$$T-20=1 \qquad \therefore T=21$$
따라서 구하는 물체의 온도는 **21 ℃**이다.

● 정답 및 풀이 **62쪽**

278 x에 대한 이차방정식 $(5\log_2 a-1)x^2+2(1+\log_2 a)x+1=0$이 중근을 갖도록 하는 모든 실수 a의 값의 곱을 구하시오.

279 특정 해역에 서식하는 어떤 물고기의 연령 a(세)와 길이 l (cm) 사이에는
$$a=-2\log_k\left(1-\frac{l}{30}\right)-0.3$$
과 같은 관계가 성립한다. 이 물고기의 연령이 1.7세일 때의 길이가 10 cm일 때, 연령이 3.7세일 때의 길이를 구하시오. (단, k는 상수이다.)

연습 문제

STEP 1

280 방정식 $\log x + \log(4-x)^2 = \log(14-3x)$를 만족시키는 모든 실수 x의 값의 합을 구하시오.

281 방정식 $(\log_2 x)^2 - \log_2 x^4 + k = 0$의 한 근이 2일 때, 다른 한 근을 구하시오. (단, k는 상수이다.)

282 연립방정식 $\begin{cases} \log_2 x^2 - 2\log_2 y = 3 \\ \log_2 x^3 + \log_2 y = \dfrac{1}{2} \end{cases}$ 의 해가 $x=\alpha$, $y=\beta$일 때, $\dfrac{\alpha^2}{\beta^2}$의 값을 구하시오.

$\log_2 x$와 $\log_2 y$를 각각 한 문자로 치환한다.

283 방정식 $5^{\log x} \times x^{\log 5} - 6 \times 5^{\log x} + 5 = 0$의 모든 근의 합을 구하시오.

284 방정식 $(\log x)^2 - k \log x - 2 = 0$의 두 근의 곱이 10일 때, 상수 k의 값을 구하시오.

285 방정식 $\log_3 3x \times \log_3 9x - 1 = 0$의 두 근을 α, β라 할 때, $\alpha\beta$의 값을 구하시오.

STEP 2

286 방정식 $\log_3\{\log_2(\log_k x)\} = 0$의 해가 $x=49$일 때, 상수 k의 값을 구하시오.

$\log_a f(x) = b$이면 $f(x) = a^b$

생각해 봅시다!

$\log_a f(x) = \log_b f(x)$
$\Longleftrightarrow a = b$ 또는 $f(x) = 1$
(단, a, b는 1이 아닌 양수이
고 $f(x) > 0$이다.)

287 방정식 $\log_{x+9}(x-1) = \log_{x^2-2x+5}(x-1)$의 모든 근의 합을 구하시오.

288 방정식 $x^{\log_{0.1} x} = \dfrac{1}{1000 x^2}$의 서로 다른 두 실근을 α, β라 할 때, $\alpha\beta$의 값을 구하시오.

289 방정식 $(\log x)^2 - 6\log x - 2 = 0$의 두 근을 α, β라 할 때, 방정식 $(\log x)^2 - p\log x + q = 0$의 두 근은 $\dfrac{1}{\alpha}$, $\dfrac{1}{\beta}$이다. 상수 p, q에 대하여 $p-q$의 값을 구하시오.

$\log x = t$로 치환한 이차방정식 $t^2 - 6t - 2 = 0$의 두 근은 $\log \alpha$, $\log \beta$이다.

실력 UP⁺

290 방정식 $\log_2(x+2) + \log_2(4-x) = \log_2 a$를 만족시키는 실수 x가 존재하도록 하는 정수 a의 개수를 구하시오.

291 방정식 $\left(\dfrac{x}{4}\right)^{\log_5 4} - \left(\dfrac{x}{3}\right)^{\log_5 3} = 0$의 해를 구하시오. (단, $x > 0$)

292 어느 공장에 설치된 정수 시설을 1번 가동할 때마다 물속의 불순물의 양의 x %가 제거된다고 한다. 정수 시설을 10번 가동하였더니 물속의 불순물의 양이 처음 불순물의 양의 10 %가 되었다고 할 때, x의 값을 구하시오. (단, $\log 80 = 1.9$로 계산한다.)

불순물의 x %, 즉 $\dfrac{x}{100}$가 제거된 후 남은 불순물의 양은 제거되기 전의 불순물의 양의 $\left(1 - \dfrac{x}{100}\right)$이다.

04 로그함수의 활용; 부등식

1 로그부등식과 로그함수의 관계

로그의 진수 또는 밑에 미지수가 있는 부등식을 **로그부등식**이라 한다. 로그부등식을 풀 때에는 밑의 범위에 따른 로그함수의 성질을 이용한다.

$x_1 > 0$, $x_2 > 0$일 때

(1) $a > 1$이면

$$x_1 < x_2 \iff \log_a x_1 < \log_a x_2$$

(2) $0 < a < 1$이면

$$x_1 < x_2 \iff \log_a x_1 > \log_a x_2$$

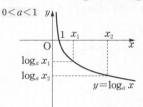

2 로그부등식의 풀이   ⚲ 필수 20~23

먼저 주어진 부등식에서 밑의 조건과 진수의 조건을 확인한 후 다음과 같이 부등식을 푼다.

(1) **밑을 같게 할 수 있을 때**

밑을 같게 한 후 다음을 이용하여 푼다.

① $a > 1$일 때, $\log_a f(x) < \log_a g(x) \iff 0 < f(x) < g(x)$ ← 진수의 부등호 방향 그대로

② $0 < a < 1$일 때, $\log_a f(x) < \log_a g(x) \iff f(x) > g(x) > 0$ ← 진수의 부등호 방향 반대로

(2) **$\log_a x$의 꼴이 반복될 때**

$\log_a x = t$로 **치환**하여 t에 대한 부등식을 푼다.

(3) **지수에 로그가 있을 때**

양변에 로그를 취하여 푼다.

주의   처음 주어진 부등식에서 (밑)>0, (밑)$\neq 1$, (진수)>0임을 이용하여 x의 값의 범위를 구한 후 위와 같이 풀어 구한 x의 값의 범위와의 공통부분을 구한다.

예제 ▶ 부등식 $\log_3 (6x - 10) > \log_3 (3x - 1)$을 푸시오.

풀이   진수의 조건에서 $6x - 10 > 0$, $3x - 1 > 0$

$x > \dfrac{5}{3}$, $x > \dfrac{1}{3}$ $\therefore x > \dfrac{5}{3}$ ······ ㉠

부등식 $\log_3 (6x - 10) > \log_3 (3x - 1)$에서 밑이 1보다 크므로

$6x - 10 > 3x - 1$, $3x > 9$ $\therefore x > 3$ ······ ㉡

㉠, ㉡에서 구하는 해는 $x > 3$

알아둡시다!

293 다음 부등식을 푸시오.

(1) $\log_2 x < 3$ (2) $\log_{\frac{1}{3}} x \geq 2$ (3) $\log_5 x > 0$

294 다음 부등식을 푸시오.

(1) $\log_2 (x-1) \geq \log_2 (-5x+11)$

(2) $\log_{\frac{1}{3}} (2x-5) < \log_{\frac{1}{3}} (x-3)$

① $a > 1$일 때
$\log_a f(x) < \log_a g(x)$
$\Longleftrightarrow 0 < f(x) < g(x)$
② $0 < a < 1$일 때
$\log_a f(x) < \log_a g(x)$
$\Longleftrightarrow f(x) > g(x) > 0$

295 다음 부등식을 푸시오.

(1) $\log_2 (2x-4) \leq 3$

(2) $\log_{\frac{1}{3}} (3-x) \geq 1$

296 다음은 부등식 $(\log_2 x)^2 + \log_2 x - 2 \leq 0$의 해를 구하는 과정이다. □ 안에 알맞은 것을 써넣으시오.

진수의 조건에서 $x > \boxed{}$ …… ㉠

부등식 $(\log_2 x)^2 + \log_2 x - 2 \leq 0$에서 $\log_2 x = t$로 놓으면

     $\boxed{} + \boxed{} - 2 \leq 0$ $\therefore \boxed{} \leq t \leq \boxed{}$

즉 $\boxed{} \leq \log_2 x \leq \boxed{}$이므로 $\boxed{} \leq x \leq \boxed{}$ …… ㉡

㉠, ㉡에서 구하는 해는 $\boxed{} \leq x \leq \boxed{}$

필수 20 밑을 같게 할 수 있는 로그부등식

다음 부등식을 푸시오.

(1) $\log_2 x + \log_2 (x-1) \leq 1$　　　　　(2) $2\log_{\frac{1}{2}} (x-4) > \log_{\frac{1}{2}} (x-2)$

(3) $\log_2 (x-3) \leq \log_4 (x-1)$

풀이 (1) 진수의 조건에서　$x>0,\ x-1>0$　　$\therefore\ x>1$　　　　······ ㉠

　　$\log_2 x + \log_2 (x-1) \leq 1$에서　　$\log_2 x(x-1) \leq \log_2 2$

　　밑이 1보다 크므로　　$x(x-1) \leq 2$

　　　　$x^2-x-2 \leq 0,$　　$(x+1)(x-2) \leq 0$　　$\therefore\ -1 \leq x \leq 2$　　······ ㉡

　　㉠, ㉡에서 구하는 해는　　$1 < x \leq 2$

(2) 진수의 조건에서　$x-4>0,\ x-2>0$　　$\therefore\ x>4$　　　　······ ㉠

　　$2\log_{\frac{1}{2}} (x-4) > \log_{\frac{1}{2}} (x-2)$에서　　$\log_{\frac{1}{2}} (x-4)^2 > \log_{\frac{1}{2}} (x-2)$

　　밑이 1보다 작은 양수이므로　　$(x-4)^2 < x-2$

　　　　$x^2-9x+18 < 0,$　　$(x-3)(x-6) < 0$　　$\therefore\ 3 < x < 6$　　······ ㉡

　　㉠, ㉡에서 구하는 해는　　$4 < x < 6$

(3) 진수의 조건에서　$x-3>0,\ x-1>0$　　$\therefore\ x>3$　　　　······ ㉠

　　$\log_2 (x-3) \leq \log_4 (x-1)$에서　　$\log_4 (x-3)^2 \leq \log_4 (x-1)$

　　밑이 1보다 크므로　　$(x-3)^2 \leq x-1$

　　　　$x^2-7x+10 \leq 0,$　　$(x-2)(x-5) \leq 0$　　$\therefore\ 2 \leq x \leq 5$　　······ ㉡

　　㉠, ㉡에서 구하는 해는　　$3 < x \leq 5$

KEY Point

● 밑을 같게 할 수 있는 로그부등식은 다음과 같은 순서로 푼다.

(ⅰ) 로그가 정의되기 위한 진수의 조건, 밑의 조건을 확인한다.　◀─ (밑)>0, (밑)$\neq 1$, (진수)>0

(ⅱ) 로그함수의 성질을 이용하여 진수에 대한 부등식을 푼다.

　　⇨ 밑이 1보다 크면 부등호 방향 그대로, 밑이 1보다 작은 양수이면 부등호 방향 반대로

(ⅲ) (ⅰ), (ⅱ)의 공통부분을 구한다.

● 정답 및 풀이 **66**쪽

297 다음 부등식을 푸시오.

(1) $-1 < \log_{\frac{1}{2}} x \leq 2$　　　　　　(2) $\log_{\frac{1}{2}} (x-5) + \log_{\frac{1}{2}} (x-6) > -1$

(3) $\log_{0.5} (x-3) \geq 2\log_{0.5} (x-5)$　　　　(4) $\log (11-x) + \log x < 1$

(5) $\log_{\frac{1}{3}} (x-1) > \log_{\frac{1}{9}} (2x+6)$　　　　(6) $\log_2 (x+1) - \log_4 (2x-1) \geq \log_4 (x-1)$

298 연립부등식 $\begin{cases} \log_5 x > \log_5 8 \\ \log_2 x + \log_2 (x-4) \leq \log_2 (x+5) + 2 \end{cases}$ 를 푸시오.

● 더 다양한 문제는 **RPM** 대수 55쪽

 21 **진수에 로그가 포함된 로그부등식**

부등식 $\log_2\left(\log_{\frac{1}{2}}x\right)<1$을 푸시오.

풀이 　진수의 조건에서 　　$\log_{\frac{1}{2}}x>0,\ x>0$

　　　　$\log_{\frac{1}{2}}x>0$, 즉 $\log_{\frac{1}{2}}x>\log_{\frac{1}{2}}1$에서 밑이 1보다 작은 양수이므로 　　$x<1$

　　　　　$\therefore\ 0<x<1$ 　　　　　　　　$\cdots\cdots$ ㉠

　　　　$\log_2\left(\log_{\frac{1}{2}}x\right)<1$에서 　　$\log_2\left(\log_{\frac{1}{2}}x\right)<\log_2 2$

　　　　밑이 1보다 크므로 　　$\log_{\frac{1}{2}}x<2$ 　　$\therefore\ \log_{\frac{1}{2}}x<\log_{\frac{1}{2}}\dfrac{1}{4}$

　　　　밑이 1보다 작은 양수이므로 　　$x>\dfrac{1}{4}$ 　　$\cdots\cdots$ ㉡

　　　　㉠, ㉡에서 구하는 해는 　　$\dfrac{1}{4}<x<1$

● 더 다양한 문제는 **RPM** 대수 55쪽

22 $\log_a x$**의 꼴이 반복되는 로그부등식**

부등식 $\log_{\frac{1}{3}}x^3+\left(\log_{\frac{1}{3}}x\right)^2<-2$를 푸시오.

설명 　$\log_{\frac{1}{3}}x=t$로 치환하여 t에 대한 이차부등식을 푼다.

풀이 　진수의 조건에서 　　$x^3>0,\ x>0$ 　　$\therefore\ x>0$ 　　$\cdots\cdots$ ㉠

　　　　$\log_{\frac{1}{3}}x^3+\left(\log_{\frac{1}{3}}x\right)^2<-2$에서 　　$\left(\log_{\frac{1}{3}}x\right)^2+3\log_{\frac{1}{3}}x+2<0$

　　　　$\log_{\frac{1}{3}}x=t$로 놓으면 　　$t^2+3t+2<0,$ 　　$(t+2)(t+1)<0$ 　　$\therefore\ -2<t<-1$

　　　　즉 $-2<\log_{\frac{1}{3}}x<-1$이므로 　　$\log_{\frac{1}{3}}\left(\dfrac{1}{3}\right)^{-2}<\log_{\frac{1}{3}}x<\log_{\frac{1}{3}}\left(\dfrac{1}{3}\right)^{-1}$

　　　　밑이 1보다 작은 양수이므로 　　$3<x<9$ 　　$\cdots\cdots$ ㉡

　　　　㉠, ㉡에서 구하는 해는 　　$3<x<9$

● 정답 및 풀이 **67**쪽

 299 다음 부등식을 푸시오.

　(1) $\log_4\left(\log_2 x-1\right)\le 1$ 　　　　　　(2) $\log_{\frac{1}{2}}\left(\log_3 x\right)\ge -1$

300 다음 부등식을 푸시오.

　(1) $2\left(\log_3 x\right)^2+5\log_3 x-3<0$ 　　　　(2) $\left(\log_{\frac{1}{2}}x\right)^2-\log_{\frac{1}{2}}x-12>0$

　(3) $\log_{\frac{1}{3}}x\times\log_{\frac{1}{3}}9x\le 3$ 　　　　　(4) $\log_2 8x^2\times\log_{\frac{1}{2}}\dfrac{4}{x}\ge 9$

● 더 다양한 문제는 **RPM** 대수 56쪽

필수 23 **지수에 로그가 포함된 부등식**

부등식 $x^{\log_2 x} < 8x^2$을 푸시오.

풀이

진수의 조건에서　$x > 0$　　…… ㉠

$x^{\log_2 x} < 8x^2$의 양변에 밑이 2인 로그를 취하면 ← 밑이 1보다 크므로 부등호 방향 그대로

$\log_2 x^{\log_2 x} < \log_2 8x^2$,　　$\log_2 x \times \log_2 x < 3 + 2\log_2 x$

$\therefore (\log_2 x)^2 - 2\log_2 x - 3 < 0$

$\log_2 x = t$로 놓으면

$t^2 - 2t - 3 < 0$,　　$(t+1)(t-3) < 0$

$\therefore -1 < t < 3$

즉 $-1 < \log_2 x < 3$이므로

$\log_2 2^{-1} < \log_2 x < \log_2 2^3$

밑이 1보다 크므로　$\dfrac{1}{2} < x < 8$　　…… ㉡

㉠, ㉡에서 구하는 해는

$$\frac{1}{2} < x < 8$$

참고

주어진 부등식의 양변에 밑이 a인 로그를 취할 때

① $a > 1$이면 부등호의 방향을 그대로 한다.

② $0 < a < 1$이면 부등호의 방향을 반대로 한다.

● 정답 및 풀이 **69**쪽

확인체크 301 다음 부등식을 푸시오.

(1) $x^{\log_3 x} < 9x$

(2) $\left(\dfrac{1}{2}x\right)^{\log_{\frac{1}{2}} x - 2} \geq \dfrac{1}{16}$

302 부등식 $2^{\log_5 x} \times x^{\log_5 2} \geq 10 \times 2^{\log_5 x} - 16$을 푸시오.

I-4

로그함수

● 더 다양한 문제는 **RPM** 대수 56쪽

필수 24   **로그부등식이 항상 성립할 조건**

모든 양수 x에 대하여 부등식 $(\log_{\frac{1}{3}} x)^2 - 6\log_{\frac{1}{3}} x + 3\log_{\frac{1}{3}} k > 0$이 성립하도록 하는 실수 k의 값의 범위를 구하시오.

풀이   진수의 조건에서　$k > 0$ ⋯⋯ ㉠

$\log_{\frac{1}{3}} x = t$로 놓으면 주어진 부등식은　$t^2 - 6t + 3\log_{\frac{1}{3}} k > 0$ ⋯⋯ ㉡

모든 양수 x에 대하여 주어진 부등식이 성립하려면 모든 실수 t에 대하여 부등식 ㉡이 성립해야 한다. 따라서 이차방정식 $t^2 - 6t + 3\log_{\frac{1}{3}} k = 0$의 판별식을 D라 하면

$$\frac{D}{4} = (-3)^2 - 3\log_{\frac{1}{3}} k < 0, \qquad \log_{\frac{1}{3}} k > 3 \qquad \therefore \log_{\frac{1}{3}} k > \log_{\frac{1}{3}} \frac{1}{27}$$

밑이 1보다 작은 양수이므로　$k < \dfrac{1}{27}$ ⋯⋯ ㉢

㉠, ㉢에서 구하는 k의 값의 범위는　$\mathbf{0 < k < \dfrac{1}{27}}$

● 더 다양한 문제는 **RPM** 대수 57쪽

필수 25   **로그부등식의 이차방정식에의 활용**

x에 대한 이차방정식 $x^2 - 2(1 + \log a)x + 1 - (\log a)^2 = 0$이 서로 다른 두 실근을 갖도록 하는 양수 a의 값의 범위를 구하시오.

풀이   이차방정식 $x^2 - 2(1 + \log a)x + 1 - (\log a)^2 = 0$의 판별식을 D라 하면

$$\frac{D}{4} = (1 + \log a)^2 - \{1 - (\log a)^2\} > 0 \qquad \therefore 2(\log a)^2 + 2\log a > 0$$

$\log a = t$로 놓으면　$2t^2 + 2t > 0, \qquad t(t+1) > 0$

$\therefore t < -1$ 또는 $t > 0$

즉 $\log a < -1$ 또는 $\log a > 0$이므로　$\log a < \log \dfrac{1}{10}$ 또는 $\log a > \log 1$

밑이 1보다 크므로　$\mathbf{0 < a < \dfrac{1}{10}}$ **또는** $\mathbf{a > 1}$ $(\because a > 0)$

● 정답 및 풀이 70쪽

 303 모든 양수 x에 대하여 부등식 $(\log_2 x)^2 \geq \log_2 \dfrac{x^4}{a}$이 성립하도록 하는 양수 a의 최솟값을 구하시오.

304 x에 대한 이차방정식 $x^2 - 2(1 - \log_2 a)x - 3(\log_2 a - 1) = 0$의 실근이 존재하지 않도록 하는 양수 a의 값의 범위를 구하시오.

● 더 다양한 문제는 **RPM** 대수 57쪽

발전 26 로그부등식의 실생활에의 활용

총인구에서 65세 이상 인구가 차지하는 비율이 20 % 이상인 사회를 '초고령화 사회'라고 한다. 2000년 어느 나라의 총인구는 1000만 명이고 65세 이상 인구는 50만 명이었다. 이 나라의 총인구는 매년 전년도보다 0.3 %씩 증가하고 65세 이상 인구는 매년 전년도보다 4 %씩 증가한다고 가정할 때, 처음으로 '초고령화 사회'가 예측되는 시기는?

(단, $\log 1.003 = 0.0013$, $\log 1.04 = 0.0170$, $\log 2 = 0.3010$으로 계산한다.)

① 2028년~2030년   ② 2038년~2040년   ③ 2048년~2050년
④ 2058년~2060년   ⑤ 2068년~2070년

풀이

n년 후 총인구는 $1000(1+0.003)^n$ (만 명)

n년 후 65세 이상 인구는 $50(1+0.04)^n$ (만 명)

총인구에서 65세 이상 인구의 비율이 0.2 이상일 때 초고령화 사회가 되므로

$$\frac{50(1+0.04)^n}{1000(1+0.003)^n} \geq 0.2, \qquad 50 \times 1.04^n \geq 200 \times 1.003^n$$

$$\therefore 1.04^n \geq 4 \times 1.003^n$$

양변에 상용로그를 취하면 $n \log 1.04 \geq \log 4 + n \log 1.003$

$$n(\log 1.04 - \log 1.003) \geq 2\log 2, \qquad 0.0157n \geq 0.6020$$

$$\therefore n \geq \frac{0.6020}{0.0157} = 38.\times\times\times$$

따라서 처음으로 초고령화 사회가 예측되는 시기는 2000년으로부터 38.×××년 후이므로

② 2038년~2040년이다.

● 정답 및 풀이 **70**쪽

305 어떤 화학 물질 A kg이 바다로 유입되었을 때, t년 후 바닷속에 남은 양은 $A\left(\dfrac{1}{3}\right)^{\frac{t}{50}}$ kg이라 한다. 이 화학 물질 500 kg이 바다로 유입되었을 때, 바닷속에 남은 양이 5 kg 이하가 되려면 최소 m년이 지나야 한다. 이때 자연수 m의 값을 구하시오.

(단, $\log 3 = 0.4771$로 계산한다.)

306 오염 물질을 포함한 폐수가 어떤 폐수 처리 기계를 통과하면 오염 물질의 10 %가 제거된다고 한다. 폐수에 포함된 오염 물질의 양을 처음의 2 % 이하로 줄이려면 이 폐수 처리 기계를 최소 몇 번 통과시켜야 하는가? (단, $\log 2 = 0.3010$, $\log 3 = 0.4771$로 계산한다.)

① 36번   ② 37번   ③ 38번   ④ 39번   ⑤ 40번

연습 문제

STEP 1

307 부등식 $\log_2(x+2) \leq \log_2\left(\frac{1}{3}x+k\right)$를 만족시키는 정수 x의 개수가 3일 때, 자연수 k의 값을 구하시오.

308 부등식 $\log_{x-2}(2x^2-11x+14) < 2$를 푸시오.

309 연립부등식 $\begin{cases} 2\log_{\frac{1}{2}}(x-5) > \log_{\frac{1}{2}}(x+7) \\ \left(\log_2\dfrac{x}{2}\right)^2 - \log_2 x^2 + 2 < 0 \end{cases}$ 의 해가 $\alpha < x < \beta$일 때, $\alpha\beta$의 값을 구하시오.

각 부등식의 해를 구하여 공통부분을 찾는다.

310 부등식 $\log_{\frac{1}{2}}8x \times \log_2\dfrac{x}{2} > -5$의 해가 $\alpha < x < \beta$일 때, $\dfrac{\beta}{\alpha}$의 값을 구하시오.

$a>0,\ a\neq 1,\ M>0,\ N>0$ 일 때
① $\log_a MN$
 $= \log_a M + \log_a N$
② $\log_a \dfrac{M}{N}$
 $= \log_a M - \log_a N$

311 부등식 $(1+\log_3 x)(a-\log_3 x) > 0$의 해가 $\dfrac{1}{3} < x < 9$일 때, 상수 a의 값을 구하시오.

312 모든 실수 x에 대하여 부등식 $\log_3(x^2-2kx+36) \geq 3$이 성립하도록 하는 실수 k의 최댓값을 M, 최솟값을 m이라 할 때, Mm의 값을 구하시오. (단, $-6 < k < 6$)

STEP 2

313 부등식 $\left(\dfrac{2}{3}\right)^{-2+\log_2(x^2-4x)} \geq \left(\dfrac{2}{3}\right)^{\log_2(x-3)}$을 푸시오.

$0 < a < 1$일 때,
$x_1 \leq x_2 \Longleftrightarrow a^{x_1} \geq a^{x_2}$

생각해 봅시다!

126

314 부등식 $\log_a (x+3) - \log_a (1-x) > 1$의 해가 $-\dfrac{1}{3} < x < 1$일 때, 양수 a의 값을 구하시오.

315 두 부등식 $(\log_2 4x)^2 - 4\log_{\sqrt{2}} x - 1 < 0$, $x^2 + mx + n < 0$의 해가 서로 같을 때, 상수 m, n에 대하여 $m+n$의 값을 구하시오.

316 x에 대한 이차방정식 $(3+\log_2 a)x^2 + 2(1+\log_2 a)x + 1 = 0$이 서로 다른 두 실근을 가질 때, 다음 중 상수 a의 값이 될 수 있는 것은?

① $\dfrac{1}{8}$　　② $\dfrac{1}{4}$　　③ $\dfrac{1}{2}$　　④ 2　　⑤ 4

이차방정식의 판별식 D에 대하여 $D > 0$임을 이용한다.

317 어떤 컴퓨터 바이러스는 마우스를 한 번 클릭할 때마다 자신의 파일의 크기를 2배로 증가시키고, 하드디스크에 여유 공간이 부족하여 파일의 크기를 2배로 증가시킬 수 없으면 시스템을 다운시킨다고 한다. 파일의 크기가 1000 Byte인 이 바이러스가 하드디스크의 빈 공간이 5 GB인 컴퓨터에 침입하였을 때, 마우스를 몇 번 클릭하면 시스템이 다운되는지 구하시오.

　　　　　(단, $\log 2 = 0.3$, 1 GB는 10^9 Byte로 계산한다.)

실력 UP ➕

평가원 기출

318 $n \geq 2$인 자연수 n에 대하여 두 곡선 $y = \log_n x$, $y = -\log_n (x+3) + 1$이 만나는 점의 x좌표가 1보다 크고 2보다 작도록 하는 모든 n의 값의 합은?

① 30　　② 35　　③ 40　　④ 45　　⑤ 50

319 모든 실수 x에 대하여 이차식

$$(1 + 2\log a)x^2 + 2(2 + \log a)x + \log a$$

의 값이 항상 음수가 되도록 하는 실수 a의 값의 범위를 구하시오.

모든 실수 x에 대하여
$ax^2 + bx + c < 0$
$\iff a < 0,\ b^2 - 4ac < 0$
(단, $a \neq 0$)

공감
한 스푼

모든 큰일은

가장 작은 것으로부터 시작하고

크게 어려운 일은

가장 쉬운 것에서부터 풀어야 한다.

– 도산 안창호 –

Ⅱ 삼각함수

이 단원에서는

일반각과 호도법의 뜻을 알고, 그 관계를 이해합니다. 또 중학교에서 학습한 삼각비를
바탕으로 사인함수, 코사인함수, 탄젠트함수의 개념과 이들 사이의 관계를 학습합니다.

개념원리 이해
01 일반각

1 시초선과 동경

(1) 오른쪽 그림과 같이 ∠XOP의 크기는 반직선 OP가 고정된 반직선
OX의 위치에서 점 O를 중심으로 반직선 OP의 위치까지 회전한 양
으로 정한다. 이때 반직선 OX를 **시초선**, 반직선 OP를 **동경**이라 한다.

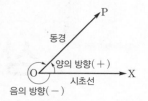

(2) 동경 OP가 점 O를 중심으로 회전할 때
　① 양의 방향: 시곗바늘이 도는 방향과 반대인 방향
　　⇨ 각의 크기를 나타낼 때, 양의 부호 +를 붙인다.
　② 음의 방향: 시곗바늘이 도는 방향
　　⇨ 각의 크기를 나타낼 때, 음의 부호 −를 붙인다.

> ① 시초선(始初線)은 처음 시작하는 선, 동경(動經)은 움직이는 선이라는 뜻이다.
> ② 각의 크기를 나타낼 때, 일반적으로 양의 부호 +는 생략한다.

보기▶　시초선 OX에 대하여 크기가 −50°, 310°인 각을 나타내는 동경 OP의 위
치는 오른쪽 그림과 같다.

2 일반각　∞ 필수 01

일반적으로 시초선 OX와 동경 OP가 나타내는 한 각의 크기를 $\alpha°$라 하면
∠XOP의 크기는
$$360° \times n + \alpha° \ (n은 \ 정수)$$
의 꼴로 나타낼 수 있다. 이것을 동경 OP가 나타내는 **일반각**이라 한다.

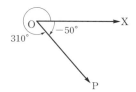

> ① n은 동경이 회전한 방향과 횟수를 나타낸다.
> ② 일반각으로 나타낼 때, $\alpha°$는 보통 $0° \leq \alpha° < 360°$ 또는 $-180° < \alpha° \leq 180°$인 각을 이용한다.

설명　시초선 OX는 고정되어 있으므로 ∠XOP의 크기가 정해지면 동경 OP의 위치는 하나로 정해진다. 그러나 동경 OP의
위치가 정해지더라도 동경 OP가 나타내는 각의 크기는 하나로 정해지지 않는다.
예를 들어 시초선 OX와 30°의 위치에 있는 동경 OP가 나타내는 각의 크기는 동경 OP가 회전한 횟수와 방향에 따라
다음 그림과 같이 여러 가지이다.

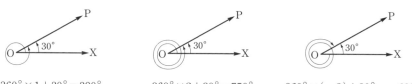

$$360° \times 1 + 30° = 390° \qquad 360° \times 2 + 30° = 750° \qquad 360° \times (-2) + 30° = -690°$$

이때 390°, 750°, −690°는 모두 $360° \times n + 30° \ (n은 \ 정수)$의 꼴로 나타낼 수 있으므로 이것을 30°의 동경이 나
타내는 일반각이라 한다.

3 사분면의 각 🔗 필수 02

좌표평면의 원점 O에서 x축의 양의 방향으로 시초선을 잡을 때, 제1사
분면, 제2사분면, 제3사분면, 제4사분면에 있는 동경 OP가 나타내는
각을 각각

　　　제1사분면의 각, 제2사분면의 각, 제3사분면의 각, 제4사분면의 각

이라 한다.

▷ ① 좌표평면에서 시초선은 보통 x축의 양의 방향으로 정한다.
　② 동경 OP가 좌표축 위에 있을 때에는 어느 사분면에도 속하지 않는다고 한다.

설명 각 θ를 나타내는 동경이 존재하는 사분면에 따라 θ의 값의 범위를 일반각으로 표현하면 다음과 같다. (단, n은 정수이다.)
　① θ가 제1사분면의 각: $360° \times n + 0° < \theta < 360° \times n + 90°$
　② θ가 제2사분면의 각: $360° \times n + 90° < \theta < 360° \times n + 180°$
　③ θ가 제3사분면의 각: $360° \times n + 180° < \theta < 360° \times n + 270°$
　④ θ가 제4사분면의 각: $360° \times n + 270° < \theta < 360° \times n + 360°$

보기 ▶ $520° = 360° \times 1 + 160°$이므로 $520°$는 제2사분면의 각이다.
　　　　$-780° = 360° \times (-3) + 300°$이므로 $-780°$는 제4사분면의 각이다.

4 두 동경의 위치 관계 🔗 필수 03

두 동경이 나타내는 각의 크기를 각각 α, β라 할 때, 두 동경의 위치 관계에 따른 α, β 사이의 관계
식은 다음과 같다. (단, n은 정수이다.)
(1) 두 동경이 일치한다. $\Longleftrightarrow \alpha - \beta = 360° \times n$
(2) 두 동경이 일직선 위에 있고 방향이 반대이다. $\Longleftrightarrow \alpha - \beta = 360° \times n + 180°$
(3) 두 동경이 x축에 대하여 대칭이다. $\Longleftrightarrow \alpha + \beta = 360° \times n$
(4) 두 동경이 y축에 대하여 대칭이다. $\Longleftrightarrow \alpha + \beta = 360° \times n + 180°$
(5) 두 동경이 직선 $y = x$에 대하여 대칭이다. $\Longleftrightarrow \alpha + \beta = 360° \times n + 90°$

설명 두 동경의 위치 관계를 그림으로 나타내면 두 동경이 나타내는 각 사이의 관계를 쉽게 파악할 수 있다. 여기서 두 동경
이 나타내는 각의 합 또는 차는 일반각으로 나타내야 한다.

(1) 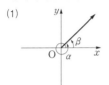 (2) 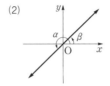 (3)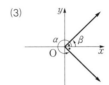

(4) 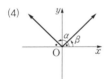 (5)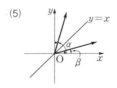

개념원리 **익히기**

🖋️ **알아둡시다!**

시곗바늘이 도는 방향과 반대인 방향을 양의 방향, 시곗바늘이 도는 방향을 음의 방향이라 한다.

320 다음 각을 나타내는 시초선 OX와 동경 OP의 위치를 그림으로 나타내시오.

(1) $45°$ (2) $-250°$

(3) $630°$ (4) $-750°$

321 다음 그림에서 시초선 OX에 대하여 동경 OP가 나타내는 일반각을 $360° \times n + a°$의 꼴로 나타내시오.

(단, n은 정수이고, $0° \leq a° < 360°$이다.)

동경 OP가 나타내는 한 각의 크기를 $a°$라 하면 일반각은
$360° \times n + a°$
(단, n은 정수이다.)

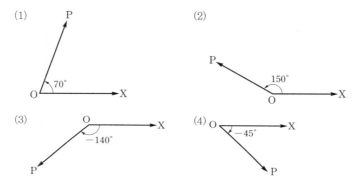

322 다음 각의 동경이 나타내는 일반각을 $360° \times n + a°$의 꼴로 나타내시오. (단, n은 정수이고, $0° \leq a° < 360°$이다.)

(1) $80°$ (2) $420°$

(3) $-1000°$ (4) $-1300°$

323 다음 각은 제몇 사분면의 각인지 말하시오.

(1) $620°$ (2) $-680°$

(3) $1230°$ (4) $-1500°$

● 더 다양한 문제는 **RPM** 대수 **66쪽**

필수 **01** 일반각

다음 각을 $360° \times n + α°$ (n은 정수, $0° \leq α° < 360°$)의 꼴로 나타낼 때, $α$의 값이 가장 작은 것은?

① $-500°$ ② $-300°$ ③ $-100°$ ④ $400°$ ⑤ $700°$

풀이
① $-500° = 360° \times (-2) + 220°$ ② $-300° = 360° \times (-1) + 60°$
③ $-100° = 360° \times (-1) + 260°$ ④ $400° = 360° \times 1 + 40°$
⑤ $700° = 360° \times 1 + 340°$
따라서 $α$의 값이 가장 작은 것은 ④이다.

● 더 다양한 문제는 **RPM** 대수 **66쪽**

필수 **02** 사분면의 각

$θ$가 제1사분면의 각일 때, 각 $\dfrac{θ}{3}$를 나타내는 동경이 존재하는 사분면을 모두 구하시오.

설명
$θ$가 제1사분면의 각이라고 해서 $0° < θ < 90°$로 놓아서는 안 된다.
각 $θ$를 나타내는 동경의 위치가 주어졌을 때에는 $θ$의 값의 범위를 일반각으로 나타내야 한다.

풀이
$θ$가 제1사분면의 각이므로 $360° \times n + 0° < θ < 360° \times n + 90°$ (n은 정수)

$\therefore 120° \times n < \dfrac{θ}{3} < 120° \times n + 30°$

(i) $n = 3k$ (k는 정수)일 때, $360° \times k < \dfrac{θ}{3} < 360° \times k + 30°$

따라서 $\dfrac{θ}{3}$는 제1사분면의 각이다.

(ii) $n = 3k + 1$ (k는 정수)일 때, $360° \times k + 120° < \dfrac{θ}{3} < 360° \times k + 150°$

따라서 $\dfrac{θ}{3}$는 제2사분면의 각이다.

(iii) $n = 3k + 2$ (k는 정수)일 때, $360° \times k + 240° < \dfrac{θ}{3} < 360° \times k + 270°$

따라서 $\dfrac{θ}{3}$는 제3사분면의 각이다.

이상에서 $\dfrac{θ}{3}$를 나타내는 동경이 존재하는 사분면은 **제1사분면, 제2사분면, 제3사분면**이다.

● 정답 및 풀이 **75쪽**

324 다음 중 각을 나타내는 동경이 나머지 넷과 <u>다른</u> 하나는?

① $-310°$ ② $50°$ ③ $410°$ ④ $660°$ ⑤ $1130°$

325 $2θ$가 제4사분면의 각일 때, 각 $θ$를 나타내는 동경이 존재하는 사분면을 모두 구하시오.

필수 03 **두 동경의 위치 관계**

각 θ를 나타내는 동경과 각 5θ를 나타내는 동경이 일치할 때, 각 θ의 크기를 모두 구하시오. (단, $0°<\theta<360°$)

풀이 각 θ를 나타내는 동경과 각 5θ를 나타내는 동경이 일치하므로
$$5\theta-\theta=360°\times n \ (n\text{은 정수})$$
$$4\theta=360°\times n \qquad \therefore \ \theta=90°\times n \qquad \cdots\cdots \ \text{㉠}$$
그런데 $0°<\theta<360°$이므로
$$0°<90°\times n<360° \qquad \therefore \ 0<n<4$$
이때 n은 정수이므로 $\qquad n=1, \ 2, \ 3$
㉠에 이것을 대입하면 $\qquad \theta=\mathbf{90°, \ 180°, \ 270°}$

주의 두 동경의 위치 관계에 대한 문제는 조건을 만족시키도록 좌표평면 위에 두 동경을 그려서 생각한다. 두 각 α, β를 나타내는 동경을 각각 $\overrightarrow{OP}$, $\overrightarrow{OQ}$라 하면 두 동경이 일치하는 경우는 오른쪽 그림과 같다.
이때 $\alpha-\beta=360°$로 생각하기 쉽지만 $\alpha-\beta=360°\times n \ (n\text{은 정수})$임에 주의한다.

KEY Point

● 두 동경이 나타내는 각의 크기를 각각 α, β라 할 때, 정수 n에 대하여 두 동경의 위치 관계에 따른 α, β 사이의 관계식은 다음과 같다.
① 일치한다. $\iff \alpha-\beta=360°\times n$
② 일직선 위에 있고 방향이 반대이다. $\iff \alpha-\beta=360°\times n+180°$
③ x축에 대하여 대칭이다. $\iff \alpha+\beta=360°\times n$
④ y축에 대하여 대칭이다. $\iff \alpha+\beta=360°\times n+180°$
⑤ 직선 $y=x$에 대하여 대칭이다. $\iff \alpha+\beta=360°\times n+90°$

 326 각 θ를 나타내는 동경과 각 7θ를 나타내는 동경이 일직선 위에 있고 방향이 반대일 때, 각 θ의 크기를 구하시오. (단, $90°<\theta<180°$)

327 각 θ를 나타내는 동경과 각 4θ를 나타내는 동경이 x축에 대하여 대칭일 때, 모든 각 θ의 크기의 합을 구하시오. (단, $0°<\theta<180°$)

328 각 θ를 나타내는 동경과 각 3θ를 나타내는 동경이 y축에 대하여 대칭일 때, 각 θ의 크기를 모두 구하시오. (단, $0°<\theta<180°$)

개념원리 이해

02 호도법

1 호도법

중심이 O이고 반지름의 길이가 r인 원에서 길이가 r인 호 AB를 정할 때, 호 AB에 대한 중심각 ∠AOB의 크기를 **1라디안**(radian)이라 하고 이것을 단위로 하여 각의 크기를 나타내는 방법을 **호도법**이라 한다.

▶ ① 원의 둘레를 360등분하여 각 호에 대한 중심각의 크기를 1도($°$), 1도의 $\frac{1}{60}$ 을 1분($'$), 1분의 $\frac{1}{60}$ 을 1초($''$)로 정의하여 각의 크기를 나타내는 방법을 육십분법이라 한다.
② 1라디안을 육십분법으로 나타내면 약 $57°17'45''$이다.
③ 라디안(radian)은 반지름(radius)과 각(angle)의 합성어이고, 호도법(弧度法)의 호도는 호의 중심각의 크기라는 뜻이다.

설명 오른쪽 그림과 같이 반지름의 길이가 r인 원 O에서 길이가 r인 호 AB에 대한 중심각의 크기를 $\alpha°$라 하면 호의 길이는 중심각의 크기에 정비례하므로

$$r : 2\pi r = \alpha° : 360°$$

$$\therefore \alpha° = \frac{180°}{\pi}$$

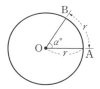

즉 중심각의 크기 $\alpha°$는 반지름의 길이 r에 관계없이 $\frac{180°}{\pi}$로 일정하고, 이 일정한 각의 크기 $\frac{180°}{\pi}$가 1라디안이다.

2 호도법과 육십분법의 관계 필수 04, 05

호도법과 육십분법 사이에는 다음과 같은 관계가 성립한다.

$$\textbf{1라디안} = \frac{\textbf{180°}}{\pi}, \ \textbf{1°} = \frac{\pi}{\textbf{180}} \textbf{라디안}$$

▶ 각의 크기를 호도법으로 나타낼 때에는 단위인 '라디안'은 생략하여 $\frac{\pi}{2}$, 3, π와 같이 나타낸다.

참고 1라디안 = $\frac{180°}{\pi}$ 이므로 호도법의 각을 육십분법의 각으로 나타내면

(육십분법의 각) = (호도법의 각) × $\frac{180°}{\pi}$

$1° = \frac{\pi}{180}$ 이므로 육십분법의 각을 호도법의 각으로 나타내면

(호도법의 각) = (육십분법의 각) × $\frac{\pi}{180}$

육십분법	$0°$	$30°$	$45°$	$60°$	$90°$	$120°$	$135°$	$150°$	$180°$	$270°$	$360°$
호도법	0	$\frac{\pi}{6}$	$\frac{\pi}{4}$	$\frac{\pi}{3}$	$\frac{\pi}{2}$	$\frac{2}{3}\pi$	$\frac{3}{4}\pi$	$\frac{5}{6}\pi$	π	$\frac{3}{2}\pi$	2π

보기 ▶ (1) $30°=30×1°=30×\dfrac{\pi}{180}=\dfrac{\pi}{6}$ (라디안)

(2) $\dfrac{\pi}{3}=\dfrac{\pi}{3}×1$(라디안)$=\dfrac{\pi}{3}×\dfrac{180°}{\pi}=60°$

❸ 일반각을 호도법으로 나타내기   ∽ 필수 05

동경 OP가 나타내는 한 각의 크기를 θ(라디안)라 할 때, 그 일반각은 $2n\pi+\theta$ (n은 정수)로 나타낼 수 있다. 여기서 θ는 보통 $0\le\theta<2\pi$ 또는 $-\pi<\theta\le\pi$인 각을 이용한다.

❯ 정수 n에 대하여 일반각은 다음과 같이 나타낼 수 있다.
 ① 육십분법: $360°×n+\alpha°$
 ② 호도법: $2n\pi+\theta$

보기 ▶ $\dfrac{17}{4}\pi=2\pi×2+\dfrac{\pi}{4}$이므로 $\dfrac{17}{4}\pi$의 동경이 나타내는 일반각은 $2n\pi+\dfrac{\pi}{4}$ (n은 정수)이다.

❹ 부채꼴의 호의 길이와 넓이   ∽ 필수 06, 07

반지름의 길이가 r, 중심각의 크기가 θ(라디안)인 부채꼴의 호의 길이를 l, 넓이를 S라 하면

$$l=r\theta$$
$$S=\frac{1}{2}r^2\theta=\frac{1}{2}rl$$

❯ 중심각의 크기 θ는 반드시 호도법으로 나타낸 각이어야 한다.

증명 반지름의 길이가 r이고 중심각의 크기가 θ(라디안)인 부채꼴 OAB의 호 AB의 길이를 l이라 하면 호의 길이는 중심각의 크기에 정비례하므로

$l:2\pi r=\theta:2\pi$ ∴ $l=r\theta$

또 부채꼴 OAB의 넓이를 S라 하면 부채꼴의 넓이는 중심각의 크기에 정비례하므로

$S:\pi r^2=\theta:2\pi$ ∴ $S=\dfrac{1}{2}r^2\theta$

이때 $l=r\theta$이므로

$S=\dfrac{1}{2}r^2\theta=\dfrac{1}{2}r×r\theta=\dfrac{1}{2}rl$

예제 ▶ 반지름의 길이가 5 cm, 중심각의 크기가 $\dfrac{\pi}{3}$인 부채꼴의 호의 길이 l과 넓이 S를 구하시오.

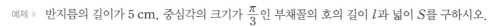

풀이 $l=5×\dfrac{\pi}{3}=\dfrac{5}{3}\pi$ (cm)

$S=\dfrac{1}{2}×5^2×\dfrac{\pi}{3}=\dfrac{25}{6}\pi$ (cm²)   ← $S=\dfrac{1}{2}×5×\dfrac{5}{3}\pi=\dfrac{25}{6}\pi$(cm²)

329 다음 각을 호도법으로 나타내시오.

(1) $120°$ (2) $-315°$

(3) $-144°$ (4) $330°$

(호도법의 각)
$= (육십분법의 각) \times \dfrac{\pi}{180}$

330 다음 각을 육십분법으로 나타내시오.

(1) $\dfrac{5}{6}\pi$ (2) $\dfrac{5}{4}\pi$

(3) $-\dfrac{4}{3}\pi$ (4) $-\dfrac{31}{6}\pi$

(육십분법의 각)
$= (호도법의 각) \times \dfrac{180°}{\pi}$

331 다음 각의 동경이 나타내는 일반각을 $2n\pi + \theta$의 꼴로 나타내시오.
(단, n은 정수이고, $0 \le \theta < 2\pi$이다.)

(1) $\dfrac{17}{6}\pi$ (2) $-\dfrac{2}{3}\pi$

(3) $\dfrac{28}{5}\pi$ (4) $-\dfrac{15}{4}\pi$

332 부채꼴의 반지름의 길이 r와 중심각의 크기 θ가 다음과 같을 때, 호의 길이 l과 넓이 S를 구하시오.

(1) $r = 3$, $\theta = \dfrac{\pi}{6}$ (2) $r = 4$, $\theta = 60°$

$l = r\theta$
$S = \dfrac{1}{2}r^2\theta = \dfrac{1}{2}rl$

04

육십분법과 호도법

다음 중 옳지 <u>않은</u> 것은?

① $75° = \dfrac{5}{12}\pi$　　　　② $160° = \dfrac{4}{5}\pi$　　　　③ $-390° = -\dfrac{13}{6}\pi$

④ $\dfrac{\pi}{12} = 15°$　　　　⑤ $\dfrac{10}{3}\pi = 600°$

풀이　① $75° = 75 \times \dfrac{\pi}{180} = \dfrac{5}{12}\pi$　　　　② $160° = 160 \times \dfrac{\pi}{180} = \dfrac{8}{9}\pi$

③ $-390° = -390 \times \dfrac{\pi}{180} = -\dfrac{13}{6}\pi$　　　　④ $\dfrac{\pi}{12} = \dfrac{\pi}{12} \times \dfrac{180°}{\pi} = 15°$

⑤ $\dfrac{10}{3}\pi = \dfrac{10}{3}\pi \times \dfrac{180°}{\pi} = 600°$

따라서 옳지 않은 것은 ②이다.

 05

일반각을 호도법으로 나타내기

다음 각의 동경이 나타내는 일반각을 $2n\pi + \theta$의 꼴로 나타내시오.

　　　　　　　　　　　　　　　（단, n은 정수이고, $0 \leq \theta < 2\pi$이다.）

(1) $300°$　　　　　　　　　　　(2) $-210°$

풀이　(1) $300° = 300 \times \dfrac{\pi}{180} = \dfrac{5}{3}\pi$이므로　　$2n\pi + \dfrac{5}{3}\pi$

(2) $-210° = 360° \times (-1) + 150°$이고 $150° = 150 \times \dfrac{\pi}{180} = \dfrac{5}{6}\pi$이므로　　$2n\pi + \dfrac{5}{6}\pi$

KEY Point

• (육십분법의 각) $\times \dfrac{\pi}{180} =$ (호도법의 각),　　(호도법의 각) $\times \dfrac{180°}{\pi} =$ (육십분법의 각)

 ● 정답 및 풀이 77쪽

 333 보기에서 옳은 것만을 있는 대로 고르시오.

　　보기

　ㄱ. $1 = \dfrac{360°}{\pi}$　　　　ㄴ. $\dfrac{\pi}{2} = 90°$　　　　ㄷ. $-\dfrac{\pi}{3} = -60°$　　　ㄹ. $\dfrac{1}{4} = \dfrac{90°}{\pi}$

334 다음 각의 동경이 나타내는 일반각을 $2n\pi + \theta$의 꼴로 나타내시오.

　　　　　　　　　　　　　　　（단, n은 정수이고, $0 \leq \theta < 2\pi$이다.）

(1) $345°$　　　　　　　(2) $900°$　　　　　　　(3) $-960°$

• 더 다양한 문제는 **RPM** 대수 68쪽

필수 06 **부채꼴의 호의 길이와 넓이**

반지름의 길이가 4 cm이고, 호의 길이가 2π cm인 부채꼴의 중심각의 크기와 넓이를 구하시오.

풀이 부채꼴의 중심각의 크기를 θ라 하면 $4 \times \theta = 2\pi$이므로 $\quad \theta = \dfrac{\pi}{2}$

부채꼴의 넓이를 S라 하면 $\quad S = \dfrac{1}{2} \times 4 \times 2\pi = 4\pi \,(\text{cm}^2)$

따라서 **중심각의 크기**는 $\dfrac{\pi}{2}$이고 **넓이**는 $4\pi \ \text{cm}^2$이다.

• 더 다양한 문제는 **RPM** 대수 68쪽

필수 07 **부채꼴의 넓이의 최대·최소**

둘레의 길이가 8인 부채꼴의 최대 넓이와 그때의 중심각의 크기를 구하시오.

풀이 부채꼴의 반지름의 길이를 r라 하면 호의 길이는
$$8 - 2r \ (0 < r < 4)$$
부채꼴의 넓이를 S라 하면
$$S = \frac{1}{2}r(8-2r) = -r^2 + 4r = -(r-2)^2 + 4$$
따라서 $r = 2$일 때, S는 최댓값 4를 갖는다.

이때 부채꼴의 중심각의 크기를 θ라 하면 $S = \dfrac{1}{2}r^2\theta$이므로
$$4 = \frac{1}{2} \times 2^2 \times \theta \quad \therefore \ \theta = 2$$
따라서 부채꼴의 **최대 넓이**는 **4**이고 그때의 **중심각의 크기**는 **2**이다.

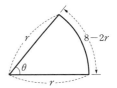

KEY Point

• 반지름의 길이가 r이고 중심각의 크기가 θ인 부채꼴의 호의 길이를 l, 넓이를 S라 하면

$$l = r\theta, \quad S = \frac{1}{2}r^2\theta = \frac{1}{2}rl$$

● 정답 및 풀이 **77**쪽

확인 체크

335 중심각의 크기가 $\dfrac{4}{3}\pi$이고 넓이가 6π인 부채꼴의 둘레의 길이를 구하시오.

336 밑면의 반지름의 길이가 1이고 모선의 길이가 3인 원뿔의 겉넓이를 구하시오.

337 둘레의 길이가 20인 부채꼴의 최대 넓이와 그때의 중심각의 크기를 구하시오.

연습 문제

STEP 1

338 다음 중 각을 나타내는 동경이 존재하는 사분면이 나머지 넷과 <u>다른</u> 하나는?

① $-660°$ ② $-315°$ ③ $436°$

④ $863°$ ⑤ $1150°$

> **생각해 봅시다!** 💡
>
> 모든 각을
> $360° \times n + a°$ (n은 정수,
> $0° \le a° < 360°$)의 꼴로 나타낸다.

339 각 3θ를 나타내는 동경과 각 θ를 나타내는 동경이 직선 $y = x$에 대하여 대칭일 때, 모든 각 θ의 크기의 합을 구하시오. $\left(\text{단, } 0 < \theta < \dfrac{2}{3}\pi\right)$

> 각 3θ와 각 θ 사이의 관계식을 일반각으로 나타낸다.

340 보기에서 옳은 것만을 있는 대로 고르시오.

> (육십분법의 각) $\times \dfrac{\pi}{180}$
> $=$ (호도법의 각)

보기

ㄱ. $132° = \dfrac{11}{15}\pi$

ㄴ. $\dfrac{13}{4}\pi$는 제1사분면의 각이다.

ㄷ. $150°$, $\dfrac{29}{6}\pi$, $-\dfrac{7}{6}\pi$를 나타내는 동경은 모두 일치한다.

341 호의 길이가 12이고 넓이가 36인 부채꼴의 반지름의 길이를 r, 중심각의 크기를 θ라 할 때, $r + \theta$의 값을 구하시오.

342 중심각의 크기가 $50°$이고 반지름의 길이가 $6\,\text{cm}$인 부채꼴의 넓이와 중심각의 크기가 θ이고 반지름의 길이가 $10\,\text{cm}$인 부채꼴의 넓이가 같을 때, θ의 값을 구하시오. (단, $0 < \theta < 2\pi$)

STEP 2

343 θ가 제2사분면의 각일 때, 각 $\dfrac{\theta}{3}$를 나타내는 동경과 각 2θ를 나타내는 동경이 모두 존재하는 사분면을 구하시오.

344 각 5θ를 나타내는 동경을 $180°$만큼 회전하였더니 각 2θ를 나타내는 동경과 일치하였다. 각 θ의 크기를 구하시오. (단, $180° < \theta < 360°$)

교육청 기출

345 그림과 같이 두 점 O, O′을 각각 중심으로 하고 반지름의 길이가 3인 두 원 O, $O′$이 한 평면 위에 있다. 두 원 O, $O′$이 만나는 점을 각각 A, B라 할 때, $\angle\text{AOB} = \dfrac{5}{6}\pi$이다. 원 O의 외부와 원 $O′$의 내부의 공통부분의 넓이를 S_1, 마름모 AOBO′의 넓이를 S_2라 할 때, $S_1 - S_2$의 값은?

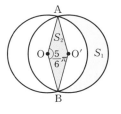

① $\dfrac{5}{4}\pi$ ② $\dfrac{4}{3}\pi$ ③ $\dfrac{17}{12}\pi$ ④ $\dfrac{3}{2}\pi$ ⑤ $\dfrac{19}{12}\pi$

346 중심각의 크기가 $\dfrac{\pi}{3}$, 호의 길이가 2π인 부채꼴에 내접하는 원의 넓이를 구하시오.

> 반지름의 길이가 r, 중심각의 크기가 θ인 부채꼴의 호의 길이를 l이라 하면
> $\quad l = r\theta$

실력 UP⁺

347 원점을 중심으로 하고 반지름의 길이가 1인 원을 단위원이라 한다. 제1사분면의 각 θ에 대하여 각 $\dfrac{\theta}{2}$를 나타내는 동경이 존재하는 범위를 단위원의 내부에 나타낼 때, 그 넓이를 구하시오. (단, 경계선은 제외한다.)

348 둘레의 길이가 24π로 일정한 부채꼴 중 넓이가 최대인 부채꼴을 옆면으로 하여 원뿔을 만들 때, 이 원뿔의 부피를 구하시오.

> 밑면인 원의 반지름의 길이가 r, 높이가 h인 원뿔의 부피는
> $\quad \dfrac{1}{3}\pi r^2 h$

삼각비

1 삼각비

직각삼각형에서 직각이 아닌 한 각의 크기에 따라 정해지는 변의 길이의 비를 **삼각비**라 한다.

오른쪽 그림과 같이 ∠B=90°인 직각삼각형 ABC에서 ∠A의 삼각비는 다음과 같다.

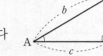

$$\sin A = \frac{(높이)}{(빗변의 길이)} = \frac{a}{b}$$

$$\cos A = \frac{(밑변의 길이)}{(빗변의 길이)} = \frac{c}{b}$$

$$\tan A = \frac{(높이)}{(밑변의 길이)} = \frac{a}{c}$$

설명 오른쪽 그림에서 △ABC∽△AB′C′ (AA 닮음)이므로

$$\sin\theta = \frac{a}{b} = \frac{a'}{b'}, \ \cos\theta = \frac{c}{b} = \frac{c'}{b'}, \ \tan\theta = \frac{a}{c} = \frac{a'}{c'}$$

따라서 θ의 크기가 정해지면 직각삼각형의 크기에 관계없이 삼각비의 값은 일정하다.

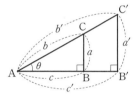

2 특수각의 삼각비의 값

30°, 45°, 60°에 대한 삼각비의 값은 다음 표와 같다.

삼각비＼θ	$30°\left(=\dfrac{\pi}{6}\right)$	$45°\left(=\dfrac{\pi}{4}\right)$	$60°\left(=\dfrac{\pi}{3}\right)$
$\sin\theta$	$\dfrac{1}{2}$	$\dfrac{1}{\sqrt{2}}$	$\dfrac{\sqrt{3}}{2}$
$\cos\theta$	$\dfrac{\sqrt{3}}{2}$	$\dfrac{1}{\sqrt{2}}$	$\dfrac{1}{2}$
$\tan\theta$	$\dfrac{1}{\sqrt{3}}$	1	$\sqrt{3}$

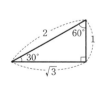 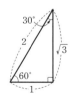

● 정답 및 풀이 **80**쪽

확인 체크
349 오른쪽 그림과 같은 직각삼각형 ABC에서 ∠B=22.5°, ∠ADC=45°일 때, tan 22.5°의 값을 구하시오.

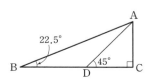

개념원리 이해

03 삼각함수

1 삼각함수의 정의   ⌒ 필수 08, 09

오른쪽 그림과 같이 원점을 중심으로 하고, 반지름의 길이가 r인 원 O 위의 점 $P(x, y)$에 대하여 x축의 양의 방향을 시초선으로 하고 반직선 OP를 동경으로 하는 일반각 중 하나의 크기를 θ라 할 때

$$\sin\theta=\frac{y}{r}, \quad \cos\theta=\frac{x}{r}, \quad \tan\theta=\frac{y}{x} \ (x\neq 0)$$

이 함수를 차례대로 θ의 **사인함수**, **코사인함수**, **탄젠트함수**라 하고, 이와 같은 함수들을 θ에 대한 **삼각함수**라 한다.

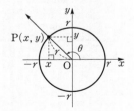

▶ ① sin, cos, tan는 각각 sine, cosine, tangent의 약자이다.
   ② 삼각함수에서 θ는 보통 호도법으로 나타낸다.

(설명) $\dfrac{y}{r}, \dfrac{x}{r}, \dfrac{y}{x} \ (x\neq 0)$의 값은 r의 값에 관계없이 θ의 값에 따라 각각 하나씩 정해진다.
    따라서 실수 θ와 비의 값 사이의 대응 관계

$$\theta \longrightarrow \frac{y}{r}, \quad \theta \longrightarrow \frac{x}{r}, \quad \theta \longrightarrow \frac{y}{x} \ (x\neq 0)$$

    는 θ에 대한 함수이다.

보기 ▶ 오른쪽 그림과 같이 원점 O와 점 $P(3, -4)$에 대하여 동경 OP가 나타내는 각의 크기를 θ라 하면

$$\overline{OP}=\sqrt{3^2+(-4)^2}=5$$이므로

$$\sin\theta=-\frac{4}{5}, \cos\theta=\frac{3}{5}, \tan\theta=-\frac{4}{3}$$

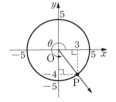

2 삼각함수의 값의 부호   ⌒ 필수 10, 11

삼각함수의 값의 부호는 각 θ의 동경이 위치하는 사분면에 따라 다음과 같이 정해진다.

(1) θ가 **제1사분면**의 각인 경우: $\sin\theta>0, \cos\theta>0, \tan\theta>0$ ← 모두 양수
(2) θ가 **제2사분면**의 각인 경우: $\boldsymbol{\sin\theta>0}, \cos\theta<0, \tan\theta<0$ ← $\sin\theta$만 양수
(3) θ가 **제3사분면**의 각인 경우: $\sin\theta<0, \cos\theta<0, \boldsymbol{\tan\theta>0}$ ← $\tan\theta$만 양수
(4) θ가 **제4사분면**의 각인 경우: $\sin\theta<0, \boldsymbol{\cos\theta>0}, \tan\theta<0$ ← $\cos\theta$만 양수

▶ 각 사분면에서 삼각함수의 값이 양수인 것을 좌표평면에 나타내면 오른쪽 그림과 같다. 이를
    올(all)－산(sin)－타(tan)－크(cos)로스 또는 얼(all)－싸(sin)－안(tan)－코(cos)
    로 기억하면 편리하다.

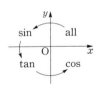

설명 일반각 θ를 나타내는 동경 OP에 대하여 점 P의 좌표를 (x, y), $\overline{\text{OP}}=r\ (r>0)$라 할 때, 동경 OP가 위치한 사분면의 x좌표와 y좌표의 부호에 따라 삼각함수의 값의 부호는 다음과 같이 정해진다.

삼각함수 〳 사분면	제1사분면 $(x>0,\ y>0)$	제2사분면 $(x<0,\ y>0)$	제3사분면 $(x<0,\ y<0)$	제4사분면 $(x>0,\ y<0)$
$\sin\theta$	$\dfrac{y}{r}>0$	$\dfrac{y}{r}>0$	$\dfrac{y}{r}<0$	$\dfrac{y}{r}<0$
$\cos\theta$	$\dfrac{x}{r}>0$	$\dfrac{x}{r}<0$	$\dfrac{x}{r}<0$	$\dfrac{x}{r}>0$
$\tan\theta$	$\dfrac{y}{x}>0$	$\dfrac{y}{x}<0$	$\dfrac{y}{x}>0$	$\dfrac{y}{x}<0$

3 삼각함수 사이의 관계 ⟳ 필수 12~15

(1) $\tan\theta=\dfrac{\sin\theta}{\cos\theta}$

(2) $\sin^2\theta+\cos^2\theta=1$

▶ $(\sin\theta)^2$, $(\cos\theta)^2$, $(\tan\theta)^2$은 각각 $\sin^2\theta$, $\cos^2\theta$, $\tan^2\theta$와 같이 나타낸다.
이때 $(\sin\theta)^2\neq\sin\theta^2$임에 주의한다.

증명 (1) 오른쪽 그림과 같이 각 θ를 나타내는 동경과 원 $x^2+y^2=1$의 교점을 $P(x, y)$라 하면

$$\sin\theta=\frac{y}{1}=y,\ \cos\theta=\frac{x}{1}=x$$

$$\therefore\ \tan\theta=\frac{y}{x}=\frac{\sin\theta}{\cos\theta}$$

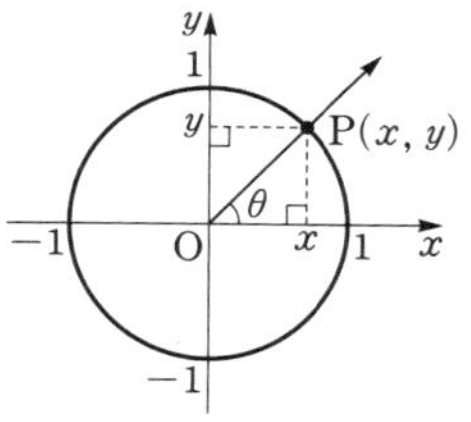

(2) 점 $P(x, y)$는 원 $x^2+y^2=1$ 위의 점이므로 $x=\cos\theta$, $y=\sin\theta$를 대입하면

$$\sin^2\theta+\cos^2\theta=1$$

이때 원 $x^2+y^2=1$, 즉 원점을 중심으로 하고 반지름의 길이가 1인 원을 단위원이라 한다.

참고 $\sin^2\theta+\cos^2\theta=1$의 양변을 $\cos^2\theta$로 나누면 $\dfrac{\sin^2\theta}{\cos^2\theta}+1=\dfrac{1}{\cos^2\theta}$

$$\therefore\ \tan^2\theta+1=\frac{1}{\cos^2\theta}$$

예제 ▶ θ가 제3사분면의 각이고 $\sin\theta=-\dfrac{4}{5}$일 때, $\cos\theta$, $\tan\theta$의 값을 구하시오.

풀이 $\sin^2\theta+\cos^2\theta=1$이므로 $\cos^2\theta=1-\sin^2\theta=1-\left(-\dfrac{4}{5}\right)^2=\dfrac{9}{25}$

그런데 θ는 제3사분면의 각이므로 $\cos\theta<0$ $\therefore\ \cos\theta=-\dfrac{3}{5}$

$$\therefore\ \tan\theta=\frac{\sin\theta}{\cos\theta}=\frac{-\dfrac{4}{5}}{-\dfrac{3}{5}}=\frac{4}{3}$$

● 알아둡시다!

반지름의 길이가 r인 원 O 위의 점 $\mathrm{P}(x,\ y)$에 대하여 동경 OP가 나타내는 각의 크기를 θ라 할 때,

$\sin\theta = \dfrac{y}{r}$

$\cos\theta = \dfrac{x}{r}$

$\tan\theta = \dfrac{y}{x}\ (x \neq 0)$

350 다음 점 P에 대하여 동경 OP가 나타내는 각의 크기를 θ라 할 때, $\sin\theta$, $\cos\theta$, $\tan\theta$의 값을 구하시오. (단, O는 원점이다.)

(1) $\mathrm{P}(-4,\ -3)$　　　　　　　(2) $\mathrm{P}(15,\ -8)$

351 오른쪽 그림과 같이 각 $\theta = \dfrac{2}{3}\pi$를 나타내는 동경과 단위원의 교점을 P, 점 P에서 x축에 내린 수선의 발을 H라 할 때, 다음을 구하시오.

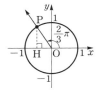

(1) 점 P의 좌표

(2) $\sin\theta$

(3) $\cos\theta$

(4) $\tan\theta$

352 다음 각 θ에 대하여 $\sin\theta$, $\cos\theta$, $\tan\theta$의 값의 부호를 말하시오.

(1) $400°$　　　　　　　　　　　(2) $-\dfrac{17}{6}\pi$

(3) $-760°$　　　　　　　　　　(4) $\dfrac{29}{10}\pi$

각 사분면에서 값이 양수인 삼각함수는 다음과 같다.

353 다음을 만족시키는 각 θ는 제몇 사분면의 각인지 말하시오.

(1) $\sin\theta > 0$, $\cos\theta < 0$

(2) $\cos\theta > 0$, $\tan\theta < 0$

(3) $\sin\theta\cos\theta < 0$

08 **삼각함수의 정의(1)**

원점 O와 점 P$(-5, -12)$를 지나는 동경 OP가 나타내는 각의 크기를 θ라 할 때, 다음 식의 값을 구하시오.

(1) $\cos\theta - \sin\theta$ (2) $\dfrac{24}{13\sin\theta\tan\theta}$

풀이 $\overline{\mathrm{OP}} = \sqrt{(-5)^2 + (-12)^2} = 13$이므로

$$\sin\theta = -\frac{12}{13},\ \cos\theta = -\frac{5}{13},\ \tan\theta = \frac{12}{5}$$

(1) $\cos\theta - \sin\theta = -\dfrac{5}{13} - \left(-\dfrac{12}{13}\right) = \dfrac{7}{13}$

(2) $\dfrac{24}{13\sin\theta\tan\theta} = \dfrac{24}{13 \times \left(-\dfrac{12}{13}\right) \times \dfrac{12}{5}} = -\dfrac{5}{6}$

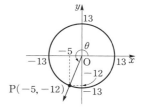

 09 **삼각함수의 정의(2)**

$\theta = \dfrac{3}{4}\pi$일 때, $\sqrt{2}\sin\theta + 2\cos\theta + \tan\theta$의 값을 구하시오.

풀이   오른쪽 그림과 같이 각 $\dfrac{3}{4}\pi$를 나타내는 동경과 단위원의 교점을 P, 점 P에서 x축에 내린 수선의 발을 H라 하자.

삼각형 PHO에서 $\overline{\mathrm{OP}} = 1$이고 $\angle\mathrm{POH} = \dfrac{\pi}{4}$이므로

$$\overline{\mathrm{OH}} = \overline{\mathrm{OP}}\cos\frac{\pi}{4} = \frac{\sqrt{2}}{2},\ \overline{\mathrm{PH}} = \overline{\mathrm{OP}}\sin\frac{\pi}{4} = \frac{\sqrt{2}}{2}$$

이때 점 P가 제2사분면 위의 점이므로 $\mathrm{P}\left(-\dfrac{\sqrt{2}}{2},\ \dfrac{\sqrt{2}}{2}\right)$

$$\therefore \sin\theta = \frac{\sqrt{2}}{2},\ \cos\theta = -\frac{\sqrt{2}}{2},\ \tan\theta = -1$$

$$\therefore \sqrt{2}\sin\theta + 2\cos\theta + \tan\theta = \sqrt{2} \times \frac{\sqrt{2}}{2} + 2 \times \left(-\frac{\sqrt{2}}{2}\right) + (-1) = -\sqrt{2}$$

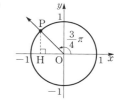

 354 원점 O와 점 P$(\sqrt{3},\ -1)$을 지나는 동경 OP가 나타내는 각의 크기를 θ라 할 때, 다음 식의 값을 구하시오.

(1) $\dfrac{\tan\theta - \cos\theta}{\sqrt{3}}$ (2) $4\sqrt{3}\sin\theta\cos\theta$

355 $\theta = -\dfrac{\pi}{3}$일 때, $\dfrac{\cos\theta}{\sin\theta - \tan\theta}$의 값을 구하시오.

10 삼각함수의 값의 부호(1)

$\sin\theta\cos\theta>0$, $\cos\theta\tan\theta<0$을 동시에 만족시키는 θ는 제몇 사분면의 각인지 구하시오.

풀이 (i) $\sin\theta\cos\theta>0$에서

$\sin\theta>0$, $\cos\theta>0$일 때, θ는 제1사분면의 각이다.

$\sin\theta<0$, $\cos\theta<0$일 때, θ는 제3사분면의 각이다.

(ii) $\cos\theta\tan\theta<0$에서

$\cos\theta>0$, $\tan\theta<0$일 때, θ는 제4사분면의 각이다.

$\cos\theta<0$, $\tan\theta>0$일 때, θ는 제3사분면의 각이다.

(i), (ii)에서 θ는 **제3사분면**의 각이다.

11 삼각함수의 값의 부호(2)

$\dfrac{\pi}{2}<\theta<\pi$일 때, $|\sin\theta|+\sqrt{\cos^2\theta}+\sqrt{\tan^2\theta}+\cos\theta$를 간단히 하시오.

풀이 θ는 제2사분면의 각이므로 $\sin\theta>0$, $\cos\theta<0$, $\tan\theta<0$

$\therefore |\sin\theta|+\sqrt{\cos^2\theta}+\sqrt{\tan^2\theta}+\cos\theta=\sin\theta-\cos\theta-\tan\theta+\cos\theta$

$=\boldsymbol{\sin\theta-\tan\theta}$

KEY Point

● **각 사분면에서 값이 양수인 삼각함수**

① 제1사분면: 모두 ② 제2사분면: $\sin\theta$

③ 제3사분면: $\tan\theta$ ④ 제4사분면: $\cos\theta$

● 정답 및 풀이 **81**쪽

 356 $\sin\theta\tan\theta>0$, $\dfrac{\cos\theta}{\tan\theta}<0$을 동시에 만족시키는 θ는 제몇 사분면의 각인지 구하시오.

357 θ가 제3사분면의 각일 때, $\sqrt{(\sin\theta-\tan\theta)^2}-|\sin\theta|-\sqrt[3]{\tan^3\theta}$를 간단히 하시오.

358 $\sin\theta\cos\theta\neq0$이고 $\dfrac{\sqrt{\sin\theta}}{\sqrt{\cos\theta}}=-\sqrt{\dfrac{\sin\theta}{\cos\theta}}$를 만족시키는 각 θ에 대하여

$|\cos\theta+\tan\theta|+\sqrt{\sin^2\theta}-\sqrt{(\tan\theta-\sin\theta)^2}$을 간단히 하시오.

● 더 다양한 문제는 **RPM** 대수 70쪽

필수 12 삼각함수의 식 간단히 하기

$\dfrac{\cos\theta}{1+\sin\theta}+\dfrac{1+\sin\theta}{\cos\theta}$ 를 간단히 하시오.

풀이 $\dfrac{\cos\theta}{1+\sin\theta}+\dfrac{1+\sin\theta}{\cos\theta}=\dfrac{\cos^2\theta+\sin^2\theta+2\sin\theta+1}{\cos\theta(1+\sin\theta)}$

$=\dfrac{2+2\sin\theta}{\cos\theta(1+\sin\theta)}=\dfrac{2(1+\sin\theta)}{\cos\theta(1+\sin\theta)}$

$=\dfrac{2}{\cos\theta}$

● 더 다양한 문제는 **RPM** 대수 70쪽

필수 13 삼각함수의 식의 값 구하기(1)

$\cos\theta=\dfrac{3}{5}$ 일 때, $\dfrac{1}{\sin\theta}+\dfrac{1}{\tan\theta}$ 의 값을 구하시오. $\left(\text{단, } \dfrac{3}{2}\pi<\theta<2\pi\right)$

풀이 $\sin^2\theta+\cos^2\theta=1$이므로 $\sin^2\theta=1-\cos^2\theta=1-\left(\dfrac{3}{5}\right)^2=\dfrac{16}{25}$

이때 θ는 제4사분면의 각이므로 $\sin\theta=-\dfrac{4}{5}$ $(\because \sin\theta<0)$

따라서 $\tan\theta=\dfrac{\sin\theta}{\cos\theta}=-\dfrac{4}{3}$이므로

$\dfrac{1}{\sin\theta}+\dfrac{1}{\tan\theta}=-\dfrac{5}{4}+\left(-\dfrac{3}{4}\right)=-2$

KEY Point

● 삼각함수 사이의 관계

① $\tan\theta=\dfrac{\sin\theta}{\cos\theta}$ ② $\sin^2\theta+\cos^2\theta=1$

● 정답 및 풀이 **82쪽**

 359 다음 식을 간단히 하시오.

(1) $\dfrac{1-\sin^4\theta}{\cos^2\theta}+\cos^2\theta$

(2) $\left(\sin\theta-\dfrac{1}{\sin\theta}\right)^2+\left(\cos\theta-\dfrac{1}{\cos\theta}\right)^2-\left(\tan\theta-\dfrac{1}{\tan\theta}\right)^2$

(3) $\dfrac{\sin\theta+\sin^2\theta}{1-\cos\theta}-\dfrac{\sin\theta-\sin^2\theta}{1+\cos\theta}$

360 θ가 제3사분면의 각이고 $\sin\theta=-\dfrac{2\sqrt{5}}{5}$ 일 때, $\dfrac{1}{\cos\theta}+\tan\theta$의 값을 구하시오.

필수 14 삼각함수의 식의 값 구하기(2)

다음 물음에 답하시오.

(1) $3\sin\theta = 4\cos\theta$일 때, $\sin\theta + \cos\theta$의 값을 구하시오. $\left(\text{단, } \pi < \theta < \dfrac{3}{2}\pi\right)$

(2) $\dfrac{1}{1+\sin\theta} + \dfrac{1}{1-\sin\theta} = \dfrac{5}{2}$일 때, $\tan\theta$의 값을 구하시오. $\left(\text{단, } \dfrac{\pi}{2} < \theta < \pi\right)$

설명 주어진 관계식과 삼각함수 사이의 관계를 이용하여 $\sin\theta$와 $\cos\theta$의 값을 구한다.

풀이 (1) $3\sin\theta = 4\cos\theta$에서 $\sin\theta = \dfrac{4}{3}\cos\theta$

$\sin^2\theta + \cos^2\theta = 1$이므로 $\left(\dfrac{4}{3}\cos\theta\right)^2 + \cos^2\theta = 1$

$\dfrac{25}{9}\cos^2\theta = 1$ $\therefore \cos^2\theta = \dfrac{9}{25}$

이때 θ는 제3사분면의 각이므로 $\cos\theta = -\dfrac{3}{5}$ $(\because \cos\theta < 0)$

$\therefore \sin\theta = \dfrac{4}{3}\cos\theta = \dfrac{4}{3}\times\left(-\dfrac{3}{5}\right) = -\dfrac{4}{5}$

$\therefore \sin\theta + \cos\theta = -\dfrac{7}{5}$

(2) $\dfrac{1}{1+\sin\theta} + \dfrac{1}{1-\sin\theta} = \dfrac{(1-\sin\theta)+(1+\sin\theta)}{(1+\sin\theta)(1-\sin\theta)}$

$= \dfrac{2}{1-\sin^2\theta} = \dfrac{2}{\cos^2\theta}$

즉 $\dfrac{2}{\cos^2\theta} = \dfrac{5}{2}$이므로 $\cos^2\theta = \dfrac{4}{5}$

이때 θ는 제2사분면의 각이므로 $\cos\theta = -\dfrac{2\sqrt{5}}{5}$ $(\because \cos\theta < 0)$

$\sin^2\theta + \cos^2\theta = 1$이므로 $\sin^2\theta = 1 - \cos^2\theta = 1 - \dfrac{4}{5} = \dfrac{1}{5}$

$\therefore \sin\theta = \dfrac{\sqrt{5}}{5}$ $(\because \sin\theta > 0)$

$\therefore \tan\theta = \dfrac{\sin\theta}{\cos\theta} = -\dfrac{1}{2}$

● 정답 및 풀이 **83**쪽

 361 θ는 제2사분면의 각이고 $|\sin\theta| = |2\cos\theta|$일 때, $\sin\theta + \cos\theta$의 값을 구하시오.

362 $\dfrac{3}{2}\pi < \theta < 2\pi$이고 $\dfrac{1+\cos\theta}{\sin\theta} + \dfrac{\sin\theta}{1+\cos\theta} = -3$일 때, $\sin\theta + \tan\theta$의 값을 구하시오.

15 $\sin\theta \pm \cos\theta$의 값을 이용하여 식의 값 구하기

$\sin\theta + \cos\theta = \dfrac{1}{2}$일 때, 다음 식의 값을 구하시오. (단, $\sin\theta > \cos\theta$)

(1) $\sin\theta\cos\theta$　　　　　　　　　(2) $\sin\theta - \cos\theta$

(3) $\sin^3\theta + \cos^3\theta$　　　　　　　(4) $\sin^4\theta + \cos^4\theta$

풀이　(1) $\sin\theta + \cos\theta = \dfrac{1}{2}$의 양변을 제곱하면

$$\sin^2\theta + 2\sin\theta\cos\theta + \cos^2\theta = \dfrac{1}{4}, \qquad 1 + 2\sin\theta\cos\theta = \dfrac{1}{4}$$

$$\therefore \; \sin\theta\cos\theta = -\dfrac{3}{8}$$

(2) $(\sin\theta - \cos\theta)^2 = 1 - 2\sin\theta\cos\theta = 1 - 2 \times \left(-\dfrac{3}{8}\right) = \dfrac{7}{4}$

이때 $\sin\theta > \cos\theta$에서 $\sin\theta - \cos\theta > 0$이므로

$$\sin\theta - \cos\theta = \dfrac{\sqrt{7}}{2}$$

(3) $\sin^3\theta + \cos^3\theta = (\sin\theta + \cos\theta)(\sin^2\theta - \sin\theta\cos\theta + \cos^2\theta)$　←　$x^3 + y^3$

$$= \dfrac{1}{2} \times \left(1 + \dfrac{3}{8}\right) = \dfrac{11}{16} \qquad\qquad = (x+y)(x^2 - xy + y^2)$$

(4) $\sin^4\theta + \cos^4\theta = (\sin^2\theta + \cos^2\theta)^2 - 2\sin^2\theta\cos^2\theta$　←　$\sin^2\theta\cos^2\theta = (\sin\theta\cos\theta)^2$

$$= 1^2 - 2 \times \left(-\dfrac{3}{8}\right)^2 = \dfrac{23}{32}$$

다른 풀이　(3) $\sin^3\theta + \cos^3\theta = (\sin\theta + \cos\theta)^3 - 3\sin\theta\cos\theta(\sin\theta + \cos\theta)$

$$= \left(\dfrac{1}{2}\right)^3 - 3 \times \left(-\dfrac{3}{8}\right) \times \dfrac{1}{2} = \dfrac{11}{16}$$

 KEY Point

- $\sin\theta \pm \cos\theta$의 값 또는 $\sin\theta\cos\theta$의 값이 주어지는 경우
  ⇨ $(\sin\theta \pm \cos\theta)^2 = 1 \pm 2\sin\theta\cos\theta$ (복호동순)임을 이용한다.

 ● 정답 및 풀이 **83쪽**

 363 $\sin\theta - \cos\theta = -\dfrac{1}{3}$일 때, $\sin^3\theta - \cos^3\theta$의 값을 구하시오.

364 $\sin\theta\cos\theta = \dfrac{1}{8}$일 때, $\dfrac{1}{\sin\theta} + \dfrac{1}{\cos\theta}$의 값을 구하시오. $\left(\text{단, } \pi < \theta < \dfrac{3}{2}\pi\right)$

365 $\dfrac{\pi}{2} < \theta < \pi$이고 $\tan\theta + \dfrac{1}{\tan\theta} = -2$일 때, $\sin\theta - \cos\theta$의 값을 구하시오.

16 삼각함수와 이차방정식

이차방정식 $5x^2-x+k=0$의 두 근이 $\sin\theta$, $\cos\theta$일 때, 상수 k의 값을 구하시오.

설명 이차방정식의 근과 계수의 관계를 이용하여 $\sin\theta+\cos\theta$, $\sin\theta\cos\theta$의 값을 구한 후 $\sin^2\theta+\cos^2\theta=1$임을 이용하여 k의 값을 구한다.

풀이 이차방정식의 근과 계수의 관계에 의하여

$$\sin\theta+\cos\theta=\frac{1}{5} \qquad \cdots\cdots ㉠$$

$$\sin\theta\cos\theta=\frac{k}{5} \qquad \cdots\cdots ㉡$$

㉠의 양변을 제곱하면

$$\sin^2\theta+2\sin\theta\cos\theta+\cos^2\theta=\frac{1}{25}$$

$$1+2\sin\theta\cos\theta=\frac{1}{25}$$

$$\therefore \sin\theta\cos\theta=-\frac{12}{25} \qquad \cdots\cdots ㉢$$

㉡, ㉢에서 $\quad \frac{k}{5}=-\frac{12}{25}$

$$\therefore k=-\frac{12}{5}$$

KEY Point

• 이차방정식 $ax^2+bx+c=0$의 두 근이 $\sin\theta$, $\cos\theta$이다.

$\Rightarrow \sin\theta+\cos\theta=-\dfrac{b}{a}$, $\sin\theta\cos\theta=\dfrac{c}{a}$

● 정답 및 풀이 **84**쪽

 366 이차방정식 $3x^2+2x+k=0$의 두 근이 $\sin\theta$, $\cos\theta$일 때, 상수 k의 값을 구하시오.

367 이차방정식 $5x^2+kx-3=0$의 두 근이 $\cos\theta$, $\tan\theta$일 때, 상수 k의 값을 구하시오.

$$\left(단, \pi<\theta<\frac{3}{2}\pi\right)$$

368 이차방정식 $2x^2-\sqrt{2}x+k=0$의 두 근이 $\sin\theta$, $\cos\theta$일 때, $\dfrac{1}{\sin\theta}$, $\dfrac{1}{\cos\theta}$을 두 근으로 하는 이차방정식이 $x^2+ax+b=0$이다. 상수 a, b에 대하여 a^2+b^2의 값을 구하시오.

(단, k는 상수이다.)

연습 문제

369 직선 $8x+15y=0$이 x축의 양의 방향과 이루는 각의 크기를 θ라 할 때, $17(\sin\theta-\cos\theta)$의 값을 구하시오. (단, $0<\theta<\pi$)

370 $\sin\theta\tan\theta<0$일 때, 다음 중 항상 옳은 것은?

① $\sin\theta>0$ ② $\cos\theta<0$ ③ $\tan\theta<0$

④ $\sin\theta\cos\theta>0$ ⑤ $\cos\theta\tan\theta<0$

371 $\pi<\theta<\dfrac{3}{2}\pi$일 때,
$$\sqrt{\sin^2\theta}+\sqrt{\cos^2\theta}+|\tan\theta|-\sqrt{(\sin\theta+\cos\theta)^2}$$
을 간단히 하시오.

372 $\sin\theta=-\dfrac{1}{3}$일 때, $\tan\theta+\dfrac{1}{\tan\theta}$의 값을 구하시오.

$$\left(\text{단, } \pi<\theta<\frac{3}{2}\pi\right)$$

생각해 봅시다!

$\sin^2\theta+\cos^2\theta=1$

$\tan\theta=\dfrac{\sin\theta}{\cos\theta}$

교육청 기출
373 $\sin\theta+\cos\theta=\dfrac{1}{2}$일 때, $\dfrac{1+\tan\theta}{\sin\theta}$의 값은?

① $-\dfrac{7}{3}$ ② $-\dfrac{4}{3}$ ③ $-\dfrac{1}{3}$ ④ $\dfrac{2}{3}$ ⑤ $\dfrac{5}{3}$

374 이차방정식 $4x^2-3x+k=0$의 두 근이 $-\sin\theta$, $\cos\theta$일 때, 상수 k의 값을 구하시오.

이차방정식 $ax^2+bx+c=0$의 두 근을 α, β라 하면
$$\alpha+\beta=-\frac{b}{a}, \ \alpha\beta=\frac{c}{a}$$

STEP 2

교육청 기출

375 좌표평면에서 제1사분면에 점 P가 있다. 점 P를 직선 $y=x$에 대하여 대칭이동한 점을 Q라 하고, 점 Q를 원점에 대하여 대칭이동한 점을 R라 할 때, 세 동경 OP, OQ, OR가 나타내는 각을 각각 α, β, γ라 하자. $\sin\alpha=\dfrac{1}{3}$일 때, $9(\sin^2\beta+\tan^2\gamma)$의 값을 구하시오.

(단, O는 원점이고, 시초선은 x축의 양의 방향이다.)

생각해 봅시다! 💡

원점 O와 점 $P(a, b)$에 대하여 동경 OP가 나타내는 각의 크기를 θ라 하면

$$\sin\theta=\frac{b}{\sqrt{a^2+b^2}}$$

$$\cos\theta=\frac{a}{\sqrt{a^2+b^2}}$$

$$\tan\theta=\frac{b}{a}$$

376 보기에서 옳은 것만을 있는 대로 고르시오.

> **보기**
>
> ㄱ. $\cos^4\theta-\sin^4\theta=2\cos^2\theta-1$
>
> ㄴ. $(1+\sin\theta-\cos\theta)^2=2(1-\sin\theta)(1-\cos\theta)$
>
> ㄷ. $\dfrac{\cos\theta}{1-\sin\theta}-\dfrac{\cos\theta}{1+\sin\theta}=2\tan\theta$

교육청 기출

377 $\pi<\theta<2\pi$인 θ에 대하여 $\dfrac{\sin\theta\cos\theta}{1-\cos\theta}+\dfrac{1-\cos\theta}{\tan\theta}=1$일 때, $\cos\theta$의 값은?

① $-\dfrac{2\sqrt{5}}{5}$ ② $-\dfrac{\sqrt{5}}{5}$ ③ $\dfrac{1}{5}$ ④ $\dfrac{\sqrt{5}}{5}$ ⑤ $\dfrac{2\sqrt{5}}{5}$

378 삼차방정식 $4x^3+ax^2+bx-3=0$의 세 근이 $\sin\theta$, $\cos\theta$, $\tan\theta$일 때, 상수 a, b에 대하여 $a+b$의 값을 구하시오. $\left(\text{단, }\dfrac{\pi}{2}<\theta<\pi\right)$

삼차방정식 $ax^3+bx^2+cx+d=0$의 세 근을 α, β, γ라 하면

$$\alpha+\beta+\gamma=-\frac{b}{a}$$

$$\alpha\beta+\beta\gamma+\gamma\alpha=\frac{c}{a}$$

$$\alpha\beta\gamma=-\frac{d}{a}$$

실력 UP⁺

379 좌표평면에서 시초선이 x축의 양의 방향일 때, 원점 O와 점 $P(a, b)$를 지나는 동경 OP가 나타내는 각의 크기를 θ라 하면

$$\sqrt{\sin\theta}\sqrt{\cos\theta}=-\sqrt{\sin\theta\cos\theta}, \quad |a|-|b|=1, \quad \overline{OP}=5$$

이다. 이때 $\sin\theta+\cos\theta+\tan\theta$의 값을 구하시오.

(단, $\sin\theta\cos\theta\neq0$)

지치지 않고
오래오래 달리려면,
먼저가는 사람을
흉내내며 따라가지마
그저 우리는,
각자 자기만의 속도로
달리면 되는거야

II

삼각함수

이 단원에서는

사인함수, 코사인함수, 탄젠트함수의 그래프와 그 성질을 학습합니다. 또 삼각함수의
최대·최소를 구하고, 삼각함수가 포함된 방정식과 부등식을 푸는 방법을 학습합니다.

01 삼각함수의 그래프

1 주기함수

일반적으로 함수 $y=f(x)$의 정의역에 속하는 모든 x에 대하여 $f(x+p)=f(x)$를 만족시키는 0이 아닌 상수 p가 존재할 때, 함수 $y=f(x)$를 **주기함수**라 하고, 상수 p 중에서 최소인 양수를 그 함수의 **주기**라 한다.

> 함수 $f(x)$가 주기가 p인 주기함수이면
> $$f(x)=f(x+p)=f(x+2p)=f(x+3p)= \cdots$$
> $$\Rightarrow f(x+np)=f(x) \ (단, \ n은 \ 정수이다.)$$

2 삼각함수의 그래프

(1) 함수 $y=\sin x$의 그래프와 성질   〰 필수 01, 04

① 정의역: 실수 전체의 집합
② 치역: $\{y | -1 \le y \le 1\}$
③ 그래프는 원점에 대하여 대칭이다.
④ 주기가 2π인 주기함수이다.

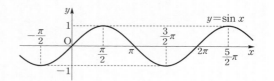

> ① 함수의 정의역의 원소는 보통 x로 나타내므로 사인함수 $y=\sin\theta$에서 θ를 x로 바꾸어 $y=\sin x$로 쓴다.
> ② $y=\sin x$의 그래프는 원점에 대하여 대칭이므로 $\sin(-x)=-\sin x$이다.

설명 오른쪽 그림과 같이 각 θ를 나타내는 동경과 단위원의 교점을 $P(x, y)$라 하면

$\sin\theta=\dfrac{y}{1}=y$이므로 $\sin\theta$의 값은 점 P의 y좌표로 정해진다.

따라서 점 P가 단위원 위를 움직일 때, θ의 값에 따른 $\sin\theta$의 값의 변화는 점 P의 y좌표의 변화와 같다.

이를 이용하여 θ의 값을 가로축에, θ에 대응하는 $\sin\theta$의 값을 세로축에 나타내어 함수 $y=\sin\theta$의 그래프를 그리면 다음과 같다.

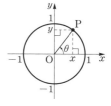

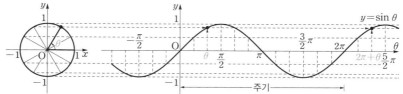

위의 그래프에서 알 수 있듯이 함수 $y=\sin\theta$의 정의역은 실수 전체의 집합이고, 치역은 $\{y | -1 \le y \le 1\}$이다.
또 $y=\sin\theta$의 그래프는 2π의 간격으로 같은 모양이 반복되므로 주기가 2π인 주기함수이다.

(2) **함수 $y=\cos x$의 그래프와 성질**　⌒ 필수 02, 04

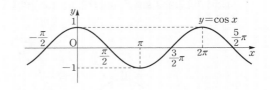

① 정의역: 실수 전체의 집합

② 치역: $\{y \mid -1 \leq y \leq 1\}$

③ 그래프는 y축에 대하여 대칭이다.

④ 주기가 2π인 주기함수이다.

> ① $y=\cos x$의 그래프는 y축에 대하여 대칭이므로 $\cos(-x)=\cos x$이다.
>
> ② $y=\cos x$의 그래프는 $y=\sin x$의 그래프를 x축의 방향으로 $-\dfrac{\pi}{2}$만큼 평행이동한 것과 같다.

설명　오른쪽 그림과 같이 각 θ를 나타내는 동경과 단위원의 교점을 $P(x, y)$라 하면

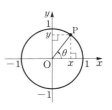

$\cos\theta=\dfrac{x}{1}=x$이므로 $\cos\theta$의 값은 점 P의 x좌표로 정해진다.

따라서 점 P가 단위원 위를 움직일 때, θ의 값에 따른 $\cos\theta$의 값의 변화는 점 P의 x좌표의 변화와 같다.

이를 이용하여 θ의 값을 가로축에, θ에 대응하는 $\cos\theta$의 값을 세로축에 나타내어 함수 $y=\cos\theta$의 그래프를 그리면 다음과 같다.

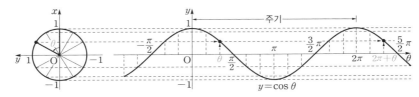

위의 그래프에서 알 수 있듯이 함수 $y=\cos\theta$의 정의역은 실수 전체의 집합이고, 치역은 $\{y \mid -1 \leq y \leq 1\}$이다. 또 $y=\cos\theta$의 그래프는 2π의 간격으로 같은 모양이 반복되므로 주기가 2π인 주기함수이다.

(3) **함수 $y=\tan x$의 그래프와 성질**　⌒ 필수 03, 04

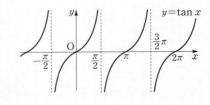

① 정의역: $n\pi+\dfrac{\pi}{2}$ (n은 정수)를 제외한 실수 전체의 집합

② 치역: 실수 전체의 집합

③ 그래프는 원점에 대하여 대칭이다.

④ 주기가 π인 주기함수이다.

⑤ 그래프의 점근선: 직선 $x=n\pi+\dfrac{\pi}{2}$ (n은 정수)

> $y=\tan x$의 그래프는 원점에 대하여 대칭이므로 $\tan(-x)=-\tan x$이다.

설명　오른쪽 그림과 같이 각 θ를 나타내는 동경과 단위원의 교점을 $P(x, y)$라 하자.

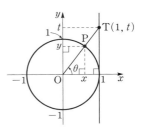

(ⅰ) $\theta \neq n\pi+\dfrac{\pi}{2}$ (n은 정수)일 때, 단위원 위의 점 $(1, 0)$에서의 접선과 동경 OP의

교점을 $T(1, t)$라 하면 $\tan\theta=\dfrac{t}{1}=t$이므로 $\tan\theta$의 값은 점 T의 y좌표로 정해진다.

(ⅱ) $\theta=n\pi+\dfrac{\pi}{2}$ (n은 정수)일 때, 각 θ를 나타내는 동경 OP는 y축 위에 있다.

이때 점 P의 x좌표가 0이므로 $\tan\theta$의 값은 정의되지 않는다.

따라서 θ의 값을 가로축에, θ에 대응하는 $\tan\theta$의 값을 세로축에 나타내어 함수 $y=\tan\theta$의 그래프를 그리면 다음과 같다.

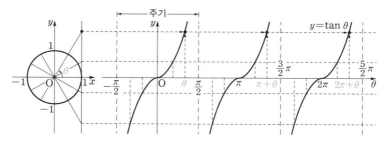

위의 그래프에서 알 수 있듯이 함수 $y=\tan\theta$의 정의역은 $n\pi+\dfrac{\pi}{2}$ (n은 정수)를 제외한 실수 전체의 집합이고,

치역은 실수 전체의 집합이다. 이때 직선 $\theta=n\pi+\dfrac{\pi}{2}$ (n은 정수)는 $y=\tan\theta$의 그래프의 점근선이다.

또 $y=\tan\theta$의 그래프는 π의 간격으로 같은 모양이 반복되므로 주기가 π인 주기함수이다.

3 삼각함수의 최대·최소와 주기 ⚬ 필수 01~04

$y=a\sin bx$, $y=a\cos bx$, $y=a\tan bx$의 그래프는 각각 $y=\sin x$, $y=\cos x$, $y=\tan x$의 그래프를 x축의 방향으로 $\dfrac{1}{|b|}$배, y축의 방향으로 $|a|$배 한 그래프이다. 또한 $y=a\sin(bx+c)+d$, $y=a\cos(bx+c)+d$, $y=a\tan(bx+c)+d$의 그래프는 각각 $y=a\sin bx$, $y=a\cos bx$, $y=a\tan bx$의 그래프를 x축의 방향으로 $-\dfrac{c}{b}$만큼, y축의 방향으로 d만큼 평행이동한 그래프이다.

(1) $y=a\sin bx$, $y=a\cos bx$, $y=a\tan bx$의 최대·최소와 주기

	$y=a\sin bx$	$y=a\cos bx$	$y=a\tan bx$
최댓값	$|a|$	$|a|$	없다.
최솟값	$-|a|$	$-|a|$	없다.
주기	$\dfrac{2\pi}{|b|}$	$\dfrac{2\pi}{|b|}$	$\dfrac{\pi}{|b|}$

(2) $y=a\sin(bx+c)+d$, $y=a\cos(bx+c)+d$, $y=a\tan(bx+c)+d$의 최대·최소와 주기

	$y=a\sin(bx+c)+d$	$y=a\cos(bx+c)+d$	$y=a\tan(bx+c)+d$
최댓값	$|a|+d$	$|a|+d$	없다.
최솟값	$-|a|+d$	$-|a|+d$	없다.
주기	$\dfrac{2\pi}{|b|}$	$\dfrac{2\pi}{|b|}$	$\dfrac{\pi}{|b|}$

▷ ① 삼각함수의 그래프를 x축의 방향으로 늘리거나 줄이면 주기는 변하지만 최댓값, 최솟값은 변하지 않고, y축의 방향으로 늘리거나 줄이면 최댓값, 최솟값은 변하지만 주기는 변하지 않는다.

② $y=a\sin bx$, $y=a\cos bx$의 그래프를 x축의 방향으로 평행이동하면 최댓값, 최솟값과 주기는 모두 변하지 않고, y축의 방향으로 평행이동하면 최댓값, 최솟값은 변하지만 주기는 변하지 않는다.

보기 ▶ (1) 함수 $y=3\sin(2x-\pi)+2$의 최댓값은 $3+2=5$, 최솟값은 $-3+2=-1$이고, 주기는 $\dfrac{2\pi}{2}=\pi$이다.

(2) 함수 $y=2\tan\left(3x-\dfrac{\pi}{2}\right)$의 최댓값과 최솟값은 없고, 주기는 $\dfrac{\pi}{3}$이다.

참고 $y=a\tan bx$의 그래프의 점근선의 방정식은 $bx=n\pi+\dfrac{\pi}{2}$ $\therefore x=\dfrac{1}{b}\left(n\pi+\dfrac{\pi}{2}\right)$ (n은 정수)

❹ 절댓값 기호가 포함된 삼각함수의 최대·최소와 주기 🔗 필수 08, 09

(1) $y=|\sin x|$, $y=|\cos x|$, $y=|\tan x|$의 최대·최소와 주기

	$y=|\sin x|$	$y=|\cos x|$	$y=|\tan x|$
최댓값	1	1	없다.
최솟값	0	0	0
주기	π	π	π

(2) $y=|a\sin bx|$, $y=|a\cos bx|$, $y=|a\tan bx|$의 최대·최소와 주기

	$y=|a\sin bx|$	$y=|a\cos bx|$	$y=|a\tan bx|$
최댓값	$|a|$	$|a|$	없다.
최솟값	0	0	0
주기	$\dfrac{\pi}{|b|}$	$\dfrac{\pi}{|b|}$	$\dfrac{\pi}{|b|}$

설명 $y=|\sin x|$, $y=|\cos x|$, $y=|\tan x|$의 그래프는 $y=\sin x$, $y=\cos x$, $y=\tan x$의 그래프에서 $y<0$인 부분을 x축에 대하여 대칭이동한 것이므로 다음 그림과 같다.

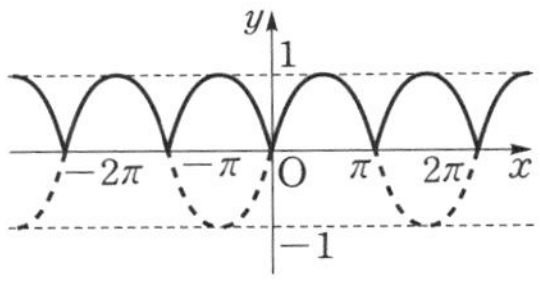

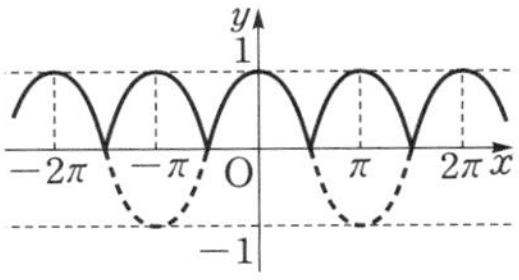

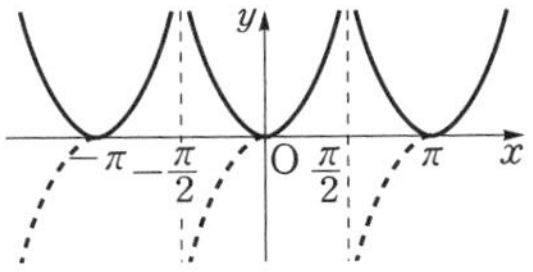

보충학습 **$y=\sin|x|$, $y=\cos|x|$, $y=\tan|x|$의 그래프**
$y=\sin|x|$, $y=\cos|x|$, $y=\tan|x|$의 그래프는 $x\geq0$에서 $y=\sin x$, $y=\cos x$, $y=\tan x$의 그래프를 그리고 $x<0$인 부분은 $x\geq0$인 부분의 그래프를 y축에 대하여 대칭이동하여 그린다.

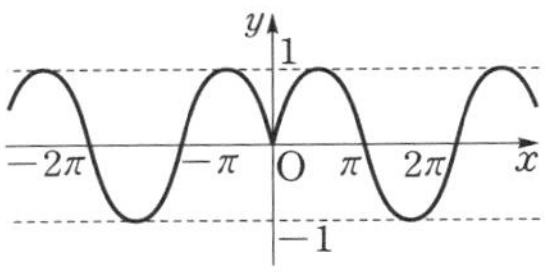

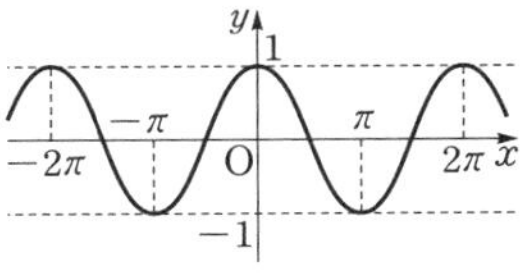

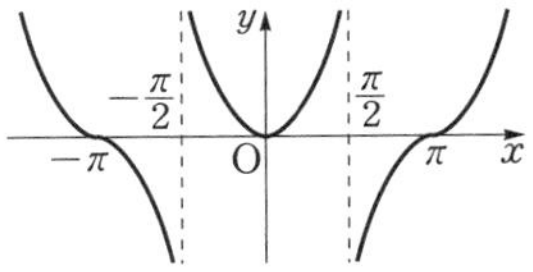

▶ $y=\sin|x|$, $y=\tan|x|$는 주기함수가 아니고, $y=\cos|x|$의 그래프는 $y=\cos x$의 그래프와 일치한다.

📝 **알아둡시다!**

$f(x+p)=f(p)$를 만족시키는 상수 p 중에서 최소인 양수를 함수 f의 주기라 한다.

380 함수 $y=3\sin x$에 대하여 □ 안에 알맞은 것을 써넣으시오.

(1) 정의역은 [　　　　　]이다.

(2) 최댓값은 □이고, 최솟값은 □이다.

(3) 그래프는 [　　]에 대하여 대칭이다.

(4) 주기는 [　　]이다.

(5) 그래프는 $y=\sin x$의 그래프를 □축의 방향으로 □배 한 것이다.

381 함수 $y=\cos\dfrac{x}{2}$에 대하여 □ 안에 알맞은 것을 써넣으시오.

(1) 정의역은 [　　　　　]이다.

(2) 치역은 [　　　　　]이다.

(3) 그래프는 [　　]에 대하여 대칭이다.

(4) 주기는 [　　]이다.

(5) 그래프는 $y=\cos x$의 그래프를 □축의 방향으로 □배 한 것이다.

382 함수 $y=\tan 3x$에 대하여 □ 안에 알맞은 것을 써넣으시오.

(1) 정의역은 $\left\{x \mid x\neq \boxed{} \text{인 실수, } n\text{은 정수}\right\}$이다.

(2) 그래프는 [　　]에 대하여 대칭이다.

(3) 주기는 □이다.

(4) 그래프의 점근선의 방정식은 [　　　　] (n은 정수)이다.

(5) 그래프는 $y=\tan x$의 그래프를 □축의 방향으로 □배 한 것이다.

$y=a\tan bx$의 정의역은
$$\left\{x \mid x\neq \frac{n}{b}\pi+\frac{\pi}{2b}\text{인 실수}\right\}$$
(단, n은 정수이다.)

383 다음 함수의 그래프를 그리고, 최댓값, 최솟값, 주기를 구하시오.

(1) $y=\sin 2x$ (2) $y=2\cos x$ (3) $y=3\tan x$

● 더 다양한 문제는 **RPM** 대수 78쪽

필수 01 **사인함수의 그래프**

다음 함수의 최댓값, 최솟값, 주기를 구하고, 그 그래프를 그리시오.

(1) $y=-\sin 2x$ (2) $y=\sin\left(x-\dfrac{\pi}{4}\right)$

풀이   (1) **최댓값**은 $|-1|=\mathbf{1}$, **최솟값**은 $-|-1|=\mathbf{-1}$이

고, 주기는 $\dfrac{2\pi}{2}=\pi$이다.

$y=-\sin 2x$의 그래프는 $y=\sin x$의 그래프를

x축의 방향으로 $\dfrac{1}{2}$배 한 후 x축에 대하여 대칭

이동한 것이므로 오른쪽 그림과 같다.

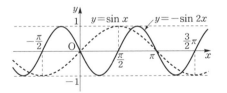

(2) **최댓값**은 **1**, **최솟값**은 $\mathbf{-1}$이고, **주기**는 $\mathbf{2\pi}$이다.

$y=\sin\left(x-\dfrac{\pi}{4}\right)$의 그래프는 $y=\sin x$의 그래프

를 x축의 방향으로 $\dfrac{\pi}{4}$만큼 평행이동한 것이므로

오른쪽 그림과 같다.

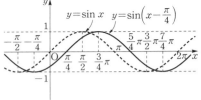

- 함수 $y=a\sin bx$의 그래프와 성질

  ① **최댓값**: $|a|$, **최솟값**: $-|a|$, **주기**: $\dfrac{2\pi}{|b|}$

  ② 그래프는 $y=\sin x$의 그래프를 x축의 방향으로 $\dfrac{1}{|b|}$배, y축의 방향으로 $|a|$배 한 것이다.

● 정답 및 풀이 **89**쪽

384 다음 함수의 최댓값, 최솟값, 주기를 구하고, 그 그래프를 그리시오.

(1) $y=\dfrac{1}{2}\sin x$ (2) $y=\sin\dfrac{1}{2}x+1$ (3) $y=-\sin\left(x+\dfrac{\pi}{2}\right)$

385 함수 $y=\sin\left(\dfrac{\pi}{3}x-\pi\right)+3$의 주기를 p, 최댓값을 M, 최솟값을 m이라 할 때, $p+M+m$

의 값을 구하시오.

필수 02   **코사인함수의 그래프**

다음 함수의 최댓값, 최솟값, 주기를 구하고, 그 그래프를 그리시오.

(1) $y = 3\cos 3x$　　　　　　　　(2) $y = -2\cos\left(x - \dfrac{\pi}{2}\right)$

풀이　(1) **최댓값**은 **3**, **최솟값**은 -3이고, **주기**는 $\dfrac{2\pi}{3}$이

다.

$y = 3\cos 3x$의 그래프는 $y = \cos x$의 그래프

를 x축의 방향으로 $\dfrac{1}{3}$배, y축의 방향으로 3배

한 것이므로 오른쪽 그림과 같다.

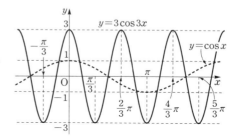

(2) **최댓값**은 $|-2| = 2$, **최솟값**은

$-|-2| = -2$이고, **주기**는 2π이다.

$y = -2\cos\left(x - \dfrac{\pi}{2}\right)$의 그래프는 $y = \cos x$의

그래프를 x축의 방향으로 $\dfrac{\pi}{2}$만큼 평행이동하

고, y축의 방향으로 2배 한 후 x축에 대하여 대

칭이동한 것이므로 오른쪽 그림과 같다.

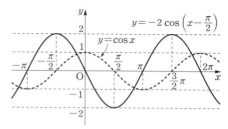

KEY Point

● 함수 $y = a\cos bx$의 그래프와 성질

① **최댓값**: $|a|$, **최솟값**: $-|a|$, **주기**: $\dfrac{2\pi}{|b|}$

② 그래프는 $y = \cos x$의 그래프를 x축의 방향으로 $\dfrac{1}{|b|}$배, y축의 방향으로 $|a|$배 한 것이다.

● 정답 및 풀이 **89쪽**

386 다음 함수의 최댓값, 최솟값, 주기를 구하고, 그 그래프를 그리시오.

(1) $y = \cos 2x + 1$　　　　(2) $y = 2\cos(x - \pi)$　　　　(3) $y = -2\cos\dfrac{x}{3} + 1$

387 함수 $y = -3\cos(-2\pi x) + 6$의 주기를 p, 최댓값을 M, 최솟값을 m이라 할 때,
$p + M + m$의 값을 구하시오.

필수 03 탄젠트함수의 그래프

다음 함수의 주기와 점근선의 방정식을 구하고, 그 그래프를 그리시오.

(1) $y=\tan\dfrac{x}{2}$

(2) $y=\tan\left(x-\dfrac{\pi}{4}\right)$

풀이 (1) 주기는 $\dfrac{\pi}{\frac{1}{2}}=2\pi$

점근선의 방정식은 $\dfrac{x}{2}=n\pi+\dfrac{\pi}{2}$ 에서

$x=2n\pi+\pi$ (n은 정수)

$y=\tan\dfrac{x}{2}$ 의 그래프는 $y=\tan x$ 의 그래프를 x축

의 방향으로 2배 한 것이므로 오른쪽 그림과 같다.

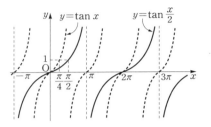

(2) 주기는 π

점근선의 방정식은 $x-\dfrac{\pi}{4}=n\pi+\dfrac{\pi}{2}$ 에서

$x=n\pi+\dfrac{3}{4}\pi$ (n은 정수)

$y=\tan\left(x-\dfrac{\pi}{4}\right)$ 의 그래프는 $y=\tan x$ 의 그래프를

x축의 방향으로 $\dfrac{\pi}{4}$ 만큼 평행이동한 것이므로 오른쪽

그림과 같다.

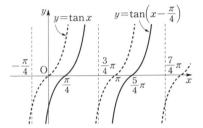

KEY Point

● 함수 $y=a\tan bx$ 의 그래프와 성질

① 주기: $\dfrac{\pi}{|b|}$

② 점근선의 방정식: $x=\dfrac{n}{b}\pi+\dfrac{\pi}{2b}$ (n은 정수)

③ $y=\tan x$ 의 그래프를 x축의 방향으로 $\dfrac{1}{|b|}$ 배, y축의 방향으로 $|a|$ 배 한 것이다.

● 정답 및 풀이 **90**쪽

 388 다음 함수의 주기와 점근선의 방정식을 구하고, 그 그래프를 그리시오.

(1) $y=2\tan x$

(2) $y=-\tan 3x$

(3) $y=\tan\left(x-\dfrac{\pi}{2}\right)+2$

389 함수 $y=\tan\left(2x-\dfrac{\pi}{2}\right)+1$ 의 주기가 $a\pi$, 그래프의 점근선의 방정식이

$x=bn\pi$ (n은 정수)일 때, $a+b$ 의 값을 구하시오. (단, a, b는 상수이다.)

필수 04 **삼각함수의 그래프**

다음 함수의 그래프를 그리고, 최댓값, 최솟값, 주기를 구하시오.

(1) $y=\dfrac{1}{4}\sin\left(2x-\dfrac{\pi}{3}\right)$　　(2) $y=3\cos\left(\dfrac{1}{2}x-\pi\right)+1$　(3) $y=\dfrac{1}{2}\tan\left(3x-\dfrac{\pi}{2}\right)$

풀이 (1) $y=\dfrac{1}{4}\sin\left(2x-\dfrac{\pi}{3}\right)=\dfrac{1}{4}\sin 2\left(x-\dfrac{\pi}{6}\right)$의 그래프는

$y=\sin x$의 그래프를 x축의 방향으로 $\dfrac{1}{2}$배, y축의 방향으로 $\dfrac{1}{4}$배 한 후 x축의 방향으로 $\dfrac{\pi}{6}$만큼 평행이동한 것이므로 오른쪽 그림과 같다.

또 **최댓값**은 $\dfrac{1}{4}$, **최솟값**은 $-\dfrac{1}{4}$이고, **주기**는 $\dfrac{2\pi}{2}=\pi$이다.

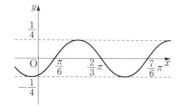

(2) $y=3\cos\left(\dfrac{1}{2}x-\pi\right)+1=3\cos\dfrac{1}{2}(x-2\pi)+1$의 그래프는 $y=\cos x$의 그래프를 x축의 방향으로 2배, y축의 방향으로 3배 한 후 x축의 방향으로 2π만큼, y축의 방향으로 1만큼 평행이동한 것이므로 오른쪽 그림과 같다.

또 **최댓값**은 $3+1=4$, **최솟값**은 $-3+1=-2$이고, **주기**는 $\dfrac{2\pi}{\frac{1}{2}}=4\pi$이다.

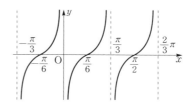

(3) $y=\dfrac{1}{2}\tan\left(3x-\dfrac{\pi}{2}\right)=\dfrac{1}{2}\tan 3\left(x-\dfrac{\pi}{6}\right)$의 그래프는

$y=\tan x$의 그래프를 x축의 방향으로 $\dfrac{1}{3}$배, y축의 방향으로 $\dfrac{1}{2}$배 한 후 x축의 방향으로 $\dfrac{\pi}{6}$만큼 평행이동한 것이므로 오른쪽 그림과 같다.

또 **최댓값**과 **최솟값**은 없고, **주기**는 $\dfrac{\pi}{3}$이다.

● 정답 및 풀이 **91**쪽

 390 다음 함수의 최댓값, 최솟값, 주기를 구하시오.

(1) $y=-2\sin\left(2x-\dfrac{\pi}{2}\right)+1$　　　　　(2) $y=-\dfrac{1}{4}\cos\left(3x+\dfrac{\pi}{2}\right)-4$

(3) $y=-2\tan\left(\pi x+\dfrac{\pi}{3}\right)$

필수 05 **삼각함수의 그래프의 평행이동**

함수 $y=\dfrac{1}{2}\sin(2x+1)-1$의 그래프를 x축의 방향으로 2만큼, y축의 방향으로 2만큼 평행이동하면 함수 $y=\dfrac{1}{2}\sin(ax+b)+c$의 그래프와 겹쳐진다. 이때 상수 a, b, c에 대하여 $a+b+c$의 값을 구하시오. (단, $-\pi<b<0$)

풀이 함수 $y=\dfrac{1}{2}\sin(2x+1)-1$의 그래프를 x축의 방향으로 2만큼, y축의 방향으로 2만큼 평행이동한 그래프의 식은 $\quad y-2=\dfrac{1}{2}\sin\{2(x-2)+1\}-1 \quad \therefore y=\dfrac{1}{2}\sin(2x-3)+1$

$\quad \therefore a=2,\ b=-3,\ c=1 \quad \therefore a+b+c=\mathbf{0}$

필수 06 **삼각함수의 미정계수 구하기**

함수 $f(x)=a\cos(\pi-px)+b$의 최솟값이 -1, 주기가 π이고, $f\left(\dfrac{\pi}{3}\right)=2$일 때, 상수 a, b, p에 대하여 $a+b+p$의 값을 구하시오. (단, $a>0$, $p>0$)

풀이 최솟값이 -1이고 $a>0$이므로 $\quad -a+b=-1 \quad\cdots\cdots$ ㉠

주기가 π이고 $p>0$이므로 $\dfrac{2\pi}{|-p|}=\pi$에서 $\quad 2\pi=p\pi \quad \therefore p=2$

$f(x)=a\cos(\pi-2x)+b$에서

$\qquad f\left(\dfrac{\pi}{3}\right)=a\cos\dfrac{\pi}{3}+b=2 \quad \therefore \dfrac{1}{2}a+b=2 \quad\cdots\cdots$ ㉡

㉠, ㉡을 연립하여 풀면 $\quad a=2,\ b=1$

$\qquad \therefore a+b+p=\mathbf{5}$

● 정답 및 풀이 **91쪽**

391 함수 $y=\cos 2x+1$의 그래프를 x축의 방향으로 $-\dfrac{\pi}{8}$만큼 평행이동한 후 x축에 대하여 대칭이동한 그래프의 식을 구하시오.

392 함수 $f(x)=a\sin\left(\dfrac{x}{b}-\dfrac{\pi}{3}\right)-c$의 최댓값이 3, 주기가 4π이고, $f(\pi)=2$일 때, $f(x)$의 최솟값을 구하시오. (단, a, b, c는 상수이고 $a>0$, $b>0$이다.)

393 함수 $f(x)=a\tan(bx+c)+d$의 그래프는 주기가 $\dfrac{\pi}{2}$이고 $y=a\tan bx$의 그래프를 x축의 방향으로 $\dfrac{\pi}{4}$만큼, y축의 방향으로 -1만큼 평행이동한 것이다. $f\left(\dfrac{\pi}{3}\right)=\sqrt{3}-1$일 때, 상수 a, b, c, d에 대하여 $abcd$의 값을 구하시오. (단, $b>0$, $-\pi<c<0$)

● 더 다양한 문제는 **RPM** 대수 **80쪽**

필수 07 **그래프가 주어진 삼각함수의 미정계수 구하기**

함수 $y=a\cos(bx-c)+d$의 그래프가 오른쪽 그림과 같을 때, 상수 a, b, c, d에 대하여 $abcd$의 값을 구하시오.

(단, $a>0$, $b>0$, $0<c<\pi$)

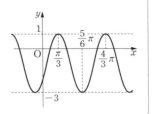

풀이 주어진 그래프에서 함수의 최댓값이 1, 최솟값이 -3이고 $a>0$이므로

$$a+d=1,\ -a+d=-3$$

두 식을 연립하여 풀면 $a=2$, $d=-1$

또 주기가 $\dfrac{4}{3}\pi-\dfrac{\pi}{3}=\pi$이고 $b>0$이므로

$$\frac{2\pi}{b}=\pi \qquad \therefore b=2$$

따라서 주어진 함수의 식은 $y=2\cos(2x-c)-1$이고, 그 그래프가 점 $\left(\dfrac{\pi}{3},\ 1\right)$을 지나므로

$$1=2\cos\left(2\times\frac{\pi}{3}-c\right)-1 \qquad \therefore \cos\left(\frac{2}{3}\pi-c\right)=1$$

$0<c<\pi$이므로 $\dfrac{2}{3}\pi-c=0$

$$\therefore c=\frac{2}{3}\pi$$

$$\therefore abcd=2\times2\times\frac{2}{3}\pi\times(-1)=-\frac{8}{3}\pi$$

KEY Point

주기 결정

$\bullet\ y=a\cos(bx+c)+d$

최댓값, 최솟값 결정

● 정답 및 풀이 **91쪽**

 394 함수 $y=a\sin(bx+c)+d$의 그래프가 오른쪽 그림과 같을 때, 상수 a, b, c, d에 대하여 $abcd$의 값을 구하시오. (단, $a>0$, $b>0$, $0<c<\pi$)

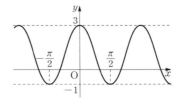

• 더 다양한 문제는 **RPM** 대수 81쪽 —

필수 08 **절댓값 기호를 포함한 삼각함수**

함수 $y=|2\sin x|$의 최댓값, 최솟값, 주기를 구하시오.

Ⅱ-2

삼각함수의 그래프

설명 $y=|f(x)|$의 그래프 $\Rightarrow$ $y=f(x)$의 그래프를 그리고 $y<0$인 부분을 x축에 대하여 대칭이동한다.

풀이 $y=|2\sin x|$의 그래프는 $y=2\sin x$의 그래프에서 $y<0$인 부분을 x축에 대하여 대칭이동한 것이므로 오른쪽 그림과 같다.

따라서 **최댓값은 2, 최솟값은 0**이고, **주기는 π**이다.

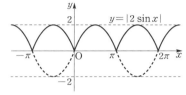

다른 풀이 $-1\leq\sin x\leq 1$에서 $-2\leq 2\sin x\leq 2$이므로 $\qquad 0\leq|2\sin x|\leq 2$

따라서 최댓값은 2, 최솟값은 0이다.

• 더 다양한 문제는 **RPM** 대수 81쪽 —

필수 09 **절댓값 기호를 포함한 삼각함수의 미정계수 구하기**

함수 $f(x)=|\sin ax|+b$의 최댓값이 5이고 주기가 $\dfrac{\pi}{3}$일 때, $a+b$의 값을 구하시오.
(단, a, b는 상수이고 $a>0$이다.)

설명 $y=|\sin x|$의 주기가 π이므로 $y=|\sin ax|$의 주기는 $\dfrac{\pi}{|a|}$이다.

풀이 최댓값이 5이므로 $\qquad 1+b=5 \qquad \therefore b=4$

주기가 $\dfrac{\pi}{3}$이고 $a>0$이므로 $\qquad \dfrac{\pi}{a}=\dfrac{\pi}{3} \qquad \therefore a=3$

$\therefore a+b=7$

• 정답 및 풀이 **92**쪽

 395 다음 함수의 최댓값, 최솟값, 주기를 구하시오.

(1) $y=|\cos 2x|$ 　　　　　　　　　　(2) $y=2|\sin x|-1$

396 함수 $f(x)=7|\cos \pi x|+3$의 주기를 a, 최댓값을 M, 최솟값을 m이라 할 때, $a+M+m$의 값을 구하시오.

397 함수 $f(x)=a|\sin bx|+c$의 최댓값이 5, 주기가 $\dfrac{\pi}{3}$이고 $f\left(\dfrac{\pi}{18}\right)=\dfrac{7}{2}$일 때, abc의 값을 구하시오. (단, a, b, c는 상수이고 $a>0$, $b>0$이다.)

STEP 1

398 다음 함수 중 주기가 가장 큰 것은?

① $y = \sin 2x + 3$　　② $y = 2\sin\left(\dfrac{x}{3} - \dfrac{\pi}{4}\right)$　③ $y = 3\cos(x - 2)$

④ $y = \cos\left(\dfrac{x}{4} + \dfrac{\pi}{6}\right)$　⑤ $y = \tan 2x - 5$

399 함수 $y = 3\sin\dfrac{\pi}{4}x$의 그래프를 x축의 방향으로 $\dfrac{1}{4}$만큼, y축의 방향으로 $\dfrac{1}{2}$만큼 평행이동한 그래프가 점 $\left(\dfrac{11}{12},\ a\right)$를 지날 때, a의 값을 구하시오.

400 함수 $y = 2\tan\left(3x - \dfrac{\pi}{2}\right) + 1$에 대하여 보기에서 옳은 것만을 있는 대로 고르시오.

> **보기**
>
> ㄱ. 주기는 $\dfrac{2}{3}\pi$이다.
>
> ㄴ. 그래프는 점 $\left(\dfrac{\pi}{4},\ 3\right)$을 지난다.
>
> ㄷ. 그래프는 직선 $x = -\pi$와 만나지 않는다.
>
> ㄹ. 그래프는 $y = 2\tan 3x$의 그래프를 x축의 방향으로 $\dfrac{\pi}{6}$만큼, y축의 방향으로 1만큼 평행이동한 것이다.

교육청 기출

401 두 양수 a, b에 대하여 함수 $f(x) = a\cos bx + 3$이 있다. 함수 $f(x)$는 주기가 4π이고 최솟값이 -1일 때, $a + b$의 값은?

① $\dfrac{9}{2}$　　② $\dfrac{11}{2}$　　③ $\dfrac{13}{2}$　　④ $\dfrac{15}{2}$　　⑤ $\dfrac{17}{2}$

$y = a\cos(bx + c) + d$
⇨ 최댓값: $|a| + d$
　최솟값: $-|a| + d$
　주기: $\dfrac{2\pi}{|b|}$

402 함수 $y = a\sin\dfrac{\pi}{6}(2x - 1) + b$의 그래프가 오른쪽 그림과 같을 때, 상수 a, b, c에 대하여 abc의 값을 구하시오. (단, $a > 0$)

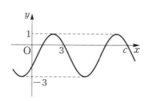

$y = a\sin(bx + c) + d$
⇨ 최댓값: $|a| + d$
　최솟값: $-|a| + d$
　주기: $\dfrac{2\pi}{|b|}$

STEP 2

생각해 봅시다! 💡

함수 $y=\cos ax$의 그래프는 y축에 대하여 대칭이다.

403 오른쪽 그림과 같이 함수 $y=\cos\dfrac{\pi}{4}x$의 그래프와 x축으로 둘러싸인 부분에 내접하는 사각형 ABCD가 있다. $\overline{\text{CD}}$는 x축에 평행하고 $\overline{\text{CD}}=2$일 때, 사각형 ABCD의 넓이를 구하시오.

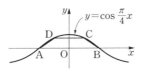

404 두 함수 $y=\tan x$, $y=\tan x+1$의 그래프와 y축 및 직선 $x=\dfrac{\pi}{4}$로 둘러싸인 부분의 넓이를 구하시오.

평가원 기출

405 두 양수 a, b에 대하여 곡선 $y=a\sin b\pi x\left(0\le x\le\dfrac{3}{b}\right)$이 직선 $y=a$와 만나는 서로 다른 두 점을 A, B라 하자. 삼각형 OAB의 넓이가 5이고 직선 OA의 기울기와 직선 OB의 기울기의 곱이 $\dfrac{5}{4}$일 때, $a+b$의 값은? (단, O는 원점이다.)

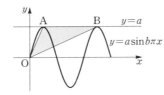

① 1   ② 2   ③ 3   ④ 4   ⑤ 5

406 모든 실수 x에 대하여 $f\left(x+\dfrac{\pi}{2}\right)=f(x)$를 만족시키는 함수 $f(x)=a\cos bx+c$의 최댓값과 최솟값의 합이 6이다. $y=f(x)$의 그래프가 점 $\left(\dfrac{\pi}{12},\,4\right)$를 지날 때, 상수 a, b, c에 대하여 $a+b+c$의 값을 구하시오. (단, $a>0$, $0<b<5$)

함수 f의 주기가 p이면
$f(x+p)=f(x)$
가 성립한다.

실력 UP⁺

407 상수 a, b, c에 대하여 함수 $f(x)=a|\sin bx|+c$가 다음 조건을 만족시킬 때, $a+b+c$의 값을 구하시오. (단, $a<0$, $b>0$)

㈎ 최댓값과 최솟값의 차가 3이다.
㈏ 주기가 함수 $y=\cos 4x$의 주기와 같다.
㈐ $y=f(x)$의 그래프의 y절편은 5이다.

02 일반각에 대한 삼각함수의 성질

1 일반각에 대한 삼각함수의 성질

(1) $2n\pi + x$ (n은 정수)의 삼각함수

　① $\sin(2n\pi + x) = \sin x$　　② $\cos(2n\pi + x) = \cos x$　　③ $\tan(2n\pi + x) = \tan x$

설명 확인하기 (1)

보기 ▶ (1) $\sin\dfrac{17}{4}\pi = \sin\left(2\pi \times 2 + \dfrac{\pi}{4}\right) = \sin\dfrac{\pi}{4} = \dfrac{\sqrt{2}}{2}$

　　　(2) $\cos 405° = \cos(360° + 45°) = \cos 45° = \dfrac{\sqrt{2}}{2}$

　　　(3) $\tan 780° = \tan(360° \times 2 + 60°) = \tan 60° = \sqrt{3}$

(2) $-x$의 삼각함수

　① $\sin(-x) = -\sin x$　　② $\cos(-x) = \cos x$　　③ $\tan(-x) = -\tan x$

설명 확인하기 (2)

보기 ▶ (1) $\sin(-60°) = -\sin 60° = -\dfrac{\sqrt{3}}{2}$

　　　(2) $\cos\left(-\dfrac{7}{3}\pi\right) = \cos\dfrac{7}{3}\pi = \cos\left(2\pi + \dfrac{\pi}{3}\right) = \cos\dfrac{\pi}{3} = \dfrac{1}{2}$

　　　(3) $\tan\left(-\dfrac{25}{4}\pi\right) = -\tan\dfrac{25}{4}\pi = -\tan\left(2\pi \times 3 + \dfrac{\pi}{4}\right) = -\tan\dfrac{\pi}{4} = -1$

(3) $\pi \pm x$의 삼각함수

　① $\sin(\pi + x) = -\sin x$　　　　　② $\sin(\pi - x) = \sin x$
　③ $\cos(\pi + x) = -\cos x$　　　　　④ $\cos(\pi - x) = -\cos x$
　⑤ $\tan(\pi + x) = \tan x$　　　　　⑥ $\tan(\pi - x) = -\tan x$

설명 확인하기 (3)

보기 ▶ (1) $\sin\dfrac{5}{4}\pi = \sin\left(\pi + \dfrac{\pi}{4}\right) = -\sin\dfrac{\pi}{4} = -\dfrac{\sqrt{2}}{2}$

　　　(2) $\cos 150° = \cos(180° - 30°) = -\cos 30° = -\dfrac{\sqrt{3}}{2}$

　　　(3) $\tan\dfrac{2}{3}\pi = \tan\left(\pi - \dfrac{\pi}{3}\right) = -\tan\dfrac{\pi}{3} = -\sqrt{3}$

⑷ $\dfrac{\pi}{2} \pm x$의 삼각함수

① $\sin\left(\dfrac{\pi}{2}+x\right)=\cos x$　　　　② $\sin\left(\dfrac{\pi}{2}-x\right)=\cos x$

③ $\cos\left(\dfrac{\pi}{2}+x\right)=-\sin x$　　　　④ $\cos\left(\dfrac{\pi}{2}-x\right)=\sin x$

⑤ $\tan\left(\dfrac{\pi}{2}+x\right)=-\dfrac{1}{\tan x}$　　　⑥ $\tan\left(\dfrac{\pi}{2}-x\right)=\dfrac{1}{\tan x}$

설명 확인하기 ⑷

보기 ▶ ⑴ $\sin\dfrac{2}{3}\pi=\sin\left(\dfrac{\pi}{2}+\dfrac{\pi}{6}\right)=\cos\dfrac{\pi}{6}=\dfrac{\sqrt{3}}{2}$

⑵ $\cos\dfrac{5}{6}\pi=\cos\left(\dfrac{\pi}{2}+\dfrac{\pi}{3}\right)=-\sin\dfrac{\pi}{3}=-\dfrac{\sqrt{3}}{2}$

⑶ $\tan 135°=\tan(90°+45°)=-\dfrac{1}{\tan 45°}=-\dfrac{1}{1}=-1$

2 **삼각함수의 각의 변환 방법**　◠ 필수 10~12

여러 가지 각의 삼각함수의 값은 다음과 같은 순서로 구한다.

⒤ 주어진 각을 $90°\times n\pm\theta$ 또는 $\dfrac{\pi}{2}\times n\pm\theta$ (n은 정수)의 꼴로 나타낸다.

⒤ⅰ) 삼각함수를 결정한다.

　① n이 **짝수**이면 **그대로**　⇨ $\sin \to \sin$, $\cos \to \cos$, $\tan \to \tan$

　② n이 **홀수**이면 **바꾼다.**　⇨ $\sin \to \cos$, $\cos \to \sin$, $\tan \to \dfrac{1}{\tan}$

⒤ⅲ) 부호를 결정한다.

　$90°\times n\pm\theta$ 또는 $\dfrac{\pi}{2}\times n\pm\theta$를 나타내는 동경이 존재하는 사분면에서 원래 주어진 삼각함수의

　부호가 양이면 $+$, 음이면 $-$를 붙인다.

▶ θ의 값이 정해지지 않은 경우에는 θ를 예각으로 간주하여 부호를 결정한다.

보기 ▶ ⑴ $\cos 210°=\cos(90°\times 2+30°)$　← $90°\times n\pm\theta$의 꼴로 변형

　　　이때 $n=2$에서 짝수이므로 $\cos$을 그대로 둔다. 또 각 $90°\times 2+30°$를 나타내는 동경이 제 3 사분면
　　　에 존재하고, 제 3 사분면에서 $\cos$의 값은 음수이므로 $-$를 붙인다.

　　　　$\therefore \cos 210°=\cos(90°\times 2+30°)=-\cos 30°=-\dfrac{\sqrt{3}}{2}$

　⑵ $\sin\dfrac{11}{4}\pi=\sin\left(\dfrac{\pi}{2}\times 5+\dfrac{\pi}{4}\right)$　← $\dfrac{\pi}{2}\times n\pm\theta$의 꼴로 변형

　　　이때 $n=5$에서 홀수이므로 $\cos$으로 바꾼다. 또 각 $\dfrac{\pi}{2}\times 5+\dfrac{\pi}{4}$를 나타내는 동경이 제 2 사분면에 존재

　　　하고, 제 2 사분면에서 $\sin$의 값은 양수이므로 $+$를 붙인다.

　　　　$\therefore \sin\dfrac{11}{4}\pi=\sin\left(\dfrac{\pi}{2}\times 5+\dfrac{\pi}{4}\right)=\cos\dfrac{\pi}{4}=\dfrac{\sqrt{2}}{2}$

③ 삼각함수표

지금까지 배운 삼각함수의 성질을 이용하면 일반각에 대한 삼각함수를 $0°$에서 $90°$까지의 각에 대한 삼각함수로 나타낼 수 있다.

따라서 이 책의 301쪽에 있는 삼각함수표를 이용하면 일반각에 대한 삼각함수의 값을 구할 수 있다.

보기 ▶ (1) $\cos 250° = \cos(180° + 70°) = -\cos 70°$
　　　삼각함수표에서 $\cos 70° = 0.3420$이므로
　　　　$\cos 250° = -0.3420$

θ	$\sin\theta$	$\cos\theta$	$\tan\theta$
$\vdots$			
$70°$		0.3420	
$\vdots$			

　　(2) $\tan 340° = \tan(360° - 20°)$
　　　　　$= \tan(-20°) = -\tan 20°$
　　　삼각함수표에서 $\tan 20° = 0.3640$이므로
　　　　$\tan 340° = -0.3640$

θ	$\sin\theta$	$\cos\theta$	$\tan\theta$
$\vdots$			
$20°$			0.3640
$\vdots$			

확인하기 **일반각에 대한 삼각함수의 성질**

(1) **$2n\pi + x$ (n은 정수)의 삼각함수**

함수 $y = \sin x$와 $y = \cos x$의 주기는 2π이므로
$$y = \sin x = \sin(x + 2\pi) = \sin(x + 4\pi) = \cdots$$
$$y = \cos x = \cos(x + 2\pi) = \cos(x + 4\pi) = \cdots$$
$$\therefore \ \sin(2n\pi + x) = \sin x, \ \cos(2n\pi + x) = \cos x$$
또 함수 $y = \tan x$의 주기는 π이므로
$$y = \tan x = \tan(x + \pi) = \tan(x + 2\pi) = \cdots$$
$$\therefore \ \tan(2n\pi + x) = \tan x$$

(2) **$-x$의 삼각함수**

함수 $y = \sin x$와 $y = \tan x$의 그래프는 각각 원점에 대하여 대칭이므로
$$\sin(-x) = -\sin x, \ \tan(-x) = -\tan x$$
또 함수 $y = \cos x$의 그래프는 y축에 대하여 대칭이므로
$$\cos(-x) = \cos x$$

(3) **$\pi \pm x$의 삼각함수**

함수 $y = \sin x$의 그래프를 x축의 방향으로 $-\pi$만큼 평행이동하면 함수 $y = -\sin x$의 그래프와 겹쳐진다.
즉 임의의 실수 x에 대하여
$$\sin(\pi + x) = -\sin x$$
위의 식에 x 대신 $-x$를 대입하면
$$\sin(\pi - x) = -\sin(-x) \qquad \therefore \ \sin(\pi - x) = \sin x$$

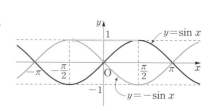

또 함수 $y=\cos x$의 그래프를 x축의 방향으로 $-\pi$만큼 평행이동하면 함수 $y=-\cos x$의 그래프와 겹쳐진다.

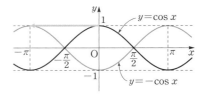

즉 임의의 실수 x에 대하여

$$\cos(\pi+x)=-\cos x$$

위의 식에 x 대신 $-x$를 대입하면

$$\cos(\pi-x)=-\cos(-x) \qquad \therefore \cos(\pi-x)=-\cos x$$

한편 함수 $y=\tan x$는 주기가 π인 주기함수이므로 임의의 실수 x에 대하여

$$\tan(\pi+x)=\tan x$$

위의 식에 x 대신 $-x$를 대입하면

$$\tan(\pi-x)=\tan(-x) \qquad \therefore \tan(\pi-x)=-\tan x$$

(4) $\dfrac{\pi}{2}\pm x$의 삼각함수

함수 $y=\sin x$의 그래프를 x축의 방향으로 $-\dfrac{\pi}{2}$만큼 평행이동하면 함수 $y=\cos x$의 그래프와 겹쳐진다.

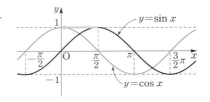

즉 임의의 실수 x에 대하여

$$\sin\left(\frac{\pi}{2}+x\right)=\cos x$$

위의 식에 x 대신 $-x$를 대입하면

$$\sin\left(\frac{\pi}{2}-x\right)=\cos(-x) \qquad \therefore \sin\left(\frac{\pi}{2}-x\right)=\cos x$$

또 함수 $y=\cos x$의 그래프를 x축의 방향으로 $-\dfrac{\pi}{2}$만큼 평행이동하면 함수 $y=-\sin x$의 그래프와 겹쳐진다.

즉 임의의 실수 x에 대하여

$$\cos\left(\frac{\pi}{2}+x\right)=-\sin x$$

위의 식에 x 대신 $-x$를 대입하면

$$\cos\left(\frac{\pi}{2}-x\right)=-\sin(-x) \qquad \therefore \cos\left(\frac{\pi}{2}-x\right)=\sin x$$

한편 $\tan\left(\dfrac{\pi}{2}+x\right)=\dfrac{\sin\left(\dfrac{\pi}{2}+x\right)}{\cos\left(\dfrac{\pi}{2}+x\right)}=\dfrac{\cos x}{-\sin x}$이므로

$$\tan\left(\frac{\pi}{2}+x\right)=-\frac{1}{\tan x}$$

위의 식에 x 대신 $-x$를 대입하면

$$\tan\left(\frac{\pi}{2}-x\right)=-\frac{1}{\tan(-x)} \qquad \therefore \tan\left(\frac{\pi}{2}-x\right)=\frac{1}{\tan x}$$

알아둡시다!

$\sin(2n\pi+x)=\sin x$
$\cos(2n\pi+x)=\cos x$
$\tan(2n\pi+x)=\tan x$
 (단, n은 정수이다.)

408 다음 삼각함수의 값을 구하시오.

(1) $\sin 750° = \sin(360° \times 2 + \boxed{}) = \sin\boxed{} = \boxed{}$

(2) $\cos 420°$

(3) $\tan \dfrac{7}{3}\pi$

$\sin(-x)=-\sin x$
$\cos(-x)=\cos x$
$\tan(-x)=-\tan x$

409 다음 삼각함수의 값을 구하시오.

(1) $\tan\left(-\dfrac{\pi}{6}\right) = -\tan\boxed{} = \boxed{}$

(2) $\sin\left(-\dfrac{\pi}{4}\right)$

(3) $\cos\left(-\dfrac{\pi}{3}\right)$

410 다음 삼각함수의 값을 구하시오.

(1) $\cos\dfrac{7}{6}\pi = \cos\left(\dfrac{\pi}{2}\times\boxed{} + \boxed{}\right) = -\cos\boxed{} = \boxed{}$

(2) $\sin 135° = \sin(90°\times\boxed{} + \boxed{}) = \cos\boxed{} = \boxed{}$

(3) $\tan 240°$

(4) $\cos\dfrac{23}{6}\pi$

411 오른쪽의 삼각함수표를 이용하여 다음 삼각함수의 값을 구하시오.

각	sin	cos	tan
49°	0.7547	0.6561	1.1504
50°	0.7660	0.6428	1.1918
51°	0.7771	0.6293	1.2349

(1) $\sin 769°$

(2) $\cos 1029°$

(3) $\tan(-410°)$

● 더 다양한 문제는 **RPM** 대수 82쪽

필수 10 **삼각함수의 값**

$\tan \dfrac{5}{4}\pi - \cos\left(-\dfrac{16}{3}\pi\right) + \sin \dfrac{9}{2}\pi$의 값을 구하시오.

풀이

$\tan \dfrac{5}{4}\pi = \tan\left(\pi + \dfrac{\pi}{4}\right) = \tan \dfrac{\pi}{4} = 1$

$\cos\left(-\dfrac{16}{3}\pi\right) = \cos \dfrac{16}{3}\pi = \cos\left(\dfrac{\pi}{2} \times 10 + \dfrac{\pi}{3}\right) = -\cos \dfrac{\pi}{3} = -\dfrac{1}{2}$

$\sin \dfrac{9}{2}\pi = \sin\left(2\pi \times 2 + \dfrac{\pi}{2}\right) = \sin \dfrac{\pi}{2} = 1$

$\therefore$ (주어진 식) $= 1 - \left(-\dfrac{1}{2}\right) + 1 = \dfrac{\mathbf{5}}{\mathbf{2}}$

● 더 다양한 문제는 **RPM** 대수 82쪽

필수 11 **여러 가지 각의 삼각함수**

다음을 간단히 하시오.

(1) $\dfrac{\sin\left(\dfrac{3}{2}\pi + \theta\right)}{\cos(\pi - \theta)\tan^2\left(\dfrac{\pi}{2} + \theta\right)} + \dfrac{\sin\left(\dfrac{3}{2}\pi - \theta\right)}{\sin\left(\dfrac{\pi}{2} + \theta\right)\cos^2 \theta}$

(2) $\sin^2\left(\dfrac{\pi}{2} - \theta\right) + \sin^2(\pi - \theta) + \sin^2\left(\dfrac{3}{2}\pi - \theta\right) + \sin^2(2\pi - \theta)$

풀이

(1) $\sin\left(\dfrac{3}{2}\pi + \theta\right) = -\cos\theta$, $\cos(\pi - \theta) = -\cos\theta$, $\tan\left(\dfrac{\pi}{2} + \theta\right) = -\dfrac{1}{\tan\theta}$,

$\sin\left(\dfrac{3}{2}\pi - \theta\right) = -\cos\theta$, $\sin\left(\dfrac{\pi}{2} + \theta\right) = \cos\theta$

$\therefore$ (주어진 식) $= \dfrac{-\cos\theta}{-\cos\theta \times \left(-\dfrac{1}{\tan\theta}\right)^2} + \dfrac{-\cos\theta}{\cos\theta\cos^2\theta} = \tan^2\theta - \dfrac{1}{\cos^2\theta}$

$= \dfrac{\sin^2\theta}{\cos^2\theta} - \dfrac{1}{\cos^2\theta} = -\dfrac{1 - \sin^2\theta}{\cos^2\theta} = -\dfrac{\cos^2\theta}{\cos^2\theta} = \mathbf{-1}$

(2) $\sin\left(\dfrac{\pi}{2} - \theta\right) = \cos\theta$, $\sin(\pi - \theta) = \sin\theta$, $\sin\left(\dfrac{3}{2}\pi - \theta\right) = -\cos\theta$, $\sin(2\pi - \theta) = -\sin\theta$

$\therefore$ (주어진 식) $= \cos^2\theta + \sin^2\theta + (-\cos\theta)^2 + (-\sin\theta)^2$

$= \cos^2\theta + \sin^2\theta + \cos^2\theta + \sin^2\theta$

$= 1 + 1 = \mathbf{2}$

● 정답 및 풀이 **95**쪽

412 $\sin\left(-\dfrac{17}{6}\pi\right) + \tan\left(-\dfrac{\pi}{4}\right) + \cos\left(-\dfrac{10}{3}\pi\right)$의 값을 구하시오.

413 $\cos(\pi + \theta) - \cos\left(\dfrac{\pi}{2} + \theta\right) + \cos(2\pi + \theta) - \cos\left(\dfrac{3}{2}\pi + \theta\right)$를 간단히 하시오.

필수 12 삼각함수의 값; 일정하게 증가하는 각

$\sin^2 1° + \sin^2 2° + \sin^2 3° + \cdots + \sin^2 89° + \sin^2 90°$의 값을 구하시오.

설명 각의 크기의 합이 $90°$인 것끼리 짝을 짓고, $\sin(90° - \theta) = \cos\theta$임을 이용한다.

풀이 $\sin(90° - \theta) = \cos\theta$이므로

$\sin 89° = \sin(90° - 1°) = \cos 1°$, $\sin 88° = \sin(90° - 2°) = \cos 2°$,

$\vdots$

$\sin 47° = \sin(90° - 43°) = \cos 43°$, $\sin 46° = \sin(90° - 44°) = \cos 44°$

$\therefore \sin^2 1° + \sin^2 2° + \sin^2 3° + \cdots + \sin^2 89° + \sin^2 90°$

$= (\sin^2 1° + \sin^2 89°) + (\sin^2 2° + \sin^2 88°) + (\sin^2 3° + \sin^2 87°) + \cdots$

$\qquad + (\sin^2 44° + \sin^2 46°) + \sin^2 45° + \sin^2 90°$

$= (\sin^2 1° + \cos^2 1°) + (\sin^2 2° + \cos^2 2°) + (\sin^2 3° + \cos^2 3°) + \cdots$

$\qquad + (\sin^2 44° + \cos^2 44°) + \sin^2 45° + \sin^2 90°$

$= \underbrace{1 + 1 + \cdots + 1}_{44개} + \dfrac{1}{2} + 1 = \dfrac{91}{2}$

KEY Point

• 일정하게 증가하는 각의 삼각함수

⇨ 각의 크기의 합이 $\dfrac{\pi}{2}$인 것끼리 짝을 짓는다.

⇨ $A + B = \dfrac{\pi}{2}$일 때

① $\sin^2 A + \sin^2 B = \sin^2 A + \sin^2\left(\dfrac{\pi}{2} - A\right) = \sin^2 A + \cos^2 A = 1$

② $\tan A \times \tan B = \tan A \times \tan\left(\dfrac{\pi}{2} - A\right) = \tan A \times \dfrac{1}{\tan A} = 1$

● 정답 및 풀이 **96**쪽

 414 다음 식의 값을 구하시오.

(1) $\cos^2 0° + \cos^2 5° + \cos^2 10° + \cdots + \cos^2 85° + \cos^2 90°$

(2) $\tan 1° \times \tan 2° \times \tan 3° \times \cdots \times \tan 88° \times \tan 89°$

415 $\theta = \dfrac{\pi}{12}$일 때, $\cos\theta + \cos 2\theta + \cos 3\theta + \cdots + \cos 12\theta$의 값을 구하시오.

STEP 1

416 양수 a에 대하여 함수 $f(x)=\sin\left(ax+\dfrac{\pi}{6}\right)$의 주기가 4π일 때, $f(\pi)$

의 값은?

① 0 ② $\dfrac{1}{2}$ ③ $\dfrac{\sqrt{2}}{2}$ ④ $\dfrac{\sqrt{3}}{2}$ ⑤ 1

> 생각해 봅시다! 💡
>
> $y=a\sin(bx+c)+d$
> ⇨ 주기: $\dfrac{2\pi}{|b|}$

417 다음 중 함수 $y=\cos\dfrac{x}{2}$의 그래프를 x축의 방향으로 π만큼 평행이동

한 후 x축에 대하여 대칭이동한 그래프의 식은?

① $y=\cos\dfrac{x}{2}$ ② $y=-\cos\dfrac{x}{2}$ ③ $y=\sin\dfrac{x}{2}$

④ $y=-\sin\dfrac{x}{2}$ ⑤ $y=\sin\dfrac{x-1}{2}$

418 삼각형 ABC의 세 내각의 크기를 각각 A, B, C라 할 때, 다음 중 옳

지 <u>않은</u> 것은?

① $\tan\dfrac{A+B}{2}=\dfrac{1}{\tan\dfrac{C}{2}}$ ② $\sin\dfrac{A}{2}=\cos\dfrac{B+C}{2}$

③ $\cos A=\cos(B+C)$ ④ $\sin A=\sin(B+C)$

⑤ $\cos\dfrac{A}{2}=\sin\dfrac{B+C}{2}$

> 삼각형 ABC에서
> $A+B+C=\pi$

419 $\dfrac{\cos(\pi+\theta)}{\sin\left(\dfrac{3}{2}\pi+\theta\right)\cos^{2}(\pi-\theta)}+\dfrac{\sin(\pi+\theta)\tan^{2}(\pi-\theta)}{\cos\left(\dfrac{3}{2}\pi+\theta\right)}$ 를 간단히

하시오.

> $\dfrac{\pi}{2}\times n\pm\theta$의 꼴의 삼각함수
>
> (i) $\begin{cases} n\text{이 짝수 ⇨ 그대로} \\ n\text{이 홀수 ⇨ 바꾼다.} \end{cases}$
> (ii) θ를 예각으로 생각하여
> 원래 주어진 삼각함수의
> 부호를 붙인다.

STEP 2

420 함수 $f(x)=\sin 2x+3\cos^{2}x+\tan\dfrac{x}{2}$의 주기를 p라 할 때,

$f\left(\dfrac{2}{3}\pi-p\right)$의 값을 구하시오.

연습 문제

생각해 봅시다! 💡

421 다음 함수의 그래프 중 $y=\sin 2x$의 그래프를 평행이동하여 겹쳐지지 않는 것은?

① $y=\sin(2x-\pi)$ ② $y=\cos\left(2x-\dfrac{\pi}{2}\right)+1$

③ $y=2\sin 2x$ ④ $y=\sin 2x+2$

⑤ $y=-\sin(2x+\pi)-1$

422 삼각형 ABC의 세 내각의 크기를 각각 A, B, C라 할 때,

$$2\sin\frac{A-B+C}{2}=\cos A\cos(\pi-A)+\sin A\sin(\pi+A)$$

가 성립한다. $\cos B$의 값을 구하시오.

423 보기에서 옳은 것만을 있는 대로 고르시오.

$\sin^2\theta+\sin^2\left(\dfrac{\pi}{2}-\theta\right)$
$=\sin^2\theta+\cos^2\theta$
$=1$

　　보기

ㄱ. $\sin^2 10°+\sin^2 20°+\cdots+\sin^2 80°+\sin^2 90°=5$

ㄴ. $\cos 10°+\cos 20°+\cdots+\cos 170°+\cos 180°=0$

ㄷ. $\tan 5°\times\tan 10°\times\tan 15°\times\cdots\times\tan 80°\times\tan 85°=1$

실력 UP⁺

424 직선 $y=-\dfrac{3}{2}x$ 위의 점 $\mathrm{P}(a,\,b)\,(a<0)$에 대하여 선분 OP가 x축의 양의 방향과 이루는 각의 크기를 θ라 할 때,

$$\sin(\pi-\theta)\cos(3\pi+\theta)+\sin\left(\frac{3}{2}\pi-\theta\right)\cos\left(\frac{5}{2}\pi-\theta\right)$$

의 값을 구하시오. (단, O는 원점이다.)

425 오른쪽 그림과 같이 좌표평면 위에 있는 단위원을 8등분하는 각 점을 차례대로 P_1, P_2, $\cdots$, P_8이라 하자. $\angle \mathrm{P}_1\mathrm{OP}_2=\theta$라 할 때,

$$\sin\theta+\sin 2\theta+\cdots+\sin 8\theta$$

의 값을 구하시오.

$\sin(\pi+\theta)=-\sin\theta$

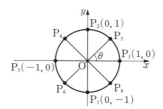

03 삼각함수를 포함한 식의 최대·최소

1 일차식의 꼴인 경우 ⟳ 필수 13

(1) **두 종류의 삼각함수를 포함하는 일차식의 꼴인 경우**

　(i) 삼각함수의 성질 등을 이용하여 한 종류의 삼각함수로 통일한다.

　(ii) 삼각함수의 최댓값, 최솟값을 구한다.

(2) **절댓값 기호를 포함하는 일차식의 꼴인 경우**

　(i) 삼각함수를 t로 치환한다.

　(ii) t의 값의 범위를 구한다.

　(iii) t에 대한 함수의 그래프를 그려서 t의 값의 범위에서 최댓값, 최솟값을 구한다.

▶ x의 값의 범위에 대한 특별한 언급이 없는 경우에는 $\sin x = t$ 또는 $\cos x = t$로 놓으면 t의 값의 범위는 $-1 \le t \le 1$이다.

보기 ▶ $y = |\cos x + 2| - 3$에서 $\cos x = t$로 놓으면 $-1 \le t \le 1$이고

　　　$y = |t + 2| - 3$

　(i) $t \ge -2$일 때,　$y = t + 2 - 3 = t - 1$

　(ii) $t < -2$일 때,　$y = -(t+2) - 3 = -t - 5$

　(i), (ii)에서 함수 $y = |t+2| - 3$의 그래프는 오른쪽 그림과 같으므로

　　　$t = 1$에서 최댓값 0,

　　　$t = -1$에서 최솟값 -2

　를 갖는다.

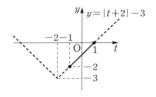

2 이차식의 꼴인 경우 ⟳ 필수 14

(i) $\sin^2 x + \cos^2 x = 1$임을 이용하여 주어진 식을 한 종류의 삼각함수로 통일한다.

(ii) $\sin x$ 또는 $\cos x$를 t로 치환한다.

(iii) t의 값의 범위를 구한다.

(iv) t의 값의 범위에서 최댓값, 최솟값을 구한다.

3 분수식의 꼴인 경우 ⟳ 필수 14

(i) 삼각함수를 t로 치환하여 t에 대한 유리함수를 세운다.

(ii) t의 값의 범위를 구한다.

(iii) t의 값의 범위에서 최댓값, 최솟값을 구한다.

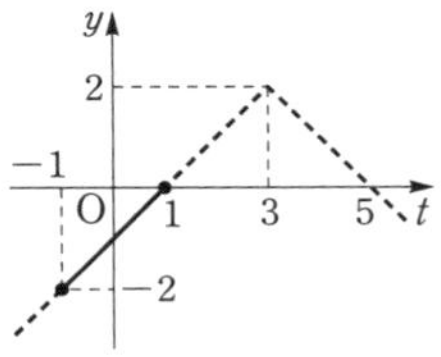

알아둡시다!

절댓값 기호를 포함하는 일차
식의 꼴의 최대·최소
(ⅰ) 삼각함수를 t로 치환한다.
(ⅱ) t의 값의 범위를 구한다.
(ⅲ) t에 대한 함수의 그래프를
    그려서 t의 값의 범위에
    서 최댓값, 최솟값을 구한
    다.

426 다음은 함수 $y=|\sin x-2|+1$의 최댓값과 최솟값을 구하는 과정이다. □ 안에 알맞은 것을 써넣으시오.

$\sin x=t$로 놓으면　　$y=\boxed{}$　　······ ㉠

이고　$\boxed{}\leq t\leq\boxed{}$　　······ ㉡

㉠에서

　　$t\geq2$일 때, $y=\boxed{}$

　　$t<2$일 때, $y=\boxed{}$

㉡의 범위에서 ㉠의 그래프를 그리면 오른
쪽 그림과 같으므로

　　$t=\boxed{}$에서 최댓값 $\boxed{}$,

　　$t=\boxed{}$에서 최솟값 $\boxed{}$

를 갖는다.

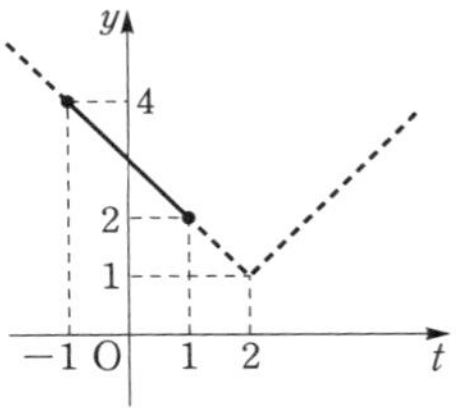

427 다음은 함수 $y=-|\cos x-3|+2$의 최댓값과 최솟값을 구하는 과정이다. □ 안에 알맞은 것을 써넣으시오.

$\cos x=t$로 놓으면　　$y=\boxed{}$　　······ ㉠

이고　$\boxed{}\leq t\leq\boxed{}$　　······ ㉡

㉠에서

　　$t\geq3$일 때, $y=\boxed{}$

　　$t<3$일 때, $y=\boxed{}$

㉡의 범위에서 ㉠의 그래프를 그리면 오른쪽
그림과 같으므로

　　$t=\boxed{}$에서 최댓값 $\boxed{}$,

　　$t=\boxed{}$에서 최솟값 $\boxed{}$

를 갖는다.

• 더 다양한 문제는 **RPM** 대수 84쪽

 필수 13 삼각함수를 포함한 함수의 최대·최소; 일차식의 꼴

다음 함수의 최댓값과 최솟값을 구하시오.

(1) $y=2\sin x-\cos\left(x-\dfrac{\pi}{2}\right)+4$ (2) $y=|\sin x-1|-2$

풀이　(1) $\cos\left(x-\dfrac{\pi}{2}\right)=\cos\left\{-\left(\dfrac{\pi}{2}-x\right)\right\}=\cos\left(\dfrac{\pi}{2}-x\right)=\sin x$이므로

$$y=2\sin x-\cos\left(x-\dfrac{\pi}{2}\right)+4$$
$$=2\sin x-\sin x+4$$
$$=\sin x+4$$

이때 $-1\le\sin x\le1$이므로　　$3\le\sin x+4\le5$

따라서 주어진 함수의 **최댓값**은 **5**, **최솟값**은 **3**이다.

(2) $\sin x=t$로 놓으면　　$-1\le t\le1$

주어진 함수는 $y=|t-1|-2$이므로

$\quad t\ge1$일 때, $y=t-3$

$\quad t<1$일 때, $y=-t-1$

따라서 이 함수의 그래프는 오른쪽 그림과 같으므로

$\quad t=-1$에서 **최댓값 0**,

$\quad t=1$에서 **최솟값 -2**

를 갖는다.

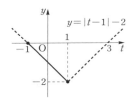

다른 풀이　(2) $-1\le\sin x\le1$이므로　　$-2\le\sin x-1\le0$

$\quad 0\le|\sin x-1|\le2$　　$\therefore\ -2\le|\sin x-1|-2\le0$

따라서 최댓값은 0, 최솟값은 -2이다.

 KEY Point

• 두 종류 이상의 삼각함수를 포함하는 일차식의 꼴의 최대·최소

　⇨ 삼각함수의 성질 등을 이용하여 한 종류의 삼각함수로 통일한 후 최댓값, 최솟값을 구한다.

• 절댓값 기호를 포함하는 일차식의 꼴의 삼각함수의 최대·최소

　⇨ 삼각함수를 t로 치환하고 그래프를 그려서 t의 값의 범위에서 최댓값, 최솟값을 구한다.

• 정답 및 풀이 **100**쪽

 428 다음 함수의 최댓값과 최솟값을 구하시오.

(1) $y=3\cos(x+\pi)-\sin\left(x-\dfrac{\pi}{2}\right)-3$　　(2) $y=|2-3\cos x|+1$

429 함수 $y=a|\sin2x+2|+b$의 최댓값이 4, 최솟값이 2일 때, 상수 a, b에 대하여 ab의 값을 구하시오. (단, $a>0$)

14 **삼각함수를 포함한 함수의 최대·최소; 이차식, 분수식의 꼴**

다음 함수의 최댓값과 최솟값을 구하시오.

(1) $y = 2\sin^2 x + 4\cos x + 1$ (2) $y = \dfrac{-2\sin x + 5}{\sin x + 2}$

 (1) $\sin^2 x + \cos^2 x = 1$임을 이용하여 주어진 식을 한 종류의 삼각함수로 통일한다.

(2) $\sin x = t$로 치환하여 t의 값의 범위에서 최댓값, 최솟값을 구한다.

풀이 (1) $y = 2\sin^2 x + 4\cos x + 1$

$\qquad = 2(1 - \cos^2 x) + 4\cos x + 1$

$\qquad = -2\cos^2 x + 4\cos x + 3$

$\cos x = t$로 놓으면 $-1 \le t \le 1$이고

$\qquad y = -2t^2 + 4t + 3 = -2(t-1)^2 + 5$

$-1 \le t \le 1$일 때, 이 함수는

$\qquad t = 1$에서 **최댓값 5**,

$\qquad t = -1$에서 **최솟값 -3**

을 갖는다.

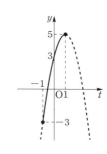

(2) $\sin x = t$로 놓으면 $-1 \le t \le 1$이고

$\qquad y = \dfrac{-2t + 5}{t + 2} = \dfrac{-2(t+2) + 9}{t + 2} = \dfrac{9}{t + 2} - 2$

$-1 \le t \le 1$일 때, 이 함수는

$\qquad t = -1$에서 **최댓값 7**,

$\qquad t = 1$에서 **최솟값 1**

을 갖는다.

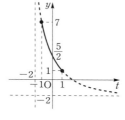

다른 풀이 (2) $y = \dfrac{-2\sin x + 5}{\sin x + 2}$를 $\sin x$에 대하여 풀면 $\quad \sin x = \dfrac{5 - 2y}{y + 2}$

그런데 $-1 \le \sin x \le 1$이므로 $\quad -1 \le \dfrac{5 - 2y}{y + 2} \le 1$

$\qquad -1 \le -2 + \dfrac{9}{y + 2} \le 1, \qquad 1 \le \dfrac{9}{y + 2} \le 3, \qquad \dfrac{1}{3} \le \dfrac{y + 2}{9} \le 1$

$\qquad 3 \le y + 2 \le 9 \qquad \therefore 1 \le y \le 7$

● 정답 및 풀이 **100**쪽

 430 다음 함수의 최댓값과 최솟값을 구하시오.

(1) $y = -\cos^2 x + 2\sin x + 1$

(2) $y = \dfrac{2\sin x}{\sin x + 2}$

(3) $y = \sin\left(x + \dfrac{\pi}{2}\right) - \cos^2(x + \pi)$

개념원리 이해

04 삼각함수가 포함된 방정식과 부등식

❶ 삼각함수가 포함된 방정식 ⟲ 필수 15, 16

$\cos x = \dfrac{1}{2}$, $\sqrt{3}\tan x - 1 = 0$과 같이 각의 크기에 미지수가 있는 삼각함수가 포함된 방정식은 다음과 같은 순서로 푼다.

> (i) 주어진 방정식을 $\sin x = k$ (또는 $\cos x = k$ 또는 $\tan x = k$)의 꼴로 고친다.
> (ii) $y = \sin x$ (또는 $y = \cos x$ 또는 $y = \tan x$)의 그래프와 직선 $y = k$를 그린다.
> (iii) 주어진 범위에서 삼각함수의 그래프와 직선의 교점의 x좌표를 찾아 방정식의 해를 구한다.

▶ ① 각의 크기에 미지수가 있는 삼각함수가 포함된 방정식을 삼각방정식이라 한다.
　② 방정식 $f(x) = g(x)$의 실근은 두 함수 $y = f(x)$, $y = g(x)$의 그래프의 교점의 x좌표와 같다.
　③ $a\sin(bx+c) = d$의 꼴의 방정식은 $\sin t = k$의 꼴로 변형하고, 두 종류 이상의 삼각함수를 포함한 방정식은 한 종류의 삼각함수로 통일한 후 위의 풀이 방법을 이용한다.

예제 ▶ $0 \le x < 2\pi$일 때, 방정식 $\sin x = \dfrac{\sqrt{3}}{2}$의 해를 구하시오.

풀이　오른쪽 그림에서 함수 $y = \sin x$의 그래프와 직선 $y = \dfrac{\sqrt{3}}{2}$의 교

점의 x좌표는 $\dfrac{\pi}{3}$, $\dfrac{2}{3}\pi$이므로 구하는 해는

$$x = \dfrac{\pi}{3} \ \text{또는} \ x = \dfrac{2}{3}\pi$$

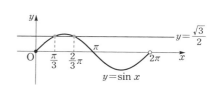

❷ 삼각함수가 포함된 부등식 ⟲ 필수 17, 18

$\sin x > \dfrac{1}{2}$, $2\cos x + \sqrt{3} \le 0$과 같이 각의 크기에 미지수가 있는 삼각함수가 포함된 부등식은 다음과 같은 순서로 푼다.

> (i) 주어진 부등식의 부등호를 등호로 바꾸어 방정식의 해를 구한다.
> (ii) 삼각함수의 그래프를 이용하여 주어진 부등식을 만족시키는 미지수의 값의 범위를 구한다.

▶ ① 각의 크기에 미지수가 있는 삼각함수가 포함된 부등식을 삼각부등식이라 한다.
　② 부등식 $f(x) > g(x)$의 해는 함수 $y = f(x)$의 그래프가 함수 $y = g(x)$의 그래프보다 위쪽에 있는 x의 값의 범위이다.

설명　① $\sin x > k$ (또는 $\cos x > k$ 또는 $\tan x > k$)의 꼴
　　　⇨ $y = \sin x$ (또는 $y = \cos x$ 또는 $y = \tan x$)의 그래프와 직선 $y = k$의 교점의 x좌표를 이용하여 삼각함수의 그래프가 직선 $y = k$보다 위쪽에 있는 x의 값의 범위를 구한다.
　　② $\sin x < k$ (또는 $\cos x < k$ 또는 $\tan x < k$)의 꼴
　　　⇨ $y = \sin x$ (또는 $y = \cos x$ 또는 $y = \tan x$)의 그래프와 직선 $y = k$의 교점의 x좌표를 이용하여 삼각함수의 그래프가 직선 $y = k$보다 아래쪽에 있는 x의 값의 범위를 구한다.

예제 ▶ $0 \leq x < 2\pi$일 때, 부등식 $\cos x < \dfrac{1}{2}$의 해를 구하시오.

풀이 주어진 부등식의 해는 오른쪽 그림에서 함수 $y = \cos x$의 그래프가 직선

$y = \dfrac{1}{2}$보다 아래쪽에 있는 x의 값의 범위이므로

$\dfrac{\pi}{3} < x < \dfrac{5}{3}\pi$

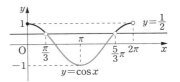

보충 학습

단위원을 이용하여 삼각함수가 포함된 방정식 풀기

삼각함수가 포함된 방정식의 해는 삼각함수의 그래프를 이용하여 구하는 방법 외에 단위원에 주어진 조건에 맞는 동경을 나타내어 구하는 방법도 있다.

(1) $\sin x = k$의 꼴

[그림 1]과 같이 직선 $y = k$와 단위원의 교점 P, Q에 대하여 두 동경 OP, OQ가 나타내는 각 α, β가 방정식의 해이다.

(2) $\cos x = k$의 꼴

[그림 2]와 같이 직선 $x = k$와 단위원의 교점 P, Q에 대하여 두 동경 OP, OQ가 나타내는 각 α, β가 방정식의 해이다.

(3) $\tan x = k$의 꼴

[그림 3]과 같이 두 점 $(0, 0)$, $(1, k)$를 지나는 직선과 단위원의 교점 P, Q에 대하여 두 동경 OP, OQ가 나타내는 각 α, β가 방정식의 해이다.

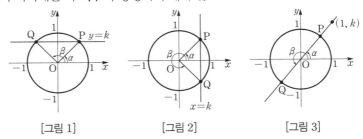

[그림 1]　　　　[그림 2]　　　　[그림 3]

참고 단위원을 이용하여 삼각함수가 포함된 방정식의 해를 구하는 것과 마찬가지로 단위원을 이용하여 삼각함수가 포함된 부등식의 해를 구할 수도 있다.

특강 삼각함수의 주기와 그래프의 대칭성

1 삼각함수의 주기와 그래프의 대칭성

삼각함수가 포함된 방정식과 부등식을 풀 때, 삼각함수의 주기와 그래프의 대칭성을 이용하면 편리하다.

예를 들어 $0 \le x \le 3\pi$일 때, 방정식 $\sin x = k \ (0 < k < 1)$의 해를 구해 보자.

오른쪽 그림과 같이 함수 $y = \sin x$의 그래프와 직선 $y = k$의 교점의 x좌표를 작은 것부터 순서대로 a, b, c, d라 하면 함수 $y = \sin x$의 그래프는 직선 $x = \dfrac{\pi}{2}$에 대하여 대칭이므로

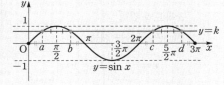

$$\frac{a+b}{2} = \frac{\pi}{2} \qquad \therefore \ b = \pi - a$$

함수 $y = \sin x$는 주기가 2π인 주기함수이므로

$$c = 2\pi + a \qquad \cdots\cdots \ ㉠$$

또 함수 $y = \sin x$의 그래프는 직선 $x = \dfrac{5}{2}\pi$에 대하여 대칭이므로

$$\frac{c+d}{2} = \frac{5}{2}\pi \qquad \therefore \ d = 5\pi - c = 3\pi - a \ (\because \ ㉠)$$

따라서 $0 \le x \le 3\pi$에서 방정식 $\sin x = k$의 해는

$$x = a \text{ 또는 } x = \pi - a \text{ 또는 } x = 2\pi + a \text{ 또는 } x = 3\pi - a$$

예제 ▶ 오른쪽 그림과 같이 $0 \le x \le 3\pi$에서 함수 $y = \sin x$의 그래프와 두 직선 $y = \dfrac{2}{3}$, $y = -\dfrac{2}{3}$의 교점의 x좌표를 작은 것부터 순서대로 a, b, c, d, e, f라 할 때, $\cos(a+b+c+d+e+f)$의 값을 구하시오.

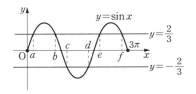

풀이 두 점 $(a, 0)$, $(b, 0)$은 직선 $x = \dfrac{\pi}{2}$에 대하여 대칭이므로

$$\frac{a+b}{2} = \frac{\pi}{2} \qquad \therefore \ a+b = \pi$$

두 점 $(c, 0)$, $(d, 0)$은 직선 $x = \dfrac{3}{2}\pi$에 대하여 대칭이므로

$$\frac{c+d}{2} = \frac{3}{2}\pi \qquad \therefore \ c+d = 3\pi$$

두 점 $(e, 0)$, $(f, 0)$은 직선 $x = \dfrac{5}{2}\pi$에 대하여 대칭이므로

$$\frac{e+f}{2} = \frac{5}{2}\pi \qquad \therefore \ e+f = 5\pi$$

따라서 $a+b+c+d+e+f = \pi + 3\pi + 5\pi = 9\pi$이므로

$$\cos(a+b+c+d+e+f) = \cos 9\pi = \cos(2\pi \times 4 + \pi) = \cos \pi = -1$$

개념원리 익히기

알아둡시다!

삼각함수가 포함된 방정식
⇨ 삼각함수의 그래프와 직선
의 교점의 x좌표를 구한다.

431 다음은 방정식 $\cos x = \dfrac{1}{2}$ 의 해를 구하는 과정이다. ☐ 안에 알맞은 것을 써넣으시오. (단, $0 \le x < 2\pi$)

주어진 방정식의 해는 함수 $y = \cos x \ (0 \le x < 2\pi)$ 의 그래프와 직선 $y = \dfrac{1}{2}$ 의 교점의 x좌표와 같다.

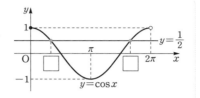

따라서 구하는 해는

$$x = \boxed{} \text{ 또는 } x = \boxed{}$$

432 다음 방정식을 푸시오. (단, $0 \le x \le 2\pi$)

(1) $\sin x = \dfrac{1}{2}$ 　　(2) $\cos x = -\dfrac{1}{2}$ 　　(3) $\tan x = \sqrt{3}$

삼각함수가 포함된 부등식
⇨ 삼각함수의 그래프를 그려
서 부등식을 만족시키는
x의 값의 범위를 구한다.

433 다음은 부등식 $\tan x \ge 1$의 해를 구하는 과정이다. ☐ 안에 알맞은 것을 써넣으시오. (단, $0 \le x < 2\pi$)

$0 \le x < 2\pi$에서 함수 $y = \tan x$의 그래프와 직선 $y = 1$의 교점의 x좌표는 $\boxed{}$, $\boxed{}$ 이므로 구하는 해는

$$\boxed{} \text{ 또는 } \boxed{}$$

434 다음 부등식을 푸시오. (단, $0 \le x < 2\pi$)

(1) $\sin x > \dfrac{\sqrt{2}}{2}$ 　　(2) $2\cos x > -\sqrt{3}$ 　　(3) $\sqrt{3} \tan x + 1 \le 0$

● 더 다양한 문제는 **RPM** 대수 85쪽

필수 15 **삼각함수가 포함된 방정식; 일차식의 꼴**

다음 방정식을 푸시오.

(1) $2\sin x = -\sqrt{3}$ $(0 \le x < 2\pi)$

(2) $2\cos\left(2x + \dfrac{\pi}{3}\right) = \sqrt{3}$ $(0 \le x < \pi)$

풀이 (1) $2\sin x = -\sqrt{3}$에서 $\sin x = -\dfrac{\sqrt{3}}{2}$

오른쪽 그림에서 $y = \sin x$의 그래프와 직선 $y = -\dfrac{\sqrt{3}}{2}$의 교점

의 x좌표는 $\dfrac{4}{3}\pi$, $\dfrac{5}{3}\pi$이므로 주어진 방정식의 해는

$$x = \frac{4}{3}\pi \text{ 또는 } x = \frac{5}{3}\pi$$

(2) $2\cos\left(2x + \dfrac{\pi}{3}\right) = \sqrt{3}$에서 $\cos\left(2x + \dfrac{\pi}{3}\right) = \dfrac{\sqrt{3}}{2}$

$2x + \dfrac{\pi}{3} = t$로 놓으면 $\cos t = \dfrac{\sqrt{3}}{2}$

한편 $0 \le x < \pi$에서 $0 \le 2x < 2\pi$

$$\dfrac{\pi}{3} \le 2x + \dfrac{\pi}{3} < \dfrac{7}{3}\pi \qquad \therefore \dfrac{\pi}{3} \le t < \dfrac{7}{3}\pi \quad \cdots\cdots \text{㉠}$$

㉠의 범위에서 함수 $y = \cos t$의 그래프와 직선

$y = \dfrac{\sqrt{3}}{2}$의 교점의 t좌표는 $\dfrac{11}{6}\pi$, $\dfrac{13}{6}\pi$이므로

$$2x + \frac{\pi}{3} = \frac{11}{6}\pi \text{ 또는 } 2x + \frac{\pi}{3} = \frac{13}{6}\pi$$

$$\therefore x = \frac{3}{4}\pi \text{ 또는 } x = \frac{11}{12}\pi$$

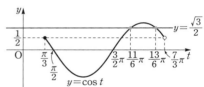

● 정답 및 풀이 **102**쪽

435 다음 방정식을 푸시오.

(1) $\cos 2x = \dfrac{\sqrt{2}}{2}$ $(0 \le x < \pi)$ (2) $\tan\left(x + \dfrac{\pi}{4}\right) = \sqrt{3}$ $(-\pi \le x < \pi)$

(3) $2\sin\left(x - \dfrac{\pi}{3}\right) = \sqrt{3}$ $(0 \le x < 2\pi)$

436 방정식 $\sin\left(\dfrac{\pi}{2} + x\right) - \cos(\pi - x) = -\sqrt{2}$의 두 실근의 차를 구하시오. (단, $0 \le x < 2\pi$)

• 더 다양한 문제는 **RPM** 대수 86쪽

 16 **삼각함수가 포함된 방정식; 이차식의 꼴**

$0 \le x \le 2\pi$일 때, 방정식 $2\cos^2 x + \sin x = 1$의 해를 구하시오.

설명 한 종류의 삼각함수로 통일한 다음 방정식을 푼다.

풀이 $2\cos^2 x + \sin x = 1$에서

$$2(1 - \sin^2 x) + \sin x = 1$$
$$2\sin^2 x - \sin x - 1 = 0$$
$$(2\sin x + 1)(\sin x - 1) = 0$$
$$\therefore \sin x = -\frac{1}{2} \text{ 또는 } \sin x = 1$$

(ⅰ) $\sin x = -\frac{1}{2}$일 때, $x = \frac{7}{6}\pi$ 또는 $x = \frac{11}{6}\pi$

(ⅱ) $\sin x = 1$일 때, $x = \frac{\pi}{2}$

(ⅰ), (ⅱ)에서 주어진 방정식의 해는 $x = \frac{\pi}{2}$ 또는 $x = \frac{7}{6}\pi$ 또는 $x = \frac{11}{6}\pi$

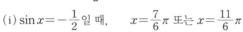
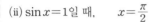
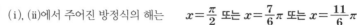

KEY Point

- **이차식의 꼴의 삼각함수가 포함된 방정식**
  ⇨ $\sin^2 x + \cos^2 x = 1$임을 이용하여 한 종류의 삼각함수로 통일한다.

• 정답 및 풀이 **103**쪽

 437 다음 방정식을 푸시오.

(1) $\cos^2 x - \cos x - 2 = 0 \ (0 \le x < 2\pi)$

(2) $2\sin^2 x - \cos x - 1 = 0 \ (0 \le x < 2\pi)$

(3) $\tan x + \dfrac{3}{\tan x} = 2\sqrt{3} \left(0 < x < \dfrac{\pi}{2}\right)$

 438 $0 < x < 2\pi$일 때, 방정식 $2\cos^2 x + \sin(\pi + x) - 2 = 0$의 해 중 최댓값을 M, 최솟값을 m이라 하자. $M + m$의 값을 구하시오.

Ⅱ-2

삼각함수의 그래프

필수 17 삼각함수가 포함된 부등식; 일차식의 꼴

다음 부등식을 푸시오. (단, $0 \leq x < \pi$)

(1) $\sin\left(x - \dfrac{\pi}{3}\right) \geq \dfrac{\sqrt{3}}{2}$

(2) $\tan\left(x + \dfrac{\pi}{3}\right) < 1$

풀이

(1) $x - \dfrac{\pi}{3} = t$로 놓으면 $\quad \sin t \geq \dfrac{\sqrt{3}}{2}$

한편 $0 \leq x < \pi$에서 $\quad -\dfrac{\pi}{3} \leq x - \dfrac{\pi}{3} < \dfrac{2}{3}\pi \quad \therefore -\dfrac{\pi}{3} \leq t < \dfrac{2}{3}\pi$

$-\dfrac{\pi}{3} \leq t < \dfrac{2}{3}\pi$에서 $\sin t \geq \dfrac{\sqrt{3}}{2}$의 해는

$\dfrac{\pi}{3} \leq t < \dfrac{2}{3}\pi$

따라서 $\dfrac{\pi}{3} \leq x - \dfrac{\pi}{3} < \dfrac{2}{3}\pi$이므로

$\dfrac{2}{3}\pi \leq x < \pi$

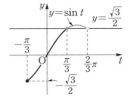

(2) $x + \dfrac{\pi}{3} = t$로 놓으면 $\quad \tan t < 1$

한편 $0 \leq x < \pi$에서 $\quad \dfrac{\pi}{3} \leq x + \dfrac{\pi}{3} < \dfrac{4}{3}\pi \quad \therefore \dfrac{\pi}{3} \leq t < \dfrac{4}{3}\pi$

$\dfrac{\pi}{3} \leq t < \dfrac{4}{3}\pi$에서 $\tan t < 1$의 해는 $\quad \dfrac{\pi}{2} < t < \dfrac{5}{4}\pi$

따라서 $\dfrac{\pi}{2} < x + \dfrac{\pi}{3} < \dfrac{5}{4}\pi$이므로

$\dfrac{\pi}{6} < x < \dfrac{11}{12}\pi$

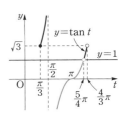

• $\sin(ax + b) < k$의 꼴의 부등식

⇨ $ax + b = t$로 치환한 후 부등식 $\sin t < k$를 푼다. 이때 t의 값의 범위에 유의한다.

● 정답 및 풀이 **104**쪽

439 다음 부등식을 푸시오. (단, $0 \leq x < 2\pi$)

(1) $\sin x < \cos x$

(2) $\cos\left(x - \dfrac{\pi}{6}\right) \leq -\dfrac{1}{2}$

• 더 다양한 문제는 **RPM** 대수 **88쪽**

필수 18 삼각함수가 포함된 부등식; 이차식의 꼴

다음 부등식을 푸시오.

(1) $2\cos^2 x - 3\sin x < 0$ $(0 \le x < 2\pi)$

(2) $2\cos^2\left(x - \dfrac{\pi}{2}\right) + \cos x - 2 > 0$ $(0 \le x \le \pi)$

풀이

(1) $2\cos^2 x - 3\sin x < 0$에서　　$2(1 - \sin^2 x) - 3\sin x < 0$

$2\sin^2 x + 3\sin x - 2 > 0$　　∴ $(2\sin x - 1)(\sin x + 2) > 0$

그런데 $\sin x + 2 > 0$이므로

$2\sin x - 1 > 0$　　∴ $\sin x > \dfrac{1}{2}$

따라서 오른쪽 그림에서 주어진 부등식의 해는

$$\dfrac{\pi}{6} < x < \dfrac{5}{6}\pi$$

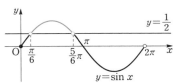

(2) $2\cos^2\left(x - \dfrac{\pi}{2}\right) + \cos x - 2 > 0$에서

$2\sin^2 x + \cos x - 2 > 0$

$2(1 - \cos^2 x) + \cos x - 2 > 0$

$2\cos^2 x - \cos x < 0$,　　$\cos x(2\cos x - 1) < 0$

∴ $0 < \cos x < \dfrac{1}{2}$

따라서 오른쪽 그림에서 주어진 부등식의 해는

$$\dfrac{\pi}{3} < x < \dfrac{\pi}{2}$$

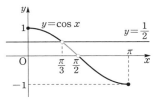

 KEY Point

• 이차식의 꼴의 삼각함수가 포함된 부등식
  ⇨ $\sin^2 x + \cos^2 x = 1$임을 이용하여 한 종류의 삼각함수로 통일한 후 인수분해를 이용하여 부등식의 해를 구한다.

• 정답 및 풀이 **104쪽**

 440 다음 부등식을 푸시오.

(1) $2\sin^2\left(x + \dfrac{3}{2}\pi\right) + 3\sin x - 3 \ge 0$ $(0 \le x < \pi)$

(2) $2\cos x > 3\tan x$ $\left(-\dfrac{\pi}{2} < x < \dfrac{\pi}{2}\right)$

(3) $\tan^2 x + (\sqrt{3} + 1)\tan x > -\sqrt{3}$ $(0 \le x < \pi)$

● 더 다양한 문제는 **RPM** 대수 88쪽

필수 19 **삼각함수가 포함된 부등식의 활용**

다음 물음에 답하시오.

(1) x에 대한 이차방정식 $x^2+2x+2\cos\theta=0$이 허근을 갖도록 하는 θ의 값의 범위를 구하시오. (단, $0\leq\theta\leq\pi$)

(2) 모든 실수 x에 대하여 부등식 $\sqrt{2}x^2+4x\sin\theta-3\sqrt{2}\cos\theta>0$이 성립하도록 하는 θ의 값의 범위를 구하시오. (단, $0\leq\theta\leq2\pi$)

풀이 (1) $x^2+2x+2\cos\theta=0$의 판별식을 D라 하면

$$\frac{D}{4}=1^2-2\cos\theta<0 \qquad \therefore \cos\theta>\frac{1}{2}$$

따라서 오른쪽 그림에서 구하는 θ의 값의 범위는

$$0\leq\theta<\frac{\pi}{3}$$

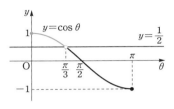

(2) 모든 실수 x에 대하여 $\sqrt{2}x^2+(4\sin\theta)x-3\sqrt{2}\cos\theta>0$이 성립하려면 이차방정식

$$\sqrt{2}x^2+(4\sin\theta)x-3\sqrt{2}\cos\theta=0$$의 판별식을 D라 할 때

$$\frac{D}{4}=(2\sin\theta)^2-\sqrt{2}\times(-3\sqrt{2}\cos\theta)<0$$

$$2\sin^2\theta+3\cos\theta<0, \qquad 2(1-\cos^2\theta)+3\cos\theta<0$$

$$2\cos^2\theta-3\cos\theta-2>0 \qquad \therefore (2\cos\theta+1)(\cos\theta-2)>0$$

그런데 $\cos\theta-2<0$이므로

$$2\cos\theta+1<0 \qquad \therefore \cos\theta<-\frac{1}{2}$$

따라서 오른쪽 그림에서 구하는 θ의 값의 범위는

$$\frac{2}{3}\pi<\theta<\frac{4}{3}\pi$$

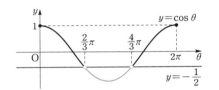

● 이차방정식 $ax^2+bx+c=0$에서 $D=b^2-4ac$라 할 때

(1) ① $D>0 \Longleftrightarrow$ 서로 다른 두 실근

② $D=0 \Longleftrightarrow$ 중근 (서로 같은 두 실근)

③ $D<0 \Longleftrightarrow$ 허근 (서로 다른 두 허근)

(2) 모든 실수 x에 대하여 이차부등식 $ax^2+bx+c>0$이 성립 $\Rightarrow a>0$, $D<0$

● 정답 및 풀이 **105**쪽

441 이차함수 $y=x^2+2(2\sin\theta+1)x+4$의 그래프가 x축과 서로 다른 두 점에서 만나도록 하는 θ의 값의 범위를 구하시오. (단, $0\leq\theta<2\pi$)

442 모든 실수 x에 대하여 부등식 $x^2-2x\cos\theta+\frac{1}{2}\cos\theta\geq0$이 성립하도록 하는 θ의 값의 범위를 구하시오. (단, $0\leq\theta\leq2\pi$)

STEP 1

443 함수 $y=\sin^2 x+\cos x+a-2$의 최솟값이 $-\dfrac{1}{4}$일 때, 상수 a의 값을 구하시오.

생각해 봅시다!

$\sin^2 x+\cos^2 x=1$임을 이용하여 한 종류의 삼각함수로 통일한다.

444 함수 $y=\dfrac{\sin^2 x+\sin x\cos x-4\cos^2 x}{\cos^2 x}$의 최댓값과 최솟값을 각각

M, m이라 할 때, $M+m$의 값을 구하시오. $\left(\text{단}, -\dfrac{\pi}{4}\le x\le\dfrac{\pi}{4}\right)$

445 두 함수 $f(x)=\cos x$, $g(x)=\sin x$에 대하여 방정식

$g^{-1}(f(x))=\dfrac{\pi}{6}$의 근을 구하시오. $\left(\text{단}, -\dfrac{\pi}{2}<x<\dfrac{\pi}{2}\right)$

$g^{-1}(f(x))=\dfrac{\pi}{6}$

$\Rightarrow f(x)=g\left(\dfrac{\pi}{6}\right)$

446 방정식 $2|\sin x|=\sqrt{2}$ $(0\le x<4\pi)$의 실근의 개수를 구하시오.

$|A|=a$이면

$A=\pm a$ (단, $a>0$)

447 $\dfrac{\pi}{2}<x<\dfrac{3}{2}\pi$일 때, 방정식 $2\cos x+3\tan x=0$을 푸시오.

수능 기출

448 $0<x<2\pi$일 때, 방정식 $4\cos^2 x-1=0$과 부등식 $\sin x\cos x<0$을 동시에 만족시키는 모든 x의 값의 합은?

① 2π　　② $\dfrac{7}{3}\pi$　　③ $\dfrac{8}{3}\pi$　　④ 3π　　⑤ $\dfrac{10}{3}\pi$

생각해 봅시다! 💡

449 $0 \leq x < \pi$에서 부등식 $\tan^2 x - (\sqrt{3}-1)\tan x < \sqrt{3}$의 해의 집합을 A라 할 때, 다음 중 집합 A의 원소가 <u>아닌</u> 것은?

① $\dfrac{\pi}{6}$　　② $\dfrac{\pi}{5}$　　③ $\dfrac{\pi}{4}$　　④ $\dfrac{2}{3}\pi$　　⑤ $\dfrac{4}{5}\pi$

STEP 2

450 함수 $y = \dfrac{2\tan x + 1}{\tan x + 2}$의 최댓값과 최솟값을 각각 M, m이라 할 때, $M - m$의 값을 구하시오. $\left(\text{단, } 0 \leq x \leq \dfrac{\pi}{4}\right)$

451 교육청 기출
곡선 $y = \sin \dfrac{\pi}{2} x$ $(0 \leq x \leq 5)$
가 직선 $y = k$ $(0 < k < 1)$과
만나는 서로 다른 세 점을 y축
에서 가까운 순서대로 A, B,
C라 하자. 세 점 A, B, C의 x좌표의 합이 $\dfrac{25}{4}$일 때, 선분 AB의 길
이는?

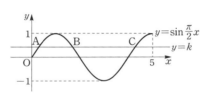

점 C의 x좌표는 점 A의 x좌표에 함수 $y = \sin \dfrac{\pi}{2} x$의 주기를 더한 것이다.

① $\dfrac{5}{4}$　　② $\dfrac{11}{8}$　　③ $\dfrac{3}{2}$　　④ $\dfrac{13}{8}$　　⑤ $\dfrac{7}{4}$

452 $0 \leq x < 2\pi$일 때, 연립부등식 $\begin{cases} 2\cos x < 1 \\ 2\sin x > 1 \end{cases}$의 해가 $\alpha < x < \beta$이다. 이때 $\sin(\alpha + \beta)$의 값을 구하시오.

부등식 $2\cos x < 1$과 $2\sin x > 1$의 해의 공통부분을 구한다.

453 $-\dfrac{\pi}{2} \leq x \leq \dfrac{\pi}{2}$일 때, 부등식 $|\sin x| < \cos x$를 만족시키는 x의 값의 범위를 구하시오.

 **연습 문제**

생각해 봅시다!

454 x에 대한 이차방정식 $x^2-3x+1-2\sin^2\theta=0$이 부호가 서로 다른 두 실근을 갖도록 하는 θ의 값의 범위가 $\alpha\le\theta<\beta$일 때, $\sin\alpha-\tan\beta$의 값을 구하시오. $\left(\text{단, } \dfrac{\pi}{2}\le\theta\le\pi\right)$

이차방정식 $ax^2+bx+c=0$ 이 부호가 서로 다른 두 실근을 가질 조건
⇨ $\dfrac{c}{a}<0$

455 모든 θ에 대하여 부등식 $\cos^2\theta-3\cos\theta-a+9\ge0$이 성립하도록 하는 실수 a의 값의 범위를 구하시오.

실력 UP⁺

456 $0\le x\le\dfrac{3}{2}\pi$일 때, 방정식 $\cos(\pi\cos x)=0$의 모든 실근의 합을 구하시오.

457 $0<x<2\pi$에서 두 함수 $y=\cos x$, $y=\cos(\pi+x)+k$의 그래프가 한 점에서 만나도록 하는 상수 k의 값을 구하시오.

두 함수 $y=f(x)$, $y=g(x)$ 의 그래프의 교점의 개수는 방정식 $f(x)=g(x)$의 실근 의 개수와 같다.

458 방정식 $\sin^2\theta-\cos\theta-a+1=0$을 만족시키는 θ의 값이 존재하기 위한 실수 a의 값의 범위를 구하시오. (단, $0\le\theta<2\pi$)

459 x에 대한 이차함수 $y=x^2-2x\sin\theta+\cos^2\theta$의 그래프의 꼭짓점이 직선 $y=\sqrt{3}x+1$의 아래쪽에 있을 때, θ의 값의 범위를 구하시오.
(단, $\pi\le\theta<2\pi$)

이차함수 $y=a(x-p)^2+q$ 의 그래프의 꼭짓점의 좌표는 (p, q)

II

삼각함수

이 단원에서는

사인법칙과 코사인법칙을 이해하고, 이를 이용하여 삼각형의 각의 크기와 변의 길이를
구하는 다양한 문제를 풀어 봅니다. 또 사인함수를 이용하여 삼각형과 사각형의 넓이를
구하는 방법을 학습합니다.

01 사인법칙

① 사인법칙 ∽ 필수 01, 02

삼각형 ABC의 외접원의 반지름의 길이를 R라 하면 삼각형 ABC의 세 변의 길이와 세 내각의 크기 사이에 다음과 같은 관계가 성립하고, 이를 **사인법칙**이라 한다.

$$\frac{a}{\sin A} = \frac{b}{\sin B} = \frac{c}{\sin C} = 2R$$

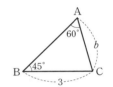

▶ 삼각형 ABC에서 ∠A, ∠B, ∠C의 크기를 각각 A, B, C로 나타내고, 이들의 대변의 길이를 각각 a, b, c로 나타내기로 한다.

증명 확인하기 참조

예제 ▶ 삼각형 ABC에서 $A=60°$, $B=45°$, $a=3$일 때, b의 값과 외접원의 반지름의 길이 R를 구하시오.

풀이 사인법칙에 의하여 $\dfrac{a}{\sin A} = \dfrac{b}{\sin B} = 2R$이므로

$$\frac{3}{\sin 60°} = \frac{b}{\sin 45°} = 2R$$

$\dfrac{3}{\sin 60°} = \dfrac{b}{\sin 45°}$에서 $b\sin 60° = 3\sin 45°$

$$\therefore b = 3 \times \frac{\sqrt{2}}{2} \times \frac{2}{\sqrt{3}} = \sqrt{6}$$

$\dfrac{3}{\sin 60°} = 2R$에서 $R = \dfrac{1}{2} \times \dfrac{3}{\frac{\sqrt{3}}{2}} = \sqrt{3}$

② 사인법칙의 변형 ∽ 필수 03, 04

(1) $\sin A = \dfrac{a}{2R}$, $\sin B = \dfrac{b}{2R}$, $\sin C = \dfrac{c}{2R}$ ← 각을 변으로

(2) $a = 2R\sin A$, $b = 2R\sin B$, $c = 2R\sin C$ ← 변을 각으로

(3) $a : b : c = \sin A : \sin B : \sin C$ ← 변의 비를 각의 비로

설명 삼각형 ABC의 외접원의 반지름의 길이를 R라 하면

$$\frac{a}{\sin A} = \frac{b}{\sin B} = \frac{c}{\sin C} = 2R\text{에서}$$

$$a = 2R\sin A,\ b = 2R\sin B,\ c = 2R\sin C$$

$$\therefore a : b : c = 2R\sin A : 2R\sin B : 2R\sin C$$
$$= \sin A : \sin B : \sin C$$

참고 　삼각형 ABC에서 주어진 조건에 따라 다음과 같이 사인법칙을 활용할 수 있다.

(1) 한 변의 길이와 두 각의 크기가 주어진 경우
　　⇨ $A+B+C=180°$임을 이용하여 나머지 한 각의 크기를 구하고, 사인법칙을 이용하여
　　　나머지 두 변의 길이를 구한다.

(2) 두 변의 길이와 그 끼인각이 아닌 한 각의 크기가 주어진 경우
　　⇨ 사인법칙을 이용하여 나머지 각의 크기를 구한다.

확인 하기

사인법칙의 증명

삼각형 ABC의 외접원의 중심을 O, 반지름의 길이를 R라 할 때, ∠A의 크기에 따라 세 가지 경우로 나누어 $\dfrac{a}{\sin A}$의 값을 구하면 다음과 같다.

(ⅰ) $A<90°$일 때

점 B에서 지름 BA′을 그으면 $A=A'$이고, ∠BCA′$=90°$이므로

$$\sin A=\sin A'=\frac{a}{2R}$$

　　↳ 원주각의 성질

$$\therefore \frac{a}{\sin A}=2R$$

(ⅱ) $A=90°$일 때

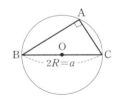

$\sin A=1$이고, $2R=a$이므로

$$\sin A=1=\frac{a}{2R}$$

$$\therefore \frac{a}{\sin A}=2R$$

(ⅲ) $A>90°$일 때

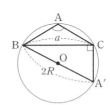

점 B에서 지름 BA′을 그으면 $A=180°-A'$이고,
∠A′CB$=90°$이므로

　　↳ 원에 내접하는 사각형의 성질

$$\sin A=\sin(180°-A')=\sin A'=\frac{a}{2R}$$

$$\therefore \frac{a}{\sin A}=2R$$

이상에서 ∠A의 크기에 관계없이 $\dfrac{a}{\sin A}=2R$가 성립한다.

같은 방법으로

$$\frac{b}{\sin B}=2R,\ \frac{c}{\sin C}=2R$$

가 성립함을 보일 수 있다.

● 더 다양한 문제는 **RPM** 대수 96쪽

사인법칙

삼각형 ABC에서 다음을 구하시오.

(1) $a=10$, $A=45°$, $C=60°$일 때, c의 값
(2) $b=1$, $c=\sqrt{3}$, $B=30°$일 때, A의 크기

설명 **사인법칙을 적용하는 경우**

(1) 한 변의 길이와 두 각의 크기가 주어진 경우

(2) 두 변의 길이와 그 끼인각이 아닌 한 각의 크기가 주어진 경우

풀이 (1) 사인법칙에 의하여 $\dfrac{10}{\sin 45°}=\dfrac{c}{\sin 60°}$ 이므로

$c \sin 45° = 10 \sin 60°$

$\therefore c = 10 \times \dfrac{\sqrt{3}}{2} \times \dfrac{2}{\sqrt{2}} = \boldsymbol{5\sqrt{6}}$

(2) 사인법칙에 의하여 $\dfrac{1}{\sin 30°}=\dfrac{\sqrt{3}}{\sin C}$ 이므로

$\sin C = \sqrt{3} \sin 30° = \sqrt{3} \times \dfrac{1}{2} = \dfrac{\sqrt{3}}{2}$

$0° < C < 180°$이므로 $\quad C=60°$ 또는 $C=120°$

이때 $A=180°-(B+C)$이므로

$\boldsymbol{A=90°}$ **또는** $\boldsymbol{A=30°}$

KEY Point

• **사인법칙**

$\Rightarrow \dfrac{a}{\sin A}=\dfrac{b}{\sin B}=\dfrac{c}{\sin C}$

● 정답 및 풀이 **110쪽**

 460 삼각형 ABC에서 $c=20$, $A=45°$, $B=105°$일 때, a의 값을 구하시오.

461 삼각형 ABC에서 $a=15$, $c=30$, $A=30°$일 때, 다음을 구하시오.

(1) B의 크기   (2) b의 값

462 삼각형 ABC에서 $a=6$, $b=4$, $A=60°$일 때, $\cos^2 B$의 값을 구하시오.

● 더 다양한 문제는 **RPM** 대수 96쪽

필수 02 **사인법칙과 삼각형의 외접원**

오른쪽 그림과 같이 $\overline{BC}=2\sqrt{2}$, $B=60°$, $C=75°$인 삼각형 ABC
의 외접원의 반지름의 길이 R를 구하시오.

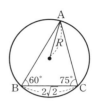

풀이 삼각형 ABC에서 $A=180°-(60°+75°)=45°$

이때 사인법칙에 의하여 $2R=\dfrac{2\sqrt{2}}{\sin 45°}=\dfrac{2\sqrt{2}}{\dfrac{\sqrt{2}}{2}}=4$

$\therefore R=2$

● 더 다양한 문제는 **RPM** 대수 97쪽

필수 03 **사인법칙의 변형: 변의 길이의 비**

삼각형 ABC에서 $(a+b):(b+c):(c+a)=6:7:9$일 때, $\sin A:\sin B:\sin C$
를 구하시오.

풀이 $(a+b):(b+c):(c+a)=6:7:9$이므로

$a+b=6k,\ b+c=7k,\ c+a=9k\ (k>0)$ ...... ㉠

라 하고, 세 식을 변끼리 더하면 $2(a+b+c)=22k$ $\therefore a+b+c=11k$ ...... ㉡

㉡에서 ㉠의 각 식을 빼면 $c=5k,\ a=4k,\ b=2k$

따라서 사인법칙에 의하여

$\sin A:\sin B:\sin C=a:b:c=4k:2k:5k=\mathbf{4:2:5}$

KEY Point

- **사인법칙의 변형**

$\dfrac{a}{\sin A}=\dfrac{b}{\sin B}=\dfrac{c}{\sin C}=2R$에서 $a:b:c=\sin A:\sin B:\sin C$

(단, R는 △ABC의 외접원의 반지름의 길이이다.)

● 정답 및 풀이 **110쪽**

463 오른쪽 그림과 같이 $\overline{AC}=3\sqrt{3}$, $A=75°$, $C=45°$인 삼각형 ABC의
외접원의 넓이를 구하시오.

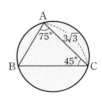

464 삼각형 ABC에서 $A:B:C=3:2:1$일 때, $a:b:c$를 구하시오.

● 더 다양한 문제는 **RPM** 대수 97쪽

필수 04 **사인법칙을 이용한 삼각형의 모양 결정**

삼각형 ABC에서 $a\sin A = b\sin B + c\sin C$가 성립할 때, 삼각형 ABC는 어떤 삼각형인지 말하시오.

설명 $\sin A = \dfrac{a}{2R}$, $\sin B = \dfrac{b}{2R}$, $\sin C = \dfrac{c}{2R}$를 주어진 식에 대입하여 변의 길이 사이의 관계식으로 변형한다.

풀이 삼각형 ABC의 외접원의 반지름의 길이를 R라 하면 사인법칙에 의하여

$$\sin A = \frac{a}{2R}, \quad \sin B = \frac{b}{2R}, \quad \sin C = \frac{c}{2R}$$

이것을 주어진 식에 대입하면

$$a \times \frac{a}{2R} = b \times \frac{b}{2R} + c \times \frac{c}{2R} \qquad \therefore a^2 = b^2 + c^2$$

따라서 삼각형 ABC는 $A = 90°$인 **직각삼각형**이다.

● 더 다양한 문제는 **RPM** 대수 103쪽

필수 05 **사인법칙의 실생활에서의 활용**

오른쪽 그림과 같은 원 모양의 호수의 지름의 길이를 구하기 위하여 호수 둘레에 세 지점 A, B, C를 정하고 A, B 사이의 거리와 ∠CAB, ∠ABC의 크기를 측정하였더니 $\overline{AB} = 50$ m, ∠CAB $= 45°$, ∠ABC $= 105°$이었다. 이 호수의 지름의 길이를 구하시오.

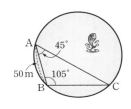

풀이 호수의 반지름의 길이를 R라 하면 △ABC에서 사인법칙에 의하여 $\dfrac{\overline{AB}}{\sin C} = 2R$

이때 $\overline{AB} = 50$ m, $C = 180° - (45° + 105°) = 30°$이므로

$$2R = \frac{50}{\sin 30°} = \frac{50}{\frac{1}{2}} = 100 \,(\text{m})$$

따라서 호수의 지름의 길이는 **100 m**이다.

● 정답 및 풀이 **110**쪽

465 삼각형 ABC에서 $a\sin^2 A = b\sin^2 B$가 성립할 때, 삼각형 ABC는 어떤 삼각형인지 말하시오.

466 오른쪽 그림과 같은 원 모양의 거울의 가장자리에 있는 세 지점 A, B, C에 대하여 $\overline{AC} = 40$ cm, ∠ABC $= 45°$, ∠BCA $= 60°$일 때, 이 거울의 둘레의 길이를 구하시오.

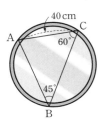

개념원리 이해

02 코사인법칙

1 코사인법칙 ᴄ필수 06

삼각형 ABC의 세 변의 길이와 세 내각의 크기 사이에 다음과 같은 관계가 성립하고, 이를 **코사인법칙**이라 한다.

$$a^2 = b^2 + c^2 - 2bc \cos A$$
$$b^2 = c^2 + a^2 - 2ca \cos B$$
$$c^2 = a^2 + b^2 - 2ab \cos C$$

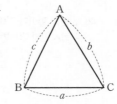

증명 확인하기 참조

예제 ▶ 삼각형 ABC에서 $b=3$, $c=5$, $A=60°$일 때, a의 값을 구하시오.

풀이 코사인법칙에 의하여

$$a^2 = b^2 + c^2 - 2bc \cos A$$
$$= 9 + 25 - 2 \times 3 \times 5 \cos 60°$$
$$= 19$$

그런데 $a > 0$이므로 $a = \sqrt{19}$

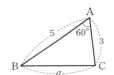

2 코사인법칙의 변형 ᴄ필수 06~09

삼각형 ABC에서

$$\cos A = \frac{b^2 + c^2 - a^2}{2bc}$$

$$\cos B = \frac{c^2 + a^2 - b^2}{2ca}$$

$$\cos C = \frac{a^2 + b^2 - c^2}{2ab}$$

예제 ▶ 삼각형 ABC에서 $a = \sqrt{21}$, $b = 4$, $c = 5$일 때, A의 크기를 구하시오.

풀이 코사인법칙에 의하여

$$\cos A = \frac{b^2 + c^2 - a^2}{2bc}$$
$$= \frac{16 + 25 - 21}{2 \times 4 \times 5}$$
$$= \frac{1}{2}$$

그런데 $0° < A < 180°$이므로 $A = 60°$

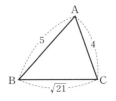

참고 삼각형 ABC에서 주어진 조건에 따라 다음과 같이 코사인법칙을 활용할 수 있다.

(1) 두 변의 길이와 그 끼인각의 크기가 주어진 경우

⇨ 코사인법칙을 이용하여 나머지 한 변의 길이를 구한다.

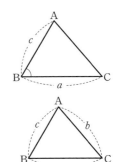

(2) 세 변의 길이가 주어진 경우

⇨ 코사인법칙의 변형을 이용하여 세 각의 크기를 구한다.

확인 하기

코사인법칙의 증명

삼각형 ABC의 꼭짓점 A에서 변 BC 또는 그 연장선에 내린 수선의 발을 H라 할 때, ∠C의 크기에 따라 세 가지 경우로 나누어 변 AB의 길이를 구하면 다음과 같다.

(i) $C < 90°$일 때

$$\overline{AH} = b\sin C, \quad \overline{BH} = \overline{BC} - \overline{CH} = a - b\cos C$$

삼각형 ABH는 직각삼각형이므로 피타고라스 정리에 의하여

$$c^2 = \overline{BH}^2 + \overline{AH}^2$$
$$= (a - b\cos C)^2 + (b\sin C)^2$$
$$= a^2 + b^2(\sin^2 C + \cos^2 C) - 2ab\cos C \quad \leftarrow \sin^2 C + \cos^2 C = 1$$
$$= a^2 + b^2 - 2ab\cos C$$

(ii) $C = 90°$일 때

삼각형 ABC는 $C = 90°$인 직각삼각형이고 $\cos C = 0$이므로

$$c^2 = a^2 + b^2 = a^2 + b^2 - 2ab\cos C$$

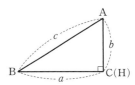

(iii) $C > 90°$일 때

$$\overline{AH} = b\sin(180° - C) = b\sin C,$$
$$\overline{BH} = \overline{BC} + \overline{CH} = a + b\cos(180° - C) = a - b\cos C$$

삼각형 ABH는 직각삼각형이므로 피타고라스 정리에 의하여

$$c^2 = \overline{BH}^2 + \overline{AH}^2$$
$$= (a - b\cos C)^2 + (b\sin C)^2$$
$$= a^2 + b^2(\sin^2 C + \cos^2 C) - 2ab\cos C$$
$$= a^2 + b^2 - 2ab\cos C$$

이상에서 ∠C의 크기에 관계없이 $c^2 = a^2 + b^2 - 2ab\cos C$가 성립한다.

같은 방법으로

$$b^2 = c^2 + a^2 - 2ca\cos B, \quad a^2 = b^2 + c^2 - 2bc\cos A$$

가 성립함을 보일 수 있다.

● 더 다양한 문제는 **RPM** 대수 98쪽

필수 06 **코사인법칙**

삼각형 ABC에서 다음을 구하시오.

(1) $b=8$, $c=4$, $A=60°$일 때, a의 값, B, C의 크기

(2) $a=\sqrt{2}$, $b=2$, $c=\sqrt{3}+1$일 때, A, B, C의 크기

설명 코사인법칙을 적용하는 경우

(1) 두 변의 길이와 그 끼인각의 크기가 주어진 경우

(2) 세 변의 길이가 주어진 경우

풀이 (1) 코사인법칙에 의하여

$$a^2=8^2+4^2-2\times 8\times 4\cos 60°$$
$$=64+16-64\times\frac{1}{2}=48$$

그런데 $a>0$이므로 $\quad a=\sqrt{48}=4\sqrt{3}$

또 코사인법칙에 의하여

$$\cos B=\frac{4^2+(4\sqrt{3})^2-8^2}{2\times 4\times 4\sqrt{3}}=0$$

이때 $0°<B<180°$이므로 $\quad B=90°$

$A+B+C=180°$이므로 $\quad C=180°-(60°+90°)=30°$

(2) 코사인법칙에 의하여

$$\cos A=\frac{2^2+(\sqrt{3}+1)^2-(\sqrt{2})^2}{2\times 2\times(\sqrt{3}+1)}=\frac{2\sqrt{3}(\sqrt{3}+1)}{4(\sqrt{3}+1)}=\frac{\sqrt{3}}{2}$$

$$\cos B=\frac{(\sqrt{3}+1)^2+(\sqrt{2})^2-2^2}{2\times(\sqrt{3}+1)\times\sqrt{2}}=\frac{2(\sqrt{3}+1)}{2\sqrt{2}(\sqrt{3}+1)}=\frac{\sqrt{2}}{2}$$

이때 $0°<A<180°$, $0°<B<180°$이므로 $\quad A=30°$, $B=45°$

$A+B+C=180°$이므로 $\quad C=180°-(30°+45°)=105°$

KEY Point

• **코사인법칙**

$\Rightarrow a^2=b^2+c^2-2bc\cos A,\ b^2=c^2+a^2-2ca\cos B,\ c^2=a^2+b^2-2ab\cos C$

$\Rightarrow \cos A=\dfrac{b^2+c^2-a^2}{2bc},\ \cos B=\dfrac{c^2+a^2-b^2}{2ca},\ \cos C=\dfrac{a^2+b^2-c^2}{2ab}$

● 정답 및 풀이 111쪽

467 삼각형 ABC에서 다음을 구하시오.

(1) $b=\sqrt{2}$, $c=3$, $A=135°$일 때, a의 값

(2) $a=\sqrt{7}$, $b=2$, $c=3$일 때, A의 크기

● 더 다양한 문제는 **RPM** 대수 99쪽

 07 **삼각형의 최대각, 최소각**

삼각형 ABC에서 $a=3$, $b=5$, $c=7$일 때, 최대각의 크기를 구하시오.

설명 삼각형의 세 변의 길이가 주어지고 최대각 또는 최소각의 크기를 구하는 경우에는 코사인법칙을 이용한다.

⇨ { 길이가 가장 긴 변의 대각 ⇨ 최대각
   길이가 가장 짧은 변의 대각 ⇨ 최소각

풀이 삼각형 ABC에서 c가 가장 긴 변의 길이이므로 C가 최대각의 크기이다.

코사인법칙에 의하여

$$\cos C = \frac{3^2 + 5^2 - 7^2}{2 \times 3 \times 5} = -\frac{1}{2}$$

그런데 $0° < C < 180°$이므로 $C = 120°$

따라서 최대각의 크기는 **120°**이다.

● 더 다양한 문제는 **RPM** 대수 99쪽

08 **사인법칙과 코사인법칙**

삼각형 ABC에서 $\sin A : \sin B : \sin C = 7 : 3 : 8$일 때, A의 크기를 구하시오.

설명 사인법칙을 이용하여 변의 길이의 비를 구하고 코사인법칙을 이용하여 각의 크기를 구한다.

풀이 사인법칙에 의하여

$$a : b : c = \sin A : \sin B : \sin C = 7 : 3 : 8$$

따라서 $a=7k$, $b=3k$, $c=8k$ $(k>0)$라 하면 코사인법칙에 의하여

$$\cos A = \frac{(3k)^2 + (8k)^2 - (7k)^2}{2 \times 3k \times 8k} = \frac{1}{2}$$

그런데 $0° < A < 180°$이므로 $A = 60°$

● 정답 및 풀이 111쪽

 468 삼각형 ABC에서 $a=\sqrt{6}$, $b=2$, $c=\sqrt{3}+1$일 때, 최소각의 크기를 구하시오.

469 삼각형 ABC에서 $\dfrac{\sin A}{6} = \dfrac{\sin B}{5} = \dfrac{\sin C}{4}$ 일 때, $\sin \dfrac{B+C-A}{2}$의 값을 구하시오.

● 더 다양한 문제는 **RPM** 대수 100쪽

필수 09 **코사인법칙을 이용한 삼각형의 모양 결정**

삼각형 ABC에서 $\sin A = 2\cos B \sin C$가 성립할 때, 삼각형 ABC는 어떤 삼각형인지 말하시오.

설명 사인법칙, 코사인법칙을 이용하여 각에 대한 식을 변에 대한 식으로 변형한다.

풀이 삼각형 ABC의 외접원의 반지름의 길이를 R라 하면 $\sin A = 2\cos B \sin C$에서

$$\frac{a}{2R} = 2 \times \frac{c^2 + a^2 - b^2}{2ca} \times \frac{c}{2R}$$

$$a^2 = c^2 + a^2 - b^2, \qquad b^2 - c^2 = 0 \qquad \therefore (b+c)(b-c) = 0$$

이때 $b > 0$, $c > 0$이므로 $\qquad b = c$

따라서 삼각형 ABC는 $b = c$인 **이등변삼각형**이다.

● 더 다양한 문제는 **RPM** 대수 103쪽

필수 10 **코사인법칙의 실생활에서의 활용**

오른쪽 그림과 같이 호수의 양 끝 지점에 있는 두 나무 A, B와 한 지점 C에 대하여 $\overline{AC} = 30$ m, $\overline{BC} = 50$ m, $\angle ACB = 120°$이었다. 두 나무 A, B 사이의 거리를 구하시오.

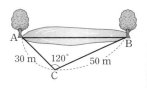

풀이 삼각형 ABC에서 코사인법칙에 의하여

$$\overline{AB}^2 = 30^2 + 50^2 - 2 \times 30 \times 50 \cos 120° = 900 + 2500 - 3000 \times \left(-\frac{1}{2}\right) = 4900$$

$$\therefore \overline{AB} = 70 \, (\text{m}) \; (\because \overline{AB} > 0)$$

따라서 두 나무 A, B 사이의 거리는 **70 m**이다.

KEY Point

• 삼각형 ABC의 세 변의 길이 a, b, c에 대하여 c가 가장 긴 변의 길이일 때
  ① $c^2 = a^2 + b^2$ ⇨ $C = 90°$인 직각삼각형
  ② $c^2 > a^2 + b^2$ ⇨ 둔각삼각형
  ③ $c^2 < a^2 + b^2$ ⇨ 예각삼각형
  ④ $a = b$ 또는 $a^2 = b^2$ ⇨ $a = b$인 이등변삼각형

● 정답 및 풀이 **111**쪽

확인체크

470 삼각형 ABC에서 $a\cos B = b\cos A + c$가 성립할 때, 삼각형 ABC는 어떤 삼각형인지 말하시오.

471 오른쪽 그림은 고대 유적에서 발굴한 원형 연못의 일부이다. 연못가의 세 지점 A, B, C에 대하여 $\overline{AB} = 6$ m, $\overline{AC} = 10$ m, $\angle BAC = 120°$일 때, 이 연못의 반지름의 길이를 구하시오.

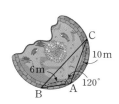

STEP 1

472 삼각형 ABC에서 $b=4$, $c=4\sqrt{3}$, $C=60°$일 때, a의 값을 구하시오.

473 반지름의 길이가 3인 원에 내접하는 삼각형 ABC의 둘레의 길이가 12
일 때, $\sin A+\sin B+\sin C$의 값을 구하시오.

474 삼각형 ABC에서 $a+b-2c=0$, $2a-3b+3c=0$일 때,
$\sin A : \sin B : \sin C$를 구하시오.

475 오른쪽 그림과 같이 원에 내접하는 사각형
ABCD에서 $\overline{AD}=2$, $\overline{CD}=3$이고 $\cos B=\dfrac{1}{4}$
일 때, 선분 AC의 길이를 구하시오.

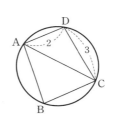

$B+D=180°$

476 삼각형 ABC에서 $\sin A=\sqrt{2}\sin B=2\sin C$가 성립할 때, 삼각형
ABC의 최대각의 크기 θ에 대하여 $\cos\theta$의 값을 구하시오.

$\sin A : \sin B : \sin C$를 구한다.

477 삼각형 ABC에서 $\sin\dfrac{A-B+C}{2}\sin C=\sin A$가 성립할 때, 삼각
형 ABC는 어떤 삼각형인가?

① $A=90°$인 직각삼각형   ② $C=90°$인 직각삼각형
③ $a=b$인 이등변삼각형   ④ $b=c$인 이등변삼각형
⑤ $c=a$인 이등변삼각형

사인법칙과 코사인법칙을 이용한다.

Ⅱ-3

삼각함수의 활용

478 오른쪽 그림과 같이 재현이와 혜리가 학교에서 동시에 출발하여 $120°$의 각을 이루면서 직선으로 걸어가고 있다. 재현이와 혜리가 각각 분속 $100\,m$, 분속 $60\,m$의 일정한 속력으로 걸을 때, 10분 후 두 사람 사이의 거리는 몇 km인지 구하시오.

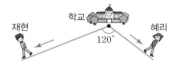

생각해 봅시다! 💡

STEP 2

479 삼각형 ABC에서 $\overline{AB}=\sqrt{5}$, $\overline{AC}=\sqrt{2}$, $C=45°$일 때, $\sin A$의 값을 구하시오.

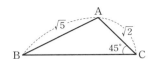

꼭짓점 A에서 $\overline{BC}$에 수선을 그어서 만든 직각삼각형에서 피타고라스 정리를 이용한다.

480 오른쪽 그림과 같이 $40\,m$ 떨어진 지평면의 두 지점 A, B에서 하늘 위의 한 지점 P에 떠 있는 드론을 보았다. $\angle PAB=75°$, $\angle PBA=60°$, $\angle PAQ=30°$일 때, 드론의 높이를 구하시오.

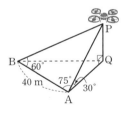

481 오른쪽 그림과 같은 직육면체에서 $\overline{AB}=1$, $\overline{AD}=2$, $\overline{BF}=1$일 때, $\cos\theta$의 값을 구하시오.

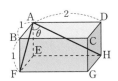

$\overline{AF}$, $\overline{AH}$, $\overline{FH}$의 길이를 구한 후 삼각형 AFH에서 코사인법칙을 이용한다.

482 오른쪽 그림과 같이 $\overline{AB}=\overline{BC}=6$인 직각이등변삼각형 ABC에서 빗변 AC를 삼등분한 점을 D, E라 하자. $\angle DBE=\theta$라 할 때, $\cos\theta$의 값을 구하시오.

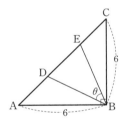

연습 문제

생각해 봅시다! 💡

사각형 ABCD가 원에 내접
하므로
$$A+C=180°$$

483 오른쪽 그림과 같이 원에 내접하는 사각형 ABCD
에서 $\overline{AB}=1$, $\overline{BC}=2$, $\overline{CD}=3$, $\overline{DA}=4$일 때,
$\cos A$의 값을 구하시오.

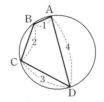

수능 기출

484 그림과 같이 사각형 ABCD가 한 원에 내접하고
$$\overline{AB}=5, \overline{AC}=3\sqrt{5}, \overline{AD}=7,$$
$$\angle BAC=\angle CAD$$
일 때, 이 원의 반지름의 길이는?

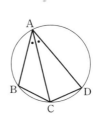

① $\dfrac{5\sqrt{2}}{2}$　　② $\dfrac{8\sqrt{5}}{5}$　　③ $\dfrac{5\sqrt{5}}{3}$

④ $\dfrac{8\sqrt{2}}{3}$　　⑤ $\dfrac{9\sqrt{3}}{4}$

실력 UP⁺

교육청 기출

485 그림과 같이 $\angle ABC=\dfrac{\pi}{2}$인 삼각형 ABC
에 내접하고 반지름의 길이가 3인 원의 중
심을 O라 하자. 직선 AO가 선분 BC와 만
나는 점을 D라 할 때, $\overline{DB}=4$이다. 삼각형
ADC의 외접원의 넓이는?

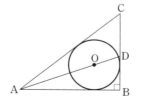

① $\dfrac{125}{2}\pi$　② 63π　③ $\dfrac{127}{2}\pi$　④ 64π　⑤ $\dfrac{129}{2}\pi$

486 세 변의 길이가 x^2+x+1, $2x+1$, x^2-1인 삼각형의 최대각의 크기
를 구하시오.

삼각형에서 길이가 가장 긴
변의 대각이 최대각이다.

487 삼각형 ABC에서 $\sin A : \sin B = \sqrt{2} : 1$, $c^2=b^2+ac$일 때, C의 크
기를 구하시오.

개념원리 이해

03 삼각형의 넓이

1 삼각형의 넓이 ∽ 필수 11, 12

삼각형 ABC의 두 변의 길이와 그 끼인각의 크기를 알 때, 삼각형 ABC의 넓이를 S라 하면

$$S = \frac{1}{2}bc\sin A = \frac{1}{2}ca\sin B = \frac{1}{2}ab\sin C$$

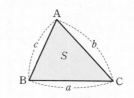

증명 확인하기 1 참조

보기 ▶ 오른쪽 그림과 같은 삼각형 ABC의 넓이를 S라 하면

$$S = \frac{1}{2}bc\sin A = \frac{1}{2} \times 4 \times 3 \times \sin 120°$$

$$= \frac{1}{2} \times 4 \times 3 \times \frac{\sqrt{3}}{2} = 3\sqrt{3}$$

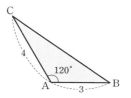

참고 다음과 같은 방법으로 삼각형의 넓이를 구할 수도 있다.

(1) 외접원의 반지름의 길이 R를 알 때

$$S = \frac{1}{2}bc\sin A = \frac{1}{2}bc \times \frac{a}{2R} = \frac{abc}{4R} \quad \leftarrow \frac{a}{\sin A} = 2R에서 \quad \sin A = \frac{a}{2R}$$

또 $\frac{b}{\sin B} = \frac{c}{\sin C} = 2R$에서 $b = 2R\sin B$, $c = 2R\sin C$이므로

$$S = \frac{1}{2}bc\sin A = \frac{1}{2} \times 2R\sin B \times 2R\sin C \times \sin A = 2R^2\sin A\sin B\sin C$$

(2) 내접원의 반지름의 길이 r를 알 때

오른쪽 그림과 같이 삼각형 ABC의 내접원의 중심을 I, 반지름의 길이를 r라 하면

$$S = \triangle IAB + \triangle IBC + \triangle ICA$$

$$= \frac{1}{2}cr + \frac{1}{2}ar + \frac{1}{2}br = \frac{1}{2}r(a+b+c)$$

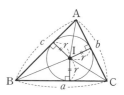

2 사각형의 넓이 ∽ 필수 13, 14

(1) **평행사변형의 넓이**

이웃하는 두 변의 길이가 a, b이고, 그 끼인각의 크기가 θ인 평행사변형의 넓이를 S라 하면

$$S = ab\sin\theta$$

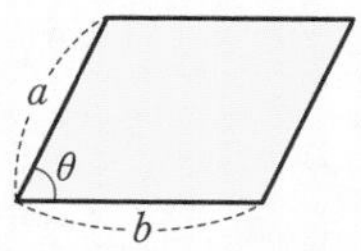

(2) **사각형의 넓이**

두 대각선의 길이가 a, b이고, 두 대각선이 이루는 각의 크기가 θ인 사각형의 넓이를 S라 하면

$$S = \frac{1}{2}ab\sin\theta$$

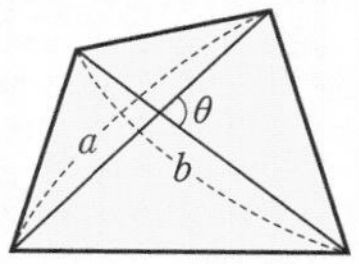

증명 확인하기 2 참조

1. 삼각형의 넓이의 증명

삼각형 ABC의 꼭짓점 A에서 변 BC 또는 그 연장선에 내린 수선의 발을 H라 하고 $\overline{\mathrm{AH}}=h$라 하면 ∠C의 크기에 따라 다음 세 가지 경우로 나누어 생각해 볼 수 있다.

(i) $C<90°$일 때

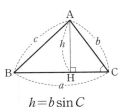

$$h=b\sin C$$

(ii) $C=90°$일 때

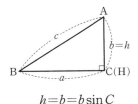

$$h=b=b\sin C$$

(iii) $C>90°$일 때

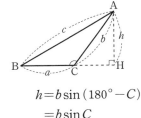

$$h=b\sin(180°-C)$$
$$=b\sin C$$

이상에서 ∠C의 크기에 관계없이 $h=b\sin C$가 성립한다.

따라서 삼각형 ABC의 넓이를 S라 하면

$$S=\frac{1}{2}ah=\frac{1}{2}ab\sin C$$

임을 알 수 있다.

같은 방법으로 $S=\frac{1}{2}bc\sin A=\frac{1}{2}ca\sin B$가 성립함을 보일 수 있다.

2. 사각형의 넓이의 증명

(1) **평행사변형의 넓이**

평행사변형 ABCD에서 대각선 AC를 그으면 삼각형 ABC와 삼각형 CDA는 서로 합동이므로 평행사변형 ABCD의 넓이 S는 삼각형 ABC의 넓이의 2배이다.

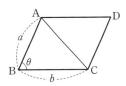

$$\therefore S=2\triangle\mathrm{ABC}=2\times\left(\frac{1}{2}ab\sin\theta\right)=ab\sin\theta$$

(2) **사각형의 넓이**

오른쪽 그림과 같이 사각형 ABCD에서 두 대각선을 그어 사각형 ABCD를 네 개의 삼각형으로 나누고 $a=p_1+p_2$, $b=q_1+q_2$라 하면 사각형 ABCD의 넓이 S는 네 삼각형의 넓이의 합이다.

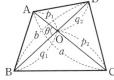

$$\therefore S=\triangle\mathrm{OAB}+\triangle\mathrm{OBC}+\triangle\mathrm{OCD}+\triangle\mathrm{ODA}$$
$$=\frac{1}{2}p_1q_1\sin\theta+\frac{1}{2}p_2q_1\sin(180°-\theta)+\frac{1}{2}p_2q_2\sin\theta$$
$$+\frac{1}{2}p_1q_2\sin(180°-\theta)$$
$$=\frac{1}{2}p_1q_1\sin\theta+\frac{1}{2}p_2q_1\sin\theta+\frac{1}{2}p_2q_2\sin\theta+\frac{1}{2}p_1q_2\sin\theta$$
$$=\frac{1}{2}(p_1+p_2)q_1\sin\theta+\frac{1}{2}(p_1+p_2)q_2\sin\theta$$
$$=\frac{1}{2}(p_1+p_2)(q_1+q_2)\sin\theta=\frac{1}{2}ab\sin\theta$$

개념원리 익히기

Ⅱ-3

삼각함수의 활용

488 다음 조건을 만족시키는 삼각형 ABC의 넓이 S를 구하시오.

(1) $a=4$, $b=5$, $C=60°$

(2) $b=3$, $c=6$, $A=45°$

(3) $c=5$, $a=6$, $B=150°$

> **알아둡시다!**
>
> 두 변의 길이가 a, b이고 그 끼인각의 크기가 θ인 삼각형의 넓이는
> $$\frac{1}{2}ab\sin\theta$$

489 삼각형 ABC에서 $a=5$, $b=6$, $c=5$일 때, 다음을 구하시오.

(1) $\cos A$의 값

(2) $\sin A$의 값

(3) 삼각형 ABC의 넓이

490 다음 조건을 만족시키는 평행사변형 ABCD의 넓이를 구하시오.

(1) $\overline{AB}=4$, $\overline{AD}=\sqrt{3}$, $A=30°$

(2) $\overline{AB}=6$, $\overline{BC}=8$, $C=120°$

> 이웃하는 두 변의 길이가 a, b이고, 그 끼인각의 크기가 θ인 평행사변형의 넓이는
> $$ab\sin\theta$$

491 다음 그림과 같은 사각형 ABCD의 넓이 S를 구하시오.

(1)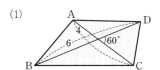

(2)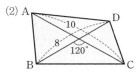

> 두 대각선의 길이가 a, b이고, 두 대각선이 이루는 각의 크기가 θ인 사각형의 넓이는
> $$\frac{1}{2}ab\sin\theta$$

11 삼각형의 넓이

다음을 구하시오.

(1) 삼각형 ABC에서 $a=10$, $b=8$이고 넓이가 $20\sqrt{3}$일 때, 예각 C의 크기
(2) 삼각형 ABC에서 $b=4$, $A=135°$이고 넓이가 2일 때, a의 값

풀이 (1) 삼각형 ABC의 넓이가 $20\sqrt{3}$이므로

$$\frac{1}{2}\times 10\times 8\times \sin C=20\sqrt{3}$$

$$\therefore \sin C=\frac{\sqrt{3}}{2}$$

그런데 C는 예각이므로 $\quad C=60°$

(2) 삼각형 ABC의 넓이가 2이므로

$$\frac{1}{2}\times 4\times c\times \sin 135°=2$$

$$2c\times \frac{\sqrt{2}}{2}=2 \quad \therefore c=\sqrt{2}$$

이때 코사인법칙에 의하여

$$a^2=4^2+(\sqrt{2})^2-2\times 4\times \sqrt{2}\cos 135°$$

$$=16+2-8\sqrt{2}\times \left(-\frac{\sqrt{2}}{2}\right)=26$$

$$\therefore a=\sqrt{26} \ (\because a>0)$$

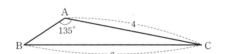

 KEY Point

• 두 변의 길이와 그 끼인각의 크기를 알 때, 삼각형 ABC의 넓이는

$$\frac{1}{2}bc\sin A=\frac{1}{2}ca\sin B=\frac{1}{2}ab\sin C$$

● 정답 및 풀이 **116**쪽

 확인 체크

492 삼각형 ABC에서 $b=4$, $c=7$이고 넓이가 7일 때, A의 크기를 구하시오.

493 삼각형 ABC에서 $a=8$, $b=6$, $\cos C=\frac{\sqrt{5}}{3}$일 때, 삼각형 ABC의 넓이를 구하시오.

494 오른쪽 그림과 같이 $\overline{\text{AB}}=3\sqrt{3}$, $\overline{\text{AC}}=2\sqrt{3}$, $A=60°$인 삼각형 ABC에서 ∠A의 이등분선과 변 BC가 만나는 점을 D라 할 때, 선분 AD의 길이를 구하시오.

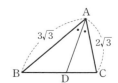

12 **세 변의 길이가 주어진 삼각형의 넓이**

삼각형 ABC의 세 변의 길이가 다음과 같을 때, 넓이를 구하시오.

(1) $a=5$, $b=7$, $c=8$

(2) $a=10$, $b=12$, $c=8$

풀이 (1) 코사인법칙에 의하여 $\cos C=\dfrac{5^2+7^2-8^2}{2\times5\times7}=\dfrac{1}{7}$

$0°<C<180°$에서 $\sin C>0$이므로

$$\sin C=\sqrt{1-\cos^2 C}=\sqrt{1-\left(\dfrac{1}{7}\right)^2}=\dfrac{4\sqrt{3}}{7}$$

따라서 삼각형 ABC의 넓이는

$$\dfrac{1}{2}\times5\times7\times\dfrac{4\sqrt{3}}{7}=\mathbf{10\sqrt{3}}$$

(2) 코사인법칙에 의하여 $\cos C=\dfrac{10^2+12^2-8^2}{2\times10\times12}=\dfrac{3}{4}$

$0°<C<180°$에서 $\sin C>0$이므로

$$\sin C=\sqrt{1-\cos^2 C}=\sqrt{1-\left(\dfrac{3}{4}\right)^2}=\dfrac{\sqrt{7}}{4}$$

따라서 삼각형 ABC의 넓이는

$$\dfrac{1}{2}\times10\times12\times\dfrac{\sqrt{7}}{4}=\mathbf{15\sqrt{7}}$$

• 정답 및 풀이 **116쪽**

 495 삼각형 ABC에서 $a=13$, $b=14$, $c=15$일 때, 삼각형 ABC의 넓이를 구하시오.

496 삼각형 ABC에서 $a=13$, $b=8$, $c=7$일 때, 삼각형 ABC의 외접원의 반지름의 길이 R와 내접원의 반지름의 길이 r를 구하시오.

497 오른쪽 그림과 같은 사각형 ABCD에서 $\overline{AB}=\sqrt{14}$, $\overline{BC}=8$, $\overline{CD}=4$, $\overline{BD}=4\sqrt{2}$, $\angle ABD=30°$일 때, 사각형 ABCD의 넓이를 구하시오.

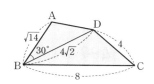

213

● 더 다양한 문제는 **RPM** 대수 102쪽

필수 13 평행사변형의 넓이

$\overline{AB}=8$, $\overline{AD}=10$인 평행사변형 ABCD의 넓이가 40일 때, A의 크기를 구하시오.

(단, $0°<A<90°$)

풀이   평행사변형 ABCD의 넓이가 40이므로

$$40=8\times10\times\sin A$$

$$\therefore \sin A=\frac{1}{2}$$

그런데 $0°<A<90°$이므로 $A=30°$

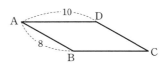

● 더 다양한 문제는 **RPM** 대수 102쪽

필수 14 사각형의 넓이

오른쪽 그림과 같은 등변사다리꼴 ABCD에서 $\overline{AC}=6$이고 두 대각선 AC, BD가 이루는 각의 크기가 $30°$일 때, 등변사다리꼴 ABCD의 넓이를 구하시오.

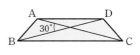

풀이   등변사다리꼴 ABCD에서 두 대각선의 길이는 같으므로

$$\overline{AC}=\overline{BD}=6$$

이때 두 대각선이 이루는 각의 크기가 $30°$이므로 등변사다리꼴 ABCD의 넓이는

$$\frac{1}{2}\times6\times6\times\sin30°=18\times\frac{1}{2}=9$$

KEY Point

● 평행사변형의 넓이

$$S=ab\sin\theta$$

● 사각형의 넓이

$$S=\frac{1}{2}ab\sin\theta$$

● 정답 및 풀이 117쪽

 498 오른쪽 그림과 같이 $\overline{AB}=6$, $\overline{BC}=7$인 평행사변형 ABCD의 넓이가 $21\sqrt{3}$일 때, A의 크기를 구하시오. (단, $90°<A<180°$)

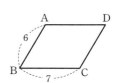

499 등변사다리꼴에서 두 대각선이 이루는 각의 크기가 $150°$이고 넓이가 8일 때, 한 대각선의 길이를 구하시오.

특강 헤론의 공식

1 헤론의 공식

삼각형 ABC의 세 변의 길이가 주어질 때, 삼각형 ABC의 넓이를 S라 하면

$$S=\sqrt{s(s-a)(s-b)(s-c)} \left(\text{단, } s=\frac{a+b+c}{2}\right)$$

이를 **헤론의 공식**이라 한다.

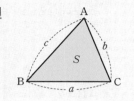

증명
$$S=\frac{1}{2}bc\sin A$$

$$=\frac{1}{2}bc\sqrt{1-\cos^2 A} \quad \leftarrow 0°<A<180°일 때, \quad \sin A>0$$

$$=\frac{1}{2}bc\sqrt{(1+\cos A)(1-\cos A)}$$

$$=\frac{1}{2}bc\sqrt{\left(1+\frac{b^2+c^2-a^2}{2bc}\right)\left(1-\frac{b^2+c^2-a^2}{2bc}\right)} \quad \leftarrow 코사인법칙$$

$$=\frac{1}{2}bc\sqrt{\frac{b^2+c^2+2bc-a^2}{2bc} \times \frac{a^2-(b^2+c^2-2bc)}{2bc}}$$

$$=\frac{bc}{4bc}\sqrt{\{(b+c)^2-a^2\}\{a^2-(b-c)^2\}}$$

$$=\frac{1}{4}\sqrt{(a+b+c)(-a+b+c)(a-b+c)(a+b-c)}$$

여기서 $s=\frac{a+b+c}{2}$로 놓으면 $a+b+c=2s$이므로

$$S=\frac{1}{4}\sqrt{2s \times 2(s-a) \times 2(s-b) \times 2(s-c)}$$

$$=\sqrt{s(s-a)(s-b)(s-c)}$$

● 정답 및 풀이 **117**쪽

500 오른쪽 그림과 같은 삼각형 ABC의 넓이를 구하시오.

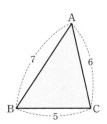

STEP 1

501 오른쪽 그림과 같은 삼각형 ABC에서 $\overline{AB}=8$, $\overline{AC}=6$, $A=60°$이다. 꼭짓점 A에서 변 BC에 내린 수선의 발을 H라 할 때, 선분 AH의 길이를 구하시오.

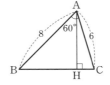

$\triangle ABC$
$= \dfrac{1}{2}\overline{AB}\times\overline{AC}\times\sin 60°$
$= \dfrac{1}{2}\overline{BC}\times\overline{AH}$

502 〔고육청〕기출 $\overline{AB}=2$, $\overline{AC}=\sqrt{7}$인 예각삼각형 ABC의 넓이가 $\sqrt{6}$이다. $\angle A=\theta$일 때, $\sin\left(\dfrac{\pi}{2}+\theta\right)$의 값은?

① $\dfrac{\sqrt{3}}{7}$ ② $\dfrac{2}{7}$ ③ $\dfrac{\sqrt{5}}{7}$ ④ $\dfrac{\sqrt{6}}{7}$ ⑤ $\dfrac{\sqrt{7}}{7}$

503 $a=4$, $b=5$, $c=7$인 삼각형 ABC의 넓이를 구하시오.

504 오른쪽 그림과 같은 사각형 ABCD의 넓이가 3일 때, $\tan^2\theta$의 값을 구하시오.

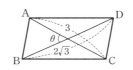

$\tan\theta=\dfrac{\sin\theta}{\cos\theta}$

STEP 2

505 〔수능〕기출 그림과 같이 $\overline{AB}=3$, $\overline{BC}=\sqrt{13}$, $\overline{AD}\times\overline{CD}=9$, $\angle BAC=\dfrac{\pi}{3}$인 사각형 ABCD가 있다. 삼각형 ABC의 넓이를 S_1, 삼각형 ACD의 넓이를 S_2라 하고, 삼각형 ACD의 외접원의 반지름의 길이를 R이라 하자.

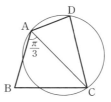

$S_2=\dfrac{5}{6}S_1$일 때, $\dfrac{R}{\sin(\angle ADC)}$의 값은?

① $\dfrac{54}{25}$ ② $\dfrac{117}{50}$ ③ $\dfrac{63}{25}$ ④ $\dfrac{27}{10}$ ⑤ $\dfrac{72}{25}$

506 반지름의 길이가 20인 원 위의 세 점 A, B, C에 대하여
$\overparen{AB} : \overparen{BC} : \overparen{CA} = 3 : 4 : 5$일 때, 삼각형 ABC의 넓이를 구하시오.

507 오른쪽 그림은 세 도시 A, B, C를 잇는
직선 도로를 나타낸 것이다.
$\angle BAC = 120°$, $\overline{AB} = 15$ km,
$\overline{AC} = 20$ km이고 도로 BC를 $3 : 4$로 내
분하는 지점 D에 도서관을 세워 A 도시와 직선 도로로 연결하였다.
A 도시와 지점 D의 도서관을 잇는 직선 도로의 길이를 구하시오.

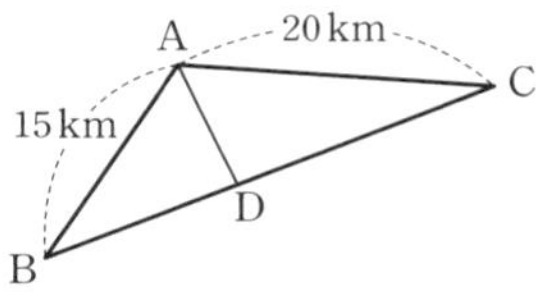

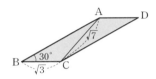

생각해 봅시다! 💡

△ABC에서 ∠A의 이등분
선이 $\overline{BC}$와 만나는 점을 D라
하면
$\overline{AB} : \overline{AC} = \overline{BD} : \overline{CD}$

508 오른쪽 그림과 같이 $\overline{BC} = \sqrt{3}$,
$\overline{AC} = \sqrt{7}$, $B = 30°$인 평행사변형
ABCD의 넓이를 구하시오.

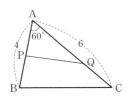

실력 UP⁺

509 오른쪽 그림과 같이 $A = 60°$인 삼각형 ABC
의 두 변 AB, AC 위에 삼각형 APQ의 넓
이가 삼각형 ABC의 넓이의 $\dfrac{1}{2}$이 되도록 두
점 P, Q를 각각 잡을 때, 선분 PQ의 길이의
최솟값을 구하시오.

산술평균과 기하평균의 관계
를 이용한다.

510 오른쪽 그림과 같이 선분 AC를 지름으로 하는
원에 내접하는 사각형 ABCD에서 $\overline{AD} = 8$,
$\overline{CD} = 4$이고 $\angle BAC = 45°$일 때, 선분 BD의
길이를 구하시오. (단, 점 O는 원의 중심이다.)

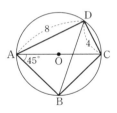

공감
한 스푼

넘어지지 않는 사람은 없어.
단, 다시 일어나는 사람만이
앞으로 나아가는 법을
배우는 거야.

Ⅲ 수열

이 단원에서는

수열의 뜻을 알고 일정한 수를 더하여 만드는 등차수열과 일정한 수를 곱하여 만드는 등비수열에 대하여 학습합니다. 또 등차수열과 등비수열의 첫째항부터 제n항까지의 합을 구하는 방법을 배우고 이를 이용하여 다양한 문제를 풀어 봅니다.

01 등차수열

1 수열의 뜻

3, 6, 9, 12, …와 같이 차례대로 나열된 수의 열을 **수열**이라 하고, 나열된 각 수를 그 수열의 **항**이라 한다.

> 일정한 규칙 없이 수를 나열한 것도 수열이지만, 여기서는 규칙이 있는 수열만 다룬다.

참고   (1) 유한수열: 항이 유한개인 수열   (2) 무한수열: 항이 무한히 많은 수열
          (3) 항수: 유한수열에서 항의 개수   (4) 끝항: 유한수열에서 마지막 항

2 수열의 일반항

(1) 일반적으로 수열을 나타낼 때 항에 번호를 붙여 a_1, a_2, a_3, …, a_n, …과 같이 나타내고, 앞에서 부터 차례대로 첫째항, 둘째항, 셋째항, …, n째항, … 또는 제1항, 제2항, 제3항, …, 제n항, … 이라 한다. 이때 제n항 a_n을 이 수열의 **일반항**이라 한다.

(2) 일반항이 a_n인 수열을 간단히 $\{a_n\}$과 같이 나타낸다.

설명   수열 $\{a_n\}$은 자연수 1, 2, 3, …, n, …에 수열의 각 항 a_1, a_2, a_3, …, a_n, …을 차례대로 대응시킨 것이므로 자연수 전체의 집합을 정의역으로 하고 실수 전체의 집합을 공역으로 하는 함수로 생각할 수 있다.
즉 자연수 전체의 집합 N에서 실수 전체의 집합 R로의 함수 $f : N \longrightarrow R$, $f(n)=a_n$이라 하면
$$f(1)=a_1,\ f(2)=a_2,\ f(3)=a_3,\ \cdots,\ f(n)=a_n,\ \cdots$$
이다.
따라서 일반항 a_n이 n에 대한 식으로 주어지면 n에 1, 2, 3, …을 차례대로 대입하여 수열 $\{a_n\}$의 모든 항을 구할 수 있다.

보기 ▶ 수열 2, 4, 7, 11, 16, …에서 첫째항은 2이고, 제4항은 11이다.

3 등차수열의 뜻

(1) 첫째항부터 차례대로 **일정한 수를 더하여 만들어지는 수열**을 **등차수열**이라 하고, 더하는 일정한 수를 **공차**라 한다.

(2) 공차가 d인 등차수열 $\{a_n\}$에 대하여 제n항에 d를 더하면 제$(n+1)$항이 되므로 다음 관계가 성립한다.
$$a_{n+1}=a_n+d \iff a_{n+1}-a_n=d\ (\text{단},\ n=1,\ 2,\ 3,\ \cdots)$$

> 공차는 영어로 common difference이고 보통 d로 나타낸다.

보기 ▶ 1, 3, 5, 7, 9, …는 첫째항이 1이고 공차가 2인 등차수열이다.
        +2 +2 +2 +2

4 등차수열의 일반항 ☞필수 01~06

첫째항이 a, 공차가 d인 등차수열의 일반항 a_n은
$$a_n=a+(n-1)d \ (단, \ n=1, \ 2, \ 3, \ \cdots)$$

설명 첫째항이 a, 공차가 d인 등차수열 $\{a_n\}$의 각 항은 다음과 같다.

$a_1=a$

$a_2=a_1+d=a+d$

$a_3=a_2+d=(a+d)+d=a+2d$

$a_4=a_3+d=(a+2d)+d=a+3d$

$\vdots$

따라서 일반항 a_n은

$a_n=a+(n-1)d$

$a_1=a+0\times d$

$a_2=a+1\times d$

$a_3=a+2\times d$

$a_4=a+3\times d$

$\vdots$

$a_n=a+(n-1)\times d$

보기 ▶ 첫째항이 1, 공차가 2인 등차수열의 일반항 a_n은
$$a_n=1+(n-1)\times2=2n-1$$

5 등차중항 ☞필수 07

세 수 a, b, c가 이 순서대로 등차수열을 이룰 때, b를 a와 c의 **등차중항**이라 한다.

이때 $b-a=c-b$이므로　　$b=\dfrac{a+c}{2}$

▶ 수열 $\{a_n\}$이 등차수열이면 연속하는 세 항 a_n, a_{n+1}, a_{n+2} 사이에 다음이 성립한다.

$2a_{n+1}=a_n+a_{n+2}$ (단, $n=1, \ 2, \ 3, \ \cdots$)

보충 학습　조화수열

수열 a_1, a_2, a_3, $\cdots$, a_n, $\cdots$에서 각 항의 역수로 이루어진 수열 $\dfrac{1}{a_1}$, $\dfrac{1}{a_2}$, $\dfrac{1}{a_3}$, $\cdots$, $\dfrac{1}{a_n}$, $\cdots$이

등차수열을 이룰 때, 수열 $\{a_n\}$을 조화수열이라 한다. 이때 등차수열 $\left\{\dfrac{1}{a_n}\right\}$의 일반항을 이용하

면 조화수열 $\{a_n\}$의 일반항을 구할 수 있다.

예를 들어 수열 $\dfrac{1}{2}$, $\dfrac{2}{5}$, $\dfrac{1}{3}$, $\dfrac{2}{7}$, $\cdots$, a_n, $\cdots$의 각 항의 역수로 이루어진 수열 2, $\dfrac{5}{2}$, 3, $\dfrac{7}{2}$, $\cdots$,

$\dfrac{1}{a_n}$, $\cdots$은 공차가 $\dfrac{1}{2}$인 등차수열을 이루므로 수열 $\{a_n\}$은 조화수열이다.

또 $\dfrac{1}{a_n}=2+(n-1)\times\dfrac{1}{2}=\dfrac{n+3}{2}$이므로 $a_n=\dfrac{2}{n+3}$이다.

개념원리 익히기

511 다음 수열의 첫째항부터 제4항까지를 차례대로 나열하시오.

(1) $\{3n\}$

(2) $\{2^n+1\}$

(3) $\left\{\dfrac{1}{2n-1}\right\}$

(4) $\left\{\cos\dfrac{n\pi}{2}\right\}$

512 다음 수열의 일반항 a_n을 추측하시오.

(1) $1,\ \dfrac{1}{2},\ \dfrac{1}{3},\ \dfrac{1}{4},\ \cdots$

(2) $1\times3,\ 3\times5,\ 5\times7,\ 7\times9,\ \cdots$

(3) $\log 3,\ \log 9,\ \log 27,\ \log 81,\ \cdots$

513 다음 수열이 등차수열을 이룰 때, □ 안에 알맞은 수를 써넣으시오.

(1) □, 15, □, 27, 33, $\cdots$

(2) $\dfrac{3}{4},\ \dfrac{1}{4},\ $□$,\ -\dfrac{3}{4},\ $□$,\ \cdots$

공차가 d인 등차수열 $\{a_n\}$에 대하여
$$a_{n+1}-a_n=d$$

514 다음 등차수열의 일반항 a_n을 구하시오.

(1) 첫째항: 2, 공차: 3

(2) 첫째항: 10, 공차: -2

(3) $1,\ 6,\ 11,\ 16,\ \cdots$

(4) $3,\ \dfrac{8}{3},\ \dfrac{7}{3},\ 2,\ \cdots$

첫째항이 a, 공차가 d인 등차수열의 일반항 a_n은
$$a_n=a+(n-1)d$$

515 세 수 1, x, 7이 이 순서대로 등차수열을 이룰 때, x의 값을 구하시오.

세 수 a, b, c가 이 순서대로 등차수열을 이룬다.
$$\Rightarrow b=\dfrac{a+c}{2}$$

● 더 다양한 문제는 **RPM** 대수 112쪽

필수 01 등차수열의 일반항

첫째항이 -11이고 제 4 항이 -2인 등차수열의 일반항 a_n을 구하시오.

풀이   주어진 등차수열의 공차를 d라 하면 제 4 항이 -2이므로

$$a_4 = -11 + 3d = -2 \quad \therefore d = 3$$
$$\therefore a_n = -11 + (n-1) \times 3 = 3n - 14$$

● 더 다양한 문제는 **RPM** 대수 112쪽

필수 02 항이 주어진 등차수열

제 31 항이 85, 제 45 항이 127인 등차수열 $\{a_n\}$의 제 100 항을 구하시오.

풀이   등차수열 $\{a_n\}$의 첫째항을 a, 공차를 d라 하면

$$a_{31} = a + 30d = 85 \quad \cdots\cdots ㉠$$
$$a_{45} = a + 44d = 127 \quad \cdots\cdots ㉡$$

㉠, ㉡을 연립하여 풀면 $a = -5$, $d = 3$

따라서 $a_n = -5 + (n-1) \times 3 = 3n - 8$이므로

$$a_{100} = 3 \times 100 - 8 = 292$$

KEY Point

- 첫째항이 a, 공차가 d인 등차수열 $\{a_n\}$의 일반항 $\Rightarrow a_n = a + (n-1)d$
- 등차수열의 항이 주어진 경우
  $\Rightarrow$ 첫째항을 a, 공차를 d라 하고 a, d에 대한 방정식을 세운다.

● 정답 및 풀이 121쪽

516 다음을 만족시키는 등차수열의 일반항 a_n을 구하시오.

(1) $a_1 = 2$, $a_3 = 12$ (2) $a_1 = 3$, $a_5 = -5$

517 공차가 -7이고 제 3 항이 12인 등차수열 $\{a_n\}$에 대하여 $a_k = -23$을 만족시키는 k의 값을 구하시오.

518 제 2 항이 3, 제 7 항이 13인 등차수열 $\{a_n\}$에서 199는 제몇 항인지 구하시오.

— 더 다양한 문제는 **RPM** 대수 112쪽 —

 03 **항 사이의 관계가 주어진 등차수열**

등차수열 $\{a_n\}$에서 $a_5=4a_3$, $a_2+a_4=6$일 때, a_7의 값을 구하시오.

풀이 등차수열 $\{a_n\}$의 첫째항을 a, 공차를 d라 하면

$a_5=4a_3$에서 $\quad a+4d=4(a+2d)$ $\quad \therefore 3a+4d=0$ $\qquad\qquad$ …… ㉠

$a_2+a_4=6$에서 $\quad (a+d)+(a+3d)=6$ $\quad \therefore a+2d=3$ $\qquad$ …… ㉡

㉠, ㉡을 연립하여 풀면 $\quad a=-6$, $d=\dfrac{9}{2}$

따라서 $a_n=-6+(n-1)\times\dfrac{9}{2}=\dfrac{9}{2}n-\dfrac{21}{2}$이므로

$\qquad a_7=\dfrac{9}{2}\times7-\dfrac{21}{2}=\mathbf{21}$

— 더 다양한 문제는 **RPM** 대수 113쪽 —

 04 **처음으로 양 또는 음이 되는 항 구하기**

다음 물음에 답하시오.

(1) 등차수열 100, 97, 94, 91, $\cdots$은 제몇 항에서 처음으로 음수가 되는지 구하시오.

(2) 등차수열 -52, -46, -40, -34, $\cdots$는 제몇 항에서 처음으로 양수가 되는지 구하시오.

설명 주어진 등차수열의 일반항 a_n에 대하여 $a_n<0$ 또는 $a_n>0$을 만족시키는 자연수 n의 최솟값을 구한다.

풀이 (1) 주어진 등차수열의 일반항을 a_n이라 하면 첫째항이 100, 공차가 $97-100=-3$이므로

$\qquad a_n=100+(n-1)\times(-3)=103-3n$

$a_n<0$에서 $\quad 103-3n<0$ $\quad \therefore n>\dfrac{103}{3}=34.\times\times\times$

따라서 처음으로 음수가 되는 항은 **제35항**이다.

(2) 주어진 등차수열의 일반항을 a_n이라 하면 첫째항이 -52, 공차가 $-46-(-52)=6$이므로

$\qquad a_n=-52+(n-1)\times6=6n-58$

$a_n>0$에서 $\quad 6n-58>0$ $\quad \therefore n>\dfrac{58}{6}=9.\times\times\times$

따라서 처음으로 양수가 되는 항은 **제10항**이다.

● 정답 및 풀이 **121**쪽

 519 등차수열 $\{a_n\}$에서 $a_6+a_{15}=61$, $a_8+a_{16}=70$일 때, a_{31}의 값을 구하시오.

520 $a_7=65$, $a_{10}=53$인 등차수열 $\{a_n\}$은 제몇 항에서 처음으로 음수가 되는지 구하시오.

더 다양한 문제는 **RPM** 대수 113쪽

필수 05 **조건을 만족시키는 등차수열의 항 구하기**

등차수열 1, 5, 9, 13, …은 제몇 항에서 처음으로 100보다 커지는지 구하시오.

풀이 주어진 등차수열의 일반항을 a_n이라 하면 첫째항이 1, 공차가 $5-1=4$이므로

$$a_n=1+(n-1)\times 4=4n-3$$

$a_n>100$에서 $4n-3>100$ ∴ $n>\dfrac{103}{4}=25.75$

따라서 처음으로 100보다 커지는 항은 **제26항**이다.

더 다양한 문제는 **RPM** 대수 113쪽

필수 06 **두 수 사이에 수를 넣어서 만든 등차수열**

18과 9 사이에 2개의 수를 넣어서 만든 수열

18, x, y, 9

가 등차수열을 이룰 때, x, y의 값을 구하시오.

풀이 주어진 등차수열의 공차를 d라 하면 첫째항이 18, 제4항이 9이므로

$$18+3d=9,\quad 3d=-9\quad ∴\ d=-3$$

이때 x, y는 각각 주어진 수열의 제2항, 제3항이므로

$$x=18+(-3)=\boldsymbol{15},\ y=18+2\times(-3)=\boldsymbol{12}$$

KEY Point

• 두 수 a, b 사이에 n개의 수를 넣어서 만든 등차수열

⇨ 첫째항이 a, 제$(n+2)$항이 b이므로 공차를 d라 하면 $b=a+(n+1)d$

● 정답 및 풀이 **122쪽**

521 첫째항이 2이고, $a_5-a_3=-4$인 등차수열 $\{a_n\}$은 제몇 항에서 처음으로 -50보다 작아지는지 구하시오.

522 -8과 30 사이에 n개의 수를 넣어서 만든 수열

-8, x_1, x_2, $\cdots$, x_n, 30

이 공차가 2인 등차수열을 이룰 때, n의 값을 구하시오.

● 더 다양한 문제는 **RPM** 대수 114쪽

필수 07 **등차중항**

세 수 x, x^2-1, $2x+3$이 이 순서대로 등차수열을 이루도록 하는 모든 실수 x의 값의 합을 구하시오.

풀이 세 수 x, x^2-1, $2x+3$이 이 순서대로 등차수열을 이루면 x^2-1이 x와 $2x+3$의 등차중항이므로

$$2(x^2-1)=x+(2x+3), \quad 2x^2-3x-5=0, \quad (x+1)(2x-5)=0$$

$$\therefore x=-1 \text{ 또는 } x=\frac{5}{2}$$

따라서 모든 x의 값의 합은 $\quad -1+\frac{5}{2}=\frac{3}{2}$

● 더 다양한 문제는 **RPM** 대수 114쪽

필수 08 **등차수열을 이루는 세 수**

등차수열을 이루는 세 수의 합이 15이고 제곱의 합이 83일 때, 이 세 수를 구하시오.

풀이 세 수를 $a-d$, a, $a+d$라 하면

$$(a-d)+a+(a+d)=15 \quad \cdots\cdots \text{㉠}$$
$$(a-d)^2+a^2+(a+d)^2=83 \quad \cdots\cdots \text{㉡}$$

㉠에서 $\quad 3a=15 \quad \therefore a=5$

㉡에 $a=5$를 대입하면 $\quad (5-d)^2+5^2+(5+d)^2=83, \quad d^2=4 \quad \therefore d=\pm2$

따라서 세 수는 **3**, **5**, **7**이다.

KEY Point

• 세 수 a, b, c가 이 순서대로 등차수열을 이룬다.

⇨ $b=\dfrac{a+c}{2}$, 즉 $2b=a+c$

• 등차수열을 이루는 세 수 ⇨ $a-d$, a, $a+d$로 놓는다.

● 정답 및 풀이 **122쪽**

523 다항식 $f(x)=x^2+ax+2$를 $x+1$, $x-1$, $x-2$로 나누었을 때의 나머지가 이 순서대로 등차수열을 이룰 때, 상수 a의 값을 구하시오.

524 삼차방정식 $x^3-3x^2-6x+k=0$의 세 근이 등차수열을 이룰 때, 상수 k의 값을 구하시오.

개념원리 이해

02 등차수열의 합

1 등차수열의 합 ∽ 필수 09~14

등차수열의 첫째항부터 제 n 항까지의 합 S_n은 다음과 같다.

  (1) 첫째항이 a, 제 n 항이 l일 때

$$S_n = \frac{n(a+l)}{2}$$

  (2) 첫째항이 a, 공차가 d일 때

$$S_n = \frac{n\{2a+(n-1)d\}}{2}$$

▶ 일반적으로 수열 $\{a_n\}$에서 첫째항부터 제 n 항까지의 합을 S_n으로 나타낸다. 즉

    $a_1 + a_2 + a_3 + \cdots + a_n = S_n$

설명 첫째항이 a, 공차가 d인 등차수열의 제 n 항을 l, 첫째항부터 제 n 항까지의 합을 S_n이라 하면

    $S_n = a+(a+d)+(a+2d)+\cdots+(l-d)+l$ ……㉠

㉠에서 우변의 합의 순서를 거꾸로 나타내면

    $S_n = l+(l-d)+(l-2d)+\cdots+(a+d)+a$ ……㉡

㉠, ㉡을 변끼리 더하면

    $2S_n = \underbrace{(a+l)+(a+l)+(a+l)+\cdots+(a+l)+(a+l)}_{n개}$

        $= n(a+l)$

    $\therefore S_n = \frac{n(a+l)}{2}$ ……㉢

이때 $l = a+(n-1)d$이므로 ㉢에 이것을 대입하면

    $S_n = \frac{n\{a+a+(n-1)d\}}{2} = \frac{n\{2a+(n-1)d\}}{2}$

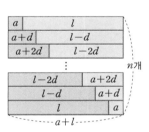

참고 등차수열 $\{a_n\}$에서 $a_1+a_n = a_2+a_{n-1} = a_3+a_{n-2} = \cdots$이므로

    $S_n = \frac{n(a_1+a_n)}{2} = \frac{n(a_2+a_{n-1})}{2} = \frac{n(a_3+a_{n-2})}{2} = \cdots$

가 성립한다.

보기 ▶ (1) 첫째항이 3, 제 7 항이 15인 등차수열의 첫째항부터 제 7 항까지의 합 S_7은

    $S_7 = \frac{7 \times (3+15)}{2} = 63$

  (2) 첫째항이 -2, 공차가 3인 등차수열의 첫째항부터 제 10 항까지의 합 S_{10}은

    $S_{10} = \frac{10\{2 \times (-2)+(10-1) \times 3\}}{2} = 115$

2 수열의 합과 일반항 사이의 관계 · 필수 15

수열 $\{a_n\}$의 첫째항부터 제 n항까지의 합을 S_n이라 하면
$$a_1 = S_1, \ a_n = S_n - S_{n-1} \ (n \geq 2)$$

설명 수열 $\{a_n\}$의 첫째항부터 제 n항까지의 합을 S_n이라 하면
$$S_1 = a_1$$
$$S_2 = a_1 + a_2 = S_1 + a_2$$
$$S_3 = a_1 + a_2 + a_3 = S_2 + a_3$$
$$\vdots$$
$$S_n = a_1 + a_2 + a_3 + \cdots + a_{n-1} + a_n = S_{n-1} + a_n$$
이므로 $\quad a_1 = S_1, \ a_n = S_n - S_{n-1} \ (n \geq 2)$

$$\underbrace{a_1 + a_2 + a_3 + \cdots + a_{n-1}}_{=S_{n-1}} + a_n$$
$$= S_n$$

보기 ▶ 수열 $\{a_n\}$의 첫째항부터 제 n항까지의 합 S_n이 $S_n = n^2$이면
$$a_1 = S_1 = 1^2 = 1$$
$$a_n = S_n - S_{n-1} = n^2 - (n-1)^2 = 2n - 1 \ (n \geq 2) \qquad \cdots\cdots \ \bigcirc$$
이때 $a_1 = 1$은 $\bigcirc$에 $n = 1$을 대입한 것과 같으므로
$$a_n = 2n - 1$$

보충학습 등차수열의 일반항과 합의 꼴

(1) 수열 $\{a_n\}$의 일반항 a_n이 $a_n = An + B$ (A, B는 상수)의 꼴이면
$$a_1 = A + B,$$
$$a_{n+1} - a_n = \{A(n+1) + B\} - (An + B) = A$$
이므로 수열 $\{a_n\}$은 첫째항이 $A + B$, 공차가 A인 등차수열이다.

(2) 수열 $\{a_n\}$의 첫째항부터 제 n항까지의 합 S_n이 $S_n = An^2 + Bn$ (A, B는 상수)의 꼴이면
$$a_1 = S_1 = A + B,$$
$$a_n = S_n - S_{n-1} = (An^2 + Bn) - \{A(n-1)^2 + B(n-1)\}$$
$$= 2An - A + B \ (n \geq 2)$$
이므로 수열 $\{a_n\}$은 첫째항이 $A + B$, 공차가 $2A$인 등차수열이다.

(3) 수열 $\{a_n\}$의 첫째항부터 제 n항까지의 합 S_n이 $S_n = An^2 + Bn + C$ (A, B, C는 상수)의 꼴일 때
① $C = 0 \ \Rightarrow$ 수열 $\{a_n\}$은 첫째항부터 등차수열을 이룬다.
② $C \neq 0 \ \Rightarrow$ 수열 $\{a_n\}$은 둘째항부터 등차수열을 이룬다.

525 다음을 구하시오.

(1) 첫째항이 2, 제20 항이 18인 등차수열의 첫째항부터 제20 항까지의 합

(2) 첫째항이 -2, 제8 항이 15인 등차수열의 첫째항부터 제8 항까지의 합

(3) 첫째항이 1, 공차가 3인 등차수열의 첫째항부터 제10 항까지의 합

(4) 첫째항이 $\frac{1}{2}$, 공차가 $-\frac{3}{2}$ 인 등차수열의 첫째항부터 제11 항까지의 합

(5) 등차수열 -10, -8, -6, -4, -2, $\cdots$의 첫째항부터 제16 항까지의 합

알아둡시다!

등차수열의 첫째항부터
제 n 항까지의 합 S_n은
(1) 첫째항이 a, 제 n 항이 l일 때
$$S_n = \frac{n(a+l)}{2}$$
(2) 첫째항이 a, 공차가 d일 때
$$S_n = \frac{n\{2a+(n-1)d\}}{2}$$

526 수열 1, 3, 5, 7, $\cdots$에 대하여 다음 물음에 답하시오.

(1) 일반항 a_n을 구하시오.

(2) 23이 제몇 항인지 구하시오.

(3) $1+3+5+7+\cdots+23$의 값을 구하시오.

527 다음 합을 구하시오.

(1) $15+11+7+3+\cdots+(-41)$

(2) $-12+(-9)+(-6)+(-3)+\cdots+15$

(3) $-\frac{1}{3}+\left(-\frac{2}{3}\right)+(-1)+\left(-\frac{4}{3}\right)+\cdots+(-5)$

528 수열 $\{a_n\}$의 첫째항부터 제 n 항까지의 합 S_n이 다음과 같을 때, 일반항 a_n을 구하시오.

(1) $S_n = n^2 + 2n$　　　　　(2) $S_n = 2n^2 - 1$

수열 $\{a_n\}$의 첫째항부터
제 n 항까지의 합을 S_n이라
하면
$a_1 = S_1$,
$a_n = S_n - S_{n-1}$ $(n \geq 2)$

등차수열의 합

다음 물음에 답하시오.

(1) 첫째항이 7이고 공차가 2인 등차수열 $\{a_n\}$의 제k항이 33일 때, 첫째항부터 제k항까지의 합을 구하시오.

(2) 제3항이 7, 제10항이 21인 등차수열 $\{a_n\}$의 첫째항부터 제20항까지의 합을 구하시오.

풀이 (1) 등차수열 $\{a_n\}$의 첫째항이 7, 공차가 2이므로 일반항 a_n은
$$a_n = 7 + (n-1) \times 2 = 2n+5$$
제k항이 33이므로 $a_k = 2k+5 = 33$
$$2k = 28 \quad \therefore k = 14$$
따라서 첫째항부터 제14항까지의 합은
$$\frac{14(7+33)}{2} = \mathbf{280}$$

(2) 등차수열 $\{a_n\}$의 첫째항을 a, 공차를 d라 하면
$$a_3 = a + 2d = 7 \quad \cdots\cdots ㉠$$
$$a_{10} = a + 9d = 21 \quad \cdots\cdots ㉡$$
㉠, ㉡을 연립하여 풀면 $a = 3, d = 2$
따라서 첫째항부터 제20항까지의 합은
$$\frac{20(2\times3 + 19\times2)}{2} = \mathbf{440}$$

 KEY Point

• 등차수열의 첫째항부터 제n항까지의 합을 S_n이라 할 때

① 첫째항 a와 제n항 l이 주어지면 $S_n = \dfrac{n(a+l)}{2}$

② 첫째항 a와 공차 d가 주어지면 $S_n = \dfrac{n\{2a+(n-1)d\}}{2}$

• 정답 및 풀이 **123쪽**

 529 등차수열 $\{a_n\}$의 일반항이 $a_n = 2n-6$일 때, 첫째항부터 제15항까지의 합을 구하시오.

530 첫째항이 50, 제n항이 -10인 등차수열의 첫째항부터 제n항까지의 합이 220일 때, 이 수열의 제10항을 구하시오.

230

필수 10 두 수 사이에 수를 넣어서 만든 등차수열의 합

-10과 4 사이에 n개의 수 a_1, a_2, $\cdots$, a_n을 넣어 만든 수열

$$-10, \ a_1, \ a_2, \ \cdots, \ a_n, \ 4$$

가 등차수열을 이루었다. 이 수열의 모든 항의 합이 -24일 때, n의 값을 구하시오.

풀이 첫째항이 -10, 끝항이 4, 항수가 $n+2$인 등차수열의 합이 -24이므로

$$\frac{(n+2)(-10+4)}{2}=-24, \qquad -3(n+2)=-24$$

$$\therefore n=6$$

— 더 다양한 문제는 **RPM** 대수 116쪽 —

필수 11 부분의 합이 주어진 등차수열의 합

첫째항부터 제13항까지의 합이 52, 첫째항부터 제20항까지의 합이 -60인 등차수열의 첫째항부터 제30항까지의 합을 구하시오.

풀이 주어진 등차수열의 첫째항을 a, 공차를 d, 첫째항부터 제n항까지의 합을 S_n이라 하면

$$S_{13}=\frac{13(2a+12d)}{2}=52\text{에서} \qquad a+6d=4 \qquad \cdots\cdots \ \text{㉠}$$

$$S_{20}=\frac{20(2a+19d)}{2}=-60\text{에서} \qquad 2a+19d=-6 \qquad \cdots\cdots \ \text{㉡}$$

㉠, ㉡을 연립하여 풀면

$$a=16, \ d=-2$$

$$\therefore S_{30}=\frac{30\{2\times16+29\times(-2)\}}{2}=-390$$

● 정답 및 풀이 **123**쪽

531 -5와 15 사이에 n개의 수 x_1, x_2, $\cdots$, x_n을 넣어 만든 수열

$$-5, \ x_1, \ x_2, \ \cdots, \ x_n, \ 15$$

가 등차수열을 이루었다. $x_1+x_2+\cdots+x_n=90$일 때, n의 값을 구하시오.

532 등차수열 $\{a_n\}$의 첫째항부터 제8항까지의 합이 104, 제9항부터 제16항까지의 합이 360일 때, 수열 $\{a_n\}$의 첫째항부터 제24항까지의 합을 구하시오.

12 **등차수열의 합의 최대·최소**

첫째항이 7인 등차수열 $\{a_n\}$의 첫째항부터 제n항까지의 합을 S_n이라 할 때, $S_3 = S_5$이다. 다음 물음에 답하시오.

(1) 수열 $\{a_n\}$은 제몇 항에서 처음으로 음수가 되는지 구하시오.

(2) S_n의 최댓값을 구하시오.

풀이 (1) 등차수열 $\{a_n\}$의 공차를 d라 하면 $S_3 = S_5$에서

$$\frac{3(2 \times 7 + 2d)}{2} = \frac{5(2 \times 7 + 4d)}{2}, \qquad 42 + 6d = 70 + 20d \qquad \therefore d = -2$$

$$\therefore a_n = 7 + (n-1) \times (-2) = -2n + 9$$

$a_n < 0$에서 $\qquad -2n + 9 < 0$

$$\therefore n > \frac{9}{2} = 4.5$$

따라서 처음으로 음수가 되는 항은 **제5항**이다.

(2) (1)에서 수열 $\{a_n\}$은 제5항부터 음수이므로 첫째항부터 제4항까지의 합이 최대이다.

이때 $a_4 = -2 \times 4 + 9 = 1$이므로 구하는 최댓값은

$$S_4 = \frac{4 \times (7+1)}{2} = \textbf{16}$$

다른 풀이 (2) $S_n = \dfrac{n\{2 \times 7 + (n-1) \times (-2)\}}{2} = -n^2 + 8n = -(n-4)^2 + 16$

따라서 $n = 4$일 때 S_n은 최대이므로 구하는 최댓값은 16이다.

KEY Point

• (첫째항) > 0, (공차) < 0일 때 등차수열의 합의 최댓값
   ⇨ 첫째항부터 양수인 마지막 항까지의 합

• (첫째항) < 0, (공차) > 0일 때 등차수열의 합의 최솟값
   ⇨ 첫째항부터 음수인 마지막 항까지의 합

• 정답 및 풀이 **124쪽**

 533 제6항이 -9, 제10항이 7인 등차수열 $\{a_n\}$에서 첫째항부터 제n항까지의 합을 S_n이라 할 때, S_n의 최솟값을 구하시오.

● 더 다양한 문제는 **RPM** 대수 117쪽

필수 13 **나머지가 같은 자연수의 합**

100 미만의 자연수 중에서 3으로 나누었을 때의 나머지가 1인 수의 총합을 구하시오.

풀이 100 미만의 자연수 중에서 3으로 나누었을 때의 나머지가 1인 수를 작은 것부터 순서대로 나열하면

$$1, 4, 7, \cdots, 97$$

이것은 첫째항이 1, 공차가 3인 등차수열이므로 일반항 a_n은

$$a_n = 1 + (n-1) \times 3 = 3n - 2$$

97을 제n항이라 하면　　$3n - 2 = 97$　　∴ $n = 33$

따라서 구하는 총합은 첫째항이 1, 끝항이 97, 항수가 33인 등차수열의 합이므로

$$\frac{33(1+97)}{2} = \mathbf{1617}$$

● 더 다양한 문제는 **RPM** 대수 123쪽

필수 14 **등차수열의 합의 활용**

오른쪽 그림과 같이 두 직선 $y=x$, $y=2x$ 사이에 y축에 평행한 10개의 선분을 같은 간격으로 그었다. 이들 중 가장 짧은 선분의 길이는 3이고, 가장 긴 선분의 길이는 12일 때, 10개의 선분의 길이의 합을 구하시오.

(단, 선분은 제1사분면 위에 있다.)

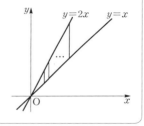

풀이 10개의 선분과 직선의 교점의 x좌표를 작은 것부터 순서대로 $x_1, x_2, x_3, \cdots, x_{10}$이라 하면 수열 $\{x_n\}$은 등차수열을 이룬다.　◀── $x_n - x_{n-1} = (일정)$

또 교점의 x좌표가 x_n인 선분의 길이를 l_n이라 하면

$$l_n = 2x_n - x_n = x_n$$

이므로 수열 $\{l_n\}$도 등차수열을 이룬다.

이때 $l_1 = 3$, $l_{10} = 12$이므로 10개의 선분의 길이의 합은

$$l_1 + l_2 + l_3 + \cdots + l_{10} = \frac{10(3+12)}{2} = \mathbf{75}$$

● 정답 및 풀이 **124쪽**

534 100과 200 사이에 있는 자연수 중에서 5로 나누었을 때의 나머지가 2인 수의 총합을 구하시오.

535 오른쪽 그림과 같이 x축 위의 두 점 F, F′과 y축 위의 점 P$(0, n)$에 대하여 삼각형 PF′F는 $\angle \mathrm{FPF'} = 90°$인 직각이등변삼각형이다. 자연수 n에 대하여 삼각형 PF′F의 세 변 위에 있는 점 중에서 x좌표와 y좌표가 모두 정수인 점의 개수를 a_n이라 할 때, 수열 $\{a_n\}$의 첫째항부터 제8항까지의 합을 구하시오.

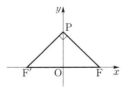

15 등차수열의 합과 일반항 사이의 관계

수열 $\{a_n\}$의 첫째항부터 제n항까지의 합을 S_n이라 할 때, 다음 물음에 답하시오.

(1) $S_n=n^2+3n-1$일 때, a_1+a_7의 값을 구하시오.

(2) $S_n=n^2+n$일 때, $a_k=20$을 만족시키는 k의 값을 구하시오.

풀이　(1) $a_1=S_1=1^2+3\times1-1=3$

$\qquad a_7=S_7-S_6=(7^2+3\times7-1)-(6^2+3\times6-1)=16$

$\qquad\quad \therefore\ a_1+a_7=\mathbf{19}$

(2) $n=1$일 때

$\qquad a_1=S_1=1^2+1=2$

$n\geq2$일 때

$\qquad a_n=S_n-S_{n-1}=(n^2+n)-\{(n-1)^2+(n-1)\}=2n \qquad \cdots\cdots\ \bigcirc$

이때 $a_1=2$는 $\bigcirc$에 $n=1$을 대입한 것과 같으므로

$\qquad a_n=2n$

따라서 $a_k=20$에서

$\qquad 2k=20 \qquad \therefore\ k=\mathbf{10}$

다른 풀이　(2) $a_1=S_1=2$이므로 $\qquad k\neq1$

$\qquad\quad \therefore\ a_k=S_k-S_{k-1}$

$\qquad\qquad\quad =(k^2+k)-\{(k-1)^2+(k-1)\}$

$\qquad\qquad\quad =2k$

즉 $2k=20$이므로 $\qquad k=10$

 KEY Point

• 수열 $\{a_n\}$의 첫째항부터 제n항까지의 합 S_n이 주어진 경우

$\Rightarrow a_1=S_1,\ a_n=S_n-S_{n-1}\ (n\geq2)$임을 이용한다.

● 정답 및 풀이 **125**쪽

 536 수열 $\{a_n\}$의 첫째항부터 제n항까지의 합 S_n이 $S_n=2n^2-3n$일 때, $1\leq a_n\leq50$을 만족시키는 자연수 n의 개수를 구하시오.

537 수열 $\{a_n\}$의 첫째항부터 제n항까지의 합 S_n이 $S_n=n^2-2n+k$이다. 이 수열이 첫째항부터 등차수열을 이루도록 하는 상수 k의 값을 구하시오.

연습 문제

STEP 1

538 등차수열 $\{a_n\}$에서 $a_3 = \log_3 8$, $a_5 = \log_3 32$일 때, a_{10}의 값을 구하시오.

539 등차수열 $\{a_n\}$에서 제2항과 제6항은 절댓값이 같고 부호가 반대이며 제3항은 -2일 때, 이 수열의 첫째항과 공차를 구하시오.

생각해 봅시다!

$|a_2| = |a_6|$이고 부호가 반대
이므로
$$a_2 + a_6 = 0$$

540 $a_2 = -37$, $a_6 - a_3 = 9$인 등차수열 $\{a_n\}$은 제몇 항에서 처음으로 양수가 되는지 구하시오.

541 0이 아닌 세 수 a, b, c가 이 순서대로 등차수열을 이루고, 세 수 $-c$, $2b$, $4a$도 이 순서대로 등차수열을 이룰 때, $\dfrac{a+b}{c}$의 값을 구하시오.

b는 a와 c의 등차중항이고, $2b$는 $-c$와 $4a$의 등차중항이다.

542 연속하는 10개의 자연수의 합이 525일 때, 10개의 자연수 중에서 가장 작은 수를 구하시오.

543 1과 2 사이에 18개의 수 a_1, a_2, a_3, $\cdots$, a_{18}을 넣어 만든 수열
$$1, a_1, a_2, a_3, \cdots, a_{18}, 2$$
가 등차수열을 이룰 때, $a_1 + a_2 + a_3 + \cdots + a_{18}$의 값을 구하시오.

등차수열
$1, a_1, a_2, a_3, \cdots, a_{18}, 2$
의 항수는 20이다.

544 첫째항부터 제n항까지의 합이 각각 $n^2 + kn + 1$, $2n^2 - 3n - 1$인 두 수열 $\{a_n\}$, $\{b_n\}$에 대하여 $a_{10} = b_{10}$일 때, 상수 k의 값을 구하시오.

생각해 봅시다! 💡

545 공차가 -4인 등차수열 $\{a_n\}$에 대하여 $a_3 a_6 = 220$, $a_7 > 0$일 때, a_4의 값을 구하시오.

평가원 기출

546 자연수 n에 대하여 x에 대한 이차방정식 $x^2 - nx + 4(n-4) = 0$이 서로 다른 두 실근 α, β $(\alpha < \beta)$를 갖고, 세 수 1, α, β가 이 순서대로 등차수열을 이룰 때, n의 값은?

① 5   ② 8   ③ 11   ④ 14   ⑤ 17

547 넓이가 54인 어떤 직각삼각형의 세 변의 길이가 등차수열을 이룰 때, 세 변의 길이의 합을 구하시오.

직각삼각형의 세 변의 길이를 a, b, c라 하면
$$c^2 = a^2 + b^2$$
(단, $c > a$, $c > b$)

548 두 등차수열 $\{a_n\}$, $\{b_n\}$의 첫째항의 합이 5, 공차의 합이 -2일 때, $(a_1 + a_2 + a_3 + \cdots + a_{18}) + (b_1 + b_2 + b_3 + \cdots + b_{18})$의 값을 구하시오.

549 등차수열 $\{a_n\}$에 대하여 $a_1 + a_2 + a_3 + \cdots + a_{10} = 10$, $a_{11} + a_{12} + a_{13} + \cdots + a_{20} = 50$일 때, $a_{21} + a_{22} + a_{23} + \cdots + a_{40}$의 값을 구하시오.

550 등차수열 $\{a_n\}$의 제3항이 17이고 제2항과 제7항의 비가 $4 : 1$이다. 수열 $\{a_n\}$의 첫째항부터 제n항까지의 합을 S_n이라 할 때, S_n의 최댓값을 구하시오.

처음으로 음수가 되는 것은 제몇 항인지 구한다.

551 두 자리 자연수 중에서 4 또는 7로 나누어떨어지는 수의 총합을 구하시오.

(4로 나누어떨어지는 수의 총합)
$+$(7로 나누어떨어지는 수의 총합)
$-$(28로 나누어떨어지는 수의 총합)

552 [평가원] 기출
공차가 2인 등차수열 $\{a_n\}$의 첫째항부터 제n항까지의 합을 S_n이라 하자. $S_k=-16$, $S_{k+2}=-12$를 만족시키는 자연수 k에 대하여 a_{2k}의 값은?

① 6　　　② 7　　　③ 8　　　④ 9　　　⑤ 10

실력 UP⁺

553 오른쪽 그림에서 가로줄과 세로줄에 있는 세 수가 적힌 순서대로 각각 등차수열을 이룬다. 예를 들어 a, b, 2는 이 순서대로 등차수열을 이루고, b, c, 6 도 이 순서대로 등차수열을 이룬다. 이때 $a+b-(d+f)$의 값을 구하시오.

a	b	2
1	c	d
e	6	f

554 n개의 항으로 이루어진 등차수열 a_1, a_2, a_3, $\cdots$, a_n이 다음 조건을 만족시킬 때, n의 값을 구하시오.

> (개) 처음 4개의 항의 합은 24이다.
> (내) 마지막 4개의 항의 합은 156이다.
> (대) $a_1+a_2+a_3+\cdots+a_n=540$

$a_1+a_n=a_2+a_{n-1}$
$\qquad =a_3+a_{n-2}$
$\qquad =a_4+a_{n-3}$

555 [교육청] 기출
등차수열 $\{a_n\}$의 첫째항부터 제n항까지의 합을 S_n이라 하자. $a_3=42$ 일 때, 다음 조건을 만족시키는 4 이상의 자연수 k의 값은?

> (개) $a_{k-3}+a_{k-1}=-24$　　　(내) $S_k=k^2$

① 13　　　② 14　　　③ 15　　　④ 16　　　⑤ 17

556 수열 $\{a_n\}$의 첫째항부터 제n항까지의 합 S_n이 $S_n=n^2-20n$일 때, $|a_1|+|a_2|+|a_3|+\cdots+|a_{15}|$의 값을 구하시오.

$a_n\geq0$이면 $|a_n|=a_n$
$a_n<0$이면 $|a_n|=-a_n$

03 등비수열

1 등비수열의 뜻

(1) 첫째항부터 차례대로 **일정한 수를 곱하여 만들어지는 수열**을 **등비수열**이라 하고, 곱하는 일정한 수를 **공비**라 한다.

(2) 공비가 r인 등비수열 $\{a_n\}$에 대하여 제n항에 r를 곱하면 제$(n+1)$항이 되므로 다음 관계가 성립한다.

$$a_{n+1}=ra_n \iff \frac{a_{n+1}}{a_n}=r \ (\text{단, } n=1, 2, 3, \cdots)$$

> ① 공비는 영어로 common ratio이고 보통 r로 나타낸다.
> ② 여기서는 (첫째항)$\neq 0$, (공비)$\neq 0$인 등비수열만 다룬다.

보기 ▶ 1, 2, 4, 8, 16, $\cdots$은 첫째항이 1이고 공비가 2인 등비수열이다.
　　　$\times 2 \ \times 2 \ \times 2 \ \times 2$

2 등비수열의 일반항　∞ 필수 16~20

첫째항이 a, 공비가 $r\,(r\neq 0)$인 등비수열의 일반항 a_n은
$$a_n=ar^{n-1} \ (\text{단, } n=1, 2, 3, \cdots)$$

설명 첫째항이 a, 공비가 $r\,(r\neq 0)$인 등비수열 $\{a_n\}$의 각 항은 다음과 같다.
$$a_1=a$$
$$a_2=a_1\times r=ar$$
$$a_3=a_2\times r=ar\times r=ar^2$$
$$a_4=a_3\times r=ar^2\times r=ar^3$$
$$\vdots$$
따라서 일반항 a_n은
$$a_n=ar^{n-1}$$

$$a_1=ar^0$$
$$a_2=ar^1$$
$$a_3=ar^2$$
$$a_4=ar^3$$
$$\vdots$$
$$a_n=ar^{n-1}$$

보기 ▶ 첫째항이 5, 공비가 -2인 등비수열의 일반항 a_n은
$$a_n=5\times(-2)^{n-1}$$

3 등비중항　∞ 필수 21, 22

0이 아닌 세 수 a, b, c가 이 순서대로 등비수열을 이룰 때, b를 a와 c의 **등비중항**이라 한다.
이때 $\dfrac{b}{a}=\dfrac{c}{b}$이므로　$b^2=ac$

> 수열 $\{a_n\}$이 등비수열이면 연속하는 세 항 a_n, a_{n+1}, a_{n+2} 사이에 다음이 성립한다.
> $$a_{n+1}{}^2=a_n a_{n+2} \ (\text{단, } n=1, 2, 3, \cdots)$$

557 다음 수열이 등비수열을 이룰 때, □ 안에 알맞은 수를 써넣으시오.

(1) $1, -2, \square, -8, \square, \cdots$

(2) $\dfrac{1}{2}, \square, \square, \dfrac{1}{16}, \dfrac{1}{32}, \cdots$

(3) $\square, \square, 18, -54, 162, \cdots$

(4) $-\sqrt{2}, -1, \square, -\dfrac{1}{2}, \square, \cdots$

> **알아둡시다!**
>
> 공비가 r인 등비수열 $\{a_n\}$에 대하여
> $$\frac{a_{n+1}}{a_n} = r$$

558 다음 등비수열의 일반항 a_n을 구하시오.

(1) 첫째항: 1, 공비: 2

(2) 첫째항: 5, 공비: -1

(3) 첫째항: 4, 공비: $\dfrac{1}{3}$

(4) $3, -6, 12, -24, \cdots$

(5) $-2, 3, -\dfrac{9}{2}, \dfrac{27}{4}, \cdots$

(6) $2, 2\sqrt{3}, 6, 6\sqrt{3}, \cdots$

> 첫째항이 a, 공비가 r인 등비수열의 일반항 a_n은
> $$a_n = ar^{n-1}$$

559 세 수 $2, x, 18$이 이 순서대로 등비수열을 이룰 때, x의 값을 구하시오.

> 세 수 a, b, c가 이 순서대로 등비수열을 이룬다.
> $\Rightarrow b^2 = ac$

● 더 다양한 문제는 **RPM** 대수 118쪽

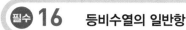

필수 16 **등비수열의 일반항**

첫째항이 $\dfrac{1}{4}$이고 제4항이 16인 등비수열의 일반항 a_n을 구하시오.

풀이 주어진 등비수열의 공비를 r라 하면 제4항이 16이므로

$$a_4=\dfrac{1}{4}\times r^3=16, \qquad r^3=64 \qquad \therefore r=4$$

$$\therefore a_n=\dfrac{1}{4}\times 4^{n-1}=\mathbf{4^{n-2}}$$

● 더 다양한 문제는 **RPM** 대수 118쪽

필수 17 **항이 주어진 등비수열**

제2항이 -6, 제4항이 $-\dfrac{2}{3}$이고 공비가 음수인 등비수열 $\{a_n\}$의 제7항을 구하시오.

풀이 등비수열 $\{a_n\}$의 첫째항을 a, 공비를 r $(r<0)$라 하면

$$a_2=ar=-6 \qquad \cdots\cdots \text{㉠}$$

$$a_4=ar^3=-\dfrac{2}{3} \qquad \cdots\cdots \text{㉡}$$

㉡$\div$㉠을 하면 $\quad r^2=\dfrac{1}{9} \qquad \therefore r=-\dfrac{1}{3}$ $(\because r<0)$

㉠에 $r=-\dfrac{1}{3}$을 대입하면 $\quad -\dfrac{1}{3}a=-6 \qquad \therefore a=18$

따라서 $a_n=18\times\left(-\dfrac{1}{3}\right)^{n-1}$이므로

$$a_7=18\times\left(-\dfrac{1}{3}\right)^6=\mathbf{\dfrac{2}{81}}$$

KEY Point

- 첫째항이 a, 공비가 r인 등비수열 $\{a_n\}$의 일반항 $\Rightarrow a_n=ar^{n-1}$
- 등비수열의 항이 주어진 경우
  $\Rightarrow$ 첫째항을 a, 공비를 r라 하고 a, r에 대한 방정식을 세운다.

● 정답 및 풀이 **130**쪽

560 공비가 -2이고 제3항이 8인 등비수열 $\{a_n\}$에 대하여 다음을 구하시오.

(1) 일반항 a_n (2) $a_k=-64$를 만족시키는 k의 값

561 제3항이 $\dfrac{1}{9}$, 제6항이 -3인 등비수열 $\{a_n\}$에서 -27은 제몇 항인지 구하시오.

필수 18 **항 사이의 관계가 주어진 등비수열**

모든 항이 양수인 등비수열 $\{a_n\}$에 대하여 $a_1+a_2=60$, $a_3+a_4=240$일 때, a_7의 값을 구하시오.

풀이 등비수열 $\{a_n\}$의 첫째항을 a, 공비를 r라 하면

$a_1+a_2=60$에서　　$a+ar=60$　　$\therefore a(1+r)=60$　　　　……㉠

$a_3+a_4=240$에서　　$ar^2+ar^3=240$　　$\therefore ar^2(1+r)=240$　　……㉡

㉡÷㉠을 하면　　$r^2=4$　　$\therefore r=\pm2$

이때 모든 항이 양수이므로　　$r=2$

㉠에 $r=2$를 대입하면

　　　　$3a=60$　　$\therefore a=20$

따라서 $a_n=20\times2^{n-1}$이므로

　　　　$a_7=20\times2^6=\mathbf{1280}$

필수 19 **조건을 만족시키는 등비수열의 항 구하기**

등비수열 2, 4, 8, …에서 처음으로 500보다 커지는 항은 제몇 항인지 구하시오.

설명 주어진 등비수열의 일반항 a_n에 대하여 $a_n>500$을 만족시키는 자연수 n의 최솟값을 구한다.

풀이 주어진 등비수열의 일반항을 a_n이라 하면 첫째항이 2, 공비가 $\dfrac{4}{2}=2$이므로

　　　　$a_n=2\times2^{n-1}=2^n$

$a_n>500$에서　　$2^n>500$

이때 $2^8=256$, $2^9=512$이므로　　$n\geq9$

따라서 처음으로 500보다 커지는 항은 **제9항**이다.

● 정답 및 풀이 **130**쪽

 562 등비수열 $\{a_n\}$에 대하여 $a_1-a_4=56$, $a_1+a_2+a_3=14$일 때, a_5의 값을 구하시오.

563 제2항이 6, 공비가 3인 등비수열 $\{a_n\}$에서 처음으로 1000보다 커지는 항은 제몇 항인지 구하시오.

20 **두 수 사이에 수를 넣어서 만든 등비수열**

2와 20 사이에 10개의 수를 넣어서 만든 수열

$2, a_1, a_2, a_3, \cdots, a_{10}, 20$

이 등비수열을 이룰 때, a_1a_{10}의 값을 구하시오.

풀이 주어진 등비수열의 공비를 r라 하면 첫째항이 2, 제12항이 20이므로

$2r^{11}=20$ ∴ $r^{11}=10$

이때 a_1, a_{10}은 각각 주어진 수열의 제2항, 제11항이므로

$a_1a_{10}=2r \times 2r^{10}=4r^{11}=4 \times 10=\mathbf{40}$

 21 **등비중항**

세 수 $x+2$, $x-4$, $\dfrac{x-1}{3}$이 이 순서대로 등비수열을 이루도록 하는 모든 실수 x의

값의 합을 구하시오.

풀이 세 수 $x+2$, $x-4$, $\dfrac{x-1}{3}$이 이 순서대로 등비수열을 이루면 $x-4$가 $x+2$와 $\dfrac{x-1}{3}$의 등비중항

이므로

$$(x-4)^2=(x+2) \times \dfrac{x-1}{3}, \qquad 2x^2-25x+50=0, \qquad (2x-5)(x-10)=0$$

∴ $x=\dfrac{5}{2}$ 또는 $x=10$

따라서 모든 x의 값의 합은 $\dfrac{5}{2}+10=\dfrac{\mathbf{25}}{\mathbf{2}}$

 KEY Point

- 두 수 a, b 사이에 n개의 수를 넣어서 만든 등비수열

  ⇨ 첫째항이 a, 제$(n+2)$항이 b이므로 공비를 r라 하면 $b=ar^{n+1}$

- 0이 아닌 세 수 a, b, c가 이 순서대로 등비수열을 이룬다. ⇨ $b^2=ac$

● 정답 및 풀이 **131**쪽

 564 1과 729 사이에 n개의 수를 넣어서 만든 수열

$1, a_1, a_2, \cdots, a_n, 729$

가 공비가 $\sqrt{3}$인 등비수열을 이룰 때, n의 값을 구하시오.

565 다항식 $f(x)=x^2+2x+a$를 $x+1$, $x-1$, $x-2$로 나누었을 때의 나머지가 이 순서대로 등비수열을 이룰 때, $f(x)$를 $x+2$로 나누었을 때의 나머지를 구하시오. (단, a는 상수이다.)

22 등차중항과 등비중항

● 더 다양한 문제는 RPM 대수 120쪽

세 수 2, a, b가 이 순서대로 등비수열을 이루고, 세 수 a, b, 30이 이 순서대로 등차수열을 이룰 때, $b-a$의 값을 구하시오. (단, $a>0$, $b>0$)

풀이 2, a, b가 이 순서대로 등비수열을 이루므로 $a^2=2b$ ……㉠

a, b, 30이 이 순서대로 등차수열을 이루므로 $2b=a+30$ ……㉡

㉠에 ㉡을 대입하면 $a^2=a+30$, $a^2-a-30=0$

$(a+5)(a-6)=0$ ∴ $a=6$ (∵ $a>0$)

㉠에 $a=6$을 대입하면 $36=2b$ ∴ $b=18$

∴ $b-a=\mathbf{12}$

 23 등비수열을 이루는 세 수

● 더 다양한 문제는 RPM 대수 120쪽

등비수열을 이루는 세 실수의 합이 $\dfrac{3}{2}$이고 곱이 -1일 때, 세 실수를 구하시오.

풀이 세 실수를 a, ar, ar^2이라 하면

$a+ar+ar^2=\dfrac{3}{2}$이므로 $a(1+r+r^2)=\dfrac{3}{2}$ ……㉠

$a\times ar\times ar^2=-1$이므로 $(ar)^3=-1$

$ar=-1$ ∴ $a=-\dfrac{1}{r}$ ……㉡

㉠에 ㉡을 대입하면 $-\dfrac{1}{r}(1+r+r^2)=\dfrac{3}{2}$

$-2(1+r+r^2)=3r$, $2r^2+5r+2=0$, $(r+2)(2r+1)=0$

∴ $r=-2$ 또는 $r=-\dfrac{1}{2}$

㉡에서 $r=-2$이면 $a=\dfrac{1}{2}$, $r=-\dfrac{1}{2}$이면 $a=2$이므로 구하는 세 실수는 $\dfrac{1}{2}$, -1, 2이다.

KEY Point
- 등비수열을 이루는 세 수 ⇨ a, ar, ar^2으로 놓는다.

● 정답 및 풀이 131쪽

 566 세 양수 a, b, c에 대하여 4, a, b와 b, c, 64가 각각 이 순서대로 등비수열을 이루고, a, b, c가 이 순서대로 등차수열을 이룰 때, $a+b+c$의 값을 구하시오.

567 삼차방정식 $x^3-6x^2-24x+k=0$의 세 근이 등비수열을 이룰 때, 상수 k의 값을 구하시오.

● 더 다양한 문제는 RPM 대수 121쪽 ─

 24 등비수열의 활용

한 변의 길이가 2인 정삼각형 모양의 종이에서 각 변의 중점을 이어서 만든 정삼각형을 오려 내고 남은 부분을 S_1이라 하자. S_1에서 한 변의 길이가 1인 세 개의 정삼각형의 각 변의 중점을 이어서 만든 정삼각형을 오려 내고 남은 부분을 S_2라 하자. S_2에서 한 변의 길이가 $\frac{1}{2}$인 9개의 정삼각형의 각 변의 중점을 이어서 만든 정삼각형을 오려 내고 남은 부분을 S_3이라 하자. 이와 같은 시행을 반복할 때, S_{10}의 넓이를 구하시오.

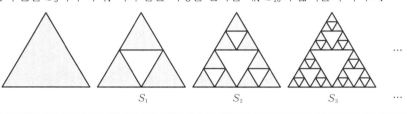

설명 S_1, S_2, S_3, …의 넓이를 차례대로 구하여 S_n의 넓이를 추론한다.

풀이 한 변의 길이가 2인 정삼각형의 넓이는 $\dfrac{\sqrt{3}}{4} \times 2^2 = \sqrt{3}$이므로

S_1의 넓이는 $\quad \sqrt{3} \times \dfrac{3}{4}$

S_2의 넓이는 $\quad \left(\sqrt{3} \times \dfrac{3}{4}\right) \times \dfrac{3}{4} = \sqrt{3} \times \left(\dfrac{3}{4}\right)^2$

S_3의 넓이는 $\quad \left\{\sqrt{3} \times \left(\dfrac{3}{4}\right)^2\right\} \times \dfrac{3}{4} = \sqrt{3} \times \left(\dfrac{3}{4}\right)^3$

$\quad\quad\quad\quad \vdots$

S_n의 넓이는 $\quad \sqrt{3} \times \left(\dfrac{3}{4}\right)^n$

따라서 S_{10}의 넓이는 $\quad \sqrt{3} \times \left(\dfrac{3}{4}\right)^{10}$

• 도형의 넓이나 길이가 일정한 비율로 변한다.
⇨ 처음 몇 개의 항을 차례대로 나열하여 규칙을 찾는다.

● 정답 및 풀이 **131**쪽

 568 오른쪽 그림과 같이 한 변의 길이가 4인 정사각형 ABCD가 있다. 이때 정사각형 ABCD의 각 변의 중점을 이어서 만든 정사각형을 $A_1B_1C_1D_1$이라 하고, 정사각형 $A_1B_1C_1D_1$의 각 변의 중점을 이어서 만든 정사각형을 $A_2B_2C_2D_2$라 하자. 이와 같은 시행을 반복할 때, 정사각형 $A_{10}B_{10}C_{10}D_{10}$의 둘레의 길이를 구하시오.

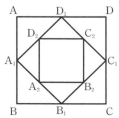

04 등비수열의 합

1 등비수열의 합   ◎ 필수 25~27, 발전 28

첫째항이 a, 공비가 r인 등비수열의 첫째항부터 제n항까지의 합 S_n은 다음과 같다.

(1) $r \neq 1$일 때, $S_n = \dfrac{a(1-r^n)}{1-r} = \dfrac{a(r^n-1)}{r-1}$

(2) $r = 1$일 때, $S_n = na$

▶ $r > 1$일 때에는 $S_n = \dfrac{a(r^n-1)}{r-1}$, $r < 1$일 때에는 $S_n = \dfrac{a(1-r^n)}{1-r}$ 을 이용하면 계산이 편리하다.

설명 첫째항이 a, 공비가 r인 등비수열 $\{a_n\}$의 첫째항부터 제n항까지의 합을 S_n이라 하면
$$S_n = a + ar + ar^2 + \cdots + ar^{n-2} + ar^{n-1} \quad \cdots\cdots \text{㉠}$$
㉠의 양변에 공비 r를 곱하면
$$rS_n = ar + ar^2 + ar^3 + \cdots + ar^{n-1} + ar^n \quad \cdots\cdots \text{㉡}$$
㉠$-$㉡을 하면 $S_n - rS_n = a - ar^n$ $\therefore (1-r)S_n = a(1-r^n)$

따라서 $r \neq 1$일 때, $S_n = \dfrac{a(1-r^n)}{1-r} = \dfrac{a(r^n-1)}{r-1}$

$r = 1$일 때, ㉠에서 $S_n = \underbrace{a + a + a + \cdots + a}_{n\text{개}} = na$

보기 ▶ 첫째항이 3, 공비가 2인 등비수열의 첫째항부터 제5항까지의 합 S_5는
$$S_5 = \dfrac{3(2^5-1)}{2-1} = 93$$

보충 학습   **등비수열의 일반항과 합의 꼴**

(1) 수열 $\{a_n\}$의 일반항 a_n이 $a_n = Ar^n$ (A, r는 상수, $Ar \neq 0$)의 꼴이면
   $a_1 = Ar$,
   $a_{n+1} \div a_n = Ar^{n+1} \div Ar^n = r$
이므로 수열 $\{a_n\}$은 첫째항이 Ar, 공비가 r인 등비수열이다.

(2) 수열 $\{a_n\}$의 첫째항부터 제n항까지의 합 S_n이 $S_n = Ar^n - A$ (A, r는 상수)의 꼴이면
   $a_1 = A(r-1)$,
   $a_n = S_n - S_{n-1} = Ar^n - A - (Ar^{n-1} - A) = A(r-1)r^{n-1}$ ($n \geq 2$)
이므로 수열 $\{a_n\}$은 첫째항이 $A(r-1)$, 공비가 r인 등비수열이다.

(3) 수열 $\{a_n\}$의 첫째항부터 제n항까지의 합 S_n이 $S_n = Ar^n + B$ (A, B, r는 상수)의 꼴일 때
   ① $A + B = 0$ ➡ 수열 $\{a_n\}$은 첫째항부터 등비수열을 이룬다.
   ② $A + B \neq 0$ ➡ 수열 $\{a_n\}$은 둘째항부터 등비수열을 이룬다.

✎ 알아둡시다!

첫째항이 a, 공비가 r $(r \neq 1)$ 인 등비수열의 첫째항부터 제n항까지의 합 S_n은
$$S_n = \frac{a(1-r^n)}{1-r}$$
$$= \frac{a(r^n-1)}{r-1}$$

569 다음을 구하시오.

(1) 첫째항이 2, 공비가 3인 등비수열의 첫째항부터 제6항까지의 합

(2) 첫째항이 4, 공비가 $-\dfrac{1}{2}$인 등비수열의 첫째항부터 제8항까지의 합

(3) 첫째항이 $\sqrt{2}$, 공비가 $\sqrt{2}$인 등비수열의 첫째항부터 제7항까지의 합

(4) 등비수열 1, -2, 4, -8, $\cdots$의 첫째항부터 제10항까지의 합

(5) 등비수열 0.1, 0.01, 0.001, 0.0001, $\cdots$의 첫째항부터 제12항까지의 합

570 수열 1, 2, 4, 8, $\cdots$에 대하여 다음 물음에 답하시오.

(1) 일반항 a_n을 구하시오.

(2) 256이 제몇 항인지 구하시오.

(3) $1+2+4+8+\cdots+256$의 값을 구하시오.

571 다음 합을 구하시오.

(1) $\dfrac{1}{2}+\dfrac{1}{4}+\dfrac{1}{8}+\dfrac{1}{16}+\cdots+\dfrac{1}{1024}$

(2) $\dfrac{2}{3}-\dfrac{2}{9}+\dfrac{2}{27}-\dfrac{2}{81}+\dfrac{2}{243}$

(3) $5+10+20+40+\cdots+320$

(4) $\log_2 4 + \log_2 4^3 + \log_2 4^9 + \log_2 4^{27} + \log_2 4^{81}$

572 수열 $\{a_n\}$의 첫째항부터 제n항까지의 합 S_n이 다음과 같을 때, 일반항 a_n을 구하시오.

(1) $S_n = 2^n - 1$ (2) $S_n = 3^n + 2$

수열 $\{a_n\}$의 첫째항부터 제n항까지의 합을 S_n이라 하면
$a_1 = S_1$,
$a_n = S_n - S_{n-1}$ $(n \geq 2)$

필수 25 등비수열의 합

다음 물음에 답하시오.

(1) 등비수열 $\{a_n\}$의 일반항이 $a_n = 2^{2n+1}$일 때, 첫째항부터 제10항까지의 합을 구하시오.

(2) 공비가 양수인 등비수열 $\{a_n\}$에 대하여 $a_2 = \dfrac{1}{2}$, $a_6 = \dfrac{1}{32}$일 때, 첫째항부터 제5항까지의 합을 구하시오.

풀이 (1) $a_n = 2^{2n+1}$에서 $a_1 = 2^3 = 8$, $a_2 = 2^5 = 32$

따라서 수열 $\{a_n\}$은 첫째항이 8, 공비가 $\dfrac{32}{8} = 4$인 등비수열이므로 첫째항부터 제10항까지의 합은

$$\frac{8(4^{10}-1)}{4-1} = \frac{8}{3}(4^{10}-1)$$

(2) 등비수열 $\{a_n\}$의 첫째항을 a, 공비를 r $(r>0)$라 하면

$$a_2 = ar = \frac{1}{2} \qquad \cdots\cdots \ \ominus$$

$$a_6 = ar^5 = \frac{1}{32} \qquad \cdots\cdots \ \bigcirc$$

$\bigcirc \div \ominus$을 하면 $r^4 = \dfrac{1}{16}$ $\therefore r = \dfrac{1}{2}$ $(\because r>0)$

$\ominus$에 $r = \dfrac{1}{2}$을 대입하면 $\dfrac{1}{2}a = \dfrac{1}{2}$ $\therefore a = 1$

따라서 첫째항부터 제5항까지의 합은

$$\frac{1 \times \left\{1 - \left(\frac{1}{2}\right)^5\right\}}{1 - \frac{1}{2}} = 2\left\{1 - \left(\frac{1}{2}\right)^5\right\} = \frac{31}{16}$$

KEY Point

• 첫째항이 a, 공비가 r $(r \neq 1)$인 등비수열의 첫째항부터 제n항까지의 합을 S_n이라 할 때

$$S_n = \frac{a(1-r^n)}{1-r} = \frac{a(r^n-1)}{r-1}$$

● 정답 및 풀이 **133**쪽

573 첫째항이 2, 제4항이 -54인 등비수열의 첫째항부터 제10항까지의 합을 구하시오.

574 첫째항과 제3항의 합이 -10이고 첫째항부터 제4항까지의 합이 20인 등비수열의 첫째항을 구하시오.

● 더 다양한 문제는 **RPM** 대수 122쪽

필수 26 **부분의 합이 주어진 등비수열의 합**

첫째항부터 제5항까지의 합이 1이고 첫째항부터 제10항까지의 합이 3인 등비수열의 첫째항부터 제15항까지의 합을 구하시오.

풀이 주어진 등비수열의 첫째항을 a, 공비를 r, 첫째항부터 제n항까지의 합을 S_n이라 하면

$$S_5 = \frac{a(1-r^5)}{1-r} = 1 \qquad \cdots\cdots \text{㉠}$$

$$S_{10} = \frac{a(1-r^{10})}{1-r} = \frac{a(1-r^5)(1+r^5)}{1-r} = 3 \qquad \cdots\cdots \text{㉡}$$

㉡÷㉠을 하면 $1+r^5 = 3$ ∴ $r^5 = 2$

따라서 구하는 합은

$$S_{15} = \frac{a(1-r^{15})}{1-r} = \frac{a(1-r^5)(1+r^5+r^{10})}{1-r} = \frac{a(1-r^5)}{1-r} \times (1+r^5+r^{10})$$
$$= 1 \times (1+2+2^2) = \mathbf{7}$$

● 더 다양한 문제는 **RPM** 대수 122쪽

필수 27 **조건을 만족시키는 등비수열의 합**

등비수열 $1, \dfrac{1}{2}, \dfrac{1}{4}, \dfrac{1}{8}, \cdots$의 첫째항부터 제$n$항까지의 합을 S_n이라 할 때, $S_n > 1.999$를 만족시키는 자연수 n의 최솟값을 구하시오.

풀이 주어진 등비수열의 첫째항이 1이고 공비가 $\dfrac{1}{2} \div 1 = \dfrac{1}{2}$이므로

$$S_n = \frac{1 \times \left\{1-\left(\frac{1}{2}\right)^n\right\}}{1-\frac{1}{2}} = 2\left\{1-\left(\frac{1}{2}\right)^n\right\} = 2 - \frac{1}{2^{n-1}}$$

$S_n > 1.999$에서 $2 - \dfrac{1}{2^{n-1}} > 1.999$, $\dfrac{1}{2^{n-1}} < \dfrac{1}{1000}$ ∴ $2^{n-1} > 1000$

이때 $2^9 = 512$, $2^{10} = 1024$이므로 $n-1 \geq 10$ ∴ $n \geq 11$

따라서 구하는 n의 최솟값은 **11**이다.

● 정답 및 풀이 **133**쪽

575 첫째항부터 제10항까지의 합이 2이고 제21항부터 제30항까지의 합이 8인 등비수열의 제11항부터 제20항까지의 합을 구하시오.

576 제2항이 4, 제5항이 32인 등비수열 $\{a_n\}$에서 첫째항부터 제몇 항까지의 합이 처음으로 1000보다 커지는지 구하시오.

발전 28 등비수열의 합의 활용

어느 나라에서는 탄소 배출량을 매년 일정한 비율로 줄이려고 한다. 2017년부터 2019년까지의 탄소 배출량은 800만 톤이고, 2020년부터 2022년까지의 탄소 배출량은 600만 톤일 때, 2023년의 탄소 배출량은 2017년의 탄소 배출량의 몇 배인지 구하시오.

풀이 2017년의 탄소 배출량을 a만 톤이라 하고 매년 탄소 배출량이 전년도 탄소 배출량의 r배라 하면
2017년부터 2019년까지의 탄소 배출량이 800만 톤이므로

$$\frac{a(1-r^3)}{1-r}=800 \qquad \cdots\cdots ㉠$$

2020년부터 2022년까지의 탄소 배출량이 600만 톤이므로

$$\frac{ar^3(1-r^3)}{1-r}=600 \qquad \cdots\cdots ㉡$$

㉡÷㉠을 하면 $\quad r^3=\dfrac{3}{4}$

따라서 2023년의 탄소 배출량은

$$ar^6=a(r^3)^2=a\times\left(\frac{3}{4}\right)^2=\frac{9}{16}a \text{ (만 톤)}$$

즉 2023년의 탄소 배출량은 2017년의 탄소 배출량의 $\dfrac{9}{16}$배이다.

● 정답 및 풀이 **134**쪽

 577 오른쪽 그림은 16개의 칸 중 3개의 칸에 다음 규칙을 만족시키도록 수를 써넣은 것이다.

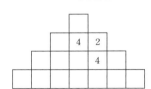

(개) 가로로 인접한 두 칸에서 오른쪽 칸의 수는 왼쪽 칸의 수의 $\dfrac{1}{2}$배이다.

(내) 세로로 인접한 두 칸에서 아래쪽 칸의 수는 위쪽 칸의 수의 2배이다.

이 규칙을 만족시키도록 나머지 칸에 수를 써넣을 때, 네 번째 줄의 7개의 수의 합을 구하시오.

578 한 변의 길이가 3인 정사각형 모양의 종이가 있다. 오른쪽 그림과 같이 첫 번째 시행에서 정사각형을 9등분한 후 가운데 정사각형을 칠하고, 두 번째 시행에서 첫 번째 시행 후 칠하지 않은 8개의 정사각형을 각각 9등분한 후 가운데 정사각형을 칠한다. 이와 같은 시행을 8회 반복했을 때, 색칠한 부분의 넓이의 합을 구하시오.

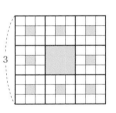

필수 29 등비수열의 합과 일반항 사이의 관계

수열 $\{a_n\}$의 첫째항부터 제n항까지의 합을 S_n이라 할 때, 다음 물음에 답하시오.

(1) $S_n = 4^{n+1} - 2$일 때, $a_1 + a_4$의 값을 구하시오.

(2) $S_n = 5^n - 1$일 때, $a_k = 100$을 만족시키는 k의 값을 구하시오.

풀이

(1) $a_1 = S_1 = 4^2 - 2 = 14$

$a_4 = S_4 - S_3 = (4^5 - 2) - (4^4 - 2) = 768$

$\therefore a_1 + a_4 = \mathbf{782}$

(2) $n = 1$일 때

$a_1 = S_1 = 5^1 - 1 = 4$

$n \geq 2$일 때

$a_n = S_n - S_{n-1} = (5^n - 1) - (5^{n-1} - 1) = 4 \times 5^{n-1}$ ······ ㉠

이때 $a_1 = 4$는 ㉠에 $n = 1$을 대입한 것과 같으므로

$a_n = 4 \times 5^{n-1}$

따라서 $a_k = 100$에서 $4 \times 5^{k-1} = 100$, $5^{k-1} = 25 = 5^2$

$k - 1 = 2$ $\therefore k = \mathbf{3}$

다른 풀이

(2) $a_1 = S_1 = 4$이므로 $k \neq 1$

$\therefore a_k = S_k - S_{k-1} = (5^k - 1) - (5^{k-1} - 1) = 4 \times 5^{k-1}$

즉 $4 \times 5^{k-1} = 100$이므로 $k = 3$

KEY Point

• 수열 $\{a_n\}$의 첫째항부터 제n항까지의 합 S_n이 주어진 경우

$\Rightarrow a_1 = S_1,\ a_n = S_n - S_{n-1}\ (n \geq 2)$임을 이용한다.

● 정답 및 풀이 **135쪽**

579 수열 $\{a_n\}$의 첫째항부터 제n항까지의 합을 S_n이라 하면 $\log_3 (S_n + 3) = n + 1$이 성립한다. 수열 $\{a_n\}$의 일반항이 $a_n = p \times q^n$일 때, 상수 p, q에 대하여 $p - q$의 값을 구하시오.

580 수열 $\{a_n\}$의 첫째항부터 제n항까지의 합 S_n이 $S_n = 2 \times 3^n + k$일 때, 수열 $\{a_n\}$이 첫째항부터 등비수열을 이루도록 하는 상수 k의 값을 구하시오.

특강 원리합계

1 원리합계의 계산

원금과 이자를 합한 금액을 **원리합계**라 한다. 원금 a원을 연이율 r로 n년 동안 예금할 때, 원리합계 S는 다음과 같이 두 가지 방법으로 계산한다.

(1) **단리법**: 원금에 대해서만 이자를 계산하는 방법

⇨ 단리로 예금할 때의 원리합계 S는

$$S=a(1+rn)\ (원) \quad \text{← 공차가 } ar \text{인 등차수열}$$

(2) **복리법**: 일정한 기간마다 이자를 원금에 더하여 다음 기간의 원금으로 계산하는 방법, 즉 이자에 다시 이자가 붙는 방법

⇨ 복리로 예금할 때의 원리합계 S는

$$S=a(1+r)^n\ (원) \quad \text{← 공비가 } 1+r \text{인 등비수열}$$

설명 원금 a원을 연이율 r로 예금할 때, 1년, 2년, $\cdots$, n년 후의 원리합계를 구해 보면 다음과 같다.

	단리로 예금할 경우	복리로 예금할 경우
1년 후	$a+ar=a(1+r)$	$a+ar=a(1+r)$
2년 후	$a+ar+ar=a(1+2r)$	$a(1+r)+a(1+r)r=a(1+r)^2$
3년 후	$a+ar+ar+ar=a(1+3r)$	$a(1+r)^2+a(1+r)^2r=a(1+r)^3$
$\vdots$	$\vdots$	$\vdots$
n년 후	$\underbrace{a+ar+\cdots+ar}_{n개}=a(1+rn)$	$a(1+r)^{n-1}+a(1+r)^{n-1}r=a(1+r)^n$

2 적립금의 원리합계

일정한 금액을 일정한 기간마다 적립하는 것을 적금 또는 적립예금이라 하며 매년 초에 적립하는 경우와 매년 말에 적립하는 경우의 적립금의 원리합계는 각각 다음과 같다.

연이율 r, 1년마다 복리로 a원씩 n년 동안 적립할 때, n년째 말의 적립금의 원리합계 S_n은

(1) 매년 초에 적립하는 경우

$$S_n=\frac{a(1+r)\{(1+r)^n-1\}}{r}\ (원) \quad \text{← 첫째항이 } a(1+r), \text{ 공비가 } 1+r \text{인 등비수열의}$$

첫째항부터 제n항까지의 합

(2) 매년 말에 적립하는 경우

$$S_n=\frac{a\{(1+r)^n-1\}}{r}\ (원) \quad \text{← 첫째항이 } a, \text{ 공비가 } 1+r \text{인 등비수열의}$$

첫째항부터 제n항까지의 합

설명 연이율 r, 1년마다 복리로 a원씩 n년 동안 적립할 때, 매년 초에 적립하는 경우와 매년 말에 적립하는 경우로 나누어 n년째 말의 적립금의 원리합계를 구해 보자.

(1) 매년 초에 적립하는 경우

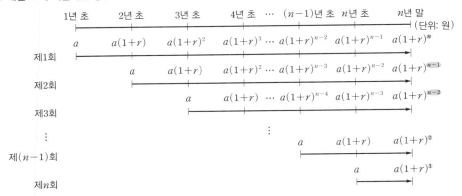

따라서 구하는 적립금의 원리합계를 S_n이라 하면

$$S_n = a(1+r) + a(1+r)^2 + a(1+r)^3 + \cdots + a(1+r)^n \text{ (원)}$$

이것은 첫째항이 $a(1+r)$, 공비가 $1+r$인 등비수열의 첫째항부터 제n항까지의 합과 같으므로

$$S_n = \frac{a(1+r)\{(1+r)^n - 1\}}{(1+r) - 1} = \frac{a(1+r)\{(1+r)^n - 1\}}{r} \text{ (원)}$$

(2) 매년 말에 적립하는 경우

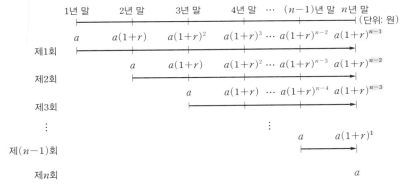

따라서 구하는 적립금의 원리합계를 S_n이라 하면

$$S_n = a + a(1+r) + a(1+r)^2 + \cdots + a(1+r)^{n-1} \text{ (원)}$$

이것은 첫째항이 a, 공비가 $1+r$인 등비수열의 첫째항부터 제n항까지의 합과 같으므로

$$S_n = \frac{a\{(1+r)^n - 1\}}{(1+r) - 1} = \frac{a\{(1+r)^n - 1\}}{r} \text{ (원)}$$

참고 적립금의 원리합계에 대한 문제는 위와 같이 주어진 조건을 그림으로 나타낸 후 등비수열의 합의 공식을 이용하여 풀도록 한다.

특강 **01**　원리합계

연이율 6 %, 1년마다 복리로 매년 초에 2만 원씩 10년 동안 적립할 때, 10년째 말의 적립금의 원리합계를 구하시오. (단, $1.06^{10}=1.8$로 계산하고, 만 원 미만은 버린다.)

풀이　매년 초에 적립한 금액의 원리합계는 다음과 같다.

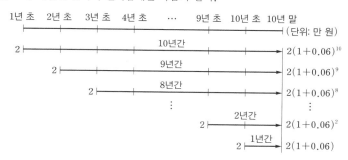

따라서 10년째 말의 적립금의 원리합계를 S만 원이라 하면

$$S=2(1+0.06)+2(1+0.06)^2+ \cdots +2(1+0.06)^9+2(1+0.06)^{10}$$

이것은 첫째항이 $2(1+0.06)$, 공비가 $1+0.06$인 등비수열의 첫째항부터 제10항까지의 합이므로

$$S=\frac{2(1+0.06)\{(1+0.06)^{10}-1\}}{(1+0.06)-1}=\frac{2\times 1.06\times (1.8-1)}{0.06}=28.\times\times\times$$

이때 만 원 미만은 버리므로 적립금의 원리합계는 **28만 원**이다.

• **적립금의 원리합계**

⇨ 원금, 이율, 적립 기간을 파악하고 등비수열의 합의 공식을 이용한다.

● 정답 및 풀이 **135쪽**

581 연이율 5 %, 1년마다 복리로 매년 초에 4만 원씩 12년 동안 적립할 때, 12년째 말의 적립금의 원리합계를 구하시오. (단, $1.05^{12}=1.8$로 계산한다.)

582 연이율 12 %, 1년마다 복리로 매년 말에 10만 원씩 10년 동안 적립할 때, 10년째 말의 적립금의 원리합계를 구하시오. (단, $1.12^{10}=3.1$로 계산한다.)

583 연이율 4 %로 매년 초에 일정한 금액을 10년 동안 적립하여 10년째 말의 적립금의 원리합계가 260만 원이 되도록 하려면 매년 얼마씩 적립해야 하는지 구하시오.

(단, $1.04^{10}=1.5$, 1년마다 복리로 계산한다.)

연습 문제

생각해 봅시다! 💡

584 모든 항이 양수인 등비수열 $\{a_n\}$에 대하여 $a_5=8a_2$일 때, $\dfrac{a_3a_4}{a_2a_6}$의 값을 구하시오.

585 1과 100 사이에 3개의 수를 넣어서 만든 수열 1, a_1, a_2, a_3, 100이 등비수열을 이룰 때, $4\log a_2$의 값을 구하시오.

586 세 실수 5, a, b가 이 순서대로 등비수열을 이루고
$\log_a 5b + \log_b 5 = \dfrac{7}{3}$을 만족시킬 때, $a+b$의 값을 구하시오.

587 제10항이 6, 제15항이 192인 등비수열의 제9항부터 제16항까지의 합을 구하시오.

등비수열 $\{a_n\}$의 공비를 r라 하면 제9항부터 제16항까지의 합은 첫째항이 a_9, 공비가 r인 등비수열의 첫째항부터 제8항까지의 합과 같다.

588 수열 $\{a_n\}$이 첫째항이 1, 공비가 2인 등비수열일 때, 수열 $\{a_na_{n+1}\}$의 첫째항부터 제10항까지의 합을 구하시오.

589 첫째항부터 제6항까지의 합이 4이고 첫째항부터 제12항까지의 합이 12인 등비수열의 첫째항부터 제18항까지의 합을 구하시오.

590 등비수열 $\dfrac{1}{2}$, $\dfrac{1}{4}$, $\dfrac{1}{8}$, $\cdots$의 첫째항부터 제n항까지의 합을 S_n이라 할 때, 부등식 $|S_n-1|<10^{-3}$을 만족시키는 자연수 n의 최솟값을 구하시오.

STEP 2

교육청 기출

591 등차수열 $\{a_n\}$, 등비수열 $\{b_n\}$에 대하여 $a_1=b_1=3$이고 $b_3=-a_2$, $a_2+b_2=a_3+b_3$일 때, a_3의 값은?

① -9 ② -3 ③ 0 ④ 3 ⑤ 9

592 등비수열 1, $\dfrac{5}{2}$, $\dfrac{25}{4}$, $\cdots$에서 처음으로 1000보다 커지는 항은 제몇 항인지 구하시오. (단, $\log 2=0.3$으로 계산한다.)

593 서로 다른 세 수 x, y, z는 이 순서대로 공비가 r인 등비수열을 이루고, 세 수 x, $2y$, $3z$는 이 순서대로 등차수열을 이룰 때, r의 값을 구하시오.

> 등비중항과 등차중항을 이용한다.

594 첫째항이 1인 등비수열 $\{a_n\}$에 대하여
$$a_1+a_3+a_5+\cdots+a_{2k-1}=91, \quad a_2+a_4+a_6+\cdots+a_{2k}=273$$
일 때, 자연수 k의 값을 구하시오.

> 등비수열 $\{a_n\}$의 공비를 r라 하면 두 수열 $\{a_{2n-1}\}$, $\{a_{2n}\}$은 모두 공비가 r^2인 등비수열이다.

595 수열 9, 99, 999, $\cdots$의 첫째항부터 제n항까지의 합을 구하시오.

> $9=10-1$, $99=100-1$, $999=1000-1$, $\cdots$

596 공비가 r인 등비수열 $\{a_n\}$의 첫째항부터 제n항까지의 합 S_n에 대하여 $\dfrac{S_{3n}}{S_n}=7$일 때, $\dfrac{S_{2n}}{S_n}$의 값을 구하시오. (단, $r>1$)

597 등비수열 $\{a_n\}$에 대하여
$$a_1+a_2+a_3+\cdots+a_n=36, \quad a_{n+1}+a_{n+2}+a_{n+3}+\cdots+a_{2n}=18$$
일 때, $a_{2n+1}+a_{2n+2}+a_{2n+3}+\cdots+a_{3n}$의 값을 구하시오.

> 등비수열 $\{a_n\}$의 공비를 r라 하면 $a_{n+1}+a_{n+2}+a_{n+3}+\cdots+a_{2n}$은 첫째항이 a_{n+1}, 공비가 r인 등비수열의 첫째항부터 제n항까지의 합이다.

생각해 봅시다!

연습 문제

생각해 봅시다! 💡

598 평가원 기출

등비수열 $\{a_n\}$의 첫째항부터 제n항까지의 합을 S_n이라 하자. 모든 자연수 n에 대하여 $S_{n+3}-S_n=13\times3^{n-1}$일 때, a_4의 값을 구하시오.

$S_{n+3}-S_n$
$=a_{n+1}+a_{n+2}+a_{n+3}$

실력 UP⁺

599

$\dfrac{1}{2}$과 8 사이에 n개의 수 $a_1,\ a_2,\ a_3,\ \cdots,\ a_n$을 넣어서 만든 수열

$$\frac{1}{2},\ a_1,\ a_2,\ a_3,\ \cdots,\ a_n,\ 8$$

이 공비가 양수인 등비수열을 이룬다. 이 수열의 모든 항의 곱이 512일 때, a_4의 값을 구하시오.

600 평가원 기출

두 곡선 $y=16^x$, $y=2^x$과 한 점 A$(64,\ 2^{64})$이 있다. 점 A를 지나며 x축과 평행한 직선이 곡선 $y=16^x$과 만나는 점을 P_1이라 하고, 점 P_1을 지나며 y축과 평행한 직선이 곡선 $y=2^x$과 만나는 점을 Q_1이라 하자. 점 Q_1을 지나며 x축과 평행한 직선이 곡선 $y=16^x$과 만나는 점을 P_2라 하고, 점 P_2를 지나며 y축과 평행한 직선이 곡선 $y=2^x$과 만나는 점을 Q_2라 하자. 이와 같은 과정을 계속하여 n번째 얻은 두 점을 각각 P_n, Q_n이라 하고 점 Q_n의 x좌표를 x_n이라 할 때, $x_n<\dfrac{1}{k}$을 만족시키는 n의 최솟값이 6이 되도록 하는 자연수 k의 개수는?

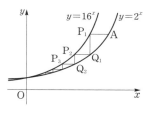

$x_n<\dfrac{1}{k}$을 만족시키는 n의
최솟값이 6이므로
$x_5\geq\dfrac{1}{k},\ x_6<\dfrac{1}{k}$

① 48   ② 51   ③ 54   ④ 57   ⑤ 60

601 유리는 매년 초에 20만 원씩 연이율 5 %의 복리로 10년 동안 적립하고 서준이는 매년 초에 40만 원씩 연이율 5 %의 복리로 5년 동안 적립할 때, 유리가 10년째 말에 받는 금액은 서준이가 5년째 말에 받는 금액의 몇 배인지 구하시오. (단, $1.05^5=1.28$로 계산한다.)

III
수열

이 단원에서는

Σ의 뜻과 성질을 이해하고, 자연수의 거듭제곱의 합을 구하는 방법을 학습합니다. 또 이를 바탕으로 여러 가지 수열의 첫째항부터 제 n 항까지의 합을 구하는 문제를 풀어 봅니다.

01 $\sum$의 뜻과 그 성질

개념원리 이해

1 합의 기호 $\sum$의 뜻 　　⌒ 필수 01

수열 $\{a_n\}$의 첫째항부터 제n항까지의 합 $a_1+a_2+a_3+\cdots+a_n$은
합의 기호 $\sum$를 사용하여 다음과 같이 간단히 나타낸다.

$$a_1+a_2+a_3+\cdots+a_n=\sum_{k=1}^{n}a_k$$

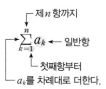

제n항까지
$\displaystyle\sum_{k=1}^{n}a_k$ ← 일반항
첫째항부터
a_k를 차례대로 더한다.

▶ $\sum$는 합을 나타내는 영어 Sum의 첫 글자 S에 해당하는 그리스 문자의 대문자로 '시그마(sigma)'라 읽는다.

설명 $\displaystyle\sum_{k=1}^{n}a_k$는 수열의 일반항 a_k의 k에 1, 2, 3, $\cdots$, n을 차례대로 대입하여 얻은 항 a_1, a_2, a_3, $\cdots$, a_n의 합을 뜻한다.

이때 $\displaystyle\sum_{k=1}^{n}a_k$에서 k 대신 i, j 등의 다른 문자를 사용하여 $\displaystyle\sum_{i=1}^{n}a_i$, $\displaystyle\sum_{j=1}^{n}a_j$ 등으로 나타낼 수도 있다. 즉

$$\sum_{k=1}^{n}a_k=\sum_{i=1}^{n}a_i=\sum_{j=1}^{n}a_j$$

이다.

한편 $m\leq n$일 때 제m항부터 제n항까지의 합 $a_m+a_{m+1}+a_{m+2}+\cdots+a_n$은 $\displaystyle\sum_{k=m}^{n}a_k$로 나타낸다.

보기 ▶ (1) $2+4+6+\cdots+40=\displaystyle\sum_{k=1}^{20}2k$

(2) $\displaystyle\sum_{i=3}^{7}3^i=3^3+3^4+3^5+3^6+3^7$

참고 합의 기호 $\sum$의 정의에 의하여 다음이 성립한다.

① $\displaystyle\sum_{k=m}^{n}a_k=\sum_{k=1}^{n}a_k-\sum_{k=1}^{m-1}a_k$ (단, $2\leq m\leq n$)

② $\displaystyle\sum_{k=1}^{n}a_k=\sum_{k=1}^{m}a_k+\sum_{k=m+1}^{n}a_k$ (단, $m<n$)

③ $\displaystyle\sum_{k=1}^{n}a_k=\sum_{k=0}^{n-1}a_{k+1}=\sum_{k=2}^{n+1}a_{k-1}$

2 ∑의 성질 🔗 필수 02

합의 기호 $\sum$에 대하여 다음 성질이 성립한다.

(1) $\displaystyle\sum_{k=1}^{n}(a_k+b_k)=\sum_{k=1}^{n}a_k+\sum_{k=1}^{n}b_k$

(2) $\displaystyle\sum_{k=1}^{n}(a_k-b_k)=\sum_{k=1}^{n}a_k-\sum_{k=1}^{n}b_k$

(3) $\displaystyle\sum_{k=1}^{n}ca_k=c\sum_{k=1}^{n}a_k$ (단, c는 상수이다.)

(4) $\displaystyle\sum_{k=1}^{n}c=cn$ (단, c는 상수이다.)

증명 (1) $\displaystyle\sum_{k=1}^{n}(a_k+b_k)=(a_1+b_1)+(a_2+b_2)+(a_3+b_3)+\cdots+(a_n+b_n)$

$\qquad\qquad=(a_1+a_2+a_3+\cdots+a_n)+(b_1+b_2+b_3+\cdots+b_n)$

$\qquad\qquad=\displaystyle\sum_{k=1}^{n}a_k+\sum_{k=1}^{n}b_k$

(2) $\displaystyle\sum_{k=1}^{n}(a_k-b_k)=(a_1-b_1)+(a_2-b_2)+(a_3-b_3)+\cdots+(a_n-b_n)$

$\qquad\qquad=(a_1+a_2+a_3+\cdots+a_n)-(b_1+b_2+b_3+\cdots+b_n)$

$\qquad\qquad=\displaystyle\sum_{k=1}^{n}a_k-\sum_{k=1}^{n}b_k$

(3) $\displaystyle\sum_{k=1}^{n}ca_k=ca_1+ca_2+ca_3+\cdots+ca_n$

$\qquad\quad=c(a_1+a_2+a_3+\cdots+a_n)=c\displaystyle\sum_{k=1}^{n}a_k$

(4) $\displaystyle\sum_{k=1}^{n}c=\underbrace{c+c+c+\cdots+c}_{n개}=cn$

예제 ▷ $\displaystyle\sum_{k=1}^{10}a_k=20$, $\displaystyle\sum_{k=1}^{10}b_k=15$일 때, 다음 값을 구하시오.

(1) $\displaystyle\sum_{k=1}^{10}(a_k+b_k)$ 　　　　　(2) $\displaystyle\sum_{k=1}^{10}(a_k-b_k)$ 　　　　　(3) $\displaystyle\sum_{k=1}^{10}3a_k$

풀이 (1) $\displaystyle\sum_{k=1}^{10}(a_k+b_k)=\sum_{k=1}^{10}a_k+\sum_{k=1}^{10}b_k=20+15=35$

(2) $\displaystyle\sum_{k=1}^{10}(a_k-b_k)=\sum_{k=1}^{10}a_k-\sum_{k=1}^{10}b_k=20-15=5$

(3) $\displaystyle\sum_{k=1}^{10}3a_k=3\sum_{k=1}^{10}a_k=3\times20=60$

주의 $\sum$의 성질을 다음과 같이 혼동하지 않도록 주의한다.

① $\displaystyle\sum_{k=1}^{n}a_kb_k\neq\sum_{k=1}^{n}a_k\sum_{k=1}^{n}b_k$

② $\displaystyle\sum_{k=1}^{n}a_k^{\,2}\neq\left(\sum_{k=1}^{n}a_k\right)^2$

③ $\displaystyle\sum_{k=1}^{n}\frac{a_k}{b_k}\neq\frac{\sum_{k=1}^{n}a_k}{\sum_{k=1}^{n}b_k}$

개념원리 익히기

602 다음을 기호 $\sum$를 사용하여 나타내시오.

$$a_1+a_2+a_3+ \cdots +a_n$$
$$=\sum_{k=1}^{n} a_k$$

(1) $1+3+5+ \cdots +(2n-1)$

(2) $2+4+8+ \cdots +2^{n+1}$

(3) $\dfrac{1}{2} + \dfrac{1}{3} + \dfrac{1}{4} + \cdots + \dfrac{1}{n+1}$

(4) $2+5+8+ \cdots +29$

(5) $4+4+4+4+4$

(6) $1 \times 2+2 \times 3+3 \times 4+ \cdots +12 \times 13$

603 다음을 기호 $\sum$를 사용하지 않은 합의 꼴로 나타내시오.

(1) $\displaystyle\sum_{k=1}^{10} (5k+1)$

(2) $\displaystyle\sum_{i=1}^{7} 3^{i-1}$

(3) $\displaystyle\sum_{k=1}^{6} 3$

(4) $\displaystyle\sum_{n=1}^{8} \{(-1)^n \times n\}$

(5) $\displaystyle\sum_{k=3}^{n} 2^k$

(6) $\displaystyle\sum_{j=1}^{n} \dfrac{1}{j(j+1)}$

604 $\displaystyle\sum_{k=1}^{20} a_k=10$, $\displaystyle\sum_{k=1}^{20} b_k=-30$일 때, 다음 값을 구하시오.

(1) $\displaystyle\sum_{k=1}^{20} (4a_k+1)$

(2) $\displaystyle\sum_{k=1}^{20} (3a_k-2b_k)$

● 더 다양한 문제는 **RPM** 대수 132쪽

필수 01 합의 기호 $\sum$

다음 물음에 답하시오.

(1) 수열 $\{a_n\}$에 대하여 $a_1=10$, $a_{10}=1$일 때, $\displaystyle\sum_{k=1}^{9} a_k - \sum_{k=2}^{10} a_k$의 값을 구하시오.

(2) 수열 $\{a_n\}$에 대하여 $\displaystyle\sum_{k=1}^{n} a_k = n^2$일 때, $\displaystyle\sum_{k=1}^{10} (a_{2k-1}+a_{2k})$의 값을 구하시오.

풀이

(1) $\displaystyle\sum_{k=1}^{9} a_k - \sum_{k=2}^{10} a_k = (a_1+a_2+a_3+\cdots+a_9)-(a_2+a_3+a_4+\cdots+a_{10})$

$\qquad\qquad = a_1 - a_{10} = 10-1 = \mathbf{9}$

(2) $\displaystyle\sum_{k=1}^{10} (a_{2k-1}+a_{2k}) = (a_1+a_2)+(a_3+a_4)+(a_5+a_6)+\cdots+(a_{19}+a_{20})$

$\qquad\qquad = \displaystyle\sum_{k=1}^{20} a_k = 20^2 = \mathbf{400}$

KEY Point

• $\displaystyle\sum_{k=1}^{n} a_k = a_1+a_2+a_3+\cdots+a_n$

• $\displaystyle\sum_{k=1}^{n} (a_{2k-1}+a_{2k}) = (a_1+a_2)+(a_3+a_4)+(a_5+a_6)+\cdots+(a_{2n-1}+a_{2n}) = \sum_{k=1}^{2n} a_k$

● 정답 및 풀이 **141쪽**

605 수열 $\{a_n\}$에 대하여 $\displaystyle\sum_{k=1}^{99} a_k = 15$, $a_{100}=\dfrac{1}{9}$일 때, $\displaystyle\sum_{k=1}^{99} k(a_k - a_{k+1})$의 값을 구하시오.

606 첫째항이 1인 수열 $\{a_n\}$에 대하여 $\displaystyle\sum_{k=1}^{10} (a_k + a_{k+1}) = 30$, $\displaystyle\sum_{k=1}^{10} a_k = 10$일 때, a_{11}의 값을 구하시오.

607 보기에서 옳은 것만을 있는 대로 고르시오.

보기

ㄱ. $\displaystyle\sum_{k=1}^{9} (a_k - a_{10-k}) = 0$

ㄴ. $2-4+6-8+10 = \displaystyle\sum_{k=1}^{5} \{2k \times (-1)^k\}$

ㄷ. $\displaystyle\sum_{k=1}^{10} \left(\dfrac{1}{2k-1} + \dfrac{1}{2k}\right) = \sum_{k=1}^{20} \dfrac{1}{k}$

필수 02 ∑의 성질

다음 물음에 답하시오.

(1) $\sum\limits_{k=1}^{10} a_k = 3$, $\sum\limits_{k=1}^{10} a_k{}^2 = 5$일 때, $\sum\limits_{k=1}^{10} (3a_k-1)^2$의 값을 구하시오.

(2) $\sum\limits_{k=1}^{5} (a_k+b_k) = 10$, $\sum\limits_{k=1}^{5} (a_k-b_k) = -4$일 때, $\sum\limits_{k=1}^{5} a_k$, $\sum\limits_{k=1}^{5} b_k$의 값을 구하시오.

풀이

(1) $\sum\limits_{k=1}^{10} (3a_k-1)^2 = \sum\limits_{k=1}^{10} (9a_k{}^2-6a_k+1) = 9\sum\limits_{k=1}^{10} a_k{}^2 - 6\sum\limits_{k=1}^{10} a_k + \sum\limits_{k=1}^{10} 1$

$\qquad = 9\times5 - 6\times3 + 1\times10 = \mathbf{37}$

(2) $\sum\limits_{k=1}^{5} (a_k+b_k) = 10$에서 $\quad \sum\limits_{k=1}^{5} a_k + \sum\limits_{k=1}^{5} b_k = 10 \qquad \cdots\cdots$ ㉠

$\sum\limits_{k=1}^{5} (a_k-b_k) = -4$에서 $\quad \sum\limits_{k=1}^{5} a_k - \sum\limits_{k=1}^{5} b_k = -4 \qquad \cdots\cdots$ ㉡

㉠+㉡을 하면 $\quad 2\sum\limits_{k=1}^{5} a_k = 6 \qquad \therefore \sum\limits_{k=1}^{5} \boldsymbol{a_k = 3}$

㉠-㉡을 하면 $\quad 2\sum\limits_{k=1}^{5} b_k = 14 \qquad \therefore \sum\limits_{k=1}^{5} \boldsymbol{b_k = 7}$

KEY Point

• $\sum\limits_{k=1}^{n} (pa_k+qb_k+r) = p\sum\limits_{k=1}^{n} a_k + q\sum\limits_{k=1}^{n} b_k + rn$ (단, p, q, r는 상수이다.)

● 정답 및 풀이 142쪽

 608 $\sum\limits_{k=1}^{9} a_k{}^2 = 15$, $\sum\limits_{k=1}^{9} a_k = -5$일 때, $\sum\limits_{k=1}^{9} (2a_k+1)^2 - \sum\limits_{k=1}^{9} (a_k-2)^2$의 값을 구하시오.

609 $\sum\limits_{k=1}^{n} (a_k+b_k)^2 = 60$, $\sum\limits_{k=1}^{n} (a_k{}^2+b_k{}^2) = 40$일 때, $\sum\limits_{k=1}^{n} a_k b_k$의 값을 구하시오.

● 더 다양한 문제는 **RPM** 대수 133쪽

필수 03 $\displaystyle\sum_{k=1}^{n} r^k$의 꼴의 계산

다음을 계산하시오.

(1) $\displaystyle\sum_{k=1}^{6} \left(3^{k-1}-2\right)$

(2) $\displaystyle\sum_{k=1}^{8} \dfrac{3^k+(-2)^k}{5^k}$

풀이

(1) $\displaystyle\sum_{k=1}^{6} \left(3^{k-1}-2\right) = \underline{\sum_{k=1}^{6} 3^{k-1}} - \sum_{k=1}^{6} 2$ ← 첫째항이 1, 공비가 3인 등비수열의 첫째항부터 제6항까지의 합

$\qquad = \dfrac{1 \times (3^6-1)}{3-1} - 2 \times 6 = 364 - 12$

$\qquad = \mathbf{352}$

(2) $\displaystyle\sum_{k=1}^{8} \dfrac{3^k+(-2)^k}{5^k} = \sum_{k=1}^{8} \left(\dfrac{3}{5}\right)^k + \sum_{k=1}^{8} \left(-\dfrac{2}{5}\right)^k$

$\qquad = \dfrac{\dfrac{3}{5}\left\{1-\left(\dfrac{3}{5}\right)^8\right\}}{1-\dfrac{3}{5}} + \dfrac{-\dfrac{2}{5}\left\{1-\left(-\dfrac{2}{5}\right)^8\right\}}{1-\left(-\dfrac{2}{5}\right)}$

$\qquad = \dfrac{3}{2}\left\{1-\left(\dfrac{3}{5}\right)^8\right\} - \dfrac{2}{7}\left\{1-\left(-\dfrac{2}{5}\right)^8\right\}$

$\qquad = \dfrac{3}{2} - \dfrac{3}{2} \times \left(\dfrac{3}{5}\right)^8 - \dfrac{2}{7} + \dfrac{2}{7} \times \left(\dfrac{2}{5}\right)^8$

$\qquad = \mathbf{\dfrac{17}{14} - \dfrac{3}{2} \times \left(\dfrac{3}{5}\right)^8 + \dfrac{2}{7} \times \left(\dfrac{2}{5}\right)^8}$

KEY Point

• $\displaystyle\sum_{k=1}^{n} r^k = r + r^2 + r^3 + \cdots + r^n$ ← 첫째항이 r, 공비가 r인 등비수열의 첫째항부터 제n항까지의 합

$\qquad = \dfrac{r(1-r^n)}{1-r}$ (단, $r \neq 1$)

● 정답 및 풀이 142쪽

610 다음을 계산하시오.

(1) $\displaystyle\sum_{k=1}^{30} \left(3 \times 2^k\right) - \sum_{k=16}^{30} \left(3 \times 2^k\right)$

(2) $\displaystyle\sum_{k=1}^{10} \dfrac{5^k+(-3)^k}{4^k}$

필수 04 **∑와 등차수열, 등비수열**

다음 물음에 답하시오.

(1) 등차수열 $\{a_n\}$에 대하여 $a_2=-1$, $a_5=8$일 때, $\sum_{k=1}^{10} a_k$의 값을 구하시오.

(2) 공비가 음수인 등비수열 $\{a_n\}$에 대하여 $a_5=16a_1$, $\sum_{k=1}^{5} a_k=33$일 때, a_7의 값을 구하시오.

풀이 (1) 등차수열 $\{a_n\}$의 첫째항을 a, 공차를 d라 하면

$$a_2=a+d=-1 \quad \cdots\cdots ㉠$$
$$a_5=a+4d=8 \quad \cdots\cdots ㉡$$

㉠, ㉡을 연립하여 풀면 $a=-4$, $d=3$

$$\therefore \sum_{k=1}^{10} a_k=\frac{10\{2\times(-4)+9\times3\}}{2}=\mathbf{95}$$

(2) 등비수열 $\{a_n\}$의 첫째항을 a, 공비를 r $(r<0)$라 하면

$a_5=16a_1$에서　$ar^4=16a$,　$r^4=16$ $(\because a\neq0)$

$$\therefore r=-2 \ (\because r<0)$$

$\sum_{k=1}^{5} a_k=33$에서　$\dfrac{a\{1-(-2)^5\}}{1-(-2)}=33$,　$11a=33$　$\therefore a=3$

따라서 $a_n=3\times(-2)^{n-1}$이므로

$$a_7=3\times(-2)^6=\mathbf{192}$$

KEY Point

• 수열 $\{a_n\}$이 첫째항이 a, 공차가 d인 등차수열이다.

$$\Rightarrow \sum_{k=1}^{n} a_k=\frac{n\{2a+(n-1)d\}}{2}$$

• 수열 $\{a_n\}$이 첫째항이 a, 공비가 r $(r\neq1)$인 등비수열이다.

$$\Rightarrow \sum_{k=1}^{n} a_k=\frac{a(1-r^n)}{1-r}$$

● 정답 및 풀이 **143쪽**

611 첫째항이 3인 등차수열 $\{a_n\}$에 대하여 $a_5-a_2=15$일 때, $\sum_{k=11}^{20} a_k$의 값을 구하시오.

612 공비가 $\sqrt{2}$인 등비수열 $\{a_n\}$과 공비가 $-\sqrt{2}$인 등비수열 $\{b_n\}$에 대하여 $a_1=b_1$, $\sum_{k=1}^{6} a_k+\sum_{k=1}^{6} b_k=168$일 때, a_3+b_3의 값을 구하시오.

02 자연수의 거듭제곱의 합

1 자연수의 거듭제곱의 합　　ⓒ 필수 05, 06

(1) $\displaystyle\sum_{k=1}^{n} k = 1+2+3+\cdots+n = \dfrac{n(n+1)}{2}$

(2) $\displaystyle\sum_{k=1}^{n} k^2 = 1^2+2^2+3^2+\cdots+n^2 = \dfrac{n(n+1)(2n+1)}{6}$

(3) $\displaystyle\sum_{k=1}^{n} k^3 = 1^3+2^3+3^3+\cdots+n^3 = \left\{\dfrac{n(n+1)}{2}\right\}^2$

증명 (1) 1부터 n까지의 자연수의 합은 첫째항이 1, 공차가 1인 등차수열의 첫째항부터 제n항까지의 합이므로

$$\sum_{k=1}^{n} k = 1+2+3+\cdots+n = \frac{n(n+1)}{2}$$

(2) 항등식 $(k+1)^3-k^3=3k^2+3k+1$에 $k=1, 2, 3, \cdots, n$을 차례대로 대입하여 변끼리 더하면

$$2^3-1^3=3\times1^2+3\times1+1 \qquad \leftarrow k=1일\ 때$$
$$3^3-2^3=3\times2^2+3\times2+1 \qquad \leftarrow k=2일\ 때$$
$$4^3-3^3=3\times3^2+3\times3+1 \qquad \leftarrow k=3일\ 때$$
$$\vdots \qquad\qquad \vdots$$
$$\underline{+)\ (n+1)^3-n^3=3\times n^2+3\times n+1 \qquad \leftarrow k=n일\ 때}$$
$$(n+1)^3-1^3=3(1^2+2^2+3^2+\cdots+n^2)+3(1+2+3+\cdots+n)+1\times n$$
$$=3\sum_{k=1}^{n}k^2+3\times\frac{n(n+1)}{2}+n$$

즉 $(n+1)^3-1=3\displaystyle\sum_{k=1}^{n}k^2+3\times\dfrac{n(n+1)}{2}+n$이므로

$$3\sum_{k=1}^{n}k^2=(n+1)^3-3\times\frac{n(n+1)}{2}-(n+1)$$
$$=\frac{n+1}{2}\times\{2(n+1)^2-3n-2\}$$
$$=\frac{n(n+1)(2n+1)}{2}$$
$$\therefore \sum_{k=1}^{n}k^2=\frac{n(n+1)(2n+1)}{6}$$

(3) (2)와 같은 방법으로 항등식 $(k+1)^4-k^4=4k^3+6k^2+4k+1$에 $k=1, 2, 3, \cdots, n$을 차례대로 대입하여 변끼리

더한 후 정리하면 $\displaystyle\sum_{k=1}^{n}k^3=\left\{\dfrac{n(n+1)}{2}\right\}^2$임을 알 수 있다.

예제 ▶ $\displaystyle\sum_{k=1}^{10}k$, $\displaystyle\sum_{k=1}^{10}k^2$, $\displaystyle\sum_{k=1}^{10}k^3$의 값을 구하시오.

풀이　$\displaystyle\sum_{k=1}^{10}k=\dfrac{10(10+1)}{2}=55$

$\displaystyle\sum_{k=1}^{10}k^2=\dfrac{10(10+1)(2\times10+1)}{6}=385$

$\displaystyle\sum_{k=1}^{10}k^3=\left\{\dfrac{10(10+1)}{2}\right\}^2=55^2=3025$

알아둡시다!

① $\sum\limits_{k=1}^{n} k = \dfrac{n(n+1)}{2}$

② $\sum\limits_{k=1}^{n} k^2 = \dfrac{n(n+1)(2n+1)}{6}$

③ $\sum\limits_{k=1}^{n} k^3 = \left\{ \dfrac{n(n+1)}{2} \right\}^2$

613 다음 식의 값을 구하시오.

(1) $\sum\limits_{k=1}^{10} (2k+1)$

(2) $\sum\limits_{k=1}^{7} (k^2+k-1)$

(3) $\sum\limits_{k=1}^{5} (4k^3-3k^2)$

(4) $\sum\limits_{k=1}^{8} (2k+1)(3k-1)$

(5) $\sum\limits_{k=1}^{6} k(k^2+2)$

614 다음 식의 값을 구하시오.

(1) $\sum\limits_{k=1}^{9} (2k-3)^2 - \sum\limits_{k=1}^{9} (2k)^2$

(2) $\sum\limits_{k=1}^{5} (k+1)^3 - \sum\limits_{k=1}^{5} (k-1)^3$

(3) $\sum\limits_{k=1}^{10} (k^2-k+1) + \sum\limits_{i=1}^{10} (i^2+i-1)$

615 다음 식의 값을 구하시오.

(1) $2+4+6+ \cdots +50$

(2) $1^2+3^2+5^2+ \cdots +19^2$

(3) $5^3+6^3+7^3+ \cdots +15^3$

● 더 다양한 문제는 **RPM** 대수 134쪽

필수 05 **자연수의 거듭제곱의 합 (1)**

$\displaystyle\sum_{k=1}^{n-1}(3k-2)=92$를 만족시키는 자연수 n의 값을 구하시오.

풀이 $\displaystyle\sum_{k=1}^{n-1}(3k-2)=3\sum_{k=1}^{n-1}k-\sum_{k=1}^{n-1}2=3\times\frac{(n-1)n}{2}-2(n-1)=\frac{3n^2-7n+4}{2}$

따라서 $\dfrac{3n^2-7n+4}{2}=92$이므로

$$3n^2-7n+4=184, \qquad 3n^2-7n-180=0, \qquad (3n+20)(n-9)=0$$

$$\therefore n=-\frac{20}{3} \ \text{또는} \ n=9$$

그런데 n은 자연수이므로 구하는 n의 값은 **9**이다.

● 더 다양한 문제는 **RPM** 대수 134쪽

필수 06 **자연수의 거듭제곱의 합 (2)**

$\displaystyle\sum_{k=1}^{10}\frac{1+2+3+\cdots+k}{k}$의 값을 구하시오.

풀이 $1+2+3+\cdots+k=\dfrac{k(k+1)}{2}$이므로

$$\sum_{k=1}^{10}\frac{1+2+3+\cdots+k}{k}=\sum_{k=1}^{10}\frac{\frac{k(k+1)}{2}}{k}=\sum_{k=1}^{10}\frac{k+1}{2}$$

$$=\frac{1}{2}\sum_{k=1}^{10}k+\sum_{k=1}^{10}\frac{1}{2}=\frac{1}{2}\times\frac{10\times11}{2}+\frac{1}{2}\times10$$

$$=\frac{65}{2}$$

● 정답 및 풀이 **144쪽**

616 $\displaystyle\sum_{k=1}^{10}\frac{k^3}{k+3}+\sum_{k=1}^{10}\frac{k(4k+3)}{k+3}$의 값을 구하시오.

617 자연수 n에 대하여 다항식 $2x^2-x+1$을 $x-n$으로 나누었을 때의 나머지를 a_n이라 할 때, $\displaystyle\sum_{k=1}^{8}a_k$의 값을 구하시오.

618 $\displaystyle\sum_{k=1}^{5}(1^2+2^2+3^2+\cdots+k^2)$의 값을 구하시오.

● 더 다양한 문제는 **RPM** 대수 134쪽

필수 07　**∑를 이용한 여러 가지 수열의 합**

수열 $1 \times 3,\ 2 \times 5,\ 3 \times 7,\ 4 \times 9,\ \cdots$의 첫째항부터 제$n$항까지의 합을 구하시오.

풀이　주어진 수열의 제k항을 a_k라 하면

$$a_k = k(2k+1)$$

따라서 구하는 합은

$$\sum_{k=1}^{n} k(2k+1) = \sum_{k=1}^{n} (2k^2 + k) = 2\sum_{k=1}^{n} k^2 + \sum_{k=1}^{n} k$$

$$= 2 \times \frac{n(n+1)(2n+1)}{6} + \frac{n(n+1)}{2} = \frac{n(n+1)(4n+5)}{6}$$

● 더 다양한 문제는 **RPM** 대수 135쪽

필수 08　**∑로 표현된 수열의 합과 일반항 사이의 관계**

수열 $\{a_n\}$에 대하여 $\sum\limits_{k=1}^{n} a_k = n^2 + 2n$일 때, $\sum\limits_{k=1}^{10} a_{2k}$의 값을 구하시오.

풀이　수열 $\{a_n\}$의 첫째항부터 제n항까지의 합을 S_n이라 하면

$$S_n = \sum_{k=1}^{n} a_k = n^2 + 2n$$

$n=1$일 때, $\quad a_1 = S_1 = 1^2 + 2 \times 1 = 3$

$n \geq 2$일 때, $\quad a_n = S_n - S_{n-1} = (n^2 + 2n) - \{(n-1)^2 + 2(n-1)\} = 2n+1$ $\quad$ …… ㉠

이때 $a_1 = 3$은 ㉠에 $n=1$을 대입한 것과 같으므로

$$a_n = 2n+1$$

$$\therefore \sum_{k=1}^{10} a_{2k} = \sum_{k=1}^{10} (2 \times 2k + 1) = \sum_{k=1}^{10} (4k+1) = 4\sum_{k=1}^{10} k + \sum_{k=1}^{10} 1$$

$$= 4 \times \frac{10 \times 11}{2} + 1 \times 10 = 220 + 10 = \mathbf{230}$$

KEY Point

- **수열의 합**
  ⇨ 주어진 수열의 제k항 a_k를 구한 후 ∑의 성질을 이용하여 수열의 합을 구한다.
- **수열 $\{a_n\}$에 대하여 $\sum\limits_{k=1}^{n} a_k = S_n$이라 하면** $\quad a_1 = S_1,\ a_n = S_n - S_{n-1}\ (n \geq 2)$

● 정답 및 풀이 **145쪽**

619 다음 수열의 첫째항부터 제8항까지의 합을 구하시오.

(1) $1,\ 1+2,\ 1+2+3,\ 1+2+3+4,\ \cdots$ $\qquad$ (2) $2 \times 1^2,\ 3 \times 2^2,\ 4 \times 3^2,\ 5 \times 4^2,\ \cdots$

620 수열 $\{a_n\}$에 대하여 $\sum\limits_{k=1}^{n} a_k = 3^n - 1$일 때, $\sum\limits_{k=1}^{11} \dfrac{k a_k}{a_{k+1}}$의 값을 구하시오.

필수 09 **∑를 여러 개 포함한 식의 계산**

다음 물음에 답하시오.

(1) $\displaystyle\sum_{m=1}^{7}\left\{\sum_{n=1}^{7}(m+n)\right\}$의 값을 구하시오.

(2) $\displaystyle\sum_{m=1}^{n}\left\{\sum_{l=1}^{m}\left(\sum_{k=1}^{l}k\right)\right\}$를 간단히 하시오.

설명 ∑에 속한 문자를 상수인 것과 상수가 아닌 것으로 구분하여 안쪽에 있는 ∑부터 차례대로 계산한다.

풀이

(1) $\displaystyle\sum_{n=1}^{7}(m+n)=\underline{\sum_{n=1}^{7}m}+\sum_{n=1}^{7}n$

$\qquad\qquad\qquad=m\times7+\dfrac{7\times8}{2}$ ← m은 상수로 생각한다.

$\qquad\qquad\qquad=7m+28$

$\qquad\therefore$ (주어진 식)$=\displaystyle\sum_{m=1}^{7}(7m+28)=7\sum_{m=1}^{7}m+\sum_{m=1}^{7}28=7\times\dfrac{7\times8}{2}+28\times7$

$\qquad\qquad\qquad\qquad\qquad=196+196=\mathbf{392}$

(2) $\displaystyle\sum_{k=1}^{l}k=\dfrac{l(l+1)}{2}$이므로

$\qquad\displaystyle\sum_{l=1}^{m}\dfrac{l(l+1)}{2}=\dfrac{1}{2}\left(\sum_{l=1}^{m}l^2+\sum_{l=1}^{m}l\right)=\dfrac{1}{2}\left\{\dfrac{m(m+1)(2m+1)}{6}+\dfrac{m(m+1)}{2}\right\}$

$\qquad\qquad\qquad\qquad=\dfrac{m(m+1)(m+2)}{6}$

$\qquad\therefore$ (주어진 식)$=\displaystyle\sum_{m=1}^{n}\dfrac{m(m+1)(m+2)}{6}=\dfrac{1}{6}\left(\sum_{m=1}^{n}m^3+3\sum_{m=1}^{n}m^2+2\sum_{m=1}^{n}m\right)$

$\qquad\qquad\qquad\qquad=\dfrac{1}{6}\left[\left\{\dfrac{n(n+1)}{2}\right\}^2+3\times\dfrac{n(n+1)(2n+1)}{6}+2\times\dfrac{n(n+1)}{2}\right]$

$\qquad\qquad\qquad\qquad=\dfrac{\mathbf{n(n+1)(n+2)(n+3)}}{\mathbf{24}}$

KEY Point

- $\displaystyle\sum_{k=1}^{n}$ 의 꼴

⇨ k를 제외한 안의 문자는 상수로 생각한다.

● 정답 및 풀이 **145쪽**

 621 다음 값을 구하시오.

(1) $\displaystyle\sum_{l=1}^{6}\left(\sum_{k=1}^{l}kl\right)$

(2) $\displaystyle\sum_{k=1}^{9}\left\{\sum_{j=1}^{k}\left(\sum_{i=1}^{j}2\right)\right\}$

622 $\displaystyle\sum_{n=1}^{m}\left(\sum_{i=1}^{n}i\right)=56$일 때, 자연수 m의 값을 구하시오.

연습 문제

STEP 1

생각해 봅시다!

623 다음 중 $\sum\limits_{k=0}^{9}(2k+2)^2+\sum\limits_{k=1}^{10}(2k-1)^2$과 그 값이 같은 것은?

    ① $\sum\limits_{k=1}^{19}(2k-1)^2$ ② $\sum\limits_{k=1}^{20}k^2$ ③ $\sum\limits_{k=1}^{10}(2k)^2$

    ④ $2\sum\limits_{k=1}^{10}(2k)^2$ ⑤ $2\sum\limits_{k=0}^{10}(2k+2)^2$

$\sum\limits_{k=0}^{9}(2k+2)^2$과 $\sum\limits_{k=1}^{10}(2k-1)^2$ 을 각각 합의 꼴로 나타내어 본다.

624 자연수 n에 대하여 n^2을 2로 나누었을 때의 나머지를 a_n이라 할 때, $\sum\limits_{k=1}^{100}a_k$의 값을 구하시오.

625 수열 $\{a_n\}$에 대하여 $\sum\limits_{k=1}^{15}a_k-\sum\limits_{k=1}^{9}\dfrac{a_k}{2}=75$, $\sum\limits_{k=1}^{15}2a_k-\sum\limits_{k=1}^{10}a_k=120$일 때, a_{10}의 값을 구하시오.

626 수열 $\{a_n\}$의 일반항이 $a_n=2^n\cos n\pi$일 때, $\sum\limits_{k=1}^{9}a_k$의 값을 구하시오.

627 n이 자연수일 때, x에 대한 이차방정식
$$(n^2+3n+2)x^2-(n+2)x+1=0$$
의 두 근의 합을 a_n이라 하자. $\sum\limits_{k=1}^{11}\dfrac{1}{a_k}$의 값을 구하시오.

628 $\sum\limits_{k=1}^{10}(3k^2+2)+\sum\limits_{k=2}^{10}(3k^2-2)$의 값을 구하시오.

$\sum\limits_{k=2}^{10}a_k=\sum\limits_{k=1}^{10}a_k-a_1$임을 이용 하여 주어진 식을 간단히 한 다.

629 $1\times19+2\times18+3\times17+\cdots+19\times1$의 값을 구하시오.

630 수열 $\{a_n\}$에 대하여 $\displaystyle\sum_{k=1}^{n} a_k = \dfrac{n}{n+1}$일 때, $\displaystyle\sum_{k=1}^{12} \dfrac{1}{a_k}$의 값을 구하시오.

STEP2

평가원 기출

631 수열 $\{a_n\}$은 $a_1 = -4$이고, 모든 자연수 n에 대하여

$$\sum_{k=1}^{n} \frac{a_{k+1}-a_k}{a_k a_{k+1}} = \frac{1}{n}$$을 만족시킨다. a_{13}의 값은?

① -9 ② -7 ③ -5 ④ -3 ⑤ -1

632 수열 $\{a_n\}$의 첫째항부터 제 n항까지의 합 S_n이

$$S_n = \sum_{k=1}^{n+1} (k^2+1) - \sum_{k=1}^{n} (k^2-1)$$

일 때, 수열 $\{a_n\}$의 제 10항을 구하시오.

633 $\displaystyle\sum_{k=1}^{n} (1+2+2^2+ \cdots +2^{k-1}) = a \times 2^n + bn + c$를 만족시키는 상수 a, b, c에 대하여 abc의 값을 구하시오.

$1+2+2^2+ \cdots +2^{k-1}$은 첫째항이 1, 공비가 2인 등비수열의 첫째항부터 제 k항까지의 합이다.

634 공차가 양수인 등차수열 $\{a_n\}$에 대하여 $a_6 = 15$, $\displaystyle\sum_{k=4}^{8} |2a_k - 30| = 24$ 일 때, a_7의 값을 구하시오.

a_4, a_5, a_7, a_8을 a_6과 공차를 이용하여 나타내어 본다.

635 $\displaystyle\sum_{k=1}^{10} k^2 + \sum_{k=2}^{10} k^2 + \sum_{k=3}^{10} k^2 + \cdots + \sum_{k=10}^{10} k^2$의 값을 구하시오.

636 수열 $\{a_n\}$에 대하여 $a_1 + 2a_2 + 3a_3 + \cdots + na_n = \dfrac{n(n+1)(n+2)}{6}$

일 때, $\displaystyle\sum_{k=1}^{10} a_k$의 값을 구하시오.

연습 문제

생각해 봅시다!

637 $\displaystyle\sum_{j=1}^{5}\left\{\sum_{k=1}^{5}(3k-1)2^{j-1}\right\}$ 의 값을 구하시오.

$\displaystyle\sum_{k=1}^{5}(3k-1)2^{j-1}$에서 j는 상수로 생각한다.

638 공차가 정수인 등차수열 $\{a_n\}$에 대하여 $a_4+a_6=0$,

 $\displaystyle\sum_{k=1}^{8}(\,|a_k|+a_k)=48$일 때, a_{10}의 값을 구하시오.

639 수열 $\{a_n\}$의 일반항이 $a_n=\begin{cases} \dfrac{(n-1)^2}{2} & (n\text{이 홀수}) \\ \dfrac{n^2}{2}-n & (n\text{이 짝수})\end{cases}$ 일 때, $\displaystyle\sum_{n=1}^{20}a_n$의

값을 구하시오.

$\displaystyle\sum_{n=1}^{20}a_n=\sum_{n=1}^{10}a_{2n-1}+\sum_{n=1}^{10}a_{2n}$

교육청 기출

640 자연수 n에 대하여 점 $A_n(n,\ n^2)$을 지나고 직선 $y=nx$에 수직인 직선이 x축과 만나는 점을 B_n이라 하자. 다음은 삼각형 A_nOB_n의 넓이를 S_n이라 할 때, $\displaystyle\sum_{n=1}^{8}\dfrac{S_n}{n^3}$의 값을 구하는 과정이다.

(단, O는 원점이다.)

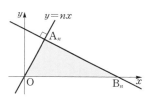

$S_n=\dfrac{1}{2}\times$ (점 B_n의 x좌표) $\times$ (점 A_n의 y좌표)

> 점 $A_n(n,\ n^2)$을 지나고 직선 $y=nx$에 수직인 직선의 방정식은
> $$y=\boxed{\text{(가)}}\times x+n^2+1$$
> 이므로 두 점 A_n, B_n의 좌표를 이용하여 S_n을 구하면
> $$S_n=\boxed{\text{(나)}}$$
> 따라서
> $$\sum_{n=1}^{8}\dfrac{S_n}{n^3}=\boxed{\text{(다)}}$$
> 이다.

위의 (가), (나)에 알맞은 식을 각각 $f(n)$, $g(n)$이라 하고, (다)에 알맞은 수를 r라 할 때, $f(1)+g(2)+r$의 값은?

① 105   ② 110   ③ 115   ④ 120   ⑤ 125

03 여러 가지 수열의 합

1 분수의 꼴인 수열의 합 　필수 10

일반항이 분수의 꼴인 수열의 합은 다음과 같은 순서로 구한다.

(i) 일반항 a_k를 **부분분수로 변형**한다.
(ii) 수열의 합을 $\sum$를 쓰지 않고 k에 **1, 2, 3, $\cdots$, n을 차례대로 대입**하여 합의 꼴로 나타낸다.
(iii) 더하여 0이 되는 항을 소거한다.

▶ 연달아 소거되는 수열의 합을 구할 때, 앞에서 남는 항과 뒤에서 남는 항은 서로 대칭이 되는 위치에 있음을 이용하여 소거되고 남는 항을 유추한다.

2 부분분수로의 변형

(1) $\displaystyle\sum_{k=1}^{n}\frac{1}{k(k+a)}=\frac{1}{a}\sum_{k=1}^{n}\left(\frac{1}{k}-\frac{1}{k+a}\right)$

(2) $\displaystyle\sum_{k=1}^{n}\frac{1}{(k+a)(k+b)}=\frac{1}{b-a}\sum_{k=1}^{n}\left(\frac{1}{k+a}-\frac{1}{k+b}\right)$

(3) $\displaystyle\sum_{k=1}^{n}\frac{1}{k(k+1)(k+2)}=\frac{1}{2}\sum_{k=1}^{n}\left\{\frac{1}{k(k+1)}-\frac{1}{(k+1)(k+2)}\right\}$

▶ ① $\dfrac{1}{AB}=\dfrac{1}{B-A}\left(\dfrac{1}{A}-\dfrac{1}{B}\right)$ (단, $A\neq B$)

② $\dfrac{1}{ABC}=\dfrac{1}{C-A}\left(\dfrac{1}{AB}-\dfrac{1}{BC}\right)$ (단, $A\neq C$)

예제 ▶ 수열 $\dfrac{1}{1\times2}$, $\dfrac{1}{2\times3}$, $\dfrac{1}{3\times4}$, $\cdots$의 첫째항부터 제n항까지의 합을 구하시오.

풀이　주어진 수열의 제k항을 a_k라 하면

$$a_k=\frac{1}{k(k+1)}=\frac{1}{k}-\frac{1}{k+1}$$

따라서 첫째항부터 제n항까지의 합은

$$\sum_{k=1}^{n}a_k=\sum_{k=1}^{n}\left(\frac{1}{k}-\frac{1}{k+1}\right)$$
$$=\left(1-\frac{1}{2}\right)+\left(\frac{1}{2}-\frac{1}{3}\right)+\left(\frac{1}{3}-\frac{1}{4}\right)+\cdots+\left(\frac{1}{n}-\frac{1}{n+1}\right)$$
$$=1-\frac{1}{n+1}=\frac{n}{n+1}$$

← 앞에서 첫 번째가 남으면 뒤에서 첫 번째가 남는다.

3 **무리식을 포함한 수열의 합**   🔗 필수 11, 12

일반항의 분모에 근호가 있는 수열의 합은 다음과 같은 순서로 구한다.

> (ⅰ) 일반항 a_k의 **분모를 유리화**한다.
> (ⅱ) 수열의 합을 $\sum$를 쓰지 않고 k에 **1, 2, 3, $\cdots$, n을 차례대로 대입**하여 합의 꼴로 나타낸다.
> (ⅲ) 더하여 0이 되는 항을 소거한다.

예제 ▶ $\displaystyle\sum_{k=1}^{10} \dfrac{1}{\sqrt{k}+\sqrt{k+1}}$ 의 값을 구하시오.

풀이 $\dfrac{1}{\sqrt{k}+\sqrt{k+1}} = \dfrac{\sqrt{k}-\sqrt{k+1}}{(\sqrt{k}+\sqrt{k+1})(\sqrt{k}-\sqrt{k+1})} = \sqrt{k+1}-\sqrt{k}$

$\therefore \displaystyle\sum_{k=1}^{10} \dfrac{1}{\sqrt{k}+\sqrt{k+1}} = \sum_{k=1}^{10}(\sqrt{k+1}-\sqrt{k})$

$\qquad = (\sqrt{2}-\sqrt{1}) + (\sqrt{3}-\sqrt{2}) + (\sqrt{4}-\sqrt{3}) + \cdots + (\sqrt{11}-\sqrt{10})$

$\qquad = \sqrt{11}-1$

앞에서 두 번째가 남으면 뒤에서 두 번째가 남는다.

보충 학습   **(등차수열) × (등비수열)의 꼴의 수열의 합**

수열의 합 $1\times3+2\times3^2+3\times3^3+4\times3^4+ \cdots +n\times3^n$은 등차수열 1, 2, 3, 4, $\cdots$, n과 등비수열 3, 3^2, 3^3, 3^4, $\cdots$, 3^n을 서로 대응하는 항끼리 곱하여 더한 것이다.

이처럼 (등차수열) × (등비수열)의 꼴의 수열의 합을 멱급수라 한다.

이때 (등차수열) × (등비수열)의 꼴의 수열의 합은 등비수열의 공비를 이용하여 구할 수 있다.

예를 들어

$\qquad S=1\times3+2\times3^2+3\times3^3+4\times3^4+ \cdots +n\times3^n \qquad \cdots\cdots \ ㉠$

이라 하자. ㉠의 양변에 등비수열의 공비 3을 곱하면

$\qquad 3S=1\times3^2+2\times3^3+3\times3^4+4\times3^5+ \cdots +n\times3^{n+1} \qquad \cdots\cdots \ ㉡$

㉠$-$㉡을 하면

$$S=1\times3+2\times3^2+3\times3^3+4\times3^4+ \cdots +n\times3^n$$
$$-\ )\quad 3S=\qquad\qquad 1\times3^2+2\times3^3+3\times3^4+ \cdots +(n-1)\times3^n+n\times3^{n+1}$$
$$\overline{-2S=1\times3+1\times3^2+1\times3^3+1\times3^4+ \cdots +1\times3^n \qquad\qquad -n\times3^{n+1}}$$

$\qquad\qquad = (3+3^2+3^3+3^4+ \cdots +3^n) - n\times3^{n+1}$

$\qquad\qquad = \dfrac{3(3^n-1)}{3-1} - n\times3^{n+1} = \dfrac{1-2n}{2}\times3^{n+1} - \dfrac{3}{2}$

$\qquad \therefore S = \dfrac{2n-1}{4}\times3^{n+1} + \dfrac{3}{4}$

즉 $1\times3+2\times3^2+3\times3^3+4\times3^4+ \cdots +n\times3^n = \dfrac{2n-1}{4}\times3^{n+1} + \dfrac{3}{4}$이다.

● 더 다양한 문제는 **RPM** 대수 136쪽

필수 10 분수의 꼴인 수열의 합

다음 수열의 첫째항부터 제 n항까지의 합을 구하시오.

(1) $\dfrac{1}{3^2-1}$, $\dfrac{1}{5^2-1}$, $\dfrac{1}{7^2-1}$, $\cdots$　　(2) $\dfrac{1}{1\times3}$, $\dfrac{1}{2\times4}$, $\dfrac{1}{3\times5}$, $\cdots$

III-2

풀이　(1) 주어진 수열의 제 k항을 a_k라 하면

$$a_k=\frac{1}{(2k+1)^2-1}=\frac{1}{4k(k+1)}=\frac{1}{4}\left(\frac{1}{k}-\frac{1}{k+1}\right)$$

따라서 구하는 합은

$$\sum_{k=1}^{n}a_k=\sum_{k=1}^{n}\frac{1}{4}\left(\frac{1}{k}-\frac{1}{k+1}\right)$$
$$=\frac{1}{4}\left\{\left(1-\frac{1}{2}\right)+\left(\frac{1}{2}-\frac{1}{3}\right)+\cdots+\left(\frac{1}{n}-\frac{1}{n+1}\right)\right\}$$
$$=\frac{1}{4}\left(1-\frac{1}{n+1}\right)=\frac{n}{4(n+1)}$$

(2) 주어진 수열의 제 k항을 a_k라 하면

$$a_k=\frac{1}{k(k+2)}=\frac{1}{2}\left(\frac{1}{k}-\frac{1}{k+2}\right)$$

따라서 구하는 합은

$$\sum_{k=1}^{n}a_k=\sum_{k=1}^{n}\frac{1}{2}\left(\frac{1}{k}-\frac{1}{k+2}\right)$$
$$=\frac{1}{2}\left\{\left(1-\frac{1}{3}\right)+\left(\frac{1}{2}-\frac{1}{4}\right)+\left(\frac{1}{3}-\frac{1}{5}\right)+\cdots\right.$$
$$\left.+\left(\frac{1}{n-1}-\frac{1}{n+1}\right)+\left(\frac{1}{n}-\frac{1}{n+2}\right)\right\}$$
$$=\frac{1}{2}\left(1+\frac{1}{2}-\frac{1}{n+1}-\frac{1}{n+2}\right)$$
$$=\frac{n(3n+5)}{4(n+1)(n+2)}$$

KEY Point

• 일반항이 분수의 꼴인 수열의 합
⇨ 일반항을 부분분수로 변형하여 구한다.

● 정답 및 풀이 150쪽

641 수열 1, $\dfrac{1}{1+2}$, $\dfrac{1}{1+2+3}$, $\cdots$의 첫째항부터 제 8항까지의 합을 구하시오.

642 수열 $\{a_n\}$에 대하여 $\sum\limits_{k=1}^{n}a_k=n^2+4n$일 때, $\sum\limits_{k=1}^{n}\dfrac{1}{a_k a_{k+1}}$을 n에 대한 식으로 나타내시오.

275

● 더 다양한 문제는 **RPM** 대수 137쪽

필수 11 **무리식을 포함한 수열의 합 (1)**

수열 $\dfrac{1}{1+\sqrt{2}}$, $\dfrac{1}{\sqrt{2}+\sqrt{3}}$, $\dfrac{1}{\sqrt{3}+\sqrt{4}}$, $\cdots$의 첫째항부터 제 n항까지의 합을 구하시오.

풀이 주어진 수열의 제 k항을 a_k라 하면

$$a_k=\frac{1}{\sqrt{k}+\sqrt{k+1}}=\frac{\sqrt{k}-\sqrt{k+1}}{(\sqrt{k}+\sqrt{k+1})(\sqrt{k}-\sqrt{k+1})}=\sqrt{k+1}-\sqrt{k}$$

따라서 구하는 합은

$$\sum_{k=1}^{n} a_k=\sum_{k=1}^{n}(\sqrt{k+1}-\sqrt{k})$$
$$=(\sqrt{2}-1)+(\sqrt{3}-\sqrt{2})+\cdots+(\sqrt{n+1}-\sqrt{n})$$
$$=\boldsymbol{\sqrt{n+1}-1}$$

● 더 다양한 문제는 **RPM** 대수 137쪽

필수 12 **무리식을 포함한 수열의 합 (2)**

수열 $\{a_n\}$이 첫째항이 1, 공차가 2인 등차수열일 때, $\displaystyle\sum_{k=1}^{12}\dfrac{1}{\sqrt{a_{k+1}}+\sqrt{a_k}}$의 값을 구하시오.

풀이 $a_n=1+(n-1)\times 2=2n-1$이므로

$$\sum_{k=1}^{12}\frac{1}{\sqrt{a_{k+1}}+\sqrt{a_k}}=\sum_{k=1}^{12}\frac{1}{\sqrt{2k+1}+\sqrt{2k-1}}$$
$$=\sum_{k=1}^{12}\frac{\sqrt{2k+1}-\sqrt{2k-1}}{(\sqrt{2k+1}+\sqrt{2k-1})(\sqrt{2k+1}-\sqrt{2k-1})}$$
$$=\frac{1}{2}\sum_{k=1}^{12}(\sqrt{2k+1}-\sqrt{2k-1})$$
$$=\frac{1}{2}\{(\sqrt{3}-1)+(\sqrt{5}-\sqrt{3})+\cdots+(\sqrt{25}-\sqrt{23})\}$$
$$=\frac{1}{2}(\sqrt{25}-1)=\boldsymbol{2}$$

KEY Point

- 일반항의 분모에 근호가 있는 수열의 합
  ⇨ 일반항의 분모를 유리화하여 구한다.

● 정답 및 풀이 **150**쪽

643 $f(n)=\sqrt{n+1}+\sqrt{n+2}$일 때, $\displaystyle\sum_{k=1}^{n}\dfrac{1}{f(k)}=2\sqrt{2}$를 만족시키는 자연수 n의 값을 구하시오.

644 자연수 n에 대하여 이차방정식 $x^2-(2n+1)x+n(n+1)=0$의 두 근을 α_n, β_n이라 할 때, $\displaystyle\sum_{k=1}^{80}\dfrac{1}{\sqrt{\alpha_k}+\sqrt{\beta_k}}$의 값을 구하시오.

● 더 다양한 문제는 **RPM** 대수 137쪽

필수 13 로그를 포함한 수열의 합 (1)

다음을 계산하시오.

(1) $\sum_{k=1}^{40} \log_3 \dfrac{2k+1}{2k-1}$ (2) $\sum_{k=2}^{8} \log \sqrt{1-\dfrac{1}{k^2}}$

풀이

(1) $\sum_{k=1}^{40} \log_3 \dfrac{2k+1}{2k-1} = \log_3 \dfrac{3}{1} + \log_3 \dfrac{5}{3} + \log_3 \dfrac{7}{5} + \cdots + \log_3 \dfrac{81}{79}$

$= \log_3 \left(\dfrac{3}{1} \times \dfrac{5}{3} \times \dfrac{7}{5} \times \cdots \times \dfrac{81}{79} \right) = \log_3 81 = \mathbf{4}$

(2) $\sum_{k=2}^{8} \log \sqrt{1-\dfrac{1}{k^2}} = \sum_{k=2}^{8} \log \sqrt{\dfrac{k^2-1}{k^2}} = \sum_{k=2}^{8} \log \sqrt{\dfrac{k-1}{k} \times \dfrac{k+1}{k}}$

$= \log \sqrt{\dfrac{1}{2} \times \dfrac{3}{2}} + \log \sqrt{\dfrac{2}{3} \times \dfrac{4}{3}} + \log \sqrt{\dfrac{3}{4} \times \dfrac{5}{4}} + \cdots + \log \sqrt{\dfrac{7}{8} \times \dfrac{9}{8}}$

$= \log \sqrt{\left(\dfrac{1}{2} \times \dfrac{3}{2}\right) \times \left(\dfrac{2}{3} \times \dfrac{4}{3}\right) \times \left(\dfrac{3}{4} \times \dfrac{5}{4}\right) \times \cdots \times \left(\dfrac{7}{8} \times \dfrac{9}{8}\right)}$

$= \log \sqrt{\dfrac{9}{16}} = \mathbf{\log \dfrac{3}{4}}$

● 더 다양한 문제는 **RPM** 대수 137쪽

필수 14 로그를 포함한 수열의 합 (2)

수열 $\{a_n\}$이 첫째항과 공비가 모두 5인 등비수열일 때, $\sum_{k=1}^{12} \log_{25} a_k$의 값을 구하시오.

풀이 $a_n = 5 \times 5^{n-1} = 5^n$이므로

$\sum_{k=1}^{12} \log_{25} a_k = \sum_{k=1}^{12} \log_{5^2} 5^k = \sum_{k=1}^{12} \dfrac{k}{2} = \dfrac{1}{2} \sum_{k=1}^{12} k = \dfrac{1}{2} \times \dfrac{12 \times 13}{2} = \mathbf{39}$

 KEY Point

• 일반항에 로그가 포함된 수열의 합
⇨ 로그의 합의 꼴로 나타낸 후 로그의 성질을 이용한다.

● 정답 및 풀이 **151쪽**

 645 다음을 계산하시오.

(1) $\sum_{k=1}^{999} \log \left(1 + \dfrac{1}{k} \right)$ (2) $\sum_{k=1}^{14} \log_2 \{ \log_{k+1} (k+2) \}$

646 수열 $\{a_n\}$에 대하여 $\sum_{k=1}^{n} a_k = \log_2 (n^2 + n)$일 때, $\sum_{k=2}^{32} a_{2k-1}$의 값을 구하시오.

특강 항을 묶었을 때 규칙을 갖는 수열

1 군수열

수열의 항을 몇 개씩 묶었을 때 규칙을 갖는 수열을 군수열이라 한다. 군수열에 대한 문제는 일반적으로 다음과 같은 순서로 해결한다.

(i) 수열의 각 항이 갖는 규칙을 파악하여 수열의 항을 몇 개씩 묶는다.
(ii) 각 묶음의 항의 개수 및 첫째항 또는 끝항이 갖는 규칙을 찾는다.
(iii) 구하는 항이 몇 번째 묶음의 몇 번째 항인지 구한다.

● 더 다양한 문제는 RPM 대수 138쪽

특강 01 수열의 항을 묶어서 규칙 찾기

수열
$$1, 1, 2, 1, 2, 3, 1, 2, 3, 4, 1, 2, 3, 4, 5, \cdots$$
에서 제110항을 구하시오.

풀이 주어진 수열을 각 묶음의 첫째항이 1이 되도록 묶으면
$$(1), (1, 2), (1, 2, 3), (1, 2, 3, 4), (1, 2, 3, 4, 5), \cdots$$
n번째 묶음의 항의 개수는 n이므로 첫 번째 묶음부터 n번째 묶음까지의 항의 개수는
$$\sum_{k=1}^{n} k = \frac{n(n+1)}{2}$$
$n=14$일 때, $\frac{14 \times 15}{2} = 105$이므로 제110항은 15번째 묶음의 5번째 항이다.

이때 15번째 묶음은 1, 2, 3, 4, 5, $\cdots$, 15이므로 제110항은 **5**이다.

● 정답 및 풀이 151쪽

 647 수열 1, 3, 3, 5, 5, 5, 7, 7, 7, 7, $\cdots$에서 25가 처음으로 나타나는 항은 제몇 항인지 구하시오.

648 수열 $\frac{1}{2}, \frac{1}{3}, \frac{2}{3}, \frac{1}{4}, \frac{2}{4}, \frac{3}{4}, \frac{1}{5}, \frac{2}{5}, \frac{3}{5}, \frac{4}{5}, \cdots$에 대하여 다음 물음에 답하시오.

(1) $\frac{17}{20}$은 제몇 항인지 구하시오.   (2) 제95항을 구하시오.

STEP 1

649 $\displaystyle\sum_{k=1}^{n} \frac{1}{4k^2-1} = \frac{25}{51}$ 를 만족시키는 자연수 n의 값을 구하시오.

650 수열 $\{a_n\}$에 대하여 x에 대한 다항식 $a_n x^2 - a_n - 3$이 $x-n$으로 나누어떨어질 때, $\displaystyle\sum_{k=2}^{10} a_k$의 값을 구하시오.

> 다항식 $f(x)$가 $x-n$으로 나누어떨어진다.
> $\Rightarrow f(n)=0$

651 수열 $\{a_n\}$에 대하여 $a_n = 1 + \dfrac{1}{n^2-1}$ 일 때, $\displaystyle\sum_{k=2}^{20} \log a_k = \log \frac{q}{p}$ 이다. 서로소인 두 자연수 p, q에 대하여 $p+q$의 값을 구하시오.

STEP 2

652 $\dfrac{3}{1^2} + \dfrac{5}{1^2+2^2} + \dfrac{7}{1^2+2^2+3^2} + \cdots + \dfrac{21}{1^2+2^2+\cdots+10^2}$ 의 값을 구하시오.

653 자연수 n에 대하여 직선 $y=x+a_n$이 원 $(x-2n)^2+(y-2n^2)^2=n^2$ 을 이등분할 때, $\displaystyle\sum_{k=2}^{15} \frac{1}{a_k}$ 의 값을 구하시오.

> 직선이 원을 이등분한다.
> $\Rightarrow$ 직선이 원의 중심을 지난다.

[평가원] 기출

654 수열 $\{a_n\}$이 모든 자연수 n에 대하여 $\displaystyle\sum_{k=1}^{n} \frac{1}{(2k-1)a_k} = n^2+2n$을 만족시킬 때, $\displaystyle\sum_{n=1}^{10} a_n$의 값은?

① $\dfrac{10}{21}$ ② $\dfrac{4}{7}$ ③ $\dfrac{2}{3}$ ④ $\dfrac{16}{21}$ ⑤ $\dfrac{6}{7}$

생각해 봅시다! 💡

655 수열 $\{a_n\}$에 대하여 $\sum_{k=1}^{n} a_k = 2n^2 - n$일 때, $\sum_{k=1}^{n} \frac{1}{\sqrt{a_k} + \sqrt{a_{k+1}}} = \frac{3}{2}$을 만족시키는 자연수 n의 값을 구하시오.

656 [수능] 기출

모든 항이 양수이고 첫째항과 공차가 같은 등차수열 $\{a_n\}$이 $\sum_{k=1}^{15} \frac{1}{\sqrt{a_k} + \sqrt{a_{k+1}}} = 2$를 만족시킬 때, a_4의 값은?

① 6   ② 7   ③ 8   ④ 9   ⑤ 10

657 오른쪽과 같이 자연수를 나열할 때, 위에서 첫 번째 줄부터 8번째 줄까지 나열된 모든 수의 합을 구하시오.

$$
\begin{array}{ccccccc}
& & & 1 & & & \\
& & 2 & & 3 & & \\
& 3 & & 4 & & 5 & \\
4 & & 5 & & 6 & & 7 \\
& & & \vdots & & &
\end{array}
$$

위에서 k번째 줄에 나열된 첫 번째 수는 k이다.

실력 UP⁺

658 첫째항이 -9, 공차가 2인 등차수열 $\{a_n\}$에 대하여 $S = \sum_{k=1}^{10} \left| \frac{1}{a_k a_{k+1}} \right|$이라 할 때, $99S$의 값을 구하시오.

수열 $\{a_n\}$에서 처음으로 양수가 되는 것은 제몇 항인지 구한다.

659 수열 $\{a_n\}$이 $a_1 = 10$, $a_{n+1} = a_n^2 + 3a_n$을 만족시킬 때, 다음 중 $\sum_{k=1}^{30} \log(a_k + 3)$의 값과 같은 것은?

① $\log a_{30} - 10$ ② $\log a_{30} - 1$ ③ $\log a_{31} - 10$

④ $\log a_{31} - 1$ ⑤ $\log a_{31}$

660 [평가원] 기출

수열 $\{a_n\}$의 일반항은 $a_n = \log_2 \sqrt{\dfrac{2(n+1)}{n+2}}$이다. $\sum_{k=1}^{m} a_k$의 값이 100 이하의 자연수가 되도록 하는 모든 자연수 m의 값의 합은?

① 150   ② 154   ③ 158   ④ 162   ⑤ 166

III / 수열

이 단원에서는

수열의 귀납적 정의를 이해하고 귀납적으로 정의된 수열에 대한 다양한 문제를 풀어 봅니다. 또 수학적 귀납법의 원리를 이해하고, 이를 이용하여 자연수에 대한 명제, 등식, 부등식을 증명해 봅니다.

01 수열의 귀납적 정의

1 수열의 귀납적 정의

수열 $\{a_n\}$에 대하여
  (i) 첫째항 a_1의 값
  (ii) 이웃하는 두 항 a_n, a_{n+1} 사이의 관계식 ($n=1, 2, 3, \cdots$)
이 주어지면 (ii)의 관계식에 $n=1, 2, 3, \cdots$을 차례대로 대입하여 수열 $\{a_n\}$의 모든 항을 구할 수 있다. 이와 같이 **처음 몇 개의 항과 이웃하는 여러 항 사이의 관계식**으로 수열을 정의하는 것을 수열의 **귀납적 정의**라 한다.

> 수열에서 이웃하는 항들 사이의 관계식을 점화식이라 한다.

설명 수열의 일반항이 주어지지 않아도 처음 몇 개의 항과 이웃하는 항 사이의 관계식이 주어지면 수열의 모든 항을 구할 수 있다.
예를 들어 수열 $\{a_n\}$이 $a_1=2$, $a_{n+1}=2a_n+1$ ($n=1, 2, 3, \cdots$)로 정의되면
$$a_1=2, \ a_2=2a_1+1=5, \ a_3=2a_2+1=11, \ a_4=2a_3+1=23, \cdots$$
과 같이 수열 $\{a_n\}$의 모든 항을 구할 수 있다.

2 등차수열과 등비수열을 나타내는 관계식   ∞ 필수 01, 02

수열 $\{a_n\}$에 대하여 $n=1, 2, 3, \cdots$일 때
(1) $a_{n+1}-a_n=d$ (일정) $\Longleftrightarrow a_{n+1}=a_n+d$ ⇨ **공차가 d인 등차수열**
(2) $a_{n+1} \div a_n=r$ (일정) $\Longleftrightarrow a_{n+1}=ra_n$ ⇨ **공비가 r인 등비수열**
(3) $2a_{n+1}=a_n+a_{n+2} \Longleftrightarrow a_{n+1}-a_n=a_{n+2}-a_{n+1}$ ⇨ **등차수열**
(4) $a_{n+1}{}^2=a_n a_{n+2} \quad \Longleftrightarrow a_{n+1} \div a_n=a_{n+2} \div a_{n+1}$ ⇨ **등비수열**

예제 ▶ 다음과 같이 귀납적으로 정의된 수열 $\{a_n\}$의 일반항 a_n을 구하시오. (단, $n=1, 2, 3, \cdots$)

  (1) $a_1=6$, $a_{n+1}=a_n+2$
  (2) $a_1=3$, $a_{n+1}=2a_n$

풀이   (1) $a_{n+1}=a_n+2$에서 수열 $\{a_n\}$은 공차가 2인 등차수열이다.
    이때 첫째항이 6이므로
$$a_n=6+(n-1) \times 2=2n+4$$
  (2) $a_{n+1}=2a_n$에서 수열 $\{a_n\}$은 공비가 2인 등비수열이다.
    이때 첫째항이 3이므로
$$a_n=3 \times 2^{n-1}$$

❸ $a_{n+1}=a_n+f(n)$의 꼴로 정의된 수열 ↩ 필수 03

수열 $\{a_n\}$이 $a_{n+1}=a_n+f(n)$의 꼴로 정의될 때, 일반항 a_n은 다음과 같이 구한다.

> $a_{n+1}=a_n+f(n)$의 n에 $1, 2, 3, \cdots, n-1$을 차례대로 대입하면
> $$a_2=a_1+f(1)$$
> $$a_3=a_2+f(2)=a_1+f(1)+f(2)$$
> $$a_4=a_3+f(3)=a_1+f(1)+f(2)+f(3)$$
> $$\vdots$$
> $$\therefore\ a_n=a_{n-1}+f(n-1)$$
> $$=a_1+f(1)+f(2)+f(3)+\cdots+f(n-1)$$

➤ $f(n)$이 상수이면 수열 $\{a_n\}$은 공차가 $f(n)$인 등차수열이다.

보기 ▶ 수열 $\{a_n\}$이 $a_{n+1}=a_n+n$ $(n=1, 2, 3, \cdots)$을 만족시킬 때
$$a_2=a_1+1$$
$$a_3=a_2+2=a_1+1+2$$
$$a_4=a_3+3=a_1+1+2+3$$
$$\vdots$$
$$a_n=a_{n-1}+n-1=a_1+1+2+3+\cdots+n-1=a_1+\frac{n(n-1)}{2}$$

❹ $a_{n+1}=a_n f(n)$의 꼴로 정의된 수열 ↩ 필수 04

수열 $\{a_n\}$이 $a_{n+1}=a_n f(n)$의 꼴로 정의될 때, 일반항 a_n은 다음과 같이 구한다.

> $a_{n+1}=a_n f(n)$의 n에 $1, 2, 3, \cdots, n-1$을 차례대로 대입하면
> $$a_2=a_1 f(1)$$
> $$a_3=a_2 f(2)=a_1 f(1)f(2)$$
> $$a_4=a_3 f(3)=a_1 f(1)f(2)f(3)$$
> $$\vdots$$
> $$\therefore\ a_n=a_{n-1}f(n-1)$$
> $$=a_1 f(1)f(2)f(3)\times\cdots\times f(n-1)$$

➤ $f(n)$이 상수이면 수열 $\{a_n\}$은 공비가 $f(n)$인 등비수열이다.

보기 ▶ 수열 $\{a_n\}$이 $a_{n+1}=(n+1)a_n$ $(n=1, 2, 3, \cdots)$을 만족시킬 때
$$a_2=2a_1$$
$$a_3=3a_2=3\times 2a_1$$
$$a_4=4a_3=4\times 3\times 2a_1$$
$$\vdots$$
$$a_n=na_{n-1}=n\times(n-1)\times(n-2)\times\cdots\times 2a_1=n!\times a_1$$

● 정답 및 풀이 156쪽

알아둡시다!

661 다음과 같이 귀납적으로 정의된 수열 $\{a_n\}$에서 제4항을 구하시오.

(단, $n=1, 2, 3, \cdots$)

(1) $a_1=2$, $a_{n+1}=2a_n+3$

(2) $a_1=1$, $a_{n+1}=a_n{}^2-1$

(3) $a_1=2$, $a_{n+1}=\dfrac{1}{a_n}$

(4) $a_1=\dfrac{1}{3}$, $\dfrac{1}{a_{n+1}}=\dfrac{1}{a_n}+2$

(5) $a_1=5$, $a_2=2$, $a_{n+2}=a_n+a_{n+1}$

> 귀납적으로 정의된 수열 $\{a_n\}$에서 이웃하는 항들 사이의 관계식에 $n=1, 2, 3, \cdots$을 차례대로 대입하면 모든 항을 구할 수 있다.

662 다음과 같이 귀납적으로 정의된 수열 $\{a_n\}$의 일반항 a_n을 구하시오.

(단, $n=1, 2, 3, \cdots$)

(1) $a_1=-4$, $a_{n+1}-a_n=4$

(2) $a_1=1$, $a_{n+1}=3a_n$

(3) $a_1=12$, $a_2=9$, $2a_{n+1}=a_n+a_{n+2}$

(4) $a_1=5$, $a_2=-10$, $a_{n+1}{}^2=a_na_{n+2}$

> ① $a_{n+1}-a_n=d$
> ⇨ 공차가 d인 등차수열
> ② $a_{n+1}\div a_n=r$
> ⇨ 공비가 r인 등비수열
> ③ $2a_{n+1}=a_n+a_{n+2}$
> ⇨ 등차수열
> ④ $a_{n+1}{}^2=a_na_{n+2}$
> ⇨ 등비수열

663 다음과 같이 귀납적으로 정의된 수열 $\{a_n\}$에서 제7항을 구하시오.

(단, $n=1, 2, 3, \cdots$)

(1) $a_1=3$, $a_{n+1}=a_n+n^2$

(2) $a_1=1$, $a_{n+1}=\dfrac{n+1}{n}a_n$

> ① $a_{n+1}=a_n+f(n)$의 꼴
> ⇨ $a_n=a_1+f(1)+f(2)$
> $\qquad +\cdots+f(n-1)$
> ② $a_{n+1}=a_nf(n)$의 꼴
> ⇨ $a_n=a_1f(1)f(2)$
> $\qquad \times\cdots\times f(n-1)$

● 더 다양한 문제는 **RPM** 대수 146쪽

필수 01 **등차수열의 귀납적 정의**

수열 $\{a_n\}$이 $a_1=50$, $a_{n+1}+3=a_n$ $(n=1, 2, 3, \cdots)$으로 정의될 때, $a_k=14$를 만족시키는 자연수 k의 값을 구하시오.

풀이 $a_{n+1}+3=a_n$에서 $a_{n+1}-a_n=-3$이므로 수열 $\{a_n\}$은 공차가 -3인 등차수열이다.

이때 첫째항이 50이므로

$$a_n=50+(n-1)\times(-3)=-3n+53$$

따라서 $a_k=14$에서 $\quad -3k+53=14, \quad -3k=-39$

$$\therefore k=\mathbf{13}$$

● 더 다양한 문제는 **RPM** 대수 146쪽

필수 02 **등비수열의 귀납적 정의**

수열 $\{a_n\}$이 $a_1=1$, $2a_{n+1}=a_n$ $(n=1, 2, 3, \cdots)$으로 정의될 때, $a_{50}=\dfrac{1}{2^k}$이다. 이때 상수 k의 값을 구하시오.

풀이 $2a_{n+1}=a_n$에서 $a_{n+1}=\dfrac{1}{2}a_n$이므로 수열 $\{a_n\}$은 공비가 $\dfrac{1}{2}$인 등비수열이다.

이때 첫째항이 1이므로

$$a_n=1\times\left(\dfrac{1}{2}\right)^{n-1}=\dfrac{1}{2^{n-1}}$$

따라서 $a_{50}=\dfrac{1}{2^{49}}$이므로 $\quad k=\mathbf{49}$

KEY Point

- $a_{n+1}=a_n+d$ 또는 $2a_{n+1}=a_n+a_{n+2}$ ⇨ **등차수열**
- $a_{n+1}=ra_n$ 또는 ${a_{n+1}}^2=a_n a_{n+2}$ ⇨ **등비수열**

● 정답 및 풀이 **157**쪽

664 수열 $\{a_n\}$이 $a_1=-5$, $a_2=-3$, $a_{n+2}-a_{n+1}=a_{n+1}-a_n$ $(n=1, 2, 3, \cdots)$으로 정의될 때, $\displaystyle\sum_{k=1}^{20}a_k$의 값을 구하시오.

665 수열 $\{a_n\}$이 $a_1=1$, $\dfrac{a_{n+1}}{a_n}=\dfrac{a_{n+2}}{a_{n+1}}$ $(n=1, 2, 3, \cdots)$를 만족시키고

$\dfrac{a_6}{a_1}+\dfrac{a_8}{a_3}+\dfrac{a_{10}}{a_5}=15$일 때, a_{21}의 값을 구하시오.

● 더 다양한 문제는 **RPM** 대수 147쪽

필수 03 $a_{n+1}=a_n+f(n)$의 꼴로 정의된 수열

수열 $\{a_n\}$이 $a_1=3$, $a_{n+1}=a_n+\dfrac{1}{n(n+1)}$ $(n=1,\ 2,\ 3,\ \cdots)$로 정의될 때, a_{100}의 값을 구하시오.

풀이

$a_{n+1}=a_n+\dfrac{1}{n(n+1)}=a_n+\dfrac{1}{n}-\dfrac{1}{n+1}$

n에 $1,\ 2,\ 3,\ \cdots,\ 99$를 차례대로 대입하면

$$a_2=a_1+1-\frac{1}{2}=a_1+\frac{1}{2}$$

$$a_3=a_2+\frac{1}{2}-\frac{1}{3}=a_1+\frac{1}{2}+\frac{1}{2}-\frac{1}{3}=a_1+\frac{2}{3}$$

$$a_4=a_3+\frac{1}{3}-\frac{1}{4}=a_1+\frac{2}{3}+\frac{1}{3}-\frac{1}{4}=a_1+\frac{3}{4} \qquad \longrightarrow a_n=a_1+\frac{n-1}{n}$$

$$\vdots$$

$$\therefore a_{100}=a_1+\frac{99}{100}=3+\frac{99}{100}=\mathbf{\frac{399}{100}}$$

── ● 더 다양한 문제는 **RPM** 대수 147쪽

필수 04 $a_{n+1}=a_n f(n)$의 꼴로 정의된 수열

수열 $\{a_n\}$이 $a_1=2$, $a_n=\left(1-\dfrac{1}{n^2}\right)a_{n-1}$ $(n=2,\ 3,\ 4,\ \cdots)$로 정의될 때, a_{20}의 값을 구하시오.

풀이

$a_n=\left(1-\dfrac{1}{n^2}\right)a_{n-1}=\dfrac{n^2-1}{n^2}a_{n-1}=\dfrac{n-1}{n}\times\dfrac{n+1}{n}a_{n-1}$

n에 $2,\ 3,\ 4,\ \cdots,\ 20$을 차례대로 대입하면

$$a_2=\frac{1}{2}\times\frac{3}{2}a_1$$

$$a_3=\frac{2}{3}\times\frac{4}{3}a_2=\frac{2}{3}\times\frac{4}{3}\times\frac{1}{2}\times\frac{3}{2}a_1=\frac{1}{2}\times\frac{4}{3}a_1$$

$$a_4=\frac{3}{4}\times\frac{5}{4}a_3=\frac{3}{4}\times\frac{5}{4}\times\frac{1}{2}\times\frac{4}{3}a_1=\frac{1}{2}\times\frac{5}{4}a_1 \qquad \longrightarrow a_n=\frac{1}{2}\times\frac{n+1}{n}a_1$$

$$\vdots$$

$$\therefore a_{20}=\frac{1}{2}\times\frac{21}{20}a_1=\frac{1}{2}\times\frac{21}{20}\times2=\mathbf{\frac{21}{20}}$$

● 정답 및 풀이 **157**쪽

666 수열 $\{a_n\}$이 $a_1=5$, $a_{n+1}-a_n=2n$ $(n=1,\ 2,\ 3,\ \cdots)$으로 정의될 때, $a_k=115$를 만족시키는 자연수 k의 값을 구하시오.

667 수열 $\{a_n\}$이 $a_1=1$, $a_{n+1}=2^n a_n$ $(n=1,\ 2,\ 3,\ \cdots)$으로 정의될 때, $a_k=2^{36}$을 만족시키는 자연수 k의 값을 구하시오.

● 더 다양한 문제는 **RPM** 대수 148쪽

필수 05

여러 가지 수열의 귀납적 정의

수열 $\{a_n\}$이 $a_1=1$, $a_{n+1}=\dfrac{a_n}{a_n+1}$ $(n=1,\ 2,\ 3,\ \cdots)$으로 정의될 때, $a_k=\dfrac{1}{40}$을 만족시키는 자연수 k의 값을 구하시오.

풀이

$a_{n+1}=\dfrac{a_n}{a_n+1}$의 n에 $1,\ 2,\ 3,\ \cdots$을 차례대로 대입하면

$$a_2=\frac{a_1}{a_1+1}=\frac{1}{1+1}=\frac{1}{2}$$

$$a_3=\frac{a_2}{a_2+1}=\frac{\dfrac{1}{2}}{\dfrac{1}{2}+1}=\frac{1}{3}$$

$$a_4=\frac{a_3}{a_3+1}=\frac{\dfrac{1}{3}}{\dfrac{1}{3}+1}=\frac{1}{4}$$

$$\vdots$$

$$\therefore\ a_n=\frac{1}{n}$$

따라서 $a_k=\dfrac{1}{40}$에서 $\quad \dfrac{1}{k}=\dfrac{1}{40}$ $\quad \therefore\ k=\mathbf{40}$

● 더 다양한 문제는 **RPM** 대수 148쪽

필수 06

수가 반복되는 수열의 귀납적 정의

수열 $\{a_n\}$이 $a_1=2$, $a_{n+1}=a_n+(-1)^n$ $(n=1,\ 2,\ 3,\ \cdots)$으로 정의될 때, a_{2025}의 값을 구하시오.

설명

$a_{n+1}=a_n+(-1)^n$의 n에 $1,\ 2,\ 3,\ \cdots$을 차례대로 대입하여 수가 반복되는 규칙을 찾는다.

풀이

$a_{n+1}=a_n+(-1)^n$의 n에 $1,\ 2,\ 3,\ \cdots$을 차례대로 대입하면

$a_2=a_1+(-1)=2-1=1$
$a_3=a_2+(-1)^2=1+1=2$
$a_4=a_3+(-1)^3=2-1=1$
$\quad \vdots$

따라서 수열 $\{a_n\}$은 $2,\ 1$이 이 순서대로 반복된다.

이때 $2025=2\times1012+1$이므로 $\quad a_{2025}=\mathbf{2}$

● 정답 및 풀이 **158**쪽

확인 체크

668 수열 $\{a_n\}$이 $a_1=3$, $a_{n+1}=\begin{cases} 2a_n & (n\text{은 홀수}) \\ a_n-1 & (n\text{은 짝수}) \end{cases}$ $(n=1,\ 2,\ 3,\ \cdots)$로 정의될 때, a_{10}의 값을 구하시오.

669 수열 $\{a_n\}$이 $a_1=3$, $a_2=4$, $a_n+a_{n+1}+a_{n+2}=12$ $(n=1,\ 2,\ 3,\ \cdots)$로 정의될 때, a_{50}의 값을 구하시오.

— 더 다양한 문제는 **RPM** 대수 149쪽 —

필수 07 S_n이 포함된 수열 $\{a_n\}$의 귀납적 정의

수열 $\{a_n\}$의 첫째항부터 제n항까지의 합을 S_n이라 할 때,

$$a_1=1,\ S_n=4a_n-3\ (n=1,\ 2,\ 3,\ \cdots)$$

이 성립한다. 이때 a_{10}의 값을 구하시오.

풀이 $S_n=4a_n-3$에서 $\qquad S_{n+1}=4a_{n+1}-3$

한편 $a_{n+1}=S_{n+1}-S_n\ (n=1,\ 2,\ 3,\ \cdots)$이므로

$$a_{n+1}=4a_{n+1}-3-(4a_n-3),\qquad a_{n+1}=4a_{n+1}-4a_n$$

$$\therefore a_{n+1}=\frac{4}{3}a_n$$

따라서 수열 $\{a_n\}$은 첫째항이 1이고 공비가 $\frac{4}{3}$인 등비수열이므로

$$a_n=1\times\left(\frac{4}{3}\right)^{n-1}=\left(\frac{4}{3}\right)^{n-1}\qquad \therefore a_{10}=\left(\frac{4}{3}\right)^{9}$$

— 더 다양한 문제는 **RPM** 대수 152쪽 —

필수 08 수열의 귀납적 정의의 활용

어떤 용기 안에 있는 미생물은 1시간마다 5마리씩 죽고, 나머지는 각각 3마리로 분열한다. 이 용기 안에 현재 미생물이 10마리 있을 때, n시간 후 살아 있는 미생물의 수를 a_n이라 하자. 다음을 구하시오.

(1) a_1의 값 \qquad\qquad (2) a_n과 a_{n+1} 사이의 관계식

풀이

(1) $a_1=(10-5)\times3=\mathbf{15}$

(2) $(n+1)$시간 후 살아 있는 미생물의 수는 a_n마리에서 5마리는 죽고 나머지는 각각 3마리로 분열한 것과 같으므로

$$a_{n+1}=(a_n-5)\times3=\mathbf{3a_n-15}\ (\boldsymbol{n=1,\ 2,\ 3,\ \cdots})$$

● 정답 및 풀이 **158**쪽

670 수열 $\{a_n\}$의 첫째항부터 제n항까지의 합을 S_n이라 할 때,

$$a_1=\frac{1}{2},\ S_n=-a_n+n\ (n=1,\ 2,\ 3,\ \cdots)$$

이 성립한다. 이때 a_8의 값을 구하시오.

671 농도가 5 %인 소금물 100 g이 들어 있는 그릇에서 소금물 20 g을 덜어 낸 다음 물 20 g을 넣는 것을 1회 시행이라 하자. n회 시행 후 소금물의 농도를 a_n %라 할 때, 다음을 구하시오.

(1) a_1의 값 \qquad\qquad (2) a_n과 a_{n+1} 사이의 관계식

연습 문제

● 정답 및 풀이 **159**쪽

STEP 1

672 수열 $\{a_n\}$이 $a_2=2a_1$, $a_{n+2}-2a_{n+1}+a_n=0$ $(n=1,\ 2,\ 3,\ \cdots)$을 만족시키고 $a_{10}=20$일 때, a_6의 값을 구하시오.

> 생각해 봅시다!
> $a_{n+2}-2a_{n+1}+a_n=0$에서
> $2a_{n+1}=a_n+a_{n+2}$

673 수열 $\{a_n\}$이 $a_1=1$, $a_2=3$, $a_{n+1}{}^2=a_n a_{n+2}$ $(n=1,\ 2,\ 3,\ \cdots)$로 정의될 때, $\log_3 a_{10}$의 값을 구하시오.

674 수열 $\{a_n\}$이 $a_1=\sqrt{2}$, $a_{n+1}=a_n+\dfrac{1}{\sqrt{n+2}+\sqrt{n+1}}$ $(n=1,\ 2,\ 3,\ \cdots)$로 정의될 때, $a_n>10$을 만족시키는 자연수 n의 최솟값을 구하시오.

> $\dfrac{1}{\sqrt{n+2}+\sqrt{n+1}}$의 분모를 유리화한다.

675 수열 $\{a_n\}$이 $a_1=4$, $\sqrt{n+1}\,a_{n+1}=\sqrt{n}\,a_n$ $(n=1,\ 2,\ 3,\ \cdots)$으로 정의될 때, a_{16}의 값을 구하시오.

평가원 기출

676 수열 $\{a_n\}$은 $a_1=12$이고, 모든 자연수 n에 대하여
$$a_{n+1}+a_n=(-1)^{n+1}\times n$$
을 만족시킨다. $a_k>a_1$인 자연수 k의 최솟값은?

① 2 ② 4 ③ 6 ④ 8 ⑤ 10

> $a_2,\ a_3,\ a_4,\ \cdots$의 값을 차례대로 구해 본다.

677 첫째항이 1인 수열 $\{a_n\}$이 모든 자연수 n에 대하여
$$a_{n+1}=\begin{cases} 3a_n & (a_n<8) \\ a_n-8 & (a_n\ge 8) \end{cases}$$
을 만족시킬 때, a_{60}의 값을 구하시오.

678 물 100 L가 들어 있는 어느 수족관에 매일 전날 수족관에 들어 있던 물의 반을 버리고 30 L의 물을 새로 넣는다. n일 후에 이 수족관에 남아 있는 물의 양을 a_n L라 할 때, a_n과 a_{n+1} 사이의 관계식을 구하시오.

생각해 봅시다! 💡

679 수열 $\{a_n\}$이 $a_1=1$, $(a_n+a_{n+1})^2=4a_na_{n+1}+4$ $(n=1,\ 2,\ 3,\ \cdots)$를 만족시킬 때, a_{20}의 값을 구하시오.

$$(\text{단},\ a_1<a_2<a_3<\ \cdots\ <a_n<\ \cdots)$$

680 수열 $\{a_n\}$이 $a_2=3$, $a_6=355$, $a_{n+1}=a_n+3^n-p$ $(n=1,\ 2,\ 3,\ \cdots)$를 만족시킬 때, 상수 p의 값을 구하시오.

681 수열 $\{a_n\}$이 $a_1=2$이고 모든 자연수 n에 대하여
$$a_{3n-1}=4a_n-1,\ a_{3n}=2a_n,\ a_{3n+1}=a_n+5$$
를 만족시킬 때, $a_{11}+a_{12}+a_{13}$의 값을 구하시오.

$11=3\times4-1$, $12=3\times4$, $13=3\times4+1$임을 이용한다.

682 $a_1=2$인 수열 $\{a_n\}$에 대하여 이차방정식 $a_{n-1}x^2-a_nx+1=0$ $(n=2,\ 3,\ 4,\ \cdots)$의 두 근을 α, β라 하면 $3\alpha-\alpha\beta+3\beta=1$이 성립한다. 이때 a_5의 값을 구하시오.

이차방정식의 근과 계수의 관계에 의하여
$$\alpha+\beta=\frac{a_n}{a_{n-1}},$$
$$\alpha\beta=\frac{1}{a_{n-1}}$$

683 수열 $\{a_n\}$이
$$a_1=1,\ a_2=2,\ a_3=4,\ a_{n-1}a_{n+1}=a_na_{n+2}\ (n=2,\ 3,\ 4,\ \cdots)$$
로 정의될 때, $\displaystyle\sum_{k=1}^{20}a_k$의 값을 구하시오.

684 수열 $\{a_n\}$에 대하여 $a_1=1$, $a_n=\displaystyle\sum_{k=1}^{n-1}a_k\,(n\geq2)$가 성립할 때, a_{11}의 값을 구하시오.

685 수열 $\{a_n\}$에 대하여 $\displaystyle\sum_{k=1}^{n}a_k=S_n$이라 할 때,
$$a_1=0,\ a_2=1,\ 2S_n=S_{n+1}+S_{n-1}-n^2\ (n=2,\ 3,\ 4,\ \cdots)$$
이 성립한다. 이때 a_{10}의 값을 구하시오.

$S_{n+1}-S_n=a_{n+1}$임을 이용하여 주어진 식을 변형한다.

686 모든 자연수 n에 대하여 다음 조건을 만족시키는 x축 위의 점 P_n과 곡선 $y=\sqrt{3x}$ 위의 점 Q_n이 있다.

- 선분 OP_n과 선분 P_nQ_n이 서로 수직이다.
- 선분 OQ_n과 선분 Q_nP_{n+1}이 서로 수직이다.

다음은 점 P_1의 좌표가 $(1, 0)$일 때, 삼각형 $OP_{n+1}Q_n$의 넓이 A_n을 구하는 과정이다. (단, O는 원점이다.)

모든 자연수 n에 대하여 점 P_n의 좌표를 $(a_n, 0)$이라 하자.

$\overline{OP_{n+1}}=\overline{OP_n}+\overline{P_nP_{n+1}}$이므로

$$a_{n+1}=a_n+\overline{P_nP_{n+1}}$$

이다. 삼각형 OP_nQ_n과 삼각형 $Q_nP_nP_{n+1}$이 닮음이므로 $\overline{OP_n}:\overline{P_nQ_n}=\overline{P_nQ_n}:\overline{P_nP_{n+1}}$이고, 점 Q_n의 좌표는 $(a_n, \sqrt{3a_n})$이므로 $\overline{P_nP_{n+1}}=\boxed{\text{(가)}}$이다.

따라서 삼각형 $OP_{n+1}Q_n$의 넓이 A_n은

$$A_n=\frac{1}{2}\times\left(\boxed{\text{(나)}}\right)\times\sqrt{9n-6}$$

이다.

위의 (가)에 알맞은 수를 p, (나)에 알맞은 식을 $f(n)$이라 할 때, $p+f(8)$의 값은?

① 20　　② 22　　③ 24　　④ 26　　⑤ 28

III-3 수학적 귀납법

생각해 봅시다!

$\overline{OP_n}:\overline{P_nQ_n}$
$=\overline{P_nQ_n}:\overline{P_nP_{n+1}}$
에서
$\overline{OP_n}\times\overline{P_nP_{n+1}}$
$=\overline{P_nQ_n}^2$
임을 이용하여 a_n과 a_{n+1} 사이의 관계식을 구한다.

687 $a_1>1$인 수열 $\{a_n\}$이 모든 자연수 n에 대하여

$$a_{2n}=a_2\times a_n+1, \quad a_{2n+1}=a_2\times a_n-2$$

를 만족시킨다. $a_7=2$일 때, a_{30}의 값을 구하시오.

688 다음 조건을 만족시키는 모든 수열 $\{a_n\}$에 대하여 $\sum\limits_{k=1}^{40}a_k$의 최댓값과 최솟값을 각각 M, m이라 할 때, $M-m$의 값을 구하시오.

(가) $a_4=3$

(나) $a_{n+1}=\begin{cases} a_n-4 & (a_n\geq 0) \\ -2a_n+1 & (a_n<0) \end{cases}$ $(n=1, 2, 3, \cdots)$

$\sum\limits_{k=1}^{40}a_k=a_1+a_2+a_3+\sum\limits_{k=4}^{40}a_k$

이므로 가능한 a_3, a_2, a_1의 값을 차례대로 구해 본다.

개념원리 이해

02 수학적 귀납법

1 수학적 귀납법 ∽ 필수 09~11

자연수 n에 대한 명제 $p(n)$이 모든 자연수 n에 대하여 성립함을 증명하려면 다음 두 가지를 보이면 된다.

(i) $n=1$일 때, 명제 $p(n)$이 성립한다.

(ii) $n=k$일 때, 명제 $p(n)$이 성립한다고 가정하면 $n=k+1$일 때에도 명제 $p(n)$이 성립한다.

이와 같은 방법으로 자연수에 대한 어떤 명제가 참임을 증명하는 방법을 **수학적 귀납법**이라 한다.

> 명제 $p(n)$이 성립한다고 가정하고 명제 $p(n+1)$이 성립함을 보일 때에는 주로 $p(n)$의 양변에 어떤 값을 더하거나 곱하여 $p(n+1)$로 변형하는 방법을 이용한다.

설명 모든 자연수 n에 대하여 등식

$$1+3+5+ \cdots +(2n-1)=n^2 \qquad \cdots\cdots ㉠$$

이 성립함을 증명해 보자.

(i) $n=1$일 때,

$$(좌변)=1, \ (우변)=1^2=1$$

이므로 ㉠이 성립한다.

(ii) $n=k$일 때, ㉠이 성립한다고 가정하면

$$1+3+5+ \cdots +(2k-1)=k^2 \qquad \cdots\cdots ㉡$$

㉡의 양변에 $2k+1$을 더하면

$$1+3+5+ \cdots +(2k-1)+(2k+1)=k^2+(2k+1)$$
$$=(k+1)^2 \quad \cdots\cdots ㉢$$

이때 ㉢은 ㉠의 n에 $k+1$을 대입한 것과 같으므로 $n=k+1$일 때에도 ㉠이 성립한다.

(i)에 의하여 $n=1$일 때 ㉠이 성립한다.

$n=1$일 때 성립하므로 (ii)에 의하여 $n=1+1=2$일 때에도 ㉠이 성립한다.

$n=2$일 때 성립하므로 (ii)에 의하여 $n=2+1=3$일 때에도 ㉠이 성립한다.

같은 방법으로 하면 $n=4, 5, 6, \cdots$일 때에도 ㉠이 성립한다.

즉 모든 자연수 n에 대하여 ㉠이 성립함을 알 수 있다.

이처럼 (i), (ii)가 성립함을 보이면 ㉠이 모든 자연수 n에 대하여 성립함을 증명한 것이 된다.

이와 같이 증명하는 방법을 수학적 귀납법이라 한다.

참고 자연수 n에 대한 명제 $p(n)$이 $n \geq m$ (m은 자연수)인 모든 자연수 n에 대하여 성립함을 증명하려면 다음 두 가지를 보이면 된다.

(i) $n=m$일 때, 명제 $p(n)$이 성립한다.

(ii) $n=k$ $(k \geq m)$일 때, 명제 $p(n)$이 성립한다고 가정하면 $n=k+1$일 때에도 명제 $p(n)$이 성립한다.

필수 09 **수학적 귀납법**

자연수 n에 대한 명제 $p(n)$이 아래 조건을 만족시킬 때, 다음 중 반드시 참이라고 할 수 <u>없는</u> 명제는?

> (개) $p(1)$이 참이다.
> (내) $p(n)$ 또는 $p(n+1)$이 참이면 $p(n+2)$가 참이다.

① $p(2)$　　　② $p(3)$　　　③ $p(4)$　　　④ $p(5)$　　　⑤ $p(6)$

풀이　② 조건 (개)에서 $p(1)$이 참이므로 조건 (내)에 의하여 $p(3)$이 참이다.
③, ④ $p(3)$이 참이므로 조건 (내)에 의하여 $p(4)$, $p(5)$가 참이다.
⑤ $p(4)$가 참이므로 조건 (내)에 의하여 $p(6)$이 참이다.
따라서 반드시 참이라고 할 수 없는 명제는 ①이다.

● 정답 및 풀이 **163**쪽

689 자연수 n에 대한 명제 $p(n)$이 아래 조건을 만족시킬 때, 다음 중 반드시 참인 명제는?

> (개) $p(1)$이 참이다.
> (내) $p(2k-1)$이 참이면 $p(3k)$도 참이다.
> (대) $p(2k)$가 참이면 $p(3k+1)$도 참이다.

① $p(12)$　　　② $p(13)$　　　③ $p(14)$　　　④ $p(15)$　　　⑤ $p(16)$

690 자연수 n에 대한 명제 $p(n)$이 다음 조건을 만족시킨다.

> (개) $p(1)$이 참이다.　　　　　　　　(내) ⬚

위의 조건에 의하여 명제 $p(51)$이 반드시 참일 때, 조건 (내)가 될 수 있는 것만을 보기에서 있는 대로 고르시오.

> ──| 보기 |
> ㄱ. $p(n)$이 참이면 $p(n+2)$도 참이다.
> ㄴ. $p(n)$이 참이면 $p(n+4)$도 참이다.
> ㄷ. $p(n)$이 참이면 $p(3n-1)$도 참이다.

● 더 다양한 문제는 **RPM** 대수 **150, 151**쪽

 10 **수학적 귀납법을 이용한 등식의 증명**

모든 자연수 n에 대하여

$$1\times2+2\times3+3\times4+\cdots+n(n+1)=\frac{1}{3}n(n+1)(n+2)$$

가 성립함을 수학적 귀납법으로 증명하시오.

풀이 $\quad 1\times2+2\times3+3\times4+\cdots+n(n+1)=\frac{1}{3}n(n+1)(n+2)$ $\quad$ …… ㉠

(ⅰ) $n=1$일 때

$\qquad$ (좌변)$=1\times2=2$, (우변)$=\frac{1}{3}\times1\times2\times3=2$

$\quad$ 따라서 ㉠이 성립한다.

(ⅱ) $n=k$일 때, ㉠이 성립한다고 가정하면

$\qquad 1\times2+2\times3+3\times4+\cdots+k(k+1)=\frac{1}{3}k(k+1)(k+2)$

$\quad$ 양변에 $(k+1)(k+2)$를 더하면

$\qquad 1\times2+2\times3+3\times4+\cdots+k(k+1)+(k+1)(k+2)$

$\qquad =\frac{1}{3}k(k+1)(k+2)+(k+1)(k+2)$

$\qquad =\frac{1}{3}(k+1)(k+2)(k+3)$

$\quad$ 따라서 $n=k+1$일 때에도 ㉠이 성립한다.

(ⅰ), (ⅱ)에서 모든 자연수 n에 대하여 ㉠이 성립한다.

• 모든 자연수 n에 대하여 등식이 성립함을 수학적 귀납법을 이용하여 증명할 때에는 다음과 같은 순서로 한다.

(ⅰ) $n=1$일 때, 등식이 성립함을 보인다.

(ⅱ) $n=k$일 때, 등식이 성립한다고 가정하면 $n=k+1$일 때에도 등식이 성립함을 보인다.

● 정답 및 풀이 **163**쪽

 691 모든 자연수 n에 대하여 다음 등식이 성립함을 수학적 귀납법으로 증명하시오.

(1) $1^2+2^2+3^2+\cdots+n^2=\frac{1}{6}n(n+1)(2n+1)$

(2) $\dfrac{1}{1\times3}+\dfrac{1}{3\times5}+\dfrac{1}{5\times7}+\cdots+\dfrac{1}{(2n-1)(2n+1)}=\dfrac{n}{2n+1}$

필수 11 **수학적 귀납법을 이용한 부등식의 증명**

$h>0$일 때, $n\geq2$인 모든 자연수 n에 대하여

$$(1+h)^n>1+nh$$

가 성립함을 수학적 귀납법으로 증명하시오.

풀이 $(1+h)^n>1+nh$ $\qquad\qquad\qquad$ ······ ㉠

(i) $n=2$일 때

$\qquad$(좌변)$=(1+h)^2=1+2h+h^2$, (우변)$=1+2h$

이때 $h^2>0$이므로 $\qquad1+2h+h^2>1+2h$

따라서 ㉠이 성립한다.

(ii) $n=k$ $(k\geq2)$일 때, ㉠이 성립한다고 가정하면

$\qquad(1+h)^k>1+kh$

$1+h>0$이므로 양변에 $1+h$를 곱하면

$\qquad(1+h)^k(1+h)>(1+kh)(1+h)$

$\qquad\qquad\qquad\qquad\quad=1+(k+1)h+kh^2$ $\qquad$ ······ ㉡

이때 $kh^2>0$이므로 $\qquad1+(k+1)h+kh^2>1+(k+1)h$ $\quad$ ······ ㉢

㉡, ㉢에서 $\qquad(1+h)^{k+1}>1+(k+1)h$

따라서 $n=k+1$일 때에도 ㉠이 성립한다.

(i), (ii)에서 $n\geq2$인 모든 자연수 n에 대하여 ㉠이 성립한다.

KEY Point

• $n\geq m$ (m은 2 이상의 자연수)인 모든 자연수 n에 대하여 부등식이 성립함을 수학적 귀납법을 이용하여 증명할 때에는 다음과 같은 순서로 한다.

(i) $n=m$일 때, 부등식이 성립함을 보인다.

(ii) $n=k$ $(k\geq m)$일 때, 부등식이 성립한다고 가정하면 $n=k+1$일 때에도 부등식이 성립함을 보인다.

● 정답 및 풀이 **164**쪽

692 다음이 성립함을 수학적 귀납법으로 증명하시오.

(1) $n\geq5$인 모든 자연수 n에 대하여 $2^n>n^2$이다.

(2) $n\geq2$인 모든 자연수 n에 대하여 $1+\dfrac{1}{2^2}+\dfrac{1}{3^2}+\cdots+\dfrac{1}{n^2}<2-\dfrac{1}{n}$이다.

STEP 1

생각해 봅시다!

주어진 조건을 이용하여 $p(1)$, $p(2)$, $p(3)$이 각각 참일 때 항상 참인 명제를 구해 본다.

693 모든 자연수 n에 대하여 명제 $p(n)$이 참이면 명제 $p(n+3)$이 참일 때, 보기에서 항상 옳은 것만을 있는 대로 고르시오.

(단, k는 자연수이다.)

> **보기**
>
> ㄱ. $p(1)$이 참이면 $p(3k)$가 참이다.
> ㄴ. $p(2)$가 참이면 $p(3k+2)$가 참이다.
> ㄷ. $p(1)$, $p(2)$, $p(3)$이 참이면 $p(k)$가 참이다.

694 자연수 n에 대한 명제 $p(n)$이 아래 조건을 만족시킬 때, 다음 중 반드시 참이라고 할 수 <u>없는</u> 명제는?

> (개) $p(1)$이 참이다.
> (내) $p(n)$이 참이면 $p(2n)$과 $p(3n)$이 참이다.

① $p(24)$ ② $p(30)$ ③ $p(36)$ ④ $p(48)$ ⑤ $p(96)$

695 다음은 모든 자연수 n에 대하여
$$1 \times 2 + 2 \times 2^2 + 3 \times 2^3 + \cdots + n \times 2^n$$
$$= (n-1) \times 2^{n+1} + 2 \quad \cdots\cdots \ ㉠$$
가 성립함을 수학적 귀납법으로 증명하는 과정이다.

> **증명**
>
> (i) $n=1$일 때, (좌변)$=2$, (우변)$=2$이므로 ㉠이 성립한다.
> (ii) $n=k$일 때, ㉠이 성립한다고 가정하면
> $$1 \times 2 + 2 \times 2^2 + 3 \times 2^3 + \cdots + k \times 2^k$$
> $$= (k-1) \times 2^{k+1} + 2$$
> 양변에 $\boxed{\text{(개)}}$ 을 더하면
> $$1 \times 2 + 2 \times 2^2 + 3 \times 2^3 + \cdots + k \times 2^k + \boxed{\text{(개)}}$$
> $$= (k-1) \times 2^{k+1} + 2 + \boxed{\text{(개)}}$$
> $$= \boxed{\text{(내)}} \times 2^{k+2} + 2$$
> 따라서 $n=k+1$일 때에도 ㉠이 성립한다.
> (i), (ii)에서 모든 자연수 n에 대하여 ㉠이 성립한다.

위의 과정에서 (개), (내)에 알맞은 식을 각각 $f(k)$, $g(k)$라 할 때, $f(2)+g(3)$의 값을 구하시오.

STEP 2

696 다음은 모든 자연수 n에 대하여 9^n-1이 8의 배수임을 수학적 귀납법으로 증명하는 과정이다. ㈎, ㈏에 알맞은 수를 구하시오.

증명

(ⅰ) $n=1$일 때, $9-1=8$이므로 8의 배수이다.

(ⅱ) $n=k$일 때, 9^n-1이 8의 배수라고 가정하면

$$9^k-1=8N \ (N은 \ 자연수)$$

으로 놓을 수 있다. 이때 $n=k+1$이면

$$9^{k+1}-1=\boxed{\text{㈎}}\times 9^k-1=\boxed{\text{㈏}}\times(9^k+N)$$

따라서 $n=k+1$일 때에도 9^n-1은 8의 배수이다.

(ⅰ), (ⅱ)에서 모든 자연수 n에 대하여 9^n-1은 8의 배수이다.

생각해 봅시다! 💡

$n=k+1$일 때 9^n-1이 8의 배수이면 8과 자연수의 곱의 꼴로 나타내어짐을 이용한다.

평가원 기출
697 수열 $\{a_n\}$의 일반항은

$$a_n=(2^{2n}-1)\times 2^{n(n-1)}+(n-1)\times 2^{-n}$$

이다. 다음은 모든 자연수 n에 대하여

$$\sum_{k=1}^{n}a_k=2^{n(n+1)}-(n+1)\times 2^{-n} \quad \cdots\cdots \ (*)$$

임을 수학적 귀납법을 이용하여 증명한 것이다.

(ⅰ) $n=1$일 때, (좌변)$=3$, (우변)$=3$이므로 ($*$)이 성립한다.

(ⅱ) $n=m$일 때, ($*$)이 성립한다고 가정하면

$$\sum_{k=1}^{m}a_k=2^{m(m+1)}-(m+1)\times 2^{-m}$$

이다. $n=m+1$일 때,

$$\sum_{k=1}^{m+1}a_k=2^{m(m+1)}-(m+1)\times 2^{-m}$$
$$+(2^{2m+2}-1)\times\boxed{\text{㈎}}+m\times 2^{-m-1}$$
$$=\boxed{\text{㈎}}\times\boxed{\text{㈏}}-\frac{m+2}{2}\times 2^{-m}$$
$$=2^{(m+1)(m+2)}-(m+2)\times 2^{-(m+1)}$$

이다. 따라서 $n=m+1$일 때도 ($*$)이 성립한다.

(ⅰ), (ⅱ)에 의하여 모든 자연수 n에 대하여

$$\sum_{k=1}^{n}a_k=2^{n(n+1)}-(n+1)\times 2^{-n}$$이다.

위의 ㈎, ㈏에 알맞은 식을 각각 $f(m)$, $g(m)$이라 할 때, $\dfrac{g(7)}{f(3)}$의 값은?

① 2 　　② 4 　　③ 8 　　④ 16 　　⑤ 32

생각해 봅시다!

698 다음은 $n \geq 2$인 모든 자연수 n에 대하여 부등식

$$1 + \frac{1}{2} + \frac{1}{3} + \cdots + \frac{1}{n} > \frac{2n}{n+1} \qquad \cdots\cdots \, \text{㉠}$$

이 성립함을 수학적 귀납법으로 증명하는 과정이다.

증명

(ⅰ) $n=2$일 때, (좌변)$=$ ⬜(가) , (우변)$=\dfrac{4}{3}$이므로 ㉠이 성립한다.

(ⅱ) $n=k\,(k \geq 2)$일 때, ㉠이 성립한다고 가정하면

$$1 + \frac{1}{2} + \frac{1}{3} + \cdots + \frac{1}{k} > \frac{2k}{k+1}$$

양변에 $\dfrac{1}{k+1}$을 더하면

$$1 + \frac{1}{2} + \frac{1}{3} + \cdots + \frac{1}{k} + \frac{1}{k+1} > \frac{2k+1}{k+1}$$

이때 $\dfrac{2k+1}{k+1} - $ ⬜(나) $= \dfrac{k}{(k+1)(k+2)} > 0$이므로

$$1 + \frac{1}{2} + \frac{1}{3} + \cdots + \frac{1}{k} + \frac{1}{k+1} > \text{⬜(나)}$$

따라서 $n=k+1$일 때에도 ㉠이 성립한다.

(ⅰ), (ⅱ)에서 $n \geq 2$인 모든 자연수 n에 대하여 ㉠이 성립한다.

위의 과정에서 ㈎에 알맞은 수를 α, ㈏에 알맞은 식을 $f(k)$라 할 때, $f(\alpha)$의 값을 구하시오.

699 다음은 수열 $\{a_n\}$의 일반항 a_n이 $a_n = 1 + \dfrac{1}{2} + \dfrac{1}{3} + \cdots + \dfrac{1}{n}$일 때, $n \geq 2$인 모든 자연수 n에 대하여 등식

$$n + a_1 + a_2 + a_3 + \cdots + a_{n-1} = na_n \qquad \cdots\cdots \, \text{㉠}$$

이 성립함을 수학적 귀납법으로 증명하는 과정이다.

증명

(ⅰ) $n=2$일 때, (좌변)$=3$, (우변)$=3$이므로 ㉠이 성립한다.

(ⅱ) $n=k\,(k \geq 2)$일 때, ㉠이 성립한다고 가정하면

$$k + a_1 + a_2 + a_3 + \cdots + a_{k-1} = ka_k$$

양변에 ⬜(가) 을 더하면

$$(k+1) + a_1 + a_2 + a_3 + \cdots + a_{k-1} + a_k$$
$$= ka_k + \text{⬜(가)} = (k+1)\left(a_{k+1} - \text{⬜(나)}\right) + 1 = (k+1)a_{k+1}$$

따라서 $n=k+1$일 때에도 ㉠이 성립한다.

(ⅰ), (ⅱ)에서 $n \geq 2$인 모든 자연수 n에 대하여 ㉠이 성립한다.

위의 과정에서 ㈎, ㈏에 알맞은 식을 각각 $f(k)$, $g(k)$라 할 때, $f(4) - g(11)$의 값을 구하시오.

a_{k+1}
$= 1 + \dfrac{1}{2} + \dfrac{1}{3} + \cdots + \dfrac{1}{k}$
$\quad + \dfrac{1}{k+1}$
$= a_k + \dfrac{1}{k+1}$
이므로
$$a_k = a_{k+1} - \frac{1}{k+1}$$

수	0	1	2	3	4	5	6	7	8	9
1.0	.0000	.0043	.0086	.0128	.0170	.0212	.0253	.0294	.0334	.0374
1.1	.0414	.0453	.0492	.0531	.0569	.0607	.0645	.0682	.0719	.0755
1.2	.0792	.0828	.0864	.0899	.0934	.0969	.1004	.1038	.1072	.1106
1.3	.1139	.1173	.1206	.1239	.1271	.1303	.1335	.1367	.1399	.1430
1.4	.1461	.1492	.1523	.1553	.1584	.1614	.1644	.1673	.1703	.1732
1.5	.1761	.1790	.1818	.1847	.1875	.1903	.1931	.1959	.1987	.2014
1.6	.2041	.2068	.2095	.2122	.2148	.2175	.2201	.2227	.2253	.2279
1.7	.2304	.2330	.2355	.2380	.2405	.2430	.2455	.2480	.2504	.2529
1.8	.2553	.2577	.2601	.2625	.2648	.2672	.2695	.2718	.2742	.2765
1.9	.2788	.2810	.2833	.2856	.2878	.2900	.2923	.2945	.2967	.2989
2.0	.3010	.3032	.3054	.3075	.3096	.3118	.3139	.3160	.3181	.3201
2.1	.3222	.3243	.3263	.3284	.3304	.3324	.3345	.3365	.3385	.3404
2.2	.3424	.3444	.3464	.3483	.3502	.3522	.3541	.3560	.3579	.3598
2.3	.3617	.3636	.3655	.3674	.3692	.3711	.3729	.3747	.3766	.3784
2.4	.3802	.3820	.3838	.3856	.3874	.3892	.3909	.3927	.3945	.3962
2.5	.3979	.3997	.4014	.4031	.4048	.4065	.4082	.4099	.4116	.4133
2.6	.4150	.4166	.4183	.4200	.4216	.4232	.4249	.4265	.4281	.4298
2.7	.4314	.4330	.4346	.4362	.4378	.4393	.4409	.4425	.4440	.4456
2.8	.4472	.4487	.4502	.4518	.4533	.4548	.4564	.4579	.4594	.4609
2.9	.4624	.4639	.4654	.4669	.4683	.4698	.4713	.4728	.4742	.4757
3.0	.4771	.4786	.4800	.4814	.4829	.4843	.4857	.4871	.4886	.4900
3.1	.4914	.4928	.4942	.4955	.4969	.4983	.4997	.5011	.5024	.5038
3.2	.5051	.5065	.5079	.5092	.5105	.5119	.5132	.5145	.5159	.5172
3.3	.5185	.5198	.5211	.5224	.5237	.5250	.5263	.5276	.5289	.5302
3.4	.5315	.5328	.5340	.5353	.5366	.5378	.5391	.5403	.5416	.5428
3.5	.5441	.5453	.5465	.5478	.5490	.5502	.5514	.5527	.5539	.5551
3.6	.5563	.5575	.5587	.5599	.5611	.5623	.5635	.5647	.5658	.5670
3.7	.5682	.5694	.5705	.5717	.5729	.5740	.5752	.5763	.5775	.5786
3.8	.5798	.5809	.5821	.5832	.5843	.5855	.5866	.5877	.5888	.5899
3.9	.5911	.5922	.5933	.5944	.5955	.5966	.5977	.5988	.5999	.6010
4.0	.6021	.6031	.6042	.6053	.6064	.6075	.6085	.6096	.6107	.6117
4.1	.6128	.6138	.6149	.6160	.6170	.6180	.6191	.6201	.6212	.6222
4.2	.6232	.6243	.6253	.6263	.6274	.6284	.6294	.6304	.6314	.6325
4.3	.6335	.6345	.6355	.6365	.6375	.6385	.6395	.6405	.6415	.6425
4.4	.6435	.6444	.6454	.6464	.6474	.6484	.6493	.6503	.6513	.6522
4.5	.6532	.6542	.6551	.6561	.6571	.6580	.6590	.6599	.6609	.6618
4.6	.6628	.6637	.6646	.6656	.6665	.6675	.6684	.6693	.6702	.6712
4.7	.6721	.6730	.6739	.6749	.6758	.6767	.6776	.6785	.6794	.6803
4.8	.6812	.6821	.6830	.6839	.6848	.6857	.6866	.6875	.6884	.6893
4.9	.6902	.6911	.6920	.6928	.6937	.6946	.6955	.6964	.6972	.6981
5.0	.6990	.6998	.7007	.7016	.7024	.7033	.7042	.7050	.7059	.7067
5.1	.7076	.7084	.7093	.7101	.7110	.7118	.7126	.7135	.7143	.7152
5.2	.7160	.7168	.7177	.7185	.7193	.7202	.7210	.7218	.7226	.7235
5.3	.7243	.7251	.7259	.7267	.7275	.7284	.7292	.7300	.7308	.7316
5.4	.7324	.7332	.7340	.7348	.7356	.7364	.7372	.7380	.7388	.7396

수	0	1	2	3	4	5	6	7	8	9
5.5	.7404	.7412	.7419	.7427	.7435	.7443	.7451	.7459	.7466	.7474
5.6	.7482	.7490	.7497	.7505	.7513	.7520	.7528	.7536	.7543	.7551
5.7	.7559	.7566	.7574	.7582	.7589	.7597	.7604	.7612	.7619	.7627
5.8	.7634	.7642	.7649	.7657	.7664	.7672	.7679	.7686	.7694	.7701
5.9	.7709	.7716	.7723	.7731	.7738	.7745	.7752	.7760	.7767	.7774
6.0	.7782	.7789	.7796	.7803	.7810	.7818	.7825	.7832	.7839	.7846
6.1	.7853	.7860	.7868	.7875	.7882	.7889	.7896	.7903	.7910	.7917
6.2	.7924	.7931	.7938	.7945	.7952	.7959	.7966	.7973	.7980	.7987
6.3	.7993	.8000	.8007	.8014	.8021	.8028	.8035	.8041	.8048	.8055
6.4	.8062	.8069	.8075	.8082	.8089	.8096	.8102	.8109	.8116	.8122
6.5	.8129	.8136	.8142	.8149	.8156	.8162	.8169	.8176	.8182	.8189
6.6	.8195	.8202	.8209	.8215	.8222	.8228	.8235	.8241	.8248	.8254
6.7	.8261	.8267	.8274	.8280	.8287	.8293	.8299	.8306	.8312	.8319
6.8	.8325	.8331	.8338	.8344	.8351	.8357	.8363	.8370	.8376	.8382
6.9	.8388	.8395	.8401	.8407	.8414	.8420	.8426	.8432	.8439	.8445
7.0	.8451	.8457	.8463	.8470	.8476	.8482	.8488	.8494	.8500	.8506
7.1	.8513	.8519	.8525	.8531	.8537	.8543	.8549	.8555	.8561	.8567
7.2	.8573	.8579	.8585	.8591	.8597	.8603	.8609	.8615	.8621	.8627
7.3	.8633	.8639	.8645	.8651	.8657	.8663	.8669	.8675	.8681	.8686
7.4	.8692	.8698	.8704	.8710	.8716	.8722	.8727	.8733	.8739	.8745
7.5	.8751	.8756	.8762	.8768	.8774	.8779	.8785	.8791	.8797	.8802
7.6	.8808	.8814	.8820	.8825	.8831	.8837	.8842	.8848	.8854	.8859
7.7	.8865	.8871	.8876	.8882	.8887	.8893	.8899	.8904	.8910	.8915
7.8	.8921	.8927	.8932	.8938	.8943	.8949	.8954	.8960	.8965	.8971
7.9	.8976	.8982	.8987	.8993	.8998	.9004	.9009	.9015	.9020	.9025
8.0	.9031	.9036	.9042	.9047	.9053	.9058	.9063	.9069	.9074	.9079
8.1	.9085	.9090	.9096	.9101	.9106	.9112	.9117	.9122	.9128	.9133
8.2	.9138	.9143	.9149	.9154	.9159	.9165	.9170	.9175	.9180	.9186
8.3	.9191	.9196	.9201	.9206	.9212	.9217	.9222	.9227	.9232	.9238
8.4	.9243	.9248	.9253	.9258	.9263	.9269	.9274	.9279	.9284	.9289
8.5	.9294	.9299	.9304	.9309	.9315	.9320	.9325	.9330	.9335	.9340
8.6	.9345	.9350	.9355	.9360	.9365	.9370	.9375	.9380	.9385	.9390
8.7	.9395	.9400	.9405	.9410	.9415	.9420	.9425	.9430	.9435	.9440
8.8	.9445	.9450	.9455	.9460	.9465	.9469	.9474	.9479	.9484	.9489
8.9	.9494	.9499	.9504	.9509	.9513	.9518	.9523	.9528	.9533	.9538
9.0	.9542	.9547	.9552	.9557	.9562	.9566	.9571	.9576	.9581	.9586
9.1	.9590	.9595	.9600	.9605	.9609	.9614	.9619	.9624	.9628	.9633
9.2	.9638	.9643	.9647	.9652	.9657	.9661	.9666	.9671	.9675	.9680
9.3	.9685	.9689	.9694	.9699	.9703	.9708	.9713	.9717	.9722	.9727
9.4	.9731	.9736	.9741	.9745	.9750	.9754	.9759	.9763	.9768	.9773
9.5	.9777	.9782	.9786	.9791	.9795	.9800	.9805	.9809	.9814	.9818
9.6	.9823	.9827	.9832	.9836	.9841	.9845	.9850	.9854	.9859	.9863
9.7	.9868	.9872	.9877	.9881	.9886	.9890	.9894	.9899	.9903	.9908
9.8	.9912	.9917	.9921	.9926	.9930	.9934	.9939	.9943	.9948	.9952
9.9	.9956	.9961	.9965	.9969	.9974	.9978	.9983	.9987	.9991	.9996

각	라디안	sin	cos	tan
0°	0.0000	0.0000	1.0000	0.0000
1°	0.0175	0.0175	0.9998	0.0175
2°	0.0349	0.0349	0.9994	0.0349
3°	0.0524	0.0523	0.9986	0.0524
4°	0.0698	0.0698	0.9976	0.0699
5°	0.0873	0.0872	0.9962	0.0875
6°	0.1047	0.1045	0.9945	0.1051
7°	0.1222	0.1219	0.9925	0.1228
8°	0.1396	0.1392	0.9903	0.1405
9°	0.1571	0.1564	0.9877	0.1584
10°	0.1745	0.1736	0.9848	0.1763
11°	0.1920	0.1908	0.9816	0.1944
12°	0.2094	0.2079	0.9781	0.2126
13°	0.2269	0.2250	0.9744	0.2309
14°	0.2443	0.2419	0.9703	0.2493
15°	0.2618	0.2588	0.9659	0.2679
16°	0.2793	0.2756	0.9613	0.2867
17°	0.2967	0.2924	0.9563	0.3057
18°	0.3142	0.3090	0.9511	0.3249
19°	0.3316	0.3256	0.9455	0.3443
20°	0.3491	0.3420	0.9397	0.3640
21°	0.3665	0.3584	0.9336	0.3839
22°	0.3840	0.3746	0.9272	0.4040
23°	0.4014	0.3907	0.9205	0.4245
24°	0.4189	0.4067	0.9135	0.4452
25°	0.4363	0.4226	0.9063	0.4663
26°	0.4538	0.4384	0.8988	0.4877
27°	0.4712	0.4540	0.8910	0.5095
28°	0.4887	0.4695	0.8829	0.5317
29°	0.5061	0.4848	0.8746	0.5543
30°	0.5236	0.5000	0.8660	0.5774
31°	0.5411	0.5150	0.8572	0.6009
32°	0.5585	0.5299	0.8480	0.6249
33°	0.5760	0.5446	0.8387	0.6494
34°	0.5934	0.5592	0.8290	0.6745
35°	0.6109	0.5736	0.8192	0.7002
36°	0.6283	0.5878	0.8090	0.7265
37°	0.6458	0.6018	0.7986	0.7536
38°	0.6632	0.6157	0.7880	0.7813
39°	0.6807	0.6293	0.7771	0.8098
40°	0.6981	0.6428	0.7660	0.8391
41°	0.7156	0.6561	0.7547	0.8693
42°	0.7330	0.6691	0.7431	0.9004
43°	0.7505	0.6820	0.7314	0.9325
44°	0.7679	0.6947	0.7193	0.9657
45°	0.7854	0.7071	0.7071	1.0000

각	라디안	sin	cos	tan
45°	0.7854	0.7071	0.7071	1.0000
46°	0.8029	0.7193	0.6947	1.0355
47°	0.8203	0.7314	0.6820	1.0724
48°	0.8378	0.7431	0.6691	1.1106
49°	0.8552	0.7547	0.6561	1.1504
50°	0.8727	0.7660	0.6428	1.1918
51°	0.8901	0.7771	0.6293	1.2349
52°	0.9076	0.7880	0.6157	1.2799
53°	0.9250	0.7986	0.6018	1.3270
54°	0.9425	0.8090	0.5878	1.3764
55°	0.9599	0.8192	0.5736	1.4281
56°	0.9774	0.8290	0.5592	1.4826
57°	0.9948	0.8387	0.5446	1.5399
58°	1.0123	0.8480	0.5299	1.6003
59°	1.0297	0.8572	0.5150	1.6643
60°	1.0472	0.8660	0.5000	1.7321
61°	1.0647	0.8746	0.4848	1.8040
62°	1.0821	0.8829	0.4695	1.8807
63°	1.0996	0.8910	0.4540	1.9626
64°	1.1170	0.8988	0.4384	2.0503
65°	1.1345	0.9063	0.4226	2.1445
66°	1.1519	0.9135	0.4067	2.2460
67°	1.1694	0.9205	0.3907	2.3559
68°	1.1868	0.9272	0.3746	2.4751
69°	1.2043	0.9336	0.3584	2.6051
70°	1.2217	0.9397	0.3420	2.7475
71°	1.2392	0.9455	0.3256	2.9042
72°	1.2566	0.9511	0.3090	3.0777
73°	1.2741	0.9563	0.2924	3.2709
74°	1.2915	0.9613	0.2756	3.4874
75°	1.3090	0.9659	0.2588	3.7321
76°	1.3265	0.9703	0.2419	4.0108
77°	1.3439	0.9744	0.2250	4.3315
78°	1.3614	0.9781	0.2079	4.7046
79°	1.3788	0.9816	0.1908	5.1446
80°	1.3963	0.9848	0.1736	5.6713
81°	1.4137	0.9877	0.1564	6.3138
82°	1.4312	0.9903	0.1392	7.1154
83°	1.4486	0.9925	0.1219	8.1443
84°	1.4661	0.9945	0.1045	9.5144
85°	1.4835	0.9962	0.0872	11.4301
86°	1.5010	0.9976	0.0698	14.3007
87°	1.5184	0.9986	0.0523	19.0811
88°	1.5359	0.9994	0.0349	28.6363
89°	1.5533	0.9998	0.0175	57.2900
90°	1.5708	1.0000	0.0000	

● 본책 10~28쪽

1 지수
I. 지수함수와 로그함수

1 (1) -4, $2+2\sqrt{3}i$, $2-2\sqrt{3}i$
(2) $-3i$, $3i$, -3, 3

2 (1) 2 (2) 3 (3) -3 (4) -4 (5) -0.2
(6) $-\dfrac{3}{2}$

3 (1) 3 (2) 4 (3) $\dfrac{1}{2}$ (4) $\dfrac{\sqrt{3}}{3}$ (5) 5 (6) 9
(7) $\sqrt{3}$ (8) $\sqrt[3]{2}$ (9) 3 (10) 2

4 ④ **5** -2

6 (1) -1 (2) 1 (3) 1 (4) $\dfrac{1}{3}$

7 (1) $\sqrt[24]{x^4 y^3}$ (2) 1 (3) $\sqrt[30]{x^{11}}$

8 $B<A<C$

9 (1) 1 (2) $\dfrac{1}{9}$ (3) 16 (4) 17

10 (1) 8 (2) 5 (3) $\dfrac{1}{3}$ (4) 4 (5) 10000
(6) 256 (7) 4096 (8) $5^{2\sqrt{5}}$ (9) 81 (10) 45

11 (1) $a^{\frac{5}{6}}$ (2) $a^{-\frac{1}{4}}$

12 (1) $\dfrac{1}{2}$ (2) $\dfrac{36}{5}$ (3) 0

13 $\dfrac{1}{3}$ **14** (1) $\dfrac{1}{2}$ (2) $\dfrac{10}{3}$

15 $\dfrac{3}{4}$ **16** 20

17 $a^{\frac{16}{3}}b^2$ **18** $a^{\frac{1}{3}}b^{\frac{2}{9}}$

19 (1) $a-b$ (2) 2 **20** 18

21 $\dfrac{1}{4}$ **22** 6

23 $-\dfrac{215}{42}$ **24** $\dfrac{7}{6}$

25 $\sqrt{3}$ **26** 0

27 -8 **28** ㄴ, ㄹ

29 $C<B<A$ **30** 3

31 $\dfrac{5}{3}$ **32** $\dfrac{5}{9}$

33 3 **34** 7

35 a^{11} **36** 0

37 ① **38** 10

39 180 **40** $8\sqrt{3}$

41 0 **42** 4

43 1 **44** 30

45 $\dfrac{5}{7}$

● 본책 30~55쪽

2 로그
I. 지수함수와 로그함수

46 (1) $2=\log_4 16$ (2) $-3=\log_{10} 0.001$
(3) $0=\log_4 1$ (4) $1=\log_5 5$
(5) $\dfrac{1}{2}=\log_5 \sqrt{5}$ (6) $4=\log_{\sqrt{3}} 9$

47 (1) $3^4=81$ (2) $(\sqrt{2})^4=4$
(3) $\left(\dfrac{1}{3}\right)^3=\dfrac{1}{27}$ (4) $5^0=1$

48 (1) 4 (2) -4 (3) 3 (4) -3

49 (1) $\dfrac{1}{9}$ (2) $\dfrac{1}{64}$ (3) 2 (4) 1

50 (1) $x>-4$ (2) $0<x<\dfrac{1}{2}$ 또는 $x>\dfrac{1}{2}$

51 (1) $-\dfrac{2}{3}$ (2) 3 (3) $\dfrac{1}{27}$ (4) 2 (5) 8

52 1 **53** 15

54 (1) 1 (2) 0 (3) 1 (4) 0

55 (1) 2 (2) 1 (3) 2 (4) $\dfrac{7}{2}$

56 (1) $a+b$ (2) $a+2b$ (3) $1-a$ (4) $2b-3a$

57 (1) $\dfrac{3}{4}$ (2) $-\dfrac{1}{3}$ (3) 5 (4) 81

58 (1) $\dfrac{\log_{10} 2}{\log_{10} 7}$ (2) $\dfrac{3\log_{10} 2}{\log_{10} 3}$ (3) $\dfrac{2}{\log_{10} 3}$

59 (1) 1 (2) 1 (3) 2 (4) $\dfrac{1}{2}$

60 -4

61 (1) $\dfrac{55}{18}$ (2) 2 (3) 57 (4) 3

62 (1) 2 (2) 8 **63** $A<B<C$

64 $\dfrac{5}{3}$

65 (1) $2(1-a)$ (2) $3a+2b-2$ (3) $a-b-1$
(4) $\dfrac{b+1}{4a}$

66 $\dfrac{3x+y}{12x}$ **67** $\dfrac{5}{3}$

68 $\dfrac{3}{2}$ **69** 1

70 $\dfrac{19}{3}$ **71** 21

72 4   **73** $\dfrac{1}{2}$

74 6   **75** 30

76 $C<A<B$ **77** $\dfrac{1}{2}(2a+b-1)$

78 2   **79** 25

80 320   **81** ②

82 0   **83** $3\sqrt{5}$

84 13   **85** $\dfrac{800}{3}$

86 (1) 4 (2) -2 (3) -3 (4) $\dfrac{3}{4}$ (5) $\dfrac{3}{2}$ (6) $\dfrac{2}{3}$

87 (1) 0.7126 (2) 0.8195 (3) 0.3945

88 (개) 2 (내) 0.5587 (대) 2.5587

89 (1) 3.5105 (2) -2.4895 (3) 0.5021

90 (1) 정수 부분: 3, 소수 부분: 0.5593

    (2) 정수 부분: -1, 소수 부분: 0.9307

    (3) 정수 부분: -3, 소수 부분: 0.3979

91 (1) 1.2552 (2) 0.2219 (3) 0.38905

92 (1) 1.7185, 정수 부분: 1, 소수 부분: 0.7185

    (2) -1.2815, 정수 부분: -2,

    소수 부분: 0.7185

93 125

94 (1) 234 (2) 0.234 (3) 0.00234

95 -3

96 (1) 21자리 (2) 24자리

97 (1) 소수점 아래 7째 자리

    (2) 소수점 아래 91째 자리

98 23   **99** 10^{2}, $10^{\frac{7}{3}}$, $10^{\frac{8}{3}}$

100 $\dfrac{1}{6}$ **101** 65분

102 ③   **103** -3.5092

104 -70 **105** 0.375

106 -4 **107** 109

108 458   **109** $\dfrac{65}{6}$

110 27자리   **111** $10^{\frac{5}{2}}$

112 5   **113** $-\dfrac{2}{3}$

114 $a=\dfrac{3}{2}$, $b=\dfrac{1}{2}$ **115** 4

116 8   **117** $\dfrac{7}{12}$

118 12자리

3 지수함수   Ⅰ. 지수함수와 로그함수

119 ㄱ, ㄴ, ㄹ, ㅂ

120 (1) 4 (2) $\dfrac{\sqrt{2}}{2}$ (3) $\dfrac{1}{8}$ (4) 1 (5) $\dfrac{1}{27}$ (6) 9

121 (1) 실수 (2) 양의 실수 (3) $<$ (4) $>$

    (5) x축

122 (1) 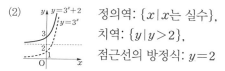   정의역: $\{x\,|\,x$는 실수$\}$,

                 치역: $\{y\,|\,y>0\}$,

                 점근선의 방정식: $y=0$

    (2) 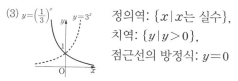   정의역: $\{x\,|\,x$는 실수$\}$,

                 치역: $\{y\,|\,y>2\}$,

                 점근선의 방정식: $y=2$

    (3) $y=\left(\dfrac{1}{3}\right)^{x}$ 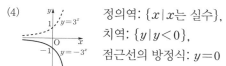   정의역: $\{x\,|\,x$는 실수$\}$,

                 치역: $\{y\,|\,y>0\}$,

                 점근선의 방정식: $y=0$

    (4) 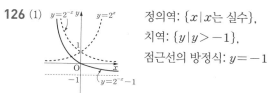   정의역: $\{x\,|\,x$는 실수$\}$,

                 치역: $\{y\,|\,y<0\}$,

                 점근선의 방정식: $y=0$

123 (1) $\sqrt[3]{3}<\sqrt[4]{9}$ (2) $\left(\dfrac{1}{5}\right)^{-2}>\left(\dfrac{1}{5}\right)^{0.5}$

124 ㄱ, ㄷ, ㄹ   **125** ㄱ, ㄴ, ㄹ

126 (1) 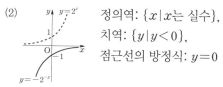   정의역: $\{x\,|\,x$는 실수$\}$,

                 치역: $\{y\,|\,y>-1\}$,

                 점근선의 방정식: $y=-1$

    (2) 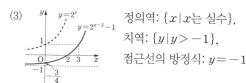   정의역: $\{x\,|\,x$는 실수$\}$,

                 치역: $\{y\,|\,y<0\}$,

                 점근선의 방정식: $y=0$

    (3)   정의역: $\{x\,|\,x$는 실수$\}$,

                 치역: $\{y\,|\,y>-1\}$,

                 점근선의 방정식: $y=-1$

(4) 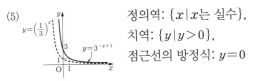 정의역: $\{x\,|\,x$는 실수$\}$,
치역: $\{y\,|\,y>2\}$,
점근선의 방정식: $y=2$

(5) 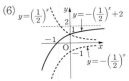 정의역: $\{x\,|\,x$는 실수$\}$,
치역: $\{y\,|\,y>0\}$,
점근선의 방정식: $y=0$

(6)

정의역: $\{x\,|\,x$는 실수$\}$, 치역: $\{y\,|\,y<2\}$,
점근선의 방정식: $y=2$

127 제1, 3, 4사분면   **128** $a=-\dfrac{1}{27}$, $b=2$

129 $\dfrac{2}{3}$

130 (1) $0.5^{\frac{1}{3}}<\sqrt[3]{4}<\sqrt{2^3}$

(2) $\sqrt{\dfrac{1}{9}}<\sqrt[4]{\dfrac{1}{27}}<\sqrt[3]{\dfrac{1}{3}}$

131 8   **132** $6\log_5 2$

133 4   **134** ④

135 $-\dfrac{1}{2}$ **136** -2

137 ⑤   **138** ③

139 8   **140** $\dfrac{1}{8}$

141 ㄴ, ㄹ   **142** 8

143 -64 **144** $A<B<C$

145 ②   **146** 9

147 4

148 증가, 2, 16, -1, $\dfrac{1}{4}$

149 감소, -2, 9, 3, $\dfrac{1}{27}$

150 (1) 최댓값: 8, 최솟값: 1

(2) 최댓값: 16, 최솟값: $\dfrac{1}{16}$

(3) 최솟값: 5, 최댓값: 없다.

(4) 최솟값: 81, 최댓값: 없다.

151 (1) 최댓값: 25, 최솟값: -1

(2) 최댓값: 8, 최솟값: $\dfrac{17}{4}$

(3) 최댓값: 16, 최솟값: 2

(4) 최댓값: $\dfrac{9}{2}$, 최솟값: 2

152 (1) $a=-2$, $b=\dfrac{1}{9}$ (2) $a=-1$, $b=\dfrac{1}{81}$

153 4

154 (1) 최댓값: 128, 최솟값: 2

(2) 최댓값: 128, 최솟값: 8

155 (1) 최댓값: $\dfrac{43}{9}$, 최솟값: 2

(2) 최댓값: 3, 최솟값: 2

(3) 최댓값: 34, 최솟값: -2

156 -2 **157** 2

158 19   **159** 11

160 6   **161** $a=2$, $b=\dfrac{2}{27}$

162 34   **163** $\dfrac{35}{2}$

164 -31 **165** 2

166 1

167 (1) $x=3$ (2) $x=4$ (3) $x=-4$ (4) $x=3$
(5) $x=2$ (6) $x=-2$

168 (1) $x=1$ (2) $x=-1$ (3) $x=-5$
(4) $x=-\dfrac{5}{3}$

169 (1) $x=5$ (2) $x=\dfrac{2}{9}$ (3) $x=-\dfrac{3}{8}$
(4) $x=\dfrac{17}{4}$ (5) $x=\dfrac{1}{3}$ (6) $x=25$

170 t^2, t, 2, 2, 0, 1

171 (1) $x=-3$ 또는 $x=1$ (2) $x=2$ 또는 $x=3$
(3) $x=-1$ 또는 $x=2$ (4) $x=1$ 또는 $x=2$

172 (1) $x=2$ (2) $x=0$ 또는 $x=2$ (3) $x=2$
(4) $x=-1$

173 (1) $x=-3$ 또는 $x=1$ (2) $x=3$ 또는 $x=4$
(3) $x=1$ 또는 $x=2$ (4) $x=2$ 또는 $x=3$

174 5   **175** (1) 1   (2) $\dfrac{1}{16}$

176 $-1<k<\dfrac{5}{4}$ **177** 3

178 $\dfrac{5}{12}$ **179** 14

180 80

181 128

182 4

183 15

184 5

185 $\dfrac{10}{3}$

186 -4

187 16

188 6

189 ④

190 $x=-1$ 또는 $x=1$

191 $a>2$

192 (1) $x<2$ (2) $x<-3$ (3) $x\geq6$ (4) $x\geq3$
(5) $x\geq4$ (6) $x<-6$

193 (1) $x\leq2$ (2) $x>2$ (3) $x<1$ (4) $x\geq-1$

194 (1) $x>-3$ (2) $x\leq1$ (3) $x<-1$ (4) $x\geq5$

195 t^2, t, 1, 4, 1, 4, 0, 2

196 (1) $x\geq-\dfrac{6}{11}$ (2) $x<2$ (3) $x\geq-\dfrac{5}{21}$
(4) $-4\leq x\leq3$

197 $1<x<3$

198 (1) $1<x<2$ (2) $x\leq2$ (3) $x<-2$

199 $a=-\dfrac{9}{2}$, $b=2$

200 (1) $1\leq x\leq4$ (2) $x>0$

201 8

202 (1) $k\geq27$ (2) $k\geq-1$

203 4

204 -2

205 -2

206 $\dfrac{3}{2}\leq x\leq2$

207 7

208 2

209 29

210 43

211 $0<k<2$

212 -2

213 $k\leq4$

214 4

● 본책 **92~127**쪽

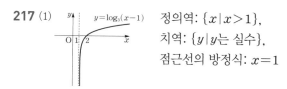

4 로그함수
I. 지수함수와 로그함수

215 (1) 2 (2) -1 (3) 0 (4) 2 (5) -3 (6) 0

216 (1) 양의 실수 (2) 실수 (3) $<$ (4) $>$
(5) y축

217 (1) 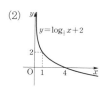 정의역: $\{x\,|\,x>1\}$,
치역: $\{y\,|\,y$는 실수$\}$,
점근선의 방정식: $x=1$

(2) 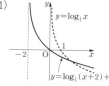 정의역: $\{x\,|\,x>0\}$,
치역: $\{y\,|\,y$는 실수$\}$,
점근선의 방정식: $x=0$

218 (1) $y=\log_2(x+1)+4$ (2) $y=\log_2\dfrac{1}{x}$

219 ㈎ 양의 실수 ㈏ 일대일대응 ㈐ $\log_6 y$
㈑ $\log_6 x$

220 2

221 ㄴ, ㄹ

222 (1)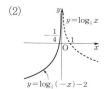
정의역: $\{x\,|\,x>-2\}$, 치역: $\{y\,|\,y$는 실수$\}$,
점근선의 방정식: $x=-2$

(2) 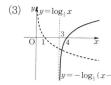 정의역: $\{x\,|\,x<0\}$,
치역: $\{y\,|\,y$는 실수$\}$,
점근선의 방정식: $x=0$

(3) 정의역: $\{x\,|\,x>3\}$,
치역: $\{y\,|\,y$는 실수$\}$,
점근선의 방정식: $x=3$

223 -1

224 $y=\log_5(x-2)-3$

225 (1) $2<\log_8 80<\log_4 25$
(2) $\log_{\frac{1}{2}} 5<-2<\log_{\frac{1}{2}} 3$

226 (1) $y=-\log_2(x+3)+1$
(2) $y=\left(\dfrac{1}{3}\right)^{x-1}+2$

227 4

228 3^{27}

229 16

230 1

231 6

232 $\dfrac{3}{2}$

233 2

234 ③

235 $2\sqrt{3}$

236 2^{16}

237 ④

238 ㄱ, ㄷ, ㄹ

239 0

240 $B<A<C$

241 ③

242 38

243 4

244 $\dfrac{7}{2}$

245 $\dfrac{15}{4}$

246 증가, 1, 0, $\dfrac{1}{2}$, -1

247 감소, $\dfrac{1}{9}$, 2, 3, -1

248 (1) 최댓값: 2, 최솟값: 1

(2) 최댓값: 2, 최솟값: -1

(3) 최솟값: 0, 최댓값: 없다.

(4) 최댓값: 4, 최솟값: 없다.

249 (1) 최댓값: 0, 최솟값: -2

(2) 최댓값: 2, 최솟값: 1

250 -1

251 7

252 $\dfrac{1}{2}$

253 최댓값: -2, 최솟값: -3

254 (1) 최댓값: 10, 최솟값: 5

(2) 최댓값: $\dfrac{1}{4}$, 최솟값: -2

255 1

256 10^{18}

257 2

258 6

259 17

260 -3

261 $\dfrac{9}{4}$

262 $\dfrac{1}{3}$

263 36

264 $\dfrac{13}{3}$

265 6

266 ①

267 4

268 18

269 -5

270 (1) $x=8$ (2) $x=27$ (3) $x=1$

271 (1) $x=3$ (2) $x=-3$ (3) $x=7$ (4) $x=\dfrac{2}{3}$

(5) $x=12$ (6) $x=-\dfrac{2}{3}$

272 (1) $x=-1$ (2) $x=-2$

273 t^2, t, 1, 1, 10, 1000

274 (1) $x=-5$ 또는 $x=2$ (2) $x=4$ (3) $x=20$

(4) $x=0$ 또는 $x=1$ (5) $x=7$ (6) $x=2$

275 (1) $x=\dfrac{1}{10}$ 또는 $x=1000$

(2) $x=\dfrac{1}{10}$ 또는 $x=100$

(3) $x=\dfrac{1}{100}$ 또는 $x=10$

276 (1) $x=\dfrac{1}{1000}$ 또는 $x=10$ (2) $x=10$

(3) $x=1$ 또는 $x=100$

277 (1) 16 (2) 4

278 8

279 $\dfrac{50}{3}$ cm

280 8

281 8

282 8

283 11

284 1

285 $\dfrac{1}{27}$

286 7

287 6

288 100

289 -4

290 9

291 $x=12$

292 20

293 (1) $0<x<8$ (2) $0<x\leq\dfrac{1}{9}$ (3) $x>1$

294 (1) $2\leq x<\dfrac{11}{5}$ (2) $x>3$

295 (1) $2<x\leq6$ (2) $\dfrac{8}{3}\leq x<3$

296 0, t^2, t, -2, 1, -2, 1, $\dfrac{1}{4}$, 2, $\dfrac{1}{4}$, 2

297 (1) $\dfrac{1}{4}\leq x<2$ (2) $6<x<7$ (3) $x\geq7$

(4) $0<x<1$ 또는 $10<x<11$

(5) $1<x<5$ (6) $1<x\leq5$

298 $8<x\leq10$

299 (1) $2<x\leq32$ (2) $1<x\leq9$

300 (1) $\dfrac{1}{27}<x<\sqrt{3}$ (2) $0<x<\dfrac{1}{16}$ 또는 $x>8$

(3) $\dfrac{1}{27}\leq x\leq3$ (4) $0<x\leq\dfrac{\sqrt{2}}{8}$ 또는 $x\geq8$

301 (1) $\dfrac{1}{3}<x<9$ (2) $\dfrac{1}{8}\leq x\leq4$

302 $0<x\leq5$ 또는 $x\geq125$

303 16

304 $\dfrac{1}{4}<a<2$

305 210

306 ③

307 3

308 $\dfrac{7}{2}<x<5$

309 40

310 64

311 2

312 -9

313 $4<x\leq6$

314 2

315 6   **316** ⑤

317 23번   **318** ②

319 $0 < \alpha < \dfrac{1}{10}$

● 본책 130~153쪽

1 삼각함수

Ⅱ. 삼각함수

320 (1)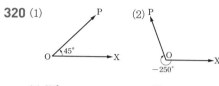

(3)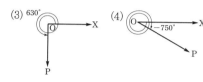

321 (1) $360° \times n + 70°$ (2) $360° \times n + 150°$

    (3) $360° \times n + 220°$ (4) $360° \times n + 315°$

322 (1) $360° \times n + 80°$ (2) $360° \times n + 60°$

    (3) $360° \times n + 80°$ (4) $360° \times n + 140°$

323 (1) 제3사분면   (2) 제1사분면   (3) 제2사분면

    (4) 제4사분면

324 ④

325 제2사분면, 제4사분면

326 $150°$ **327** $216°$

328 $45°, 135°$

329 (1) $\dfrac{2}{3}\pi$ (2) $-\dfrac{7}{4}\pi$ (3) $-\dfrac{4}{5}\pi$ (4) $\dfrac{11}{6}\pi$

330 (1) $150°$ (2) $225°$ (3) $-240°$ (4) $-930°$

331 (1) $2n\pi + \dfrac{5}{6}\pi$ (2) $2n\pi + \dfrac{4}{3}\pi$

    (3) $2n\pi + \dfrac{8}{5}\pi$ (4) $2n\pi + \dfrac{\pi}{4}$

332 (1) $l = \dfrac{\pi}{2}, S = \dfrac{3}{4}\pi$ (2) $l = \dfrac{4}{3}\pi, S = \dfrac{8}{3}\pi$

333 ㄴ, ㄷ

334 (1) $2n\pi + \dfrac{23}{12}\pi$ (2) $2n\pi + \pi$ (3) $2n\pi + \dfrac{2}{3}\pi$

335 $6 + 4\pi$ **336** 4π

337 최대 넓이: 25, 중심각의 크기: 2

338 ④   **339** $\dfrac{3}{4}\pi$

340 ㄱ, ㄷ   **341** 8

342 $\dfrac{\pi}{10}$ **343** 제4사분면

344 $300°$ **345** ④

346 4π **347** $\dfrac{\pi}{4}$

348 $72\pi\sqrt{\pi^2 - 1}$ **349** $\sqrt{2} - 1$

350 (1) $\sin\theta = -\dfrac{3}{5}, \cos\theta = -\dfrac{4}{5}, \tan\theta = \dfrac{3}{4}$

    (2) $\sin\theta = -\dfrac{8}{17}, \cos\theta = \dfrac{15}{17}$,

        $\tan\theta = -\dfrac{8}{15}$

351 (1) $\left(-\dfrac{1}{2}, \dfrac{\sqrt{3}}{2}\right)$ (2) $\dfrac{\sqrt{3}}{2}$ (3) $-\dfrac{1}{2}$

    (4) $-\sqrt{3}$

352 (1) $\sin\theta > 0, \cos\theta > 0, \tan\theta > 0$

    (2) $\sin\theta < 0, \cos\theta < 0, \tan\theta > 0$

    (3) $\sin\theta < 0, \cos\theta > 0, \tan\theta < 0$

    (4) $\sin\theta > 0, \cos\theta < 0, \tan\theta < 0$

353 (1) 제2사분면   (2) 제4사분면

    (3) 제2사분면 또는 제4사분면

354 (1) $-\dfrac{5}{6}$ (2) -3 **355** $\dfrac{\sqrt{3}}{3}$

356 제4사분면   **357** 0

358 $-\cos\theta$

359 (1) 2   (2) 1   (3) $2\left(1 + \dfrac{1}{\tan\theta}\right)$

360 $2 - \sqrt{5}$ **361** $\dfrac{\sqrt{5}}{5}$

362 $-\dfrac{10 + 6\sqrt{5}}{15}$ **363** $-\dfrac{13}{27}$

364 $-4\sqrt{5}$ **365** $\sqrt{2}$

366 $-\dfrac{5}{6}$ **367** $\dfrac{1}{4}$

368 24   **369** 23

370 ②   **371** $\tan\theta$

372 $\dfrac{9\sqrt{2}}{4}$ **373** ②

374 $-\dfrac{7}{8}$ **375** 80

376 ㄱ, ㄷ   **377** ②

378 $3\sqrt{3} - 4$ **379** $-\dfrac{13}{20}$

Ⅱ. 삼각함수

2 삼각함수의 그래프

380 (1) $\{x \,|\, x$는 실수$\}$ (2) $3, -3$ (3) 원점

(4) 2π (5) $y, 3$

381 (1) $\{x \,|\, x$는 실수$\}$ (2) $\{y \,|\, -1 \leq y \leq 1\}$

(3) y축 (4) 4π (5) $x, 2$

382 (1) $\dfrac{n}{3}\pi + \dfrac{\pi}{6}$ (2) 원점 (3) $\dfrac{\pi}{3}$

(4) $x = \dfrac{n}{3}\pi + \dfrac{\pi}{6}$ (5) $x, \dfrac{1}{3}$

383 (1)

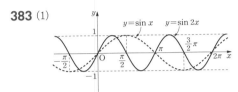

최댓값: 1, 최솟값: -1, 주기: π

(2)

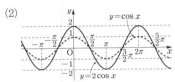

최댓값: 2, 최솟값: -2, 주기: 2π

(3)

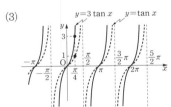

최댓값, 최솟값: 없다., 주기: π

384 (1) 최댓값: $\dfrac{1}{2}$, 최솟값: $-\dfrac{1}{2}$, 주기: 2π

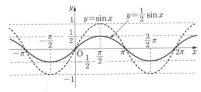

(2) 최댓값: 2, 최솟값: 0, 주기: 4π

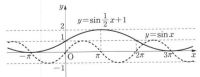

(3) 최댓값: 1, 최솟값: -1, 주기: 2π

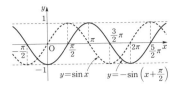

385 12

386 (1) 최댓값: 2, 최솟값: 0, 주기: π

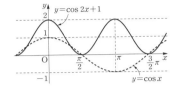

(2) 최댓값: 2, 최솟값: -2, 주기: 2π

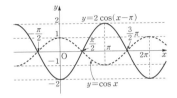

(3) 최댓값: 3, 최솟값: -1, 주기: 6π

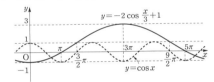

387 13

388 (1) 주기: π

점근선의 방정식: $x = n\pi + \dfrac{\pi}{2}$ (n은 정수)

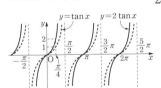

(2) 주기: $\dfrac{\pi}{3}$

점근선의 방정식: $x = \dfrac{n}{3}\pi + \dfrac{\pi}{6}$ (n은 정수)

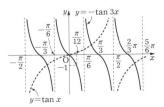

(3) 주기: π

점근선의 방정식: $x=n\pi$ (n은 정수)

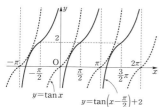

389 1

390 (1) 최댓값: 3, 최솟값: -1, 주기: π

(2) 최댓값: $-\dfrac{15}{4}$, 최솟값: $-\dfrac{17}{4}$,

주기: $\dfrac{2}{3}\pi$

(3) 최댓값, 최솟값: 없다., 주기: 1

391 $y=-\cos\left(2x+\dfrac{\pi}{4}\right)-1$

392 -1 **393** 3π

394 2π

395 (1) 최댓값: 1, 최솟값: 0, 주기: $\dfrac{\pi}{2}$

(2) 최댓값: 1, 최솟값: -1, 주기: π

396 14   **397** 18

398 ④   **399** 2

400 ㄴ, ㄷ, ㄹ   **401** ①

402 -18 **403** $\dfrac{3\sqrt{2}}{2}$

404 $\dfrac{\pi}{4}$ **405** ③

406 9   **407** 4

408 (1) 30°, 30°, $\dfrac{1}{2}$ (2) $\dfrac{1}{2}$ (3) $\sqrt{3}$

409 (1) $\dfrac{\pi}{6}$, $-\dfrac{\sqrt{3}}{3}$ (2) $-\dfrac{\sqrt{2}}{2}$ (3) $\dfrac{1}{2}$

410 (1) 2, $\dfrac{\pi}{6}$, $\dfrac{\pi}{6}$, $-\dfrac{\sqrt{3}}{2}$ (2) 1, 45°, 45°, $\dfrac{\sqrt{2}}{2}$

(3) $\sqrt{3}$ (4) $\dfrac{\sqrt{3}}{2}$

411 (1) 0.7547   (2) 0.6293   (3) -1.1918

412 -2 **413** 0

414 (1) $\dfrac{19}{2}$ (2) 1   **415** -1

416 ④   **417** ④

418 ③   **419** 1

420 $\dfrac{\sqrt{3}}{2}+\dfrac{3}{4}$ **421** ③

422 $-\dfrac{1}{2}$ **423** ㄱ, ㄷ

424 $\dfrac{12}{13}$ **425** 0

426 $|t-2|+1$, -1, 1, $t-1$, $-t+3$, -1, 4, 1, 2

427 $-|t-3|+2$, -1, 1, $-t+5$, $t-1$, 1, 0, -1, -2

428 (1) 최댓값: -1, 최솟값: -5

(2) 최댓값: 6, 최솟값: 1

429 1

430 (1) 최댓값: 3, 최솟값: -1

(2) 최댓값: $\dfrac{2}{3}$, 최솟값: -2

(3) 최댓값: $\dfrac{1}{4}$, 최솟값: -2

431 $\dfrac{\pi}{3}$, $\dfrac{5}{3}\pi$, $\dfrac{\pi}{3}$, $\dfrac{5}{3}\pi$

432 (1) $x=\dfrac{\pi}{6}$ 또는 $x=\dfrac{5}{6}\pi$

(2) $x=\dfrac{2}{3}\pi$ 또는 $x=\dfrac{4}{3}\pi$

(3) $x=\dfrac{\pi}{3}$ 또는 $x=\dfrac{4}{3}\pi$

433 $\dfrac{\pi}{4}$, $\dfrac{5}{4}\pi$, $\dfrac{\pi}{4}$, $\dfrac{5}{4}\pi$, $\dfrac{\pi}{4}\le x<\dfrac{\pi}{2}$,

$\dfrac{5}{4}\pi\le x<\dfrac{3}{2}\pi$

434 (1) $\dfrac{\pi}{4}<x<\dfrac{3}{4}\pi$

(2) $0\le x<\dfrac{5}{6}\pi$ 또는 $\dfrac{7}{6}\pi<x<2\pi$

(3) $\dfrac{\pi}{2}<x\le\dfrac{5}{6}\pi$ 또는 $\dfrac{3}{2}\pi<x\le\dfrac{11}{6}\pi$

435 (1) $x=\dfrac{\pi}{8}$ 또는 $x=\dfrac{7}{8}\pi$

(2) $x=-\dfrac{11}{12}\pi$ 또는 $x=\dfrac{\pi}{12}$

(3) $x=\dfrac{2}{3}\pi$ 또는 $x=\pi$

436 $\dfrac{\pi}{2}$

437 (1) $x=\pi$

(2) $x=\dfrac{\pi}{3}$ 또는 $x=\pi$ 또는 $x=\dfrac{5}{3}\pi$

(3) $x=\dfrac{\pi}{3}$

438 $\dfrac{17}{6}\pi$

439 (1) $0 \le x < \dfrac{\pi}{4}$ 또는 $\dfrac{5}{4}\pi < x < 2\pi$

(2) $\dfrac{5}{6}\pi \le x \le \dfrac{3}{2}\pi$

440 (1) $\dfrac{\pi}{6} \le x \le \dfrac{5}{6}\pi$ (2) $-\dfrac{\pi}{2} < x < \dfrac{\pi}{6}$

(3) $0 \le x < \dfrac{\pi}{2}$ 또는 $\dfrac{\pi}{2} < x < \dfrac{2}{3}\pi$

또는 $\dfrac{3}{4}\pi < x < \pi$

441 $\dfrac{\pi}{6} < \theta < \dfrac{5}{6}\pi$

442 $\dfrac{\pi}{3} \le \theta \le \dfrac{\pi}{2}$ 또는 $\dfrac{3}{2}\pi \le \theta \le \dfrac{5}{3}\pi$

443 $\dfrac{11}{4}$ **444** $-\dfrac{25}{4}$

445 $x = -\dfrac{\pi}{3}$ 또는 $x = \dfrac{\pi}{3}$

446 8 **447** $x = \dfrac{7}{6}\pi$

448 ② **449** ④

450 $\dfrac{1}{2}$ **451** ③

452 $-\dfrac{1}{2}$ **453** $-\dfrac{\pi}{4} < x < \dfrac{\pi}{4}$

454 2 **455** $a \le 7$

456 $\dfrac{7}{3}\pi$ **457** -2

458 $0 \le a \le \dfrac{9}{4}$ **459** $\dfrac{4}{3}\pi < \theta < \dfrac{5}{3}\pi$

● 본책 196~217쪽

3 삼각함수의 활용
II. 삼각함수

460 $20\sqrt{2}$ **461** (1) $60°$ (2) $15\sqrt{3}$

462 $\dfrac{2}{3}$ **463** 9π

464 $2 : \sqrt{3} : 1$

465 $a = b$인 이등변삼각형

466 $40\sqrt{2}\pi$ cm **467** (1) $\sqrt{17}$ (2) $60°$

468 $45°$ **469** $\dfrac{1}{8}$

470 $A = 90°$인 직각삼각형

471 $\dfrac{14\sqrt{3}}{3}$ m **472** 8

473 2 **474** $3 : 7 : 5$

475 4 **476** $-\dfrac{\sqrt{2}}{4}$

477 ② **478** 1.4 km

479 $\dfrac{3\sqrt{10}}{10}$ **480** $10\sqrt{6}$ m

481 $\dfrac{\sqrt{10}}{10}$ **482** $\dfrac{4}{5}$

483 $\dfrac{1}{5}$ **484** ①

485 ① **486** $120°$

487 $105°$

488 (1) $5\sqrt{3}$ (2) $\dfrac{9\sqrt{2}}{2}$ (3) $\dfrac{15}{2}$

489 (1) $\dfrac{3}{5}$ (2) $\dfrac{4}{5}$ (3) 12

490 (1) $2\sqrt{3}$ (2) $24\sqrt{3}$ **491** (1) $6\sqrt{3}$ (2) $20\sqrt{3}$

492 $30°$ 또는 $150°$ **493** 16

494 $\dfrac{18}{5}$ **495** 84

496 $R = \dfrac{13\sqrt{3}}{3}$, $r = \sqrt{3}$

497 $6\sqrt{7}$ **498** $120°$

499 $4\sqrt{2}$ **500** $6\sqrt{6}$

501 $\dfrac{12\sqrt{39}}{13}$ **502** ⑤

503 $4\sqrt{6}$ **504** $\dfrac{1}{2}$

505 ① **506** $100(3+\sqrt{3})$

507 $\dfrac{60}{7}$ km **508** $2\sqrt{3}$

509 $2\sqrt{3}$ **510** $6\sqrt{2}$

● 본책 220~256쪽

1 등차수열과 등비수열
III. 수열

511 (1) 3, 6, 9, 12 (2) 3, 5, 9, 17

(3) $1, \dfrac{1}{3}, \dfrac{1}{5}, \dfrac{1}{7}$ (4) $0, -1, 0, 1$

512 (1) $a_n = \dfrac{1}{n}$ (2) $a_n = (2n-1)(2n+1)$

(3) $a_n = \log 3^n$

513 (1) 9, 21 (2) $-\dfrac{1}{4}, -\dfrac{5}{4}$

514 (1) $a_n = 3n - 1$ (2) $a_n = -2n + 12$

(3) $a_n = 5n - 4$ (4) $a_n = -\dfrac{1}{3}n + \dfrac{10}{3}$

515 4

516 (1) $a_n = 5n - 3$ (2) $a_n = -2n + 5$

517 8 **518** 제100항

519 92 **520** 제24항

521 제28항 **522** 18

523 3 **524** 8

525 (1) 200 (2) 52 (3) 145 (4) -77 (5) 80

526 (1) $a_n = 2n - 1$ (2) 제12항 (3) 144

527 (1) -195 (2) 15 (3) -40

528 (1) $a_n = 2n + 1$

(2) $a_1 = 1$, $a_n = 4n - 2$ $(n \geq 2)$

529 150 **530** -4

531 18 **532** 1080

533 -120 **534** 2990

535 144 **536** 12

537 0 **538** $10\log_3 2$

539 첫째항: -6, 공차: 2

540 제15항 **541** $\dfrac{11}{4}$

542 48 **543** 27

544 16 **545** 18

546 ③ **547** 36

548 -216 **549** 220

550 100 **551** 1748

552 ② **553** -15

554 24 **555** ③

556 125

557 (1) 4, 16 (2) $\dfrac{1}{4}$, $\dfrac{1}{8}$ (3) 2, -6

(4) $-\dfrac{\sqrt{2}}{2}$, $-\dfrac{\sqrt{2}}{4}$

558 (1) $a_n = 2^{n-1}$ (2) $a_n = 5 \times (-1)^{n-1}$

(3) $a_n = 4 \times \left(\dfrac{1}{3}\right)^{n-1}$ (4) $a_n = 3 \times (-2)^{n-1}$

(5) $a_n = -2 \times \left(-\dfrac{3}{2}\right)^{n-1}$

(6) $a_n = 2 \times (\sqrt{3})^{n-1}$

559 -6 또는 6

560 (1) $a_n = 2 \times (-2)^{n-1}$ (2) 6

561 제8항 **562** 162

563 제7항 **564** 11

565 17 **566** 75

567 64 **568** $\dfrac{1}{2}$

569 (1) 728 (2) $\dfrac{85}{32}$ (3) $14 + 15\sqrt{2}$

(4) -341 (5) $\dfrac{1 - 0.1^{12}}{9}$

570 (1) $a_n = 2^{n-1}$ (2) 제9항 (3) 511

571 (1) $\dfrac{1023}{1024}$ (2) $\dfrac{122}{243}$ (3) 635 (4) 242

572 (1) $a_n = 2^{n-1}$ (2) $a_1 = 5$, $a_n = 2 \times 3^{n-1}$ $(n \geq 2)$

573 $\dfrac{1 - 3^{10}}{2}$ **574** -1

575 4 **576** 제9항

577 254 **578** $9\left\{1 - \left(\dfrac{8}{9}\right)^8\right\}$

579 -1 **580** -2

581 67만 2천 원 **582** 175만 원

583 20만 원 **584** $\dfrac{1}{2}$

585 4 **586** 150

587 765 **588** $\dfrac{2}{3}(4^{10} - 1)$

589 28 **590** 10

591 ① **592** 제9항

593 $\dfrac{1}{3}$ **594** 3

595 $\dfrac{10^{n+1} - 9n - 10}{9}$ **596** 3

597 9 **598** 9

599 2 **600** ①

601 1.14배

● 본책 258~280쪽

2 **수열의 합** Ⅲ. 수열

602 (1) $\displaystyle\sum_{k=1}^{n}(2k-1)$ (2) $\displaystyle\sum_{k=1}^{n+1}2^k$ (3) $\displaystyle\sum_{k=1}^{n}\dfrac{1}{k+1}$

(4) $\sum\limits_{k=1}^{10}(3k-1)$　(5) $\sum\limits_{k=1}^{5}4$　(6) $\sum\limits_{k=1}^{12}k(k+1)$

603 (1) $6+11+16+\cdots+51$

(2) $1+3+9+\cdots+729$

(3) $3+3+3+3+3+3$

(4) $-1+2-3+\cdots+8$

(5) $8+16+32+\cdots+2^n$

(6) $\dfrac{1}{2}+\dfrac{1}{6}+\dfrac{1}{12}+\cdots+\dfrac{1}{n(n+1)}$

604 (1) 60　(2) 90　　　**605** 4

606 11　　　　　　　**607** ㄱ, ㄷ

608 -22　　　　　　**609** 10

610 (1) $6(2^{15}-1)$

(2) $5\times\left(\dfrac{5}{4}\right)^{10}+\dfrac{3}{7}\times\left(\dfrac{3}{4}\right)^{10}-\dfrac{38}{7}$

611 755　　　　　　　**612** 48

613 (1) 120　(2) 161　(3) 735　(4) 1252　(5) 483

614 (1) -459　(2) 340　(3) 770

615 (1) 650　(2) 1330　(3) 14300

616 440　　　　　　　**617** 380

618 105　　　　　　　**619** (1) 120　(2) 1500

620 22　　　　　　　**621** (1) 266　(2) 330

622 6　　　　　　　　**623** ②

624 50　　　　　　　**625** 30

626 -342　　　　　　**627** 77

628 2309　　　　　　　**629** 1330

630 728　　　　　　　**631** ④

632 23　　　　　　　**633** 4

634 17　　　　　　　**635** 3025

636 $\dfrac{65}{2}$　　　　　　　**637** 1240

638 20　　　　　　　**639** 1230

640 ⑤　　　　　　　**641** $\dfrac{16}{9}$

642 $\dfrac{n}{5(2n+5)}$　　　　**643** 16

644 8　　　　　　　　**645** (1) 3　(2) 2

646 5　　　　　　　　**647** 제79항

648 (1) 제188항　(2) $\dfrac{4}{15}$

649 25　　　　　　　**650** $\dfrac{108}{55}$

651 61　　　　　　　**652** $\dfrac{60}{11}$

653 $\dfrac{7}{15}$　　　　　　　**654** ①

655 12　　　　　　　**656** ④

657 288　　　　　　　**658** 188

659 ④　　　　　　　**660** ④

● 본책 282~298쪽

3 수학적 귀납법　　　　Ⅲ. 수열

661 (1) 37　(2) 0　(3) $\dfrac{1}{2}$　(4) $\dfrac{1}{9}$　(5) 9

662 (1) $a_n=4n-8$　(2) $a_n=3^{n-1}$

(3) $a_n=-3n+15$　(4) $a_n=5\times(-2)^{n-1}$

663 (1) 94　(2) 7　　　**664** 280

665 625　　　　　　　**666** 11

667 9　　　　　　　　**668** 66

669 4　　　　　　　　**670** $\dfrac{255}{256}$

671 (1) 4　(2) $a_{n+1}=\dfrac{4}{5}a_n\ (n=1,\ 2,\ 3,\ \cdots)$

672 12　　　　　　　**673** 9

674 100　　　　　　　**675** 1

676 ④　　　　　　　**677** 9

678 $a_{n+1}=\dfrac{1}{2}a_n+30\ (n=1,\ 2,\ 3,\ \cdots)$

679 39　　　　　　　**680** 2

681 53　　　　　　　**682** $\dfrac{14}{27}$

683 45　　　　　　　**684** 512

685 285　　　　　　　**686** ⑤

687 5　　　　　　　　**688** 32

689 ⑤　　　　　　　**690** ㄱ

691 풀이 163쪽　　　　**692** 풀이 164쪽

693 ㄴ, ㄷ　　　　　　**694** ②

695 27　　　　　　　**696** (가) 9　(나) 8

697 ④　　　　　　　**698** $\dfrac{10}{7}$

699 3

함께 만드는 개념원리

개념원리는  **선생님이 가르치기 쉽고** **학생이 배우기 쉬운** **교육 콘텐츠를 만듭니다.**

전국 **360명** 선생님이 교재 개발 참여

총 **2,540명** 학생의 실사용 의견 청취

(2017년도~2023년도 교재 VOC 누적)

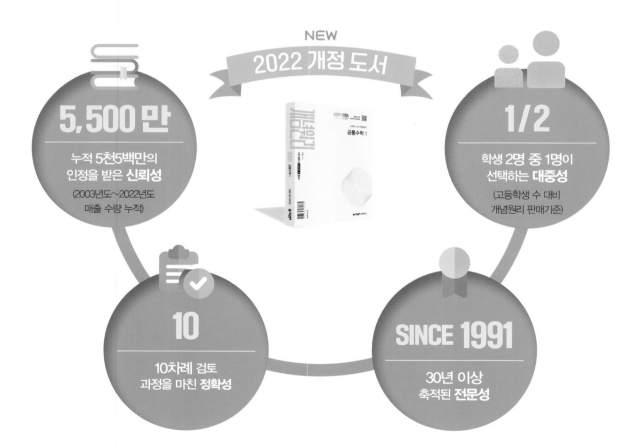

NEW
2022 개정 도서

5,500만

누적 5천5백만의 인정을 받은 **신뢰성**

(2003년도~2022년도 매출 수량 누적)

1/2

학생 2명 중 1명이 선택하는 **대중성**

(고등학생 수 대비 개념원리 판매기준)

10

10차례 검토 과정을 마친 **정확성**

SINCE 1991

30년 이상 축적된 **전문성**

2022 개정 **더 좋아진 개념원리**

2022 개정 교재는 학습자의 학습 편의성을 강화했습니다.
학습 과정에서 필요한 각종 학습자료를 추가해 더욱더 완전한 학습을 지원합니다.

A

2022 개정 **교재 + 교재 연계 서비스 (APP)**

개념원리&RPM + 교재 연계 서비스 제공

• 서비스를 통해 교재의 완전 학습 및 지속적인 학습 성장 지원

2015 개정

• 교재 학습으로
  학습종료

B

2022 개정 **무료 해설 강의 확대**

RPM
영상 0% 제공

RPM 전 문항
해설 강의 100% 제공

• QR 1개당 1년 평균 **3,900명** 이상 인입 (2015 개정 개념원리 수학(상) p.34 기준)
• 완전한 학습을 위해 RPM 전 문항 무료 해설 강의 제공

2015 개정

• 개념원리 주요 문항만
  무료 해설 강의 제공
  (RPM 미제공)

학생 모두가 수학을 쉽게 배울 수 있는 환경이 조성될 때까지
개념원리의 노력은 계속됩니다.

개념원리 대수

대수

정답 및 풀이

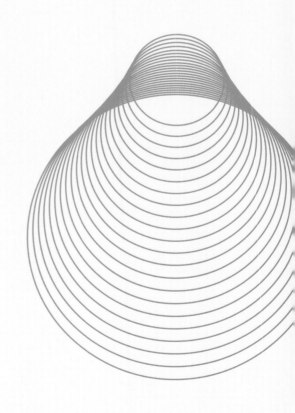

개념원리 대수

정답 및 풀이

 정확하고 이해하기 쉬운 친절한 풀이 제시

 수학적 사고력을 키우는 다양한 해결 방법 제시

 문제 해결 TIP과 중요/보충 개념을 제시

 연습문제 해결의 실마리 제공

교재 만족도 조사

이 교재는 학생 2,540명과 선생님 360명의
의견을 반영하여 만든 교재입니다.

개념원리는 개념원리, RPM을 공부하는
여러분의 목소리에 항상 귀 기울이겠습니다.

여러분의 소중한 의견을 전해 주세요.
단 5분이면 충분해요!
매월 초 10명을 추첨하여 문화상품권
1만 원권을 선물로 드립니다.

수학의 시작 개념원리

대수

정답 및 풀이

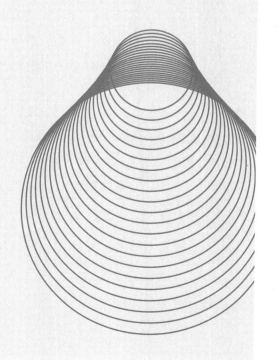

1 지수

01 거듭제곱과 거듭제곱근

● 본책 10~16쪽

1

(1) -64의 세제곱근은 방정식 $x^3=-64$의 근이므로

$$x^3+64=0, \qquad (x+4)(x^2-4x+16)=0$$

$$\therefore x=-4 \text{ 또는 } x=2\pm2\sqrt{3}i$$

(2) 81의 네제곱근은 방정식 $x^4=81$의 근이므로

$$x^4-81=0, \qquad (x^2+9)(x+3)(x-3)=0$$

$$\therefore x=\pm3i \text{ 또는 } x=\pm3$$

답 (1) -4, $2+2\sqrt{3}i$, $2-2\sqrt{3}i$

(2) $-3i$, $3i$, -3, 3

2

(1) $\sqrt[5]{32}=\sqrt[5]{2^5}=2$

(2) $\sqrt[10]{(-3)^{10}}=|-3|=3$

(3) $\sqrt[3]{-27}=\sqrt[3]{(-3)^3}=-3$

(4) $-\sqrt[4]{256}=-\sqrt[4]{4^4}=-4$

(5) $\sqrt[3]{-0.008}=\sqrt[3]{(-0.2)^3}=-0.2$

(6) $-\sqrt[6]{\left(-\dfrac{3}{2}\right)^6}=-\left|-\dfrac{3}{2}\right|=-\dfrac{3}{2}$

답 (1) 2　　(2) 3　　(3) -3

(4) -4　(5) -0.2　(6) $-\dfrac{3}{2}$

3

(1) $\sqrt[4]{3}\times\sqrt[4]{27}=\sqrt[4]{3\times27}=\sqrt[4]{81}=\sqrt[4]{3^4}=3$

(2) $\sqrt[5]{16}\times\sqrt[5]{64}=\sqrt[5]{2^4}\times\sqrt[5]{2^6}=\sqrt[5]{2^4\times2^6}$

$$=\sqrt[5]{2^{10}}=\sqrt[5]{(2^2)^5}=4$$

(3) $\dfrac{\sqrt[3]{2}}{\sqrt[3]{16}}=\sqrt[3]{\dfrac{2}{16}}=\sqrt[3]{\dfrac{1}{8}}=\sqrt[3]{\left(\dfrac{1}{2}\right)^3}=\dfrac{1}{2}$

(4) $\dfrac{\sqrt[4]{3}}{\sqrt[4]{27}}=\sqrt[4]{\dfrac{3}{27}}=\sqrt[4]{\dfrac{1}{9}}=\sqrt[4]{\left(\dfrac{1}{\sqrt{3}}\right)^4}=\dfrac{\sqrt{3}}{3}$

(5) $(\sqrt[6]{25})^3=\sqrt[6]{25^3}=\sqrt[6]{(5^2)^3}=\sqrt[6]{5^6}=5$

(6) $(\sqrt[8]{81})^4=\sqrt[8]{81^4}=\sqrt[8]{(3^4)^4}=\sqrt[8]{3^{16}}$

$$=\sqrt[8]{(3^2)^8}=9$$

(7) $\sqrt[3]{\sqrt{27}}=\sqrt[3\times2]{3^3}=\sqrt{3}$

(8) $\sqrt{\sqrt[3]{4}}=\sqrt[2\times3]{2^2}=\sqrt[3]{2}$

(9) $\sqrt[12]{3^4}\times\sqrt[9]{3^6}=\sqrt[3]{3}\times\sqrt[3]{3^2}$

$$=\sqrt[3]{3\times3^2}=\sqrt[3]{3^3}=3$$

(10) $\sqrt[4]{\sqrt[3]{8}}\times\sqrt{\sqrt[4]{64}}=\sqrt[12]{2^3}\times\sqrt[8]{2^6}$

$$=\sqrt[4]{2}\times\sqrt[4]{2^3}=\sqrt[4]{2\times2^3}$$

$$=\sqrt[4]{2^4}=2$$

답 (1) 3　(2) 4　(3) $\dfrac{1}{2}$　(4) $\dfrac{\sqrt{3}}{3}$　(5) 5

(6) 9　(7) $\sqrt{3}$　(8) $\sqrt[3]{2}$　(9) 3　(10) 2

4

① -4의 제곱근을 x라 하면 $x^2=-4$이므로

$$x=\pm2i$$

② 네제곱근 16은 $\sqrt[4]{16}=\sqrt[4]{2^4}=2$

③ 27의 세제곱근을 x라 하면 $x^3=27$이므로

$$x^3-27=0, \qquad (x-3)(x^2+3x+9)=0$$

$$\therefore x=3 \text{ 또는 } x=\dfrac{-3\pm3\sqrt{3}i}{2}$$

④ 9의 네제곱근을 x라 하면 $x^4=9$이므로

$$x^4-9=0, \qquad (x^2+3)(x^2-3)=0$$

$$\therefore x=\pm\sqrt{3}i \text{ 또는 } x=\pm\sqrt{3}$$

따라서 9의 네제곱근 중 실수인 것은 $-\sqrt{3}$, $\sqrt{3}$의 2개이다.

⑤ -16의 네제곱근을 x라 하면

$$x^4=-16$$

이를 만족시키는 실수 x는 존재하지 않으므로 -16의 네제곱근 중 실수인 것은 없다.

따라서 옳은 것은 ④이다.　　**답** ④

5

-10의 네제곱근 중 실수인 것은 없으므로

$$a=0$$

-10의 세제곱근 중 실수인 것은 $\sqrt[3]{-10}$의 1개이므로

$$b=1$$

10의 네제곱근 중 실수인 것은 $-\sqrt[4]{10}$, $\sqrt[4]{10}$의 2개이므로

$$c=2$$

10의 세제곱근 중 실수인 것은 $\sqrt[3]{10}$ 의 1개이므로

$$d=1$$

$$\therefore ab-cd=0-2=-2 \qquad \text{답} \; -2$$

6

(1) $\sqrt[5]{32^2} \div (\sqrt[3]{2})^6 - \sqrt[3]{\sqrt{64}} = \sqrt[5]{(2^5)^2} \div \sqrt[3]{2^6} - \sqrt[6]{2^6}$

$$= \sqrt[5]{(2^2)^5} \div \sqrt[3]{(2^2)^3} - 2$$

$$= 2^2 \div 2^2 - 2$$

$$= -1$$

(2) $\dfrac{(\sqrt[3]{2}+1)(\sqrt[3]{4}-\sqrt[3]{2}+1)}{\sqrt[3]{27}}$

$$= \dfrac{(\sqrt[3]{2}+1)(\sqrt[3]{2^2}-\sqrt[3]{2}+1)}{\sqrt[3]{3^3}}$$

$$= \dfrac{(\sqrt[3]{2}+1)\{(\sqrt[3]{2})^2-\sqrt[3]{2}+1\}}{3}$$

$$= \dfrac{(\sqrt[3]{2})^3+1^3}{3}$$

$$= \dfrac{2+1}{3} = 1$$

(3) $\sqrt[4]{\dfrac{\sqrt[3]{125}}{\sqrt[9]{125}}} \times \sqrt[6]{\dfrac{\sqrt[3]{125}}{\sqrt{125}}} \times \sqrt[9]{\dfrac{\sqrt[4]{125}}{\sqrt{125}}}$

$$= \dfrac{\sqrt[4]{\sqrt[3]{125}}}{\sqrt[4]{\sqrt[9]{125}}} \times \dfrac{\sqrt[6]{\sqrt[3]{125}}}{\sqrt[6]{\sqrt{125}}} \times \dfrac{\sqrt[9]{\sqrt[4]{125}}}{\sqrt[9]{\sqrt{125}}}$$

$$= \dfrac{\sqrt[12]{125}}{\sqrt[36]{125}} \times \dfrac{\sqrt[18]{125}}{\sqrt[12]{125}} \times \dfrac{\sqrt[36]{125}}{\sqrt[18]{125}}$$

$$= 1$$

(4) $\sqrt{\dfrac{81^2+9^5}{27^4+9^5}} = \sqrt{\dfrac{(3^4)^2+(3^2)^5}{(3^3)^4+(3^2)^5}} = \sqrt{\dfrac{3^8+3^{10}}{3^{12}+3^{10}}}$

$$= \sqrt{\dfrac{3^8(1+3^2)}{3^{10}(3^2+1)}}$$

$$= \sqrt{\dfrac{1}{3^2}} = \dfrac{1}{3}$$

답 (1) -1 (2) 1 (3) 1 (4) $\dfrac{1}{3}$

7

(1) $\sqrt[4]{xy^2} \times \sqrt[8]{x^2y} \div \sqrt[6]{x^2y^3}$

$$= \sqrt[24]{x^6y^{12}} \times \sqrt[24]{x^6y^3} \div \sqrt[24]{x^8y^{12}}$$

$$= \dfrac{\sqrt[24]{x^6y^{12}} \times \sqrt[24]{x^6y^3}}{\sqrt[24]{x^8y^{12}}} = \sqrt[24]{\dfrac{x^{12}y^{15}}{x^8y^{12}}}$$

$$= \sqrt[24]{x^4y^3}$$

(2) $\sqrt[5]{\dfrac{\sqrt[3]{x}}{\sqrt{x}}} \times \sqrt[3]{\dfrac{\sqrt{x}}{\sqrt[5]{x}}} \times \sqrt{\dfrac{\sqrt[5]{x}}{\sqrt[3]{x}}}$

$$= \dfrac{\sqrt[5]{\sqrt[3]{x}}}{\sqrt[5]{\sqrt{x}}} \times \dfrac{\sqrt[3]{\sqrt{x}}}{\sqrt[3]{\sqrt[5]{x}}} \times \dfrac{\sqrt{\sqrt[5]{x}}}{\sqrt{\sqrt[3]{x}}}$$

$$= \dfrac{\sqrt[15]{x}}{\sqrt[10]{x}} \times \dfrac{\sqrt[6]{x}}{\sqrt[15]{x}} \times \dfrac{\sqrt[10]{x}}{\sqrt[6]{x}}$$

$$= 1$$

(3) $\sqrt[5]{x \times \sqrt[4]{x^3 \times \sqrt[3]{x}}} = \sqrt[5]{x} \times \sqrt[5]{\sqrt[4]{x^3 \times \sqrt[3]{x}}}$

$$= \sqrt[5]{x} \times \sqrt[20]{x^3 \times \sqrt[3]{x}}$$

$$= \sqrt[5]{x} \times \sqrt[20]{x^3} \times \sqrt[20]{\sqrt[3]{x}}$$

$$= \sqrt[5]{x} \times \sqrt[20]{x^3} \times \sqrt[60]{x}$$

$$= \sqrt[60]{x^{12}} \times \sqrt[60]{x^9} \times \sqrt[60]{x}$$

$$= \sqrt[60]{x^{12} \times x^9 \times x} = \sqrt[60]{x^{12+9+1}}$$

$$= \sqrt[60]{x^{22}} = \sqrt[30]{x^{11}}$$

답 (1) $\sqrt[24]{x^4y^3}$ (2) 1 (3) $\sqrt[30]{x^{11}}$

8

$A = \sqrt[3]{\sqrt{15}} = \sqrt[6]{15}$, $B = \sqrt[4]{6}$, $C = \sqrt[3]{4}$

6, 4, 3의 최소공배수는 12이므로

$$A = \sqrt[6]{15} = \sqrt[12]{15^2} = \sqrt[12]{225},$$

$$B = \sqrt[4]{6} = \sqrt[12]{6^3} = \sqrt[12]{216},$$

$$C = \sqrt[3]{4} = \sqrt[12]{4^4} = \sqrt[12]{256}$$

이때 $\sqrt[12]{216} < \sqrt[12]{225} < \sqrt[12]{256}$ 이므로

$$B < A < C \qquad \text{답} \; B < A < C$$

02 지수의 확장

● 본책 17~25쪽

9

(1) $(2\sqrt{2})^0 = 1$

(2) $3^{-2} = \dfrac{1}{3^2} = \dfrac{1}{9}$

(3) $\left(\dfrac{1}{2}\right)^{-4} = \dfrac{1}{\left(\dfrac{1}{2}\right)^4} = \dfrac{1}{\dfrac{1}{16}} = 16$

(4) $8^0+\left(\dfrac{1}{4}\right)^{-2}=1+\dfrac{1}{\left(\dfrac{1}{4}\right)^2}=1+\dfrac{1}{\dfrac{1}{16}}=17$

$\qquad\qquad$ 답 (1) **1** (2) $\dfrac{\mathbf{1}}{\mathbf{9}}$ (3) **16** (4) **17**

10

(1) $(2^{\frac{3}{4}})^2\times2^{\frac{3}{2}}=2^{\frac{3}{2}}\times2^{\frac{3}{2}}=2^3=8$

(2) $5^{\frac{4}{3}}\times25^{-\frac{1}{6}}=5^{\frac{4}{3}}\times(5^2)^{-\frac{1}{6}}=5^{\frac{4}{3}}\times5^{-\frac{1}{3}}=5^1=5$

(3) $3^{\frac{1}{2}}\div(3^{\frac{1}{4}})^6=3^{\frac{1}{2}}\div3^{\frac{3}{2}}=3^{-1}=\dfrac{1}{3}$

(4) $32^{\frac{1}{2}}\div4^{\frac{1}{4}}=(2^5)^{\frac{1}{2}}\div(2^2)^{\frac{1}{4}}=2^{\frac{5}{2}}\div2^{\frac{1}{2}}$
$\qquad\qquad =2^2=4$

(5) $\left\{\left(\dfrac{1}{100}\right)^{\frac{3}{4}}\right\}^{-\frac{8}{3}}=\left(\dfrac{1}{100}\right)^{-2}=(100^{-1})^{-2}$
$\qquad\qquad\qquad =100^2=10000$

(6) $\left\{\left(\dfrac{1}{2}\right)^{-\frac{10}{3}}\right\}^{\frac{12}{5}}=\left(\dfrac{1}{2}\right)^{-8}=(2^{-1})^{-8}=2^8=256$

(7) $(4^{\sqrt{3}})^{\sqrt{12}}=4^6=4096$

(8) $5^{3\sqrt{5}}\div5^{\sqrt{5}}=5^{2\sqrt{5}}$

(9) $3^{\sqrt{2}(\sqrt{2}+1)}\times3^{2-\sqrt{2}}=3^{2+\sqrt{2}}\times3^{2-\sqrt{2}}=3^4=81$

(10) $5^{\sqrt{3}}\times5^{1-\sqrt{3}}\times3^{\pi}\times3^{2-\pi}=5^1\times3^2=45$

$\qquad\qquad$ 답 (1) **8** (2) **5** (3) $\dfrac{\mathbf{1}}{\mathbf{3}}$

$\qquad\qquad\qquad$ (4) **4** (5) **10000**

$\qquad\qquad\qquad$ (6) **256** (7) **4096**

$\qquad\qquad\qquad$ (8) $\mathbf{5^{2\sqrt{5}}}$ (9) **81** (10) **45**

11

(1) $\sqrt{a}\times\sqrt[3]{a}=a^{\frac{1}{2}}\times a^{\frac{1}{3}}=a^{\frac{5}{6}}$

(2) $\sqrt[4]{a^5}\div\sqrt[6]{a^9}=a^{\frac{5}{4}}\div a^{\frac{3}{2}}=a^{-\frac{1}{4}}$

$\qquad\qquad$ 답 (1) $\boldsymbol{a^{\frac{5}{6}}}$ (2) $\boldsymbol{a^{-\frac{1}{4}}}$

12

(1) $8^{\frac{1}{4}}\times32^{-\frac{1}{2}}\div2^{-\frac{3}{4}}=(2^3)^{\frac{1}{4}}\times(2^5)^{-\frac{1}{2}}\div2^{-\frac{3}{4}}$
$\qquad\qquad\qquad =2^{\frac{3}{4}}\times2^{-\frac{5}{2}}\div2^{-\frac{3}{4}}$
$\qquad\qquad\qquad =2^{\frac{3}{4}-\frac{5}{2}-\left(-\frac{3}{4}\right)}$
$\qquad\qquad\qquad =2^{-1}=\dfrac{1}{2}$

(2) $\left\{\left(\dfrac{125}{216}\right)^{-\frac{1}{3}}\right\}^{\frac{5}{2}}\div\left(\dfrac{6}{125}\right)^{\frac{1}{2}}$

$\quad =\left[\left\{\left(\dfrac{5}{6}\right)^3\right\}^{-\frac{1}{3}}\right]^{\frac{5}{2}}\div\left(\dfrac{6}{5^3}\right)^{\frac{1}{2}}$

$\quad =\left(\dfrac{5}{6}\right)^{-\frac{5}{2}}\div\dfrac{6^{\frac{1}{2}}}{5^{\frac{3}{2}}}=\dfrac{5^{-\frac{5}{2}}}{6^{-\frac{5}{2}}}\times\dfrac{5^{\frac{3}{2}}}{6^{\frac{1}{2}}}$

$\quad =\dfrac{5^{-1}}{6^{-2}}=\dfrac{36}{5}$

(3) $3^{2+2\sqrt{2}}\div3^{2\sqrt{2}-1}-\{(-3)^6\}^{\frac{1}{2}}=3^3-(3^6)^{\frac{1}{2}}$
$\qquad\qquad\qquad\qquad\qquad\qquad =3^3-3^3=0$

$\qquad\qquad$ 답 (1) $\dfrac{\mathbf{1}}{\mathbf{2}}$ (2) $\dfrac{\mathbf{36}}{\mathbf{5}}$ (3) **0**

13

$\left(\dfrac{1}{8}\right)^{\frac{x}{3}}=(2^{-3})^{\frac{x}{3}}=2^{-x}=\dfrac{1}{2^x}=\dfrac{1}{3}$ $\qquad$ 답 $\dfrac{\mathbf{1}}{\mathbf{3}}$

14

(1) $\sqrt[3]{a^2}\div\sqrt[4]{a}\times\sqrt[12]{a}=a^{\frac{2}{3}}\div a^{\frac{1}{4}}\times a^{\frac{1}{12}}$
$\qquad\qquad\qquad\qquad =a^{\frac{2}{3}-\frac{1}{4}+\frac{1}{12}}=a^{\frac{1}{2}}$

$\qquad \therefore k=\dfrac{1}{2}$

(2) $\sqrt[3]{a^2}=\sqrt[4]{a\sqrt{a^k}}$ 에서

$\qquad \sqrt[3]{a^2}=a^{\frac{2}{3}}$,

$\qquad \sqrt[4]{a\sqrt{a^k}}=(a\times a^{\frac{k}{2}})^{\frac{1}{4}}=(a^{\frac{2+k}{2}})^{\frac{1}{4}}=a^{\frac{2+k}{8}}$

따라서 $a^{\frac{2}{3}}=a^{\frac{2+k}{8}}$ 이므로

$\qquad \dfrac{2}{3}=\dfrac{2+k}{8}, \qquad 16=6+3k$

$\qquad \therefore k=\dfrac{10}{3}$

$\qquad\qquad$ 답 (1) $\dfrac{\mathbf{1}}{\mathbf{2}}$ (2) $\dfrac{\mathbf{10}}{\mathbf{3}}$

15

$\sqrt[3]{6\sqrt{6}\times\dfrac{6}{\sqrt[4]{6}}}=(6\times6^{\frac{1}{2}}\times6\div6^{\frac{1}{4}})^{\frac{1}{3}}$

$\qquad\qquad\qquad =(6^{1+\frac{1}{2}+1-\frac{1}{4}})^{\frac{1}{3}}$

$\qquad\qquad\qquad =(6^{\frac{9}{4}})^{\frac{1}{3}}=6^{\frac{3}{4}}$

$\qquad \therefore k=\dfrac{3}{4}$ $\qquad\qquad\qquad\qquad$ 답 $\dfrac{\mathbf{3}}{\mathbf{4}}$

16

$\sqrt[5]{2^n}=2^{\frac{n}{5}}$이므로 $\sqrt[5]{2^n}$이 자연수가 되려면 n은 5의 배수이어야 한다.

따라서 100 이하의 자연수 n은

$$5,\ 10,\ 15,\ \cdots,\ 100$$

의 20개이다.

답 **20**

17

$2^3=a$에서 $2=a^{\frac{1}{3}}$, $3^4=b$에서 $3=b^{\frac{1}{4}}$이므로

$$12^8=(2^2\times3)^8=2^{16}\times3^8$$
$$=(a^{\frac{1}{3}})^{16}(b^{\frac{1}{4}})^8$$
$$=a^{\frac{16}{3}}b^2$$

답 $a^{\frac{16}{3}}b^2$

18

$a=\sqrt[3]{6}$에서 $a^3=6$, $b=\sqrt{7}$에서 $b^2=7$이므로

$$\sqrt[9]{42}=42^{\frac{1}{9}}=(6\times7)^{\frac{1}{9}}$$
$$=(a^3b^2)^{\frac{1}{9}}=a^{\frac{1}{3}}b^{\frac{2}{9}}$$

답 $a^{\frac{1}{3}}b^{\frac{2}{9}}$

19

(1) $(a^{\frac{1}{3}}-b^{\frac{1}{3}})(a^{\frac{2}{3}}+a^{\frac{1}{3}}b^{\frac{1}{3}}+b^{\frac{2}{3}})$

$$=(a^{\frac{1}{3}}-b^{\frac{1}{3}})\{(a^{\frac{1}{3}})^2+a^{\frac{1}{3}}b^{\frac{1}{3}}+(b^{\frac{1}{3}})^2\}$$
$$=(a^{\frac{1}{3}})^3-(b^{\frac{1}{3}})^3$$
$$=a-b$$

(2) $(3^{\frac{1}{2}}+1)(3^{\frac{1}{2}}-1)(8^{\frac{1}{6}}+1)(8^{\frac{1}{6}}-1)$

$$=\{(3^{\frac{1}{2}})^2-1\}\{(8^{\frac{1}{6}})^2-1\}$$
$$=(3-1)(8^{\frac{1}{3}}-1)$$
$$=2\times\{(2^3)^{\frac{1}{3}}-1\}$$
$$=2\times(2-1)=2$$

답 (1) $a-b$ (2) 2

20

$x^{\frac{1}{2}}-x^{-\frac{1}{2}}=1$의 양변을 제곱하면

$$x-2+x^{-1}=1$$
$$\therefore\ x+x^{-1}=3 \qquad\qquad \cdots\cdots\ \text{㉠}$$

㉠의 양변을 세제곱하면

$$x^3+(x^{-1})^3+3(x+x^{-1})=27$$
$$x^3+x^{-3}+3\times3=27$$
$$\therefore\ x^3+x^{-3}=18$$

답 **18**

(다른 풀이) 곱셈 공식의 변형을 이용하면

$$x+x^{-1}=(x^{\frac{1}{2}}-x^{-\frac{1}{2}})^2+2=1^2+2=3$$
$$\therefore\ x^3+x^{-3}=(x+x^{-1})^3-3(x+x^{-1})$$
$$=3^3-3\times3=18$$

21

$$a^{\frac{1}{2}}+a^{-\frac{1}{2}}=4 \qquad\qquad \cdots\cdots\ \text{㉠}$$

㉠의 양변을 제곱하면

$$a+2+a^{-1}=16$$
$$\therefore\ a+a^{-1}=14 \qquad\qquad \cdots\cdots\ \text{㉡}$$

㉡의 양변을 제곱하면

$$a^2+2+a^{-2}=196$$
$$\therefore\ a^2+a^{-2}=194$$

㉠의 양변을 세제곱하면

$$(a^{\frac{1}{2}})^3+(a^{-\frac{1}{2}})^3+3(a^{\frac{1}{2}}+a^{-\frac{1}{2}})=64$$
$$a^{\frac{3}{2}}+a^{-\frac{3}{2}}+3\times4=64$$
$$\therefore\ a^{\frac{3}{2}}+a^{-\frac{3}{2}}=52$$
$$\therefore\ \frac{a^{\frac{3}{2}}+a^{-\frac{3}{2}}-4}{a^2+a^{-2}-2}=\frac{52-4}{194-2}=\frac{48}{192}=\frac{1}{4}$$

답 $\dfrac{1}{4}$

22

$x=4^{\frac{1}{3}}+2^{\frac{1}{3}}=2^{\frac{2}{3}}+2^{\frac{1}{3}}$에서

$$x^3=(2^{\frac{2}{3}}+2^{\frac{1}{3}})^3$$
$$=(2^{\frac{2}{3}})^3+(2^{\frac{1}{3}})^3+3\times2^{\frac{2}{3}}\times2^{\frac{1}{3}}(2^{\frac{2}{3}}+2^{\frac{1}{3}})$$
$$=2^2+2+3\times2\times x$$
$$=6+6x$$
$$\therefore\ x^3-6x=6$$

답 **6**

23

$x^{-2}=6$, 즉 $\dfrac{1}{x^2}=6$에서 $\qquad x^2=\dfrac{1}{6}$

$$\therefore \frac{x^3-x^{-3}}{x+x^{-1}}=\frac{x(x^3-x^{-3})}{x(x+x^{-1})}=\frac{x^4-x^{-2}}{x^2+1}$$

$$=\frac{(x^2)^2-(x^2)^{-1}}{x^2+1}$$

$$=\frac{\left(\frac{1}{6}\right)^2-6}{\frac{1}{6}+1}=-\frac{215}{42}$$

답 $-\dfrac{215}{42}$

24

$$\frac{27^x-27^{-x}}{3^x+3^{-x}}=\frac{3^{3x}-3^{-3x}}{3^x+3^{-x}}=\frac{3^x(3^{3x}-3^{-3x})}{3^x(3^x+3^{-x})}$$

$$=\frac{3^{4x}-3^{-2x}}{3^{2x}+1}=\frac{(3^{2x})^2-(3^{2x})^{-1}}{3^{2x}+1}$$

$$=\frac{(9^x)^2-(9^x)^{-1}}{9^x+1}$$

$$=\frac{2^2-\frac{1}{2}}{2+1}=\frac{7}{6}$$

답 $\dfrac{7}{6}$

25

$\dfrac{a^x+a^{-x}}{a^x-a^{-x}}=2$에서

$$\frac{a^x(a^x+a^{-x})}{a^x(a^x-a^{-x})}=2, \qquad \frac{a^{2x}+1}{a^{2x}-1}=2$$

$$a^{2x}+1=2(a^{2x}-1) \qquad \therefore a^{2x}=3$$

이때 $a>0$에서 $a^x>0$이므로

$$a^x=\sqrt{3}$$

답 $\sqrt{3}$

[다른 풀이] $\dfrac{a^x+a^{-x}}{a^x-a^{-x}}=2$에서

$$a^x+a^{-x}=2(a^x-a^{-x})$$

$$a^x+a^{-x}=2a^x-2a^{-x} \qquad \therefore a^x=3a^{-x}$$

양변에 a^x을 곱하면

$$a^{2x}=3 \qquad \therefore a^x=\sqrt{3} \ (\because a^x>0)$$

26

$4^x=9^y=6^z=k \ (k>0)$라 하면

$4^x=k$에서 $\qquad 4=k^{\frac{1}{x}}$ $\qquad\qquad$ ...... ㉠

$9^y=k$에서 $\qquad 9=k^{\frac{1}{y}}$ $\qquad\qquad$ ...... ㉡

$6^z=k$에서 $\qquad 6=k^{\frac{1}{z}}$, 즉 $36=k^{\frac{2}{z}}$ ...... ㉢

㉠$\times$㉡$\div$㉢을 하면

$$4\times9\div36=k^{\frac{1}{x}}\times k^{\frac{1}{y}}\div k^{\frac{2}{z}}$$

$$\therefore 1=k^{\frac{1}{x}+\frac{1}{y}-\frac{2}{z}}$$

이때 $xyz\neq0$에서 $k\neq1$이므로

$$\frac{1}{x}+\frac{1}{y}-\frac{2}{z}=0$$

답 0

연습 문제 ● 본책 26~28쪽

27

[전략] A의 세제곱근 중 실수인 것은 $\sqrt[3]{A}$임을 이용하여 a, b의 값을 구한다.

8의 세제곱근 중 실수인 것은

$$\sqrt[3]{8}=\sqrt[3]{2^3}=2 \qquad \therefore a=2$$

-64의 세제곱근 중 실수인 것은

$$\sqrt[3]{-64}=\sqrt[3]{(-4)^3}=-4 \qquad \therefore b=-4$$

$$\therefore a+b=-2$$

$a+b$가 실수 x의 세제곱근이므로

$$x=(a+b)^3=(-2)^3=-8$$

답 -8

28

[전략] 거듭제곱근의 정의를 이용하여 참, 거짓을 판별한다.

ㄱ. $\sqrt{16}=4$의 네제곱근을 x라 하면 $x^4=4$이므로

$$x^4-4=0, \qquad (x^2+2)(x^2-2)=0$$

$$\therefore x=\pm\sqrt{2}\,i \text{ 또는 } x=\pm\sqrt{2}$$

따라서 $\sqrt{16}$의 네제곱근은 $\pm\sqrt{2}$, $\pm\sqrt{2}\,i$이다.

(거짓)

ㄴ. $\sqrt[3]{-125}=\sqrt[3]{(-5)^3}=-5$ (참)

ㄷ. -49의 네제곱근을 x라 하면 $\qquad x^4=-49$

이를 만족시키는 실수 x는 존재하지 않으므로 -49의 네제곱근 중 실수인 것은 없다. (거짓)

ㄹ. -11의 세제곱근 중 실수인 것은 1개이고

$$(-\sqrt[3]{11})^3=-(\sqrt[3]{11})^3=-11$$

이므로 -11의 세제곱근 중 실수인 것은 $-\sqrt[3]{11}$이다. (참)

이상에서 옳은 것은 ㄴ, ㄹ이다.

답 ㄴ, ㄹ

29

전략 A, B, C를 각각 $\sqrt[6]{k}$의 꼴로 변형한다.

$A=\sqrt{2\times\sqrt[3]{3}}=\sqrt{2}\times\sqrt{\sqrt[3]{3}}=\sqrt[6]{2^3}\times\sqrt[6]{3}$

$\quad=\sqrt[6]{2^3\times3}=\sqrt[6]{24}$

$B=\sqrt[3]{3\sqrt{2}}=\sqrt[3]{3}\times\sqrt[3]{\sqrt{2}}=\sqrt[6]{3^2}\times\sqrt[6]{2}$

$\quad=\sqrt[6]{3^2\times2}=\sqrt[6]{18}$

$C=\sqrt[3]{2\sqrt{3}}=\sqrt[3]{2}\times\sqrt[3]{\sqrt{3}}=\sqrt[6]{2^2}\times\sqrt[6]{3}$

$\quad=\sqrt[6]{2^2\times3}=\sqrt[6]{12}$

이때 $\sqrt[6]{12}<\sqrt[6]{18}<\sqrt[6]{24}$이므로

$\quad C<B<A$ 　　　　　　　　　　 답 $C<B<A$

30

전략 거듭제곱근을 유리수인 지수로 나타낸 후 지수법칙을 이용한다.

$\sqrt[4]{81a\sqrt{a}}\div\sqrt[8]{a^3}=\{81\times(a\times a^{\frac{1}{2}})\}^{\frac{1}{4}}\div a^{\frac{3}{8}}$

$\quad=(3^4)^{\frac{1}{4}}\times(a^{\frac{3}{2}})^{\frac{1}{4}}\div a^{\frac{3}{8}}$

$\quad=3\times a^{\frac{3}{8}}\div a^{\frac{3}{8}}=3$ 　　　　　　 답 3

다른 풀이 $\sqrt[4]{81a\sqrt{a}}\div\sqrt[8]{a^3}=\sqrt[8]{(81a\sqrt{a})^2}\div\sqrt[8]{a^3}$

$\quad=\sqrt[8]{\dfrac{81^2a^3}{a^3}}=\sqrt[8]{81^2}$

$\quad=\sqrt[8]{(3^4)^2}=\sqrt[8]{3^8}=3$

31

전략 거듭제곱근을 유리수인 지수로 나타낸 후 지수법칙을 이용한다.

$\sqrt{2}\times\sqrt[3]{3}\times\sqrt[4]{4}\times\sqrt[6]{6}=2^{\frac{1}{2}}\times3^{\frac{1}{3}}\times4^{\frac{1}{4}}\times6^{\frac{1}{6}}$

$\quad=2^{\frac{1}{2}}\times3^{\frac{1}{3}}\times(2^2)^{\frac{1}{4}}\times(2\times3)^{\frac{1}{6}}$

$\quad=2^{\frac{1}{2}}\times3^{\frac{1}{3}}\times2^{\frac{1}{2}}\times2^{\frac{1}{6}}\times3^{\frac{1}{6}}$

$\quad=2^{\frac{1}{2}+\frac{1}{2}+\frac{1}{6}}\times3^{\frac{1}{3}+\frac{1}{6}}$

$\quad=2^{\frac{7}{6}}\times3^{\frac{1}{2}}$

따라서 $a=\dfrac{7}{6}$, $b=\dfrac{1}{2}$이므로

$\quad a+b=\dfrac{5}{3}$ 　　　　　　　　　　 답 $\dfrac{5}{3}$

32

전략 $\sqrt[n]{a}=a^{\frac{1}{n}}$임을 이용하여 거듭제곱근을 유리수인 지수로 나타낸다.

$\sqrt[3]{a\sqrt{a\sqrt[4]{a^3\sqrt[3]{a}}}}=[a\times\{a\times(a\times a^{\frac{1}{3}})^{\frac{1}{4}}\}^{\frac{1}{2}}]^{\frac{1}{3}}$

$\quad=[a\times\{a\times(a^{\frac{4}{3}})^{\frac{1}{4}}\}^{\frac{1}{2}}]^{\frac{1}{3}}$

$\quad=\{a\times(a\times a^{\frac{1}{3}})^{\frac{1}{2}}\}^{\frac{1}{3}}$

$\quad=\{a\times(a^{\frac{4}{3}})^{\frac{1}{2}}\}^{\frac{1}{3}}=(a\times a^{\frac{2}{3}})^{\frac{1}{3}}$

$\quad=(a^{\frac{5}{3}})^{\frac{1}{3}}=a^{\frac{5}{9}}$

$\therefore k=\dfrac{5}{9}$ 　　　　　　　　　　 답 $\dfrac{5}{9}$

다른 풀이 $\sqrt[3]{a\sqrt{a\sqrt[4]{a^3\sqrt[3]{a}}}}=\sqrt[3]{a}\times\sqrt[6]{a}\times\sqrt[24]{a}\times\sqrt[72]{a}$

$\quad=a^{\frac{1}{3}}\times a^{\frac{1}{6}}\times a^{\frac{1}{24}}\times a^{\frac{1}{72}}$

$\quad=a^{\frac{1}{3}+\frac{1}{6}+\frac{1}{24}+\frac{1}{72}}=a^{\frac{5}{9}}$

33

전략 주어진 식의 양변을 제곱, 세제곱하여 $a+a^{-1}$, $a^{\frac{3}{2}}-a^{-\frac{3}{2}}$의 값을 구한다.

$a^{\frac{1}{2}}-a^{-\frac{1}{2}}=3$의 양변을 제곱하면

$\quad a-2+a^{-1}=9$

$\therefore a+a^{-1}=11$

$a^{\frac{1}{2}}-a^{-\frac{1}{2}}=3$의 양변을 세제곱하면

$\quad(a^{\frac{1}{2}})^3-(a^{-\frac{1}{2}})^3-3(a^{\frac{1}{2}}-a^{-\frac{1}{2}})=27$

$\quad a^{\frac{3}{2}}-a^{-\frac{3}{2}}-3\times3=27$

$\therefore a^{\frac{3}{2}}-a^{-\frac{3}{2}}=36$

$\therefore \dfrac{a^{\frac{3}{2}}-a^{-\frac{3}{2}}+9}{a+a^{-1}+4}=\dfrac{36+9}{11+4}=3$ 　　 답 3

34

전략 주어진 식의 양변을 세제곱하여 x^3을 포함한 식의 값을 구한다.

$x=\sqrt[3]{9}-\sqrt[3]{3}=3^{\frac{2}{3}}-3^{\frac{1}{3}}$에서

$\quad x^3=(3^{\frac{2}{3}}-3^{\frac{1}{3}})^3$

$\quad=(3^{\frac{2}{3}})^3-(3^{\frac{1}{3}})^3-3\times3^{\frac{2}{3}}\times3^{\frac{1}{3}}(3^{\frac{2}{3}}-3^{\frac{1}{3}})$

$\quad=3^2-3-3\times3\times x$

$\quad=6-9x$

즉 $x^3+9x=6$이므로

$\quad 2x^3+18x-5=2(x^3+9x)-5$

$\quad\quad\quad\quad\quad\quad\quad=2\times6-5=7$ 　　 답 7

35

전략 분모, 분자에 적당한 식을 곱하여 공통부분을 만든다.

분모, 분자에 각각 a^{11}을 곱하면

$$\frac{a^2+a^4+a^6+a^8+a^{10}}{a^{-1}+a^{-3}+a^{-5}+a^{-7}+a^{-9}}$$

$$=\frac{a^{11}(a^2+a^4+a^6+a^8+a^{10})}{a^{11}(a^{-1}+a^{-3}+a^{-5}+a^{-7}+a^{-9})}$$

$$=\frac{a^{11}(a^2+a^4+a^6+a^8+a^{10})}{a^{10}+a^8+a^6+a^4+a^2}$$

$$=a^{11}$$

답 a^{11}

36

전략 $f_n(a)$의 의미를 파악한다.

-2의 세제곱근 중 실수인 것은 $\sqrt[3]{-2}$의 1개이므로

$$f_3(-2)=1$$

8의 네제곱근 중 실수인 것은 $-\sqrt[4]{8}$, $\sqrt[4]{8}$의 2개이므로

$$f_4(8)=2$$

4의 다섯제곱근 중 실수인 것은 $\sqrt[5]{4}$의 1개이므로

$$f_5(4)=1$$

$$\therefore f_3(-2)-f_4(8)+f_5(4)=1-2+1=0$$

답 0

🎯 해설 Focus

$f_n(a)$의 값은 다음과 같다.

	$a>0$	$a=0$	$a<0$
n이 짝수	2	1	0
n이 홀수	1	1	1

37

전략 $-n^2+9n-18$의 값이 양수인 경우와 음수인 경우로 나누어 주어진 조건을 만족시키는 n의 조건을 구한다.

(i) $-n^2+9n-18>0$일 때

n이 짝수이면 $-n^2+9n-18$의 n제곱근 중에서 음의 실수가 존재한다.

$n^2-9n+18<0$에서 $(n-3)(n-6)<0$

$$\therefore 3<n<6$$

이때 n은 짝수이어야 하므로 $n=4$

(ii) $-n^2+9n-18<0$일 때

n이 홀수이면 $-n^2+9n-18$의 n제곱근 중에서 음의 실수가 존재한다.

$n^2-9n+18>0$에서 $(n-3)(n-6)>0$

$$\therefore n<3 \text{ 또는 } n>6$$

이때 $2\leq n\leq 11$이고 n은 홀수이어야 하므로

$$n=7, 9, 11$$

(i), (ii)에서 $n=4, 7, 9, 11$

따라서 모든 n의 값의 합은

$$4+7+9+11=31$$

답 ①

참고 $-n^2+9n-18=0$이면 $-n^2+9n-18$의 n제곱근은 항상 0이므로 음의 실수가 존재하지 않는다.

38

전략 거듭제곱근을 유리수인 지수로 나타내어 간단히 한다.

$(\sqrt[3]{3^4})^{\frac{1}{3}}$이 자연수 x의 n제곱근이라 하면

$$x=\{(\sqrt[3]{3^4})^{\frac{1}{3}}\}^n=\{(3^{\frac{4}{3}})^{\frac{1}{3}}\}^n=3^{\frac{4}{9}n}$$

이때 x가 자연수이므로 $\frac{4}{9}n$이 자연수이어야 한다.

따라서 자연수 n은 9의 배수이어야 하므로 두 자리 자연수 n은 18, 27, 36, $\cdots$, 99의 10개이다.

답 10

39

전략 이차방정식의 근과 계수의 관계를 이용한다.

$x^2-6x+2=0$의 두 근이 2^a, 2^b이므로 이차방정식의 근과 계수의 관계에 의하여

$$2^a+2^b=6, 2^a\times 2^b=2$$

$$\therefore 8^a+8^b=(2^a)^3+(2^b)^3$$

$$=(2^a+2^b)^3-3\times 2^a\times 2^b(2^a+2^b)$$

$$=6^3-3\times 2\times 6=180$$

답 180

40

전략 $a^2-4a+1=0$임을 이용하여 $a+a^{-1}$의 값을 구한다.

이차방정식 $x^2-4x+1=0$의 한 근이 a이므로

$$a^2-4a+1=0$$

이때 $a\neq 0$이므로 양변을 a로 나누면

$$a-4+\frac{1}{a}=0 \qquad \therefore a+a^{-1}=4$$

$(a-a^{-1})^2=(a+a^{-1})^2-4=4^2-4=12$이고 $a>2$에서 $a-a^{-1}>0$이므로

$$a-a^{-1}=2\sqrt{3}$$

$$\therefore a^2 - a^{-2} = (a + a^{-1})(a - a^{-1})$$
$$= 4 \times 2\sqrt{3}$$
$$= 8\sqrt{3}$$

답 $8\sqrt{3}$

41

전략 $2^x = 5^y = 10^z = k\,(k>0)$로 놓고 식을 변형한다.

$2^x = 5^y = 10^z = k\,(k>0)$라 하면

$2^x = k$에서 $2 = k^{\frac{1}{x}}$ ······ ㉠

$5^y = k$에서 $5 = k^{\frac{1}{y}}$ ······ ㉡

$10^z = k$에서 $10 = k^{\frac{1}{z}}$ ······ ㉢

㉠×㉡÷㉢을 하면

$$2 \times 5 \div 10 = k^{\frac{1}{x}} \times k^{\frac{1}{y}} \div k^{\frac{1}{z}}$$
$$\therefore k^{\frac{1}{x} + \frac{1}{y} - \frac{1}{z}} = 1$$

이때 $xyz \neq 0$에서 $k \neq 1$이므로

$$\frac{1}{x} + \frac{1}{y} - \frac{1}{z} = 0$$
$$\therefore \frac{yz + zx - xy}{xyz} = 0$$

따라서 $yz + zx - xy = 0$이므로

$$xy - yz - zx = 0$$

답 0

42

전략 5, 80, a를 10^k의 꼴로 변형한다.

$5^x = 10$에서 $5 = 10^{\frac{1}{x}}$ ······ ㉠

$80^y = 10$에서 $80 = 10^{\frac{1}{y}}$ ······ ㉡

$a^z = 10$에서 $a = 10^{\frac{1}{z}}$ ······ ㉢

㉠×㉡÷㉢을 하면

$$5 \times 80 \div a = 10^{\frac{1}{x}} \times 10^{\frac{1}{y}} \div 10^{\frac{1}{z}}$$
$$\frac{400}{a} = 10^{\frac{1}{x} + \frac{1}{y} - \frac{1}{z}} = 10^2$$
$$\therefore a = 4$$

답 4

43

전략 지수법칙을 이용하여 지수를 간단히 한다.

$$\left(x^{\frac{1}{a-b}}\right)^{\frac{1}{b-c}} \times \left(x^{\frac{1}{b-c}}\right)^{\frac{1}{c-a}} \times \left(x^{\frac{1}{c-a}}\right)^{\frac{1}{a-b}}$$
$$= x^{\frac{1}{(a-b)(b-c)}} \times x^{\frac{1}{(b-c)(c-a)}} \times x^{\frac{1}{(c-a)(a-b)}}$$
$$= x^{\frac{1}{(a-b)(b-c)} + \frac{1}{(b-c)(c-a)} + \frac{1}{(c-a)(a-b)}}$$

지수 부분을 정리하면

$$\frac{1}{(a-b)(b-c)} + \frac{1}{(b-c)(c-a)}$$
$$+ \frac{1}{(c-a)(a-b)}$$
$$= \frac{(c-a) + (a-b) + (b-c)}{(a-b)(b-c)(c-a)}$$
$$= 0$$
$$\therefore x^{\frac{1}{(a-b)(b-c)} + \frac{1}{(b-c)(c-a)} + \frac{1}{(c-a)(a-b)}} = x^0 = 1$$

답 1

44

전략 양수 p, q에 대하여 $p^x = q$이면 $p = q^{\frac{1}{x}}$임을 이용한다.
(단, $x \neq 0$)

$a^6 = 5$, $b^5 = 7$, $c^2 = 11$에서

$$a = 5^{\frac{1}{6}},\ b = 7^{\frac{1}{5}},\ c = 11^{\frac{1}{2}}$$
$$\therefore (abc)^n = \left(5^{\frac{1}{6}} \times 7^{\frac{1}{5}} \times 11^{\frac{1}{2}}\right)^n$$
$$= 5^{\frac{n}{6}} \times 7^{\frac{n}{5}} \times 11^{\frac{n}{2}}$$

$(abc)^n$, 즉 $5^{\frac{n}{6}} \times 7^{\frac{n}{5}} \times 11^{\frac{n}{2}}$이 자연수가 되려면

$\dfrac{n}{6}$, $\dfrac{n}{5}$, $\dfrac{n}{2}$이 모두 자연수이어야 한다.

따라서 자연수 n의 최솟값은 세 수 6, 5, 2의 최소공배수인 30이다.

답 30

45

전략 먼저 $f(x)$를 간단히 한 후 주어진 조건을 이용하여 a^{2p}, a^{2q}의 값을 구한다.

$$f(x) = \frac{a^x - a^{-x}}{a^x + a^{-x}} = \frac{a^x(a^x - a^{-x})}{a^x(a^x + a^{-x})} = \frac{a^{2x} - 1}{a^{2x} + 1}$$

$f(p) = \dfrac{a^{2p} - 1}{a^{2p} + 1} = \dfrac{1}{2}$에서

$$2(a^{2p} - 1) = a^{2p} + 1 \quad \therefore a^{2p} = 3$$

$f(q) = \dfrac{a^{2q} - 1}{a^{2q} + 1} = \dfrac{1}{3}$에서

$$3(a^{2q} - 1) = a^{2q} + 1, \quad 2a^{2q} = 4$$
$$\therefore a^{2q} = 2$$
$$\therefore f(p+q) = \frac{a^{2(p+q)} - 1}{a^{2(p+q)} + 1} = \frac{a^{2p} \times a^{2q} - 1}{a^{2p} \times a^{2q} + 1}$$
$$= \frac{3 \times 2 - 1}{3 \times 2 + 1} = \frac{5}{7}$$

답 $\dfrac{5}{7}$

2 로그

01 로그
● 본책 30~32쪽

46
답 (1) $2 = \log_4 16$　(2) $-3 = \log_{10} 0.001$

(3) $0 = \log_4 1$　(4) $1 = \log_5 5$

(5) $\dfrac{1}{2} = \log_5 \sqrt{5}$　(6) $4 = \log_{\sqrt{3}} 9$

47
답 (1) $3^4 = 81$　(2) $(\sqrt{2})^4 = 4$

(3) $\left(\dfrac{1}{3}\right)^3 = \dfrac{1}{27}$　(4) $5^0 = 1$

48
(1) $\log_2 16 = x$라 하면 로그의 정의에 의하여
$$2^x = 16 = 2^4 \quad \therefore x = 4$$

(2) $\log_3 \dfrac{1}{81} = x$라 하면 로그의 정의에 의하여
$$3^x = \dfrac{1}{81} = 3^{-4} \quad \therefore x = -4$$

(3) $\log_4 64 = x$라 하면 로그의 정의에 의하여
$$4^x = 64 = 4^3 \quad \therefore x = 3$$

(4) $\log_{\frac{1}{5}} 125 = x$라 하면 로그의 정의에 의하여
$$\left(\dfrac{1}{5}\right)^x = 125, \quad 5^{-x} = 5^3$$
$$\therefore x = -3$$

답 (1) 4　(2) -4　(3) 3　(4) -3

49
(1) $N = 3^{-2} = \dfrac{1}{9}$

(2) $N = \left(\dfrac{1}{4}\right)^3 = \dfrac{1}{64}$

(3) $N = 2^1 = 2$

(4) $N = 6^0 = 1$

답 (1) $\dfrac{1}{9}$　(2) $\dfrac{1}{64}$　(3) 2　(4) 1

50
(1) 진수의 조건에서　$x + 4 > 0$　$\therefore x > -4$

(2) 밑의 조건에서　$2x > 0, 2x \neq 1$
$$x > 0, \ x \neq \dfrac{1}{2}$$
$$\therefore 0 < x < \dfrac{1}{2} \ \text{또는} \ x > \dfrac{1}{2}$$

답 (1) $x > -4$　(2) $0 < x < \dfrac{1}{2}$ 또는 $x > \dfrac{1}{2}$

51
(1) $\log_8 0.25 = x$에서
$$8^x = 0.25, \quad (2^3)^x = \dfrac{1}{4}$$
$$2^{3x} = 2^{-2}, \quad 3x = -2$$
$$\therefore x = -\dfrac{2}{3}$$

(2) $\log_{0.1} 0.001 = x$에서
$$0.1^x = 0.001, \quad 0.1^x = 0.1^3$$
$$\therefore x = 3$$

(3) $\log_x 81 = -\dfrac{4}{3}$에서
$$x^{-\frac{4}{3}} = 81$$
$$\therefore x = 81^{-\frac{3}{4}} = (3^4)^{-\frac{3}{4}} = 3^{-3} = \dfrac{1}{27}$$

(4) $\log_{\frac{1}{\sqrt{2}}} x = -2$에서
$$x = \left(\dfrac{1}{\sqrt{2}}\right)^{-2} = (\sqrt{2})^2 = 2$$

(5) $\log_4 \{\log_3 (\log_2 x)\} = 0$에서
$$\log_3 (\log_2 x) = 4^0 = 1$$
$$\log_2 x = 3^1 = 3$$
$$\therefore x = 2^3 = 8$$

답 (1) $-\dfrac{2}{3}$　(2) 3　(3) $\dfrac{1}{27}$　(4) 2　(5) 8

52
$\log_a 27 = -2$에서　$a^{-2} = 27$
$$\therefore a = 27^{-\frac{1}{2}} = (3^3)^{-\frac{1}{2}} = 3^{-\frac{3}{2}}$$
$\log_{\sqrt{3}} b = 3$에서
$$b = (\sqrt{3})^3 = (3^{\frac{1}{2}})^3 = 3^{\frac{3}{2}}$$
$$\therefore ab = 3^{-\frac{3}{2}} \times 3^{\frac{3}{2}} = 3^0 = 1$$

답 1

53

$\log_{x-2}(-x^2+8x-7)$이 정의되려면

밑의 조건에서 $\quad x-2>0,\ x-2\neq1$

$\qquad \therefore x>2,\ x\neq3 \qquad\qquad \cdots\cdots$ ㉠

진수의 조건에서 $\quad -x^2+8x-7>0$

$\qquad x^2-8x+7<0, \qquad (x-1)(x-7)<0$

$\qquad \therefore 1<x<7 \qquad\qquad\qquad \cdots\cdots$ ㉡

㉠, ㉡의 공통부분은

$\qquad 2<x<3$ 또는 $3<x<7$

따라서 자연수 x는 4, 5, 6이므로 구하는 합은

$\qquad 4+5+6=15$ **답 15**

02 로그의 성질
● 본책 33~41쪽

54

답 (1) **1** (2) **0** (3) **1** (4) **0**

55

(1) $\log_4 8+\log_4 2=\log_4(8\times2)=\log_4 16=2$

(2) $\log_{10}50-\log_{10}5=\log_{10}\dfrac{50}{5}=\log_{10}10=1$

(3) $\log_3\dfrac{3}{4}+\log_3 12=\log_3\left(\dfrac{3}{4}\times12\right)=\log_3 9=2$

(4) $\log_3 27\sqrt{3}=\log_3(3^3\times3^{\frac{1}{2}})=\log_3 3^{\frac{7}{2}}$

$\qquad =\dfrac{7}{2}\log_3 3=\dfrac{7}{2}$

답 (1) **2** (2) **1** (3) **2** (4) $\dfrac{7}{2}$

56

(1) $\log_{10}6=\log_{10}(2\times3)=\log_{10}2+\log_{10}3=a+b$

(2) $\log_{10}18=\log_{10}(2\times3^2)=\log_{10}2+\log_{10}3^2$

$\qquad\qquad =\log_{10}2+2\log_{10}3=a+2b$

(3) $\log_{10}5=\log_{10}\dfrac{10}{2}=\log_{10}10-\log_{10}2=1-a$

(4) $\log_{10}\dfrac{9}{8}=\log_{10}\dfrac{3^2}{2^3}=\log_{10}3^2-\log_{10}2^3$

$\qquad\qquad =2\log_{10}3-3\log_{10}2$

$\qquad\qquad =2b-3a$

답 (1) $a+b$ (2) $a+2b$ (3) $1-a$ (4) $2b-3a$

57

(1) $\log_{16}8=\log_{2^4}2^3=\dfrac{3}{4}\log_2 2=\dfrac{3}{4}$

(2) $\log_{1000}\dfrac{1}{10}=\log_{10^3}10^{-1}=-\dfrac{1}{3}\log_{10}10=-\dfrac{1}{3}$

(3) $2^{\log_2 5}=5$

(4) $4^{\log_2 9}=9^{\log_2 4}=9^2=81$

답 (1) $\dfrac{3}{4}$ (2) $-\dfrac{1}{3}$ (3) **5** (4) **81**

58

(2) $\log_3 8=\dfrac{\log_{10}8}{\log_{10}3}=\dfrac{\log_{10}2^3}{\log_{10}3}=\dfrac{3\log_{10}2}{\log_{10}3}$

(3) $\log_3 100=\dfrac{\log_{10}100}{\log_{10}3}=\dfrac{2}{\log_{10}3}$

답 (1) $\dfrac{\log_{10}2}{\log_{10}7}$ (2) $\dfrac{3\log_{10}2}{\log_{10}3}$ (3) $\dfrac{2}{\log_{10}3}$

59

(1) $\dfrac{1}{2}\log_2\dfrac{9}{49}-\log_2\dfrac{3}{14}$

$\quad =\dfrac{1}{2}\log_2\left(\dfrac{3}{7}\right)^2-\log_2\dfrac{3}{14}$

$\quad =\log_2\dfrac{3}{7}-\log_2\dfrac{3}{14}$

$\quad =\log_2\left(\dfrac{3}{7}\div\dfrac{3}{14}\right)=\log_2\left(\dfrac{3}{7}\times\dfrac{14}{3}\right)$

$\quad =\log_2 2=1$

(2) $\dfrac{1}{2}\log_2 3+3\log_2\sqrt{2}-\log_2\sqrt{6}$

$\quad =\log_2 3^{\frac{1}{2}}+\log_2(\sqrt{2})^3-\log_2\sqrt{6}$

$\quad =\log_2\sqrt{3}+\log_2 2\sqrt{2}-\log_2\sqrt{6}$

$\quad =\log_2\dfrac{\sqrt{3}\times2\sqrt{2}}{\sqrt{6}}=\log_2 2=1$

(3) $2\log_{10}\dfrac{5}{3}-\log_{10}\dfrac{7}{4}+2\log_{10}3+\dfrac{1}{2}\log_{10}49$

$\quad =\log_{10}\left(\dfrac{5}{3}\right)^2-\log_{10}\dfrac{7}{4}+\log_{10}3^2+\log_{10}(7^2)^{\frac{1}{2}}$

$\quad =\log_{10}\left\{\left(\dfrac{5}{3}\right)^2\div\dfrac{7}{4}\times3^2\times7\right\}$

$\quad =\log_{10}\left(\dfrac{25}{9}\times\dfrac{4}{7}\times9\times7\right)$

$\quad =\log_{10}100=\log_{10}10^2$

$\quad =2$

(4) $3\log_5 \sqrt[3]{2} + \log_5 \sqrt{10} - \dfrac{1}{2}\log_5 8$

$\quad = \log_5 (\sqrt[3]{2})^3 + \log_5 \sqrt{10} - \log_5 8^{\frac{1}{2}}$

$\quad = \log_5 2 + \log_5 \sqrt{10} - \log_5 2\sqrt{2}$

$\quad = \log_5 \dfrac{2 \times \sqrt{10}}{2\sqrt{2}}$

$\quad = \log_5 \sqrt{5} = \log_5 5^{\frac{1}{2}}$

$\quad = \dfrac{1}{2}$

📌 (1) **1**　(2) **1**　(3) **2**　(4) $\dfrac{1}{2}$

다른 풀이 (2) $\dfrac{1}{2}\log_2 3 + 3\log_2 \sqrt{2} - \log_2 \sqrt{6}$

$\quad = \dfrac{1}{2}\log_2 3 + \dfrac{3}{2}\log_2 2 - \dfrac{1}{2}(\log_2 2 + \log_2 3)$

$\quad = \dfrac{1}{2}\log_2 3 + \dfrac{3}{2} - \dfrac{1}{2} - \dfrac{1}{2}\log_2 3$

$\quad = 1$

(3) $2\log_{10} \dfrac{5}{3} - \log_{10}\dfrac{7}{4} + 2\log_{10} 3 + \dfrac{1}{2}\log_{10} 49$

$\quad = 2(\log_{10} 5 - \log_{10} 3) - (\log_{10} 7 - \log_{10} 2^2)$

$\qquad + 2\log_{10} 3 + \log_{10} 7$

$\quad = 2(\log_{10} 5 + \log_{10} 2)$

$\quad = 2\log_{10}(5 \times 2) = 2$

(4) $3\log_5 \sqrt[3]{2} + \log_5 \sqrt{10} - \dfrac{1}{2}\log_5 8$

$\quad = \log_5 2 + \dfrac{1}{2}(\log_5 5 + \log_5 2) - \dfrac{3}{2}\log_5 2$

$\quad = \log_5 2 + \dfrac{1}{2} + \dfrac{1}{2}\log_5 2 - \dfrac{3}{2}\log_5 2$

$\quad = \dfrac{1}{2}$

60

$f(x) = \log_2\left(1 - \dfrac{1}{x+2}\right) = \log_2 \dfrac{x+1}{x+2}$이므로

$\quad f(1) + f(2) + f(3) + \cdots + f(30)$

$\quad = \log_2 \dfrac{2}{3} + \log_2 \dfrac{3}{4} + \log_2 \dfrac{4}{5} + \cdots + \log_2 \dfrac{31}{32}$

$\quad = \log_2\left(\dfrac{2}{3} \times \dfrac{3}{4} \times \dfrac{4}{5} \times \cdots \times \dfrac{31}{32}\right)$

$\quad = \log_2 \dfrac{2}{32} = \log_2 2^{-4}$

$\quad = -4$

📌 **-4**

61

(1) $(\log_2 3 + \log_8 9)(\log_9 2 + \log_{27} 16)$

$\quad = (\log_2 3 + \log_{2^3} 3^2)(\log_{3^2} 2 + \log_{3^3} 2^4)$

$\quad = \left(\log_2 3 + \dfrac{2}{3}\log_2 3\right)\left(\dfrac{1}{2}\log_3 2 + \dfrac{4}{3}\log_3 2\right)$

$\quad = \dfrac{5}{3}\log_2 3 \times \dfrac{11}{6}\log_3 2$

$\quad = \dfrac{55}{18}\log_2 3 \times \log_3 2$

$\quad = \dfrac{55}{18}$

(2) $2\log_5 4 - 3\log_5 2 = 2\log_5 2^2 - 3\log_5 2$

$\qquad\qquad\qquad\qquad = 4\log_5 2 - 3\log_5 2$

$\qquad\qquad\qquad\qquad = \log_5 2$

$\quad \therefore 5^{2\log_5 4 - 3\log_5 2} = 5^{\log_5 2} = 2$

(3) $4^{\log_2 7} + 27^{\log_3 2} = 7^{\log_2 4} + 2^{\log_3 27}$

$\qquad\qquad\qquad\qquad = 7^2 + 2^3 = 57$

(4) $\log_2 3 \times \log_3 5 \times \log_5 6 \times \log_6 8$

$\quad = \dfrac{\log_{10} 3}{\log_{10} 2} \times \dfrac{\log_{10} 5}{\log_{10} 3} \times \dfrac{\log_{10} 6}{\log_{10} 5} \times \dfrac{\log_{10} 8}{\log_{10} 6}$

$\quad = \dfrac{\log_{10} 8}{\log_{10} 2} = \dfrac{3\log_{10} 2}{\log_{10} 2}$

$\quad = 3$

📌 (1) $\dfrac{55}{18}$　(2) **2**　(3) **57**　(4) **3**

62

(1) $\log_2 3 \times \log_4 a = \log_4 3$에서

$\quad \log_2 3 \times \log_{2^2} a = \log_{2^2} 3$

$\quad \log_2 3 \times \dfrac{1}{2}\log_2 a = \dfrac{1}{2}\log_2 3$

$\quad \log_2 a = 1$

$\quad \therefore a = 2$

(2) $(\log_2 3 + 2\log_4 5)\log_{\sqrt{15}} a$

$\quad = (\log_2 3 + 2\log_{2^2} 5)\log_{15^{\frac{1}{2}}} a$

$\quad = (\log_2 3 + \log_2 5) \times 2\log_{15} a$

$\quad = \log_2 15 \times 2 \times \dfrac{\log_2 a}{\log_2 15}$

$\quad = 2\log_2 a$

$\quad$즉 $2\log_2 a = 6$이므로

$\quad \log_2 a = 3 \quad \therefore a = 8$

📌 (1) **2**　(2) **8**

63

$A = \dfrac{1}{3}\log_{\frac{1}{4}} 8 = \dfrac{1}{3}\log_{2^{-2}} 2^3 = \dfrac{1}{3}\times\left(-\dfrac{3}{2}\right) = -\dfrac{1}{2}$

$B = 8^{\log_{\frac{1}{8}} 16} = 16^{\log_{\frac{1}{8}} 8} = 16^{-1} = \dfrac{1}{16}$

$C = \dfrac{1}{7}\log_{27} 3\sqrt{3} = \dfrac{1}{7}\log_{3^3} 3^{\frac{3}{2}} = \dfrac{1}{7}\times\dfrac{1}{3}\times\dfrac{3}{2} = \dfrac{1}{14}$

$\therefore A < B < C$ 답 $\boldsymbol{A < B < C}$

64

$a^2 b^3 = 1$의 양변에 a를 밑으로 하는 로그를 취하면

$\log_a a^2 b^3 = \log_a 1, \qquad \log_a a^2 + \log_a b^3 = 0$

$2 + 3\log_a b = 0$

$\therefore \log_a b = -\dfrac{2}{3}$

$\therefore \log_a a^3 b^2 = \log_a a^3 + \log_a b^2$

$\qquad\qquad = 3 + 2\log_a b$

$\qquad\qquad = 3 + 2\times\left(-\dfrac{2}{3}\right) = \dfrac{5}{3}$ 답 $\boldsymbol{\dfrac{5}{3}}$

65

(1) $\log_{10} 25 = 2\log_{10} 5$

$\qquad\qquad = 2\log_{10}\dfrac{10}{2}$

$\qquad\qquad = 2(\log_{10} 10 - \log_{10} 2)$

$\qquad\qquad = 2(1 - a)$

(2) $\log_{10} 0.72 = \log_{10}\dfrac{72}{100}$

$\qquad\qquad = \log_{10} 72 - \log_{10} 100$

$\qquad\qquad = \log_{10}(2^3\times 3^2) - \log_{10} 10^2$

$\qquad\qquad = \log_{10} 2^3 + \log_{10} 3^2 - 2$

$\qquad\qquad = 3\log_{10} 2 + 2\log_{10} 3 - 2$

$\qquad\qquad = 3a + 2b - 2$

(3) $\log_{\frac{1}{10}} 15 = \log_{10^{-1}} 15$

$\qquad\qquad = -\log_{10} 15$

$\qquad\qquad = -\log_{10}(3\times 5)$

$\qquad\qquad = -(\log_{10} 3 + \log_{10} 5)$

$\qquad\qquad = -\left(\log_{10} 3 + \log_{10}\dfrac{10}{2}\right)$

$\qquad\qquad = -(\log_{10} 3 + \log_{10} 10 - \log_{10} 2)$

$\qquad\qquad = -(b + 1 - a)$

$\qquad\qquad = a - b - 1$

(4) $\log_4\sqrt{30} = \dfrac{1}{4}\log_2 30 = \dfrac{1}{4}\times\dfrac{\log_{10} 30}{\log_{10} 2}$

$\qquad\qquad = \dfrac{\log_{10}(3\times 10)}{4\log_{10} 2}$

$\qquad\qquad = \dfrac{\log_{10} 3 + \log_{10} 10}{4\log_{10} 2}$

$\qquad\qquad = \dfrac{b+1}{4a}$

답 (1) $\boldsymbol{2(1-a)}$ (2) $\boldsymbol{3a+2b-2}$

(3) $\boldsymbol{a-b-1}$ (4) $\boldsymbol{\dfrac{b+1}{4a}}$

66

$3^x = a,\ 3^y = b$에서 $\quad x = \log_3 a,\ y = \log_3 b$

$\therefore \log_{a^3}\sqrt[4]{a^3 b} = \log_{a^3}(a^3 b)^{\frac{1}{4}} = \dfrac{1}{12}\log_a a^3 b$

$\qquad\qquad = \dfrac{1}{12}(\log_a a^3 + \log_a b)$

$\qquad\qquad = \dfrac{1}{12}\left(3 + \dfrac{\log_3 b}{\log_3 a}\right)$

$\qquad\qquad = \dfrac{1}{12}\left(3 + \dfrac{y}{x}\right)$

$\qquad\qquad = \dfrac{3x + y}{12x}$ 답 $\boldsymbol{\dfrac{3x+y}{12x}}$

67

$32^x = 216$에서 $x = \log_{32} 216$이므로

$\dfrac{1}{x} = \dfrac{1}{\log_{32} 216} = \log_{216} 32$

$243^y = 216$에서 $y = \log_{243} 216$이므로

$\dfrac{1}{y} = \dfrac{1}{\log_{243} 216} = \log_{216} 243$

$\therefore \dfrac{1}{x} + \dfrac{1}{y} = \log_{216} 32 + \log_{216} 243$

$\qquad\qquad = \log_{216} 2^5 + \log_{216} 3^5$

$\qquad\qquad = \log_{216}(2^5\times 3^5)$

$\qquad\qquad = \log_{6^3} 6^5 = \dfrac{5}{3}$ 답 $\boldsymbol{\dfrac{5}{3}}$

다른 풀이 $32^x = 216$에서 $\quad 32 = 216^{\frac{1}{x}}$ $\cdots\cdots$ ㉠

$243^y = 216$에서 $\quad 243 = 216^{\frac{1}{y}}$ $\cdots\cdots$ ㉡

㉠×㉡을 하면 $\quad 32\times 243 = 216^{\frac{1}{x}}\times 216^{\frac{1}{y}}$

$2^5\times 3^5 = 216^{\frac{1}{x}+\frac{1}{y}}$

$6^5 = (6^3)^{\frac{1}{x}+\frac{1}{y}} \quad\therefore \dfrac{1}{x} + \dfrac{1}{y} = \dfrac{5}{3}$

68

$3.45^x = 100$에서 $x = \log_{3.45} 100$이므로

$$\dfrac{1}{x} = \dfrac{1}{\log_{3.45} 100} = \log_{100} 3.45$$

$0.00345^y = 100$에서 $y = \log_{0.00345} 100$이므로

$$\dfrac{1}{y} = \dfrac{1}{\log_{0.00345} 100} = \log_{100} 0.00345$$

$$\therefore \ \dfrac{1}{x} - \dfrac{1}{y} = \log_{100} 3.45 - \log_{100} 0.00345$$

$$= \log_{100} \dfrac{3.45}{0.00345}$$

$$= \log_{100} 1000$$

$$= \log_{10^2} 10^3$$

$$= \dfrac{3}{2} \qquad \text{답 } \dfrac{3}{2}$$

다른 풀이) $3.45^x = 100$에서

$$3.45 = 100^{\frac{1}{x}} \qquad \cdots\cdots \ \text{㉠}$$

$0.00345^y = 100$에서

$$0.00345 = 100^{\frac{1}{y}} \qquad \cdots\cdots \ \text{㉡}$$

㉠÷㉡을 하면

$$3.45 \div 0.00345 = 100^{\frac{1}{x}} \div 100^{\frac{1}{y}}$$

$$1000 = 100^{\frac{1}{x} - \frac{1}{y}}, \qquad 10^3 = 10^{2\left(\frac{1}{x} - \frac{1}{y}\right)}$$

$$\therefore \ \dfrac{1}{x} - \dfrac{1}{y} = \dfrac{3}{2}$$

69

이차방정식 $x^2 - 9x + 3 = 0$의 두 실근이 α, β이므로 근과 계수의 관계에 의하여

$$\alpha + \beta = 9, \ \alpha\beta = 3$$

$$\therefore \ \alpha^{-1} + \beta^{-1} = \dfrac{1}{\alpha} + \dfrac{1}{\beta} = \dfrac{\alpha + \beta}{\alpha\beta}$$

$$= \dfrac{9}{3} = 3$$

$$\therefore \ \log_3 (\alpha^{-1} + \beta^{-1}) = \log_3 3 = 1$$

답 1

70

이차방정식 $x^2 - 5x + 3 = 0$의 두 실근이 $\log_{10} \alpha$, $\log_{10} \beta$이므로 근과 계수의 관계에 의하여

$$\log_{10} \alpha + \log_{10} \beta = 5, \ \log_{10} \alpha \times \log_{10} \beta = 3$$

$$\therefore \ \log_\alpha \beta + \log_\beta \alpha$$

$$= \dfrac{\log_{10} \beta}{\log_{10} \alpha} + \dfrac{\log_{10} \alpha}{\log_{10} \beta}$$

$$= \dfrac{(\log_{10} \alpha)^2 + (\log_{10} \beta)^2}{\log_{10} \alpha \times \log_{10} \beta}$$

$$= \dfrac{(\log_{10} \alpha + \log_{10} \beta)^2 - 2 \times \log_{10} \alpha \times \log_{10} \beta}{\log_{10} \alpha \times \log_{10} \beta}$$

$$= \dfrac{5^2 - 2 \times 3}{3} = \dfrac{19}{3} \qquad \text{답 } \dfrac{19}{3}$$

71

$\log_5 25 = 2$, $\log_5 125 = 3$이므로

$$2 < \log_5 100 < 3$$

즉 $\log_5 100$의 정수 부분은 2이므로

$$a = 2$$

따라서 $\log_5 100$의 소수 부분은

$$\log_5 100 - 2 = \log_5 100 - \log_5 5^2$$

$$= \log_5 \dfrac{100}{25}$$

$$= \log_5 4$$

즉 $b = \log_5 4$이므로

$$4^a + 4^{\frac{1}{b}} = 4^2 + 4^{\frac{1}{\log_5 4}}$$

$$= 16 + 4^{\log_4 5}$$

$$= 16 + 5 = 21 \qquad \text{답 21}$$

연습 문제 ● 본책 42~43쪽

72

전략 로그의 정의를 이용한다.

$x = \log_2 (2 + \sqrt{3})$에서

$$2^x = 2 + \sqrt{3}$$

$$\therefore \ 2^x + 2^{-x} = 2^x + \dfrac{1}{2^x}$$

$$= 2 + \sqrt{3} + \dfrac{1}{2 + \sqrt{3}}$$

$$= 2 + \sqrt{3} + (2 - \sqrt{3})$$

$$= 4 \qquad \text{답 4}$$

73

전략 로그의 성질을 이용하여 식을 간단히 한 후 α의 값을 대입한다.

$$\alpha=\frac{2}{\sqrt{3}-1}=\frac{2(\sqrt{3}+1)}{(\sqrt{3}-1)(\sqrt{3}+1)}=\sqrt{3}+1$$

$$\therefore \log_3(\alpha^3-1)-\log_3(\alpha^2+\alpha+1)$$

$$=\log_3\frac{\alpha^3-1}{\alpha^2+\alpha+1}$$

$$=\log_3\frac{(\alpha-1)(\alpha^2+\alpha+1)}{\alpha^2+\alpha+1}$$

$$=\log_3(\alpha-1)$$

$$=\log_3\sqrt{3}=\log_3 3^{\frac{1}{2}}$$

$$=\frac{1}{2}$$

답 $\dfrac{1}{2}$

74

전략 로그의 성질을 이용하여 주어진 식의 좌변을 간단히 한다.

$$\log_a(\log_3 2)+\log_a(\log_4 3)+\log_a(\log_5 4)+\cdots$$
$$+\log_a(\log_{64} 63)$$

$$=\log_a(\log_3 2\times\log_4 3\times\log_5 4\times\cdots\times\log_{64} 63)$$

$$=\log_a\left(\frac{\log_a 2}{\log_a 3}\times\frac{\log_a 3}{\log_a 4}\times\frac{\log_a 4}{\log_a 5}\times\cdots\times\frac{\log_a 63}{\log_a 64}\right)$$

$$=\log_a\left(\frac{\log_a 2}{\log_a 64}\right)$$

$$=\log_a(\log_{64} 2)=\log_a(\log_{2^6} 2)$$

$$=\log_a\frac{1}{6}$$

즉 $\log_a\dfrac{1}{6}=-1$이므로

$$a^{-1}=\frac{1}{6} \quad \therefore a=6$$

답 6

75

전략 로그의 밑의 변환 공식을 이용하여 로그의 밑을 x로 변형한다.

$\log_a x=\dfrac{1}{4}$, $\log_b x=\dfrac{1}{5}$, $\log_c x=\dfrac{1}{6}$에서

$$\log_x a=4, \log_x b=5, \log_x c=6$$

$$\therefore \frac{2}{\log_{abc} x}=2\log_x abc$$

$$=2(\log_x a+\log_x b+\log_x c)$$

$$=2\times(4+5+6)$$

$$=30$$

답 30

76

전략 로그의 여러 가지 성질을 이용하여 A, B, C의 값을 구한다.

$$A=(\sqrt{3})^{\log_2 12-\log_2 3}=(\sqrt{3})^{\log_2\frac{12}{3}}$$

$$=(\sqrt{3})^{\log_2 4}=(\sqrt{3})^2$$

$$=3$$

$$B=(4\sqrt{2})^{-\log_2\frac{\sqrt{3}}{3}}=(4\sqrt{2})^{\log_2\left(\frac{\sqrt{3}}{3}\right)^{-1}}$$

$$=(4\sqrt{2})^{\log_2\sqrt{3}}$$

$$=(\sqrt{3})^{\log_2 4\sqrt{2}}=(\sqrt{3})^{\log_2 2^{\frac{5}{2}}}$$

$$=(3^{\frac{1}{2}})^{\frac{5}{2}}=3^{\frac{5}{4}}$$

$$C=\log_4 2+\log_9 3$$

$$=\log_{2^2} 2+\log_{3^2} 3$$

$$=\frac{1}{2}+\frac{1}{2}=1$$

$$\therefore C<A<B$$

답 $C<A<B$

참고 $3=\sqrt[4]{3^4}$, $3^{\frac{5}{4}}=\sqrt[4]{3^5}$이므로

$$\sqrt[4]{3^4}<\sqrt[4]{3^5} \quad \therefore 3<3^{\frac{5}{4}}$$

77

전략 로그의 성질을 이용하여 $\log_5\sqrt{2.4}$를 $\log_5 2$와 $\log_5 3$으로 나타낸다.

$$\log_5\sqrt{2.4}=\frac{1}{2}\log_5 2.4=\frac{1}{2}\log_5\frac{12}{5}$$

$$=\frac{1}{2}(\log_5 12-\log_5 5)$$

$$=\frac{1}{2}\{\log_5(2^2\times 3)-1\}$$

$$=\frac{1}{2}(2\log_5 2+\log_5 3-1)$$

$$=\frac{1}{2}(2a+b-1)$$

답 $\dfrac{1}{2}(2a+b-1)$

78

전략 로그의 밑의 변환 공식을 이용하여 로그의 밑을 b로 변형한다.

$\log_a b=\dfrac{1}{5}$에서 $\log_b a=5$

$$\therefore \log_{b^2} a=\frac{1}{2}\log_b a$$

$$=\frac{1}{2}\times 5=2+\frac{1}{2}$$

따라서 $\log_{b^2} a$의 정수 부분은 2이다.

답 2

79

전략 로그의 밑의 조건과 진수의 조건을 이용하여 부등식을 세운다.

$\log_{a-1}(ax^2-ax+2)$가 정의되려면

밑의 조건에서 $\quad a-1>0,\ a-1\neq1$

$\qquad \therefore\ a>1,\ a\neq2 \qquad \cdots\cdots\ \boxdot$

진수의 조건에서 $\quad ax^2-ax+2>0 \quad \cdots\cdots\ \boxdot$

$\boxdot$에서 $a>0$이므로 부등식 $\boxdot$이 모든 실수 x에 대하여 성립하려면 이차방정식 $ax^2-ax+2=0$의 판별식을 D라 할 때

$\qquad D=(-a)^2-4\times a\times2<0$

$\qquad a(a-8)<0$

$\qquad \therefore\ 0<a<8 \qquad \cdots\cdots\ \boxdot$

$\boxdot$, $\boxdot$의 공통부분은

$\qquad 1<a<2$ 또는 $2<a<8$

따라서 정수 a는 3, 4, 5, 6, 7이므로 구하는 합은

$\qquad 3+4+5+6+7=25$ **답** **25**

📝 개념 노트

모든 실수 x에 대하여 이차부등식 $ax^2+bx+c>0$이 성립하려면
$\qquad a>0,\ b^2-4ac<0$

80

전략 로그의 정의와 성질을 이용하여 $a+b$, ab의 값을 구한다.

$\log_2(a+b)=3$에서

$\qquad a+b=2^3=8$

$\log_2a+\log_2b=3$에서 $\quad \log_2ab=3$

$\qquad \therefore\ ab=2^3=8$

$\qquad \therefore\ a^3+b^3=(a+b)^3-3ab(a+b)$

$\qquad\qquad =8^3-3\times8\times8$

$\qquad\qquad =320$ **답** **320**

81

전략 두 점을 지나는 직선의 방정식을 세워서 y절편을 구한다.

두 점 $(a,\ \log_2a)$, $(b,\ \log_2b)$를 지나는 직선의 방정식은

$$y-\log_2a=\frac{\log_2b-\log_2a}{b-a}(x-a)$$

$$\therefore\ y=\frac{\log_2b-\log_2a}{b-a}x$$
$$-\frac{a(\log_2b-\log_2a)}{b-a}+\log_2a$$

또 두 점 $(a,\ \log_4a)$, $(b,\ \log_4b)$를 지나는 직선의 방정식은

$$y-\log_4a=\frac{\log_4b-\log_4a}{b-a}(x-a)$$

$$\therefore\ y=\frac{\log_4b-\log_4a}{b-a}x$$
$$-\frac{a(\log_4b-\log_4a)}{b-a}+\log_4a$$

이때 두 직선의 y절편이 같으므로

$$-\frac{a(\log_2b-\log_2a)}{b-a}+\log_2a$$
$$=-\frac{a(\log_4b-\log_4a)}{b-a}+\log_4a$$

$$\log_2a-\frac12\log_2a$$
$$=\frac{a(\log_2b-\log_2a)}{b-a}-\frac{a(\log_2b-\log_2a)}{2(b-a)}$$

$$\frac12\log_2a=\frac{a(\log_2b-\log_2a)}{2(b-a)}$$

$$b\log_2a-a\log_2a=a\log_2b-a\log_2a$$

$$\log_2a^b=\log_2b^a$$

$$\therefore\ a^b=b^a$$

한편 $f(x)=a^{bx}+b^{ax}$에 대하여 $f(1)=a^b+b^a=40$이므로

$$a^b=b^a=20$$

$$\therefore\ f(2)=a^{2b}+b^{2a}=(a^b)^2+(b^a)^2$$
$$=20^2+20^2=800$$ **답** ②

82

전략 $5^x=2^y=(\sqrt[3]{10})^z=k\,(k>0)$로 놓고 로그의 정의를 이용하여 x, y, z를 k에 대한 식으로 나타낸다.

$5^x=2^y=(\sqrt[3]{10})^z=k\,(k>0)$라 하면

$xyz\neq0$에서 $\quad k\neq1$

$5^x=k$에서 $x=\log_5k$이므로

$$\frac1x=\frac{1}{\log_5k}=\log_k5$$

$2^y=k$에서 $y=\log_2k$이므로

$$\frac1y=\frac{1}{\log_2k}=\log_k2$$

$(\sqrt[3]{10})^z=10^{\frac{z}{3}}=k$에서 $\dfrac{z}{3}=\log_{10}k$이므로

$$\dfrac{3}{z}=\dfrac{1}{\log_{10}k}=\log_k 10$$

$$\therefore \dfrac{1}{x}+\dfrac{1}{y}-\dfrac{3}{z}$$

$$=\log_k 5+\log_k 2-\log_k 10$$

$$=\log_k \dfrac{5\times 2}{10}$$

$$=\log_k 1=0 \qquad\qquad \text{답 } 0$$

[다른 풀이] $5^x=2^y=(\sqrt[3]{10})^z=k\ (k>0)$라 하면

$5^x=k$에서 $\qquad 5=k^{\frac{1}{x}} \qquad\qquad \cdots\cdots\ \boxed{\scriptsize ㉠}$

$2^y=k$에서 $\qquad 2=k^{\frac{1}{y}} \qquad\qquad \cdots\cdots\ \boxed{\scriptsize ㉡}$

$(\sqrt[3]{10})^z=k$에서

$\qquad 10^{\frac{z}{3}}=k \qquad \therefore 10=k^{\frac{3}{z}} \qquad \cdots\cdots\ \boxed{\scriptsize ㉢}$

$㉠\times㉡\div㉢$을 하면 $\qquad 5\times 2\div 10=k^{\frac{1}{x}}\times k^{\frac{1}{y}}\div k^{\frac{3}{z}}$

$$\therefore 1=k^{\frac{1}{x}+\frac{1}{y}-\frac{3}{z}}$$

이때 $xyz\neq 0$에서 $k\neq 1$이므로 $\qquad \dfrac{1}{x}+\dfrac{1}{y}-\dfrac{3}{z}=0$

83

[전략] 이차방정식의 근과 계수의 관계를 이용하여 $\log_{10}\alpha$, $\log_{10}\beta$ 사이의 관계식을 구한다.

이차방정식 $x^2-3x+1=0$의 두 실근이 $\log_{10}\alpha$, $\log_{10}\beta$이므로 근과 계수의 관계에 의하여

$$\log_{10}\alpha+\log_{10}\beta=3,\ \log_{10}\alpha\times\log_{10}\beta=1$$

$$\therefore (\log_{10}\beta-\log_{10}\alpha)^2$$

$$=(\log_{10}\beta+\log_{10}\alpha)^2-4\log_{10}\beta\times\log_{10}\alpha$$

$$=3^2-4\times 1=5$$

이때 $\log_{10}\beta>\log_{10}\alpha$이므로

$$\log_{10}\beta-\log_{10}\alpha=\sqrt{5}$$

$$\therefore 2\log_{\alpha^2}\beta-\dfrac{1}{3}\log_\beta \alpha^3$$

$$=\log_\alpha\beta-\log_\beta\alpha=\dfrac{\log_{10}\beta}{\log_{10}\alpha}-\dfrac{\log_{10}\alpha}{\log_{10}\beta}$$

$$=\dfrac{(\log_{10}\beta)^2-(\log_{10}\alpha)^2}{\log_{10}\alpha\times\log_{10}\beta}$$

$$=\dfrac{(\log_{10}\beta+\log_{10}\alpha)(\log_{10}\beta-\log_{10}\alpha)}{\log_{10}\alpha\times\log_{10}\beta}$$

$$=\dfrac{3\times\sqrt{5}}{1}=3\sqrt{5} \qquad\qquad \text{답 } 3\sqrt{5}$$

84

[전략] 주어진 식에서 로그의 밑을 4로 통일하여 간단히 한다.

$$\log_4 2n^2-\dfrac{1}{2}\log_2\sqrt{n}=\log_4 2n^2-\log_4\sqrt{n}$$

$$=\log_4\dfrac{2n^2}{\sqrt{n}}$$

$$=\log_4 2n^{\frac{3}{2}}$$

따라서 40 이하의 자연수 k에 대하여

$$\log_4 2n^{\frac{3}{2}}=k$$

라 하면 $\qquad 2n^{\frac{3}{2}}=4^k=2^{2k}, \qquad n^{\frac{3}{2}}=2^{2k-1}$

$$\therefore n=2^{(2k-1)\times\frac{2}{3}}$$

이때 n이 자연수이므로 $2k-1$이 3의 배수이어야 한다.

$1\leq k\leq 40$에서 $1\leq 2k-1\leq 79$이므로

$$2k-1=3,\ 6,\ 9,\ \cdots,\ 75,\ 78$$

$$\therefore k=2,\ \dfrac{7}{2},\ 5,\ \cdots,\ 38,\ \dfrac{79}{2}$$

이때 k는 자연수이므로

$$k=2,\ 5,\ 8,\ \cdots,\ 38$$

즉 자연수 k의 개수가 13이므로 n의 개수도 13이다.

$$\text{답 } 13$$

85

[전략] 주어진 조건을 이용하여 a, b, c를 한 문자로 나타낸다.

$a^2=b^3=c^5=k\ (k>0)$라 하면

$$a=k^{\frac{1}{2}},\ b=k^{\frac{1}{3}},\ c=k^{\frac{1}{5}} \qquad\qquad \cdots\cdots\ \boxed{\scriptsize ㉠}$$

$\log_4 a+\log_4 b+\log_4 c=31$에 $㉠$을 대입하면

$$\log_4 k^{\frac{1}{2}}+\log_4 k^{\frac{1}{3}}+\log_4 k^{\frac{1}{5}}=31$$

$$\dfrac{1}{2}\log_4 k+\dfrac{1}{3}\log_4 k+\dfrac{1}{5}\log_4 k=31$$

$$\dfrac{31}{30}\log_4 k=31, \qquad \log_4 k=30$$

$$\therefore k=4^{30}$$

$㉠$에 이를 대입하면

$$a=(4^{30})^{\frac{1}{2}}=4^{15},\ b=(4^{30})^{\frac{1}{3}}=4^{10},$$

$$c=(4^{30})^{\frac{1}{5}}=4^6$$

$$\therefore \log_8 a\times\log_8 b\times\log_8 c$$

$$=\log_8 4^{15}\times\log_8 4^{10}\times\log_8 4^6$$

$$=\dfrac{30}{3}\times\dfrac{20}{3}\times\dfrac{12}{3}=\dfrac{800}{3} \qquad \text{답 } \dfrac{800}{3}$$

03 상용로그

86

(1) $\log 10000 = \log 10^4 = 4$

(2) $\log \dfrac{1}{100} = \log 10^{-2} = -2$

(3) $\log 0.001 = \log 10^{-3} = -3$

(4) $\log \sqrt[4]{10^3} = \log 10^{\frac{3}{4}} = \dfrac{3}{4}$

(5) $\log 10\sqrt{10} = \log 10^{\frac{3}{2}} = \dfrac{3}{2}$

(6) $\log \sqrt[3]{100} = \log \sqrt[3]{10^2} = \log 10^{\frac{2}{3}} = \dfrac{2}{3}$

目 (1) 4 (2) -2 (3) -3 (4) $\dfrac{3}{4}$ (5) $\dfrac{3}{2}$ (6) $\dfrac{2}{3}$

87

目 (1) 0.7126 (2) 0.8195 (3) 0.3945

88

目 (가) 2 (나) 0.5587 (다) 2.5587

89

(1) $\log 3240 = \log (3.24 \times 10^3)$
$\qquad = \log 3.24 + \log 10^3$
$\qquad = 0.5105 + 3 = 3.5105$

(2) $\log 0.00324 = \log (3.24 \times 10^{-3})$
$\qquad = \log 3.24 + \log 10^{-3}$
$\qquad = 0.5105 - 3 = -2.4895$

(3) $\log \sqrt[5]{324} = \log (3.24 \times 10^2)^{\frac{1}{5}}$
$\qquad = \dfrac{1}{5}(\log 3.24 + \log 10^2)$
$\qquad = \dfrac{1}{5}(0.5105 + 2) = 0.5021$

目 (1) 3.5105 (2) -2.4895 (3) 0.5021

90

(2) $\log N = -0.0693 = -1 + 0.9307$

따라서 $\log N$의 정수 부분은 -1, 소수 부분은 0.9307이다.

(3) $\log N = -2.6021 = -3 + 0.3979$

따라서 $\log N$의 정수 부분은 -3, 소수 부분은 0.3979이다.

目 (1) 정수 부분: 3, 소수 부분: 0.5593
　 (2) 정수 부분: -1, 소수 부분: 0.9307
　 (3) 정수 부분: -3, 소수 부분: 0.3979

91

(1) $\log 18 = \log (2 \times 3^2) = \log 2 + 2\log 3$
$\qquad = 0.3010 + 2 \times 0.4771$
$\qquad = 1.2552$

(2) $\log \dfrac{5}{3} = \log \dfrac{10}{6} = \log 10 - \log (2 \times 3)$
$\qquad = 1 - (\log 2 + \log 3)$
$\qquad = 1 - (0.3010 + 0.4771)$
$\qquad = 0.2219$

(3) $\log \sqrt{6} = \dfrac{1}{2}\log 6 = \dfrac{1}{2}\log (2 \times 3)$
$\qquad = \dfrac{1}{2}(\log 2 + \log 3)$
$\qquad = \dfrac{1}{2}(0.3010 + 0.4771)$
$\qquad = 0.38905$

目 (1) 1.2552 (2) 0.2219 (3) 0.38905

92

(1) $\log 52.3 = \log (5.23 \times 10)$
$\qquad = \log 5.23 + \log 10$
$\qquad = 1 + 0.7185$
$\qquad = 1.7185$

따라서 정수 부분은 1, 소수 부분은 0.7185이다.

(2) $\log 0.0523 = \log (5.23 \times 10^{-2})$
$\qquad = \log 5.23 + \log 10^{-2}$
$\qquad = -2 + 0.7185$
$\qquad = -1.2815$

따라서 정수 부분은 -2, 소수 부분은 0.7185이다.

目 풀이 참조

93

$\log 10 = 1$, $\log 100 = 2$이므로
$\qquad 1 < \log 50 < 2$

따라서 $\log 50$의 정수 부분이 1이므로

$$\begin{aligned} \alpha &= \log 50 - 1 = \log 50 - \log 10 \\ &= \log \frac{50}{10} = \log 5 \end{aligned}$$

$$\therefore 1000^{\alpha} = 1000^{\log 5} = 5^{\log 1000} = 5^3 = 125$$

달 **125**

94

(1) $\log x = 2.3692 = 2 + 0.3692$

$\qquad = \log 10^2 + \log 2.34$

$\qquad = \log(2.34 \times 10^2) = \log 234$

$\qquad \therefore x = 234$

(2) $\log x = -0.6308 = -1 + 0.3692$

$\qquad = \log 10^{-1} + \log 2.34$

$\qquad = \log(2.34 \times 10^{-1}) = \log 0.234$

$\qquad \therefore x = 0.234$

(3) $\log x = -2.6308 = -2 - 0.6308$

$\qquad = -3 + 0.3692$

$\qquad = \log 10^{-3} + \log 2.34$

$\qquad = \log(2.34 \times 10^{-3}) = \log 0.00234$

$\qquad \therefore x = 0.00234$

달 (1) **234** (2) **0.234** (3) **0.00234**

다른 풀이 (1) $\log x$의 정수 부분이 2, 소수 부분이 0.3692이므로 x의 정수 부분은 세 자리이고 2.34와 숫자의 배열이 같다.

$\qquad \therefore x = 234$

(2) $\log x = -0.6308 = -1 + 0.3692$

$\log x$의 정수 부분이 -1, 소수 부분이 0.3692이므로 x는 소수점 아래 첫째 자리에서 처음으로 0이 아닌 숫자가 나타나고, 2.34와 숫자의 배열이 같다.

$\qquad \therefore x = 0.234$

95

$\log A = n + \alpha$ (n은 정수, $0 \le \alpha < 1$)라 하면 n과 α가 이차방정식 $2x^2 + 5x + k = 0$의 두 근이므로 근과 계수의 관계에 의하여

$$n + \alpha = -\frac{5}{2} \qquad \cdots\cdots ㉠$$

$$n\alpha = \frac{k}{2} \qquad \cdots\cdots ㉡$$

n은 정수이고, $0 \le \alpha < 1$이므로 ㉠에서

$$n + \alpha = -\frac{5}{2} = -2 - \frac{1}{2} = -3 + \frac{1}{2}$$

$$\therefore n = -3, \ \alpha = \frac{1}{2}$$

이를 ㉡에 대입하면

$$-3 \times \frac{1}{2} = \frac{k}{2} \qquad \therefore k = -3$$

달 **-3**

96

(1) $\log 5^{30} = 30 \log \frac{10}{2} = 30(\log 10 - \log 2)$

$\qquad = 30 \times (1 - 0.3010) = 20.97$

따라서 $\log 5^{30}$의 정수 부분이 20이므로 5^{30}은 21자리의 정수이다.

(2) $\log(2^{30} \times 3^{30}) = \log 2^{30} + \log 3^{30}$

$\qquad = 30 \log 2 + 30 \log 3$

$\qquad = 30(\log 2 + \log 3)$

$\qquad = 30 \times (0.3010 + 0.4771)$

$\qquad = 23.343$

따라서 $\log(2^{30} \times 3^{30})$의 정수 부분이 23이므로 $2^{30} \times 3^{30}$은 24자리의 정수이다.

달 (1) **21자리** (2) **24자리**

97

(1) $\log 2^{-20} = -20 \log 2 = -20 \times 0.3010$

$\qquad = -6.02 = -6 - 0.02$

$\qquad = -7 + 0.98$

따라서 $\log 2^{-20}$의 정수 부분이 -7이므로 2^{-20}을 소수로 나타내면 소수점 아래 7째 자리에서 처음으로 0이 아닌 숫자가 나타난다.

(2) $\log\left(\frac{1}{8}\right)^{100} = \log 2^{-300} = -300 \log 2$

$\qquad = -300 \times 0.3010 = -90.3$

$\qquad = -90 - 0.3 = -91 + 0.7$

따라서 $\log\left(\frac{1}{8}\right)^{100}$의 정수 부분이 -91이므로 $\left(\frac{1}{8}\right)^{100}$을 소수로 나타내면 소수점 아래 91째 자리에서 처음으로 0이 아닌 숫자가 나타난다.

달 (1) **소수점 아래 7째 자리**

(2) **소수점 아래 91째 자리**

98

$\log 5^{20} = 20 \log 5 = 20 \log \dfrac{10}{2}$

$\qquad\quad = 20(\log 10 - \log 2)$

$\qquad\quad = 20 \times (1 - 0.3010)$

$\qquad\quad = 13.98$

$\log 5^{20}$의 정수 부분이 13이므로 5^{20}은 14자리의 정수이다.

$\qquad \therefore a = 14$

한편 $\log 5^{20}$의 소수 부분이 0.98이고

$\qquad \log 9 = 2 \log 3 = 2 \times 0.4771 = 0.9542$

이므로

$\qquad \log 9 < 0.98 < \log 10$

$\qquad \log 9 + 13 < 13.98 < \log 10 + 13$

$\qquad \log 9 + \log 10^{13} < \log 5^{20} < \log 10 + \log 10^{13}$

$\qquad \log(9 \times 10^{13}) < \log 5^{20} < \log(10 \times 10^{13})$

$\qquad \therefore 9 \times 10^{13} < 5^{20} < 10 \times 10^{13}$

따라서 5^{20}의 최고 자리의 숫자는 9이므로

$\qquad b = 9$

$\qquad \therefore a + b = 23$

답 23

99

$\log x^2 - \log \dfrac{1}{x} = 2 \log x + \log x$

$\qquad\qquad\qquad = 3 \log x = (정수)$

$\log x$의 정수 부분이 2이므로

$\qquad 2 \le \log x < 3$

따라서 $6 \le 3 \log x < 9$이고, $3 \log x$는 정수이므로

$\qquad 3 \log x = 6$ 또는 $3 \log x = 7$ 또는 $3 \log x = 8$

$\qquad \log x = 2$ 또는 $\log x = \dfrac{7}{3}$ 또는 $\log x = \dfrac{8}{3}$

$\qquad \therefore x = 10^2$ 또는 $x = 10^{\frac{7}{3}}$ 또는 $x = 10^{\frac{8}{3}}$

답 $10^2,\ 10^{\frac{7}{3}},\ 10^{\frac{8}{3}}$

100

$\log x$의 소수 부분과 $\log \sqrt{x}$의 소수 부분의 합이 1이므로

$\qquad \log x + \log \sqrt{x} = \log x + \dfrac{1}{2} \log x$

$\qquad\qquad\qquad\qquad = \dfrac{3}{2} \log x = (정수)$

$\log x$의 정수 부분이 4이므로

$\qquad 4 < \log x < 5$

따라서 $6 < \dfrac{3}{2} \log x < \dfrac{15}{2}$이고, $\dfrac{3}{2} \log x$는 정수이므로

$\qquad \dfrac{3}{2} \log x = 7 \qquad \therefore \log x = \dfrac{14}{3}$

$\qquad \therefore \log \sqrt[4]{x} = \dfrac{1}{4} \log x = \dfrac{1}{4} \times \dfrac{14}{3}$

$\qquad\qquad\qquad = \dfrac{7}{6} = 1 + \dfrac{1}{6}$

따라서 $\log \sqrt[4]{x}$의 소수 부분은 $\dfrac{1}{6}$이다.

답 $\dfrac{1}{6}$

[다른 풀이] $\log x$의 소수 부분을 α라 하면

$\qquad \log x = 4 + \alpha \, (0 < \alpha < 1)$

$\qquad \therefore \log \sqrt{x} = \dfrac{1}{2} \log x = \dfrac{1}{2}(4 + \alpha) = 2 + \dfrac{\alpha}{2}$

따라서 $\log \sqrt{x}$의 소수 부분은 $\dfrac{\alpha}{2}$이므로

$\qquad \alpha + \dfrac{\alpha}{2} = 1 \qquad \therefore \alpha = \dfrac{2}{3}$

즉 $\log x = 4 + \dfrac{2}{3} = \dfrac{14}{3}$이므로

$\qquad \log \sqrt[4]{x} = \dfrac{1}{4} \log x = \dfrac{1}{4} \times \dfrac{14}{3}$

$\qquad\qquad\quad = \dfrac{7}{6} = 1 + \dfrac{1}{6}$

따라서 구하는 소수 부분은 $\dfrac{1}{6}$이다.

101

$T = T_a + (T_0 - T_a)10^{-0.02t}$에

$T_a = 20$, $T_0 = 120$, $T = 25$를 대입하면

$\qquad 25 = 20 + (120 - 20) \times 10^{-0.02t}$

$\qquad 5 = 100 \times 10^{-0.02t} \qquad \therefore 10^{-0.02t} = \dfrac{1}{20}$

양변에 상용로그를 취하면

$\qquad \log 10^{-0.02t} = \log \dfrac{1}{20}$

$\qquad -0.02t = -\log 20 = -(\log 10 + \log 2)$

$\qquad\qquad\quad = -1.3$

$\qquad \therefore t = \dfrac{1.3}{0.02} = 65$

따라서 물체의 온도가 $25\,^{\circ}\mathrm{C}$가 되는 것은 65분 후이다.

답 65분

102

밀폐된 용기 속의 온도가 30 °C일 때의 포화증기압이 P_1이므로

$$\log P_1 = 9 - \frac{2200}{30+180} = 9 - \frac{220}{21} \quad \cdots\cdots \text{㉠}$$

밀폐된 용기 속의 온도가 40 °C일 때의 포화증기압이 P_2이므로

$$\log P_2 = 9 - \frac{2200}{40+180} = -1 \quad \cdots\cdots \text{㉡}$$

㉡-㉠을 하면

$$\log P_2 - \log P_1 = \frac{220}{21} - 10$$

$$\log \frac{P_2}{P_1} = \frac{10}{21}$$

$$\therefore \frac{P_2}{P_1} = 10^{\frac{10}{21}}$$

답 ③

연습 문제 ————— • 본책 53~55쪽

103

전략 3230을 3.23과 10의 거듭제곱으로 나타낸다.

$$\log \frac{1}{3230} = \log 3230^{-1}$$
$$= -\log(3.23 \times 10^3)$$
$$= -(\log 3.23 + \log 10^3)$$
$$= -(0.5092 + 3)$$
$$= -3.5092$$

답 -3.5092

104

전략 $\log A$의 값을 이용하여 $\log \frac{1}{\sqrt[4]{A}}$의 값을 구한다.

$\log A = 1.2$이므로

$$\log \frac{1}{\sqrt[4]{A}} = \log A^{-\frac{1}{4}}$$
$$= -\frac{1}{4} \log A$$
$$= -\frac{1}{4} \times 1.2 = -0.3$$
$$= -1 + 0.7$$

따라서 $\log \frac{1}{\sqrt[4]{A}}$의 정수 부분은 -1, 소수 부분은 0.7이므로

$$a = -1, \ b = 0.7$$

$$\therefore 100ab = 100 \times (-1) \times 0.7 = -70$$

답 -70

105

전략 $\log x$의 소수 부분을 상용로그표에서 찾는다.

$\log x = -0.4260 = -1 + 0.5740$

주어진 상용로그표에서 $\log 3.75 = 0.5740$이므로

$$\log x = \log 10^{-1} + \log 3.75$$
$$= \log(10^{-1} \times 3.75)$$
$$= \log 0.375$$

$$\therefore x = 0.375$$

답 0.375

106

전략 $\log 200$의 정수 부분과 소수 부분을 구한다.

$\log 100 = 2, \ \log 1000 = 3$이므로

$$2 < \log 200 < 3$$

즉 $\log 200$의 정수 부분은 2이므로 소수 부분은

$$\log 200 - 2 = \log \frac{200}{100} = \log 2$$

따라서 이차방정식 $x^2 + ax + b = 0$의 두 근이 2, $\log 2$이므로 근과 계수의 관계에 의하여

$$2 + \log 2 = -a, \ 2 \times \log 2 = b$$
$$\therefore a = -2 - \log 2, \ b = 2\log 2$$
$$\therefore 2a + b = 2(-2 - \log 2) + 2\log 2$$
$$= -4$$

답 -4

107

전략 $\log 2$, $\log 3$의 값을 이용하여 $\log 3^{100}$, $\log \left(\frac{1}{2}\right)^{200}$의 값을 구한다.

$\log 3^{100} = 100 \log 3 = 100 \times 0.4771 = 47.71$

따라서 $\log 3^{100}$의 정수 부분이 47이므로 3^{100}은 48자리의 정수이다.

$$\log \left(\frac{1}{2}\right)^{200} = \log 2^{-200}$$
$$= -200 \log 2$$
$$= -200 \times 0.3010 = -60.2$$
$$= -61 + 0.8$$

따라서 $\log\left(\dfrac{1}{2}\right)^{200}$의 정수 부분이 -61이므로 $\left(\dfrac{1}{2}\right)^{200}$

을 소수로 나타내면 소수점 아래 61째 자리에서 처음으로 0이 아닌 숫자가 나타난다.

따라서 $a=48$, $b=61$이므로

$\quad a+b=109$ 　　　　　　　　　　　　　　　**답 109**

108

전략 로그의 성질을 이용하여 $\log\dfrac{1}{x}$의 값을 구한다.

$\log_3 x=20$이므로 　　$x=3^{20}$

$\quad \therefore \log\dfrac{1}{x}=\log\dfrac{1}{3^{20}}=\log 3^{-20}$

$\quad\quad\quad\quad =-20\log 3=-20\times 0.4771$

$\quad\quad\quad\quad =-9.542=-10+0.458$

따라서 $\alpha=0.458$이므로

$\quad 1000\alpha=458$ 　　　　　　　　　　　　　**답 458**

109

전략 $10<12<100$임을 이용하여 $\log 12$의 정수 부분과 소수 부분을 구한다.

$\log 10=1$, $\log 100=2$이므로 　　$1<\log 12<2$

따라서 $\log 12$의 정수 부분은 1이므로

$\quad x=1$

$\quad \therefore y=\log 12-1=\log 12-\log 10=\log\dfrac{6}{5}$

$\quad \therefore 10^x+10^{-y}=10^1+10^{-\log\frac{6}{5}}$

$\quad\quad\quad\quad\quad\quad =10+10^{\log\frac{5}{6}}$

$\quad\quad\quad\quad\quad\quad =10+\dfrac{5}{6}=\dfrac{65}{6}$ 　　　**답 $\dfrac{65}{6}$**

110

전략 $66\le\log A^{50}<67$임을 이용하여 $\log A^{20}$의 값의 범위를 구한다.

A^{50}이 67자리의 정수이므로 $\log A^{50}$의 정수 부분은 66이다.

따라서 $66\le\log A^{50}<67$이므로

$\quad 66\le 50\log A<67$

각 변에 $\dfrac{2}{5}$를 곱하면 　　$\dfrac{132}{5}\le 20\log A<\dfrac{134}{5}$

$\quad \therefore 26.4\le\log A^{20}<26.8$

따라서 $\log A^{20}$의 정수 부분이 26이므로 A^{20}은 27자리의 정수이다.

　　　　　　　　　　　　　　　　　　　답 27자리

111

전략 두 상용로그의 차가 정수임을 이용한다.

$\log x^4$의 소수 부분과 $\log x^2$의 소수 부분이 같으므로

$\quad \log x^4-\log x^2=4\log x-2\log x$

$\quad\quad\quad\quad\quad\quad =2\log x=(\text{정수})$

$2<\log x<3$에서 $4<2\log x<6$이고, $2\log x$는 정수이므로

$\quad 2\log x=5$, 　　$\log x=\dfrac{5}{2}$

$\quad \therefore x=10^{\frac{5}{2}}$ 　　　　　　　　　**답 $10^{\frac{5}{2}}$**

112

전략 두 상용로그의 합을 이용하여 가능한 $\log x$의 값을 모두 구한다.

$\log x^3+\log x^2=3\log x+2\log x$

$\quad\quad\quad\quad\quad\quad =5\log x=(\text{정수})$

$\log x$의 정수 부분이 2이므로

$\quad 2\le\log x<3$

따라서 $10\le 5\log x<15$이고, $5\log x$는 정수이므로

$\quad 5\log x=10$ 또는 $5\log x=11$ 또는 $5\log x=12$

$\quad$ 또는 $5\log x=13$ 또는 $5\log x=14$

$\quad \log x=2$ 또는 $\log x=\dfrac{11}{5}$ 또는 $\log x=\dfrac{12}{5}$

$\quad$ 또는 $\log x=\dfrac{13}{5}$ 또는 $\log x=\dfrac{14}{5}$

$\quad \therefore x=10^2$ 또는 $x=10^{\frac{11}{5}}$ 또는 $x=10^{\frac{12}{5}}$

$\quad$ 또는 $x=10^{\frac{13}{5}}$ 또는 $x=10^{\frac{14}{5}}$

따라서 구하는 x의 개수는 5이다.

　　　　　　　　　　　　　　　　　　　답 5

113

전략 주어진 조건을 대입하여 D_1, D_2를 P_1에 대한 식으로 나타낸다.

상품의 판매 가격이 P_1일 때의 수요량이 D_1이므로

$\quad \log D_1=\log c-\dfrac{1}{3}\log P_1$ 　　　　$\cdots\cdots$ ㉠

상품의 판매 가격이 $4P_1$일 때의 수요량이 D_2이므로

$$\log D_2 = \log c - \frac{1}{3}\log 4P_1 \qquad \cdots\cdots ⓛ$$

ⓛ－㉠을 하면

$$\log D_2 - \log D_1 = \frac{1}{3}\log P_1 - \frac{1}{3}\log 4P_1$$

$$\therefore \log \frac{D_2}{D_1} = -\frac{1}{3}(\log 4P_1 - \log P_1)$$

$$= -\frac{1}{3}\log \frac{4P_1}{P_1}$$

$$= -\frac{1}{3}\log 4$$

$$= \log 4^{-\frac{1}{3}}$$

따라서 $\dfrac{D_2}{D_1}=4^{-\frac{1}{3}}=2^{-\frac{2}{3}}$이므로

$$k=-\frac{2}{3} \qquad\qquad \text{탑 } -\frac{2}{3}$$

114

전략 $\log z = n + \alpha$ (n은 정수, $0<\alpha<1$)로 놓고 $\log \dfrac{1}{z}$의 정수 부분과 소수 부분을 n, α로 나타낸다.

$\log z = n + \alpha$ (n은 정수, $0<\alpha<1$)라 하면 n, α가 이차방정식 $x^2-ax+b=0$의 두 근이므로 근과 계수의 관계에 의하여

$$n+\alpha = a \qquad\qquad \cdots\cdots ㉠$$
$$n\alpha = b \qquad\qquad \cdots\cdots ㉡$$

$$\log \frac{1}{z} = -\log z = -n-\alpha = (-1-n)+(1-\alpha)$$

에서 $0<1-\alpha<1$이므로 $\log \dfrac{1}{z}$의 정수 부분은 $-1-n$, 소수 부분은 $1-\alpha$이다.

따라서 $-1-n$, $1-\alpha$가 이차방정식 $x^2+ax+b-\dfrac{3}{2}=0$의 두 근이므로 근과 계수의 관계에 의하여

$$(-1-n)(1-\alpha) = b-\frac{3}{2}$$

$$\therefore -1+\alpha-n+n\alpha = b-\frac{3}{2}$$

㉡에 의하여 $n-\alpha=\dfrac{1}{2}$

이때 $0<\alpha<1$이고 n은 정수이므로

$$n-\alpha = \frac{1}{2} = 1 - \frac{1}{2}$$

따라서 $n=1$, $\alpha=\dfrac{1}{2}$이므로 ㉠, ㉡에서

$$a = 1 + \frac{1}{2} = \frac{3}{2}, \ b = 1 \times \frac{1}{2} = \frac{1}{2}$$

$$\text{탑 } a = \frac{3}{2}, \ b = \frac{1}{2}$$

참고 $b \neq 0$이므로 $n\neq 0$, $\alpha \neq 0$

115

전략 $-14 \le \log \left(\dfrac{3}{5}\right)^n < -13$임을 이용하여 n의 값의 범위를 구한다.

$\left(\dfrac{3}{5}\right)^n$을 소수로 나타낼 때, 소수점 아래 14째 자리에서 처음으로 0이 아닌 숫자가 나타나므로 $\log \left(\dfrac{3}{5}\right)^n$의 정수 부분은 -14이다.

따라서 $-14 \le \log \left(\dfrac{3}{5}\right)^n < -13$이므로

$$-14 \le n \log \frac{6}{10} < -13$$

$$-14 \le n(\log 2 + \log 3 - \log 10) < -13$$

$$-14 \le n(0.30 + 0.48 - 1) < -13$$

$$-14 \le -0.22n < -13$$

$$\therefore 59.\times\times\times < n \le 63.\times\times\times \ \leftarrow \frac{13}{0.22} < n \le \frac{14}{0.22}$$

따라서 자연수 n은 60, 61, 62, 63의 4개이다.

$$\text{탑 } 4$$

116

전략 로그의 성질을 이용하여 $\log (27^{100} \div 5^{200})$의 값을 구한다.

$$\log (27^{100} \div 5^{200})$$

$$= \log 27^{100} - \log 5^{200}$$

$$= 100 \log 3^3 - 200 \log \frac{10}{2}$$

$$= 300 \log 3 - 200(\log 10 - \log 2)$$

$$= 300 \times 0.4771 - 200 \times (1 - 0.3010)$$

$$= 3.33$$

따라서 $\log (27^{100} \div 5^{200})$의 정수 부분이 3이므로 $27^{100} \div 5^{200}$의 정수 부분은 4자리이다.

$$\therefore a = 4$$

또 $\log (27^{100} \div 5^{200})$의 소수 부분이 0.33이고 $\log 2 = 0.3010$, $\log 3 = 0.4771$이므로

$$\log 2 < 0.33 < \log 3$$

$$\log 2 + 3 < 3.33 < \log 3 + 3$$
$$\log\left(2 \times 10^3\right) < \log\left(27^{100} \div 5^{200}\right) < \log\left(3 \times 10^3\right)$$
$$\therefore 2 \times 10^3 < 27^{100} \div 5^{200} < 3 \times 10^3$$

따라서 $27^{100} \div 5^{200}$의 최고 자리의 숫자는 2이므로
$$b = 2$$
$$\therefore ab = 8 \qquad \text{답 } \mathbf{8}$$

117

전략 $\log x$의 소수 부분을 α로 놓고 $\log \sqrt{x}$의 소수 부분을 α에 대한 식으로 나타낸다.

$\log x$의 소수 부분을 α라 하면
$$\log x = 3 + \alpha \,(0 < \alpha < 1)$$
$$\therefore \log \sqrt{x} = \frac{1}{2}\log x = \frac{1}{2}(3 + \alpha)$$
$$= \frac{3}{2} + \frac{\alpha}{2} = 1 + \frac{1 + \alpha}{2}$$

이때 $0 < \alpha < 1$이므로 $\quad \dfrac{1}{2} < \dfrac{1 + \alpha}{2} < 1$

즉 $\log \sqrt{x}$의 소수 부분은 $\dfrac{1 + \alpha}{2}$이므로
$$\alpha + \frac{1 + \alpha}{2} = \frac{3}{4}, \qquad \frac{3}{2}\alpha = \frac{1}{4}$$
$$\therefore \alpha = \frac{1}{6}$$

따라서 $\log \sqrt{x}$의 소수 부분은
$$\frac{1 + \alpha}{2} = \frac{1}{2}\left(1 + \frac{1}{6}\right) = \frac{7}{12} \qquad \text{답 } \dfrac{\mathbf{7}}{\mathbf{12}}$$

118

전략 48시간 후의 세균의 수를 3의 거듭제곱을 이용하여 나타내고, $\log x$의 값을 구한다.

처음 세균의 수를 A라 하면

2시간 후의 세균의 수는 $\quad 3A$

4시간 후의 세균의 수는 $\quad 3 \times 3A = 3^2 A$

6시간 후의 세균의 수는 $\quad 3 \times 3^2 A = 3^3 A$
$$\vdots$$
48시간 후의 세균의 수는 $\quad 3^{24} A$

따라서 $x = 3^{24}$이므로 양변에 상용로그를 취하면
$$\log x = \log 3^{24} = 24 \log 3$$
$$= 24 \times 0.48 = 11.52$$

즉 $\log x$의 정수 부분이 11이므로 x는 12자리의 정수이다.

답 **12자리**

---

01 **지수함수의 뜻과 그래프** ● 본책 58~64쪽

119

ㄷ, ㅁ. 다항함수

ㄹ. $y = 2 \times 3^x$에서 $\qquad y = 3^{\log_3 2} \times 3^x = 3^{x + \log_3 2}$

ㅂ. $y = \dfrac{1}{2^x}$에서 $\qquad y = \left(\dfrac{1}{2}\right)^x$

이상에서 지수함수인 것은 ㄱ, ㄴ, ㄹ, ㅂ이다.

답 **ㄱ, ㄴ, ㄹ, ㅂ**

120

(1) $f(2) = 2^2 = 4$

(2) $f\left(-\dfrac{1}{2}\right) = 2^{-\frac{1}{2}} = \left(\dfrac{1}{2}\right)^{\frac{1}{2}} = \dfrac{\sqrt{2}}{2}$

(3) $f(-3) = 2^{-3} = \dfrac{1}{8}$

(4) $g(0) = \left(\dfrac{1}{3}\right)^0 = 1$

(5) $g(3) = \left(\dfrac{1}{3}\right)^3 = \dfrac{1}{27}$

(6) $g(-2) = \left(\dfrac{1}{3}\right)^{-2} = 3^2 = 9$

답 (1) **4** (2) $\dfrac{\mathbf{\sqrt{2}}}{\mathbf{2}}$ (3) $\dfrac{\mathbf{1}}{\mathbf{8}}$

(4) **1** (5) $\dfrac{\mathbf{1}}{\mathbf{27}}$ (6) **9**

121

답 (1) **실수** (2) **양의 실수** (3) $<$ (4) $>$ (5) $\boldsymbol{x}$**축**

122

(1) 함수 $y = 3^{x-1}$의 그래프는 $y = 3^x$의 그래프를 x축의 방향으로 1만큼 평행이동한 것이다.

따라서 함수 $y = 3^{x-1}$의 그래프는 오른쪽 그림과 같고,

정의역은 $\quad \{x \mid x$는 실수$\}$

치역은 $\quad \{y \mid y > 0\}$

점근선의 방정식은 $\quad y = 0$

(2) 함수 $y=3^x+2$의 그래프는 $y=3^x$의 그래프를 y축의 방향으로 2만큼 평행이동한 것이다.

따라서 함수 $y=3^x+2$의 그래프는 오른쪽 그림과 같고,

정의역은 $\{x \,|\, x$는 실수$\}$

치역은 $\{y \,|\, y>2\}$

점근선의 방정식은 $y=2$

(3) $y=\left(\dfrac{1}{3}\right)^x=3^{-x}$이므로 함수 $y=\left(\dfrac{1}{3}\right)^x$의 그래프는 $y=3^x$의 그래프를 y축에 대하여 대칭이동한 것이다.

따라서 함수 $y=\left(\dfrac{1}{3}\right)^x$의 그래프는 오른쪽 그림과 같고,

정의역은 $\{x \,|\, x$는 실수$\}$

치역은 $\{y \,|\, y>0\}$

점근선의 방정식은 $y=0$

(4) 함수 $y=-3^x$의 그래프는 $y=3^x$의 그래프를 x축에 대하여 대칭이동한 것이다.

따라서 함수 $y=-3^x$의 그래프는 오른쪽 그림과 같고,

정의역은 $\{x \,|\, x$는 실수$\}$

치역은 $\{y \,|\, y<0\}$

점근선의 방정식은 $y=0$

답 풀이 참조

123

(1) $\sqrt[3]{3}=3^{\frac{1}{3}}$, $\sqrt[4]{9}=\sqrt[4]{3^2}=3^{\frac{1}{2}}$

이때 $\dfrac{1}{3}<\dfrac{1}{2}$이고, 함수 $y=3^x$에서 x의 값이 증가하면 y의 값도 증가하므로

$3^{\frac{1}{3}}<3^{\frac{1}{2}}$ ∴ $\sqrt[3]{3}<\sqrt[4]{9}$

(2) $-2<0.5$이고, 함수 $y=\left(\dfrac{1}{5}\right)^x$에서 x의 값이 증가하면 y의 값은 감소하므로

$\left(\dfrac{1}{5}\right)^{-2}>\left(\dfrac{1}{5}\right)^{0.5}$

답 (1) $\sqrt[3]{3}<\sqrt[4]{9}$ (2) $\left(\dfrac{1}{5}\right)^{-2}>\left(\dfrac{1}{5}\right)^{0.5}$

124

함수 $y=5^x$의 그래프는 오른쪽 그림과 같다.

ㄱ. $x=0$일 때 $y=1$이므로 그래프는 점 $(0, 1)$을 지난다. (참)

ㄴ. 그래프의 점근선의 방정식은 $y=0$이다. (거짓)

ㄷ. x의 값이 증가하면 y의 값도 증가한다. (참)

ㄹ. 함수 $y=5^x$은 일대일함수이므로 $x_1 \neq x_2$이면 $f(x_1) \neq f(x_2)$이다. (참)

이상에서 옳은 것은 ㄱ, ㄷ, ㄹ이다. **답** ㄱ, ㄷ, ㄹ

125

ㄱ. $f(x+1)=a^{x+1}=a \times a^x=af(x)$ (참)

ㄴ. $f(-x)=a^{-x}=\dfrac{1}{a^x}=\dfrac{1}{f(x)}$ (참)

ㄷ. $f(x^2)=a^{x^2}$, $\{f(x)\}^2=(a^x)^2=a^{2x}$이므로 $f(x^2) \neq \{f(x)\}^2$ (거짓)

ㄹ. $f(x+y)=a^{x+y}=a^x \times a^y=f(x)f(y)$ (참)

이상에서 옳은 것은 ㄱ, ㄴ, ㄹ이다. **답** ㄱ, ㄴ, ㄹ

참고 $\{f(x)\}^n=(a^x)^n=a^{nx}=f(nx)$

126

(1) $y=2^{-x}-1$의 그래프는 $y=2^x$의 그래프를 y축에 대하여 대칭이동한 후 y축의 방향으로 -1만큼 평행이동한 것이다.

따라서 함수 $y=2^{-x}-1$의 그래프는 오른쪽 그림과 같고,

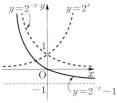

정의역은 $\{x \,|\, x$는 실수$\}$

치역은 $\{y \,|\, y>-1\}$

점근선의 방정식은 $y=-1$

(2) $y=-2^{-x}$의 그래프는 $y=2^x$의 그래프를 원점에 대하여 대칭이동한 것이다.

따라서 함수 $y=-2^{-x}$의 그래프는 오른쪽 그림과 같고,

정의역은 $\{x \,|\, x$는 실수$\}$

치역은 $\{y \,|\, y<0\}$

점근선의 방정식은 $y=0$

(3) $y=2^{x-2}-1$의 그래프는 $y=2^x$의 그래프를 x축의 방향으로 2만큼, y축의 방향으로 -1만큼 평행이동한 것이다.

따라서 함수 $y=2^{x-2}-1$의 그래프는 오른쪽 그림과 같고,

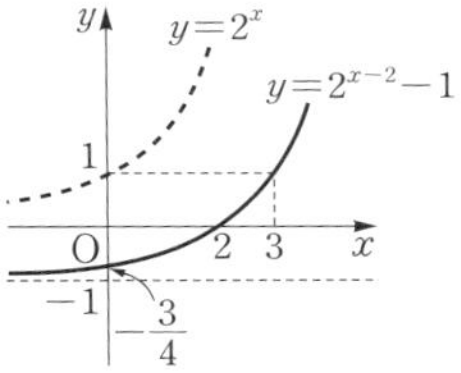

정의역은 $\{x\,|\,x$는 실수$\}$

치역은 $\{y\,|\,y>-1\}$

점근선의 방정식은 $y=-1$

(4) $y=\left(\dfrac{1}{4}\right)^{x-1}+2$의 그래프는 $y=\left(\dfrac{1}{4}\right)^x$의 그래프를 x축의 방향으로 1만큼, y축의 방향으로 2만큼 평행이동한 것이다.

따라서 함수 $y=\left(\dfrac{1}{4}\right)^{x-1}+2$의 그래프는 오른쪽 그림과 같고,

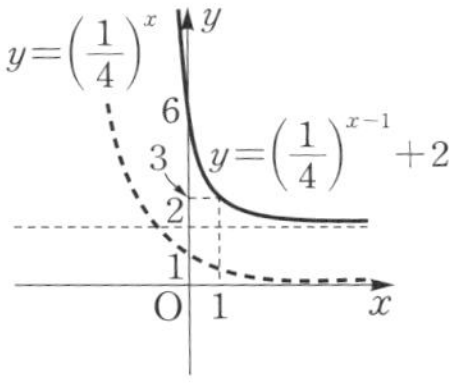

정의역은 $\{x\,|\,x$는 실수$\}$

치역은 $\{y\,|\,y>2\}$

점근선의 방정식은 $y=2$

(5) $y=3^{-x+1}=3^{-(x-1)}=\left(\dfrac{1}{3}\right)^{x-1}$

이므로 함수 $y=3^{-x+1}$의 그래프는 $y=\left(\dfrac{1}{3}\right)^x$의 그래프를 x축의 방향으로 1만큼 평행이동한 것이다.

따라서 함수 $y=3^{-x+1}$의 그래프는 오른쪽 그림과 같고,

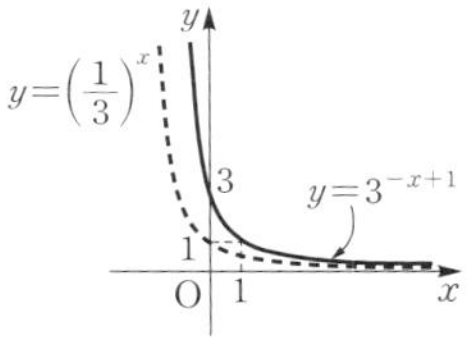

정의역은 $\{x\,|\,x$는 실수$\}$

치역은 $\{y\,|\,y>0\}$

점근선의 방정식은 $y=0$

(6) $y=-\left(\dfrac{1}{2}\right)^x+2$의 그래프는 $y=\left(\dfrac{1}{2}\right)^x$의 그래프를 x축에 대하여 대칭이동한 후 y축의 방향으로 2만큼 평행이동한 것이다.

따라서 함수 $y=-\left(\dfrac{1}{2}\right)^x+2$의 그래프는 오른쪽 그림과 같고,

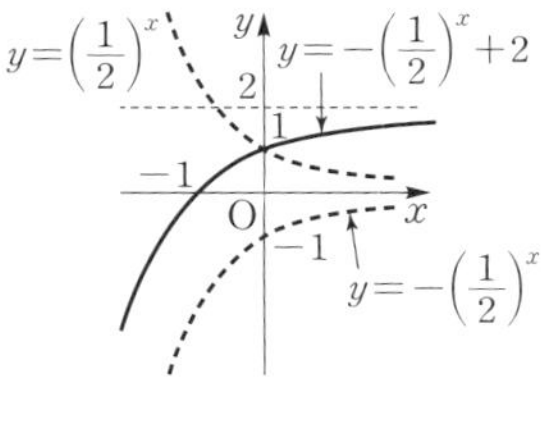

정의역은 $\{x\,|\,x$는 실수$\}$

치역은 $\{y\,|\,y<2\}$

점근선의 방정식은 $y=2$

답 풀이 참조

127

$y=5^{x-1}-2$의 그래프는 $y=5^x$의 그래프를 x축의 방향으로 1만큼, y축의 방향으로 -2만큼 평행이동한 것이다.

또 $x=0$일 때

$y=5^{-1}-2=-\dfrac{9}{5}<0$

이므로 함수 $y=5^{x-1}-2$의 그래프는 오른쪽 그림과 같다.

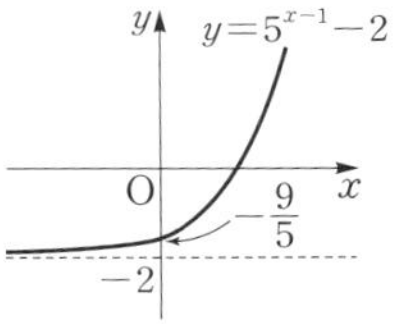

따라서 그래프는 제 1, 3, 4 사분면을 지난다.

답 제 1, 3, 4 사분면

128

$y=3^x$의 그래프를 x축의 방향으로 3만큼, y축의 방향으로 -2만큼 평행이동한 그래프의 식은

$y=3^{x-3}-2$ ······ ㉠

㉠의 그래프를 원점에 대하여 대칭이동한 그래프의 식은

$-y=3^{-x-3}-2$

$\therefore y=-3^{-x-3}+2=-3^{-x}\times3^{-3}+2$

$\qquad=-\dfrac{1}{27}\times3^{-x}+2$

$\therefore a=-\dfrac{1}{27}$, $b=2$

답 $a=-\dfrac{1}{27}$, $b=2$

129

$y=\left(\dfrac{2}{3}\right)^x$의 그래프를 x축의 방향으로 -1만큼 평행이동한 그래프의 식은

$y=\left(\dfrac{2}{3}\right)^{x+1}$ ······ ㉠

㉠의 그래프를 y축에 대하여 대칭이동한 그래프의 식은

$y=\left(\dfrac{2}{3}\right)^{-x+1}$ ······ ㉡

ㄴ의 그래프가 두 점 $(-1, m)$, $(2, n)$을 지나므로

$$m = \left(\frac{2}{3}\right)^2 = \frac{4}{9}, \quad n = \left(\frac{2}{3}\right)^{-1} = \frac{3}{2}$$

$$\therefore mn = \frac{2}{3}$$

답 $\dfrac{2}{3}$

130

(1) $\sqrt{2^3} = 2^{\frac{3}{2}}$, $0.5^{\frac{1}{3}} = \left(\frac{1}{2}\right)^{\frac{1}{3}} = 2^{-\frac{1}{3}}$, $\sqrt[3]{4} = \sqrt[3]{2^2} = 2^{\frac{2}{3}}$

이때 $-\frac{1}{3} < \frac{2}{3} < \frac{3}{2}$ 이고, 함수 $y = 2^x$에서 x의 값

이 증가하면 y의 값도 증가하므로

$$2^{-\frac{1}{3}} < 2^{\frac{2}{3}} < 2^{\frac{3}{2}} \qquad \therefore 0.5^{\frac{1}{3}} < \sqrt[3]{4} < \sqrt{2^3}$$

(2) $\sqrt{\frac{1}{9}} = \frac{1}{3} = \left(\frac{1}{3}\right)^1$, $\sqrt[3]{\frac{1}{3}} = \left(\frac{1}{3}\right)^{\frac{1}{3}}$,

$$\sqrt[4]{\frac{1}{27}} = \sqrt[4]{\left(\frac{1}{3}\right)^3} = \left(\frac{1}{3}\right)^{\frac{3}{4}}$$

이때 $\frac{1}{3} < \frac{3}{4} < 1$ 이고, 함수 $y = \left(\frac{1}{3}\right)^x$에서 x의 값

이 증가하면 y의 값은 감소하므로

$$\left(\frac{1}{3}\right)^{\frac{1}{3}} > \left(\frac{1}{3}\right)^{\frac{3}{4}} > \left(\frac{1}{3}\right)^1$$

$$\therefore \sqrt{\frac{1}{9}} < \sqrt[4]{\frac{1}{27}} < \sqrt[3]{\frac{1}{3}}$$

답 (1) $0.5^{\frac{1}{3}} < \sqrt[3]{4} < \sqrt{2^3}$

(2) $\sqrt{\dfrac{1}{9}} < \sqrt[4]{\dfrac{1}{27}} < \sqrt[3]{\dfrac{1}{3}}$

131

함수 $y = 2^x$의 그래프는 점

$(0, 1)$을 지나므로

$$a = 1$$

직선 $y = x$가 점 $(b, 1)$을

지나므로

$$b = 1$$

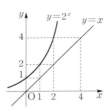

함수 $y = 2^x$의 그래프가 점 $(1, c)$를 지나므로

$$c = 2$$

이때 직선 $y = x$는 점 $(2, 2)$를 지나고, 함수 $y = 2^x$의

그래프는 점 $(2, 4)$를 지난다.

따라서 직선 $y = x$가 점 $(d, 4)$를 지나므로

$$d = 4$$

$$\therefore a + b + c + d = 8$$

답 8

132

$$y = 4 \times \left(\frac{1}{5}\right)^x = \left(\frac{1}{5}\right)^{\log_{\frac{1}{5}} 4} \times \left(\frac{1}{5}\right)^x$$

$$= \left(\frac{1}{5}\right)^{x + \log_{\frac{1}{5}} 4} = \left(\frac{1}{5}\right)^{x - \log_5 4}$$

이므로 $y = 4 \times \left(\frac{1}{5}\right)^x$의 그래프는 $y = \left(\frac{1}{5}\right)^x$의 그래프

를 x축의 방향으로 $\log_5 4$만큼 평행이동한 것이다.

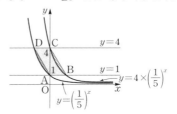

따라서 위의 그림에서 빗금 친 두 부분의 넓이가 같으므

로 구하는 넓이는 평행사변형 ABCD의 넓이와 같다.

즉 구하는 넓이는

$$(4 - 1) \times \log_5 4 = 3\log_5 4 = 6\log_5 2$$

답 $6\log_5 2$

연습 문제 ━━━━━━━━ ● 본책 65~67쪽

133

전략 $f(2) = 16$임을 이용하여 a의 값을 구한다.

$f(2) = 16$이므로 $a^2 = 16$

$$\therefore a = 4 \; (\because a > 0)$$

따라서 $f(x) = 4^x$이므로

$$\frac{f(-1)f(3)}{f(1)} = \frac{4^{-1} \times 4^3}{4} = \frac{4^2}{4} = 4$$

답 4

134

전략 함수식을 $y = a^{x-m} + n$의 꼴로 변형한다.

$$y = 3^{2x-1} + 1 = 3^{2\left(x - \frac{1}{2}\right)} + 1 = 9^{x - \frac{1}{2}} + 1$$

① 치역은 $\{y \mid y > 1\}$이다.

② x의 값이 증가하면 y의 값도 증가한다.

③ 그래프는 $y = 9^x$의 그래프를 x축의 방향으로 $\frac{1}{2}$만

큼, y축의 방향으로 1만큼 평행이동한 것이다.

⑤ 그래프는 평행이동에 의하여 $y = 3^x$의 그래프와 겹

쳐질 수 없다.

답 ④

135

전략 평행이동한 그래프의 식이 $y=\dfrac{1}{2}\times 2^{2x}-1$과 일치함을 이용한다.

함수 $y=4^x$의 그래프를 x축의 방향으로 m만큼, y축의 방향으로 n만큼 평행이동한 그래프의 식은

$$y=4^{x-m}+n=2^{2x-2m}+n$$
$$=2^{-2m}\times 2^{2x}+n$$

이 식이 $y=\dfrac{1}{2}\times 2^{2x}-1$과 일치하므로

$$2^{-2m}=\frac{1}{2}=2^{-1},\ n=-1$$

$$\therefore m=\frac{1}{2},\ n=-1$$

$$\therefore m+n=-\frac{1}{2}$$

답 $-\dfrac{1}{2}$

136

전략 그래프의 점근선과 그래프가 지나는 점을 이용한다.

$y=3^x$의 그래프를 y축에 대하여 대칭이동한 그래프의 식은

$$y=3^{-x} \qquad \cdots\cdots \ \bigcirc$$

$\bigcirc$의 그래프를 x축의 방향으로 a만큼, y축의 방향으로 b만큼 평행이동한 그래프의 식은

$$y=3^{-(x-a)}+b \qquad \cdots\cdots \ \bigcirc$$

$\bigcirc$의 그래프의 점근선의 방정식은 $y=b$이므로

$$b=-3$$

또 $\bigcirc$의 그래프가 원점을 지나므로

$$0=3^a-3 \qquad \therefore a=1$$

$$\therefore a+b=-2$$

답 -2

137

전략 두 곡선 $y=a^x$, $y=a^{2x}$이 지나는 점의 좌표를 이용하여 p, q에 대한 식을 세운다.

곡선 $y=a^x$이 점 $(p,\ -p)$를 지나므로

$$-p=a^p \qquad \cdots\cdots \ \bigcirc$$

곡선 $y=a^{2x}$이 점 $(q,\ -q)$를 지나므로

$$-q=a^{2q} \qquad \cdots\cdots \ \bigcirc$$

$\bigcirc$, $\bigcirc$을 변끼리 곱하면

$$pq=a^p a^{2q}=a^{p+2q}$$

이때 $\log_a pq=-8$이므로 $\qquad \log_a a^{p+2q}=-8$

$$\therefore p+2q=-8$$

답 ⑤

138

전략 그래프 위의 점의 좌표를 이용하여 α, β를 a, b에 대한 식으로 나타낸다.

함수 $y=3^x$의 그래프가 두 점 $(a,\ \alpha)$, $(b,\ \beta)$를 지나므로

$$3^a=\alpha,\ 3^b=\beta$$

이때 $\alpha\beta=27$이므로

$$3^a\times 3^b=27, \qquad 3^{a+b}=3^3$$

$$\therefore a+b=3$$

답 ③

139

전략 역함수의 정의를 이용한다.

주어진 그래프에서

$$g(k)=3$$

이때 $f(x)=2^x$이라 하면 $f(x)$와 $g(x)$는 각각 서로의 역함수이므로

$$f(3)=k$$

$$\therefore k=2^3=8$$

답 8

140

전략 주어진 등식을 a에 대한 식으로 나타낸다.

$8f(x+2)=2f(x+1)+f(x)$에서

$$8a^{x+2}=2a^{x+1}+a^x$$

$a^x>0$이므로 양변을 a^x으로 나누면

$$8a^2=2a+1, \qquad 8a^2-2a-1=0$$

$$(4a+1)(2a-1)=0$$

$$\therefore a=\frac{1}{2}\ (\because a>0)$$

즉 $f(x)=\left(\dfrac{1}{2}\right)^x$이므로

$$f(3)=\left(\frac{1}{2}\right)^3=\frac{1}{8}$$

답 $\dfrac{1}{8}$

141

전략 그래프를 평행이동하여 함수 $y=4^x$의 그래프와 겹쳐질 수 있는 함수는 $y=4^{x-m}+n$의 꼴임을 이용한다.

ㄱ. $y=\left(\dfrac{1}{4}\right)^x=4^{-x}$이므로 $y=\left(\dfrac{1}{4}\right)^x$의 그래프는

$y=4^x$의 그래프와 y축에 대하여 대칭이다.

따라서 $y=\left(\dfrac{1}{4}\right)^x$의 그래프는 평행이동에 의하여

$y=4^x$의 그래프와 겹쳐질 수 없다.

ㄴ. $y=\left(\dfrac{1}{4}\right)^{3-x}=(4^{-1})^{3-x}=4^{x-3}$

이므로 $y=\left(\dfrac{1}{4}\right)^{3-x}$의 그래프를 x축의 방향으로 -3만큼 평행이동하면 $y=4^{x}$의 그래프와 겹쳐진다.

ㄷ. $y=-\left(\dfrac{1}{2}\right)^{2x}=-\left(\dfrac{1}{4}\right)^{x}=-4^{-x}$

이므로 $y=-\left(\dfrac{1}{2}\right)^{2x}$의 그래프는 $y=4^{x}$의 그래프와 원점에 대하여 대칭이다.

따라서 $y=-\left(\dfrac{1}{2}\right)^{2x}$의 그래프는 평행이동에 의하여 $y=4^{x}$의 그래프와 겹쳐질 수 없다.

ㄹ. $y=2^{2x-1}=2^{2\left(x-\frac{1}{2}\right)}=4^{x-\frac{1}{2}}$

이므로 $y=2^{2x-1}$의 그래프를 x축의 방향으로 $-\dfrac{1}{2}$만큼 평행이동하면 $y=4^{x}$의 그래프와 겹쳐진다.

이상에서 그래프를 평행이동하여 $y=4^{x}$의 그래프와 겹쳐질 수 있는 함수인 것은 ㄴ, ㄹ이다.

답 ㄴ, ㄹ

142

전략 함수 $y=a^{f(x)}+k$의 그래프가 a의 값에 관계없이 항상 지나는 점의 x좌표는 $f(x)=0$을 만족시키는 x의 값이다.

$y=a^{2x}$의 그래프를 x축의 방향으로 2만큼, y축의 방향으로 3만큼 평행이동한 그래프의 식은

$$y=a^{2(x-2)}+3=a^{2x-4}+3 \qquad \cdots\cdots \ ㉠$$

㉠이 a의 값에 관계없이 항상 성립하려면 a의 지수가 0이어야 한다.

즉 $2x-4=0$에서 $\quad x=2$

㉠에 $x=2$를 대입하면 $\quad y=a^{0}+3=4$

따라서 ㉠의 그래프는 a의 값에 관계없이 항상 점 $(2, 4)$를 지나므로

$$\alpha=2, \ \beta=4 \qquad \therefore \ \alpha\beta=8 \qquad \text{답 } 8$$

143

전략 주어진 조건을 만족시키도록 함수 $y=2^{-3x+6}+k$의 그래프를 그려 본다.

$y=2^{-3x+6}+k=2^{-3(x-2)}+k$에서

$$y=\left(\dfrac{1}{8}\right)^{x-2}+k$$

따라서 $y=2^{-3x+6}+k$의 그래프는 $y=\left(\dfrac{1}{8}\right)^{x}$의 그래프를 x축의 방향으로 2만큼, y축의 방향으로 k만큼 평행이동한 것이다.

이때 그래프가 제3사분면을 지나지 않으려면 오른쪽 그림과 같아야 하므로 $x=0$일 때 $y\geq0$이어야 한다.

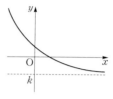

즉 $\left(\dfrac{1}{8}\right)^{-2}+k\geq0$이므로

$$64+k\geq0 \qquad \therefore \ k\geq-64$$

따라서 정수 k의 최솟값은 -64이다. 답 -64

144

전략 거듭제곱근을 유리수인 지수로 나타낸 후 지수의 대소를 비교한다.

$A=\sqrt[n-1]{a^{n}}=a^{\frac{n}{n-1}}$, $B=\sqrt[n]{a^{n+1}}=a^{\frac{n+1}{n}}$,

$C=\sqrt[n+1]{a^{n+2}}=a^{\frac{n+2}{n+1}}$

이때

$$\dfrac{n}{n-1}-\dfrac{n+1}{n}=\dfrac{n^{2}-(n+1)(n-1)}{n(n-1)}$$
$$=\dfrac{1}{n(n-1)}>0,$$
$$\dfrac{n+1}{n}-\dfrac{n+2}{n+1}=\dfrac{(n+1)^{2}-n(n+2)}{n(n+1)}$$
$$=\dfrac{1}{n(n+1)}>0$$

이므로

$$\dfrac{n}{n-1}>\dfrac{n+1}{n}>\dfrac{n+2}{n+1}$$

그런데 $0<a<1$이므로 함수 $y=a^{x}$에서 x의 값이 증가하면 y의 값은 감소한다.

즉 $a^{\frac{n}{n-1}}<a^{\frac{n+1}{n}}<a^{\frac{n+2}{n+1}}$이므로

$$A<B<C \qquad \text{답 } A<B<C$$

개념 노트

두 수 A, B에 대하여

① $A-B>0 \Longleftrightarrow A>B$

② $A-B=0 \Longleftrightarrow A=B$

③ $A-B<0 \Longleftrightarrow A<B$

I-3

지수함수

다른 풀이 $\dfrac{n}{n-1}=1+\dfrac{1}{n-1}$,

$\dfrac{n+1}{n}=1+\dfrac{1}{n}$, $\dfrac{n+2}{n+1}=1+\dfrac{1}{n+1}$

이때 $\dfrac{1}{n-1}>\dfrac{1}{n}>\dfrac{1}{n+1}$ 이므로

$$\dfrac{n}{n-1}>\dfrac{n+1}{n}>\dfrac{n+2}{n+1}$$

145

전략 점 A의 x좌표를 미지수로 놓고, 직선 OA와 직선 AB의 기울기를 각각 구한다.

점 A의 좌표를 $(k,\ \sqrt{3})$이라 하면 직선 OA의 기울기는

$$\dfrac{\sqrt{3}}{k}$$

직선 AB의 기울기는 $\dfrac{\sqrt{3}}{k-4}$

이때 직선 OA와 직선 AB가 수직이므로

$$\dfrac{\sqrt{3}}{k}\times\dfrac{\sqrt{3}}{k-4}=-1,\qquad k(k-4)=-3$$

$$k^2-4k+3=0,\qquad (k-1)(k-3)=0$$

$$\therefore k=1 \ \text{또는} \ k=3$$

따라서 점 $(1,\ \sqrt{3})$ 또는 점 $(3,\ \sqrt{3})$이 함수 $y=a^x$의 그래프 위의 점이므로

$$\sqrt{3}=a \ \text{또는} \ \sqrt{3}=a^3$$

$$\therefore a=3^{\frac{1}{2}} \ \text{또는} \ a=3^{\frac{1}{6}}$$

즉 모든 a의 값의 곱은

$$3^{\frac{1}{2}}\times 3^{\frac{1}{6}}=3^{\frac{1}{2}+\frac{1}{6}}=3^{\frac{2}{3}} \qquad \text{답} \ ②$$

146

전략 두 점 A, B의 x좌표의 비가 $1:2$임을 이용한다.

$\overline{PA}:\overline{PB}=\triangle OAP:\triangle OBP=1:2$이므로

두 점 A, B의 x좌표를 각각 $m,\ 2m$이라 하면

$$a^m=3^{2m}=k,\qquad a^m=(3^2)^m$$

$$\therefore a=3^2=9 \qquad \text{답} \ 9$$

다른 풀이 $a^x=k$에서 $x=\log_a k$

$$\therefore \text{A}(\log_a k,\ k)$$

$3^x=k$에서 $x=\log_3 k$

$$\therefore \text{B}(\log_3 k,\ k)$$

$$\therefore \triangle OAP:\triangle OBP=\overline{PA}:\overline{PB}$$

$$=\log_a k:\log_3 k$$

즉 $\log_a k:\log_3 k=1:2$이므로

$$\log_3 k=2\log_a k,\qquad 3=a^{\frac{1}{2}}$$

$$\therefore a=3^2=9$$

147

전략 그래프의 평행이동을 이용하여 구하는 부분과 넓이가 같은 도형을 찾는다.

$y=2^{x-2}-2$의 그래프는 $y=2^x$의 그래프를 x축의 방향으로 2만큼, y축의 방향으로 -2만큼 평행이동한 것이다.

오른쪽 그림과 같이 두 함수 $y=2^x$, $y=2^{x-2}-2$의 그래프와 두 직선 $y=-x+1$, $y=-x+3$의 교점을 각각 A, B, C, D라 하면 두 점 A, D를

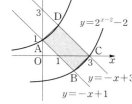

x축의 방향으로 2만큼, y축의 방향으로 -2만큼 평행이동한 점이 각각 B, C이므로 $y=2^x$의 그래프와 $\overline{AD}$로 둘러싸인 부분과 $y=2^{x-2}-2$의 그래프와 $\overline{BC}$로 둘러싸인 부분의 넓이가 같다. 즉 구하는 넓이는 평행사변형 ABCD의 넓이와 같다.

이때 점 A의 좌표가 $(0,\ 1)$이므로 점 B의 좌표는

$$(2,\ -1)$$

$$\therefore \overline{AB}=\sqrt{(2-0)^2+(-1-1)^2}=2\sqrt{2}$$

또 점 A와 직선 $y=-x+3$, 즉 $x+y-3=0$ 사이의

거리는 $\dfrac{|1-3|}{\sqrt{1^2+1^2}}=\dfrac{2}{\sqrt{2}}=\sqrt{2}$

따라서 구하는 넓이는 $2\sqrt{2}\times\sqrt{2}=4$ $\qquad$ 답 4

해설 Focus

점 A를 x축의 방향으로 2만큼, y축의 방향으로 -2만큼 평행이동한 점을 P라 하면 점 P는 $y=2^{x-2}-2$의 그래프 위의 점이다.

또 직선 AP의 기울기가 -1이므로 점 P는 직선 $y=-x+1$ 위의 점이다.

즉 점 P는 $y=2^{x-2}-2$의 그래프와 직선 $y=-x+1$의 교점이므로 점 B와 일치한다.

같은 방법으로 하면 점 D를 x축의 방향으로 2만큼, y축의 방향으로 -2만큼 평행이동한 점이 점 C임을 알 수 있다.

02 지수함수의 최대·최소

● 본책 68~73쪽

148

탭 증가, 2, 16, -1, $\dfrac{1}{4}$

149

탭 감소, -2, 9, 3, $\dfrac{1}{27}$

150

(1) 함수 $y=2^x$에서 x의 값이 증가하면 y의 값도 증가한다.

따라서 $0 \le x \le 3$일 때, 함수 $y=2^x$은

$x=3$에서 최댓값 $2^3=8$,

$x=0$에서 최솟값 $2^0=1$

을 갖는다.

(2) 함수 $y=\left(\dfrac{1}{4}\right)^x$에서 x의 값이 증가하면 y의 값은 감소한다.

따라서 $-2 \le x \le 2$일 때, 함수 $y=\left(\dfrac{1}{4}\right)^x$은

$x=-2$에서 최댓값 $\left(\dfrac{1}{4}\right)^{-2}=4^2=16$,

$x=2$에서 최솟값 $\left(\dfrac{1}{4}\right)^2=\dfrac{1}{16}$

을 갖는다.

(3) 함수 $y=5^x$에서 x의 값이 증가하면 y의 값도 증가한다.

따라서 $x \ge 1$일 때, 함수 $y=5^x$은 최댓값을 갖지 않고,

$x=1$에서 최솟값 $5^1=5$

를 갖는다.

(4) 함수 $y=\left(\dfrac{1}{3}\right)^x$에서 x의 값이 증가하면 y의 값은 감소한다.

따라서 $x \le -4$일 때, 함수 $y=\left(\dfrac{1}{3}\right)^x$은 최댓값을 갖지 않고,

$x=-4$에서 최솟값 $\left(\dfrac{1}{3}\right)^{-4}=3^4=81$

을 갖는다.

탭 (1) 최댓값: 8, 최솟값: 1

　　(2) 최댓값: 16, 최솟값: $\dfrac{1}{16}$

　　(3) 최솟값: 5, 최댓값: 없다.

　　(4) 최솟값: 81, 최댓값: 없다.

151

(1) 함수 $y=3^{x+1}-2$에서 x의 값이 증가하면 y의 값도 증가한다.

따라서 $-1 \le x \le 2$일 때, 함수 $y=3^{x+1}-2$는

$x=2$에서 최댓값 $3^3-2=25$,

$x=-1$에서 최솟값 $3^0-2=-1$

을 갖는다.

(2) 함수 $y=2^{x-1}+4$에서 x의 값이 증가하면 y의 값도 증가한다.

따라서 $-1 \le x \le 3$일 때, 함수 $y=2^{x-1}+4$는

$x=3$에서 최댓값 $2^2+4=8$,

$x=-1$에서 최솟값 $2^{-2}+4=\dfrac{17}{4}$

을 갖는다.

(3) $y=2^{2-x}=2^{-(x-2)}=\left(\dfrac{1}{2}\right)^{x-2}$이므로 함수 $y=2^{2-x}$에서 x의 값이 증가하면 y의 값은 감소한다.

따라서 $-2 \le x \le 1$일 때, 함수 $y=2^{2-x}$은

$x=-2$에서 최댓값 $2^4=16$,

$x=1$에서 최솟값 2

를 갖는다.

(4) $y=2^x \times 3^{1-x}=2^x \times 3 \times \left(\dfrac{1}{3}\right)^x=3 \times \left(\dfrac{2}{3}\right)^x$

이므로 함수 $y=2^x \times 3^{1-x}$에서 x의 값이 증가하면 y의 값은 감소한다.

따라서 $-1 \le x \le 1$일 때, 함수 $y=2^x \times 3^{1-x}$은

$x=-1$에서 최댓값 $2^{-1} \times 3^2=\dfrac{9}{2}$,

$x=1$에서 최솟값 $2^1 \times 3^0=2$

를 갖는다.

탭 (1) 최댓값: 25, 최솟값: -1

　　(2) 최댓값: 8, 최솟값: $\dfrac{17}{4}$

　　(3) 최댓값: 16, 최솟값: 2

　　(4) 최댓값: $\dfrac{9}{2}$, 최솟값: 2

Ⅰ-3 지수함수

152

(1) $f(x)=x^2+4x+2$로 놓으면 주어진 함수는
$$y=3^{f(x)}$$
$y=3^{f(x)}$의 밑 3이 1보다 크므로 $f(x)$가 최소일 때 $y=3^{f(x)}$도 최소가 된다.

$f(x)=x^2+4x+2=(x+2)^2-2$이므로 $f(x)$는 $x=-2$에서 최솟값 -2를 갖는다.

따라서 함수 $y=3^{f(x)}$은 $x=-2$에서 최솟값

$3^{-2}=\dfrac{1}{9}$을 가지므로

$$a=-2,\ b=\dfrac{1}{9}$$

(2) $f(x)=-x^2-2x+3$으로 놓으면 주어진 함수는
$$y=\left(\dfrac{1}{3}\right)^{f(x)}$$

$y=\left(\dfrac{1}{3}\right)^{f(x)}$의 밑 $\dfrac{1}{3}$이 1보다 작은 양수이므로

$f(x)$가 최대일 때 $y=\left(\dfrac{1}{3}\right)^{f(x)}$은 최소가 된다.

$f(x)=-x^2-2x+3=-(x+1)^2+4$이므로 $f(x)$는 $x=-1$에서 최댓값 4를 갖는다.

따라서 함수 $y=\left(\dfrac{1}{3}\right)^{f(x)}$은 $x=-1$에서 최솟값

$\left(\dfrac{1}{3}\right)^4=\dfrac{1}{81}$을 가지므로

$$a=-1,\ b=\dfrac{1}{81}$$

目 (1) $a=-2,\ b=\dfrac{1}{9}$

(2) $a=-1,\ b=\dfrac{1}{81}$

153

$f(x)=-x^2-2x+1$로 놓으면 주어진 함수는
$$y=a^{f(x)}$$

$y=a^{f(x)}$의 밑 a가 1보다 크므로 $f(x)$가 최대일 때 $y=a^{f(x)}$도 최대가 된다.

$f(x)=-x^2-2x+1=-(x+1)^2+2$이므로 $f(x)$는 $x=-1$에서 최댓값 2를 갖는다.

따라서 함수 $y=a^{f(x)}$은 $x=-1$에서 최댓값 a^2을 가지므로

$$a^2=16 \qquad \therefore a=4\ (\because a>1)$$ 目 4

154

(1) $f(x)=-x^2-3x+5$로 놓으면 주어진 함수는
$$y=2^{f(x)}$$

$y=2^{f(x)}$의 밑 2가 1보다 크므로 $y=2^{f(x)}$은 $f(x)$가 최대일 때 최대가 되고, $f(x)$가 최소일 때 최소가 된다.

$f(x)=-x^2-3x+5=-\left(x+\dfrac{3}{2}\right)^2+\dfrac{29}{4}$이므로

$-1\le x\le 1$일 때, $f(x)$는 $x=-1$에서 최댓값 7, $x=1$에서 최솟값 1을 갖는다.

따라서 $-1\le x\le 1$일 때, 함수 $y=2^{f(x)}$은

$x=-1$에서 최댓값 $2^7=128$,

$x=1$에서 최솟값 2

를 갖는다.

(2) $f(x)=-x^2+4x-7$로 놓으면 주어진 함수는
$$y=\left(\dfrac{1}{2}\right)^{f(x)}$$

$y=\left(\dfrac{1}{2}\right)^{f(x)}$의 밑 $\dfrac{1}{2}$이 1보다 작은 양수이므로

$y=\left(\dfrac{1}{2}\right)^{f(x)}$은 $f(x)$가 최소일 때 최대가 되고, $f(x)$가 최대일 때 최소가 된다.

$f(x)=-x^2+4x-7=-(x-2)^2-3$이므로

$1\le x\le 4$일 때, $f(x)$는 $x=2$에서 최댓값 -3, $x=4$에서 최솟값 -7을 갖는다.

따라서 $1\le x\le 4$일 때, 함수 $y=\left(\dfrac{1}{2}\right)^{f(x)}$은

$x=4$에서 최댓값 $\left(\dfrac{1}{2}\right)^{-7}=128$,

$x=2$에서 최솟값 $\left(\dfrac{1}{2}\right)^{-3}=8$

을 갖는다.

目 (1) **최댓값: 128, 최솟값: 2**
(2) **최댓값: 128, 최솟값: 8**

155

(1) $y=9^x-4\times 3^x+6=(3^x)^2-4\times 3^x+6$

$3^x=t\ (t>0)$로 놓으면 $-1\le x\le 1$에서
$$3^{-1}\le 3^x\le 3^1$$
$$\therefore \dfrac{1}{3}\le t\le 3$$

이때 주어진 함수는
$$y=t^2-4t+6=(t-2)^2+2$$
따라서 $\dfrac{1}{3}\le t\le 3$일 때, 함수 $y=(t-2)^2+2$는
$$t=\dfrac{1}{3}에서\ 최댓값\ \dfrac{43}{9},$$
$$t=2에서\ 최솟값\ 2$$
를 갖는다.

(2) $y=\left(\dfrac{1}{4}\right)^x-\left(\dfrac{1}{2}\right)^{x-1}+3$

$\quad=\left\{\left(\dfrac{1}{2}\right)^x\right\}^2-2\times\left(\dfrac{1}{2}\right)^x+3$

$\left(\dfrac{1}{2}\right)^x=t\ (t>0)$로 놓으면 $-1\le x\le 2$에서

$$\left(\dfrac{1}{2}\right)^{-1}\ge\left(\dfrac{1}{2}\right)^x\ge\left(\dfrac{1}{2}\right)^2$$
$$\therefore\ \dfrac{1}{4}\le t\le 2$$

이때 주어진 함수는
$$y=t^2-2t+3=(t-1)^2+2$$
따라서 $\dfrac{1}{4}\le t\le 2$일 때, 함수 $y=(t-1)^2+2$는
$$t=2에서\ 최댓값\ 3,$$
$$t=1에서\ 최솟값\ 2$$
를 갖는다.

(3) $y=4^x-2^{x+2}+2=(2^x)^2-4\times 2^x+2$

$2^x=t\ (t>0)$로 놓으면 $x\le 3$에서
$$2^x\le 2^3\qquad\therefore\ 0<t\le 8\ (\because\ t>0)$$
이때 주어진 함수는
$$y=t^2-4t+2=(t-2)^2-2$$
따라서 $0<t\le 8$일 때, 함수 $y=(t-2)^2-2$는
$$t=8에서\ 최댓값\ 34,$$
$$t=2에서\ 최솟값\ -2$$
를 갖는다.

답 (1) **최댓값**: $\dfrac{43}{9}$, **최솟값**: 2

(2) **최댓값**: 3, **최솟값**: 2

(3) **최댓값**: 34, **최솟값**: -2

참고 (2) $t=\left(\dfrac{1}{2}\right)^x$에서 x의 값이 증가하면 t의 값은 감소하므
로 $-1\le x\le 2$에서
$$\left(\dfrac{1}{2}\right)^{-1}\ge\left(\dfrac{1}{2}\right)^x\ge\left(\dfrac{1}{2}\right)^2\qquad\therefore\ \dfrac{1}{4}\le t\le 2$$

156

$$y=9^x+k\times 3^{x+1}+3=(3^x)^2+3k\times 3^x+3$$
$3^x=t\ (t>0)$로 놓으면 주어진 함수는
$$y=t^2+3kt+3=\left(t+\dfrac{3}{2}k\right)^2-\dfrac{9}{4}k^2+3$$

(i) $-\dfrac{3}{2}k>0$, 즉 $k<0$인 경우

$\quad t>0$일 때, 함수

$\quad y=\left(t+\dfrac{3}{2}k\right)^2-\dfrac{9}{4}k^2+3$

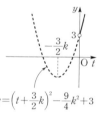

$\quad$은 $t=-\dfrac{3}{2}k$에서 최솟값

$\quad -\dfrac{9}{4}k^2+3$을 가지므로

$$-\dfrac{9}{4}k^2+3=-6,\qquad -\dfrac{9}{4}k^2=-9$$
$$k^2=4\qquad\therefore\ k=-2\ (\because\ k<0)$$

(ii) $-\dfrac{3}{2}k\le 0$, 즉 $k\ge 0$인 경우

$\quad t>0$일 때, 함수

$\quad y=\left(t+\dfrac{3}{2}k\right)^2-\dfrac{9}{4}k^2+3$

$\quad$은 최솟값을 갖지 않는다.

(i), (ii)에서 $\qquad k=-2$ 답 -2

157

$5^x>0$, $5^{-x}>0$이므로 산술평균과 기하평균의 관계에
의하여
$$y=5^x+5^{-x}\ge 2\sqrt{5^x\times 5^{-x}}=2$$
이때 등호는 $5^x=5^{-x}$일 때 성립하므로
$$x=-x\qquad\therefore\ x=0$$
따라서 $a=0$, $b=2$이므로
$$a+b=2$$
답 2

📝 개념 노트

산술평균과 기하평균의 관계

$a>0$, $b>0$일 때,
$$\dfrac{a+b}{2}\ge\sqrt{ab}\ (단,\ 등호는\ a=b일\ 때\ 성립)$$
이때 $\dfrac{a+b}{2}$, $\sqrt{ab}$를 각각 a와 b의 산술평균, 기하평균이라 한다.

I -3

지수함수

158

$10^{2x-1}>0$, $10^{3-2x}>0$이므로 산술평균과 기하평균의
관계에 의하여
$$y=10^{2x-1}+10^{3-2x}$$
$$\geq 2\sqrt{10^{2x-1}\times 10^{3-2x}}$$
$$=2\sqrt{10^2}=20$$
이때 등호는 $10^{2x-1}=10^{3-2x}$일 때 성립하므로
$$2x-1=3-2x \qquad \therefore x=1$$
따라서 $\alpha=1$, $\beta=20$이므로
$$\beta-\alpha=19$$
답 **19**

159

$3^x+3^{-x}=t$로 놓으면 $3^x>0$, $3^{-x}>0$이므로 산술평균
과 기하평균의 관계에 의하여
$$t=3^x+3^{-x}\geq 2\sqrt{3^x\times 3^{-x}}=2$$
$$(단, 등호는 3^x=3^{-x}, 즉 x=0일 때 성립)$$
또 $9^x+9^{-x}=(3^x+3^{-x})^2-2=t^2-2$이므로 주어진
함수는
$$y=t^2-2+2t+5=(t+1)^2+2$$
따라서 $t\geq 2$일 때, 함수 $y=(t+1)^2+2$는
$$t=2에서 최솟값 11$$
을 갖는다.
답 **11**

연습 문제 ● 본책 74쪽

160

전략 주어진 함수를 $y=k\times a^x$의 꼴로 정리한다.

$$y=2^{x+1}\times 5^{1-x}=2^x\times 2\times 5\times\left(\frac{1}{5}\right)^x=10\times\left(\frac{2}{5}\right)^x$$

밑이 1보다 작은 양수이므로 x의 값이 증가하면 y의
값은 감소한다.

따라서 $0\leq x\leq 1$일 때, 함수 $y=10\times\left(\frac{2}{5}\right)^x$은
$$x=0에서 최댓값 10,$$
$$x=1에서 최솟값 10\times\frac{2}{5}=4$$
를 가지므로 $M=10$, $m=4$
$$\therefore M-m=6$$
답 **6**

161

전략 주어진 함수가 $x=3$에서 최솟값, $x=a$의 최댓값을 가짐을
이용한다.

$y=3^{-x}+b=\left(\frac{1}{3}\right)^x+b$에서 밑이 1보다 작은 양수이므
로 x의 값이 증가하면 y의 값은 감소한다.

따라서 $a\leq x\leq 3$일 때, 함수 $y=3^{-x}+b$는 $x=3$에서
최솟값을 가지므로
$$3^{-3}+b=\frac{1}{27}+b=\frac{1}{9} \qquad \therefore b=\frac{2}{27}$$
또 $x=a$에서 최댓값을 가지므로
$$3^{-a}+\frac{2}{27}=\frac{5}{27}, \qquad \left(\frac{1}{3}\right)^a=\frac{1}{9}$$
$$\therefore a=2$$
답 $a=2$, $b=\dfrac{2}{27}$

162

전략 $1\leq x\leq 4$에서 함수 $f(x)$의 최댓값과 최솟값을 구한다.

$$(g\circ f)(x)=g(f(x))=\left(\frac{1}{2}\right)^{f(x)}$$

$y=\left(\frac{1}{2}\right)^{f(x)}$의 밑 $\frac{1}{2}$이 1보다 작은 양수이므로

$y=\left(\frac{1}{2}\right)^{f(x)}$은 $f(x)$가 최대일 때 최소가 되고, $f(x)$

가 최소일 때 최대가 된다.

$f(x)=-x^2+4x-5=-(x-2)^2-1$이므로
$1\leq x\leq 4$일 때, $f(x)$는 $x=2$에서 최댓값 -1,
$x=4$에서 최솟값 -5를 갖는다.

따라서 $1\leq x\leq 4$일 때, 함수 $y=\left(\frac{1}{2}\right)^{f(x)}$은

$$x=4에서 최댓값 \left(\frac{1}{2}\right)^{-5}=32,$$
$$x=2에서 최솟값 \left(\frac{1}{2}\right)^{-1}=2$$
를 가지므로 구하는 합은
$$32+2=34$$
답 **34**

163

전략 함수 $y=2^x$의 그래프를 대칭이동, 평행이동한 그래프의 식
을 이용하여 $f(x)$를 구한다.

$y=2^x$의 그래프를 y축에 대하여 대칭이동한 그래프의

식은 $\qquad y=2^{-x}=\left(\frac{1}{2}\right)^x \qquad$ ...... ㉠

㉠의 그래프를 x축의 방향으로 -2만큼, y축의 방향으로 3만큼 평행이동한 그래프의 식은

$$y=\left(\frac{1}{2}\right)^{x+2}+3$$

즉 $f(x)=\left(\frac{1}{2}\right)^{x+2}+3$이므로 x의 값이 증가하면 $f(x)$의 값은 감소한다.

따라서 $-3\leq x\leq -1$일 때, 함수 $f(x)$는

$$x=-3에서 최댓값 \left(\frac{1}{2}\right)^{-1}+3=5,$$

$$x=-1에서 최솟값 \frac{1}{2}+3=\frac{7}{2}$$

을 가지므로 구하는 곱은

$$5\times\frac{7}{2}=\frac{35}{2}$$

답 $\dfrac{35}{2}$

164

전략 $2^x=t$로 치환하여 주어진 함수를 t에 대한 이차함수로 변형한다.

$y=-4^x+2^{x+2}+k=-(2^x)^2+4\times 2^x+k$

$2^x=t$ $(t>0)$로 놓으면 $-1\leq x\leq 3$에서

$$2^{-1}\leq 2^x\leq 2^3 \qquad \therefore \frac{1}{2}\leq t\leq 8$$

이때 주어진 함수는

$$y=-t^2+4t+k=-(t-2)^2+k+4$$

$\frac{1}{2}\leq t\leq 8$일 때, 함수 $y=-(t-2)^2+k+4$는

$t=2$에서 최댓값 $k+4$를 가지므로

$$k+4=5 \qquad \therefore k=1$$

따라서 함수 $y=-(t-2)^2+5$는

$$t=8에서 최솟값 -31$$

을 갖는다.

답 -31

165

전략 산술평균과 기하평균의 관계를 이용한다.

$$y=3^{x+k}+\left(\frac{1}{3}\right)^{x-k}=3^{x+k}+3^{-x+k}$$

$3^{x+k}>0$, $3^{-x+k}>0$이므로 산술평균과 기하평균의 관계에 의하여

$$\begin{aligned}y&=3^{x+k}+3^{-x+k}\\&\geq 2\sqrt{3^{x+k}\times 3^{-x+k}}\\&=2\sqrt{3^{2k}}=2\times 3^k\end{aligned}$$

(단, 등호는 $3^{x+k}=3^{-x+k}$, 즉 $x=0$일 때 성립)

이때 주어진 함수의 최솟값이 18이므로

$$2\times 3^k=18, \qquad 3^k=9$$

$$\therefore k=2$$

답 2

166

전략 $2^x+2^{-x}=t$로 치환하여 주어진 함수를 t에 대한 함수로 변형한다.

$2^x+2^{-x}=t$로 놓으면 $2^x>0$, $2^{-x}>0$이므로 산술평균과 기하평균의 관계에 의하여

$$t=2^x+2^{-x}\geq 2\sqrt{2^x\times 2^{-x}}=2$$

(단, 등호는 $2^x=2^{-x}$, 즉 $x=0$일 때 성립)

또 $4^x+4^{-x}=(2^x+2^{-x})^2-2=t^2-2$이므로 주어진 함수는

$$y=t^2-2-2kt=(t-k)^2-k^2-2$$

(i) $k\geq 2$인 경우

$t\geq 2$일 때, 함수 $y=(t-k)^2-k^2-2$는

$$t=k에서 최솟값 -k^2-2$$

를 가지므로 $\qquad -k^2-2=-2$

$$\therefore k=0$$

그런데 $k\geq 2$이므로 조건을 만족시키지 않는다.

(ii) $k<2$인 경우

$t\geq 2$일 때, 함수 $y=(t-k)^2-k^2-2$는

$$t=2에서 최솟값 -4k+2$$

를 가지므로 $\qquad -4k+2=-2$

$$\therefore k=1$$

(i), (ii)에서 $\qquad k=1$

답 1

03 지수함수의 활용; 방정식

• 본책 75~80쪽

167

(1) $2^x=8=2^3$이므로 $\qquad x=3$

(2) $\left(\frac{1}{2}\right)^x=\frac{1}{16}=\left(\frac{1}{2}\right)^4$이므로 $\qquad x=4$

(3) $3^x=\frac{1}{81}=3^{-4}$이므로 $\qquad x=-4$

(4) $5^x=125=5^3$이므로 $\qquad x=3$

(5) $\left(\dfrac{1}{3}\right)^x=\dfrac{1}{9}=\left(\dfrac{1}{3}\right)^2$이므로 $x=2$

(6) $\left(\dfrac{1}{5}\right)^x=25=\left(\dfrac{1}{5}\right)^{-2}$이므로 $x=-2$

답 (1) $x=3$ (2) $x=4$ (3) $x=-4$

(4) $x=3$ (5) $x=2$ (6) $x=-2$

168

(1) $2^{2x}=2^{3-x}$에서 $2x=3-x$
$3x=3$ ∴ $x=1$

(2) $\left(\dfrac{1}{5}\right)^{-2x-3}=\left(\dfrac{1}{5}\right)^{4x+3}$에서
$-2x-3=4x+3$, $-6x=6$
∴ $x=-1$

(3) $3^{2x-4}-3^{3x+1}=0$에서 $3^{2x-4}=3^{3x+1}$
$2x-4=3x+1$
∴ $x=-5$

(4) $\left(\dfrac{1}{81}\right)^{4x+4}-\left(\dfrac{1}{81}\right)^{x-1}=0$에서
$\left(\dfrac{1}{81}\right)^{4x+4}=\left(\dfrac{1}{81}\right)^{x-1}$
$4x+4=x-1$, $3x=-5$
∴ $x=-\dfrac{5}{3}$

답 (1) $x=1$ (2) $x=-1$

(3) $x=-5$ (4) $x=-\dfrac{5}{3}$

169

(1) $2^{2x-3}=128=2^7$이므로
$2x-3=7$, $2x=10$
∴ $x=5$

(2) $2^{-x+2}=16^{2x}$에서
$2^{-x+2}=(2^4)^{2x}$, $2^{-x+2}=2^{8x}$
$-x+2=8x$, $9x=2$
∴ $x=\dfrac{2}{9}$

(3) $25^{x+3}=\left(\dfrac{1}{125}\right)^{2x-1}$에서
$(5^2)^{x+3}=(5^{-3})^{2x-1}$, $5^{2x+6}=5^{-6x+3}$
$2x+6=-6x+3$, $8x=-3$
∴ $x=-\dfrac{3}{8}$

(4) $\left(\dfrac{1}{9}\right)^{-x+2}=81\sqrt{3}$에서
$(3^{-2})^{-x+2}=3^4\times3^{\frac{1}{2}}$, $3^{2x-4}=3^{\frac{9}{2}}$
$2x-4=\dfrac{9}{2}$, $2x=\dfrac{17}{2}$
∴ $x=\dfrac{17}{4}$

(5) $\left(\dfrac{1}{2}\right)^{x+1}=(\sqrt{2})^{x-3}$에서
$(2^{-1})^{x+1}=(2^{\frac{1}{2}})^{x-3}$, $2^{-x-1}=2^{\frac{1}{2}x-\frac{3}{2}}$
$-x-1=\dfrac{1}{2}x-\dfrac{3}{2}$, $\dfrac{3}{2}x=\dfrac{1}{2}$
∴ $x=\dfrac{1}{3}$

(6) $4^{x+2}-8^{x-7}=0$에서
$4^{x+2}=8^{x-7}$, $(2^2)^{x+2}=(2^3)^{x-7}$
$2^{2x+4}=2^{3x-21}$, $2x+4=3x-21$
∴ $x=25$

답 (1) $x=5$ (2) $x=\dfrac{2}{9}$ (3) $x=-\dfrac{3}{8}$

(4) $x=\dfrac{17}{4}$ (5) $x=\dfrac{1}{3}$ (6) $x=25$

170

$4^x=(2^2)^x=(2^x)^2$이므로 방정식 $4^x-3\times2^x+2=0$
에서 $2^x=t$ $(t>0)$로 놓으면
$$\boxed{t^2}-3\times\boxed{t}+2=0$$
$$(t-1)(t-2)=0$$
∴ $t=1$ 또는 $t=\boxed{2}$
즉 $2^x=1$ 또는 $2^x=\boxed{2}$이므로
$$x=\boxed{0}\ 또는\ x=\boxed{1}$$

답 풀이 참조

171

(1) $9^{x^2+3x}=3^{x^2+4x+3}$에서
$(3^2)^{x^2+3x}=3^{x^2+4x+3}$, $3^{2x^2+6x}=3^{x^2+4x+3}$
$2x^2+6x=x^2+4x+3$, $x^2+2x-3=0$
$(x+3)(x-1)=0$
∴ $x=-3$ 또는 $x=1$

(2) $(2\sqrt{2})^{2x^2+12}=2^{15x}$에서

$$\left(2^{\frac{3}{2}}\right)^{2x^2+12}=2^{15x}, \qquad 2^{3x^2+18}=2^{15x}$$

$$3x^2+18=15x, \qquad x^2-5x+6=0$$

$$(x-2)(x-3)=0$$

$$\therefore x=2 \text{ 또는 } x=3$$

(3) $\dfrac{3^{x^2+1}}{3^{x-1}}=81$에서

$$3^{x^2+1-(x-1)}=3^4, \qquad 3^{x^2-x+2}=3^4$$

$$x^2-x+2=4, \qquad x^2-x-2=0$$

$$(x+1)(x-2)=0$$

$$\therefore x=-1 \text{ 또는 } x=2$$

(4) $\left(\dfrac{2}{3}\right)^{x^2}=\left(\dfrac{3}{2}\right)^{2-3x}$에서

$$\left(\frac{2}{3}\right)^{x^2}=\left\{\left(\frac{2}{3}\right)^{-1}\right\}^{2-3x}, \qquad \left(\frac{2}{3}\right)^{x^2}=\left(\frac{2}{3}\right)^{3x-2}$$

$$x^2=3x-2, \qquad x^2-3x+2=0$$

$$(x-1)(x-2)=0$$

$$\therefore x=1 \text{ 또는 } x=2$$

답 (1) $x=-3$ 또는 $x=1$

(2) $x=2$ 또는 $x=3$

(3) $x=-1$ 또는 $x=2$

(4) $x=1$ 또는 $x=2$

172

(1) $9^x-6\times 3^x-27=0$에서

$$(3^x)^2-6\times 3^x-27=0$$

$3^x=t\ (t>0)$로 놓으면

$$t^2-6t-27=0$$

$$(t+3)(t-9)=0$$

$$\therefore t=9\ (\because t>0)$$

즉 $3^x=9$이므로 $\quad x=2$

(2) $4^{x+1}-5\times 2^{x+2}+16=0$에서

$$4\times(2^x)^2-20\times 2^x+16=0$$

$2^x=t\ (t>0)$로 놓으면

$$4t^2-20t+16=0, \qquad t^2-5t+4=0$$

$$(t-1)(t-4)=0$$

$$\therefore t=1 \text{ 또는 } t=4$$

즉 $2^x=1$ 또는 $2^x=4$이므로

$$x=0 \text{ 또는 } x=2$$

(3) $3^x-9\times 3^{-x}=8$의 양변에 3^x을 곱하면

$$(3^x)^2-9=8\times 3^x$$

$$\therefore (3^x)^2-8\times 3^x-9=0$$

$3^x=t\ (t>0)$로 놓으면

$$t^2-8t-9=0$$

$$(t+1)(t-9)=0$$

$$\therefore t=9\ (\because t>0)$$

즉 $3^x=9$이므로 $\quad x=2$

(4) $\left(\dfrac{1}{9}\right)^x+\left(\dfrac{1}{3}\right)^x=12$에서

$$\left\{\left(\frac{1}{3}\right)^x\right\}^2+\left(\frac{1}{3}\right)^x-12=0$$

$\left(\dfrac{1}{3}\right)^x=t\ (t>0)$로 놓으면

$$t^2+t-12=0$$

$$(t+4)(t-3)=0$$

$$\therefore t=3\ (\because t>0)$$

즉 $\left(\dfrac{1}{3}\right)^x=3$이므로 $\quad x=-1$

답 (1) $x=2$ (2) $x=0$ 또는 $x=2$

(3) $x=2$ (4) $x=-1$

173

(1) 지수가 같으므로 밑이 같거나 지수가 0이어야 한다.

 (i) $x+7=4$에서

$$x=-3$$

 (ii) $x-1=0$, 즉 $x=1$이면 $8^0=4^0$이므로 등식이

 성립한다.

 (i), (ii)에서 $\quad x=-3$ 또는 $x=1$

(2) 지수가 같으므로 밑이 같거나 지수가 0이어야 한다.

 (i) $2x-1=3x-5$에서

$$x=4$$

 (ii) $x-3=0$, 즉 $x=3$이면 $5^0=4^0$이므로 등식이

 성립한다.

 (i), (ii)에서 $\quad x=3$ 또는 $x=4$

(3) 밑이 같으므로 지수가 같거나 밑이 1이어야 한다.

 (i) $3x+1=2x+3$에서

$$x=2$$

 (ii) $x=1$이면 $1^4=1^5$이므로 등식이 성립한다.

 (i), (ii)에서 $\quad x=1$ 또는 $x=2$

(4) 밑이 같으므로 지수가 같거나 밑이 1이어야 한다.

(ⅰ) $x^2=2x+3$에서

$$x^2-2x-3=0, \qquad (x+1)(x-3)=0$$

$$\therefore x=3 \ (\because x>1)$$

(ⅱ) $x-1=1$, 즉 $x=2$이면 $1^4=1^7$이므로 등식이 성립한다.

(ⅰ), (ⅱ)에서 $\quad x=2$ 또는 $x=3$

답 (1) $x=-3$ 또는 $x=1$

(2) $x=3$ 또는 $x=4$

(3) $x=1$ 또는 $x=2$

(4) $x=2$ 또는 $x=3$

174

$x^{x^2}=x^{2x+8}$에서 밑이 같으므로 지수가 같거나 밑이 1이어야 한다.

(ⅰ) $x^2=2x+8$에서

$$x^2-2x-8=0, \qquad (x+2)(x-4)=0$$

$$\therefore x=4 \ (\because x>0)$$

(ⅱ) $x=1$이면 $1^1=1^{10}$이므로 등식이 성립한다.

(ⅰ), (ⅱ)에서 $\quad x=1$ 또는 $x=4$

따라서 구하는 합은 $\quad 1+4=5$ **답** **5**

175

(1) $4^x-5\times2^x+2=0$에서 $\quad (2^x)^2-5\times2^x+2=0$

$2^x=t \ (t>0)$로 놓으면

$$t^2-5t+2=0 \qquad \cdots\cdots \ \boxdot$$

방정식 $4^x-5\times2^x+2=0$의 두 근이 α, β이므로 방정식 $\boxdot$의 두 근은 2^α, 2^β이다.

따라서 이차방정식의 근과 계수의 관계에 의하여

$$2^\alpha\times2^\beta=2, \qquad 2^{\alpha+\beta}=2$$

$$\therefore \alpha+\beta=1$$

(2) $2^{2x+1}-2^x+k=0$에서 $\quad 2\times(2^x)^2-2^x+k=0$

$2^x=t \ (t>0)$로 놓으면

$$2t^2-t+k=0 \qquad \cdots\cdots \ \boxdot$$

방정식 $2^{2x+1}-2^x+k=0$의 두 근을 α, β라 하면 방정식 $\boxdot$의 두 근은 2^α, 2^β이다.

따라서 이차방정식의 근과 계수의 관계에 의하여

$$2^\alpha\times2^\beta=\frac{k}{2} \qquad \therefore 2^{\alpha+\beta}=\frac{k}{2}$$

이때 $\alpha+\beta=-5$이므로 $\quad 2^{-5}=\dfrac{k}{2}$

$$\therefore k=2^{-4}=\frac{1}{16}$$

답 (1) **1** (2) $\dfrac{1}{16}$

176

주어진 방정식의 양변에 3^x을 곱하면

$$(3^x)^2-3\times3^x+k+1=0 \qquad \cdots\cdots \ \boxdot$$

$3^x=t \ (t>0)$로 놓으면

$$t^2-3t+k+1=0 \qquad \cdots\cdots \ \boxdot$$

방정식 $\boxdot$이 서로 다른 두 실근을 가지려면 방정식 $\boxdot$이 서로 다른 두 양의 실근을 가져야 한다.

따라서 이차방정식 $\boxdot$의 판별식을 D라 하면

$$D=(-3)^2-4\times1\times(k+1)>0$$

$$5-4k>0 \qquad \therefore k<\frac{5}{4} \qquad \cdots\cdots \ \boxdot$$

또 이차방정식 $\boxdot$의 두 근의 합과 곱이 모두 양수이어야 하므로

$$k+1>0 \qquad \therefore k>-1 \qquad \cdots\cdots \ \boxdot$$

$\boxdot$, $\boxdot$에서 $\quad -1<k<\dfrac{5}{4}$ **답** $-1<k<\dfrac{5}{4}$

📓 **개념 노트**

이차방정식의 실근의 부호

이차방정식 $ax^2+bx+c=0$의 두 근을 α, β, 판별식을 D라 할 때

① 두 근이 모두 양수일 조건

$\Rightarrow D\geq0$, $\alpha+\beta>0$, $\alpha\beta>0$

② 두 근이 모두 음수일 조건

$\Rightarrow D\geq0$, $\alpha+\beta<0$, $\alpha\beta>0$

③ 두 근이 서로 다른 부호일 조건

$\Rightarrow \alpha\beta<0$

177

정수 필터를 1개 통과할 때마다 물에 잔류하는 불순물의 양이 $\dfrac{1}{2}$로 줄어들므로 x개 통과한 후 물에 잔류하는 불순물의 양이 12.5 %, 즉 $\dfrac{1}{8}$로 줄어들었다고 하면

$$\left(\frac{1}{2}\right)^x=\frac{1}{8} \qquad \therefore x=3$$ **답** **3**

178

$T_1=1200$, $T=960$, $t=6$을 주어진 등식에 대입하면

$$960=1200 \times \left(\frac{4}{5}\right)^{\frac{2}{5} \times k \times 6}$$

$$\left(\frac{4}{5}\right)^{\frac{12}{5}k}=\frac{960}{1200}=\frac{4}{5}$$

$$\frac{12}{5}k=1 \qquad \therefore k=\frac{5}{12}$$

답 $\dfrac{5}{12}$

연습 문제 ● 본책 81~82쪽

179

전략 밑을 같게 한 후 지수에 대한 방정식을 세운다.

$\left(\frac{5}{7}\right)^{x^3+6}=\left(\frac{7}{5}\right)^{-2x^2-5x}$에서

$$\left(\frac{5}{7}\right)^{x^3+6}=\left\{\left(\frac{5}{7}\right)^{-1}\right\}^{-2x^2-5x}$$

$$\left(\frac{5}{7}\right)^{x^3+6}=\left(\frac{5}{7}\right)^{2x^2+5x}$$

$$x^3+6=2x^2+5x, \qquad x^3-2x^2-5x+6=0$$

$$(x+2)(x-1)(x-3)=0$$

$$\therefore x=-2 \text{ 또는 } x=1 \text{ 또는 } x=3$$

$$\therefore \alpha^2+\beta^2+\gamma^2=(-2)^2+1^2+3^2=14$$

답 **14**

180

전략 $\left(\frac{1}{2}\right)^x=t$로 치환하여 t에 대한 이차방정식을 푼다.

$\frac{1}{4^x}-3 \times \frac{1}{2^{x-2}}+32=0$에서

$$\left(\frac{1}{2}\right)^{2x}-12 \times \left(\frac{1}{2}\right)^x+32=0$$

$\left(\frac{1}{2}\right)^x=t$ $(t>0)$로 놓으면

$$t^2-12t+32=0, \qquad (t-4)(t-8)=0$$

$$\therefore t=4 \text{ 또는 } t=8$$

즉 $\left(\frac{1}{2}\right)^x=4$ 또는 $\left(\frac{1}{2}\right)^x=8$이므로

$$x=-2 \text{ 또는 } x=-3$$

따라서 $\alpha=-2$, $\beta=-3$ 또는 $\alpha=-3$, $\beta=-2$이므로

$$4^{-\alpha}+4^{-\beta}=4^2+4^3=80$$

답 **80**

181

전략 $a^x=t$로 치환하여 t에 대한 이차방정식을 푼다.

$a^{2x}-a^x=2$에서

$$(a^x)^2-a^x-2=0$$

$a^x=t$ $(t>0)$로 놓으면

$$t^2-t-2=0, \qquad (t+1)(t-2)=0$$

$$\therefore t=2 \ (\because t>0)$$

즉 $a^x=2$이고 이때의 x의 값이 $\frac{1}{7}$이므로

$$a^{\frac{1}{7}}=2 \qquad \therefore a=2^7=128$$

답 **128**

182

전략 $3^x=t$로 치환한 다음 t에 대한 이차방정식이 서로 다른 두 양의 실근을 가져야 함을 이용한다.

$9^x=2 \times 3^{x+1}-2k$에서

$$(3^x)^2-6 \times 3^x+2k=0 \qquad \cdots\cdots \ \ㄱ$$

$3^x=t$ $(t>0)$로 놓으면

$$t^2-6t+2k=0 \qquad \cdots\cdots \ \ㄴ$$

방정식 ㉠이 서로 다른 두 실근을 가지려면 방정식 ㉡이 서로 다른 두 양의 실근을 가져야 한다.

따라서 이차방정식 ㉡의 판별식을 D라 하면

$$\frac{D}{4}=(-3)^2-2k>0$$

$$\therefore k<\frac{9}{2} \qquad \cdots\cdots \ \ㄷ$$

또 이차방정식 ㉡의 두 근의 합과 곱이 모두 양수이어야 하므로

$$2k>0 \qquad \therefore k>0 \qquad \cdots\cdots \ \ㄹ$$

㉢, ㉣에서 $0<k<\frac{9}{2}$

따라서 정수 k는 1, 2, 3, 4의 4개이다.

답 **4**

183

전략 주어진 조건을 이용하여 식을 세운다.

10시간 후 미생물의 수가 처음의 16배가 되므로

$$10^{10a}=16 \qquad \cdots\cdots \ \ㄱ$$

n시간 후 미생물의 수가 처음의 64배가 되므로

$$10^{na}=64=2^6=(2^4)^{\frac{3}{2}}$$

$$=16^{\frac{3}{2}}=(10^{10a})^{\frac{3}{2}} \ (\because \ㄱ)$$

$$=10^{15a}$$

Ⅰ-3

지수함수

따라서 $na=15a$이므로

$n=15$ ($\because a\neq0$)   답 **15**

참고 $a=0$이면 $10^{ax}=10^0=1$

따라서 x의 값에 관계없이 미생물의 수가 동일하므로 조건을 만족시키지 않는다.

184

전략 $3^x=X$, $3^y=Y$로 치환하여 X, Y에 대한 연립방정식을 푼다.

$3^x=X$, $3^y=Y$ ($X>0$, $Y>0$)로 놓으면 주어진 연립방정식은

$$\begin{cases} 3X+Y=18 & \cdots\cdots \text{㉠} \\ \dfrac{XY}{3}=9 & \cdots\cdots \text{㉡} \end{cases}$$

㉠에서 $Y=18-3X$ $\cdots\cdots$ ㉢

㉡에 ㉢을 대입하면

$$\dfrac{X(18-3X)}{3}=9, \qquad 6X-X^2=9$$

$$X^2-6X+9=0, \qquad (X-3)^2=0$$

$$\therefore X=3$$

㉢에 이것을 대입하면 $Y=9$

따라서 $3^x=3$, $3^y=9$이므로

$$x=1,\ y=2$$

즉 $\alpha=1$, $\beta=2$이므로

$$\alpha^2+\beta^2=1^2+2^2=5 \qquad\qquad \text{답 } \textbf{5}$$

185

전략 주어진 조건을 이용하여 두 점 A, B의 좌표에 대한 식을 세운다.

점 A의 좌표를 $(a,\ 3^a)$이라 하면 선분 AB의 중점의 x좌표가 0이므로 점 B의 x좌표는 $-a$이다.

$$\therefore B(-a,\ 3^{-a})$$

또 선분 AB의 중점의 y좌표가 $\dfrac{5}{3}$이므로

$$\dfrac{3^a+3^{-a}}{2}=\dfrac{5}{3}$$

$$\therefore 3^a+\dfrac{1}{3^a}=\dfrac{10}{3}$$

양변에 3×3^a을 곱하여 정리하면

$$3\times(3^a)^2-10\times3^a+3=0$$

$3^a=t$ ($t>0$)로 놓으면

$$3t^2-10t+3=0, \qquad (3t-1)(t-3)=0$$

$$\therefore t=\dfrac{1}{3} \text{ 또는 } t=3$$

즉 $3^a=\dfrac{1}{3}$ 또는 $3^a=3$이므로

$$a=-1 \text{ 또는 } a=1$$

따라서 한 교점의 좌표가 $(1,\ 3)$이므로 함수 $y=-\left(\dfrac{1}{3}\right)^x+k$의 그래프가 점 $(1,\ 3)$을 지난다.

즉 $3=-\dfrac{1}{3}+k$이므로 $k=\dfrac{10}{3}$ 답 $\dfrac{\textbf{10}}{\textbf{3}}$

참고 한 교점의 좌표가 $\left(-1,\ \dfrac{1}{3}\right)$임을 이용하여 k의 값을 구할 수도 있다.

186

전략 $2^x=t$로 치환하여 t에 대한 이차방정식을 세운 후 이차방정식의 근과 계수의 관계를 이용한다.

$\dfrac{1}{3}\times2^{2x+1}-11\times2^x+k=0$에서

$$\dfrac{2}{3}\times(2^x)^2-11\times2^x+k=0$$

$2^x=t$ ($t>0$)로 놓으면

$$\dfrac{2}{3}t^2-11t+k=0$$

$$\therefore 2t^2-33t+3k=0 \qquad\qquad \cdots\cdots \text{㉠}$$

방정식 $\dfrac{1}{3}\times2^{2x+1}-11\times2^x+k=0$의 두 근을 α, β라 하면 방정식 ㉠의 두 근은 2^α, 2^β이다.

따라서 이차방정식의 근과 계수의 관계에 의하여

$$2^\alpha\times2^\beta=\dfrac{3k}{2} \qquad \therefore 2^{\alpha+\beta}=\dfrac{3}{2}k$$

이때 $\alpha+\beta=3$이므로

$$2^3=\dfrac{3}{2}k \qquad \therefore k=\dfrac{16}{3}$$

따라서 이차방정식 ㉠은

$$2t^2-33t+16=0, \qquad (2t-1)(t-16)=0$$

$$\therefore t=\dfrac{1}{2} \text{ 또는 } t=16$$

즉 $2^x=\dfrac{1}{2}$ 또는 $2^x=16$이므로

$$x=-1 \text{ 또는 } x=4$$

따라서 두 근의 곱은

$$-1\times4=-4 \qquad\qquad\qquad \text{답 } \textbf{-4}$$

187

전략 $2^x=t$로 치환하여 t에 대한 이차방정식을 세운 후 이차방정식의 근과 계수의 관계를 이용한다.

$4^x-5\times2^{x+1}+k=0$에서

$$(2^x)^2-10\times2^x+k=0$$

$2^x=t$ $(t>0)$로 놓으면

$$t^2-10t+k=0 \qquad \cdots\cdots \ ㉠$$

방정식 $4^x-5\times2^{x+1}+k=0$의 두 근을 α, β $(\alpha<\beta)$라 하면 방정식 ㉠의 두 근은 2^α, 2^β이다.

따라서 이차방정식의 근과 계수의 관계에 의하여

$$2^\alpha+2^\beta=10, \ 2^\alpha\times2^\beta=k$$

이때 $\beta=\alpha+2$이므로 $2^\alpha+2^\beta=10$에서

$$2^\alpha+2^{\alpha+2}=10, \qquad 2^\alpha+4\times2^\alpha=10$$

$$5\times2^\alpha=10, \qquad 2^\alpha=2 \qquad \therefore \ \alpha=1$$

따라서 $\beta=\alpha+2=3$이므로

$$k=2^\alpha\times2^\beta=2\times2^3=16 \qquad \text{답 } 16$$

188

전략 $3^x=t$로 치환한 후 이차방정식의 근이 3^α임을 이용한다.

$9^x-k\times3^{x-1}+1=0$에서

$$(3^x)^2-\frac{k}{3}\times3^x+1=0$$

$3^x=t$ $(t>0)$로 놓으면

$$t^2-\frac{k}{3}\times t+1=0 \qquad \cdots\cdots \ ㉠$$

방정식 $9^x-k\times3^{x-1}+1=0$의 실근이 α뿐이므로 방정식 ㉠의 양의 실근은 3^α뿐이어야 한다.

이때 이차방정식 ㉠의 두 근의 곱이 양수이므로 ㉠은 3^α을 중근으로 가져야 한다.

이차방정식 ㉠의 판별식을 D라 하면

$$D=\left(-\frac{k}{3}\right)^2-4\times1\times1=0$$

$$\frac{k^2}{9}=4, \qquad k^2=36$$

$$\therefore \ k=6 \ (\because \ k>0)$$

따라서 이차방정식 ㉠은

$$t^2-2t+1=0$$

$$(t-1)^2=0 \qquad \therefore \ t=1$$

즉 $3^\alpha=1$이므로 $\alpha=0$

$$\therefore \ k+\alpha=6 \qquad \text{답 } 6$$

참고 $k\leq0$이면 이차방정식 ㉠의 두 근의 합 $\frac{k}{3}$가 0 또는 음수이므로 조건을 만족시키지 않는다.

따라서 $k>0$이어야 한다.

189

전략 두 점 P, Q가 직선 $y=2x+k$ 위의 점임을 이용하여 두 점의 좌표를 정한다.

점 P의 좌표를 $(p, 2p+k)$, 점 Q의 좌표를 $(q, 2q+k)$라 하면

$$\overline{\mathrm{PQ}}=\sqrt{(q-p)^2+(2q+k-2p-k)^2}$$

$$=\sqrt{5}\,(q-p) \ (\because \ q>p)$$

즉 $\sqrt{5}\,(q-p)=\sqrt{5}$이므로 $q-p=1$

$$\therefore \ q=p+1$$

$$\therefore \ \mathrm{Q}(p+1, 2p+2+k)$$

한편 점 P$(p, 2p+k)$가 $y=\left(\dfrac{2}{3}\right)^{x+3}+1$의 그래프 위의 점이므로

$$2p+k=\left(\frac{2}{3}\right)^{p+3}+1 \qquad \cdots\cdots \ ㉠$$

점 Q$(p+1, 2p+2+k)$가 $y=\left(\dfrac{2}{3}\right)^{x+1}+\dfrac{8}{3}$의 그래프 위의 점이므로

$$2p+2+k=\left(\frac{2}{3}\right)^{p+2}+\frac{8}{3} \qquad \cdots\cdots \ ㉡$$

㉠-㉡을 하면

$$-2=\left(\frac{2}{3}\right)^{p+3}-\left(\frac{2}{3}\right)^{p+2}-\frac{5}{3}$$

$$\frac{8}{27}\times\left(\frac{2}{3}\right)^p-\frac{4}{9}\times\left(\frac{2}{3}\right)^p+\frac{1}{3}=0$$

$$\frac{4}{27}\times\left(\frac{2}{3}\right)^p=\frac{1}{3}, \qquad \left(\frac{2}{3}\right)^p=\frac{9}{4}=\left(\frac{2}{3}\right)^{-2}$$

$$\therefore \ p=-2$$

㉠에 $p=-2$를 대입하면 $-4+k=\dfrac{2}{3}+1$

$$\therefore \ k=\frac{17}{3} \qquad \text{답 ④}$$

190

전략 9^x+9^{-x}을 3^x+3^{-x}에 대한 식으로 나타낸다.

$3^x+3^{-x}=t$로 놓으면 $3^x>0$, $3^{-x}>0$이므로 산술평균과 기하평균의 관계에 의하여

$$t=3^x+3^{-x}\geq2\sqrt{3^x\times3^{-x}}=2 \qquad \cdots\cdots \ ㉠$$

(단, 등호는 $3^x=3^{-x}$, 즉 $x=0$일 때 성립)

또 $9^x+9^{-x}=(3^x+3^{-x})^2-2=t^2-2$이므로
$3(9^x+9^{-x})-(3^x+3^{-x})-24=0$에서

$$3(t^2-2)-t-24=0$$
$$3t^2-t-30=0, \qquad (t+3)(3t-10)=0$$
$$\therefore t=\frac{10}{3} \ (\because \ \text{㉠})$$

즉 $3^x+3^{-x}=\frac{10}{3}$이므로 양변에 3×3^x을 곱하여 정리
하면 $\quad 3\times(3^x)^2-10\times3^x+3=0$

$3^x=u \ (u>0)$로 놓으면
$$3u^2-10u+3=0, \qquad (3u-1)(u-3)=0$$
$$\therefore u=\frac{1}{3} \ \text{또는} \ u=3$$

즉 $3^x=\frac{1}{3}$ 또는 $3^x=3$이므로

$x=-1$ 또는 $x=1$ 　　　🖺 $\boldsymbol{x=-1}$ **또는** $\boldsymbol{x=1}$

191

전략 $2^x=t$로 치환한 후 이차방정식의 근의 조건을 이용한다.

$4^x+a\times2^x-4a=0$에서
$$(2^x)^2+a\times2^x-4a=0$$

$2^x=t \ (t>0)$로 놓으면
$$t^2+at-4a=0 \qquad \cdots\cdots \ \text{㉠}$$

$a>0$일 때 이차방정식 ㉠의
두 근의 곱은 음수이므로 ㉠의
양의 실근이 2^a뿐이다.

이때 $1<a<2$에서 $2<2^a<4$
이므로 $y=t^2+at-4a$의 그
래프가 오른쪽 그림과 같아야 한다.

(i) $t=2$일 때, $\quad y=4+2a-4a<0$
$$\therefore a>2$$
(ii) $t=4$일 때, $\quad y=16+4a-4a>0$

(i), (ii)에서 $\quad a>2$ 　　　🖺 $\boldsymbol{a>2}$

04 지수함수의 활용: 부등식　　● 본책 83~88쪽

192

(1) $3^x<9$에서 $\quad 3^x<3^2$

밑이 1보다 크므로 $\quad x<2$

---

(2) $\left(\frac{1}{2}\right)^x>8$에서 $\quad \left(\frac{1}{2}\right)^x>\left(\frac{1}{2}\right)^{-3}$

밑이 1보다 작은 양수이므로 $\quad x<-3$

(3) $\left(\frac{5}{3}\right)^x\geq\left(\frac{5}{3}\right)^6$에서 밑이 1보다 크므로
$$x\geq6$$

(4) $5^x\geq125$에서 $\quad 5^x\geq5^3$

밑이 1보다 크므로 $\quad x\geq3$

(5) $\left(\frac{1}{3}\right)^x\leq\frac{1}{81}$에서 $\quad \left(\frac{1}{3}\right)^x\leq\left(\frac{1}{3}\right)^4$

밑이 1보다 작은 양수이므로 $\quad x\geq4$

(6) $2^x<\frac{1}{64}$에서 $\quad 2^x<2^{-6}$

밑이 1보다 크므로 $\quad x<-6$

🖺 (1) $\boldsymbol{x<2}$　(2) $\boldsymbol{x<-3}$　(3) $\boldsymbol{x\geq6}$
　(4) $\boldsymbol{x\geq3}$　(5) $\boldsymbol{x\geq4}$　(6) $\boldsymbol{x<-6}$

193

(1) $2^{3x}\leq2^{4+x}$에서 밑이 1보다 크므로
$$3x\leq4+x, \qquad 2x\leq4$$
$$\therefore x\leq2$$

(2) $\left(\frac{1}{5}\right)^{-5x+1}>\left(\frac{1}{5}\right)^{-4x-1}$에서 밑이 1보다 작은 양수
이므로
$$-5x+1<-4x-1, \qquad -x<-2$$
$$\therefore x>2$$

(3) $2^{2x}-2^{x+1}<0$에서 $\quad 2^{2x}<2^{x+1}$

밑이 1보다 크므로
$$2x<x+1 \qquad \therefore x<1$$

(4) $\left(\frac{1}{25}\right)^{-4x-5}-\left(\frac{1}{25}\right)^{2x+1}\geq0$에서
$$\left(\frac{1}{25}\right)^{-4x-5}\geq\left(\frac{1}{25}\right)^{2x+1}$$

밑이 1보다 작은 양수이므로
$$-4x-5\leq2x+1, \qquad -6x\leq6$$
$$\therefore x\geq-1$$

🖺 (1) $\boldsymbol{x\leq2}$　(2) $\boldsymbol{x>2}$
　(3) $\boldsymbol{x<1}$　(4) $\boldsymbol{x\geq-1}$

194

(1) $2^{-x+1}<16$에서 $\quad 2^{-x+1}<2^4$

밑이 1보다 크므로 $\quad -x+1<4$

$$\therefore \ x > -3$$

(2) $3^{3x-1} \leq 9$에서 $\quad 3^{3x-1} \leq 3^2$

밑이 1보다 크므로

$$3x-1 \leq 2, \qquad 3x \leq 3$$
$$\therefore \ x \leq 1$$

(3) $\left(\dfrac{1}{5}\right)^{x+3} > \dfrac{1}{25}$에서 $\quad \left(\dfrac{1}{5}\right)^{x+3} > \left(\dfrac{1}{5}\right)^2$

밑이 1보다 작은 양수이므로

$$x+3 < 2 \quad \therefore \ x < -1$$

(4) $\left(\dfrac{1}{3}\right)^{x-2} \leq \dfrac{1}{27}$에서 $\quad \left(\dfrac{1}{3}\right)^{x-2} \leq \left(\dfrac{1}{3}\right)^3$

밑이 1보다 작은 양수이므로

$$x-2 \geq 3 \quad \therefore \ x \geq 5$$

답 (1) $\boldsymbol{x > -3}$　(2) $\boldsymbol{x \leq 1}$
(3) $\boldsymbol{x < -1}$　(4) $\boldsymbol{x \geq 5}$

195

$4^x = (2^2)^x = (2^x)^2$이므로 부등식 $4^x - 5 \times 2^x + 4 < 0$

에서 $2^x = t \ (t > 0)$로 놓으면

$$\boxed{t^2} - 5 \times \boxed{t} + 4 < 0$$
$$(t-1)(t-4) < 0$$
$$\therefore \ \boxed{1} < t < \boxed{4}$$

즉 $\boxed{1} < 2^x < \boxed{4}$이므로

$$2^0 < 2^x < 2^2$$

밑이 1보다 크므로

$$\boxed{0} < x < \boxed{2}$$

답 풀이 참조

196

(1) $9^{-x} \geq (3\sqrt{3})^{-2-5x}$에서

$$(3^2)^{-x} \geq (3^{\frac{3}{2}})^{-2-5x} \qquad \therefore \ 3^{-2x} \geq 3^{-3-\frac{15}{2}x}$$

밑이 1보다 크므로

$$-2x \geq -3 - \dfrac{15}{2}x, \qquad \dfrac{11}{2}x \geq -3$$
$$\therefore \ x \geq -\dfrac{6}{11}$$

(2) $\left(\dfrac{5}{4}\right)^{x+2} > \left(\dfrac{4}{5}\right)^{2-3x}$에서

$$\left(\dfrac{5}{4}\right)^{x+2} > \left\{\left(\dfrac{5}{4}\right)^{-1}\right\}^{2-3x}$$
$$\therefore \ \left(\dfrac{5}{4}\right)^{x+2} > \left(\dfrac{5}{4}\right)^{3x-2}$$

밑이 1보다 크므로

$$x+2 > 3x-2, \qquad -2x > -4$$
$$\therefore \ x < 2$$

(3) $(2\sqrt{2})^{x+1} \geq 8^{-10x-2}$에서

$$(2^{\frac{3}{2}})^{x+1} \geq (2^3)^{-10x-2}$$
$$\therefore \ 2^{\frac{3}{2}x + \frac{3}{2}} \geq 2^{-30x-6}$$

밑이 1보다 크므로

$$\dfrac{3}{2}x + \dfrac{3}{2} \geq -30x - 6, \qquad \dfrac{63}{2}x \geq -\dfrac{15}{2}$$
$$\therefore \ x \geq -\dfrac{5}{21}$$

(4) $\left(\dfrac{1}{4}\right)^{x^2+x+12} \leq \left(\dfrac{1}{16}\right)^{x^2+x}$에서

$$\left(\dfrac{1}{4}\right)^{x^2+x+12} \leq \left\{\left(\dfrac{1}{4}\right)^2\right\}^{x^2+x}$$
$$\therefore \ \left(\dfrac{1}{4}\right)^{x^2+x+12} \leq \left(\dfrac{1}{4}\right)^{2x^2+2x}$$

밑이 1보다 작은 양수이므로

$$x^2 + x + 12 \geq 2x^2 + 2x$$
$$x^2 + x - 12 \leq 0, \qquad (x+4)(x-3) \leq 0$$
$$\therefore \ -4 \leq x \leq 3$$

답 (1) $\boldsymbol{x \geq -\dfrac{6}{11}}$　(2) $\boldsymbol{x < 2}$
(3) $\boldsymbol{x \geq -\dfrac{5}{21}}$　(4) $\boldsymbol{-4 \leq x \leq 3}$

197

$\left(\dfrac{1}{2}\right)^{4x-3} < \left(\dfrac{1}{2}\right)^{x^2} < \left(\dfrac{1}{2}\right)^{x-1}$에서 밑이 1보다 작은 양수

이므로

$$x-1 < x^2 < 4x-3$$

(i) $x-1 < x^2$에서

$$x^2 - x + 1 > 0$$

이때 $x^2 - x + 1 = \left(x - \dfrac{1}{2}\right)^2 + \dfrac{3}{4} > 0$이므로 모든

실수 x에 대하여 부등식이 성립한다.

(ii) $x^2 < 4x-3$에서 $\quad x^2 - 4x + 3 < 0$

$$(x-1)(x-3) < 0$$
$$\therefore \ 1 < x < 3$$

(i), (ii)에서 구하는 해는

$$1 < x < 3$$

답 $\boldsymbol{1 < x < 3}$

198

(1) $4^x - 3 \times 2^{x+1} + 8 < 0$에서

$$(2^x)^2 - 6 \times 2^x + 8 < 0$$

$2^x = t\ (t > 0)$로 놓으면

$$t^2 - 6t + 8 < 0, \qquad (t-2)(t-4) < 0$$

$$\therefore\ 2 < t < 4$$

즉 $2 < 2^x < 4$이므로 $\qquad 2^1 < 2^x < 2^2$

밑이 1보다 크므로 $\qquad 1 < x < 2$

(2) $9^x + 3^{x+1} \leq 3^{x+2} + 27$에서

$$(3^x)^2 + 3 \times 3^x \leq 9 \times 3^x + 27$$

$3^x = t\ (t > 0)$로 놓으면

$$t^2 + 3t \leq 9t + 27, \qquad t^2 - 6t - 27 \leq 0$$

$$(t+3)(t-9) \leq 0$$

$$\therefore\ -3 \leq t \leq 9$$

그런데 $t > 0$이므로 $\qquad 0 < t \leq 9$

즉 $0 < 3^x \leq 9$이므로 $\qquad 0 < 3^x \leq 3^2$

밑이 1보다 크므로 $\qquad x \leq 2$

(3) $\left(\dfrac{1}{3}\right)^{2x} + \left(\dfrac{1}{3}\right)^{x+2} > \left(\dfrac{1}{3}\right)^{x-2} + 1$에서

$$\left\{\left(\dfrac{1}{3}\right)^x\right\}^2 + \dfrac{1}{9} \times \left(\dfrac{1}{3}\right)^x > 9 \times \left(\dfrac{1}{3}\right)^x + 1$$

$\left(\dfrac{1}{3}\right)^x = t\ (t > 0)$로 놓으면

$$t^2 + \dfrac{1}{9}t > 9t + 1$$

$$9t^2 - 80t - 9 > 0, \qquad (9t+1)(t-9) > 0$$

$$\therefore\ t < -\dfrac{1}{9}\ \text{또는}\ t > 9$$

그런데 $t > 0$이므로 $\qquad t > 9$

즉 $\left(\dfrac{1}{3}\right)^x > 9$이므로 $\qquad \left(\dfrac{1}{3}\right)^x > \left(\dfrac{1}{3}\right)^{-2}$

밑이 1보다 작은 양수이므로

$$x < -2$$

답 (1) $1 < x < 2$ (2) $x \leq 2$ (3) $x < -2$

199

$4^x + a \times 2^x + b > 0$에서

$$(2^x)^2 + a \times 2^x + b > 0 \qquad \cdots\cdots\ ㉠$$

$2^x = t\ (t > 0)$로 놓으면

$$t^2 + at + b > 0 \qquad \cdots\cdots\ ㉡$$

부등식 ㉠의 해가 $x < -1$ 또는 $x > 2$이므로

$$2^x < 2^{-1}\ \text{또는}\ 2^x > 2^2 \qquad \leftarrow\ \substack{\text{밑이 1보다 크므로} \\ \text{부등호 방향 그대로}}$$

$$\therefore\ t < \dfrac{1}{2}\ \text{또는}\ t > 4$$

해가 $t < \dfrac{1}{2}$ 또는 $t > 4$이고 t^2의 계수가 1인 이차부등식은

$$\left(t - \dfrac{1}{2}\right)(t-4) > 0 \qquad \therefore\ t^2 - \dfrac{9}{2}t + 2 > 0$$

이 부등식이 ㉡과 일치하므로

$$a = -\dfrac{9}{2},\ b = 2 \qquad\qquad \text{**답**}\ a = -\dfrac{9}{2},\ b = 2$$

📝 **개념 노트**

이차부등식의 작성

(1) 해가 $x < \alpha$ 또는 $x > \beta$이고 x^2의 계수가 1인 이차부등식은

$$(x-\alpha)(x-\beta) > 0, \text{ 즉 } x^2 - (\alpha+\beta)x + \alpha\beta > 0$$

(2) 해가 $\alpha < x < \beta$이고 x^2의 계수가 1인 이차부등식은

$$(x-\alpha)(x-\beta) < 0, \text{ 즉 } x^2 - (\alpha+\beta)x + \alpha\beta < 0$$

200

(1) $x^{x+1} \leq x^5\ (x > 0)$에서

(i) $0 < x < 1$일 때

밑이 1보다 작은 양수이므로

$$x + 1 \geq 5 \qquad \therefore\ x \geq 4$$

그런데 $0 < x < 1$이므로 조건을 만족시키지 않는다.

(ii) $x = 1$일 때

$1^2 \leq 1^5$이므로 부등식이 성립한다.

(iii) $x > 1$일 때

밑이 1보다 크므로 $\qquad x + 1 \leq 5 \qquad \therefore\ x \leq 4$

그런데 $x > 1$이므로 $\qquad 1 < x \leq 4$

이상에서 구하는 해는 $\qquad 1 \leq x \leq 4$

(2) $(x+1)^{-2x-3} < (x+1)^5\ (x > -1)$에서

(i) $0 < x+1 < 1$, 즉 $-1 < x < 0$일 때

밑이 1보다 작은 양수이므로

$$-2x - 3 > 5, \qquad -2x > 8$$

$$\therefore\ x < -4$$

그런데 $-1 < x < 0$이므로 조건을 만족시키지 않는다.

(ii) $x+1=1$, 즉 $x=0$일 때

$1^{-3} < 1^5$이므로 부등식이 성립하지 않는다.

(iii) $x+1 > 1$, 즉 $x > 0$일 때

밑이 1보다 크므로

$$-2x-3 < 5, \qquad -2x < 8$$

$$\therefore \ x > -4$$

그런데 $x > 0$이므로 $\qquad x > 0$

이상에서 구하는 해는 $\qquad x > 0$

답 (1) $1 \le x \le 4$ (2) $x > 0$

201

$x^{2x-5} > x^9 \ (x > 0)$에서

(i) $0 < x < 1$일 때

밑이 1보다 작은 양수이므로

$$2x-5 < 9, \qquad 2x < 14$$

$$\therefore \ x < 7$$

그런데 $0 < x < 1$이므로 $\qquad 0 < x < 1$

(ii) $x=1$일 때

$1^{-3} > 1^9$이므로 부등식이 성립하지 않는다.

(iii) $x > 1$일 때

밑이 1보다 크므로

$$2x-5 > 9, \qquad 2x > 14$$

$$\therefore \ x > 7$$

이상에서 구하는 해는

$$0 < x < 1 \ \text{또는} \ x > 7$$

따라서 정수 x의 최솟값은 8이다. **답** 8

202

(1) $25^x - 2 \times 5^{x+1} + k - 2 \ge 0$에서

$$(5^x)^2 - 10 \times 5^x + k - 2 \ge 0$$

$5^x = t \ (t > 0)$로 놓으면

$$t^2 - 10t + k - 2 \ge 0 \qquad \cdots\cdots \ \ominus$$

$$f(t) = t^2 - 10t + k - 2$$

$$= (t-5)^2 + k - 27$$

이라 할 때, $t > 0$에서 부등식 $\ominus$이 항상 성립하려면

$y = f(t)$의 그래프가 오른쪽 그림과 같아야 하므로

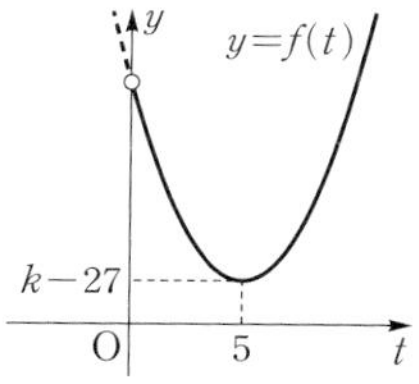

$$f(5) = k - 27 \ge 0 \qquad \therefore \ k \ge 27$$

(2) $\left(\dfrac{1}{3}\right)^{2x} + 2 \times \left(\dfrac{1}{3}\right)^{x-1} + k + 1 > 0$에서

$$\left\{\left(\dfrac{1}{3}\right)^x\right\}^2 + 6 \times \left(\dfrac{1}{3}\right)^x + k + 1 > 0$$

$\left(\dfrac{1}{3}\right)^x = t \ (t > 0)$로 놓으면

$$t^2 + 6t + k + 1 > 0 \qquad \cdots\cdots \ \ominus$$

$$f(t) = t^2 + 6t + k + 1$$

$$= (t+3)^2 + k - 8$$

이라 할 때, $t > 0$에서 부등식 $\ominus$이 항상 성립하려면 $y = f(t)$의 그래프가 오른쪽 그림과 같아야 하므로

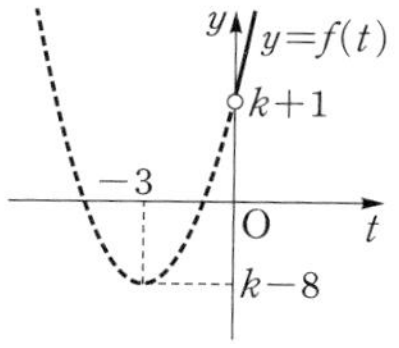

$$f(0) = k + 1 \ge 0 \qquad \therefore \ k \ge -1$$

답 (1) $k \ge 27$ (2) $k \ge -1$

203

주어진 식에 $A = 2000$, $A_0 = 4000$, $t = 1$을 대입하면

$$2000 = 4000k^1 \qquad \therefore \ k = \dfrac{1}{2}$$

n년 후에 자동차의 가격이 250만 원 이하로 떨어진다고 하면

$$4000 \times \left(\dfrac{1}{2}\right)^n \le 250, \qquad \left(\dfrac{1}{2}\right)^n \le \dfrac{1}{16}$$

$$\therefore \ \left(\dfrac{1}{2}\right)^n \le \left(\dfrac{1}{2}\right)^4$$

밑이 1보다 작은 양수이므로

$$n \ge 4$$

따라서 자동차의 가격이 250만 원 이하로 떨어지는 것은 최소 4년 후이므로

$$m = 4 \qquad \qquad \text{**답** } 4$$

연습 문제 • 본책 89~90쪽

204

전략 밑을 같게 한 후 지수에 대한 부등식을 세운다.

$4^{x^2} \le \left(\dfrac{1}{\sqrt{2}}\right)^{8x}$에서

$$(2^2)^{x^2} \le (2^{-\frac{1}{2}})^{8x} \qquad \therefore \ 2^{2x^2} \le 2^{-4x}$$

밑이 1보다 크므로

$$2x^2 \le -4x$$

$$2x^2+4x \leq 0, \qquad x(x+2) \leq 0$$
$$\therefore \; -2 \leq x \leq 0$$
따라서 $M=0$, $m=-2$이므로
$$M+m=-2 \qquad\qquad \boxed{\text{답}}\;-2$$

205

전략 두 집합 A, B의 공통인 원소를 구한다.

(i) $3^{2x+2}-82 \times 3^x+9=0$에서
$$9 \times (3^x)^2 -82 \times 3^x+9=0$$
$3^x=t \; (t>0)$로 놓으면
$$9t^2-82t+9=0, \qquad (9t-1)(t-9)=0$$
$$\therefore \; t=\frac{1}{9} \; \text{또는} \; t=9$$
즉 $3^x=\dfrac{1}{9}$ 또는 $3^x=9$이므로
$$x=-2 \; \text{또는} \; x=2$$
$$\therefore \; A=\{-2,\,2\}$$

(ii) $\left(\dfrac{1}{4}\right)^x+2 \times \left(\dfrac{1}{2}\right)^x>8$에서
$$\left\{\left(\frac{1}{2}\right)^x\right\}^2+2 \times \left(\frac{1}{2}\right)^x-8>0$$
$\left(\dfrac{1}{2}\right)^x=u \; (u>0)$로 놓으면
$$u^2+2u-8>0, \qquad (u+4)(u-2)>0$$
$$\therefore \; u<-4 \; \text{또는} \; u>2$$
그런데 $u>0$이므로 $\qquad u>2$
즉 $\left(\dfrac{1}{2}\right)^x>2$이므로 $\qquad \left(\dfrac{1}{2}\right)^x>\left(\dfrac{1}{2}\right)^{-1}$
밑이 1보다 작은 양수이므로 $\qquad x<-1$
$$\therefore \; B=\{x \,|\, x<-1\}$$
(i), (ii)에서 $\qquad A \cap B=\{-2\}$
따라서 $A \cap B$의 모든 원소의 합은 -2이다.

$$\boxed{\text{답}}\;-2$$

206

전략 부등식 $A \leq B \leq C$는 연립부등식 $\begin{cases} A \leq B \\ B \leq C \end{cases}$ 의 꼴로 변형하여 푼다.

(i) $48 \leq 3^{2x}+21$에서
$$27 \leq 3^{2x} \qquad \therefore \; 3^3 \leq 3^{2x}$$
밑이 1보다 크므로
$$3 \leq 2x \qquad \therefore \; x \geq \frac{3}{2}$$

(ii) $3^{2x}+21 \leq 4 \times 3^{x+1}-6$에서
$$3^{2x}-4 \times 3^{x+1}+27 \leq 0$$
$$\therefore \; (3^x)^2-12 \times 3^x+27 \leq 0$$
$3^x=t \; (t>0)$로 놓으면
$$t^2-12t+27 \leq 0, \qquad (t-3)(t-9) \leq 0$$
$$\therefore \; 3 \leq t \leq 9$$
즉 $3 \leq 3^x \leq 9$이므로 $\qquad 3^1 \leq 3^x \leq 3^2$
밑이 1보다 크므로 $\qquad 1 \leq x \leq 2$
(i), (ii)에서 구하는 해는
$$\frac{3}{2} \leq x \leq 2 \qquad\qquad \boxed{\text{답}}\;\frac{3}{2} \leq x \leq 2$$

207

전략 $0<x<1$, $x=1$, $x>1$인 경우로 나누어 푼다.

$x^{2x+5} \geq x^{3x-2} \; (x>0)$에서

(i) $0<x<1$일 때
밑이 1보다 작은 양수이므로
$$2x+5 \leq 3x-2 \qquad \therefore \; x \geq 7$$
그런데 $0<x<1$이므로 조건을 만족시키지 않는다.

(ii) $x=1$일 때
$1^7 \geq 1^1$이므로 부등식이 성립한다.

(iii) $x>1$일 때
밑이 1보다 크므로
$$2x+5 \geq 3x-2 \qquad \therefore \; x \leq 7$$
그런데 $x>1$이므로 $\qquad 1<x \leq 7$
이상에서 부등식의 해는 $\qquad 1 \leq x \leq 7$
따라서 정수 x는 1, 2, 3, $\cdots$, 7의 7개이다. $\qquad \boxed{\text{답}}\;7$

208

전략 밑을 같게 한 후 지수에 대한 부등식을 세운다.

$\left(\dfrac{1}{5}\right)^{x^2+2x} \leq 25^{x+k}$에서 $\qquad (5^{-1})^{x^2+2x} \leq (5^2)^{x+k}$
$$\therefore \; 5^{-x^2-2x} \leq 5^{2x+2k}$$
밑이 1보다 크므로 $\qquad -x^2-2x \leq 2x+2k$
$$\therefore \; x^2+4x+2k \geq 0 \qquad \cdots\cdots \; \bigcirc$$
모든 실수 x에 대하여 부등식 $\bigcirc$이 성립하려면 이차방정식 $x^2+4x+2k=0$의 판별식을 D라 할 때
$$\frac{D}{4}=2^2-2k \leq 0 \qquad \therefore \; k \geq 2$$
따라서 k의 최솟값은 2이다. $\qquad \boxed{\text{답}}\;2$

209

전략 부등식의 해를 k를 이용하여 나타낸다.

$\left(\dfrac{1}{4}\right)^{x^2}>(\sqrt{2})^{kx}$ 에서 $\quad (2^{-2})^{x^2}>(2^{\frac{1}{2}})^{kx}$

$\therefore 2^{-2x^2}>2^{\frac{1}{2}kx}$

밑이 1보다 크므로

$-2x^2>\dfrac{1}{2}kx, \qquad 2x^2+\dfrac{1}{2}kx<0$

$\therefore x(4x+k)<0$

그런데 k가 자연수이므로

$-\dfrac{k}{4}<x<0$

이를 만족시키는 정수 x가 -3, -2, -1의 3개이어야 하므로

$-4\le-\dfrac{k}{4}<-3$

$\therefore 12<k\le16$

따라서 자연수 k의 최댓값은 16, 최솟값은 13이므로

$M=16,\ m=13$

$\therefore M+m=29$ **탑 29**

210

전략 $6^x=t$로 치환한 부등식의 해가 $6^{-1}\le t\le6^1$임을 이용한다.

$a\times6^x+6^{1-x}-b\le0$의 양변에 6^x을 곱하면

$a\times(6^x)^2-b\times6^x+6\le0 \qquad \cdots\cdots \text{㉠}$

$6^x=t\ (t>0)$로 놓으면

$at^2-bt+6\le0 \qquad \cdots\cdots \text{㉡}$

부등식 ㉠의 해가 $-1\le x\le1$이므로

$6^{-1}\le6^x\le6^1 \qquad \therefore \dfrac{1}{6}\le t\le6$

해가 $\dfrac{1}{6}\le t\le6$이고 t^2의 계수가 $a\ (a>0)$인 이차부등식은

$a\left(t-\dfrac{1}{6}\right)(t-6)\le0$

$\therefore at^2-\dfrac{37}{6}at+a\le0$

이 부등식이 ㉡과 일치하므로

$-b=-\dfrac{37}{6}a,\ 6=a$

즉 $a=6$, $b=37$이므로

$a+b=43$ **탑 43**

211

전략 이차방정식의 판별식을 이용하여 k에 대한 부등식을 세운다.

모든 실수 x에 대하여 부등식

$x^2-(2^{k+1}-4)x+2^k>0$이 성립하려면 이차방정식

$x^2-(2^{k+1}-4)x+2^k=0$의 판별식을 D라 할 때

$\dfrac{D}{4}=(2^k-2)^2-2^k<0$

$2^{2k}-4\times2^k+4-2^k<0$

$\therefore (2^k)^2-5\times2^k+4<0$

$2^k=t\ (t>0)$로 놓으면

$t^2-5t+4<0, \qquad (t-1)(t-4)<0$

$\therefore 1<t<4$

즉 $1<2^k<4$이므로 $\quad 2^0<2^k<2^2$

밑이 1보다 크므로 $\quad 0<k<2$ **탑 $0<k<2$**

212

전략 $2^x=t$로 치환한 후 $x\ge0$일 때 $t\ge1$임을 이용한다.

$4^{x+1}-2^{x+1}+k+1>0$에서

$4\times(2^x)^2-2\times2^x+k+1>0$

$2^x=t$로 놓으면 $x\ge0$에서 $2^x\ge2^0$, 즉 $t\ge1$이고

$4t^2-2t+k+1>0 \qquad \cdots\cdots \text{㉠}$

$f(t)=4t^2-2t+k+1$
$\quad=4\left(t-\dfrac{1}{4}\right)^2+k+\dfrac{3}{4}$

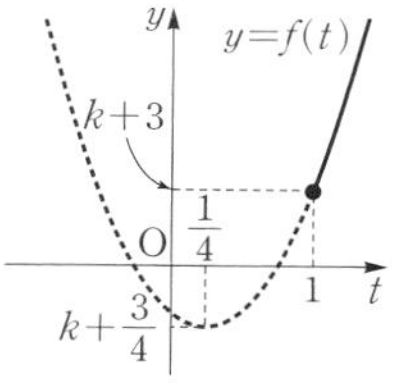

이라 할 때, $t\ge1$에서 부등식 ㉠이 항상 성립하려면 $y=f(t)$의 그래프가 오른쪽 그림과 같아야 하므로

$f(1)=k+3>0 \qquad \therefore k>-3$

따라서 정수 k의 최솟값은 -2이다. **탑 -2**

213

전략 $3^x=t$로 치환한 후 주어진 부등식을 t에 대한 이차부등식으로 변형한다.

$9^x-2k\times3^x+16\ge0$에서

$(3^x)^2-2k\times3^x+16\ge0$

$3^x=t\ (t>0)$로 놓으면

$t^2-2kt+16\ge0 \qquad \cdots\cdots \text{㉠}$

이때 $f(t)=t^2-2kt+16=(t-k)^2+16-k^2$이라 하자.

(i) $k>0$일 때

　$t>0$에서 부등식 ㉠이 항상 성립하려면 $y=f(t)$의 그래프가 오른쪽 그림과 같아야 하므로

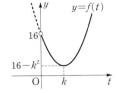

$$f(k)=16-k^2\geq 0$$
$$(k+4)(k-4)\leq 0$$
$$\therefore -4\leq k\leq 4$$

　그런데 $k>0$이므로　　$0<k\leq 4$

(ii) $k=0$일 때

　모든 실수 t에 대하여

$$f(t)=t^2+16\geq 0$$

　이므로 $t>0$에서 부등식 ㉠이 항상 성립한다.

(iii) $k<0$일 때

　$y=f(t)$의 그래프가 오른쪽 그림과 같으므로 $t>0$에서 부등식 ㉠이 항상 성립한다.

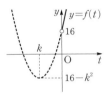

이상에서 구하는 k의 값의 범위는　　$k\leq 4$　　탑 $k\leq 4$

214

전략 주어진 상황을 부등식으로 나타낸다.

미생물 A, B를 각각 10마리씩 동시에 배양했을 때, n주 후 미생물 A, B의 수의 합이 2720마리 이상이 된다고 하면

$$10\times 2^n+10\times 4^n\geq 2720$$
$$4^n+2^n-272\geq 0$$
$$\therefore (2^n)^2+2^n-272\geq 0$$

$2^n=t\ (t>0)$로 놓으면

$$t^2+t-272\geq 0,\qquad (t+17)(t-16)\geq 0$$
$$\therefore t\leq -17 \text{ 또는 } t\geq 16$$

그런데 $t>0$이므로　　$t\geq 16$

즉 $2^n\geq 16$이므로　　$2^n\geq 2^4$

밑이 1보다 크므로　　$n\geq 4$

따라서 미생물 A, B의 수의 합이 2720마리 이상이 되는 것은 최소 4주 후이므로

$$m=4$$
탑 4

---

4 로그함수

01 로그함수의 뜻과 그래프
● 본책 92~99쪽

215

(1) $f(4)=\log_2 4=\log_2 2^2=2$

(2) $f\left(\dfrac{1}{2}\right)=\log_2 \dfrac{1}{2}=\log_2 2^{-1}=-1$

(3) $f(1)=\log_2 1=0$

(4) $g\left(\dfrac{1}{9}\right)=\log_{\frac{1}{3}} \dfrac{1}{9}=\log_{\frac{1}{3}} \left(\dfrac{1}{3}\right)^2=2$

(5) $g(27)=\log_{\frac{1}{3}} 27=\log_{\frac{1}{3}} \left(\dfrac{1}{3}\right)^{-3}=-3$

(6) $g(1)=\log_{\frac{1}{3}} 1=0$

탑 (1) **2**　(2) $-$**1**　(3) **0**　(4) **2**　(5) $-$**3**　(6) **0**

216

탑 (1) **양의 실수**　(2) **실수**　(3) $<$　(4) $>$　(5) y**축**

217

(1) 함수 $y=\log_3 (x-1)$의 그래프는 $y=\log_3 x$의 그래프를 x축의 방향으로 1만큼 평행이동한 것이므로 오른쪽 그림과 같고,

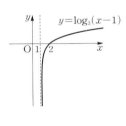

　정의역은　$\{x\,|\,x>1\}$

　치역은　$\{y\,|\,y$**는 실수**$\}$

　점근선의 방정식은　$x=1$

(2) 함수 $y=\log_{\frac{1}{2}} x+2$의 그래프는 $y=\log_{\frac{1}{2}} x$의 그래프를 y축의 방향으로 2만큼 평행이동한 것이므로 오른쪽 그림과 같고,

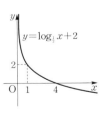

　정의역은　$\{x\,|\,x>0\}$

　치역은　$\{y\,|\,y$**는 실수**$\}$

　점근선의 방정식은　$x=0$

탑 **풀이 참조**

218

답 (1) $y=\log_2(x+1)+4$ (2) $y=\log_2\dfrac{1}{x}$

219

답 ㈎ 양의 실수 ㈏ 일대일대응 ㈐ $\log_6 y$ ㈑ $\log_6 x$

220

$f\left(-\dfrac{1}{2}\right)=\left(\dfrac{1}{9}\right)^{-\frac{1}{2}}=9^{\frac{1}{2}}=3$이므로

$(g\circ f)\left(-\dfrac{1}{2}\right)=g\left(f\left(-\dfrac{1}{2}\right)\right)$

$\qquad\qquad\qquad =g(3)=\log_3 3^2=2$ 답 2

221

함수 $y=f(x)$의 그래프는
오른쪽 그림과 같다.

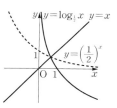

ㄱ. $f(1)=0$이므로 그래프는
   점 $\left(1,\dfrac{1}{2}\right)$을 지나지 않
   는다. (거짓)

ㄴ. 그래프의 점근선의 방정식은 $x=0$이다. (참)

ㄷ. 함수 $y=f(x)$에서 x의 값이 증가하면 y의 값은
   감소하므로 $x_1<x_2$이면 $f(x_1)>f(x_2)$이다.
                           (거짓)

ㄹ. 함수 $y=f(x)$는 일대일함수이므로 $x_1\neq x_2$이면
   $f(x_1)\neq f(x_2)$이다. (참)

ㅁ. $y=\log_2 x=-\log_{\frac{1}{2}} x$이므로 $y=f(x)$의 그래프
   는 $y=\log_2 x$의 그래프와 x축에 대하여 대칭이다.
                           (거짓)

이상에서 옳은 것은 ㄴ, ㄹ이다.   답 ㄴ, ㄹ

222

(1) $y=\log_{\frac{1}{2}}(x+2)+1$
   의 그래프는
   $y=\log_{\frac{1}{2}} x$의 그래프
   를 x축의 방향으로
   -2만큼, y축의 방향
   으로 1만큼 평행이동
   한 것이므로 위의 그림과 같고,

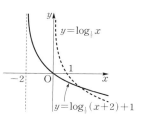

정의역은 $\{x\,|\,x>-2\}$
치역은 $\{y\,|\,y$는 실수$\}$
점근선의 방정식은 $x=-2$

(2) $y=\log_{\frac{1}{2}}(-x)-2$의 그래프
   는 $y=\log_{\frac{1}{2}} x$의 그래프를 y
   축에 대하여 대칭이동한 후
   y축의 방향으로 -2만큼 평
   행이동한 것이므로 오른쪽
   그림과 같고,

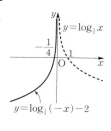

정의역은 $\{x\,|\,x<0\}$
치역은 $\{y\,|\,y$는 실수$\}$
점근선의 방정식은 $x=0$

(3) $y=-\log_{\frac{1}{2}}(x-3)$의
   그래프는 $y=\log_{\frac{1}{2}} x$의
   그래프를 x축에 대하
   여 대칭이동한 후 x축
   의 방향으로 3만큼 평
   행이동한 것이므로 위의 그림과 같고,

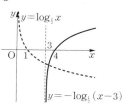

정의역은 $\{x\,|\,x>3\}$
치역은 $\{y\,|\,y$는 실수$\}$
점근선의 방정식은 $x=3$

답 풀이 참조

223

$y=\log_3(27x+9)=\log_3\left\{27\left(x+\dfrac{1}{3}\right)\right\}$

$=\log_3 27+\log_3\left(x+\dfrac{1}{3}\right)=\log_3\left(x+\dfrac{1}{3}\right)+3$

따라서 함수 $y=\log_3(27x+9)$의 그래프는

$y=\log_3 x$의 그래프를 x축의 방향으로 $-\dfrac{1}{3}$만큼, y축

의 방향으로 3만큼 평행이동한 것이므로

$m=-\dfrac{1}{3},\ n=3$

$\therefore mn=-1$ 답 -1

224

$y=\log_{\frac{1}{5}} x$의 그래프를 x축에 대하여 대칭이동한 그래
프의 식은 $-y=\log_{\frac{1}{5}} x$

$\therefore y=\log_5 x$ ······ ㉠

㉠의 그래프를 x축의 방향으로 2만큼, y축의 방향으로 -3만큼 평행이동한 그래프의 식은

$$y=\log_5(x-2)-3$$

답 $y=\log_5(x-2)-3$

225

(1) $\log_4 25=\log_{2^2} 5^2=\log_2 5=\log_{2^3} 5^3=\log_8 125$

$2=\log_8 8^2=\log_8 64$

이때 $64<80<125$이고, 함수 $y=\log_8 x$에서 x의 값이 증가하면 y의 값도 증가하므로

$$\log_8 64<\log_8 80<\log_8 125$$

$$\therefore 2<\log_8 80<\log_4 25$$

(2) $-2=\log_{\frac{1}{2}}\left(\frac{1}{2}\right)^{-2}=\log_{\frac{1}{2}} 4$

$3<4<5$이고, 함수 $y=\log_{\frac{1}{2}} x$에서 x의 값이 증가하면 y의 값은 감소하므로

$$\log_{\frac{1}{2}} 3>\log_{\frac{1}{2}} 4>\log_{\frac{1}{2}} 5$$

$$\therefore \log_{\frac{1}{2}} 5<-2<\log_{\frac{1}{2}} 3$$

답 (1) $2<\log_8 80<\log_4 25$

(2) $\log_{\frac{1}{2}} 5<-2<\log_{\frac{1}{2}} 3$

226

(1) $y=2^{-x+1}-3$에서 $y+3=2^{-x+1}$

로그의 정의에 의하여

$$-x+1=\log_2(y+3)$$

$$\therefore x=-\log_2(y+3)+1$$

x와 y를 서로 바꾸면 구하는 역함수는

$$y=-\log_2(x+3)+1$$

(2) $y=\log_{\frac{1}{3}}(x-2)+1$에서

$$y-1=\log_{\frac{1}{3}}(x-2)$$

로그의 정의에 의하여

$$x-2=\left(\frac{1}{3}\right)^{y-1} \quad \therefore x=\left(\frac{1}{3}\right)^{y-1}+2$$

x와 y를 서로 바꾸면 구하는 역함수는

$$y=\left(\frac{1}{3}\right)^{x-1}+2$$

답 (1) $y=-\log_2(x+3)+1$

(2) $y=\left(\frac{1}{3}\right)^{x-1}+2$

227

$y=\log_4(x+a)-3$에서

$$y+3=\log_4(x+a)$$

로그의 정의에 의하여 $x+a=4^{y+3}$

$$\therefore x=4^{y+3}-a$$

x와 y를 서로 바꾸면 $y=4^{x+3}-a$

따라서 $a=1$, $b=3$이므로

$$a+b=4$$

답 4

228

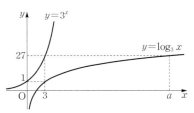

$y=\log_3 x$에서 $y=1$일 때

$$\log_3 x=1 \quad \therefore x=3$$

$y=3^x$에서 $x=3$일 때

$$y=3^3=27$$

따라서 $y=\log_3 x$의 그래프가 점 $(a, 27)$을 지나므로

$$27=\log_3 a \quad \therefore a=3^{27}$$

답 3^{27}

229

두 점 A, B의 x좌표가 k이므로

$$A(k, \log_2 k), B(k, \log_4 k)$$

$\overline{AB}=2$이므로 $\log_2 k-\log_4 k=2$

$$\log_2 k-\frac{1}{2}\log_2 k=2, \quad \log_2 k=4$$

$$\therefore k=2^4=16$$

답 16

230

$y=\log_3 x+1$의 그래프는 $y=\log_3 x$의 그래프를 y축의 방향으로 1만큼 평행이동한 것이다.

따라서 오른쪽 그림에서 빗금 친 두 부분의 넓이가 같으므로 구하는 넓이는 직사각형 ABCD의 넓이와 같다.

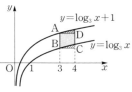

즉 구하는 넓이는 $(4-3)\times 1=1$

답 1

231

$y=\log_2(x+1)+2$의 그래프는 $y=\log_2(x+1)$의
그래프를 y축의 방향으로 2만큼 평행이동한 것이다.
따라서 오른쪽 그림에서
빗금 친 두 부분의 넓이
가 같으므로 구하는 넓이
는 평행사변형 OABC의
넓이와 같다.

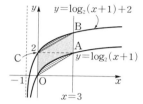

즉 구하는 넓이는

$$3 \times 2 = 6$$

달 **6**

🐦 **연습문제**　　　　　　　　　● 본책 100~102쪽

232

전략 함숫값을 k에 대한 식으로 나타낸다.

$f(27)=\log_3 27+k\log_{27} 81=3+\dfrac{4}{3}k$

$f(9)=\log_3 9+k\log_9 81=2+2k$

$f(27)=f(9)$이므로

$$3+\frac{4}{3}k=2+2k, \qquad \frac{2}{3}k=1$$

$$\therefore k=\frac{3}{2}$$

달 $\dfrac{3}{2}$

233

전략 그래프의 점근선과 그래프가 지나는 점을 이용하여 a, b의
값을 구한다.

함수 $y=\log_2(x-a)+b$의 그래프의 점근선의 방정
식은 $x=a$이므로

$$a=-2$$

따라서 $y=\log_2(x+2)+b$의 그래프가 원점을 지나
므로

$$0=\log_2 2+b \qquad \therefore b=-1$$

$$\therefore ab=2$$

달 **2**

234

전략 로그함수의 성질을 이용한다.

③ $y=\log_3(x-5)+2$에서

$$y-2=\log_3(x-5)$$

로그의 정의에 의하여　　　$3^{y-2}=x-5$

$$\therefore x=3^{y-2}+5$$

x와 y를 서로 바꾸면 함수 $y=\log_3(x-5)+2$의
역함수는

$$y=3^{x-2}+5$$

⑤ 밑 3이 1보다 크므로 x의 값이 증가하면 y의 값도
증가한다.

달 ③

235

전략 먼저 주어진 로그함수의 역함수 $f(x)$를 구한다.

$y=\log_a(x+b)-2$에서

$$y+2=\log_a(x+b)$$

로그의 정의에 의하여　　　$x+b=a^{y+2}$

$$\therefore x=a^{y+2}-b$$

x와 y를 서로 바꾸면　　　$y=a^{x+2}-b$

$$\therefore f(x)=a^{x+2}-b$$

따라서 $y=f(x)$의 그래프의 점근선의 방정식은
$y=-b$이므로

$$-b=-2 \qquad \therefore b=2$$

또 $y=f(x)$의 그래프가 점 $(0, 1)$을 지나므로

$$1=a^2-2, \qquad a^2=3$$

$$\therefore a=\sqrt{3} \ (\because a>0)$$

$$\therefore ab=2\sqrt{3}$$

달 $2\sqrt{3}$

236

전략 네 점 A, B, C, D의 좌표를 차례대로 구한다.

점 A의 y좌표가 1이므로 $y=\log_2 x$에서 $y=1$일 때

$$1=\log_2 x \qquad \therefore x=2$$

$$\therefore A(2, 1)$$

점 B의 x좌표가 2이므로 $y=2^x$에서 $x=2$일 때

$$y=2^2=4 \qquad \therefore B(2, 4)$$

점 C의 y좌표가 4이므로 $y=\log_2 x$에서 $y=4$일 때

$$4=\log_2 x \qquad \therefore x=2^4=16$$

$$\therefore C(16, 4)$$

점 D의 x좌표가 16이므로 $y=2^x$에서 $x=16$일 때

$$y=2^{16}$$

따라서 점 D의 y좌표는 2^{16}이다.

달 2^{16}

237

전략 세 점 A, B, C의 좌표를 각각 구한다.

두 곡선 $y=\log_2 x$, $y=\log_a x$가 모두 점 $(1, 0)$을 지나므로

$$A(1, 0)$$

두 점 B, C의 x좌표가 4이므로

$$B(4, 2),\ C(4, \log_a 4)$$

따라서 삼각형 ABC의 넓이는

$$\frac{1}{2}\times(4-1)\times(2-\log_a 4)=\frac{3}{2}(2-\log_a 4)$$

즉 $\frac{3}{2}(2-\log_a 4)=\frac{9}{2}$이므로

$$2-\log_a 4=3,\qquad \log_a 4=-1$$

$$a^{-1}=4\qquad \therefore a=\frac{1}{4}$$

답 ④

238

전략 주어진 로그함수의 식을 $y=\log_2 x$를 포함한 식으로 나타낸다.

ㄱ. $y=\log_{\frac{1}{2}} 4x=\log_{\frac{1}{2}} 4+\log_{\frac{1}{2}} x=-2-\log_2 x$

따라서 $y=\log_2 x$의 그래프를 x축에 대하여 대칭이동한 후 y축의 방향으로 -2만큼 평행이동하면 $y=\log_{\frac{1}{2}} 4x$의 그래프와 겹쳐진다.

ㄴ. $y=\log_2 \sqrt{x}=\frac{1}{2}\log_2 x$

ㄷ. $y=\log_2 x$의 그래프를 직선 $y=x$에 대하여 대칭이동한 후 x축의 방향으로 1만큼 평행이동하면 $y=2^{x-1}$의 그래프와 겹쳐진다.

ㄹ. $y=\log_2 \frac{1}{x}=\log_2 x^{-1}=-\log_2 x$

따라서 $y=\log_2 x$의 그래프를 x축에 대하여 대칭이동하면 $y=\log_2 \frac{1}{x}$의 그래프와 겹쳐진다.

이상에서 함수 $y=\log_2 x$의 그래프를 평행이동 또는 대칭이동하여 겹쳐질 수 있는 그래프의 식은 ㄱ, ㄷ, ㄹ이다.

답 ㄱ, ㄷ, ㄹ

239

전략 먼저 $y=\log_2 x+1$의 그래프를 평행이동한 그래프의 식을 구한다.

$y=\log_2 x+1$의 그래프를 x축의 방향으로 a만큼, y축의 방향으로 b만큼 평행이동한 그래프의 식은

$$y=\log_2 (x-a)+1+b$$

$$\therefore f(x)=\log_2 (x-a)+1+b$$

이때 $f(7)=0$, $f(11)=1$이므로

$$\log_2 (7-a)+1+b=0 \qquad\cdots\cdots\ \bigcirc$$

$$\log_2 (11-a)+1+b=1 \qquad\cdots\cdots\ \bigcirc\!\!\bigcirc$$

$\bigcirc\!\!\bigcirc-\bigcirc$을 하면

$$\log_2 (11-a)-\log_2 (7-a)=1$$

$$\log_2 \frac{11-a}{7-a}=1,\qquad \frac{11-a}{7-a}=2$$

$$11-a=14-2a \qquad \therefore a=3$$

$\bigcirc$에 $a=3$을 대입하면

$$\log_2 4+1+b=0 \qquad \therefore b=-3$$

$$\therefore a+b=0$$

답 0

240

전략 밑을 2로 같게 한 후 $\log_2 a$의 값의 범위를 이용한다.

$$B=\log_2 \frac{1}{a}=\log_2 a^{-1}=-\log_2 a$$

$$C=\log_a 2=\frac{1}{\log_2 a}$$

이때 $1<a<2$이고, 함수 $y=\log_2 x$에서 x의 값이 증가하면 y의 값도 증가하므로

$$\log_2 1<\log_2 a<\log_2 2$$

$$\therefore 0<\log_2 a<1$$

따라서 $-1<-\log_2 a<0$, $\dfrac{1}{\log_2 a}>1$이므로

$$0<A<1,\ -1<B<0,\ C>1$$

$$\therefore B<A<C$$

답 $B<A<C$

241

전략 $\overline{CD}=4$임을 이용하여 점 C의 좌표를 구한다.

사각형 ABCD는 한 변의 길이가 4인 정사각형이므로

$$\overline{CD}=4$$

따라서 점 C의 x좌표를 k라 하면

$$\log_2 k=4 \qquad \therefore k=2^4=16$$

$\overline{BC}=4$이므로 점 B의 x좌표는

$$16-4=12$$

$$\therefore \overline{BE}=\log_2 12=\log_2 (2^2\times 3)$$

$$=2+\log_2 3$$

답 ③

242

전략 함수 $y=g(x)$가 함수 $y=\log_2(x-1)$의 역함수임을 이용한다.

$y=g(x)$의 그래프와 $y=\log_2(x-1)$의 그래프가 직선 $y=x$에 대하여 대칭이므로 함수 $y=g(x)$는 함수 $y=\log_2(x-1)$의 역함수이다.

$y=\log_2(x-1)$에서 로그의 정의에 의하여

$$2^y=x-1 \qquad \therefore x=2^y+1$$

x와 y를 서로 바꾸면 $\qquad y=2^x+1$

$$\therefore g(x)=2^x+1$$

$y=g(x)$의 그래프가 점 $P(2, b)$를 지나므로

$$b=2^2+1=5$$

$y=\log_2(x-1)$의 그래프가 점 $Q(a, 5)$를 지나므로

$$5=\log_2(a-1), \qquad a-1=2^5$$

$$\therefore a=33$$

$$\therefore a+b=38$$

답 **38**

다른 풀이 $y=g(x)$의 그래프가 점 $P(2, b)$를 지나므로 $y=\log_2(x-1)$의 그래프는 점 $(b, 2)$를 지난다.

따라서 $2=\log_2(b-1)$에서 $\qquad b-1=2^2$

$$\therefore b=5$$

243

전략 두 점 A, C의 좌표를 이용하여 두 점 D, F의 좌표를 구한다.

$A(2, 0)$이므로 점 D의 y좌표는 $\qquad \log_2 2=1$

$$\therefore D(0, 1)$$

$C(16, 0)$이므로 점 F의 y좌표는 $\qquad \log_2 16=4$

$$\therefore F(0, 4)$$

점 E가 선분 DF를 $1:2$로 내분하는 점이므로 점 E의 좌표는 $\left(0, \dfrac{1\times 4+2\times 1}{1+2}\right)$, 즉 $(0, 2)$

따라서 점 B의 x좌표를 a라 하면 $\log_2 a=2$에서

$$a=2^2=4$$

즉 점 B의 x좌표는 4이다.

답 **4**

244

전략 주어진 조건을 이용하여 α, β에 대한 식을 세운다.

두 점 P, R의 x좌표가 각각 α, β이므로

$$\frac{\alpha+\beta}{2}=\frac{9}{4} \qquad \therefore \alpha+\beta=\frac{9}{2} \qquad \cdots\cdots\ \bigcirc$$

두 점 P, Q의 y좌표가 각각 $\log_4\alpha$, $-\log_2\alpha$이므로

$$\overline{PQ}=-\log_2\alpha-\log_4\alpha$$
$$=-\log_2\alpha-\frac{1}{2}\log_2\alpha=-\frac{3}{2}\log_2\alpha$$

두 점 R, S의 y좌표가 각각 $\log_4\beta$, $-\log_2\beta$이므로

$$\overline{RS}=\log_4\beta-(-\log_2\beta)$$
$$=\frac{1}{2}\log_2\beta+\log_2\beta=\frac{3}{2}\log_2\beta$$

이때 $\overline{PQ}:\overline{RS}=1:2$에서 $\overline{RS}=2\overline{PQ}$이므로

$$\frac{3}{2}\log_2\beta=-3\log_2\alpha$$

$$\log_2\beta=-2\log_2\alpha, \qquad \log_2\beta=\log_2\frac{1}{\alpha^2}$$

$$\therefore \beta=\frac{1}{\alpha^2} \qquad\qquad \cdots\cdots\ \bigcirc$$

$\bigcirc$에 $\bigcirc$을 대입하면

$$\alpha+\frac{1}{\alpha^2}=\frac{9}{2}, \qquad 2\alpha^3-9\alpha^2+2=0$$

$$(2\alpha-1)(\alpha^2-4\alpha-2)=0$$

$$\therefore \alpha=\frac{1}{2} \text{ 또는 } \alpha=2\pm\sqrt{6}$$

이때 $0<\alpha<1$이므로 $\qquad \alpha=\dfrac{1}{2}$

$\bigcirc$에 $\alpha=\dfrac{1}{2}$을 대입하면 $\qquad \beta=4$

$$\therefore \beta-\alpha=\frac{7}{2}$$

답 $\dfrac{7}{2}$

245

전략 평행사변형 ACBD의 넓이가 $\log_2 125$임을 이용한다.

$$y=\log_2 5x=\log_2 x+\log_2 5$$

이므로 곡선 $y=\log_2 5x$는 곡선 $y=\log_2 x$를 y축의 방향으로 $\log_2 5$만큼 평행이동한 것이다.

따라서 오른쪽 그림에서 빗금 친 두 부분의 넓이가 같으므로 평행사변형 ACBD의 넓이가 $\log_2 125$이다.

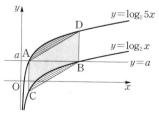

이때 $\overline{AC}=\overline{DB}=\log_2 5$이므로

$$\log_2 5\times\overline{AB}=\log_2 125$$

$$\therefore \overline{AB}=\frac{\log_2 125}{\log_2 5}=\log_5 125=3$$

한편 두 점 A, B의 y좌표가 a이므로

$a=\log_2 5x$에서　　　$5x=2^a$　　$\therefore x=\dfrac{1}{5}\times 2^a$

　　　$\therefore \text{A}\left(\dfrac{1}{5}\times 2^a,\ a\right)$

$a=\log_2 x$에서　　　$x=2^a$

　　　$\therefore \text{B}(2^a,\ a)$

따라서 $\overline{\text{AB}}=2^a-\dfrac{1}{5}\times 2^a=\dfrac{4}{5}\times 2^a$이므로

　　$\dfrac{4}{5}\times 2^a=3$　　$\therefore 2^a=\dfrac{15}{4}$　　🅐 $\dfrac{15}{4}$

---

02 로그함수의 최대·최소

● 본책 103~108쪽

246

🅐 증가, 1, 0, $\dfrac{1}{2}$, -1

247

🅐 감소, $\dfrac{1}{9}$, 2, 3, -1

248

(1) 함수 $y=\log_3 x$에서 x의 값이 증가하면 y의 값도 증가한다.

　　따라서 $3\le x\le 9$일 때, 함수 $y=\log_3 x$는

　　　　$x=9$에서 최댓값 $\log_3 9=2$,

　　　　$x=3$에서 최솟값 $\log_3 3=1$

　　을 갖는다.

(2) 함수 $y=\log_{\frac{1}{4}} x$에서 x의 값이 증가하면 y의 값은 감소한다.

　　따라서 $\dfrac{1}{16}\le x\le 4$일 때, 함수 $y=\log_{\frac{1}{4}} x$는

　　　　$x=\dfrac{1}{16}$에서 최댓값 $\log_{\frac{1}{4}}\dfrac{1}{16}=2$,

　　　　$x=4$에서 최솟값 $\log_{\frac{1}{4}} 4=-1$

　　을 갖는다.

(3) 함수 $y=\log_5 x$에서 x의 값이 증가하면 y의 값도 증가한다.

따라서 $x\ge 1$일 때, 함수 $y=\log_5 x$는 최댓값을 갖지 않고,

　　$x=1$에서 최솟값 $\log_5 1=0$

을 갖는다.

(4) 함수 $y=\log_{\frac{1}{2}} x$에서 x의 값이 증가하면 y의 값은 감소한다.

　　따라서 $x\ge\dfrac{1}{16}$일 때, 함수 $y=\log_{\frac{1}{2}} x$는

　　　$x=\dfrac{1}{16}$에서 최댓값 $\log_{\frac{1}{2}}\dfrac{1}{16}=4$

　　를 갖고, 최솟값은 갖지 않는다.

🅐 (1) **최댓값: 2, 최솟값: 1**
　　(2) **최댓값: 2, 최솟값: -1**
　　(3) **최솟값: 0, 최댓값: 없다.**
　　(4) **최댓값: 4, 최솟값: 없다.**

249

(1) 함수 $y=\log_2(x+1)-3$에서 x의 값이 증가하면 y의 값도 증가한다.

　　따라서 $1\le x\le 7$일 때, 함수 $y=\log_2(x+1)-3$은

　　　　$x=7$에서 최댓값 $\log_2 8-3=0$,

　　　　$x=1$에서 최솟값 $\log_2 2-3=-2$

　　를 갖는다.

(2) 함수 $y=\log_{\frac{1}{3}}(2x+1)+3$에서 x의 값이 증가하면 y의 값은 감소한다.

　　따라서 $1\le x\le 4$일 때, 함수 $y=\log_{\frac{1}{3}}(2x+1)+3$은

　　　　$x=1$에서 최댓값 $\log_{\frac{1}{3}} 3+3=2$,

　　　　$x=4$에서 최솟값 $\log_{\frac{1}{3}} 9+3=1$

　　을 갖는다.

🅐 (1) **최댓값: 0, 최솟값: -2**
　　(2) **최댓값: 2, 최솟값: 1**

250

함수 $y=\log_{\frac{1}{2}}(x-a)$에서 x의 값이 증가하면 y의 값은 감소한다.

따라서 $6\le x\le 8$일 때, 함수 $y=\log_{\frac{1}{2}}(x-a)$는 $x=6$에서 최댓값, $x=8$에서 최솟값을 갖는다.

이때 최솟값이 -2이므로
$$\log_{\frac{1}{2}}(8-a)=-2$$
$$8-a=\left(\frac{1}{2}\right)^{-2} \qquad \therefore a=4$$
따라서 $y=\log_{\frac{1}{2}}(x-4)$이므로 구하는 최댓값은
$$\log_{\frac{1}{2}}2=-1 \qquad\qquad\qquad \text{답 } -1$$

251

$f(x)=-x^2+6x+7$로 놓으면 주어진 함수는
$$y=\log_2 f(x)$$
함수 $y=\log_2 f(x)$의 밑 2가 1보다 크므로 $f(x)$가
최대일 때 함수 $y=\log_2 f(x)$도 최대가 된다.
$f(x)=-x^2+6x+7=-(x-3)^2+16$이므로
$f(x)$는 $x=3$에서 최댓값 16을 갖는다.
따라서 함수 $y=\log_2 f(x)$는 $x=3$에서 최댓값
$\log_2 16=4$를 가지므로
$$a=3, \ b=4$$
$$\therefore a+b=7 \qquad\qquad\qquad \text{답 } 7$$

252

$f(x)=x^2-2x+5$로 놓으면 주어진 함수는
$$y=\log_a f(x)$$
함수 $y=\log_a f(x)$의 밑 a가 1보다 작은 양수이므로
$f(x)$가 최소일 때 함수 $y=\log_a f(x)$는 최대가 된다.
$f(x)=x^2-2x+5=(x-1)^2+4$이므로 $f(x)$는
$x=1$에서 최솟값 4를 갖는다.
따라서 함수 $y=\log_a f(x)$는 $x=1$에서 최댓값 $\log_a 4$
를 가지므로
$$\log_a 4=-2, \qquad a^{-2}=4$$
$$a^2=\frac{1}{4} \qquad \therefore a=\frac{1}{2} \ (\because 0<a<1)$$

$$\text{답 } \frac{1}{2}$$

253

$f(x)=x^2+4x+8$로 놓으면 주어진 함수는
$$y=\log_{\frac{1}{2}} f(x)$$

함수 $y=\log_{\frac{1}{2}} f(x)$의 밑 $\frac{1}{2}$이 1보다 작은 양수이므
로 함수 $y=\log_{\frac{1}{2}} f(x)$는 $f(x)$가 최소일 때 최대가
되고, $f(x)$가 최대일 때 최소가 된다.
$f(x)=x^2+4x+8=(x+2)^2+4$이므로
$-3\leq x\leq 0$일 때, $f(x)$는 $x=0$에서 최댓값 8,
$x=-2$에서 최솟값 4를 갖는다.
따라서 $-3\leq x\leq 0$일 때, 함수 $y=\log_{\frac{1}{2}} f(x)$는
$$x=-2$$에서 최댓값 $\log_{\frac{1}{2}} 4=-2$,
$$x=0$$에서 최솟값 $\log_{\frac{1}{2}} 8=-3$
을 갖는다.

답 최댓값: -2, 최솟값: -3

254

(1) $y=(\log_{\frac{1}{3}} x)^2-\log_{\frac{1}{3}} x^2+2$
$$=(\log_{\frac{1}{3}} x)^2-2\log_{\frac{1}{3}} x+2$$
$\log_{\frac{1}{3}} x=t$로 놓으면 $3\leq x\leq 9$에서
$$\log_{\frac{1}{3}} 9\leq \log_{\frac{1}{3}} x\leq \log_{\frac{1}{3}} 3$$
$$\therefore -2\leq t\leq -1$$
이때 주어진 함수는
$$y=t^2-2t+2=(t-1)^2+1 \qquad \cdots\cdots \text{㉠}$$
따라서 $-2\leq t\leq -1$일 때, ㉠은
$$t=-2$$에서 최댓값 10,
$$t=-1$$에서 최솟값 5
를 갖는다.

(2) $y=\log_3 \dfrac{x}{9}\times\log_3 \dfrac{3}{x}$
$$=(\log_3 x-\log_3 9)(\log_3 3-\log_3 x)$$
$$=(\log_3 x-2)(1-\log_3 x)$$
$$=-(\log_3 x)^2+3\log_3 x-2$$
$\log_3 x=t$로 놓으면 $1\leq x\leq 27$에서
$$\log_3 1\leq \log_3 x\leq \log_3 27$$
$$\therefore 0\leq t\leq 3$$
이때 주어진 함수는
$$y=-t^2+3t-2$$
$$=-\left(t-\frac{3}{2}\right)^2+\frac{1}{4} \qquad \cdots\cdots \text{㉠}$$

따라서 $0 \leq t \leq 3$일 때, ㉠은

$$t = \frac{3}{2}\text{에서 최댓값 } \frac{1}{4},$$

$$t = 0 \text{ 또는 } t = 3\text{에서 최솟값 } -2$$

를 갖는다.

> 답 (1) **최댓값: 10, 최솟값: 5**
>
> (2) **최댓값: $\frac{1}{4}$, 최솟값: -2**

255

$$y = 2(\log_3 x)^2 + a \log_3 \frac{1}{x^2} + b$$

$$= 2(\log_3 x)^2 - 2a \log_3 x + b$$

$\log_3 x = t$로 놓으면 주어진 함수는

$$y = 2t^2 - 2at + b$$

$$= 2\left(t - \frac{a}{2}\right)^2 - \frac{a^2}{2} + b \quad \cdots\cdots ㉠$$

㉠이 $x = \frac{1}{3}$, 즉 $t = \log_3 \frac{1}{3} = -1$에서 최솟값 1을 가지므로

$$\frac{a}{2} = -1, \; -\frac{a^2}{2} + b = 1$$

$$\therefore a = -2, \; b = 3$$

$$\therefore a + b = 1$$

> 답 **1**

256

$y = (100x)^{6 - \log x}$의 양변에 상용로그를 취하면

$$\log y = \log (100x)^{6 - \log x}$$

$$= (6 - \log x)(2 + \log x)$$

$$= -(\log x)^2 + 4 \log x + 12 \quad \cdots\cdots ㉠$$

$\log x = t$로 놓으면 $1 \leq x \leq 1000$에서

$$\log 1 \leq \log x \leq \log 1000$$

$$\therefore 0 \leq t \leq 3$$

이때 ㉠은

$$\log y = -t^2 + 4t + 12 = -(t - 2)^2 + 16$$

따라서 $0 \leq t \leq 3$일 때, $\log y$는

$$t = 2\text{에서 최댓값 } 16$$

을 갖는다.

$\log x = 2$에서 $\quad x = 10^2$

$\log y = 16$에서 $\quad y = 10^{16}$

즉 $a = 10^2$, $b = 10^{16}$이므로

$$ab = 10^2 \times 10^{16} = 10^{18}$$

> 답 **10^{18}**

● 본책 109~110쪽

연습문제

257

전략 정의역의 양 끝 값에서의 함숫값을 구한다.

함수 $y = \log_2 (x + 3) - 1$에서 x의 값이 증가하면 y의 값도 증가한다.

따라서 $1 \leq x \leq 5$일 때, 함수 $y = \log_2 (x + 3) - 1$은

$$x = 5\text{에서 최댓값 } \log_2 8 - 1 = 2,$$

$$x = 1\text{에서 최솟값 } \log_2 4 - 1 = 1$$

을 갖는다.

즉 $M = 2$, $m = 1$이므로

$$Mm = 2$$

> 답 **2**

258

전략 두 함수 $f(x)$, $g(x)$에서 x의 값이 증가할 때 함숫값의 증가·감소를 파악한다.

$$f(x) = -\log_{\frac{1}{3}} x^2 = 2 \log_3 x$$

에서 x의 값이 증가하면 $f(x)$의 값도 증가한다.

따라서 $21 \leq x \leq 27$일 때, 함수 $f(x)$는 $x = 27$에서 최댓값을 가지므로

$$M = f(27) = 2 \log_3 27 = 6$$

한편 $g(x) = \log_{\frac{1}{3}} (x - 18) + 2$에서 x의 값이 증가하면 $g(x)$의 값은 감소한다.

따라서 $21 \leq x \leq 27$일 때, 함수 $g(x)$는 $x = 27$에서 최솟값을 가지므로

$$m = g(27) = \log_{\frac{1}{3}} 9 + 2 = 0$$

$$\therefore M + m = 6$$

> 답 **6**

259

전략 함수 $g(x)$의 최솟값을 이용한다.

$$(f \circ g)(x) = f(g(x)) = \log_{\frac{1}{2}} g(x)$$

의 밑 $\frac{1}{2}$이 1보다 작은 양수이므로 $g(x)$가 최소일 때 함수 $(f \circ g)(x)$는 최대가 된다.

$g(x) = x^2 + ax + b = \left(x + \frac{a}{2}\right)^2 - \frac{a^2}{4} + b$이므로

$g(x)$는 $x = -\frac{a}{2}$에서 최솟값 $-\frac{a^2}{4} + b$를 갖는다.

따라서 함수 $(f \circ g)(x)$는 $x = -\dfrac{a}{2}$에서 최댓값

$\log_{\frac{1}{2}} \left(-\dfrac{a^2}{4} + b \right)$를 가지므로

$$-\dfrac{a}{2} = -3, \ \log_{\frac{1}{2}} \left(-\dfrac{a^2}{4} + b \right) = -1$$

$$\therefore a = 6, \ b = 11$$

$$\therefore a + b = 17$$

답 **17**

260

전략 진수가 최대일 때 주어진 함수가 최솟값을 가짐을 이용한다.

$f(x) = x^2 - 4x + 8$로 놓으면 주어진 함수는

$$y = \log_{\frac{1}{2}} f(x)$$

함수 $y = \log_{\frac{1}{2}} f(x)$에서 밑 $\dfrac{1}{2}$이 1보다 작은 양수이므로 $f(x)$가 최대일 때 함수 $y = \log_{\frac{1}{2}} f(x)$는 최소가 된다.

$f(x) = x^2 - 4x + 8 = (x-2)^2 + 4$이므로 $1 \le x \le 4$일 때, $f(x)$는 $x = 4$에서 최댓값 8을 갖는다.

따라서 $1 \le x \le 4$일 때 함수 $y = \log_{\frac{1}{2}} f(x)$는

$x = 4$에서 최솟값 $\log_{\frac{1}{2}} 8 = -3$

을 갖는다.

답 **-3**

261

전략 로그의 성질을 이용하여 주어진 함수의 식을 변형한다.

$$y = \log_3 3x \times \log_3 \dfrac{9}{x}$$

$$= (1 + \log_3 x)(2 - \log_3 x)$$

$$= -(\log_3 x)^2 + \log_3 x + 2$$

$\log_3 x = t$로 놓으면 주어진 함수는

$$y = -t^2 + t + 2 = -\left(t - \dfrac{1}{2} \right)^2 + \dfrac{9}{4}$$

따라서 $t = \dfrac{1}{2}$에서 최댓값 $\dfrac{9}{4}$를 갖는다.

답 **$\dfrac{9}{4}$**

262

전략 밑이 1보다 큰 경우와 1보다 작은 양수인 경우로 나누어 생각한다.

진수의 조건에서 $x + 2 > 0, \ 4 - x > 0$

$$\therefore -2 < x < 4$$

이때 주어진 함수는

$$y = \log_a (x+2) + \log_a (4-x)$$

$$= \log_a (x+2)(4-x)$$

$$= \log_a (-x^2 + 2x + 8)$$

$$= \log_a \{ -(x-1)^2 + 9 \} \quad \cdots\cdots \ \boxdot$$

(i) $a > 1$일 때

$\boxdot$에서 $-(x-1)^2 + 9$가 최소일 때 y도 최소가 된다.

그러나 $-2 < x < 4$일 때, $-(x-1)^2 + 9$의 최솟값은 존재하지 않으므로 $\boxdot$의 최솟값도 존재하지 않는다.

(ii) $0 < a < 1$일 때

$\boxdot$에서 $-(x-1)^2 + 9$가 최대일 때 y는 최소가 된다.

$-2 < x < 4$일 때, $-(x-1)^2 + 9$는 $x = 1$에서 최댓값 9를 가지므로 $\boxdot$의 최솟값은 $\log_a 9$이다.

따라서 $\log_a 9 = -2$이므로

$$a^{-2} = 9, \qquad a^2 = \dfrac{1}{9}$$

$$\therefore a = \dfrac{1}{3} \ (\because \ 0 < a < 1)$$

(i), (ii)에서 $a = \dfrac{1}{3}$

답 **$\dfrac{1}{3}$**

263

전략 지수함수의 최솟값을 이용하여 k의 값을 구한다.

함수 $f(x)$의 밑 $\dfrac{1}{5}$이 1보다 작은 양수이므로

$-x^2 - 4x - 5$의 값이 최대일 때 $f(x)$는 최소가 된다.

$-x^2 - 4x - 5 = -(x+2)^2 - 1$에서 $x = -2$일 때 최댓값 -1을 가지므로 $f(x)$의 최솟값은

$$f(-2) = \left(\dfrac{1}{5} \right)^{-1} = 5$$

한편 함수 $g(x)$의 밑 2가 1보다 크므로 $x^2 + 4x + k$의 값이 최소일 때 $g(x)$는 최소가 된다.

$x^2 + 4x + k = (x+2)^2 + k - 4$에서 $x = -2$일 때 최솟값 $k - 4$를 가지므로 $g(x)$의 최솟값은

$$g(-2) = \log_2 (k-4)$$

즉 $\log_2 (k-4) = 5$이므로

$$k - 4 = 2^5$$

$$\therefore k = 36$$

답 **36**

264

전략 주어진 범위에서 진수의 최솟값과 최댓값을 각각 k에 대한 식으로 나타낸다.

함수 $f(x)$의 밑 3이 1보다 크므로 $f(x)$는
x^2-2x+k의 값이 최소일 때 최소가 되고,
x^2-2x+k의 값이 최대일 때 최대가 된다.
$x^2-2x+k=(x-1)^2+k-1$이므로 $-1 \leq x \leq 2$일 때, x^2-2x+k는 $x=1$에서 최솟값 $k-1$, $x=-1$에서 최댓값 $k+3$을 갖는다.
이때 $f(x)$의 최솟값이 -1이므로

$$\log_3(k-1)=-1, \qquad k-1=3^{-1}$$

$$\therefore k=\frac{4}{3}$$

따라서 $f(x)$의 최댓값은

$$\log_3(k+3)=\log_3 \frac{13}{3}$$

$$\therefore M=\frac{13}{3}$$

답 $\dfrac{13}{3}$

265

전략 $\log_2 x=t$로 치환하여 주어진 함수를 t에 대한 이차함수로 변형한다.

$$y=(\log_2 x)^2+a \log_4 x+2$$

$$=(\log_2 x)^2+\frac{a}{2} \log_2 x+2$$

$\log_2 x=t$로 놓으면 주어진 함수는

$$y=t^2+\frac{a}{2}t+2$$

$$=\left(t+\frac{a}{4}\right)^2-\frac{a^2}{16}+2 \qquad \cdots\cdots \text{㉠}$$

따라서 ㉠이 $x=\dfrac{1}{4}$, 즉 $t=\log_2 \dfrac{1}{4}=-2$에서 최솟값 b를 가지므로

$$-\frac{a}{4}=-2, \quad -\frac{a^2}{16}+2=b$$

$$\therefore a=8, \ b=-2$$

$$\therefore a+b=6$$

답 6

266

전략 $S(x)$를 $\log_2 x$에 대한 식으로 나타낸다.

$$\overline{\text{AC}}=\log_4 \frac{16}{x}=\frac{1}{2} \log_2 \frac{16}{x}$$

$$=\frac{1}{2}(4-\log_2 x)=2-\frac{1}{2} \log_2 x$$

$$\therefore S(x)=\frac{1}{2} \times \overline{\text{AB}} \times \overline{\text{AC}}$$

$$=\frac{1}{2} \times 2 \log_2 x \times \left(2-\frac{1}{2} \log_2 x\right)$$

$$=-\frac{1}{2}(\log_2 x)^2+2 \log_2 x$$

$$=-\frac{1}{2}\{(\log_2 x)^2-4 \log_2 x\}$$

$$=-\frac{1}{2}(\log_2 x-2)^2+2$$

따라서 $S(x)$는 $\log_2 x=2$일 때 최댓값 2를 갖는다.
$\log_2 x=2$에서 $\qquad x=2^2=4$
즉 $a=4$, $M=2$이므로 $\qquad a+M=6$

답 ①

267

전략 산술평균과 기하평균의 관계를 이용한다.

$x>1$에서 $\log_4 x>0$, $\log_x 256>0$이므로 산술평균과 기하평균의 관계에 의하여

$$y=\log_4 x+\log_x 256$$

$$\geq 2\sqrt{\log_4 x \times \log_x 256}$$

$$=2\sqrt{\log_4 256}=2\sqrt{4}=4$$

（단, 등호는 $\log_4 x=\log_x 256$, 즉 $x=16$일 때 성립）
따라서 구하는 최솟값은 4이다.

답 4

268

전략 양변에 밑이 2인 로그를 취한다.

$y=16x^{\log_2 x^3-6}$의 양변에 밑이 2인 로그를 취하면

$$\log_2 y=\log_2 (16x^{\log_2 x^3-6})$$

$$=\log_2 16+\log_2 x^{\log_2 x^3-6}$$

$$=4+(3 \log_2 x-6) \log_2 x$$

$$=3(\log_2 x)^2-6 \log_2 x+4 \qquad \cdots\cdots \text{㉠}$$

$\log_2 x=t$로 놓으면 $1 \leq x \leq 4$에서

$$\log_2 1 \leq \log_2 x \leq \log_2 4$$

$$\therefore 0 \leq t \leq 2$$

이때 ㉠은

$$\log_2 y=3t^2-6t+4=3(t-1)^2+1$$

따라서 $0 \leq t \leq 2$일 때, $\log_2 y$는

$$t=1에서 최솟값 1,$$

$$t=0 또는 t=2에서 최댓값 4$$

를 갖는다.

$\log_2 y=1$에서 $y=2$, $\log_2 y=4$에서 $y=2^4=16$이므로

$$M=16,\ m=2$$
$$\therefore M+m=18$$

269

전략 $x^{\log 3}=3^{\log x}$임을 이용하여 식을 정리한다.

$x^{\log 3}=3^{\log x}$이므로

$$\begin{aligned}y&=3^{\log x}\times x^{\log 3}-3(3^{\log x}+x^{\log 3})+7\\&=3^{\log x}\times 3^{\log x}-3(3^{\log x}+3^{\log x})+7\\&=(3^{\log x})^2-6\times 3^{\log x}+7\end{aligned}$$

$3^{\log x}=t\ (t>0)$로 놓으면

$$y=t^2-6t+7=(t-3)^2-2\qquad\cdots\cdots\ \bigcirc$$

$\bigcirc$은 $t=3$에서 최솟값 -2를 가지므로 주어진 함수는 $t=3$, 즉 $3^{\log x}=3$일 때 최솟값 -2를 갖는다.

$3^{\log x}=3$에서

$$\log x=1\qquad \therefore\ x=10$$

따라서 $a=10$, $b=-2$이므로

$$\frac{a}{b}=-5$$

03 로그함수의 활용: 방정식

270

(1) $\log_2 x=3$에서 로그의 정의에 의하여
$$x=2^3=8$$

(2) $\log_{\frac{1}{3}} x=-3$에서 로그의 정의에 의하여
$$x=\left(\frac{1}{3}\right)^{-3}=3^3=27$$

(3) $\log_5 x=0$에서 로그의 정의에 의하여
$$x=5^0=1$$

271

(1) $\log_2(3x-1)=3$에서 로그의 정의에 의하여
$$3x-1=2^3,\qquad 3x=9$$
$$\therefore\ x=3$$

(2) $\log_{\frac{1}{3}}(-x+6)=-2$에서 로그의 정의에 의하여
$$-x+6=\left(\frac{1}{3}\right)^{-2}\qquad\therefore\ x=-3$$

(3) $\log_3(x+2)=2$에서 로그의 정의에 의하여
$$x+2=3^2\qquad\therefore\ x=7$$

(4) $\log_{\frac{1}{2}}(-3x+4)=-1$에서 로그의 정의에 의하여
$$-3x+4=\left(\frac{1}{2}\right)^{-1},\qquad -3x=-2$$
$$\therefore\ x=\frac{2}{3}$$

(5) $\log_{0.1}(x-2)=-1$에서 로그의 정의에 의하여
$$x-2=0.1^{-1}\qquad\therefore\ x=12$$

(6) $\log_{\frac{1}{3}}(-3x+1)=-1$에서 로그의 정의에 의하여
$$-3x+1=\left(\frac{1}{3}\right)^{-1},\qquad -3x=2$$
$$\therefore\ x=-\frac{2}{3}$$

272

(1) 진수의 조건에서 　$2-x>0$, $2x+5>0$
$$x<2,\ x>-\frac{5}{2}$$
$$\therefore\ -\frac{5}{2}<x<2\qquad\cdots\cdots\ \bigcirc$$

양변의 밑이 2로 같으므로 　$2-x=2x+5$
$$-3x=3\qquad\therefore\ x=-1$$

이는 $\bigcirc$을 만족시키므로 구하는 해는
$$x=-1$$

(2) 진수의 조건에서 　$-3x+1>0$, $x+9>0$
$$x<\frac{1}{3},\ x>-9$$
$$\therefore\ -9<x<\frac{1}{3}\qquad\cdots\cdots\ \bigcirc$$

양변의 밑이 $\frac{1}{5}$로 같으므로
$$-3x+1=x+9,\qquad -4x=8$$
$$\therefore\ x=-2$$

이는 $\bigcirc$을 만족시키므로 구하는 해는
$$x=-2$$

273

방정식 $(\log x)^2 - 4\log x + 3 = 0$에서 $\log x = t$로 놓으면

$$\boxed{t^2} - 4 \times \boxed{t} + 3 = 0, \qquad (t-1)(t-3) = 0$$

$$\therefore t = \boxed{1} \ \text{또는} \ t = 3$$

즉 $\log x = \boxed{1}$ 또는 $\log x = 3$이므로

$$x = \boxed{10} \ \text{또는} \ x = \boxed{1000} \qquad \text{답 풀이 참조}$$

274

(1) $\log(x^2 + 3x) = 1$에서

$$x^2 + 3x = 10, \qquad x^2 + 3x - 10 = 0$$
$$(x+5)(x-2) = 0$$
$$\therefore x = -5 \ \text{또는} \ x = 2$$

(2) 밑의 조건에서 $\quad x - 2 > 0, \ x - 2 \neq 1$

$$\therefore 2 < x < 3 \ \text{또는} \ x > 3 \qquad \cdots\cdots \ ㉠$$

$\log_{x-2} 4 = 2$에서 $\quad (x-2)^2 = 4$

$$x^2 - 4x = 0, \qquad x(x-4) = 0$$
$$\therefore x = 0 \ \text{또는} \ x = 4$$

그런데 ㉠에서 구하는 해는 $\quad x = 4$

(3) 진수의 조건에서 $\quad x > 0, \ x - 10 > 0$

$$\therefore x > 10 \qquad \cdots\cdots \ ㉠$$

$\log x + \log(x-10) = 2 + \log 2$에서

$$\log x(x-10) = \log 100 + \log 2$$
$$\log(x^2 - 10x) = \log 200$$
$$x^2 - 10x = 200, \qquad x^2 - 10x - 200 = 0$$
$$(x+10)(x-20) = 0$$
$$\therefore x = -10 \ \text{또는} \ x = 20$$

그런데 ㉠에서 구하는 해는 $\quad x = 20$

(4) 진수의 조건에서 $\quad 3x + 1 > 0, \ x + 1 > 0$

$$\therefore x > -\frac{1}{3} \qquad \cdots\cdots \ ㉠$$

$\log_{\frac{1}{4}}(3x+1) = \log_{\frac{1}{2}}(x+1)$에서

$$\log_{\frac{1}{4}}(3x+1) = \log_{\frac{1}{4}}(x+1)^2$$
$$3x + 1 = (x+1)^2, \qquad x^2 - x = 0$$
$$x(x-1) = 0$$
$$\therefore x = 0 \ \text{또는} \ x = 1$$

이는 모두 ㉠을 만족시키므로 구하는 해는

$$x = 0 \ \text{또는} \ x = 1$$

(5) 진수의 조건에서 $\quad x - 1 > 0, \ x + 5 > 0$

$$\therefore x > 1 \qquad \cdots\cdots \ ㉠$$

$\log_{\sqrt{3}}(x-1) = \log_3(x+5) + 1$에서

$$\log_3(x-1)^2 = \log_3(x+5) + \log_3 3$$
$$\log_3(x-1)^2 = \log_3\{3(x+5)\}$$
$$(x-1)^2 = 3(x+5)$$
$$x^2 - 5x - 14 = 0, \qquad (x+2)(x-7) = 0$$
$$\therefore x = -2 \ \text{또는} \ x = 7$$

그런데 ㉠에서 구하는 해는 $\quad x = 7$

(6) 진수의 조건에서 $\quad 2x - 1 > 0, \ x^2 + 5 > 0$

$$\therefore x > \frac{1}{2} \qquad \cdots\cdots \ ㉠$$

$\log_3(2x-1) = \frac{1}{2}\log_3(x^2+5)$에서

$$2\log_3(2x-1) = \log_3(x^2+5)$$
$$\log_3(2x-1)^2 = \log_3(x^2+5)$$
$$(2x-1)^2 = x^2 + 5, \qquad 3x^2 - 4x - 4 = 0$$
$$(3x+2)(x-2) = 0$$
$$\therefore x = -\frac{2}{3} \ \text{또는} \ x = 2$$

그런데 ㉠에서 구하는 해는 $\quad x = 2$

답 (1) $x = -5 \ \text{또는} \ x = 2$

(2) $x = 4$

(3) $x = 20$

(4) $x = 0 \ \text{또는} \ x = 1$

(5) $x = 7$

(6) $x = 2$

275

(1) $(\log x)^2 = 3 + \log x^2$에서

$$(\log x)^2 - 2\log x - 3 = 0$$

$\log x = t$로 놓으면

$$t^2 - 2t - 3 = 0, \qquad (t+1)(t-3) = 0$$
$$\therefore t = -1 \ \text{또는} \ t = 3$$

즉 $\log x = -1$ 또는 $\log x = 3$이므로

$$x = \frac{1}{10} \ \text{또는} \ x = 1000$$

(2) $\log x - \log_x 100 = 1$에서

$$\log x - 2\log_x 10 = 1$$
$$\therefore \log x - \frac{2}{\log x} = 1$$

$\log x = t$로 놓으면

$$t - \frac{2}{t} = 1, \qquad t^2 - t - 2 = 0$$

$$(t+1)(t-2) = 0$$

$$\therefore t = -1 \text{ 또는 } t = 2$$

즉 $\log x = -1$ 또는 $\log x = 2$이므로

$$x = \frac{1}{10} \text{ 또는 } x = 100$$

(3) $(2 + \log x)^2 + (\log x - 1)^2 = (1 + \log x^2)^2$에서

$$(2 + \log x)^2 + (\log x - 1)^2 = (1 + 2\log x)^2$$

$$2(\log x)^2 + 2\log x + 5$$

$$= 4(\log x)^2 + 4\log x + 1$$

$$\therefore (\log x)^2 + \log x - 2 = 0$$

$\log x = t$로 놓으면

$$t^2 + t - 2 = 0, \qquad (t+2)(t-1) = 0$$

$$\therefore t = -2 \text{ 또는 } t = 1$$

즉 $\log x = -2$ 또는 $\log x = 1$이므로

$$x = \frac{1}{100} \text{ 또는 } x = 10$$

(4) $\log_2 2x \times \log_2 \dfrac{x}{2} = 3$에서

$$(\log_2 2 + \log_2 x)(\log_2 x - \log_2 2) = 3$$

$$(\log_2 x + 1)(\log_2 x - 1) = 3$$

$$\therefore (\log_2 x)^2 - 4 = 0$$

$\log_2 x = t$로 놓으면

$$t^2 - 4 = 0, \qquad (t+2)(t-2) = 0$$

$$\therefore t = -2 \text{ 또는 } t = 2$$

즉 $\log_2 x = -2$ 또는 $\log_2 x = 2$이므로

$$x = \frac{1}{4} \text{ 또는 } x = 4$$

(5) $\log_2 x + \log_8 x = 2\log_2 x \times \log_8 x$에서

$$\log_2 x + \frac{1}{3}\log_2 x = 2\log_2 x \times \frac{1}{3}\log_2 x$$

$$\frac{4}{3}\log_2 x = \frac{2}{3} \times (\log_2 x)^2$$

$$\therefore (\log_2 x)^2 - 2\log_2 x = 0$$

$\log_2 x = t$로 놓으면

$$t^2 - 2t = 0, \qquad t(t-2) = 0$$

$$\therefore t = 0 \text{ 또는 } t = 2$$

즉 $\log_2 x = 0$ 또는 $\log_2 x = 2$이므로

$$x = 1 \text{ 또는 } x = 4$$

(6) $(\log_3 x)^3 - 4(\log_9 x)^2 + \log_{81} x = 0$에서

$$(\log_3 x)^3 - 4\left(\frac{1}{2}\log_3 x\right)^2 + \frac{1}{4}\log_3 x = 0$$

$$\therefore 4(\log_3 x)^3 - 4(\log_3 x)^2 + \log_3 x = 0$$

$\log_3 x = t$로 놓으면

$$4t^3 - 4t^2 + t = 0, \qquad t(2t-1)^2 = 0$$

$$\therefore t = 0 \text{ 또는 } t = \frac{1}{2}$$

즉 $\log_3 x = 0$ 또는 $\log_3 x = \dfrac{1}{2}$이므로

$$x = 1 \text{ 또는 } x = \sqrt{3}$$

답 (1) $x = \dfrac{1}{10}$ 또는 $x = 1000$

(2) $x = \dfrac{1}{10}$ 또는 $x = 100$

(3) $x = \dfrac{1}{100}$ 또는 $x = 10$

(4) $x = \dfrac{1}{4}$ 또는 $x = 4$

(5) $x = 1$ 또는 $x = 4$

(6) $x = 1$ 또는 $x = \sqrt{3}$

276

(1) $x^{\log x} = \dfrac{1000}{x^2}$의 양변에 상용로그를 취하면

$$\log x^{\log x} = \log \frac{1000}{x^2}$$

$$\log x \times \log x = 3 - 2\log x$$

$$\therefore (\log x)^2 + 2\log x - 3 = 0$$

$\log x = t$로 놓으면

$$t^2 + 2t - 3 = 0, \qquad (t+3)(t-1) = 0$$

$$\therefore t = -3 \text{ 또는 } t = 1$$

즉 $\log x = -3$ 또는 $\log x = 1$이므로

$$x = \frac{1}{1000} \text{ 또는 } x = 10$$

(2) $2^{\log x} + 2^{2 - \log x} = 4$에서

$$2^{\log x} + \frac{4}{2^{\log x}} = 4$$

$2^{\log x} = t \ (t > 0)$로 놓으면

$$t + \frac{4}{t} = 4, \qquad t^2 - 4t + 4 = 0$$

$$(t-2)^2 = 0 \qquad \therefore t = 2$$

즉 $2^{\log x} = 2$이므로

$$\log x = 1 \qquad \therefore x = 10$$

(3) $x^{\log 3} \times 3^{\log x} - 5(x^{\log 3} + 3^{\log x}) + 9 = 0$에서

$$3^{\log x} \times 3^{\log x} - 5(3^{\log x} + 3^{\log x}) + 9 = 0$$

$$\therefore (3^{\log x})^2 - 10 \times 3^{\log x} + 9 = 0$$

$3^{\log x} = t \ (t > 0)$로 놓으면

$$t^2 - 10t + 9 = 0, \qquad (t-1)(t-9) = 0$$

$$\therefore t = 1 \ \text{또는} \ t = 9$$

즉 $3^{\log x} = 1$ 또는 $3^{\log x} = 9$이므로

$$\log x = 0 \ \text{또는} \ \log x = 2$$

$$\therefore x = 1 \ \text{또는} \ x = 100$$

답 (1) $x = \dfrac{1}{1000}$ 또는 $x = 10$ (2) $x = 10$

(3) $x = 1$ 또는 $x = 100$

277

(1) $(\log_2 x)^2 - 4\log_2 x + 3 = 0$에서 $\log_2 x = t$로 놓으면

$$t^2 - 4t + 3 = 0 \qquad \cdots\cdots \ \bigcirc$$

방정식 $(\log_2 x)^2 - 4\log_2 x + 3 = 0$의 두 실근이 α, β이므로 이차방정식 $\bigcirc$의 두 근은 $\log_2 \alpha$, $\log_2 \beta$이다.

따라서 이차방정식의 근과 계수의 관계에 의하여

$$\log_2 \alpha + \log_2 \beta = 4, \qquad \log_2 \alpha\beta = 4$$

$$\therefore \alpha\beta = 16$$

(2) $\log_2 x - 5\log_x 2 - 2 = 0$에서

$$\log_2 x - \frac{5}{\log_2 x} - 2 = 0$$

$\log_2 x = t$로 놓으면 $\qquad t - \dfrac{5}{t} - 2 = 0$

$$\therefore t^2 - 2t - 5 = 0 \qquad \cdots\cdots \ \bigcirc$$

방정식 $\log_2 x - 5\log_x 2 - 2 = 0$의 두 실근이 α, β이므로 이차방정식 $\bigcirc$의 두 근은 $\log_2 \alpha$, $\log_2 \beta$이다.

따라서 이차방정식의 근과 계수의 관계에 의하여

$$\log_2 \alpha + \log_2 \beta = 2, \qquad \log_2 \alpha\beta = 2$$

$$\therefore \alpha\beta = 4$$

답 (1) **16** (2) **4**

다른 풀이 (1) 이차방정식 $\bigcirc$에서

$$(t-1)(t-3) = 0 \qquad \therefore t = 1 \ \text{또는} \ t = 3$$

따라서 $\log_2 x = 1$ 또는 $\log_2 x = 3$이므로

$$x = 2 \ \text{또는} \ x = 8$$

$$\therefore \alpha\beta = 2 \times 8 = 16$$

참고 (2) 이차방정식 $\bigcirc$의 두 근은 모두 0이 아닌 실수이므로

$$x = 2^t > 0, \ x = 2^t \neq 1$$

즉 진수와 밑의 조건을 만족시킨다.

278

주어진 이차방정식의 판별식을 D라 하면

$$\frac{D}{4} = (1 + \log_2 a)^2 - (5\log_2 a - 1) = 0$$

$$\therefore (\log_2 a)^2 - 3\log_2 a + 2 = 0$$

$\log_2 a = t$로 놓으면

$$t^2 - 3t + 2 = 0, \qquad (t-1)(t-2) = 0$$

$$\therefore t = 1 \ \text{또는} \ t = 2$$

즉 $\log_2 a = 1$ 또는 $\log_2 a = 2$이므로

$$a = 2 \ \text{또는} \ a = 4$$

따라서 모든 실수 a의 값의 곱은

$$2 \times 4 = 8 \qquad\qquad \text{답 } \mathbf{8}$$

참고 $5\log_2 a - 1 \neq 0$이므로 $\qquad \log_2 a \neq \dfrac{1}{5}$

$$\therefore a \neq \sqrt[5]{2}$$

279

주어진 식에 $a = 1.7$, $l = 10$을 대입하면

$$1.7 = -2\log_k\left(1 - \frac{10}{30}\right) - 0.3$$

$$2 = -2\log_k \frac{2}{3}, \qquad -1 = \log_k \frac{2}{3}$$

$$k^{-1} = \frac{2}{3} \qquad \therefore k = \frac{3}{2}$$

물고기의 연령이 3.7세일 때의 길이를 $x \ (\text{cm})$라 하면

$$3.7 = -2\log_{\frac{3}{2}}\left(1 - \frac{x}{30}\right) - 0.3$$

$$4 = -2\log_{\frac{3}{2}}\left(1 - \frac{x}{30}\right)$$

$$-2 = \log_{\frac{3}{2}}\left(1 - \frac{x}{30}\right)$$

$$\left(\frac{3}{2}\right)^{-2} = 1 - \frac{x}{30}, \qquad \frac{4}{9} = 1 - \frac{x}{30}$$

$$\frac{x}{30} = \frac{5}{9}$$

$$\therefore x = \frac{50}{3}$$

따라서 연령이 3.7세일 때의 길이는 $\dfrac{50}{3}$ cm이다.

답 $\dfrac{50}{3}$ **cm**

● 본책 117~118쪽

280

전략 $\log f(x) = \log g(x)$의 꼴로 변형한 후 진수의 조건을 만족시키는 $f(x) = g(x)$의 실근을 구한다.

진수의 조건에서 $x > 0$, $(4-x)^2 > 0$, $14-3x > 0$

$\therefore 0 < x < 4$ 또는 $4 < x < \dfrac{14}{3}$ ...... ㉠

$\log x + \log (4-x)^2 = \log (14-3x)$에서

$\log x(4-x)^2 = \log (14-3x)$

$x(4-x)^2 = 14-3x$

$x^3 - 8x^2 + 19x - 14 = 0$

$(x-2)(x^2 - 6x + 7) = 0$

$\therefore x = 2$ 또는 $x = 3 \pm \sqrt{2}$

이는 모두 ㉠을 만족시키므로 모든 x의 값의 합은

$2 + (3+\sqrt{2}) + (3-\sqrt{2}) = 8$ **답** 8

281

전략 먼저 주어진 근을 대입하여 k의 값을 구한다.

$(\log_2 x)^2 - \log_2 x^4 + k = 0$에서

$(\log_2 x)^2 - 4\log_2 x + k = 0$

이 방정식의 한 근이 2이므로 $x = 2$를 대입하면

$1 - 4 + k = 0$ $\therefore k = 3$

따라서 $(\log_2 x)^2 - 4\log_2 x + 3 = 0$이므로 $\log_2 x = t$로 놓으면

$t^2 - 4t + 3 = 0$, $(t-1)(t-3) = 0$

$\therefore t = 1$ 또는 $t = 3$

즉 $\log_2 x = 1$ 또는 $\log_2 x = 3$이므로

$x = 2$ 또는 $x = 8$

따라서 나머지 한 근은 8이다. **답** 8

282

전략 $\log_2 x = X$, $\log_2 y = Y$로 치환하여 연립방정식의 해를 구한다.

$\begin{cases} \log_2 x^2 - 2\log_2 y = 3 \\ \log_2 x^3 + \log_2 y = \dfrac{1}{2} \end{cases}$ 에서

$\begin{cases} 2\log_2 x - 2\log_2 y = 3 \\ 3\log_2 x + \log_2 y = \dfrac{1}{2} \end{cases}$

$\log_2 x = X$, $\log_2 y = Y$로 놓으면

$\begin{cases} 2X - 2Y = 3 \\ 3X + Y = \dfrac{1}{2} \end{cases}$ $\therefore X = \dfrac{1}{2}$, $Y = -1$

따라서 $\log_2 x = \dfrac{1}{2}$, $\log_2 y = -1$이므로

$x = \sqrt{2}$, $y = \dfrac{1}{2}$

즉 $\alpha = \sqrt{2}$, $\beta = \dfrac{1}{2}$이므로

$\dfrac{\alpha^2}{\beta^2} = \dfrac{(\sqrt{2})^2}{\left(\dfrac{1}{2}\right)^2} = 8$ **답** 8

283

전략 $x^{\log 5} = 5^{\log x}$임을 이용한다.

$5^{\log x} \times x^{\log 5} - 6 \times 5^{\log x} + 5 = 0$에서

$5^{\log x} \times 5^{\log x} - 6 \times 5^{\log x} + 5 = 0$

$\therefore (5^{\log x})^2 - 6 \times 5^{\log x} + 5 = 0$

$5^{\log x} = t$ $(t > 0)$로 놓으면

$t^2 - 6t + 5 = 0$, $(t-1)(t-5) = 0$

$\therefore t = 1$ 또는 $t = 5$

즉 $5^{\log x} = 1$ 또는 $5^{\log x} = 5$이므로

$\log x = 0$ 또는 $\log x = 1$

$\therefore x = 1$ 또는 $x = 10$

따라서 구하는 합은 $1 + 10 = 11$ **답** 11

284

전략 $\log x = t$로 치환하여 t에 대한 이차방정식으로 변형한 후 이차방정식의 근과 계수의 관계를 이용한다.

$(\log x)^2 - k\log x - 2 = 0$에서 $\log x = t$로 놓으면

$t^2 - kt - 2 = 0$ ...... ㉠

방정식 $(\log x)^2 - k\log x - 2 = 0$의 두 근을 α, β라 하면 방정식 ㉠의 두 근은 $\log \alpha$, $\log \beta$이다.

따라서 이차방정식의 근과 계수의 관계에 의하여

$k = \log \alpha + \log \beta$

$= \log \alpha\beta = 1$ $(\because \alpha\beta = 10)$ **답** 1

285

전략 로그의 성질을 이용하여 좌변을 $\log_3 x$에 대한 식으로 변형한다.

I-4
로그함수

$\log_3 3x \times \log_3 9x - 1 = 0$에서

$$(1 + \log_3 x)(2 + \log_3 x) - 1 = 0$$
$$\therefore (\log_3 x)^2 + 3\log_2 x + 1 = 0$$

$\log_3 x = t$로 놓으면

$$t^2 + 3t + 1 = 0 \qquad \cdots\cdots \ \unicode{x1D18}$$

방정식 $\log_3 3x \times \log_3 9x - 1 = 0$의 두 근이 α, β이므로 이차방정식 $\unicode{x1D18}$의 두 근은 $\log_3 \alpha$, $\log_3 \beta$이다.

따라서 이차방정식의 근과 계수의 관계에 의하여

$$\log_3 \alpha + \log_3 \beta = -3$$
$$\log_3 \alpha\beta = -3 \qquad \therefore \alpha\beta = \frac{1}{27} \qquad \text{답 } \boldsymbol{\frac{1}{27}}$$

참고 이차방정식 $\unicode{x1D18}$은 서로 다른 두 실근을 가지므로

$$x = 3^t > 0$$

따라서 진수의 조건을 만족시킨다.

286

전략 로그의 정의를 이용한다.

밑의 조건에서 $k > 0$, $k \neq 1 \qquad \cdots\cdots \ \unicode{x1D18}$

$\log_3 \{\log_2 (\log_k x)\} = 0$에서 로그의 정의에 의하여

$$\log_2 (\log_k x) = 3^0 = 1$$
$$\log_k x = 2^1 = 2$$
$$\therefore x = k^2$$

이때 방정식의 해가 $x = 49$이므로

$$k^2 = 49 \qquad \therefore k = 7 \ (\because \ \unicode{x1D18}) \qquad \text{답 } \boldsymbol{7}$$

287

전략 밑이 같은 경우와 진수가 1인 경우의 해를 각각 구한다.

밑과 진수의 조건에서

$$x + 9 > 0, \ x + 9 \neq 1,$$
$$x^2 - 2x + 5 > 0, \ x^2 - 2x + 5 \neq 1, \ x - 1 > 0$$
$$\therefore x > 1 \qquad \cdots\cdots \ \unicode{x1D18}$$

$\log_{x+9}(x-1) = \log_{x^2-2x+5}(x-1)$에서

$$x + 9 = x^2 - 2x + 5 \ \text{또는} \ x - 1 = 1$$

(ⅰ) $x + 9 = x^2 - 2x + 5$에서

$$x^2 - 3x - 4 = 0, \qquad (x+1)(x-4) = 0$$
$$\therefore x = -1 \ \text{또는} \ x = 4$$

그런데 $\unicode{x1D18}$에서 $x = 4$

(ⅱ) $x - 1 = 1$에서 $x = 2$

이는 $\unicode{x1D18}$을 만족시키므로 $x = 2$

(ⅰ), (ⅱ)에서 $x = 2$ 또는 $x = 4$

따라서 방정식의 모든 근의 합은

$$2 + 4 = 6 \qquad \text{답 } \boldsymbol{6}$$

참고 $x^2 - 2x + 5 = (x-1)^2 + 4 \geq 4$이므로 $\log_{x^2-2x+5}(x-1)$에서 밑의 조건은 항상 성립한다.

288

전략 양변에 상용로그를 취하여 $\log x$에 대한 식으로 변형한다.

$x^{\log_{0.1} x} = \dfrac{1}{1000x^2}$의 양변에 상용로그를 취하면

$$\log x^{\log_{0.1} x} = \log \frac{1}{1000x^2}$$
$$\log_{0.1} x \times \log x = -\log 1000x^2$$
$$-\log x \times \log x = -(3 + 2\log x)$$
$$\therefore (\log x)^2 - 2\log x - 3 = 0$$

$\log x = t$로 놓으면 $t^2 - 2t - 3 = 0$

$$(t+1)(t-3) = 0$$
$$\therefore t = -1 \ \text{또는} \ t = 3$$

즉 $\log x = -1$ 또는 $\log x = 3$이므로

$$x = \frac{1}{10} \ \text{또는} \ x = 1000$$
$$\therefore \alpha\beta = \frac{1}{10} \times 1000 = 100 \qquad \text{답 } \boldsymbol{100}$$

289

전략 주어진 두 방정식에서 각각 $\log x$를 한 문자로 치환한 후 이차방정식의 근과 계수의 관계를 이용한다.

$(\log x)^2 - 6\log x - 2 = 0$에서 $\log x = t$로 놓으면

$$t^2 - 6t - 2 = 0 \qquad \cdots\cdots \ \unicode{x1D18}$$

방정식 $(\log x)^2 - 6\log x - 2 = 0$의 두 근이 α, β이므로 방정식 $\unicode{x1D18}$의 두 근은 $\log \alpha$, $\log \beta$이다.

따라서 이차방정식의 근과 계수의 관계에 의하여

$$\log \alpha + \log \beta = 6, \ \log \alpha \times \log \beta = -2$$

한편 $(\log x)^2 - p\log x + q = 0$에서 $\log x = k$로 놓으면

$$k^2 - pk + q = 0 \qquad \cdots\cdots \ \unicode{x1D18}$$

방정식 $(\log x)^2 - p\log x + q = 0$의 두 근이 $\dfrac{1}{\alpha}$, $\dfrac{1}{\beta}$이므로 방정식 $\unicode{x1D18}$의 두 근은 $\log \dfrac{1}{\alpha}$, $\log \dfrac{1}{\beta}$, 즉 $-\log \alpha$, $-\log \beta$이다.

따라서 이차방정식의 근과 계수의 관계에 의하여

$$p=-\log\alpha-\log\beta=-(\log\alpha+\log\beta)=-6,$$
$$q=-\log\alpha\times(-\log\beta)=\log\alpha\times\log\beta=-2$$
$$\therefore p-q=-4$$

답 -4

290

전략 진수의 조건을 만족시키는 x의 값의 범위에서 주어진 방정식이 해를 갖도록 하는 a의 값의 범위를 구한다.

진수의 조건에서

$$x+2>0,\ 4-x>0,\ a>0$$
$$\therefore -2<x<4,\ a>0 \qquad\cdots\cdots\ \text{㉠}$$

$\log_2(x+2)+\log_2(4-x)=\log_2 a$에서

$$\log_2(x+2)(4-x)=\log_2 a$$
$$\therefore \log_2(-x^2+2x+8)=\log_2 a$$

따라서 $-x^2+2x+8=a$이므로

$$x^2-2x+a-8=0 \qquad\cdots\cdots\ \text{㉡}$$

$y=x^2-2x+a-8=(x-1)^2+a-9$라 하면 이 이차함수는 $-2<x<4$일 때 $x=1$에서 최솟값 $a-9$를 갖는다.

이때 $x=-2$ 또는 $x=4$에서 $y=a>0$이므로 $-2<x<4$에서 방정식 ㉡의 해가 존재하려면

$$a-9\le 0 \qquad\therefore 0<a\le 9\ (\because\ \text{㉠})$$

즉 정수 a는 $1, 2, \cdots, 9$의 9개이다.

답 9

291

전략 양변에 밑이 5인 로그를 취하여 $\log_5 x$에 대한 식으로 변형한다.

$\left(\dfrac{x}{4}\right)^{\log_5 4}-\left(\dfrac{x}{3}\right)^{\log_5 3}=0$, 즉 $\left(\dfrac{x}{4}\right)^{\log_5 4}=\left(\dfrac{x}{3}\right)^{\log_5 3}$의 양변에 밑이 5인 로그를 취하면

$$\log_5\left(\dfrac{x}{4}\right)^{\log_5 4}=\log_5\left(\dfrac{x}{3}\right)^{\log_5 3}$$
$$\log_5 4\times(\log_5 x-\log_5 4)$$
$$=\log_5 3\times(\log_5 x-\log_5 3)$$
$$\log_5 4\times\log_5 x-(\log_5 4)^2$$
$$=\log_5 3\times\log_5 x-(\log_5 3)^2$$
$$(\log_5 4-\log_5 3)\log_5 x=(\log_5 4)^2-(\log_5 3)^2$$
$$\log_5 x=\dfrac{(\log_5 4+\log_5 3)(\log_5 4-\log_5 3)}{\log_5 4-\log_5 3}$$
$$=\log_5 4+\log_5 3=\log_5 12$$
$$\therefore x=12$$

답 $x=12$

292

전략 정수 시설을 10번 가동하였을 때의 물속의 불순물의 양을 x에 대한 식으로 나타낸다.

정수 시설을 1번 가동하면 불순물의 양의 $x\,\%$가 제거되므로 남는 불순물의 양은 가동하기 전의 불순물의 양의 $1-\dfrac{x}{100}$이다.

정수 시설을 10번 가동하였더니 물속의 불순물의 양이 처음 불순물의 양의 10 %가 되었으므로

$$\left(1-\dfrac{x}{100}\right)^{10}=\dfrac{10}{100}$$
$$\therefore \left(\dfrac{100-x}{100}\right)^{10}=\dfrac{1}{10}$$

양변에 상용로그를 취하면

$$\log\left(\dfrac{100-x}{100}\right)^{10}=\log\dfrac{1}{10}$$
$$10\log\dfrac{100-x}{100}=-1$$
$$10\{\log(100-x)-2\}=-1$$
$$\log(100-x)-2=-\dfrac{1}{10}$$
$$\therefore \log(100-x)=\dfrac{19}{10}=1.9$$

이때 $\log 80=1.9$이므로

$$100-x=80$$
$$\therefore x=20$$

답 20

04 로그함수의 활용: 부등식

• 본책 119~125쪽

293

(1) 진수의 조건에서 $\quad x>0 \qquad\cdots\cdots\ \text{㉠}$

$\log_2 x<3$에서 $\quad\log_2 x<\log_2 8$

밑이 1보다 크므로 $\quad x<8 \qquad\cdots\cdots\ \text{㉡}$

㉠, ㉡에서 구하는 해는 $\quad 0<x<8$

(2) 진수의 조건에서 $\quad x>0 \qquad\cdots\cdots\ \text{㉠}$

$\log_{\frac{1}{3}} x\ge 2$에서 $\quad\log_{\frac{1}{3}} x\ge\log_{\frac{1}{3}}\dfrac{1}{9}$

밑이 1보다 작은 양수이므로

$$x\le\dfrac{1}{9} \qquad\cdots\cdots\ \text{㉡}$$

㉠, ㉡에서 구하는 해는 $\quad 0<x\le\dfrac{1}{9}$

(3) 진수의 조건에서 $\quad x>0 \qquad$ ...... ㉠

$\log_5 x>0$에서 $\qquad \log_5 x>\log_5 1$

밑이 1보다 크므로 $\qquad x>1 \qquad$ ...... ㉡

㉠, ㉡에서 구하는 해는 $\qquad x>1$

🔲 (1) $0<x<8$ (2) $0<x\le\dfrac{1}{9}$ (3) $x>1$

294

(1) 진수의 조건에서

$$x-1>0,\ -5x+11>0$$

$$\therefore\ 1<x<\dfrac{11}{5} \qquad \text{...... ㉠}$$

$\log_2(x-1)\ge\log_2(-5x+11)$에서 밑이 1보다 크므로

$$x-1\ge-5x+11,\qquad 6x\ge12$$

$$\therefore\ x\ge2 \qquad \text{...... ㉡}$$

㉠, ㉡에서 구하는 해는 $\qquad 2\le x<\dfrac{11}{5}$

(2) 진수의 조건에서

$$2x-5>0,\ x-3>0$$

$$\therefore\ x>3 \qquad \text{...... ㉠}$$

$\log_{\frac{1}{3}}(2x-5)<\log_{\frac{1}{3}}(x-3)$에서 밑이 1보다 작은 양수이므로

$$2x-5>x-3$$

$$\therefore\ x>2 \qquad \text{...... ㉡}$$

㉠, ㉡에서 구하는 해는 $\qquad x>3$

🔲 (1) $2\le x<\dfrac{11}{5}$ (2) $x>3$

295

(1) 진수의 조건에서 $\quad 2x-4>0$

$$\therefore\ x>2 \qquad \text{...... ㉠}$$

$\log_2(2x-4)\le3$에서

$$\log_2(2x-4)\le\log_2 8$$

밑이 1보다 크므로

$$2x-4\le8,\qquad 2x\le12$$

$$\therefore\ x\le6 \qquad \text{...... ㉡}$$

㉠, ㉡에서 구하는 해는 $\qquad 2<x\le6$

(2) 진수의 조건에서 $\quad 3-x>0$

$$\therefore\ x<3 \qquad \text{...... ㉠}$$

$\log_{\frac{1}{3}}(3-x)\ge1$에서

$$\log_{\frac{1}{3}}(3-x)\ge\log_{\frac{1}{3}}\dfrac{1}{3}$$

밑이 1보다 작은 양수이므로 $\qquad 3-x\le\dfrac{1}{3}$

$$\therefore\ x\ge\dfrac{8}{3} \qquad \text{...... ㉡}$$

㉠, ㉡에서 구하는 해는 $\qquad \dfrac{8}{3}\le x<3$

🔲 (1) $2<x\le6$ (2) $\dfrac{8}{3}\le x<3$

296

진수의 조건에서 $\quad x>\boxed{0} \qquad$ ...... ㉠

부등식 $(\log_2 x)^2+\log_2 x-2\le0$에서 $\log_2 x=t$로 놓으면

$$\boxed{t^2}+\boxed{t}-2\le0,\qquad (t+2)(t-1)\le0$$

$$\therefore\ \boxed{-2}\le t\le\boxed{1}$$

즉 $\boxed{-2}\le\log_2 x\le\boxed{1}$이므로

$$\log_2 2^{-2}\le\log_2 x\le\log_2 2$$

밑이 1보다 크므로

$$\boxed{\dfrac{1}{4}}\le x\le\boxed{2} \qquad \text{...... ㉡}$$

㉠, ㉡에서 구하는 해는

$$\boxed{\dfrac{1}{4}}\le x\le\boxed{2}$$

🔲 풀이 참조

297

(1) 진수의 조건에서 $\quad x>0 \qquad$ ...... ㉠

$$-1<\log_{\frac{1}{2}} x\le2$$에서

$$\log_{\frac{1}{2}}\left(\dfrac{1}{2}\right)^{-1}<\log_{\frac{1}{2}} x\le\log_{\frac{1}{2}}\left(\dfrac{1}{2}\right)^2$$

밑이 1보다 작은 양수이므로

$$\dfrac{1}{4}\le x<2 \qquad \text{...... ㉡}$$

㉠, ㉡에서 구하는 해는 $\qquad \dfrac{1}{4}\le x<2$

(2) 진수의 조건에서 $\quad x-5>0,\ x-6>0$

$$\therefore\ x>6 \qquad \text{...... ㉠}$$

$\log_{\frac{1}{2}}(x-5)+\log_{\frac{1}{2}}(x-6)>-1$에서

$$\log_{\frac{1}{2}}(x-5)(x-6)>\log_{\frac{1}{2}} 2$$

밑이 1보다 작은 양수이므로

$$(x-5)(x-6)<2$$
$$x^2-11x+28<0$$
$$(x-4)(x-7)<0$$
$$\therefore \ 4<x<7 \qquad \cdots\cdots\ ㉡$$

㉠, ㉡에서 구하는 해는 $\quad 6<x<7$

(3) 진수의 조건에서 $\quad x-3>0,\ x-5>0$

$$\therefore \ x>5 \qquad \cdots\cdots\ ㉠$$

$\log_{0.5}(x-3)\geq 2\log_{0.5}(x-5)$에서

$$\log_{0.5}(x-3)\geq \log_{0.5}(x-5)^2$$

밑이 1보다 작은 양수이므로

$$x-3\leq(x-5)^2$$
$$x^2-11x+28\geq 0, \qquad (x-4)(x-7)\geq 0$$
$$\therefore \ x\leq 4 \ 또는 \ x\geq 7 \qquad \cdots\cdots\ ㉡$$

㉠, ㉡에서 구하는 해는 $\quad x\geq 7$

(4) 진수의 조건에서 $\quad 11-x>0,\ x>0$

$$\therefore \ 0<x<11 \qquad \cdots\cdots\ ㉠$$

$\log(11-x)+\log x<1$에서

$$\log x(11-x)<\log 10$$

밑이 1보다 크므로

$$x(11-x)<10$$
$$x^2-11x+10>0, \qquad (x-1)(x-10)>0$$
$$\therefore \ x<1 \ 또는 \ x>10 \qquad \cdots\cdots\ ㉡$$

㉠, ㉡에서 구하는 해는

$$0<x<1 \ 또는 \ 10<x<11$$

(5) 진수의 조건에서 $\quad x-1>0,\ 2x+6>0$

$$\therefore \ x>1 \qquad \cdots\cdots\ ㉠$$

$\log_{\frac{1}{3}}(x-1)>\log_{\frac{1}{9}}(2x+6)$에서

$$\log_{\frac{1}{9}}(x-1)^2>\log_{\frac{1}{9}}(2x+6)$$

밑이 1보다 작은 양수이므로

$$(x-1)^2<2x+6$$
$$x^2-4x-5<0$$
$$(x+1)(x-5)<0$$
$$\therefore \ -1<x<5 \qquad \cdots\cdots\ ㉡$$

㉠, ㉡에서 구하는 해는 $\quad 1<x<5$

(6) 진수의 조건에서

$$x+1>0,\ 2x-1>0,\ x-1>0$$

$$\therefore \ x>1 \qquad \cdots\cdots\ ㉠$$

$\log_2(x+1)-\log_4(2x-1)\geq\log_4(x-1)$에서

$$\log_2(x+1)\geq\log_4(x-1)+\log_4(2x-1)$$
$$\therefore \ \log_4(x+1)^2\geq\log_4(x-1)(2x-1)$$

밑이 1보다 크므로

$$(x+1)^2\geq(x-1)(2x-1)$$
$$x^2-5x\leq 0, \qquad x(x-5)\leq 0$$
$$\therefore \ 0\leq x\leq 5 \qquad \cdots\cdots\ ㉡$$

㉠, ㉡에서 구하는 해는 $\quad 1<x\leq 5$

답 (1) $\dfrac{1}{4}\leq x<2$ (2) $6<x<7$ (3) $x\geq 7$

(4) $0<x<1$ 또는 $10<x<11$

(5) $1<x<5$ (6) $1<x\leq 5$

298

(ⅰ) 부등식 $\log_5 x>\log_5 8$의 진수의 조건에서

$$x>0 \qquad \cdots\cdots\ ㉠$$

밑이 1보다 크므로

$$x>8 \qquad \cdots\cdots\ ㉡$$

㉠, ㉡에서 부등식 $\log_5 x>\log_5 8$의 해는

$$x>8$$

(ⅱ) 부등식 $\log_2 x+\log_2(x-4)\leq\log_2(x+5)+2$의

진수의 조건에서

$$x>0,\ x-4>0,\ x+5>0$$

$$\therefore \ x>4 \qquad \cdots\cdots\ ㉢$$

$\log_2 x+\log_2(x-4)\leq\log_2(x+5)+2$에서

$$\log_2 x(x-4)\leq\log_2(x+5)+\log_2 4$$
$$\therefore \ \log_2 x(x-4)\leq\log_2\{4(x+5)\}$$

밑이 1보다 크므로 $\quad x(x-4)\leq 4(x+5)$

$$x^2-8x-20\leq 0$$
$$(x+2)(x-10)\leq 0$$
$$\therefore \ -2\leq x\leq 10 \qquad \cdots\cdots\ ㉣$$

㉢, ㉣에서 부등식

$\log_2 x+\log_2(x-4)\leq\log_2(x+5)+2$의 해는

$$4<x\leq 10$$

(ⅰ), (ⅱ)에서 구하는 해는 $\quad 8<x\leq 10$

답 $8<x\leq 10$

299

(1) 진수의 조건에서 $\quad \log_2 x-1>0,\ x>0$

$\log_2 x > 1$, 즉 $\log_2 x > \log_2 2$에서 밑이 1보다 크므로 $x > 2$

$\therefore x > 2$ ...... ㉠

$\log_4 (\log_2 x - 1) \le 1$에서

$\log_4 (\log_2 x - 1) \le \log_4 4$

밑이 1보다 크므로 $\log_2 x - 1 \le 4$

$\log_2 x \le 5$

$\therefore \log_2 x \le \log_2 32$

밑이 1보다 크므로 $x \le 32$ ...... ㉡

㉠, ㉡에서 구하는 해는 $2 < x \le 32$

(2) 진수의 조건에서 $\log_3 x > 0$, $x > 0$

$\log_3 x > 0$, 즉 $\log_3 x > \log_3 1$에서 밑이 1보다 크므로 $x > 1$

$\therefore x > 1$ ...... ㉠

$\log_{\frac{1}{2}} (\log_3 x) \ge -1$에서

$\log_{\frac{1}{2}} (\log_3 x) \ge \log_{\frac{1}{2}} 2$

밑이 1보다 작은 양수이므로 $\log_3 x \le 2$

$\therefore \log_3 x \le \log_3 9$

밑이 1보다 크므로 $x \le 9$ ...... ㉡

㉠, ㉡에서 구하는 해는 $1 < x \le 9$

🔲 (1) $2 < x \le 32$ (2) $1 < x \le 9$

300

(1) 진수의 조건에서 $x > 0$ ...... ㉠

$2(\log_3 x)^2 + 5\log_3 x - 3 < 0$에서 $\log_3 x = t$로 놓으면

$2t^2 + 5t - 3 < 0$, $(t+3)(2t-1) < 0$

$\therefore -3 < t < \frac{1}{2}$

즉 $-3 < \log_3 x < \frac{1}{2}$이므로

$\log_3 3^{-3} < \log_3 x < \log_3 3^{\frac{1}{2}}$

밑이 1보다 크므로

$\frac{1}{27} < x < \sqrt{3}$ ...... ㉡

㉠, ㉡에서 구하는 해는 $\frac{1}{27} < x < \sqrt{3}$

(2) 진수의 조건에서 $x > 0$ ...... ㉠

$(\log_{\frac{1}{2}} x)^2 - \log_{\frac{1}{2}} x - 12 > 0$에서 $\log_{\frac{1}{2}} x = t$로 놓으면

$t^2 - t - 12 > 0$, $(t+3)(t-4) > 0$

$\therefore t < -3$ 또는 $t > 4$

즉 $\log_{\frac{1}{2}} x < -3$ 또는 $\log_{\frac{1}{2}} x > 4$이므로

$\log_{\frac{1}{2}} x < \log_{\frac{1}{2}} \left(\frac{1}{2}\right)^{-3}$ 또는

$\log_{\frac{1}{2}} x > \log_{\frac{1}{2}} \left(\frac{1}{2}\right)^4$

밑이 1보다 작은 양수이므로

$x > 8$ 또는 $x < \frac{1}{16}$ ...... ㉡

㉠, ㉡에서 구하는 해는

$0 < x < \frac{1}{16}$ 또는 $x > 8$

(3) 진수의 조건에서 $x > 0$ ...... ㉠

$\log_{\frac{1}{3}} x \times \log_{\frac{1}{3}} 9x \le 3$에서

$\log_{\frac{1}{3}} x \times (\log_{\frac{1}{3}} 9 + \log_{\frac{1}{3}} x) \le 3$

$\log_{\frac{1}{3}} x \times (-2 + \log_{\frac{1}{3}} x) \le 3$

$\therefore (\log_{\frac{1}{3}} x)^2 - 2\log_{\frac{1}{3}} x - 3 \le 0$

$\log_{\frac{1}{3}} x = t$로 놓으면

$t^2 - 2t - 3 \le 0$, $(t+1)(t-3) \le 0$

$\therefore -1 \le t \le 3$

즉 $-1 \le \log_{\frac{1}{3}} x \le 3$이므로

$\log_{\frac{1}{3}} \left(\frac{1}{3}\right)^{-1} \le \log_{\frac{1}{3}} x \le \log_{\frac{1}{3}} \left(\frac{1}{3}\right)^3$

밑이 1보다 작은 양수이므로

$\frac{1}{27} \le x \le 3$ ...... ㉡

㉠, ㉡에서 구하는 해는 $\frac{1}{27} \le x \le 3$

(4) 진수의 조건에서 $x > 0$ ...... ㉠

$\log_2 8x^2 \times \log_{\frac{1}{2}} \frac{4}{x} \ge 9$에서

$\log_2 8x^2 \times \log_2 \frac{x}{4} \ge 9$

$(3 + 2\log_2 x)(\log_2 x - 2) \ge 9$

$\therefore 2(\log_2 x)^2 - \log_2 x - 15 \ge 0$

$\log_2 x = t$로 놓으면

$2t^2 - t - 15 \ge 0$, $(2t+5)(t-3) \ge 0$

$\therefore t \le -\frac{5}{2}$ 또는 $t \ge 3$

즉 $\log_2 x \le -\dfrac{5}{2}$ 또는 $\log_2 x \ge 3$이므로

$$\log_2 x \le \log_2 2^{-\frac{5}{2}} \text{ 또는 } \log_2 x \ge \log_2 2^3$$

밑이 1보다 크므로

$$x \le \frac{\sqrt{2}}{8} \text{ 또는 } x \ge 8 \qquad \cdots\cdots \ \text{ⓛ}$$

㉠, ㉡에서 구하는 해는

$$0 < x \le \frac{\sqrt{2}}{8} \text{ 또는 } x \ge 8$$

답 (1) $\dfrac{1}{27} < x < \sqrt{3}$

(2) $0 < x < \dfrac{1}{16}$ 또는 $x > 8$

(3) $\dfrac{1}{27} \le x \le 3$

(4) $0 < x \le \dfrac{\sqrt{2}}{8}$ 또는 $x \ge 8$

301

(1) 진수의 조건에서 $\quad x > 0 \qquad \cdots\cdots \ \text{㉠}$

$x^{\log_3 x} < 9x$의 양변에 밑이 3인 로그를 취하면

$$\log_3 x^{\log_3 x} < \log_3 9x$$

$$\log_3 x \times \log_3 x < 2 + \log_3 x$$

$$\therefore (\log_3 x)^2 - \log_3 x - 2 < 0$$

$\log_3 x = t$로 놓으면

$$t^2 - t - 2 < 0, \qquad (t+1)(t-2) < 0$$

$$\therefore -1 < t < 2$$

즉 $-1 < \log_3 x < 2$이므로

$$\log_3 3^{-1} < \log_3 x < \log_3 3^2$$

밑이 1보다 크므로

$$\frac{1}{3} < x < 9 \qquad \cdots\cdots \ \text{ⓛ}$$

㉠, ㉡에서 구하는 해는 $\quad \dfrac{1}{3} < x < 9$

(2) 진수의 조건에서 $\quad x > 0 \qquad \cdots\cdots \ \text{㉠}$

$\left(\dfrac{1}{2}x\right)^{\log_{\frac{1}{2}} x - 2} \ge \dfrac{1}{16}$의 양변에 밑이 $\dfrac{1}{2}$인 로그를 취

하면 $\quad \log_{\frac{1}{2}} \left(\dfrac{1}{2}x\right)^{\log_{\frac{1}{2}} x - 2} \le \log_{\frac{1}{2}} \dfrac{1}{16}$

$$\left(\log_{\frac{1}{2}} x - 2\right) \times \log_{\frac{1}{2}} \frac{1}{2}x \le 4$$

$$\left(\log_{\frac{1}{2}} x - 2\right)\left(1 + \log_{\frac{1}{2}} x\right) \le 4$$

$$\therefore \left(\log_{\frac{1}{2}} x\right)^2 - \log_{\frac{1}{2}} x - 6 \le 0$$

$\log_{\frac{1}{2}} x = t$로 놓으면

$$t^2 - t - 6 \le 0, \qquad (t+2)(t-3) \le 0$$

$$\therefore -2 \le t \le 3$$

즉 $-2 \le \log_{\frac{1}{2}} x \le 3$이므로

$$\log_{\frac{1}{2}} \left(\frac{1}{2}\right)^{-2} \le \log_{\frac{1}{2}} x \le \log_{\frac{1}{2}} \left(\frac{1}{2}\right)^3$$

밑이 1보다 작은 양수이므로

$$\frac{1}{8} \le x \le 4 \qquad \cdots\cdots \ \text{ⓛ}$$

㉠, ㉡에서 구하는 해는 $\quad \dfrac{1}{8} \le x \le 4$

답 (1) $\dfrac{1}{3} < x < 9$ (2) $\dfrac{1}{8} \le x \le 4$

〔**다른 풀이**〕 (2) $\left(\dfrac{1}{2}x\right)^{\log_{\frac{1}{2}} x - 2} \ge \dfrac{1}{16}$에서

$$\left(\frac{1}{2}x\right)^{-\log_2 x - 2} \ge \frac{1}{16}$$

양변에 밑이 2인 로그를 취하면

$$\log_2 \left(\frac{1}{2}x\right)^{-\log_2 x - 2} \ge \log_2 \frac{1}{16}$$

$$(-\log_2 x - 2) \times \log_2 \frac{1}{2}x \ge -4$$

$$(-\log_2 x - 2)(-1 + \log_2 x) \ge -4$$

$$\therefore (\log_2 x)^2 + \log_2 x - 6 \le 0$$

$\log_2 x = k$로 놓으면

$$k^2 + k - 6 \le 0, \qquad (k+3)(k-2) \le 0$$

$$\therefore -3 \le k \le 2$$

즉 $-3 \le \log_2 x \le 2$이므로

$$\log_2 2^{-3} \le \log_2 x \le \log_2 2^2$$

밑이 1보다 크므로

$$\frac{1}{8} \le x \le 4$$

302

진수의 조건에서 $\quad x > 0 \qquad \cdots\cdots \ \text{㉠}$

$2^{\log_5 x} \times x^{\log_5 2} \ge 10 \times 2^{\log_5 x} - 16$에서

$$2^{\log_5 x} \times 2^{\log_5 x} \ge 10 \times 2^{\log_5 x} - 16$$

$$\therefore (2^{\log_5 x})^2 - 10 \times 2^{\log_5 x} + 16 \ge 0$$

$2^{\log_5 x} = t \ (t > 0)$로 놓으면

$$t^2 - 10t + 16 \ge 0$$

$$(t-2)(t-8) \ge 0$$

$$\therefore 0 < t \le 2 \text{ 또는 } t \ge 8 \ (\because \ t > 0)$$

즉 $0 < 2^{\log_5 x} \leq 2$ 또는 $2^{\log_5 x} \geq 8$이므로

$\qquad 0 < 2^{\log_5 x} \leq 2^1$ 또는 $2^{\log_5 x} \geq 2^3$

밑이 1보다 크므로

$\qquad \log_5 x \leq 1$ 또는 $\log_5 x \geq 3$

$\qquad \therefore \log_5 x \leq \log_5 5$ 또는 $\log_5 x \geq \log_5 125$

밑이 1보다 크므로

$\qquad x \leq 5$ 또는 $x \geq 125 \qquad$ ...... ㉡

㉠, ㉡에서 구하는 해는

$\qquad 0 < x \leq 5$ 또는 $x \geq 125$

$\qquad\qquad\qquad$ 🔲 $\mathbf{0 < x \leq 5}$ **또는** $\mathbf{x \geq 125}$

303

$(\log_2 x)^2 \geq \log_2 \dfrac{x^4}{a}$에서

$\qquad (\log_2 x)^2 \geq 4\log_2 x - \log_2 a$

$\qquad \therefore (\log_2 x)^2 - 4\log_2 x + \log_2 a \geq 0$

$\log_2 x = t$로 놓으면

$\qquad t^2 - 4t + \log_2 a \geq 0 \qquad$ ...... ㉠

모든 실수 t에 대하여 부등식 ㉠이 성립해야 하므로 이차방정식 $t^2 - 4t + \log_2 a = 0$의 판별식을 D라 하면

$\qquad \dfrac{D}{4} = (-2)^2 - \log_2 a \leq 0$

$\qquad \log_2 a \geq 4 \qquad \therefore \log_2 a \geq \log_2 16$

밑이 1보다 크므로 $\qquad a \geq 16$

따라서 양수 a의 최솟값은 16이다. $\qquad$ 🔲 **16**

304

이차방정식 $x^2 - 2(1 - \log_2 a)x - 3(\log_2 a - 1) = 0$의 판별식을 D라 하면

$\qquad \dfrac{D}{4} = (1 - \log_2 a)^2 - \{-3(\log_2 a - 1)\} < 0$

$\qquad \therefore (\log_2 a)^2 + \log_2 a - 2 < 0$

$\log_2 a = t$로 놓으면

$\qquad t^2 + t - 2 < 0, \qquad (t + 2)(t - 1) < 0$

$\qquad \therefore -2 < t < 1$

즉 $-2 < \log_2 a < 1$이므로

$\qquad \log_2 2^{-2} < \log_2 a < \log_2 2^1$

밑이 1보다 크므로

$\qquad \dfrac{1}{4} < a < 2 \qquad\qquad$ 🔲 $\dfrac{1}{4} < a < 2$

305

화학 물질 500 kg이 바다로 유입되었을 때, n년 후에 바닷속에 남은 화학 물질의 양이 5 kg 이하가 된다고 하면

$\qquad 500 \times \left(\dfrac{1}{3}\right)^{\frac{n}{50}} \leq 5 \qquad \therefore \left(\dfrac{1}{3}\right)^{\frac{n}{50}} \leq \dfrac{1}{100}$

양변에 상용로그를 취하면

$\qquad \dfrac{n}{50} \log \dfrac{1}{3} \leq \log \dfrac{1}{100}$

$\qquad -\dfrac{n}{50} \log 3 \leq -2$

$\qquad n \log 3 \geq 100$

$\qquad \therefore n \geq \dfrac{100}{\log 3}$

$\qquad\qquad = \dfrac{100}{0.4771} = 209. \times\times\times$

따라서 바닷속에 남은 화학 물질의 양이 5 kg 이하가 되려면 최소 210년이 지나야 하므로

$\qquad m = 210 \qquad\qquad\qquad$ 🔲 **210**

306

폐수 처리 기계를 1번 통과하면 오염 물질의 10 %가 제거되므로 남는 오염 물질의 양은 처음 오염 물질의 양의 $\dfrac{9}{10}$이다.

따라서 폐수 처리 기계를 n번 통과한 후 남는 오염 물질의 양은 처음 오염 물질의 양의 $\left(\dfrac{9}{10}\right)^n$이고, 오염 물질의 양을 처음의 $\dfrac{2}{100}$ 이하로 줄여야 하므로

$\qquad \left(\dfrac{9}{10}\right)^n \leq \dfrac{2}{100}$

양변에 상용로그를 취하면

$\qquad n \log \dfrac{9}{10} \leq \log \dfrac{2}{100}$

$\qquad n(2\log 3 - 1) \leq \log 2 - 2$

$\qquad \therefore n \geq \dfrac{\log 2 - 2}{2\log 3 - 1} \qquad \leftarrow 2\log 3 - 1 < 0$

$\qquad\quad = \dfrac{0.3010 - 2}{2 \times 0.4771 - 1}$

$\qquad\quad = \dfrac{-1.699}{-0.0458} = 37. \times\times\times$

따라서 폐수 처리 기계를 최소 38번 통과시켜야 한다.

$\qquad\qquad\qquad\qquad\qquad\qquad$ 🔲 ③

연습 문제 ←───● 본책 126~127쪽

307

전략 로그부등식의 해를 구한 후 정수인 해의 개수가 3일 조건을 생각한다.

진수의 조건에서 $x+2>0$, $\frac{1}{3}x+k>0$

$$x>-2, \ x>-3k$$

$$\therefore x>-2 \ (\because k는 자연수) \quad \cdots\cdots \ \text{㉠}$$

$\log_2(x+2)\leq\log_2\left(\frac{1}{3}x+k\right)$에서 밑이 1보다 크므로

$$x+2\leq\frac{1}{3}x+k, \qquad \frac{2}{3}x\leq k-2$$

$$\therefore x\leq\frac{3}{2}k-3 \quad \cdots\cdots \ \text{㉡}$$

㉠, ㉡에서 부등식의 해는

$$-2<x\leq\frac{3}{2}k-3$$

이를 만족시키는 정수 x가 -1, 0, 1의 3개이어야 하므로

$$1\leq\frac{3}{2}k-3<2, \qquad 4\leq\frac{3}{2}k<5$$

$$\therefore \frac{8}{3}\leq k<\frac{10}{3}$$

따라서 자연수 k의 값은 3이다.   **冒 3**

308

전략 진수의 조건과 밑의 조건을 만족시키는 x의 값의 범위를 먼저 구한다.

진수의 조건에서 $2x^2-11x+14>0$

$$(x-2)(2x-7)>0$$

$$\therefore x<2 \ \text{또는} \ x>\frac{7}{2} \quad \cdots\cdots \ \text{㉠}$$

밑의 조건에서 $x-2>0$, $x-2\neq 1$

$$\therefore x>2, \ x\neq 3 \quad \cdots\cdots \ \text{㉡}$$

㉠, ㉡에서 $x>\frac{7}{2} \quad \cdots\cdots \ \text{㉢}$

$\log_{x-2}(2x^2-11x+14)<2$에서

$$\log_{x-2}(2x^2-11x+14)<\log_{x-2}(x-2)^2$$

㉢에서 $x-2>1$이므로

$$2x^2-11x+14<(x-2)^2$$

$$x^2-7x+10<0, \qquad (x-2)(x-5)<0$$

$$\therefore 2<x<5 \quad \cdots\cdots \ \text{㉣}$$

㉢, ㉣에서 구하는 해는

$$\frac{7}{2}<x<5 \qquad\qquad \text{冒} \ \frac{7}{2}<x<5$$

309

전략 밑이 같은 부등식은 진수에 대한 부등식을 세워 풀고, $\log_2 x$가 반복되는 부등식은 치환하여 푼다.

(i) $2\log_{\frac{1}{2}}(x-5)>\log_{\frac{1}{2}}(x+7)$의 진수의 조건에서

$$x-5>0, \ x+7>0$$

$$\therefore x>5 \quad \cdots\cdots \ \text{㉠}$$

$2\log_{\frac{1}{2}}(x-5)>\log_{\frac{1}{2}}(x+7)$에서

$$\log_{\frac{1}{2}}(x-5)^2>\log_{\frac{1}{2}}(x+7)$$

밑이 1보다 작은 양수이므로

$$(x-5)^2<x+7, \qquad x^2-11x+18<0$$

$$(x-2)(x-9)<0$$

$$\therefore 2<x<9 \quad \cdots\cdots \ \text{㉡}$$

㉠, ㉡에서 $5<x<9$

(ii) $\left(\log_2\frac{x}{2}\right)^2-\log_2 x^2+2<0$의 진수의 조건에서

$$\frac{x}{2}>0, \ x^2>0$$

$$\therefore x>0 \quad \cdots\cdots \ \text{㉢}$$

$\left(\log_2\frac{x}{2}\right)^2-\log_2 x^2+2<0$에서

$$(\log_2 x-1)^2-2\log_2 x+2<0$$

$$\therefore (\log_2 x)^2-4\log_2 x+3<0$$

$\log_2 x=t$로 놓으면

$$t^2-4t+3<0, \qquad (t-1)(t-3)<0$$

$$\therefore 1<t<3$$

즉 $1<\log_2 x<3$이므로

$$\log_2 2^1<\log_2 x<\log_2 2^3$$

밑이 1보다 크므로 $2<x<8 \quad \cdots\cdots \ \text{㉣}$

㉢, ㉣에서 $2<x<8$

(i), (ii)에서 연립부등식의 해는 $5<x<8$

따라서 $\alpha=5$, $\beta=8$이므로

$$\alpha\beta=40 \qquad\qquad \text{冒} \ 40$$

310

전략 로그의 성질을 이용하여 부등식의 좌변을 $\log_2 x$에 대한 식으로 변형한다.

진수의 조건에서 $x>0$ ...... ㉠

$\log_{\frac{1}{2}} 8x \times \log_2 \dfrac{x}{2} > -5$에서

$$-\log_2 8x \times \log_2 \dfrac{x}{2} > -5$$

$$(3+\log_2 x)(\log_2 x-1)<5$$

$$\therefore (\log_2 x)^2 + 2\log_2 x - 8 < 0$$

$\log_2 x = t$로 놓으면

$$t^2+2t-8<0$$

$$(t+4)(t-2)<0$$

$$\therefore -4<t<2$$

즉 $-4<\log_2 x<2$이므로

$$\log_2 2^{-4} < \log_2 x < \log_2 2^2$$

밑이 1보다 크므로

$$\dfrac{1}{16}<x<4 \qquad \cdots\cdots ㉡$$

㉠, ㉡에서 주어진 부등식의 해는

$$\dfrac{1}{16}<x<4$$

따라서 $\alpha=\dfrac{1}{16}$, $\beta=4$이므로

$$\dfrac{\beta}{\alpha}=\dfrac{4}{\dfrac{1}{16}}=64$$

답 64

311

전략 $\log_3 x=t$로 치환한 후 t에 대한 이차부등식의 해를 이용한다.

$(1+\log_3 x)(a-\log_3 x)>0$에서

$$(\log_3 x)^2+(1-a)\log_3 x-a<0 \quad \cdots\cdots ㉠$$

$\log_3 x=t$로 놓으면

$$t^2+(1-a)t-a<0 \qquad \cdots\cdots ㉡$$

한편 부등식 ㉠의 해가 $\dfrac{1}{3}<x<9$이므로

$$\log_3 \dfrac{1}{3}<\log_3 x<\log_3 9$$

$$\therefore -1<t<2$$

해가 $-1<t<2$이고 t^2의 계수가 1인 이차부등식은

$$(t+1)(t-2)<0$$

$$\therefore t^2-t-2<0$$

이 부등식이 ㉡과 일치하므로

$$1-a=-1, \ -a=-2$$

$$\therefore a=2$$

답 2

다른 풀이 주어진 부등식의 해가 $\dfrac{1}{3}<x<9$이므로 방정식 $(1+\log_3 x)(a-\log_3 x)=0$의 근이 $x=\dfrac{1}{3}$ 또는 $x=9$이다.

$(1+\log_3 x)(a-\log_3 x)=0$에서

$$\log_3 x=-1 \text{ 또는 } \log_3 x=a$$

$$\therefore x=\dfrac{1}{3} \text{ 또는 } x=3^a$$

따라서 $3^a=9$이므로 $a=2$

312

전략 $3=\log_3 27$임을 이용하여 진수에 대한 부등식을 세운다.

$\log_3 (x^2-2kx+36) \geq 3$에서

$$\log_3 (x^2-2kx+36) \geq \log_3 27$$

밑이 1보다 크므로

$$x^2-2kx+36 \geq 27$$

$$\therefore x^2-2kx+9 \geq 0$$

모든 실수 x에 대하여 위의 부등식이 성립하려면 이차방정식 $x^2-2kx+9=0$의 판별식을 D라 할 때

$$\dfrac{D}{4}=(-k)^2-9 \leq 0$$

$$(k+3)(k-3) \leq 0 \qquad \therefore -3 \leq k \leq 3$$

따라서 $M=3$, $m=-3$이므로

$$Mm=-9$$

답 -9

313

전략 거듭제곱의 밑이 1보다 작은 양수이므로 지수의 부등호의 방향이 바뀜을 이용하여 지수에 대한 부등식을 세운다.

진수의 조건에서 $x^2-4x>0$, $x-3>0$

$x^2-4x>0$에서 $x(x-4)>0$

$$\therefore x<0 \text{ 또는 } x>4 \qquad \cdots\cdots ㉠$$

$x-3>0$에서 $x>3$ $\qquad \cdots\cdots ㉡$

㉠, ㉡에서 $x>4$ $\qquad \cdots\cdots ㉢$

$\left(\dfrac{2}{3}\right)^{-2+\log_2(x^2-4x)} \geq \left(\dfrac{2}{3}\right)^{\log_2(x-3)}$에서 밑이 1보다 작은 양수이므로

$$-2+\log_2(x^2-4x) \leq \log_2(x-3)$$

$$\log_2(x^2-4x) \leq \log_2(x-3)+2$$

$$\therefore \log_2(x^2-4x) \leq \log_2\{4(x-3)\}$$

밑이 1보다 크므로 $x^2-4x\le 4(x-3)$

$x^2-8x+12\le 0$, $(x-2)(x-6)\le 0$

$\quad\therefore 2\le x\le 6$ ······ ㉣

㉢, ㉣에서 구하는 해는

$\quad 4<x\le 6$ **답 $4<x\le 6$**

314

전략 밑이 1보다 큰 경우와 1보다 작은 양수인 경우로 나누어 푼다.

진수의 조건에서 $x+3>0$, $1-x>0$

$\quad\therefore -3<x<1$ ······ ㉠

$\log_a(x+3)-\log_a(1-x)>1$에서

$\quad\log_a(x+3)>\log_a(1-x)+1$

$\quad\therefore \log_a(x+3)>\log_a\{a(1-x)\}$

(i) $a>1$일 때

$x+3>a(1-x)$에서 $(a+1)x>a-3$

$\quad\therefore x>\dfrac{a-3}{a+1}$ $(\because a+1>0)$ ······ ㉡

㉠, ㉡의 공통부분이 $-\dfrac{1}{3}<x<1$이려면

$\quad\dfrac{a-3}{a+1}=-\dfrac{1}{3}$, $3a-9=-a-1$

$\quad\therefore a=2$

(ii) $0<a<1$일 때

$x+3<a(1-x)$에서 $(a+1)x<a-3$

$\quad\therefore x<\dfrac{a-3}{a+1}$ $(\because a+1>0)$ ······ ㉢

그런데 ㉠, ㉢의 공통부분이 $-\dfrac{1}{3}<x<1$이 될 수

없으므로 조건을 만족시키지 않는다.

(i), (ii)에서 $a=2$ **답 2**

315

전략 부등식 $(\log_2 4x)^2-4\log_{\sqrt{2}}x-1<0$의 좌변을 $\log_2 x$에 대한 식으로 변형한다.

진수의 조건에서 $x>0$ ······ ㉠

$(\log_2 4x)^2-4\log_{\sqrt{2}}x-1<0$에서

$\quad(2+\log_2 x)^2-8\log_2 x-1<0$

$\quad\therefore (\log_2 x)^2-4\log_2 x+3<0$

$\log_2 x=t$로 놓으면

$\quad t^2-4t+3<0$, $(t-1)(t-3)<0$

$\quad\therefore 1<t<3$

즉 $1<\log_2 x<3$이므로

$\quad\log_2 2^1<\log_2 x<\log_2 2^3$

밑이 1보다 크므로 $2<x<8$ ······ ㉡

㉠, ㉡에서 부등식 $(\log_2 4x)^2-4\log_{\sqrt{2}}x-1<0$의

해는 $2<x<8$

한편 해가 $2<x<8$이고 x^2의 계수가 1인 이차부등식

은 $(x-2)(x-8)<0$

$\quad\therefore x^2-10x+16<0$

이 부등식이 $x^2+mx+n<0$과 일치하므로

$\quad m=-10$, $n=16$

$\quad\therefore m+n=6$ **답 6**

316

전략 이차방정식의 판별식을 이용하여 로그부등식을 세운다.

$3+\log_2 a\ne 0$이어야 하므로

$\quad\log_2 a\ne -3$ $\therefore a\ne\dfrac{1}{8}$ ······ ㉠

진수의 조건에서 $a>0$ ······ ㉡

이차방정식 $(3+\log_2 a)x^2+2(1+\log_2 a)x+1=0$

이 서로 다른 두 실근을 가지므로 판별식을 D라 하면

$\quad\dfrac{D}{4}=(1+\log_2 a)^2-(3+\log_2 a)>0$

$\quad\therefore (\log_2 a)^2+\log_2 a-2>0$

$\log_2 a=t$로 놓으면

$\quad t^2+t-2>0$, $(t+2)(t-1)>0$

$\quad\therefore t<-2$ 또는 $t>1$

즉 $\log_2 a<-2$ 또는 $\log_2 a>1$이므로

$\quad\log_2 a<\log_2 2^{-2}$ 또는 $\log_2 a>\log_2 2^1$

밑이 1보다 크므로

$\quad a<\dfrac{1}{4}$ 또는 $a>2$ ······ ㉢

㉠, ㉡, ㉢에서

$\quad 0<a<\dfrac{1}{8}$ 또는 $\dfrac{1}{8}<a<\dfrac{1}{4}$ 또는 $a>2$

따라서 a의 값이 될 수 있는 것은 ⑤이다.   **답 ⑤**

317

전략 주어진 조건을 이용하여 부등식을 세운다.

한 번 클릭할 때마다 파일의 크기를 2배로 증가시키므로 n번을 클릭한 후의 파일의 크기는

$\quad 1000\times 2^n$ (Byte)

파일의 크기가 5 GB, 즉 5×10^9 Byte보다 커지면 시스템이 다운되므로

$$1000 \times 2^n > 5 \times 10^9 \qquad \therefore 2^n > 5 \times 10^6$$

양변에 상용로그를 취하면

$$\log 2^n > \log(5 \times 10^6)$$

$$n \log 2 > \log \frac{10}{2} + 6, \qquad n \log 2 > 7 - \log 2$$

$$\therefore n > \frac{7 - \log 2}{\log 2} = \frac{6.7}{0.3} = 22. \times \times \times$$

따라서 마우스를 23번 클릭하면 시스템이 다운된다.

답 23번

318

전략 두 함수 $y = \log_n x$, $y = -\log_n(x+3) + 1$의 $x = 1$, $x = 2$에서의 함숫값의 대소 관계를 이용한다.

$f(x) = \log_n x$, $g(x) = -\log_n(x+3) + 1$이라 하면 곡선 $y = g(x)$는 곡선 $y = f(x)$를 x축에 대하여 대칭이동한 후 x축의 방향으로 -3만큼, y축의 방향으로 1만큼 평행이동한 것이다.

이때 $n \geq 2$이므로 주어진 조건을 만족시키려면 두 곡선 $y = f(x)$, $y = g(x)$가 다음 그림과 같아야 한다.

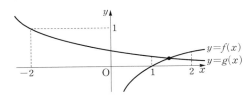

따라서 $f(1) < g(1)$, $f(2) > g(2)$이므로

$$0 < -\log_n 4 + 1, \ \log_n 2 > -\log_n 5 + 1$$

$0 < -\log_n 4 + 1$에서 $\qquad \log_n 4 < \log_n n$

$n \geq 2$이므로 $\qquad n > 4 \qquad \cdots\cdots$ ㉠

$\log_n 2 > -\log_n 5 + 1$에서

$$\log_n 2 + \log_n 5 > 1 \qquad \therefore \log_n 10 > \log_n n$$

$n \geq 2$이므로 $\qquad n < 10 \qquad \cdots\cdots$ ㉡

㉠, ㉡에서 $\qquad 4 < n < 10$

따라서 자연수 n은 5, 6, 7, 8, 9이므로 구하는 합은

$$5 + 6 + 7 + 8 + 9 = 35 \qquad\qquad \text{답 } ②$$

다른 풀이 두 곡선 $y = \log_n x$, $y = -\log_n(x+3) + 1$의 교점의 x좌표는 방정식

$$\log_n x = -\log_n(x+3) + 1 \qquad \cdots\cdots ㉢$$

의 실근과 같다.

㉢에서 $\qquad \log_n x + \log_n(x+3) = 1$

$$\log_n x(x+3) = \log_n n$$

$$x(x+3) = n, \qquad x^2 + 3x - n = 0$$

$$\therefore x = \frac{-3 \pm \sqrt{4n+9}}{2}$$

이때 진수의 조건에서 $x > 0$이므로

$$x = \frac{-3 + \sqrt{4n+9}}{2}$$

따라서 $1 < \dfrac{-3 + \sqrt{4n+9}}{2} < 2$이므로

$$2 < -3 + \sqrt{4n+9} < 4$$

$$\therefore 5 < \sqrt{4n+9} < 7$$

각 변을 제곱하면 $\qquad 25 < 4n + 9 < 49$

$$16 < 4n < 40 \qquad \therefore 4 < n < 10$$

319

전략 x에 대한 이차부등식이 항상 성립할 조건을 이용한다.

모든 실수 x에 대하여 부등식

$$(1 + 2\log \alpha)x^2 + 2(2 + \log \alpha)x + \log \alpha < 0$$

이 항상 성립해야 한다.

(ⅰ) 진수의 조건에서 $\qquad \alpha > 0$

(ⅱ) $1 + 2\log \alpha < 0$에서 $\qquad \log \alpha < -\dfrac{1}{2}$

밑이 1보다 크므로 $\qquad \alpha < \dfrac{\sqrt{10}}{10}$

(ⅲ) 이차방정식

$(1 + 2\log \alpha)x^2 + 2(2 + \log \alpha)x + \log \alpha = 0$의 판별식을 D라 하면

$$\frac{D}{4} = (2 + \log \alpha)^2 - (1 + 2\log \alpha)\log \alpha < 0$$

$$\therefore (\log \alpha)^2 - 3\log \alpha - 4 > 0$$

$\log \alpha = t$로 놓으면

$$t^2 - 3t - 4 > 0, \qquad (t+1)(t-4) > 0$$

$$\therefore t < -1 \ \text{또는} \ t > 4$$

즉 $\log \alpha < -1$ 또는 $\log \alpha > 4$이므로

$$\log \alpha < \log 10^{-1} \ \text{또는} \ \log \alpha > \log 10^4$$

밑이 1보다 크므로

$$\alpha < \frac{1}{10} \ \text{또는} \ \alpha > 10000$$

이상에서 $\qquad 0 < \alpha < \dfrac{1}{10}$ $\qquad$ **답** $0 < \alpha < \dfrac{1}{10}$

1 삼각함수

01 일반각

320

🖺 (1)

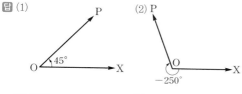

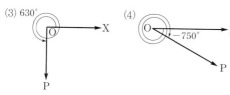

321

🖺 (1) $360° \times n + 70°$ (2) $360° \times n + 150°$
   (3) $360° \times n + 220°$ (4) $360° \times n + 315°$

322

(2) $420° = 360° \times 1 + 60°$이므로
   $360° \times n + 60°$
(3) $-1000° = 360° \times (-3) + 80°$이므로
   $360° \times n + 80°$
(4) $-1300° = 360° \times (-4) + 140°$이므로
   $360° \times n + 140°$

🖺 (1) $360° \times n + 80°$ (2) $360° \times n + 60°$
   (3) $360° \times n + 80°$ (4) $360° \times n + 140°$

323

(1) $620° = 360° \times 1 + 260°$
   따라서 $620°$는 제 3 사분면의 각이다.
(2) $-680° = 360° \times (-2) + 40°$
   따라서 $-680°$는 제 1 사분면의 각이다.
(3) $1230° = 360° \times 3 + 150°$
   따라서 $1230°$는 제 2 사분면의 각이다.

(4) $-1500° = 360° \times (-5) + 300°$
   따라서 $-1500°$는 제 4 사분면의 각이다.

🖺 (1) 제 3 사분면   (2) 제 1 사분면
   (3) 제 2 사분면   (4) 제 4 사분면

324

① $-310° = 360° \times (-1) + 50°$
③ $410° = 360° \times 1 + 50°$
④ $660° = 360° \times 1 + 300°$
⑤ $1130° = 360° \times 3 + 50°$
따라서 각을 나타내는 동경이 나머지 넷과 다른 하나
는 ④이다.   🖺 ④

325

2θ가 제 4 사분면의 각이므로
   $360° \times n + 270° < 2\theta < 360° \times n + 360°$
   (n은 정수)
   ∴ $180° \times n + 135° < \theta < 180° \times n + 180°$
(i) $n = 2k$ (k는 정수)일 때
   $360° \times k + 135° < \theta < 360° \times k + 180°$
   따라서 θ는 제 2 사분면의 각이다.
(ii) $n = 2k+1$ (k는 정수)일 때
   $360° \times k + 315° < \theta < 360° \times k + 360°$
   따라서 θ는 제 4 사분면의 각이다.
(i), (ii)에서 각 θ를 나타내는 동경이 존재하는 사분면
은 제 2 사분면, 제 4 사분면이다.
   🖺 제 2 사분면, 제 4 사분면

326

각 θ를 나타내는 동경과 각 7θ를 나타내는 동경이 일
직선 위에 있고 방향이 반대이므로
   $7\theta - \theta = 360° \times n + 180°$ (n은 정수)
   $6\theta = 360° \times n + 180°$
   ∴ $\theta = 60° \times n + 30°$ ······ ㉠
그런데 $90° < \theta < 180°$이므로
   $90° < 60° \times n + 30° < 180°$
   ∴ $1 < n < \dfrac{5}{2}$
이때 n은 정수이므로 $n = 2$

㉠에 $n=2$를 대입하면

$\theta=60°\times2+30°=150°$

답 **150°**

327

각 θ를 나타내는 동경과 각 4θ를 나타내는 동경이 x축에 대하여 대칭이므로

$\theta+4\theta=360°\times n$ (n은 정수)

$5\theta=360°\times n$

$\therefore \theta=72°\times n$ ...... ㉠

그런데 $0°<\theta<180°$이므로

$0°<72°\times n<180°$

$\therefore 0<n<\dfrac{5}{2}$

이때 n은 정수이므로 $n=1,\ 2$

㉠에 이것을 대입하면 $\theta=72°,\ 144°$

따라서 모든 θ의 크기의 합은

$72°+144°=216°$

답 **216°**

328

각 θ를 나타내는 동경과 각 3θ를 나타내는 동경이 y축에 대하여 대칭이므로

$3\theta+\theta=360°\times n+180°$ (n은 정수)

$4\theta=360°\times n+180°$

$\therefore \theta=90°\times n+45°$ ...... ㉠

그런데 $0°<\theta<180°$이므로

$0°<90°\times n+45°<180°$

$\therefore -\dfrac{1}{2}<n<\dfrac{3}{2}$

이때 n은 정수이므로 $n=0,\ 1$

㉠에 이것을 대입하면 $\theta=45°,\ 135°$

답 **45°, 135°**

02 호도법

● 본책 135~139쪽

329

(1) $120°=120\times\dfrac{\pi}{180}=\dfrac{2}{3}\pi$

---

(2) $-315°=-315\times\dfrac{\pi}{180}=-\dfrac{7}{4}\pi$

(3) $-144°=-144\times\dfrac{\pi}{180}=-\dfrac{4}{5}\pi$

(4) $330°=330\times\dfrac{\pi}{180}=\dfrac{11}{6}\pi$

답 (1) $\dfrac{2}{3}\pi$ (2) $-\dfrac{7}{4}\pi$ (3) $-\dfrac{4}{5}\pi$ (4) $\dfrac{11}{6}\pi$

330

(1) $\dfrac{5}{6}\pi=\dfrac{5}{6}\pi\times\dfrac{180°}{\pi}=150°$

(2) $\dfrac{5}{4}\pi=\dfrac{5}{4}\pi\times\dfrac{180°}{\pi}=225°$

(3) $-\dfrac{4}{3}\pi=-\dfrac{4}{3}\pi\times\dfrac{180°}{\pi}=-240°$

(4) $-\dfrac{31}{6}\pi=-\dfrac{31}{6}\pi\times\dfrac{180°}{\pi}=-930°$

답 (1) **150°** (2) **225°** (3) **−240°** (4) **−930°**

331

(1) $\dfrac{17}{6}\pi=2\pi\times1+\dfrac{5}{6}\pi$이므로

$2n\pi+\dfrac{5}{6}\pi$

(2) $-\dfrac{2}{3}\pi=2\pi\times(-1)+\dfrac{4}{3}\pi$이므로

$2n\pi+\dfrac{4}{3}\pi$

(3) $\dfrac{28}{5}\pi=2\pi\times2+\dfrac{8}{5}\pi$이므로

$2n\pi+\dfrac{8}{5}\pi$

(4) $-\dfrac{15}{4}\pi=2\pi\times(-2)+\dfrac{\pi}{4}$이므로

$2n\pi+\dfrac{\pi}{4}$

답 (1) $2n\pi+\dfrac{5}{6}\pi$ (2) $2n\pi+\dfrac{4}{3}\pi$

(3) $2n\pi+\dfrac{8}{5}\pi$ (4) $2n\pi+\dfrac{\pi}{4}$

332

(1) $l=3\times\dfrac{\pi}{6}=\dfrac{\pi}{2}$

$S=\dfrac{1}{2}\times3\times\dfrac{\pi}{2}=\dfrac{3}{4}\pi$

(2) $60° = 60 \times \dfrac{\pi}{180} = \dfrac{\pi}{3}$이므로

$$l = 4 \times \dfrac{\pi}{3} = \dfrac{4}{3}\pi$$

$$S = \dfrac{1}{2} \times 4 \times \dfrac{4}{3}\pi = \dfrac{8}{3}\pi$$

■ (1) $l = \dfrac{\pi}{2}$, $S = \dfrac{3}{4}\pi$ (2) $l = \dfrac{4}{3}\pi$, $S = \dfrac{8}{3}\pi$

333

ㄱ. $1 = \dfrac{180°}{\pi}$ (거짓)

ㄴ. $\dfrac{\pi}{2} = \dfrac{\pi}{2} \times \dfrac{180°}{\pi} = 90°$ (참)

ㄷ. $-\dfrac{\pi}{3} = -\dfrac{\pi}{3} \times \dfrac{180°}{\pi} = -60°$ (참)

ㄹ. $\dfrac{1}{4} = \dfrac{1}{4} \times \dfrac{180°}{\pi} = \dfrac{45°}{\pi}$ (거짓)

이상에서 옳은 것은 ㄴ, ㄷ이다. ■ ㄴ, ㄷ

334

(1) $345° = 345 \times \dfrac{\pi}{180} = \dfrac{23}{12}\pi$이므로

$$2n\pi + \dfrac{23}{12}\pi$$

(2) $900° = 360° \times 2 + 180°$이고

$180° = 180 \times \dfrac{\pi}{180} = \pi$이므로

$$2n\pi + \pi$$

(3) $-960° = 360° \times (-3) + 120°$이고

$120° = 120 \times \dfrac{\pi}{180} = \dfrac{2}{3}\pi$이므로

$$2n\pi + \dfrac{2}{3}\pi$$

■ (1) $2n\pi + \dfrac{23}{12}\pi$ (2) $2n\pi + \pi$ (3) $2n\pi + \dfrac{2}{3}\pi$

335

부채꼴의 반지름의 길이를 r라 하면 중심각의 크기가

$\dfrac{4}{3}\pi$이고 넓이가 6π이므로

$$6\pi = \dfrac{1}{2}r^2 \times \dfrac{4}{3}\pi$$

$$r^2 = 9 \quad \therefore r = 3 \ (\because r > 0)$$

따라서 호의 길이는 $3 \times \dfrac{4}{3}\pi = 4\pi$이므로 부채꼴의 둘레의 길이는

$$2 \times 3 + 4\pi = 6 + 4\pi$$ ■ $6 + 4\pi$

336

원뿔의 전개도는 오른쪽 그림과 같고, 부채꼴의 호의 길이는 밑면인 원의 둘레의 길이와 같으므로 $2\pi \times 1 = 2\pi$

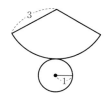

따라서 옆면인 부채꼴의 넓이는

$$\dfrac{1}{2} \times 3 \times 2\pi = 3\pi$$

밑면인 원의 넓이는 $\pi \times 1^2 = \pi$

즉 원뿔의 겉넓이는

$$3\pi + \pi = 4\pi$$ ■ 4π

337

부채꼴의 반지름의 길이를 r라 하면 호의 길이는

$$20 - 2r \ (0 < r < 10)$$

부채꼴의 넓이를 S라 하면

$$S = \dfrac{1}{2}r(20 - 2r) = -r^2 + 10r$$

$$= -(r-5)^2 + 25$$

따라서 $r = 5$일 때, S는 최댓값 25를 갖는다.

이때 부채꼴의 중심각의 크기를 θ라 하면 $S = \dfrac{1}{2}r^2\theta$이

므로 $25 = \dfrac{1}{2} \times 5^2 \times \theta$ $\therefore \theta = 2$

따라서 부채꼴의 최대 넓이는 25이고 그때의 중심각의 크기는 2이다.

■ 최대 넓이: 25, 중심각의 크기: 2

연습 문제 ────────── • 본책 140~141쪽

338

전략 주어진 각을 일반각으로 나타낸다.

① $-660° = 360° \times (-2) + 60°$이므로 제1사분면의 각이다.

② $-315° = 360° \times (-1) + 45°$이므로 제 1 사분면의 각이다.

③ $436° = 360° \times 1 + 76°$이므로 제 1 사분면의 각이다.

④ $863° = 360° \times 2 + 143°$이므로 제 2 사분면의 각이다.

⑤ $1150° = 360° \times 3 + 70°$이므로 제 1 사분면의 각이다.

따라서 각을 나타내는 동경이 존재하는 사분면이 다른 하나는 ④이다.　　　　　　　　　　　　　　　답 ④

339

전략 두 각 α, β를 나타내는 동경이 직선 $y=x$에 대하여 대칭이면 $\alpha + \beta = 2n\pi + \dfrac{\pi}{2}$ (n은 정수)임을 이용한다.

각 3θ를 나타내는 동경과 각 θ를 나타내는 동경이 직선 $y=x$에 대하여 대칭이므로

$$3\theta + \theta = 2n\pi + \frac{\pi}{2} \ (n \text{은 정수})$$

$$4\theta = 2n\pi + \frac{\pi}{2}$$

$$\therefore \theta = \frac{n}{2}\pi + \frac{\pi}{8} \qquad \cdots\cdots \ \bigcirc$$

그런데 $0 < \theta < \dfrac{2}{3}\pi$이므로

$$0 < \frac{n}{2}\pi + \frac{\pi}{8} < \frac{2}{3}\pi \qquad \therefore -\frac{1}{4} < n < \frac{13}{12}$$

이때 n은 정수이므로　　　$n = 0, \ 1$

㉠에 이것을 대입하면　　　$\theta = \dfrac{\pi}{8}, \ \dfrac{5}{8}\pi$

따라서 모든 각 θ의 크기의 합은

$$\frac{\pi}{8} + \frac{5}{8}\pi = \frac{3}{4}\pi \qquad\qquad\qquad \text{답 } \frac{3}{4}\pi$$

340

전략 $1° = \dfrac{\pi}{180}$임을 이용하여 주어진 각을 호도법으로 나타낸다.

ㄱ. $132° = 132 \times \dfrac{\pi}{180} = \dfrac{11}{15}\pi$ (참)

ㄴ. $\dfrac{13}{4}\pi = 2\pi + \dfrac{5}{4}\pi$이므로 $\dfrac{13}{4}\pi$는 제 3 사분면의 각이다. (거짓)

ㄷ. $150° = 150 \times \dfrac{\pi}{180} = \dfrac{5}{6}\pi$, $\dfrac{29}{6}\pi = 2\pi \times 2 + \dfrac{5}{6}\pi$,

$-\dfrac{7}{6}\pi = 2\pi \times (-1) + \dfrac{5}{6}\pi$이므로 주어진 각을 나타내는 동경은 모두 일치한다. (참)

이상에서 옳은 것은 ㄱ, ㄷ이다.　　　　　　답 ㄱ, ㄷ

341

전략 중심각의 크기가 θ이고 반지름의 길이가 r인 부채꼴의 호의 길이를 l, 넓이를 S라 하면 $l = r\theta$, $S = \dfrac{1}{2}rl$임을 이용한다.

반지름의 길이가 r인 부채꼴의 호의 길이는 12, 넓이는 36이므로

$$36 = \frac{1}{2} \times r \times 12 \qquad \therefore r = 6$$

이때 $12 = 6 \times \theta$이므로　　　$\theta = 2$

$$\therefore r + \theta = 8 \qquad\qquad\qquad\qquad \text{답 } 8$$

342

전략 중심각의 크기를 호도법으로 나타내어 부채꼴의 넓이를 구한다.

중심각의 크기가 $50° = 50 \times \dfrac{\pi}{180} = \dfrac{5}{18}\pi$이고 반지름의 길이가 6 cm인 부채꼴의 넓이는

$$\frac{1}{2} \times 6^2 \times \frac{5}{18}\pi = 5\pi \ (\text{cm}^2)$$

또 중심각의 크기가 θ이고 반지름의 길이가 10 cm인 부채꼴의 넓이는

$$\frac{1}{2} \times 10^2 \times \theta = 50\theta \ (\text{cm}^2)$$

이때 두 부채꼴의 넓이가 같으므로

$$5\pi = 50\theta \qquad \therefore \theta = \frac{\pi}{10} \qquad\quad \text{답 } \frac{\pi}{10}$$

343

전략 θ가 제 2 사분면의 각이면 정수 n에 대하여 $360° \times n + 90° < \theta < 360° \times n + 180°$임을 이용한다.

θ가 제 2 사분면의 각이므로

$$360° \times n + 90° < \theta < 360° \times n + 180°$$
$$(n \text{은 정수})$$

(i) $120° \times n + 30° < \dfrac{\theta}{3} < 120° \times n + 60°$이므로

$n = 3k$ (k는 정수)일 때

$$360° \times k + 30° < \frac{\theta}{3} < 360° \times k + 60°$$

따라서 $\dfrac{\theta}{3}$는 제 1 사분면의 각이다.

$n = 3k + 1$ (k는 정수)일 때

$$360° \times k + 150° < \frac{\theta}{3} < 360° \times k + 180°$$

따라서 $\dfrac{\theta}{3}$는 제 2 사분면의 각이다.

$n=3k+2$ (k는 정수)일 때

$$360° \times k + 270° < \frac{\theta}{3} < 360° \times k + 300°$$

따라서 $\frac{\theta}{3}$는 제 4 사분면의 각이다.

이상에서 각 $\frac{\theta}{3}$를 나타내는 동경이 존재하는 사분면은 제 1, 2, 4 사분면이다.

(ii) $360° \times 2n + 180° < 2\theta < 360° \times 2n + 360°$이므로 각 2θ를 나타내는 동경이 존재하는 사분면은 제 3, 4 사분면이다.

(i), (ii)에서 각 $\frac{\theta}{3}$를 나타내는 동경과 각 2θ를 나타내는 동경이 모두 존재하는 사분면은 제 4 사분면이다.

🖹 제 4 사분면

344

전략 두 각 α, β를 나타내는 동경이 일직선 위에 있고 방향이 반대이면 $\alpha - \beta = 360° \times n + 180°$ (n은 정수)임을 이용한다.

두 각 5θ, 2θ를 나타내는 동경은 일직선 위에 있고 방향이 반대이므로

$$5\theta - 2\theta = 360° \times n + 180° \ (n\text{은 정수})$$
$$3\theta = 360° \times n + 180°$$
$$\therefore \theta = 120° \times n + 60° \qquad \cdots\cdots \ \text{㉠}$$

그런데 $180° < \theta < 360°$이므로

$$180° < 120° \times n + 60° < 360° \qquad \therefore 1 < n < \frac{5}{2}$$

이때 n은 정수이므로 $n=2$

㉠에 $n=2$를 대입하면

$$\theta = 120° \times 2 + 60° = 300°$$

🖹 **300°**

345

전략 부채꼴의 넓이를 S_1, S_2로 나타낸다.

□AOBO′이 마름모이므로

$$\angle AO'B = \angle AOB = \frac{5}{6}\pi$$

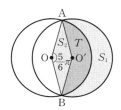

앞의 그림과 같이 $\overline{O'A}$, $\overline{O'B}$와 호 AB로 둘러싸인 부분의 넓이를 T라 하면

$$S_1 + T = \frac{1}{2} \times 3^2 \times \left(2\pi - \frac{5}{6}\pi\right)$$
$$= \frac{21}{4}\pi \qquad \cdots\cdots \ \text{㉠}$$
$$S_2 + T = \frac{1}{2} \times 3^2 \times \frac{5}{6}\pi$$
$$= \frac{15}{4}\pi \qquad \cdots\cdots \ \text{㉡}$$

㉠－㉡을 하면 $S_1 - S_2 = \frac{3}{2}\pi$ 🖹 ④

346

전략 중심각의 크기와 호의 길이를 이용하여 부채꼴의 반지름의 길이를 구한다.

부채꼴의 반지름의 길이를 x라 하면

$$x \times \frac{\pi}{3} = 2\pi \text{에서} \qquad x = 6$$

오른쪽 그림과 같이 부채꼴에 내접하는 원의 반지름의 길이를 r라 하면 △OAH≡△OAH′ (RHS 합동)이므로

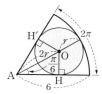

$$\angle OAH = \frac{1}{2} \times \frac{\pi}{3} = \frac{\pi}{6}$$

직각삼각형 OAH에서

$$\overline{OA} = \frac{\overline{OH}}{\sin \frac{\pi}{6}} = \frac{r}{\frac{1}{2}} = 2r$$

이때 부채꼴의 반지름의 길이가 6이므로

$$2r + r = 6 \qquad \therefore r = 2$$

따라서 부채꼴에 내접하는 원의 넓이는

$$\pi \times 2^2 = 4\pi$$

🖹 **4π**

347

전략 θ가 제 1 사분면의 각이면 $2n\pi < \theta < 2n\pi + \frac{\pi}{2}$ (n은 정수)임을 이용한다.

θ가 제 1 사분면의 각이므로

$$2n\pi < \theta < 2n\pi + \frac{\pi}{2} \ (n\text{은 정수})$$
$$\therefore n\pi < \frac{\theta}{2} < n\pi + \frac{\pi}{4}$$

(i) $n=2k$ (k는 정수)일 때

$$2k\pi < \frac{\theta}{2} < 2k\pi + \frac{\pi}{4}$$

(ii) $n=2k+1$ (k는 정수)일 때

$$2k\pi+\pi<\frac{\theta}{2}<2k\pi+\frac{5}{4}\pi$$

(i), (ii)에서 각 $\frac{\theta}{2}$를 나타내
는 동경이 존재하는 범위를
단위원의 내부에 나타내면
오른쪽 그림과 같으므로 구
하는 넓이는

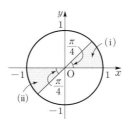

$$2\times\left(\frac{1}{2}\times1^2\times\frac{\pi}{4}\right)$$

$$=\frac{\pi}{4}$$

답 $\dfrac{\pi}{4}$

348

전략 부채꼴의 넓이가 최대일 때의 반지름의 길이와 호의 길이를
구한다.

부채꼴의 반지름의 길이를 r, 호의 길이를 l이라 하면

$$l=24\pi-2r\ (0<r<12\pi)$$

부채꼴의 넓이를 S라 하면

$$S=\frac{1}{2}r(24\pi-2r)=-r^2+12\pi r$$

$$=-(r-6\pi)^2+36\pi^2$$

즉 $r=6\pi$일 때, S는 최댓값 $36\pi^2$을 갖는다.

한편 $r=6\pi$일 때

$$l=24\pi-2\times6\pi=12\pi$$

반지름의 길이가 6π, 호의
길이가 12π인 부채꼴을 옆
면으로 하여 만든 원뿔의 밑
면인 원의 반지름의 길이를
R라 하면

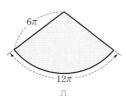

$$2\pi R=12\pi$$

$$\therefore R=6$$

또 원뿔의 높이를 h라 하면

$$h=\sqrt{(6\pi)^2-6^2}$$

$$=6\sqrt{\pi^2-1}$$

따라서 구하는 원뿔의 부피는

$$\frac{1}{3}\times\pi\times6^2\times6\sqrt{\pi^2-1}=72\pi\sqrt{\pi^2-1}$$

답 $72\pi\sqrt{\pi^2-1}$

349

$\angle ABD+\angle BAD=\angle ADC$이므로

$$22.5°+\angle BAD=45°$$

$$\therefore \angle BAD=22.5°$$

즉 삼각형 ABD는 이등변삼각형이다.

따라서 오른쪽 그림과 같
이 $\overline{AC}=\overline{CD}=a$라 하면
직각삼각형 ADC에서

$$\overline{AD}=\sqrt{a^2+a^2}$$

$$=\sqrt{2}a$$

$$\therefore \overline{BD}=\overline{AD}=\sqrt{2}a$$

$$\therefore \tan22.5°=\frac{\overline{AC}}{\overline{BC}}=\frac{a}{(\sqrt{2}+1)a}=\sqrt{2}-1$$

답 $\sqrt{2}-1$

350

(1) $\overline{OP}=\sqrt{(-4)^2+(-3)^2}=5$이므로

$$\sin\theta=-\frac{3}{5},\ \cos\theta=-\frac{4}{5},\ \tan\theta=\frac{3}{4}$$

(2) $\overline{OP}=\sqrt{15^2+(-8)^2}=17$이므로

$$\sin\theta=-\frac{8}{17},\ \cos\theta=\frac{15}{17},\ \tan\theta=-\frac{8}{15}$$

답 풀이 참조

351

(1) 삼각형 PHO에서 $\overline{OP}=1$이고 $\angle POH=\dfrac{\pi}{3}$이므로

$$\overline{OH}=\overline{OP}\cos\frac{\pi}{3}=\frac{1}{2},$$

$$\overline{PH}=\overline{OP}\sin\frac{\pi}{3}=\frac{\sqrt{3}}{2}$$

이때 점 P가 제2사분면 위의 점이므로

$$P\left(-\frac{1}{2},\frac{\sqrt{3}}{2}\right)$$

(2) $\sin\theta=\dfrac{\sqrt{3}}{2}$

(3) $\cos\theta=-\dfrac{1}{2}$

(4) $\tan\theta=\dfrac{\dfrac{\sqrt{3}}{2}}{-\dfrac{1}{2}}=-\sqrt{3}$

답 (1) $\left(-\dfrac{1}{2},\ \dfrac{\sqrt{3}}{2}\right)$ (2) $\dfrac{\sqrt{3}}{2}$ (3) $-\dfrac{1}{2}$ (4) $-\sqrt{3}$

352

(1) $\theta=400°=360°+40°$이므로 θ는 제1사분면의 각이다.

$\therefore \sin\theta>0,\ \cos\theta>0,\ \tan\theta>0$

(2) $\theta=-\dfrac{17}{6}\pi=2\pi\times(-2)+\dfrac{7}{6}\pi$이므로 θ는 제3사분면의 각이다.

$\therefore \sin\theta<0,\ \cos\theta<0,\ \tan\theta>0$

(3) $\theta=-760°=360°\times(-3)+320°$이므로 θ는 제4사분면의 각이다.

$\therefore \sin\theta<0,\ \cos\theta>0,\ \tan\theta<0$

(4) $\theta=\dfrac{29}{10}\pi=2\pi\times1+\dfrac{9}{10}\pi$이므로 θ는 제2사분면의 각이다.

$\therefore \sin\theta>0,\ \cos\theta<0,\ \tan\theta<0$

답 풀이 참조

353

(1) $\sin\theta>0$이면 θ는 제1사분면 또는 제2사분면의 각이고, $\cos\theta<0$이면 θ는 제2사분면 또는 제3사분면의 각이다.

따라서 θ는 제2사분면의 각이다.

(2) $\cos\theta>0$이면 θ는 제1사분면 또는 제4사분면의 각이고, $\tan\theta<0$이면 θ는 제2사분면 또는 제4사분면의 각이다.

따라서 θ는 제4사분면의 각이다.

(3) $\sin\theta\cos\theta<0$에서

$\sin\theta>0,\ \cos\theta<0$ 또는 $\sin\theta<0,\ \cos\theta>0$

따라서 θ는 제2사분면 또는 제4사분면의 각이다.

답 (1) **제2사분면**

(2) **제4사분면**

(3) **제2사분면 또는 제4사분면**

354

$\overline{OP}=\sqrt{(\sqrt{3})^2+(-1)^2}=2$이므로

$\sin\theta=-\dfrac{1}{2},\ \cos\theta=\dfrac{\sqrt{3}}{2},\ \tan\theta=-\dfrac{\sqrt{3}}{3}$

(1) $\dfrac{\tan\theta-\cos\theta}{\sqrt{3}}=\dfrac{-\dfrac{\sqrt{3}}{3}-\dfrac{\sqrt{3}}{2}}{\sqrt{3}}=-\dfrac{5}{6}$

(2) $4\sqrt{3}\sin\theta\cos\theta=4\sqrt{3}\times\left(-\dfrac{1}{2}\right)\times\dfrac{\sqrt{3}}{2}=-3$

답 (1) $-\dfrac{5}{6}$ (2) -3

355

오른쪽 그림과 같이 각 $-\dfrac{\pi}{3}$ 를 나타내는 동경과 단위원의 교점을 P, 점 P에서 x축에 내린 수선의 발을 H라 하자.

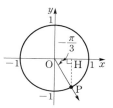

삼각형 OPH에서 $\overline{OP}=1$이고

$\angle POH=\dfrac{\pi}{3}$이므로

$\overline{OH}=\overline{OP}\cos\dfrac{\pi}{3}=\dfrac{1}{2},$

$\overline{PH}=\overline{OP}\sin\dfrac{\pi}{3}=\dfrac{\sqrt{3}}{2}$

이때 점 P가 제4사분면 위의 점이므로

$P\left(\dfrac{1}{2},\ -\dfrac{\sqrt{3}}{2}\right)$

$\therefore \sin\theta=-\dfrac{\sqrt{3}}{2},\ \cos\theta=\dfrac{1}{2},\ \tan\theta=-\sqrt{3}$

$\therefore \dfrac{\cos\theta}{\sin\theta-\tan\theta}=\dfrac{\dfrac{1}{2}}{-\dfrac{\sqrt{3}}{2}-(-\sqrt{3})}=\dfrac{\sqrt{3}}{3}$

답 $\dfrac{\sqrt{3}}{3}$

356

(i) $\sin\theta\tan\theta>0$에서

$\sin\theta>0,\ \tan\theta>0$일 때, θ는 제1사분면의 각이다.

$\sin\theta<0,\ \tan\theta<0$일 때, θ는 제4사분면의 각이다.

(ii) $\dfrac{\cos\theta}{\tan\theta}<0$에서

    $\cos\theta>0$, $\tan\theta<0$일 때, θ는 제 4 사분면의 각이다.

    $\cos\theta<0$, $\tan\theta>0$일 때, θ는 제 3 사분면의 각이다.

(i), (ii)에서 θ는 제 4 사분면의 각이다.

답 제 4 사분면

357

θ가 제 3 사분면의 각이므로

    $\sin\theta<0$, $\tan\theta>0$

따라서 $\sin\theta-\tan\theta<0$이므로

$$\sqrt{(\sin\theta-\tan\theta)^2}-|\sin\theta|-\sqrt[3]{\tan^3\theta}$$
$$=-(\sin\theta-\tan\theta)+\sin\theta-\tan\theta$$
$$=0$$

답 0

358

$\dfrac{\sqrt{\sin\theta}}{\sqrt{\cos\theta}}=-\sqrt{\dfrac{\sin\theta}{\cos\theta}}$ 에서

    $\sin\theta>0$, $\cos\theta<0$

따라서 θ는 제 2 사분면의 각이므로

    $\tan\theta<0$, $\cos\theta+\tan\theta<0$, $\tan\theta-\sin\theta<0$

$$\therefore \ |\cos\theta+\tan\theta|+\sqrt{\sin^2\theta}$$
$$-\sqrt{(\tan\theta-\sin\theta)^2}$$
$$=-(\cos\theta+\tan\theta)+\sin\theta+(\tan\theta-\sin\theta)$$
$$=-\cos\theta$$

답 $-\cos\theta$

📝 **개념 노트**

음수의 제곱근의 성질

실수 a, b에 대하여

① $a<0$, $b<0$이면

    $\sqrt{a}\sqrt{b}=-\sqrt{ab}$

  그 외에는 $\sqrt{a}\sqrt{b}=\sqrt{ab}$

② $a>0$, $b<0$이면

    $\dfrac{\sqrt{a}}{\sqrt{b}}=-\sqrt{\dfrac{a}{b}}$

  그 외에는 $\dfrac{\sqrt{a}}{\sqrt{b}}=\sqrt{\dfrac{a}{b}}$ (단, $b\ne 0$)

359

(1) $\dfrac{1-\sin^4\theta}{\cos^2\theta}+\cos^2\theta$

$$=\dfrac{(1+\sin^2\theta)(1-\sin^2\theta)}{\cos^2\theta}+\cos^2\theta$$
$$=\dfrac{(1+\sin^2\theta)\cos^2\theta}{\cos^2\theta}+\cos^2\theta$$
$$=1+\sin^2\theta+\cos^2\theta$$
$$=1+1=2$$

(2) $\left(\sin\theta-\dfrac{1}{\sin\theta}\right)^2+\left(\cos\theta-\dfrac{1}{\cos\theta}\right)^2$

$$-\left(\tan\theta-\dfrac{1}{\tan\theta}\right)^2$$
$$=\left(\sin^2\theta-2+\dfrac{1}{\sin^2\theta}\right)+\left(\cos^2\theta-2+\dfrac{1}{\cos^2\theta}\right)$$
$$-\left(\tan^2\theta-2+\dfrac{1}{\tan^2\theta}\right)$$
$$=-2+\sin^2\theta+\dfrac{1}{\sin^2\theta}+\cos^2\theta+\dfrac{1}{\cos^2\theta}$$
$$-\dfrac{\sin^2\theta}{\cos^2\theta}-\dfrac{\cos^2\theta}{\sin^2\theta}$$
$$=-2+1+\dfrac{1-\cos^2\theta}{\sin^2\theta}+\dfrac{1-\sin^2\theta}{\cos^2\theta}$$
$$=-2+1+\dfrac{\sin^2\theta}{\sin^2\theta}+\dfrac{\cos^2\theta}{\cos^2\theta}$$
$$=-2+1+1+1$$
$$=1$$

(3) $\dfrac{\sin\theta+\sin^2\theta}{1-\cos\theta}-\dfrac{\sin\theta-\sin^2\theta}{1+\cos\theta}$

$$=\dfrac{\sin\theta(1+\sin\theta)(1+\cos\theta)}{(1-\cos\theta)(1+\cos\theta)}$$
$$-\dfrac{\sin\theta(1-\sin\theta)(1-\cos\theta)}{(1+\cos\theta)(1-\cos\theta)}$$
$$=\dfrac{\sin\theta(1+\cos\theta+\sin\theta+\sin\theta\cos\theta)}{1-\cos^2\theta}$$
$$-\dfrac{\sin\theta(1-\cos\theta-\sin\theta+\sin\theta\cos\theta)}{1-\cos^2\theta}$$
$$=\dfrac{2\sin\theta(\sin\theta+\cos\theta)}{\sin^2\theta}$$
$$=2\left(1+\dfrac{1}{\tan\theta}\right)$$

답 (1) 2 (2) 1 (3) $2\left(1+\dfrac{1}{\tan\theta}\right)$

360

$\sin^2\theta + \cos^2\theta = 1$이므로

$$\cos^2\theta = 1 - \sin^2\theta = 1 - \left(-\frac{2\sqrt{5}}{5}\right)^2 = \frac{1}{5}$$

이때 θ는 제3사분면의 각이므로

$$\cos\theta = -\frac{\sqrt{5}}{5} \quad (\because \cos\theta < 0)$$

따라서 $\tan\theta = \dfrac{\sin\theta}{\cos\theta} = \dfrac{-\dfrac{2\sqrt{5}}{5}}{-\dfrac{\sqrt{5}}{5}} = 2$이므로

$$\frac{1}{\cos\theta} + \tan\theta = \frac{1}{-\dfrac{\sqrt{5}}{5}} + 2 = 2 - \sqrt{5}$$

답 $2 - \sqrt{5}$

361

$|\sin\theta| = |2\cos\theta|$이므로

$$\sin^2\theta = 4\cos^2\theta$$

$\sin^2\theta + \cos^2\theta = 1$이므로

$$4\cos^2\theta + \cos^2\theta = 1, \quad 5\cos^2\theta = 1$$

$$\therefore \cos^2\theta = \frac{1}{5}$$

이때 θ가 제2사분면의 각이므로

$$\cos\theta = -\frac{\sqrt{5}}{5} \quad (\because \cos\theta < 0)$$

또 $|\sin\theta| = |2\cos\theta|$에서

$$\sin\theta = -2\cos\theta = -2 \times \left(-\frac{\sqrt{5}}{5}\right) = \frac{2\sqrt{5}}{5}$$

$$\therefore \sin\theta + \cos\theta = \frac{\sqrt{5}}{5}$$

답 $\dfrac{\sqrt{5}}{5}$

362

$$\frac{1+\cos\theta}{\sin\theta} + \frac{\sin\theta}{1+\cos\theta}$$

$$= \frac{(1+\cos\theta)^2 + \sin^2\theta}{\sin\theta(1+\cos\theta)}$$

$$= \frac{1 + 2\cos\theta + \cos^2\theta + \sin^2\theta}{\sin\theta(1+\cos\theta)}$$

$$= \frac{2(1+\cos\theta)}{\sin\theta(1+\cos\theta)}$$

$$= \frac{2}{\sin\theta}$$

즉 $\dfrac{2}{\sin\theta} = -3$에서 $\quad \sin\theta = -\dfrac{2}{3}$

$\sin^2\theta + \cos^2\theta = 1$이므로

$$\cos^2\theta = 1 - \sin^2\theta = 1 - \left(-\frac{2}{3}\right)^2 = \frac{5}{9}$$

이때 θ는 제4사분면의 각이므로

$$\cos\theta = \frac{\sqrt{5}}{3} \quad (\because \cos\theta > 0)$$

따라서 $\tan\theta = \dfrac{\sin\theta}{\cos\theta} = -\dfrac{2\sqrt{5}}{5}$이므로

$$\sin\theta + \tan\theta = -\frac{2}{3} + \left(-\frac{2\sqrt{5}}{5}\right)$$

$$= -\frac{10 + 6\sqrt{5}}{15}$$

답 $-\dfrac{10 + 6\sqrt{5}}{15}$

363

$\sin\theta - \cos\theta = -\dfrac{1}{3}$의 양변을 제곱하면

$$1 - 2\sin\theta\cos\theta = \frac{1}{9}$$

$$\therefore \sin\theta\cos\theta = \frac{4}{9}$$

$$\therefore \sin^3\theta - \cos^3\theta$$

$$= (\sin\theta - \cos\theta)$$

$$\quad \times (\sin^2\theta + \sin\theta\cos\theta + \cos^2\theta)$$

$$= -\frac{1}{3} \times \left(1 + \frac{4}{9}\right) = -\frac{13}{27}$$

답 $-\dfrac{13}{27}$

다른 풀이 $\sin^3\theta - \cos^3\theta$

$$= (\sin\theta - \cos\theta)^3 + 3\sin\theta\cos\theta(\sin\theta - \cos\theta)$$

$$= \left(-\frac{1}{3}\right)^3 + 3 \times \frac{4}{9} \times \left(-\frac{1}{3}\right)$$

$$= -\frac{13}{27}$$

364

$$(\sin\theta + \cos\theta)^2 = 1 + 2\sin\theta\cos\theta$$

$$= 1 + 2 \times \frac{1}{8}$$

$$= \frac{5}{4}$$

이때 $\pi < \theta < \dfrac{3}{2}\pi$에서 $\sin\theta < 0$, $\cos\theta < 0$이므로

$$\sin\theta + \cos\theta < 0$$

$$\therefore \sin\theta + \cos\theta = -\frac{\sqrt{5}}{2}$$

$$\therefore \frac{1}{\sin\theta} + \frac{1}{\cos\theta} = \frac{\sin\theta + \cos\theta}{\sin\theta\cos\theta}$$

$$= \frac{-\dfrac{\sqrt{5}}{2}}{\dfrac{1}{8}} = -4\sqrt{5}$$

답 $-4\sqrt{5}$

365

$$\tan\theta + \frac{1}{\tan\theta} = \frac{\sin\theta}{\cos\theta} + \frac{\cos\theta}{\sin\theta}$$

$$= \frac{\sin^2\theta + \cos^2\theta}{\sin\theta\cos\theta}$$

$$= \frac{1}{\sin\theta\cos\theta}$$

즉 $\dfrac{1}{\sin\theta\cos\theta} = -2$이므로

$$\sin\theta\cos\theta = -\frac{1}{2}$$

$$\therefore (\sin\theta - \cos\theta)^2 = 1 - 2\sin\theta\cos\theta$$

$$= 1 - 2 \times \left(-\frac{1}{2}\right)$$

$$= 2$$

이때 $\dfrac{\pi}{2} < \theta < \pi$에서 $\sin\theta > 0$, $\cos\theta < 0$이므로

$$\sin\theta - \cos\theta > 0$$

$$\therefore \sin\theta - \cos\theta = \sqrt{2}$$

답 $\sqrt{2}$

다른 풀이 $\tan\theta + \dfrac{1}{\tan\theta} = -2$에서

$$\tan^2\theta + 2\tan\theta + 1 = 0$$

$$(\tan\theta + 1)^2 = 0$$

$$\therefore \tan\theta = -1$$

$\tan\theta = \dfrac{\sin\theta}{\cos\theta}$이므로 $\dfrac{\sin\theta}{\cos\theta} = -1$

$$\therefore \sin\theta = -\cos\theta \qquad \cdots\cdots \text{㉠}$$

또 $\sin^2\theta + \cos^2\theta = 1$이므로

$$(-\cos\theta)^2 + \cos^2\theta = 1, \qquad 2\cos^2\theta = 1$$

$$\therefore \cos^2\theta = \frac{1}{2}$$

이때 θ는 제2사분면의 각이므로

$$\cos\theta = -\frac{\sqrt{2}}{2} \ (\because \cos\theta < 0)$$

㉠에서 $\sin\theta = \dfrac{\sqrt{2}}{2}$

$$\therefore \sin\theta - \cos\theta = \sqrt{2}$$

366

이차방정식의 근과 계수의 관계에 의하여

$$\sin\theta + \cos\theta = -\frac{2}{3} \qquad \cdots\cdots \text{㉠}$$

$$\sin\theta\cos\theta = \frac{k}{3} \qquad \cdots\cdots \text{㉡}$$

㉠의 양변을 제곱하면

$$1 + 2\sin\theta\cos\theta = \frac{4}{9}$$

$$\therefore \sin\theta\cos\theta = -\frac{5}{18} \qquad \cdots\cdots \text{㉢}$$

㉡, ㉢에서 $\dfrac{k}{3} = -\dfrac{5}{18}$

$$\therefore k = -\frac{5}{6}$$

답 $-\dfrac{5}{6}$

367

이차방정식의 근과 계수의 관계에 의하여

$$\cos\theta + \tan\theta = -\frac{k}{5} \qquad \cdots\cdots \text{㉠}$$

$$\cos\theta\tan\theta = -\frac{3}{5} \qquad \cdots\cdots \text{㉡}$$

$\tan\theta = \dfrac{\sin\theta}{\cos\theta}$이므로 ㉡에서

$$\cos\theta \times \frac{\sin\theta}{\cos\theta} = \sin\theta = -\frac{3}{5}$$

$$\therefore \cos^2\theta = 1 - \sin^2\theta = 1 - \left(-\frac{3}{5}\right)^2 = \frac{16}{25}$$

이때 θ는 제3사분면의 각이므로

$$\cos\theta = -\frac{4}{5} \ (\because \cos\theta < 0)$$

$$\therefore \tan\theta = \frac{\sin\theta}{\cos\theta} = \frac{3}{4}$$

따라서 ㉠에서

$$k = -5(\cos\theta + \tan\theta)$$

$$= -5 \times \left(-\frac{4}{5} + \frac{3}{4}\right)$$

$$= \frac{1}{4}$$

답 $\dfrac{1}{4}$

368

이차방정식 $2x^2-\sqrt{2}\,x+k=0$에서 근과 계수의 관계에 의하여

$$\sin\theta+\cos\theta=\frac{\sqrt{2}}{2}$$

양변을 제곱하면

$$1+2\sin\theta\cos\theta=\frac{1}{2}$$

$$\therefore\ \sin\theta\cos\theta=-\frac{1}{4}$$

이때

$$\frac{1}{\sin\theta}+\frac{1}{\cos\theta}=\frac{\sin\theta+\cos\theta}{\sin\theta\cos\theta}=\frac{\dfrac{\sqrt{2}}{2}}{-\dfrac{1}{4}}$$

$$=-2\sqrt{2},$$

$$\frac{1}{\sin\theta}\times\frac{1}{\cos\theta}=\frac{1}{\sin\theta\cos\theta}=\frac{1}{-\dfrac{1}{4}}$$

$$=-4$$

이므로 x^2의 계수가 1이고 $\dfrac{1}{\sin\theta}$, $\dfrac{1}{\cos\theta}$을 두 근으로 하는 이차방정식은

$$x^2+2\sqrt{2}\,x-4=0$$

따라서 $a=2\sqrt{2}$, $b=-4$이므로

$$a^2+b^2=8+16=24 \qquad\qquad \text{답 } \mathbf{24}$$

참고 이차방정식 $2x^2-\sqrt{2}\,x+k=0$에서 근과 계수의 관계에 의하여

$$\sin\theta\cos\theta=\frac{k}{2}$$

따라서 $\dfrac{k}{2}=-\dfrac{1}{4}$이므로 $k=-\dfrac{1}{2}$

연습문제 ● 본책 152~153쪽

369

전략 직선 위의 한 점의 좌표를 이용하여 $\sin\theta$, $\cos\theta$의 값을 구한다.

$8x+15y=0$에서 $y=-\dfrac{8}{15}x$

오른쪽 그림에서 직선
$y=-\dfrac{8}{15}x$ 위의 점
$P(-15,\ 8)$에 대하여
$$\overline{OP}=\sqrt{(-15)^2+8^2}$$
$$=17$$

따라서 $\sin\theta=\dfrac{8}{17}$, $\cos\theta=-\dfrac{15}{17}$이므로

$$17(\sin\theta-\cos\theta)=17\times\frac{23}{17}=23 \qquad \text{답 } \mathbf{23}$$

370

전략 $AB<0$이면 $A>0$, $B<0$ 또는 $A<0$, $B>0$이다.

$\sin\theta\tan\theta<0$에서

$\sin\theta>0$, $\tan\theta<0$ 또는 $\sin\theta<0$, $\tan\theta>0$

(ⅰ) $\sin\theta>0$, $\tan\theta<0$일 때
  θ는 제2사분면의 각이다.

(ⅱ) $\sin\theta<0$, $\tan\theta>0$일 때
  θ는 제3사분면의 각이다.

(ⅰ), (ⅱ)에서 θ는 제2사분면 또는 제3사분면의 각이므로 $\cos\theta<0$이다. 　　　　　　　　 답 ②

371

전략 $\pi<\theta<\dfrac{3}{2}\pi$에서 각 삼각함수의 값의 부호를 조사한다.

θ가 제3사분면의 각이므로

$$\sin\theta<0,\ \cos\theta<0,\ \tan\theta>0$$

$$\therefore\ \sqrt{\sin^2\theta}+\sqrt{\cos^2\theta}+|\tan\theta|$$

$$-\sqrt{(\sin\theta+\cos\theta)^2}$$

$$=-\sin\theta-\cos\theta+\tan\theta+(\sin\theta+\cos\theta)$$

$$=\tan\theta \qquad\qquad\qquad \text{답 } \boldsymbol{\tan\theta}$$

372

전략 $\cos^2\theta=1-\sin^2\theta$임을 이용하여 $\cos\theta$의 값을 먼저 구한다.

$\sin^2\theta+\cos^2\theta=1$이므로

$$\cos^2\theta=1-\sin^2\theta=1-\left(-\frac{1}{3}\right)^2=\frac{8}{9}$$

이때 θ는 제3사분면의 각이므로

$$\cos\theta=-\frac{2\sqrt{2}}{3}\ (\because\ \cos\theta<0)$$

$$\therefore \ \tan\theta + \frac{1}{\tan\theta} = \frac{\sin\theta}{\cos\theta} + \frac{\cos\theta}{\sin\theta}$$

$$= \frac{1}{\sin\theta\cos\theta}$$

$$= \frac{1}{-\frac{1}{3} \times \left(-\frac{2\sqrt{2}}{3}\right)}$$

$$= \frac{9}{2\sqrt{2}} = \frac{9\sqrt{2}}{4}$$

답 $\dfrac{9\sqrt{2}}{4}$

다른 풀이 $\tan\theta = \dfrac{\sin\theta}{\cos\theta} = \dfrac{-\dfrac{1}{3}}{-\dfrac{2\sqrt{2}}{3}} = \dfrac{1}{2\sqrt{2}}$ 이므로

$$\tan\theta + \frac{1}{\tan\theta} = \frac{1}{2\sqrt{2}} + 2\sqrt{2} = \frac{\sqrt{2}}{4} + 2\sqrt{2}$$

$$= \frac{9\sqrt{2}}{4}$$

373

전략 주어진 등식의 양변을 제곱하여 $\sin\theta\cos\theta$의 값을 구한다.

$\sin\theta + \cos\theta = \dfrac{1}{2}$의 양변을 제곱하면

$$1 + 2\sin\theta\cos\theta = \frac{1}{4}$$

$$\therefore \ \sin\theta\cos\theta = -\frac{3}{8}$$

$$\therefore \ \frac{1 + \tan\theta}{\sin\theta} = \frac{1 + \dfrac{\sin\theta}{\cos\theta}}{\sin\theta} = \frac{\cos\theta + \sin\theta}{\sin\theta\cos\theta}$$

$$= \frac{\dfrac{1}{2}}{-\dfrac{3}{8}} = -\frac{4}{3}$$

답 ②

374

전략 이차방정식의 근과 계수의 관계를 이용한다.

이차방정식의 근과 계수의 관계에 의하여

$$-\sin\theta + \cos\theta = \frac{3}{4} \qquad \cdots\cdots \ \bigcirc$$

$$-\sin\theta\cos\theta = \frac{k}{4}$$

$$\therefore \ \sin\theta\cos\theta = -\frac{k}{4} \qquad \cdots\cdots \ \bigcirc$$

$\bigcirc$의 양변을 제곱하면

$$1 - 2\sin\theta\cos\theta = \frac{9}{16}$$

$$\therefore \ \sin\theta\cos\theta = \frac{7}{32} \qquad \cdots\cdots \ \bigcirc$$

$\bigcirc$, $\bigcirc$에서 $\quad -\dfrac{k}{4} = \dfrac{7}{32}$

$$\therefore \ k = -\frac{7}{8}$$

답 $-\dfrac{7}{8}$

375

전략 $\sin\alpha$의 값을 점 P의 x좌표, y좌표로 나타낸다.

점 P의 좌표를 $(a, \, b)$라 하면

$$Q(b, \, a), \ R(-b, \, -a)$$

$\overline{\mathrm{OP}} = \sqrt{a^2 + b^2}$이므로

$$\sin\alpha = \frac{b}{\sqrt{a^2 + b^2}}$$

즉 $\dfrac{b}{\sqrt{a^2 + b^2}} = \dfrac{1}{3}$이므로

$$\sqrt{a^2 + b^2} = 3b$$

양변을 제곱하면 $\quad a^2 + b^2 = 9b^2$

$$\therefore \ a^2 = 8b^2$$

한편 $\overline{\mathrm{OQ}} = \sqrt{b^2 + a^2}$이므로

$$\sin^2\beta = \left(\frac{a}{\sqrt{b^2 + a^2}}\right)^2 = \frac{a^2}{a^2 + b^2}$$

$$= \frac{8b^2}{8b^2 + b^2} = \frac{8}{9}$$

$$\tan^2\gamma = \left(\frac{-a}{-b}\right)^2 = \frac{a^2}{b^2} = \frac{8b^2}{b^2} = 8$$

$$\therefore \ 9(\sin^2\beta + \tan^2\gamma) = 9 \times \left(\frac{8}{9} + 8\right) = 80$$

답 80

📝 개념 노트

좌표평면 위의 점 $\mathrm{P}(a, \, b)$에 대하여 점 P를

① x축에 대하여 대칭이동한 점의 좌표
$\Rightarrow (a, \, -b)$

② y축에 대하여 대칭이동한 점의 좌표
$\Rightarrow (-a, \, b)$

③ 원점에 대하여 대칭이동한 점의 좌표
$\Rightarrow (-a, \, -b)$

④ 직선 $y = x$에 대하여 대칭이동한 점의 좌표
$\Rightarrow (b, \, a)$

376

전략 $\sin^2\theta+\cos^2\theta=1$임을 이용하여 참, 거짓을 판별한다.

ㄱ. $\cos^4\theta-\sin^4\theta$

$=(\cos^2\theta+\sin^2\theta)(\cos^2\theta-\sin^2\theta)$

$=\cos^2\theta-\sin^2\theta$

$=\cos^2\theta-(1-\cos^2\theta)$

$=2\cos^2\theta-1$ (참)

ㄴ. $(1+\sin\theta-\cos\theta)^2$

$=1+\sin^2\theta+\cos^2\theta+2\sin\theta-2\sin\theta\cos\theta$

$\quad-2\cos\theta$

$=2(1+\sin\theta-\cos\theta-\sin\theta\cos\theta)$

$=2\{(1+\sin\theta)-\cos\theta(1+\sin\theta)\}$

$=2(1+\sin\theta)(1-\cos\theta)$ (거짓)

ㄷ. $\dfrac{\cos\theta}{1-\sin\theta}-\dfrac{\cos\theta}{1+\sin\theta}$

$=\dfrac{\cos\theta(1+\sin\theta)-\cos\theta(1-\sin\theta)}{(1-\sin\theta)(1+\sin\theta)}$

$=\dfrac{\cos\theta+\cos\theta\sin\theta-\cos\theta+\cos\theta\sin\theta}{1-\sin^2\theta}$

$=\dfrac{2\cos\theta\sin\theta}{\cos^2\theta}$

$=2\times\dfrac{\sin\theta}{\cos\theta}=2\tan\theta$ (참)

이상에서 옳은 것은 ㄱ, ㄷ이다. 　　답 ㄱ, ㄷ

377

전략 $\tan\theta=\dfrac{\sin\theta}{\cos\theta}$임을 이용하여 주어진 식의 좌변을 간단히 한다.

$\dfrac{\sin\theta\cos\theta}{1-\cos\theta}+\dfrac{1-\cos\theta}{\tan\theta}=1$에서

$\dfrac{\sin\theta\cos\theta}{1-\cos\theta}+\dfrac{(1-\cos\theta)\cos\theta}{\sin\theta}=1$

$\dfrac{\sin^2\theta\cos\theta+(1-\cos\theta)^2\cos\theta}{(1-\cos\theta)\sin\theta}=1$

$\dfrac{(\sin^2\theta+1-2\cos\theta+\cos^2\theta)\cos\theta}{(1-\cos\theta)\sin\theta}=1$

$\dfrac{2(1-\cos\theta)\cos\theta}{(1-\cos\theta)\sin\theta}=1$

$\dfrac{2\cos\theta}{\sin\theta}=1$

$\therefore \sin\theta=2\cos\theta$ 　　……㉠

$\sin^2\theta+\cos^2\theta=1$에 ㉠을 대입하면

$(2\cos\theta)^2+\cos^2\theta=1,\qquad 5\cos^2\theta=1$

$\therefore \cos^2\theta=\dfrac{1}{5}$

이때 ㉠을 만족시키려면 $\sin\theta$, $\cos\theta$의 값의 부호가 같아야 하므로

$\pi<\theta<\dfrac{3}{2}\pi\ (\because\ \pi<\theta<2\pi)$

즉 $\cos\theta<0$이므로

$\cos\theta=-\dfrac{\sqrt{5}}{5}$ 　　답 ②

378

전략 삼차방정식의 근과 계수의 관계를 이용한다.

삼차방정식의 근과 계수의 관계에 의하여

$\sin\theta+\cos\theta+\tan\theta=-\dfrac{a}{4}$ 　　……㉠

$\sin\theta\cos\theta+\cos\theta\tan\theta+\tan\theta\sin\theta=\dfrac{b}{4}$

　　……㉡

$\sin\theta\cos\theta\tan\theta=\dfrac{3}{4}$ 　　……㉢

$\tan\theta=\dfrac{\sin\theta}{\cos\theta}$이므로 ㉢에서

$\sin^2\theta=\dfrac{3}{4}$

이때 θ는 제2사분면의 각이므로

$\sin\theta=\dfrac{\sqrt{3}}{2}\ (\because\ \sin\theta>0)$

$\sin^2\theta+\cos^2\theta=1$이므로

$\cos^2\theta=1-\sin^2\theta=1-\left(\dfrac{\sqrt{3}}{2}\right)^2$

$\qquad=\dfrac{1}{4}$

$\therefore \cos\theta=-\dfrac{1}{2}\left(\because\ \dfrac{\pi}{2}<\theta<\pi\right)$

$\therefore \tan\theta=\dfrac{\sin\theta}{\cos\theta}=-\sqrt{3}$

따라서 ㉠, ㉡에서

$a=-4(\sin\theta+\cos\theta+\tan\theta)$

$\quad=-4\left(\dfrac{\sqrt{3}}{2}-\dfrac{1}{2}-\sqrt{3}\right)$

$\quad=2\sqrt{3}+2$

$$b=4(\sin\theta\cos\theta+\cos\theta\tan\theta+\tan\theta\sin\theta)$$
$$=4\left(-\frac{\sqrt{3}}{4}+\frac{\sqrt{3}}{2}-\frac{3}{2}\right)$$
$$=\sqrt{3}-6$$
$$\therefore a+b=3\sqrt{3}-4 \qquad \text{답 } 3\sqrt{3}-4$$

379

전략 0이 아닌 실수 a, b에 대하여 $\sqrt{a}\sqrt{b}=-\sqrt{ab}$이면 $a<0$, $b<0$임을 이용한다.

$\sqrt{\sin\theta}\sqrt{\cos\theta}=-\sqrt{\sin\theta\cos\theta}$에서

$\quad \sin\theta<0$, $\cos\theta<0$ ($\because \sin\theta\cos\theta\neq0$)

즉 θ는 제3사분면의 각이므로

$\quad a<0$, $b<0$

$|a|-|b|=1$에서 $\quad -a+b=1$

$\quad \therefore b=a+1 \qquad \cdots\cdots \text{㉠}$

$\overline{\mathrm{OP}}=5$에서 $\quad a^2+b^2=25 \qquad \cdots\cdots \text{㉡}$

㉡에 ㉠을 대입하면

$\quad a^2+(a+1)^2=25, \quad a^2+a-12=0$

$\quad (a+4)(a-3)=0$

$\quad \therefore a=-4 \ (\because a<0)$

㉠에 $a=-4$를 대입하면

$\quad b=-3$

$\quad \therefore \sin\theta=\dfrac{b}{\mathrm{OP}}=-\dfrac{3}{5}$,

$\qquad \cos\theta=\dfrac{a}{\mathrm{OP}}=-\dfrac{4}{5}$,

$\qquad \tan\theta=\dfrac{b}{a}=\dfrac{3}{4}$

$\quad \therefore \sin\theta+\cos\theta+\tan\theta=-\dfrac{13}{20}$

답 $-\dfrac{13}{20}$

---

2 삼각함수의 그래프

01 삼각함수의 그래프 ● 본책 156~167쪽

380

답 (1) $\{x\,|\,x$는 실수$\}$ (2) 3, -3 (3) 원점

(4) 2π (5) y, 3

381

답 (1) $\{x\,|\,x$는 실수$\}$ (2) $\{y\,|-1\leq y\leq1\}$ (3) y축

(4) 4π (5) x, 2

382

(1) $3x\neq n\pi+\dfrac{\pi}{2}$이므로

$$x\neq\frac{n}{3}\pi+\frac{\pi}{6} \ (n\text{은 정수})$$

따라서 함수 $y=\tan 3x$의 정의역은

$$\left\{x\,\middle|\,x\neq\boxed{\frac{n}{3}\pi+\frac{\pi}{6}}\text{인 실수}, n\text{은 정수}\right\}$$

답 (1) $\dfrac{n}{3}\pi+\dfrac{\pi}{6}$ (2) 원점 (3) $\dfrac{\pi}{3}$

(4) $x=\dfrac{n}{3}\pi+\dfrac{\pi}{6}$ (5) x, $\dfrac{1}{3}$

383

(1) $y=\sin 2x$의 그래프는 $y=\sin x$의 그래프를 x축의 방향으로 $\dfrac{1}{2}$배 한 것과 같다.

따라서 그래프는 다음 그림과 같고, **최댓값은 1, 최솟값은 -1**, 주기는 $\dfrac{2\pi}{2}=\pi$이다.

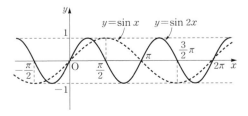

(2) $y=2\cos x$의 그래프는 $y=\cos x$의 그래프를 y축의 방향으로 2배 한 것과 같다.

따라서 그래프는 다음 그림과 같고, **최댓값은 2**, **최솟값은 −2**, **주기는 2π**이다.

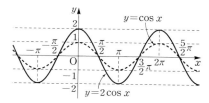

(3) $y=3\tan x$의 그래프는 $y=\tan x$의 그래프를 y축의 방향으로 3배 한 것과 같다.

따라서 그래프는 다음 그림과 같고, **최댓값과 최솟값은 없고**, **주기는 π**이다.

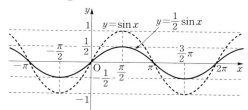

뎁 풀이 참조

384

(1) **최댓값은 $\dfrac{1}{2}$**, **최솟값은 $-\dfrac{1}{2}$**이고, **주기는 2π**이다.

$y=\dfrac{1}{2}\sin x$의 그래프는 $y=\sin x$의 그래프를 y축의 방향으로 $\dfrac{1}{2}$배 한 것이므로 다음 그림과 같다.

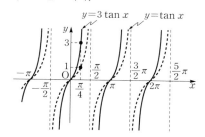

(2) **최댓값은 $1+1=2$**, **최솟값은 $-1+1=0$**이고, **주기는 $\dfrac{2\pi}{\frac{1}{2}}=4\pi$**이다.

$y=\sin\dfrac{1}{2}x+1$의 그래프는 $y=\sin x$의 그래프를 x축의 방향으로 2배 한 후 y축의 방향으로 1만큼 평행이동한 것이므로 다음 그림과 같다.

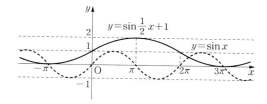

(3) **최댓값은 $|-1|=1$**, **최솟값은 $-|-1|=-1$**이고, **주기는 2π**이다.

$y=-\sin\left(x+\dfrac{\pi}{2}\right)$의 그래프는 $y=\sin x$의 그래프를 x축의 방향으로 $-\dfrac{\pi}{2}$만큼 평행이동한 후 x축에 대하여 대칭이동한 것이므로 다음 그림과 같다.

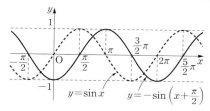

뎁 풀이 참조

385

주기는 $p=\dfrac{2\pi}{\frac{\pi}{3}}=6$

최댓값은 $M=1+3=4$

최솟값은 $m=-1+3=2$

    $\therefore p+M+m=12$ **뎁 12**

386

(1) **최댓값은 $1+1=2$**, **최솟값은 $-1+1=0$**이고, **주기는 $\dfrac{2\pi}{2}=\pi$**이다.

$y=\cos 2x+1$의 그래프는 $y=\cos x$의 그래프를 x축의 방향으로 $\dfrac{1}{2}$배 한 후 y축의 방향으로 1만큼 평행이동한 것이므로 다음 그림과 같다.

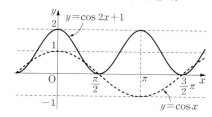

(2) **최댓값은 2, 최솟값은 -2이고, 주기는 2π이다.**

$y=2\cos(x-\pi)$의 그래프는 $y=\cos x$의 그래프를 x축의 방향으로 π만큼 평행이동한 후 y축의 방향으로 2배 한 것이므로 다음 그림과 같다.

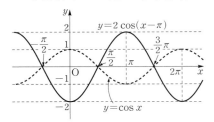

(3) **최댓값은 $|-2|+1=3$, 최솟값은 $-|-2|+1=-1$, 주기는 $\dfrac{2\pi}{\dfrac{1}{3}}=6\pi$이다.**

$y=-2\cos\dfrac{x}{3}+1$의 그래프는 $y=\cos x$의 그래프를 x축에 대하여 대칭이동한 후 x축의 방향으로 3배, y축의 방향으로 2배 하고, y축의 방향으로 1만큼 평행이동한 것이므로 다음 그림과 같다.

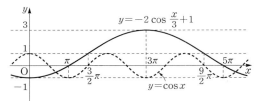

🔳 **풀이 참조**

387

주기는　$p=\dfrac{2\pi}{|-2\pi|}=1$

최댓값은　$M=|-3|+6=9$

최솟값은　$m=-|-3|+6=3$

　　$\therefore p+M+m=13$　　🔳 **13**

388

(1) **주기는　π**

　점근선의 방정식은　$x=n\pi+\dfrac{\pi}{2}$ (n은 정수)

$y=2\tan x$의 그래프는 $y=\tan x$의 그래프를 y축의 방향으로 2배 한 것이므로 다음 그림과 같다.

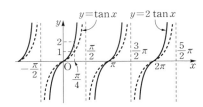

(2) **주기는　$\dfrac{\pi}{3}$**

　점근선의 방정식은 $3x=n\pi+\dfrac{\pi}{2}$에서

　　$x=\dfrac{n}{3}\pi+\dfrac{\pi}{6}$ (n은 정수)

$y=-\tan 3x$의 그래프는 $y=\tan x$의 그래프를 x축의 방향으로 $\dfrac{1}{3}$배 한 후 x축에 대하여 대칭이동한 것이므로 다음 그림과 같다.

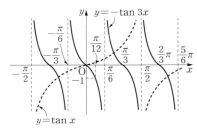

(3) **주기는　π**

　점근선의 방정식은 $x-\dfrac{\pi}{2}=n\pi+\dfrac{\pi}{2}$에서

　　$x=n\pi+\pi$　$\therefore x=n\pi$ (n은 정수)

$y=\tan\left(x-\dfrac{\pi}{2}\right)+2$의 그래프는 $y=\tan x$의 그래프를 x축의 방향으로 $\dfrac{\pi}{2}$만큼, y축의 방향으로 2만큼 평행이동한 것이므로 다음 그림과 같다.

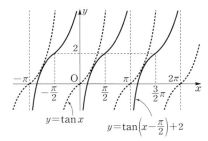

🔳 **풀이 참조**

389

주기는 $\dfrac{\pi}{2}$이므로　$a=\dfrac{1}{2}$

점근선의 방정식은 $2x-\dfrac{\pi}{2}=n\pi+\dfrac{\pi}{2}$에서

$$x=\dfrac{n+1}{2}\pi \qquad \therefore x=\dfrac{n}{2}\pi \,(n\text{은 정수})$$

따라서 $b=\dfrac{1}{2}$이므로 $\qquad a+b=1$ **답** **1**

390

(1) 최댓값은 $\qquad |-2|+1=3$

　 최솟값은 $\qquad -|-2|+1=-1$

　 주기는 $\qquad \dfrac{2\pi}{2}=\pi$

(2) 최댓값은 $\qquad \left|-\dfrac{1}{4}\right|-4=-\dfrac{15}{4}$

　 최솟값은 $\qquad -\left|-\dfrac{1}{4}\right|-4=-\dfrac{17}{4}$

　 주기는 $\qquad \dfrac{2}{3}\pi$

(3) 최댓값과 최솟값은 없고, 주기는 $\qquad \dfrac{\pi}{\pi}=1$

　답 (1) **최댓값: 3, 최솟값: -1, 주기: π**

　　(2) **최댓값: $-\dfrac{15}{4}$, 최솟값: $-\dfrac{17}{4}$, 주기: $\dfrac{2}{3}\pi$**

　　(3) **최댓값, 최솟값: 없다., 주기: 1**

391

$y=\cos 2x+1$의 그래프를 x축의 방향으로 $-\dfrac{\pi}{8}$만큼

평행이동한 그래프의 식은

$$y=\cos 2\left(x+\dfrac{\pi}{8}\right)+1=\cos\left(2x+\dfrac{\pi}{4}\right)+1$$

이 함수의 그래프를 x축에 대하여 대칭이동한 그래프

의 식은 $\qquad -y=\cos\left(2x+\dfrac{\pi}{4}\right)+1$

$$\therefore y=-\cos\left(2x+\dfrac{\pi}{4}\right)-1$$

답 $\boldsymbol{y=-\cos\left(2x+\dfrac{\pi}{4}\right)-1}$

392

최댓값이 3이고 $a>0$이므로

$$a-c=3 \qquad\qquad \cdots\cdots \bigcirc$$

주기가 4π이고 $b>0$이므로

$$\dfrac{2\pi}{\frac{1}{b}}=4\pi \qquad \therefore b=2$$

$f(x)=a\sin\left(\dfrac{x}{2}-\dfrac{\pi}{3}\right)-c$에서 $f(\pi)=2$이므로

$$a\sin\dfrac{\pi}{6}-c=2$$

$$\therefore \dfrac{a}{2}-c=2 \qquad\qquad \cdots\cdots \bigcirc$$

$\bigcirc$, $\bigcirc$을 연립하여 풀면 $\qquad a=2,\ c=-1$

따라서 $f(x)=2\sin\left(\dfrac{x}{2}-\dfrac{\pi}{3}\right)+1$이므로 $f(x)$의 최

솟값은 $\qquad -2+1=-1$ **답** $\boldsymbol{-1}$

393

함수 $f(x)$의 주기가 $\dfrac{\pi}{2}$이고 $b>0$이므로

$$\dfrac{\pi}{b}=\dfrac{\pi}{2} \qquad \therefore b=2$$

$$\therefore f(x)=a\tan(2x+c)+d$$

$$=a\tan 2\left(x+\dfrac{c}{2}\right)+d$$

즉 함수 $y=f(x)$의 그래프는 $y=a\tan 2x$의 그래프

를 x축의 방향으로 $-\dfrac{c}{2}$만큼, y축의 방향으로 d만큼

평행이동한 것이므로

$$-\dfrac{c}{2}=\dfrac{\pi}{4},\ d=-1 \qquad \therefore c=-\dfrac{\pi}{2},\ d=-1$$

따라서 $f(x)=a\tan\left(2x-\dfrac{\pi}{2}\right)-1$이므로

$$f\left(\dfrac{\pi}{3}\right)=a\tan\dfrac{\pi}{6}-1=\sqrt{3}-1$$

$$\dfrac{\sqrt{3}}{3}a-1=\sqrt{3}-1 \qquad \therefore a=3$$

$$\therefore abcd=3\times2\times\left(-\dfrac{\pi}{2}\right)\times(-1)=3\pi \quad \text{**답** } \boldsymbol{3\pi}$$

394

주어진 그래프에서 함수의 최댓값이 3, 최솟값이 -1

이고 $a>0$이므로

$$a+d=3,\ -a+d=-1$$

두 식을 연립하여 풀면 $\qquad a=2,\ d=1$

또 주기가 $\dfrac{\pi}{2}-\left(-\dfrac{\pi}{2}\right)=\pi$이고 $b>0$이므로

$$\dfrac{2\pi}{b}=\pi \qquad \therefore b=2$$

따라서 주어진 함수의 식은 $y=2\sin(2x+c)+1$이

고, 그 그래프가 점 $(0,\ 3)$을 지나므로

$$3=2\sin c+1 \qquad \therefore \sin c=1$$

$0<c<\pi$이므로　　　$c=\dfrac{\pi}{2}$

$$\therefore abcd=2\times2\times\dfrac{\pi}{2}\times1=2\pi$$

📋 **2π**

395

(1) $y=|\cos2x|$의 그래프는 $y=\cos2x$의 그래프에서 $y<0$인 부분을 x축에 대하여 대칭이동한 것이므로 다음 그림과 같다.

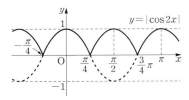

따라서 최댓값은 1, 최솟값은 0이고, 주기는 $\dfrac{\pi}{2}$이다.

(2) $y=2|\sin x|-1$의 그래프는 $y=|\sin x|$의 그래프를 y축의 방향으로 2배 한 다음 y축의 방향으로 -1만큼 평행이동한 것이므로 다음 그림과 같다.

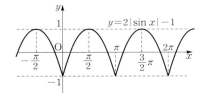

따라서 최댓값은 1, 최솟값은 -1이고, 주기는 π이다.

📋 (1) **최댓값: 1, 최솟값: 0, 주기: $\dfrac{\pi}{2}$**

　　(2) **최댓값: 1, 최솟값: -1, 주기: π**

[다른 풀이] (2) $0\le|\sin x|\le1$이므로

　　$0\le2|\sin x|\le2$

　　$\therefore -1\le2|\sin x|-1\le1$

따라서 최댓값은 1, 최솟값은 -1이다.

396

주기는 $\dfrac{\pi}{\pi}=1$이므로　　$a=1$

또 $0\le|\cos\pi x|\le1$이므로

　　$0\le7|\cos\pi x|\le7$

　　$\therefore 3\le7|\cos\pi x|+3\le10$

따라서 $M=10$, $m=3$이므로

　　$a+M+m=14$

📋 **14**

397

$f(x)=a|\sin bx|+c$에서 최댓값이 5이고 $a>0$이므로

　　$a+c=5$　　　　　……㉠

주기가 $\dfrac{\pi}{3}$이고 $b>0$이므로

　　$\dfrac{\pi}{b}=\dfrac{\pi}{3}$　　　$\therefore b=3$

따라서 $f(x)=a|\sin3x|+c$에서

　　$f\left(\dfrac{\pi}{18}\right)=a\left|\sin\dfrac{\pi}{6}\right|+c=\dfrac{7}{2}$

　　$\therefore \dfrac{a}{2}+c=\dfrac{7}{2}$　　　　　……㉡

㉠, ㉡을 연립하여 풀면　　$a=3$, $c=2$

　　$\therefore abc=18$

📋 **18**

연습 문제　　　　●본책 168~169쪽

398

[전략] 주어진 함수의 주기를 각각 구한다.

주어진 함수의 주기는 다음과 같다.

① $\dfrac{2\pi}{2}=\pi$　　　② $\dfrac{2\pi}{\frac{1}{3}}=6\pi$　　　③ 2π

④ $\dfrac{2\pi}{\frac{1}{4}}=8\pi$　　　⑤ $\dfrac{\pi}{2}$

따라서 주기가 가장 큰 것은 ④이다.

📋 **④**

399

[전략] 평행이동한 그래프의 식을 구한 후 주어진 점의 좌표를 대입한다.

$y=3\sin\dfrac{\pi}{4}x$의 그래프를 x축의 방향으로 $\dfrac{1}{4}$만큼, y축의 방향으로 $\dfrac{1}{2}$만큼 평행이동한 그래프의 식은

　　$y=3\sin\dfrac{\pi}{4}\left(x-\dfrac{1}{4}\right)+\dfrac{1}{2}$

이 함수의 그래프가 점 $\left(\dfrac{11}{12},\ a\right)$를 지나므로

　　$a=3\sin\dfrac{\pi}{6}+\dfrac{1}{2}=3\times\dfrac{1}{2}+\dfrac{1}{2}=2$

📋 **2**

400

전략 $y=a\tan(bx-c)+d$의 그래프는 $y=a\tan bx$의 그래프를 x축의 방향으로 $\dfrac{c}{b}$만큼, y축의 방향으로 d만큼 평행이동한 것과 같다.

ㄱ. 주기는 $\dfrac{\pi}{3}$이다. (거짓)

ㄴ. $x=\dfrac{\pi}{4}$를 대입하면 $y=2\tan\dfrac{\pi}{4}+1=3$

따라서 그래프는 점 $\left(\dfrac{\pi}{4},\ 3\right)$을 지난다. (참)

ㄷ. 그래프의 점근선의 방정식은 $3x-\dfrac{\pi}{2}=n\pi+\dfrac{\pi}{2}$에서

$$3x=n\pi \qquad \therefore\ x=\dfrac{n}{3}\pi\ (n \text{은 정수})$$

이때 $n=-3$이면 $x=-\pi$

따라서 직선 $x=-\pi$는 점근선이므로 그래프와 직선 $x=-\pi$는 만나지 않는다. (참)

ㄹ. $y=2\tan\left(3x-\dfrac{\pi}{2}\right)+1=2\tan 3\left(x-\dfrac{\pi}{6}\right)+1$

따라서 그래프는 $y=2\tan 3x$의 그래프를 x축의 방향으로 $\dfrac{\pi}{6}$만큼, y축의 방향으로 1만큼 평행이동한 것이다. (참)

이상에서 옳은 것은 ㄴ, ㄷ, ㄹ이다.   **답** ㄴ, ㄷ, ㄹ

401

전략 주기를 이용하여 b의 값을 구하고, 최솟값을 이용하여 a의 값을 구한다.

함수 $f(x)$의 주기가 4π이고 $b>0$이므로

$$\dfrac{2\pi}{b}=4\pi \qquad \therefore\ b=\dfrac{1}{2}$$

또 함수 $f(x)$의 최솟값이 -1이고 $a>0$이므로

$$-a+3=-1 \qquad \therefore\ a=4$$

$$\therefore\ a+b=\dfrac{9}{2}$$

답 ①

402

전략 최댓값, 최솟값을 이용하여 a, b의 값을 구하고, 주기를 이용하여 c의 값을 구한다.

$$y=a\sin\dfrac{\pi}{6}(2x-1)+b$$

$$=a\sin\left(\dfrac{\pi}{3}x-\dfrac{\pi}{6}\right)+b$$

주어진 그래프에서 함수의 최댓값이 1, 최솟값이 -3이고 $a>0$이므로

$$a+b=1,\ -a+b=-3$$

두 식을 연립하여 풀면 $a=2,\ b=-1$

또 주기는 $\dfrac{2\pi}{\frac{\pi}{3}}=6$이므로 그래프에서

$$c=3+6=9$$

$$\therefore\ abc=-18$$

답 -18

403

전략 함수 $y=\cos ax$의 주기는 $\dfrac{2\pi}{|a|}$임을 이용하여 선분 AB의 길이를 구한다.

$\overline{\mathrm{CD}}$가 x축에 평행하고 함수 $y=\cos\dfrac{\pi}{4}x$의 그래프는 y축에 대하여 대칭이므로 사각형 ABCD는 등변사다리꼴이다.

함수 $y=\cos\dfrac{\pi}{4}x$의 주기는 $\dfrac{2\pi}{\frac{\pi}{4}}=8$이므로

$$\overline{\mathrm{OA}}=\overline{\mathrm{OB}}=2 \qquad \therefore\ \overline{\mathrm{AB}}=4$$

한편 $\overline{\mathrm{CD}}=2$에서 점 C의 x좌표는 1이므로 등변사다리꼴 ABCD의 높이를 h라 하면

$$h=\cos\dfrac{\pi}{4}=\dfrac{\sqrt{2}}{2}$$

$$\therefore\ \square\mathrm{ABCD}=\dfrac{1}{2}\times(\overline{\mathrm{AB}}+\overline{\mathrm{CD}})\times h$$

$$=\dfrac{1}{2}\times(4+2)\times\dfrac{\sqrt{2}}{2}$$

$$=\dfrac{3\sqrt{2}}{2}$$

답 $\dfrac{3\sqrt{2}}{2}$

404

전략 평행이동해도 그래프의 모양은 변하지 않음을 이용하여 넓이가 같은 부분을 찾는다.

함수 $y=\tan x+1$의 그래프는 $y=\tan x$의 그래프를 y축의 방향으로 1만큼 평행이동한 것이다.

따라서 오른쪽 그림에서 빗금 친 두 부분의 넓이가 같다.

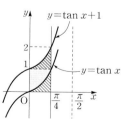

즉 구하는 부분의 넓이는 네 점 $(0, 0)$, $\left(\dfrac{\pi}{4}, 0\right)$,

$\left(\dfrac{\pi}{4}, 1\right)$, $(0, 1)$을 꼭짓점으로 하는 직사각형의 넓이

와 같으므로 $\dfrac{\pi}{4} \times 1 = \dfrac{\pi}{4}$ **답** $\dfrac{\pi}{4}$

405

전략 주기를 이용하여 두 점 A, B의 x좌표를 구한다.

오른쪽 그림과 같이
곡선 $y = a \sin b\pi x$
$\left(0 \leq x \leq \dfrac{3}{b}\right)$가 x축

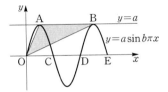

과 만나는 점 중 원
점이 아닌 세 점을
차례대로 C, D, E라 하자.

함수 $y = a \sin b\pi x$의 주기가 $\dfrac{2\pi}{|b\pi|} = \dfrac{2}{b}$ $(\because b > 0)$

이므로 점 D의 좌표는 $\left(\dfrac{2}{b}, 0\right)$

따라서 점 A의 x좌표는 $\dfrac{2}{b} \times \dfrac{1}{4} = \dfrac{1}{2b}$

점 B의 x좌표는 $\dfrac{1}{2b} + \dfrac{2}{b} = \dfrac{5}{2b}$

이때 삼각형 OAB의 넓이가 5이므로

$\dfrac{1}{2} \times \overline{\text{AB}} \times a = 5$에서

$\dfrac{1}{2} \times \left(\dfrac{5}{2b} - \dfrac{1}{2b}\right) \times a = 5$

$\dfrac{a}{b} = 5$ $\therefore a = 5b$ ...... ㉠

한편 직선 OA의 기울기는

$\dfrac{a}{\dfrac{1}{2b}} = 2ab = 10b^2$ $(\because ㉠)$

직선 OB의 기울기는 $\dfrac{a}{\dfrac{5}{2b}} = \dfrac{2ab}{5} = 2b^2$ $(\because ㉠)$

두 직선의 기울기의 곱이 $\dfrac{5}{4}$이므로

$10b^2 \times 2b^2 = \dfrac{5}{4}$, $b^4 = \dfrac{1}{16}$

$\therefore b = \dfrac{1}{2}$ $(\because b > 0)$

㉠에 $b = \dfrac{1}{2}$을 대입하면 $a = \dfrac{5}{2}$

$\therefore a + b = 3$ **답** ③

406

전략 $f(x+p) = f(x)$를 만족시키는 양수 p의 최솟값은 함수 $f(x)$의 주기임을 이용한다.

$a > 0$이므로 주어진 함수의 최댓값은 $a+c$, 최솟값은 $-a+c$이다.

이때 최댓값과 최솟값의 합이 6이므로

$a+c+(-a+c) = 6$

$2c = 6$ $\therefore c = 3$

한편 함수의 주기는 $\dfrac{2\pi}{b}$이고, $0 < b < 5$이므로

$\dfrac{2\pi}{b} = \dfrac{\pi}{2}$ $\therefore b = 4$

따라서 $f(x) = a \cos 4x + 3$의 그래프가 점 $\left(\dfrac{\pi}{12}, 4\right)$

를 지나므로

$a \cos \dfrac{\pi}{3} + 3 = 4$

$\dfrac{a}{2} + 3 = 4$ $\therefore a = 2$

$\therefore a+b+c = 2+4+3 = 9$ **답** 9

해설 Focus

$f\left(x + \dfrac{\pi}{2}\right) = f(x)$가 성립한다고 해서 함수 $f(x)$의 주기

가 $\dfrac{\pi}{2}$인 것은 아니다. 주기가 $\dfrac{\pi}{4}$, $\dfrac{\pi}{6}$, $\dfrac{\pi}{8}$, $\cdots$인 함수

$f(x)$도 $f\left(x + \dfrac{\pi}{2}\right) = f(x)$를 만족시키기 때문이다.

그런데 $0 < b < 5$에서 $\dfrac{2\pi}{b} > \dfrac{2}{5}\pi$이므로 함수 $f(x)$의 주

기는 $\dfrac{\pi}{2}$이다.

407

전략 함수 $y = a|\sin bx| + c$의 주기는 $\dfrac{\pi}{|b|}$임을 이용한다.

$a < 0$이므로 $0 \leq |\sin bx| \leq 1$에서

$a \leq a|\sin bx| \leq 0$

$\therefore a+c \leq a|\sin bx| + c \leq c$

이때 조건 ㈎에서 최댓값과 최솟값의 차가 3이므로

$c - (a+c) = 3$ $\therefore a = -3$

또 $b > 0$에서 주어진 함수의 주기는 $\dfrac{\pi}{b}$

함수 $y = \cos 4x$의 주기는 $\dfrac{2\pi}{4} = \dfrac{\pi}{2}$

즉 조건 (나)에서 $\dfrac{\pi}{b}=\dfrac{\pi}{2}$이므로 $\qquad b=2$

따라서 조건 (다)에서 $f(x)=-3|\sin 2x|+c$의 그래프가 점 $(0,\,5)$를 지나므로

$\qquad -3|\sin 0|+c=5 \qquad \therefore c=5$

$\qquad \therefore a+b+c=4$ 답 4

02 일반각에 대한 삼각함수의 성질 • 본책 170~176쪽

408

(1) $\sin 750°=\sin(360°\times 2+\boxed{30°})$

$\qquad =\sin\boxed{30°}=\boxed{\dfrac{1}{2}}$

(2) $\cos 420°=\cos(360°+60°)=\cos 60°=\dfrac{1}{2}$

(3) $\tan\dfrac{7}{3}\pi=\tan\left(2\pi+\dfrac{\pi}{3}\right)=\tan\dfrac{\pi}{3}=\sqrt{3}$

답 (1) $30°,\,30°,\,\dfrac{1}{2}$ (2) $\dfrac{1}{2}$ (3) $\sqrt{3}$

409

(1) $\tan\left(-\dfrac{\pi}{6}\right)=-\tan\boxed{\dfrac{\pi}{6}}=\boxed{-\dfrac{\sqrt{3}}{3}}$

(2) $\sin\left(-\dfrac{\pi}{4}\right)=-\sin\dfrac{\pi}{4}=-\dfrac{\sqrt{2}}{2}$

(3) $\cos\left(-\dfrac{\pi}{3}\right)=\cos\dfrac{\pi}{3}=\dfrac{1}{2}$

답 (1) $\dfrac{\pi}{6},\,-\dfrac{\sqrt{3}}{3}$ (2) $-\dfrac{\sqrt{2}}{2}$ (3) $\dfrac{1}{2}$

410

(1) $\cos\dfrac{7}{6}\pi=\cos\left(\dfrac{\pi}{2}\times\boxed{2}+\boxed{\dfrac{\pi}{6}}\right)=-\cos\boxed{\dfrac{\pi}{6}}$

$\qquad =\boxed{-\dfrac{\sqrt{3}}{2}}$

(2) $\sin 135°=\sin(90°\times\boxed{1}+\boxed{45°})$

$\qquad =\cos\boxed{45°}=\boxed{\dfrac{\sqrt{2}}{2}}$

(3) $\tan 240°=\tan(90°\times 2+60°)$

$\qquad =\tan 60°=\sqrt{3}$

(4) $\cos\dfrac{23}{6}\pi=\cos\left(\dfrac{\pi}{2}\times 7+\dfrac{\pi}{3}\right)=\sin\dfrac{\pi}{3}=\dfrac{\sqrt{3}}{2}$

답 (1) $2,\,\dfrac{\pi}{6},\,\dfrac{\pi}{6},\,-\dfrac{\sqrt{3}}{2}$

(2) $1,\,45°,\,45°,\,\dfrac{\sqrt{2}}{2}$

(3) $\sqrt{3}$ (4) $\dfrac{\sqrt{3}}{2}$

411

(1) $\sin 769°=\sin(360°\times 2+49°)=\sin 49°$

삼각함수표에서 $\sin 49°=0.7547$이므로

$\qquad \sin 769°=0.7547$

(2) $\cos 1029°=\cos(360°\times 3-51°)$

$\qquad =\cos(-51°)=\cos 51°$

삼각함수표에서 $\cos 51°=0.6293$이므로

$\qquad \cos 1029°=0.6293$

(3) $\tan(-410°)=-\tan 410°$

$\qquad\qquad =-\tan(360°+50°)$

$\qquad\qquad =-\tan 50°$

삼각함수표에서 $\tan 50°=1.1918$이므로

$\qquad \tan(-410°)=-1.1918$

답 (1) 0.7547 (2) 0.6293 (3) -1.1918

412

$\sin\left(-\dfrac{17}{6}\pi\right)=-\sin\dfrac{17}{6}\pi=-\sin\left(\dfrac{\pi}{2}\times 6-\dfrac{\pi}{6}\right)$

$\qquad\qquad =-\sin\dfrac{\pi}{6}=-\dfrac{1}{2}$

$\tan\left(-\dfrac{\pi}{4}\right)=-\tan\dfrac{\pi}{4}=-1$

$\cos\left(-\dfrac{10}{3}\pi\right)=\cos\dfrac{10}{3}\pi=\cos\left(\dfrac{\pi}{2}\times 6+\dfrac{\pi}{3}\right)$

$\qquad\qquad =-\cos\dfrac{\pi}{3}=-\dfrac{1}{2}$

$\therefore$ (주어진 식) $=-\dfrac{1}{2}-1-\dfrac{1}{2}=-2$

답 -2

413

$\cos(\pi+\theta)=-\cos\theta,\ \cos\left(\dfrac{\pi}{2}+\theta\right)=-\sin\theta,$

$\cos(2\pi+\theta)=\cos\theta,\ \cos\left(\dfrac{3}{2}\pi+\theta\right)=\sin\theta$

$$\therefore \text{(주어진 식)}$$
$$= -\cos\theta - (-\sin\theta) + \cos\theta - \sin\theta$$
$$= 0 \qquad \qquad \text{답 } 0$$

414

(1) $\cos 85° = \cos(90° - 5°) = \sin 5°$

$\cos 80° = \cos(90° - 10°) = \sin 10°$

$$\vdots$$

$\cos 50° = \cos(90° - 40°) = \sin 40°$

$$\therefore \text{(주어진 식)}$$
$$= \cos^2 0° + (\cos^2 5° + \cos^2 85°) + \cdots$$
$$\quad + (\cos^2 40° + \cos^2 50°)$$
$$\quad + \cos^2 45° + \cos^2 90°$$
$$= 1 + (\cos^2 5° + \sin^2 5°) + \cdots$$
$$\quad + (\cos^2 40° + \sin^2 40°) + \frac{1}{2} + 0$$
$$= \underbrace{1 + 1 + \cdots + 1}_{8\text{개}} + \frac{3}{2}$$
$$= \frac{19}{2}$$

(2) $\tan 89° = \tan(90° - 1°) = \dfrac{1}{\tan 1°}$

$\tan 88° = \tan(90° - 2°) = \dfrac{1}{\tan 2°}$

$$\vdots$$

$\tan 46° = \tan(90° - 44°) = \dfrac{1}{\tan 44°}$

$$\therefore \tan 1° \times \tan 2° \times \tan 3° \times \cdots$$
$$\qquad \times \tan 88° \times \tan 89°$$
$$= (\tan 1° \times \tan 89°)$$
$$\quad \times (\tan 2° \times \tan 88°) \times \cdots$$
$$\quad \times (\tan 44° \times \tan 46°) \times \tan 45°$$
$$= \left(\tan 1° \times \frac{1}{\tan 1°}\right)$$
$$\quad \times \left(\tan 2° \times \frac{1}{\tan 2°}\right) \times \cdots$$
$$\quad \times \left(\tan 44° \times \frac{1}{\tan 44°}\right) \times \tan 45°$$
$$= \underbrace{1 \times 1 \times \cdots \times 1}_{44\text{개}} \times 1 = 1$$

$$\text{답 } (1) \ \frac{19}{2} \quad (2) \ 1$$

415

$\theta = \dfrac{\pi}{12}$ 이므로 $\qquad 12\theta = \pi$

$$\therefore \cos 11\theta = \cos(12\theta - \theta) = \cos(\pi - \theta)$$
$$= -\cos\theta$$
$$\cos 10\theta = \cos(12\theta - 2\theta) = \cos(\pi - 2\theta)$$
$$= -\cos 2\theta$$
$$\vdots$$
$$\cos 7\theta = \cos(12\theta - 5\theta) = \cos(\pi - 5\theta)$$
$$= -\cos 5\theta$$

$$\therefore \text{(주어진 식)}$$
$$= \cos\theta + \cos 2\theta + \cdots + \cos 6\theta$$
$$\quad - \cos 5\theta - \cos 4\theta - \cdots - \cos\theta$$
$$\quad + \cos 12\theta$$
$$= \cos 6\theta + \cos 12\theta$$
$$= \cos \frac{\pi}{2} + \cos \pi$$
$$= 0 + (-1) = -1 \qquad \text{답 } -1$$

연습 문제 ● 본책 177~178쪽

416

전략 함수 $f(x)$의 주기를 이용하여 a의 값을 구한다.

함수 $f(x) = \sin\left(ax + \dfrac{\pi}{6}\right)$의 주기가 4π이고 $a > 0$이므로

$$\frac{2\pi}{a} = 4\pi \qquad \therefore a = \frac{1}{2}$$

따라서 $f(x) = \sin\left(\dfrac{1}{2}x + \dfrac{\pi}{6}\right)$이므로

$$f(\pi) = \sin\left(\frac{\pi}{2} + \frac{\pi}{6}\right) = \cos\frac{\pi}{6} = \frac{\sqrt{3}}{2}$$

$$\text{답 } ④$$

417

전략 함수 $y = \cos\dfrac{x}{2}$의 그래프를 주어진 순서대로 평행이동, 대칭이동한 그래프의 식을 구한다.

$y=\cos\dfrac{x}{2}$의 그래프를 x축의 방향으로 π만큼 평행이동한 그래프의 식은

$$y=\cos\dfrac{x-\pi}{2}=\cos\left(\dfrac{x}{2}-\dfrac{\pi}{2}\right)$$

$$=\cos\left\{-\left(\dfrac{\pi}{2}-\dfrac{x}{2}\right)\right\}$$

$$=\cos\left(\dfrac{\pi}{2}-\dfrac{x}{2}\right)$$

$$=\sin\dfrac{x}{2}$$

이 함수의 그래프를 x축에 대하여 대칭이동한 그래프의 식은

$$-y=\sin\dfrac{x}{2} \qquad \therefore\ y=-\sin\dfrac{x}{2}$$

답 ④

418

전략 삼각형의 세 내각의 크기의 합이 π임을 이용한다.

삼각형 ABC에서

$$A+B+C=\pi$$

① $\tan\dfrac{A+B}{2}=\tan\dfrac{\pi-C}{2}$

$\qquad\qquad =\tan\left(\dfrac{\pi}{2}-\dfrac{C}{2}\right)$

$\qquad\qquad =\dfrac{1}{\tan\dfrac{C}{2}}$

② $\sin\dfrac{A}{2}=\sin\left\{\dfrac{\pi-(B+C)}{2}\right\}$

$\qquad\qquad =\sin\left(\dfrac{\pi}{2}-\dfrac{B+C}{2}\right)$

$\qquad\qquad =\cos\dfrac{B+C}{2}$

③ $\cos A=\cos\{\pi-(B+C)\}$

$\qquad\quad =-\cos(B+C)$

④ $\sin A=\sin\{\pi-(B+C)\}$

$\qquad\quad =\sin(B+C)$

⑤ $\cos\dfrac{A}{2}=\cos\left\{\dfrac{\pi-(B+C)}{2}\right\}$

$\qquad\qquad =\cos\left(\dfrac{\pi}{2}-\dfrac{B+C}{2}\right)$

$\qquad\qquad =\sin\dfrac{B+C}{2}$

따라서 옳지 않은 것은 ③이다.

답 ③

419

전략 각 θ의 삼각함수로 변형하여 주어진 식을 간단히 한다.

$\cos(\pi+\theta)=-\cos\theta$, $\sin\left(\dfrac{3}{2}\pi+\theta\right)=-\cos\theta$,

$\cos(\pi-\theta)=-\cos\theta$, $\sin(\pi+\theta)=-\sin\theta$,

$\tan(\pi-\theta)=-\tan\theta$, $\cos\left(\dfrac{3}{2}\pi+\theta\right)=\sin\theta$

$\therefore$ (주어진 식)

$$=\dfrac{-\cos\theta}{-\cos\theta\times(-\cos\theta)^2}$$

$$\quad+\dfrac{-\sin\theta\times(-\tan\theta)^2}{\sin\theta}$$

$$=\dfrac{1}{\cos^2\theta}-\tan^2\theta$$

$$=\dfrac{1}{\cos^2\theta}-\dfrac{\sin^2\theta}{\cos^2\theta}$$

$$=\dfrac{1-\sin^2\theta}{\cos^2\theta}$$

$$=\dfrac{\cos^2\theta}{\cos^2\theta}=1$$

답 1

420

전략 함수 $f(x)$의 주기가 p이면 $f(x+p)=f(x)$임을 이용한다.

함수 $f(x)$의 주기가 p이므로

$$f(x+p)=f(x)$$

$$\therefore f\left(\dfrac{2}{3}\pi-p\right)$$

$$=f\left(\dfrac{2}{3}\pi\right)$$

$$=\sin\dfrac{4}{3}\pi+3\cos^2\dfrac{2}{3}\pi+\tan\dfrac{\pi}{3}$$

$$=\sin\left(\pi+\dfrac{\pi}{3}\right)+3\cos^2\left(\pi-\dfrac{\pi}{3}\right)+\tan\dfrac{\pi}{3}$$

$$=-\sin\dfrac{\pi}{3}+3\times\left(-\cos\dfrac{\pi}{3}\right)^2+\sqrt{3}$$

$$=-\dfrac{\sqrt{3}}{2}+3\times\left(-\dfrac{1}{2}\right)^2+\sqrt{3}$$

$$=\dfrac{\sqrt{3}}{2}+\dfrac{3}{4}$$

답 $\dfrac{\sqrt{3}}{2}+\dfrac{3}{4}$

421

전략 함수 $y=a\sin(bx-c)+d$의 그래프는 $y=a\sin bx$의 그래프와 평행이동에 의하여 겹쳐진다.

① $y=\sin(2x-\pi)=\sin 2\left(x-\dfrac{\pi}{2}\right)$

이므로 $y=\sin 2x$의 그래프를 x축의 방향으로 $\dfrac{\pi}{2}$

만큼 평행이동한 것과 겹쳐진다.

② $y=\cos\left(2x-\dfrac{\pi}{2}\right)+1$

$\quad=\cos\left\{-\left(\dfrac{\pi}{2}-2x\right)\right\}+1$

$\quad=\cos\left(\dfrac{\pi}{2}-2x\right)+1$

$\quad=\sin 2x+1$

이므로 $y=\sin 2x$의 그래프를 y축의 방향으로 1만큼 평행이동한 것과 겹쳐진다.

③ $y=2\sin 2x$의 그래프는 $y=\sin 2x$의 그래프를 y축의 방향으로 2배 한 것이므로 평행이동하여 겹쳐지지 않는다.

④ $y=\sin 2x+2$의 그래프는 $y=\sin 2x$의 그래프를 y축의 방향으로 2만큼 평행이동한 것과 겹쳐진다.

⑤ $y=-\sin(2x+\pi)-1=\sin 2x-1$

이므로 $y=\sin 2x$의 그래프를 y축의 방향으로 -1만큼 평행이동한 것과 겹쳐진다.

따라서 평행이동하여 겹쳐지지 않는 것은 ③이다.

目 ③

422

전략 $A+B+C=\pi$임을 이용하여 좌변을 변형한다.

$A+B+C=\pi$이므로

$\quad A+C=\pi-B$

$\quad\therefore 2\sin\dfrac{A-B+C}{2}=2\sin\dfrac{\pi-2B}{2}$

$\qquad\qquad\qquad\qquad=2\sin\left(\dfrac{\pi}{2}-B\right)$

$\qquad\qquad\qquad\qquad=2\cos B$

따라서 주어진 식은

$\quad 2\cos B$

$\qquad=\cos A\times(-\cos A)+\sin A\times(-\sin A)$

$\quad 2\cos B=-\cos^2 A-\sin^2 A=-1$

$\quad\therefore \cos B=-\dfrac{1}{2}$

目 $-\dfrac{1}{2}$

423

전략 각의 크기의 합이 $90°$ 또는 $180°$인 것끼리 짝 지어 간단히 한다.

ㄱ. $\sin 50°=\sin(90°-40°)=\cos 40°$

$\quad\sin 60°=\sin(90°-30°)=\cos 30°$

$\quad\sin 70°=\sin(90°-20°)=\cos 20°$

$\quad\sin 80°=\sin(90°-10°)=\cos 10°$

$\quad\therefore \sin^2 10°+\sin^2 20°+\cdots$

$\qquad +\sin^2 80°+\sin^2 90°$

$\quad=(\sin^2 10°+\sin^2 80°)$

$\qquad +(\sin^2 20°+\sin^2 70°)$

$\qquad +(\sin^2 30°+\sin^2 60°)$

$\qquad +(\sin^2 40°+\sin^2 50°)$

$\qquad +\sin^2 90°$

$\quad=(\sin^2 10°+\cos^2 10°)$

$\qquad +(\sin^2 20°+\cos^2 20°)$

$\qquad +(\sin^2 30°+\cos^2 30°)$

$\qquad +(\sin^2 40°+\cos^2 40°)$

$\qquad +\sin^2 90°$

$\quad=1+1+1+1+1$

$\quad=5$ (참)

ㄴ. $\cos 100°=\cos(180°-80°)=-\cos 80°$

$\quad\cos 110°=\cos(180°-70°)=-\cos 70°$

$\qquad\qquad\vdots$

$\quad\cos 170°=\cos(180°-10°)=-\cos 10°$

$\quad\therefore \cos 10°+\cos 20°+\cdots$

$\qquad +\cos 170°+\cos 180°$

$\quad=\cos 10°+\cos 20°+\cdots+\cos 90°$

$\qquad +(-\cos 80°)+(-\cos 70°)+\cdots$

$\qquad +(-\cos 10°)+\cos 180°$

$\quad=\cos 90°+\cos 180°$

$\quad=0+(-1)$

$\quad=-1$ (거짓)

ㄷ. $\tan 85°=\tan(90°-5°)=\dfrac{1}{\tan 5°}$

$\quad\tan 80°=\tan(90°-10°)=\dfrac{1}{\tan 10°}$

$\qquad\qquad\vdots$

$\quad\tan 50°=\tan(90°-40°)=\dfrac{1}{\tan 40°}$

$$\therefore \tan 5° \times \tan 10° \times \tan 15° \times \cdots$$
$$\times \tan 80° \times \tan 85°$$
$$= (\tan 5° \times \tan 85°)$$
$$\times (\tan 10° \times \tan 80°) \times \cdots$$
$$\times (\tan 40° \times \tan 50°) \times \tan 45°$$
$$= \left(\tan 5° \times \frac{1}{\tan 5°}\right)$$
$$\times \left(\tan 10° \times \frac{1}{\tan 10°}\right) \times \cdots$$
$$\times \left(\tan 40° \times \frac{1}{\tan 40°}\right) \times \tan 45°$$
$$= 1 \times 1 \times \cdots \times 1 \times 1$$
$$= 1 \ (참)$$

이상에서 옳은 것은 ㄱ, ㄷ이다.　　　답 ㄱ, ㄷ

424

전략 주어진 식을 각 θ의 삼각함수로 나타낸다.

$\sin(\pi - \theta) = \sin\theta$, $\cos(3\pi + \theta) = -\cos\theta$,
$\sin\left(\dfrac{3}{2}\pi - \theta\right) = -\cos\theta$, $\cos\left(\dfrac{5}{2}\pi - \theta\right) = \sin\theta$

$$\therefore (주어진 식)$$
$$= \sin\theta \times (-\cos\theta) + (-\cos\theta) \times \sin\theta$$
$$= -2\sin\theta\cos\theta \qquad \cdots\cdots ㉠$$
$$= -2 \times \frac{b}{\sqrt{a^2+b^2}} \times \frac{a}{\sqrt{a^2+b^2}}$$
$$= \frac{-2ab}{a^2+b^2} \qquad \cdots\cdots ㉡$$

한편 점 $\mathrm{P}(a, b)$가 직선 $y = -\dfrac{3}{2}x$ 위의 점이므로

$$b = -\frac{3}{2}a \qquad \cdots\cdots ㉢$$

㉡에 ㉢을 대입하면

$$(주어진 식) = \frac{-2a \times \left(-\dfrac{3}{2}a\right)}{a^2 + \left(-\dfrac{3}{2}a\right)^2} = \frac{3a^2}{\dfrac{13}{4}a^2}$$
$$= \frac{12}{13} \ (\because a \neq 0) \qquad 답 \ \frac{12}{13}$$

다른 풀이 직선 $y = -\dfrac{3}{2}x$의 기울기가 $-\dfrac{3}{2}$이므로

$$\tan\theta = -\frac{3}{2}, \qquad \frac{\sin\theta}{\cos\theta} = -\frac{3}{2}$$
$$\therefore \sin\theta = -\frac{3}{2}\cos\theta \qquad \cdots\cdots ㉣$$

$\sin^2\theta + \cos^2\theta = 1$이므로

$$\left(-\frac{3}{2}\cos\theta\right)^2 + \cos^2\theta = 1$$
$$\frac{13}{4}\cos^2\theta = 1 \qquad \therefore \cos^2\theta = \frac{4}{13}$$

이때 $a < 0$에서 점 P는 제2사분면 위의 점이므로

$$\cos\theta = -\frac{2\sqrt{13}}{13} \ (\because \cos\theta < 0)$$

㉣에서

$$\sin\theta = -\frac{3}{2} \times \left(-\frac{2\sqrt{13}}{13}\right) = \frac{3\sqrt{13}}{13}$$

따라서 ㉠에서 구하는 식의 값은

$$-2 \times \frac{3\sqrt{13}}{13} \times \left(-\frac{2\sqrt{13}}{13}\right) = \frac{12}{13}$$

425

전략 $4\theta = \pi$임을 이용하여 주어진 식을 간단히 한다.

$4\theta = \pi$이므로

$$\sin\theta + \sin 2\theta + \cdots + \sin 8\theta$$
$$= \sin\theta + \sin 2\theta + \sin 3\theta + \sin 4\theta$$
$$\quad + \sin(4\theta + \theta) + \sin(4\theta + 2\theta)$$
$$\quad + \sin(4\theta + 3\theta) + \sin(4\theta + 4\theta)$$
$$= \sin\theta + \sin 2\theta + \sin 3\theta + \sin 4\theta + \sin(\pi + \theta)$$
$$\quad + \sin(\pi + 2\theta) + \sin(\pi + 3\theta) + \sin(\pi + 4\theta)$$
$$= \sin\theta + \sin 2\theta + \sin 3\theta + \sin 4\theta$$
$$\quad - \sin\theta - \sin 2\theta - \sin 3\theta - \sin 4\theta$$
$$= 0$$

답 0

---

03 삼각함수를 포함한 식의 최대·최소　● 본책 179~182쪽

426
답 $|t-2|+1$, -1, 1, $t-1$, $-t+3$, -1, 4, 1, 2

427
답 $-|t-3|+2$, -1, 1, $-t+5$, $t-1$, 1, 0,
　　-1, -2

428

(1) $y = 3\cos(x+\pi) - \sin\left(x - \dfrac{\pi}{2}\right) - 3$

$\quad = -3\cos x + \cos x - 3$

$\quad = -2\cos x - 3$

이때 $-1 \leq \cos x \leq 1$이므로

$\qquad -2 \leq -2\cos x \leq 2$

$\qquad \therefore -5 \leq -2\cos x - 3 \leq -1$

따라서 주어진 함수의 최댓값은 -1, 최솟값은 -5
이다.

(2) $\cos x = t$로 놓으면 $\quad -1 \leq t \leq 1$

주어진 함수는 $y = |2-3t| + 1$이므로

$\qquad t \geq \dfrac{2}{3}$일 때, $y = 3t - 1$

$\qquad t < \dfrac{2}{3}$일 때, $y = -3t + 3$

따라서 이 함수의 그래프
는 오른쪽 그림과 같으므
로

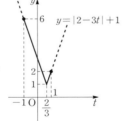

$\qquad t = -1$에서 최댓값 6,

$\qquad t = \dfrac{2}{3}$에서 최솟값 1

을 갖는다.

$\boxed{\text{답}}$ (1) **최댓값: -1, 최솟값: -5**

$\qquad$ (2) **최댓값: 6, 최솟값: 1**

429

$\sin 2x = t$로 놓으면 주어진 함수는

$\qquad y = a|t+2| + b$

$-1 \leq t \leq 1$이므로 $\qquad 1 \leq t+2 \leq 3$

$\qquad \therefore a+b \leq a|t+2| + b \leq 3a+b \; (\because a > 0)$

이때 주어진 함수의 최댓값이 4, 최솟값이 2이므로

$\qquad 3a+b = 4, \; a+b = 2$

두 식을 연립하여 풀면 $\qquad a=1, \; b=1$

$\qquad \therefore ab = 1$ $\qquad\qquad\qquad\qquad$ $\boxed{\text{답}}$ **1**

430

(1) $y = -\cos^2 x + 2\sin x + 1$

$\quad = -(1 - \sin^2 x) + 2\sin x + 1$

$\quad = \sin^2 x + 2\sin x$

$\sin x = t$로 놓으면 $-1 \leq t \leq 1$이고

$\qquad y = t^2 + 2t = (t+1)^2 - 1$

$-1 \leq t \leq 1$일 때, 이 함수는

$\qquad t = 1$에서 최댓값 3,

$\qquad t = -1$에서 최솟값 -1

을 갖는다.

(2) $\sin x = t$로 놓으면 $-1 \leq t \leq 1$이고

$\qquad y = \dfrac{2t}{t+2} = -\dfrac{4}{t+2} + 2$

$-1 \leq t \leq 1$일 때, 이 함수는

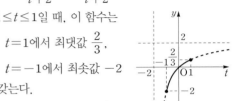

$\qquad t = 1$에서 최댓값 $\dfrac{2}{3}$,

$\qquad t = -1$에서 최솟값 -2

를 갖는다.

(3) $y = \sin\left(x + \dfrac{\pi}{2}\right) - \cos^2(x+\pi)$

$\quad = \cos x - (-\cos x)^2$

$\quad = \cos x - \cos^2 x$

$\cos x = t$로 놓으면 $-1 \leq t \leq 1$이고

$\qquad y = t - t^2 = -\left(t - \dfrac{1}{2}\right)^2 + \dfrac{1}{4}$

$-1 \leq t \leq 1$일 때, 이 함수는

$\qquad t = \dfrac{1}{2}$에서 최댓값 $\dfrac{1}{4}$,

$\qquad t = -1$에서 최솟값 -2

를 갖는다.

$\boxed{\text{답}}$ (1) **최댓값: 3, 최솟값: -1**

$\qquad$ (2) **최댓값: $\dfrac{2}{3}$, 최솟값: -2**

$\qquad$ (3) **최댓값: $\dfrac{1}{4}$, 최솟값: -2**

> 📝 **개념 노트**
>
> **제한된 범위에서 이차함수의 최대·최소**
>
> $\alpha \leq x \leq \beta$에서 이차함수 $f(x) = a(x-p)^2 + q$의 최댓
> 값과 최솟값은
>
> ① $\alpha \leq p \leq \beta$일 때
>
> $\quad \Rightarrow f(p)$, $f(\alpha)$, $f(\beta)$ 중 가장 큰 값이 최댓값, 가장
> $\qquad$ 작은 값이 최솟값이다.
>
> ② $p < \alpha$ 또는 $p > \beta$일 때
>
> $\quad \Rightarrow f(\alpha)$, $f(\beta)$ 중 큰 값이 최댓값, 작은 값이 최솟값
> $\qquad$ 이다.

04 삼각함수가 포함된 방정식과 부등식 • 본책 183~191쪽

431

답 $\dfrac{\pi}{3}$, $\dfrac{5}{3}\pi$, $\dfrac{\pi}{3}$, $\dfrac{5}{3}\pi$

432

(1) $0 \le x \le 2\pi$에서 함수 $y = \sin x$의 그래프와 직선 $y = \dfrac{1}{2}$의

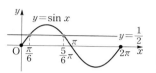

교점의 x좌표가 $\dfrac{\pi}{6}$, $\dfrac{5}{6}\pi$이므로 구하는 해는

$$x = \dfrac{\pi}{6} \text{ 또는 } x = \dfrac{5}{6}\pi$$

(2) $0 \le x \le 2\pi$에서 함수 $y = \cos x$의 그래프와 직선

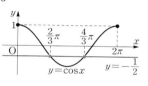

$y = -\dfrac{1}{2}$의 교점의

x좌표가 $\dfrac{2}{3}\pi$, $\dfrac{4}{3}\pi$이므로 구하는 해는

$$x = \dfrac{2}{3}\pi \text{ 또는 } x = \dfrac{4}{3}\pi$$

(3) $0 \le x \le 2\pi$에서 함수 $y = \tan x$의 그래프와 직선 $y = \sqrt{3}$의 교점의

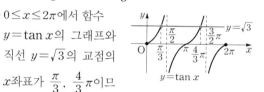

x좌표가 $\dfrac{\pi}{3}$, $\dfrac{4}{3}\pi$이므로 구하는 해는 $\quad x = \dfrac{\pi}{3} \text{ 또는 } x = \dfrac{4}{3}\pi$

답 (1) $x = \dfrac{\pi}{6} \text{ 또는 } x = \dfrac{5}{6}\pi$

(2) $x = \dfrac{2}{3}\pi \text{ 또는 } x = \dfrac{4}{3}\pi$

(3) $x = \dfrac{\pi}{3} \text{ 또는 } x = \dfrac{4}{3}\pi$

다른 풀이 (1) 직선 $y = \dfrac{1}{2}$과 단위원의 교점 P, Q에 대하여 동경 OP, OQ가 나타내는 각이 오른쪽 그림과 같으므로 구하는 해는

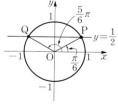

$$x = \dfrac{\pi}{6} \text{ 또는 } x = \dfrac{5}{6}\pi$$

(2) 직선 $x = -\dfrac{1}{2}$과 단위원의 교점 P, Q에 대하여 동경 OP, OQ가 나타내는 각이 오른쪽 그림과 같으므로 구하는 해는

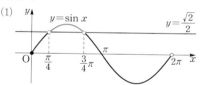

$$x = \dfrac{2}{3}\pi \text{ 또는 } x = \dfrac{4}{3}\pi$$

(3) 두 점 $(0, 0)$, $(1, \sqrt{3})$을 지나는 직선과 단위원의 교점 P, Q에 대하여 동경 OP, OQ가 나타내는 각이 오른쪽 그림과 같으므로 구하는 해는

$$x = \dfrac{\pi}{3} \text{ 또는 } x = \dfrac{4}{3}\pi$$

433

답 $\dfrac{\pi}{4}$, $\dfrac{5}{4}\pi$, $\dfrac{\pi}{4}$, $\dfrac{5}{4}\pi$, $\dfrac{\pi}{4} \le x < \dfrac{\pi}{2}$, $\dfrac{5}{4}\pi \le x < \dfrac{3}{2}\pi$

434

(1)

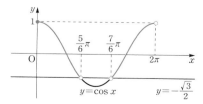

함수 $y = \sin x$의 그래프와 직선 $y = \dfrac{\sqrt{2}}{2}$의 교점의

x좌표는

$$\dfrac{\pi}{4}, \ \dfrac{3}{4}\pi$$

따라서 구하는 해는

$$\dfrac{\pi}{4} < x < \dfrac{3}{4}\pi$$

(2) $2\cos x > -\sqrt{3}$에서 $\quad \cos x > -\dfrac{\sqrt{3}}{2}$

함수 $y=\cos x$의 그래프와 직선 $y=-\dfrac{\sqrt{3}}{2}$의 교점

의 x좌표는

$$\dfrac{5}{6}\pi,\ \dfrac{7}{6}\pi$$

따라서 구하는 해는

$$0\le x<\dfrac{5}{6}\pi \ \text{또는} \ \dfrac{7}{6}\pi<x<2\pi$$

(3) $\sqrt{3}\tan x+1\le0$에서

$$\tan x\le-\dfrac{1}{\sqrt{3}}$$

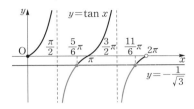

함수 $y=\tan x$의 그래프와 직선 $y=-\dfrac{1}{\sqrt{3}}$의 교점

의 x좌표는

$$\dfrac{5}{6}\pi,\ \dfrac{11}{6}\pi$$

따라서 구하는 해는

$$\dfrac{\pi}{2}<x\le\dfrac{5}{6}\pi \ \text{또는} \ \dfrac{3}{2}\pi<x\le\dfrac{11}{6}\pi$$

답 (1) $\dfrac{\pi}{4}<x<\dfrac{3}{4}\pi$

(2) $0\le x<\dfrac{5}{6}\pi \ \text{또는} \ \dfrac{7}{6}\pi<x<2\pi$

(3) $\dfrac{\pi}{2}<x\le\dfrac{5}{6}\pi \ \text{또는} \ \dfrac{3}{2}\pi<x\le\dfrac{11}{6}\pi$

(다른 풀이) (1) 직선 $y=\dfrac{\sqrt{2}}{2}$와

단위원의 교점 P, Q에 대

하여 동경 OP, OQ가 나타

내는 각의 크기는 각각

$$\dfrac{\pi}{4},\ \dfrac{3}{4}\pi$$

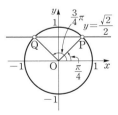

이때 부등식 $\sin x>\dfrac{\sqrt{2}}{2}$의 해는 단위원 위의 점 중

에서 y좌표가 $\dfrac{\sqrt{2}}{2}$보다 큰 점을 R라 할 때 동경

OR가 나타내는 각의 범위이므로

$$\dfrac{\pi}{4}<x<\dfrac{3}{4}\pi$$

435

(1) $2x=t$로 놓으면

$$\cos t=\dfrac{\sqrt{2}}{2}$$

한편 $0\le x<\pi$에서 $\quad 0\le2x<2\pi$

$\therefore\ 0\le t<2\pi$

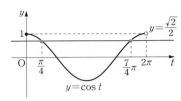

$0\le t<2\pi$에서 함수 $y=\cos t$의 그래프와 직선

$y=\dfrac{\sqrt{2}}{2}$의 교점의 t좌표는 $\dfrac{\pi}{4},\ \dfrac{7}{4}\pi$이므로

$$2x=\dfrac{\pi}{4} \ \text{또는} \ 2x=\dfrac{7}{4}\pi$$

$$\therefore\ x=\dfrac{\pi}{8} \ \text{또는} \ x=\dfrac{7}{8}\pi$$

(2) $x+\dfrac{\pi}{4}=t$로 놓으면

$$\tan t=\sqrt{3}$$

한편 $-\pi\le x<\pi$에서

$$-\dfrac{3}{4}\pi\le x+\dfrac{\pi}{4}<\dfrac{5}{4}\pi$$

$$\therefore\ -\dfrac{3}{4}\pi\le t<\dfrac{5}{4}\pi$$

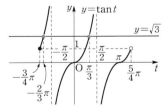

$-\dfrac{3}{4}\pi\le t<\dfrac{5}{4}\pi$에서 함수 $y=\tan t$의 그래프와

직선 $y=\sqrt{3}$의 교점의 t좌표는 $-\dfrac{2}{3}\pi,\ \dfrac{\pi}{3}$이므로

$$x+\dfrac{\pi}{4}=-\dfrac{2}{3}\pi \ \text{또는} \ x+\dfrac{\pi}{4}=\dfrac{\pi}{3}$$

$$\therefore\ x=-\dfrac{11}{12}\pi \ \text{또는} \ x=\dfrac{\pi}{12}$$

(3) $2\sin\left(x-\dfrac{\pi}{3}\right)=\sqrt{3}$에서

$$\sin\left(x-\dfrac{\pi}{3}\right)=\dfrac{\sqrt{3}}{2}$$

$x-\dfrac{\pi}{3}=t$로 놓으면 $\quad\sin t=\dfrac{\sqrt{3}}{2}$

한편 $0\le x<2\pi$에서 $\quad-\dfrac{\pi}{3}\le x-\dfrac{\pi}{3}<\dfrac{5}{3}\pi$

$\therefore\ -\dfrac{\pi}{3}\le t<\dfrac{5}{3}\pi$

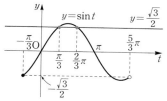

$-\dfrac{\pi}{3}\le t<\dfrac{5}{3}\pi$에서 함수 $y=\sin t$의 그래프와 직

선 $y=\dfrac{\sqrt{3}}{2}$의 교점의 t좌표는 $\dfrac{\pi}{3}$, $\dfrac{2}{3}\pi$이므로

$x-\dfrac{\pi}{3}=\dfrac{\pi}{3}$ 또는 $x-\dfrac{\pi}{3}=\dfrac{2}{3}\pi$

$\therefore\ x=\dfrac{2}{3}\pi$ 또는 $x=\pi$

답 (1) $x=\dfrac{\pi}{8}$ 또는 $x=\dfrac{7}{8}\pi$

(2) $x=-\dfrac{11}{12}\pi$ 또는 $x=\dfrac{\pi}{12}$

(3) $x=\dfrac{2}{3}\pi$ 또는 $x=\pi$

436

$\sin\left(\dfrac{\pi}{2}+x\right)=\cos x,\ \cos(\pi-x)=-\cos x$

이므로 주어진 방정식은

$\cos x-(-\cos x)=-\sqrt{2}$

$\therefore\ \cos x=-\dfrac{\sqrt{2}}{2}$

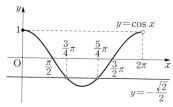

이때 $0\le x<2\pi$이므로

$x=\dfrac{3}{4}\pi$ 또는 $x=\dfrac{5}{4}\pi$

따라서 두 실근의 차는

$\dfrac{5}{4}\pi-\dfrac{3}{4}\pi=\dfrac{\pi}{2}$

답 $\dfrac{\pi}{2}$

437

(1) $\cos^2 x-\cos x-2=0$에서

$(\cos x+1)(\cos x-2)=0$

$\therefore\ \cos x=-1$ 또는 $\cos x=2$

그런데 $-1\le\cos x\le1$이므로 $\quad\cos x=-1$

이때 $0\le x<2\pi$이므로 $\quad x=\pi$

(2) $2\sin^2 x-\cos x-1=0$에서

$2(1-\cos^2 x)-\cos x-1=0$

$2\cos^2 x+\cos x-1=0$

$(\cos x+1)(2\cos x-1)=0$

$\therefore\ \cos x=-1$ 또는 $\cos x=\dfrac{1}{2}$

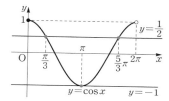

(i) $\cos x=-1$일 때, $\quad x=\pi$

(ii) $\cos x=\dfrac{1}{2}$일 때, $\quad x=\dfrac{\pi}{3}$ 또는 $x=\dfrac{5}{3}\pi$

(i), (ii)에서 주어진 방정식의 해는

$x=\dfrac{\pi}{3}$ 또는 $x=\pi$ 또는 $x=\dfrac{5}{3}\pi$

(3) $\tan x+\dfrac{3}{\tan x}=2\sqrt{3}$에서 $\tan x\ne0$이므로 양변

에 $\tan x$를 곱하면

$\tan^2 x-2\sqrt{3}\tan x+3=0$

$(\tan x-\sqrt{3})^2=0\quad\therefore\ \tan x=\sqrt{3}$

이때 $0<x<\dfrac{\pi}{2}$이므로 $\quad x=\dfrac{\pi}{3}$

답 (1) $x=\pi$

(2) $x=\dfrac{\pi}{3}$ 또는 $x=\pi$ 또는 $x=\dfrac{5}{3}\pi$

(3) $x=\dfrac{\pi}{3}$

438

$2\cos^2 x+\sin(\pi+x)-2=0$에서

$2(1-\sin^2 x)-\sin x-2=0$

$2\sin^2 x+\sin x=0,\qquad\sin x(2\sin x+1)=0$

$\therefore\ \sin x=0$ 또는 $\sin x=-\dfrac{1}{2}$

(ⅰ) $\sin x = 0$일 때, $\qquad x = \pi$

(ⅱ) $\sin x = -\dfrac{1}{2}$일 때

$$x = \dfrac{7}{6}\pi \text{ 또는 } x = \dfrac{11}{6}\pi$$

(ⅰ), (ⅱ)에서 주어진 방정식의 해는

$$x = \pi \text{ 또는 } x = \dfrac{7}{6}\pi \text{ 또는 } x = \dfrac{11}{6}\pi$$

따라서 $M = \dfrac{11}{6}\pi$, $m = \pi$이므로

$$M + m = \dfrac{17}{6}\pi$$

답 $\dfrac{17}{6}\pi$

439

(1) $\sin x < \cos x$의 해는 $y = \cos x$의 그래프가 $y = \sin x$의 그래프보다 위쪽에 있는 x의 값의 범위이므로 오른쪽 그림에서

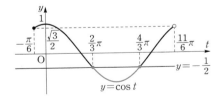

$$0 \le x < \dfrac{\pi}{4} \text{ 또는 } \dfrac{5}{4}\pi < x < 2\pi$$

(2) $x - \dfrac{\pi}{6} = t$로 놓으면 $\qquad \cos t \le -\dfrac{1}{2}$

한편 $0 \le x < 2\pi$에서 $\qquad -\dfrac{\pi}{6} \le x - \dfrac{\pi}{6} < \dfrac{11}{6}\pi$

$$\therefore -\dfrac{\pi}{6} \le t < \dfrac{11}{6}\pi$$

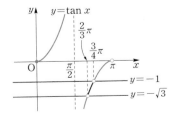

$-\dfrac{\pi}{6} \le t < \dfrac{11}{6}\pi$에서 $\cos t \le -\dfrac{1}{2}$의 해는

$$\dfrac{2}{3}\pi \le t \le \dfrac{4}{3}\pi$$

따라서 $\dfrac{2}{3}\pi \le x - \dfrac{\pi}{6} \le \dfrac{4}{3}\pi$이므로

$$\dfrac{5}{6}\pi \le x \le \dfrac{3}{2}\pi$$

답 (1) $0 \le x < \dfrac{\pi}{4}$ 또는 $\dfrac{5}{4}\pi < x < 2\pi$

(2) $\dfrac{5}{6}\pi \le x \le \dfrac{3}{2}\pi$

440

(1) $2\sin^2\left(x + \dfrac{3}{2}\pi\right) + 3\sin x - 3 \ge 0$에서

$$2\cos^2 x + 3\sin x - 3 \ge 0$$
$$2(1 - \sin^2 x) + 3\sin x - 3 \ge 0$$
$$2\sin^2 x - 3\sin x + 1 \le 0$$
$$(2\sin x - 1)(\sin x - 1) \le 0$$
$$\therefore \dfrac{1}{2} \le \sin x \le 1$$

따라서 오른쪽 그림에서 주어진 부등식의 해는

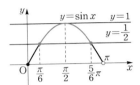

$$\dfrac{\pi}{6} \le x \le \dfrac{5}{6}\pi$$

(2) $2\cos x > 3\tan x$에서 $\qquad 2\cos x > \dfrac{3\sin x}{\cos x}$

$-\dfrac{\pi}{2} < x < \dfrac{\pi}{2}$에서 $\cos x > 0$이므로 양변에 $\cos x$를 곱하면

$$2\cos^2 x > 3\sin x$$
$$2(1 - \sin^2 x) > 3\sin x$$
$$2\sin^2 x + 3\sin x - 2 < 0$$
$$\therefore (\sin x + 2)(2\sin x - 1) < 0$$

그런데 $\sin x + 2 > 0$이므로

$$2\sin x - 1 < 0 \qquad \therefore \sin x < \dfrac{1}{2}$$

따라서 오른쪽 그림에서 주어진 부등식의 해는

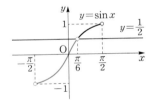

$$-\dfrac{\pi}{2} < x < \dfrac{\pi}{6}$$

(3) $\tan^2 x + (\sqrt{3} + 1)\tan x > -\sqrt{3}$에서

$$\tan^2 x + (\sqrt{3} + 1)\tan x + \sqrt{3} > 0$$
$$(\tan x + \sqrt{3})(\tan x + 1) > 0$$
$$\therefore \tan x < -\sqrt{3} \text{ 또는 } \tan x > -1$$

따라서 앞의 그림에서 주어진 부등식의 해는

$$0 \leq x < \frac{\pi}{2} \text{ 또는 } \frac{\pi}{2} < x < \frac{2}{3}\pi$$

$$\text{또는 } \frac{3}{4}\pi < x < \pi$$

답 (1) $\dfrac{\pi}{6} \leq x \leq \dfrac{5}{6}\pi$ (2) $-\dfrac{\pi}{2} < x < \dfrac{\pi}{6}$

(3) $0 \leq x < \dfrac{\pi}{2}$ 또는 $\dfrac{\pi}{2} < x < \dfrac{2}{3}\pi$ 또는 $\dfrac{3}{4}\pi < x < \pi$

441

이차함수 $y = x^2 + 2(2\sin\theta + 1)x + 4$의 그래프가 x축과 서로 다른 두 점에서 만나려면 이차방정식 $x^2 + 2(2\sin\theta + 1)x + 4 = 0$이 서로 다른 두 실근을 가져야 한다.

즉 이차방정식 $x^2 + 2(2\sin\theta + 1)x + 4 = 0$의 판별식을 D라 할 때

$$\frac{D}{4} = (2\sin\theta + 1)^2 - 4 > 0$$

$$4\sin^2\theta + 4\sin\theta - 3 > 0$$

$$\therefore (2\sin\theta + 3)(2\sin\theta - 1) > 0$$

그런데 $2\sin\theta + 3 > 0$이므로

$$2\sin\theta - 1 > 0 \qquad \therefore \sin\theta > \frac{1}{2}$$

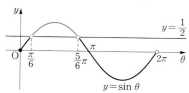

따라서 위의 그림에서 구하는 θ의 값의 범위는

$$\frac{\pi}{6} < \theta < \frac{5}{6}\pi$$

답 $\dfrac{\pi}{6} < \theta < \dfrac{5}{6}\pi$

442

모든 실수 x에 대하여 $x^2 - (2\cos\theta)x + \dfrac{1}{2}\cos\theta \geq 0$ 이 성립하려면 이차방정식

$x^2 - (2\cos\theta)x + \dfrac{1}{2}\cos\theta = 0$의 판별식을 D라 할 때

$$\frac{D}{4} = \cos^2\theta - \frac{1}{2}\cos\theta \leq 0$$

$$\cos\theta\left(\cos\theta - \frac{1}{2}\right) \leq 0 \qquad \therefore 0 \leq \cos\theta \leq \frac{1}{2}$$

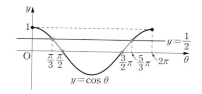

따라서 위의 그림에서 구하는 θ의 값의 범위는

$$\frac{\pi}{3} \leq \theta \leq \frac{\pi}{2} \text{ 또는 } \frac{3}{2}\pi \leq \theta \leq \frac{5}{3}\pi$$

답 $\dfrac{\pi}{3} \leq \theta \leq \dfrac{\pi}{2}$ 또는 $\dfrac{3}{2}\pi \leq \theta \leq \dfrac{5}{3}\pi$

📝 **개념 노트**

이차부등식이 항상 성립할 조건

① $ax^2 + bx + c \geq 0 \Longleftrightarrow a > 0$, $b^2 - 4ac \leq 0$

② $ax^2 + bx + c \leq 0 \Longleftrightarrow a < 0$, $b^2 - 4ac \leq 0$

🐧 **연습 문제** ────────── ● 본책 192~194쪽

443

전략 주어진 함수를 $\cos x$에 대한 이차식의 꼴로 변형한다.

$$y = \sin^2 x + \cos x + a - 2$$

$$= (1 - \cos^2 x) + \cos x + a - 2$$

$$= -\cos^2 x + \cos x + a - 1$$

$\cos x = t$로 놓으면 $-1 \leq t \leq 1$이고

$$y = -t^2 + t + a - 1 = -\left(t - \frac{1}{2}\right)^2 + a - \frac{3}{4}$$

$-1 \leq t \leq 1$일 때, 이 함수는

$$t = -1에서 최솟값 a - 3$$

을 가지므로

$$a - 3 = -\frac{1}{4} \qquad \therefore a = \frac{11}{4}$$

답 $\dfrac{11}{4}$

444

전략 $\dfrac{\sin x}{\cos x} = \tan x$임을 이용하여 주어진 함수를 $\tan x$에 대한 이차식의 꼴로 변형한다.

$$y = \frac{\sin^2 x + \sin x \cos x - 4\cos^2 x}{\cos^2 x}$$

$$= \frac{\sin^2 x}{\cos^2 x} + \frac{\sin x}{\cos x} - 4$$

$$= \tan^2 x + \tan x - 4$$

$\tan x = t$로 놓으면 $-\dfrac{\pi}{4} \le x \le \dfrac{\pi}{4}$에서 $-1 \le t \le 1$이

고 $\quad y = t^2 + t - 4 = \left(t + \dfrac{1}{2}\right)^2 - \dfrac{17}{4}$

$-1 \le t \le 1$일 때, 이 함수는

$\quad t = 1$에서 최댓값 -2,

$\quad t = -\dfrac{1}{2}$에서 최솟값 $-\dfrac{17}{4}$

을 가지므로 $\quad M = -2,\ m = -\dfrac{17}{4}$

$\quad \therefore M + m = -\dfrac{25}{4}$ **답** $-\dfrac{25}{4}$

445

전략 $f^{-1}(a) = b$이면 $f(b) = a$임을 이용한다.

$g^{-1}(f(x)) = \dfrac{\pi}{6}$이므로

$\quad f(x) = g\left(\dfrac{\pi}{6}\right) = \sin\dfrac{\pi}{6} = \dfrac{1}{2}$

즉 $\cos x = \dfrac{1}{2}$이므로

$\quad x = -\dfrac{\pi}{3}$ 또는 $x = \dfrac{\pi}{3}$ $\left(\because -\dfrac{\pi}{2} < x < \dfrac{\pi}{2}\right)$

답 $x = -\dfrac{\pi}{3}$ 또는 $x = \dfrac{\pi}{3}$

참고 $-\dfrac{\pi}{2} < x < \dfrac{\pi}{2}$에서 $g(x) = \sin x$는 일대일대응이므로 역함수 $g^{-1}(x)$가 존재한다.

446

전략 그래프의 교점의 개수를 이용하여 실근의 개수를 구한다.

$2|\sin x| = \sqrt{2}$, 즉 $|\sin x| = \dfrac{\sqrt{2}}{2}$에서

$\quad \sin x = \pm\dfrac{\sqrt{2}}{2}$

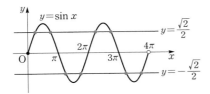

위의 그림에서 함수 $y = \sin x$의 그래프와 두 직선

$y = -\dfrac{\sqrt{2}}{2},\ y = \dfrac{\sqrt{2}}{2}$의 교점이 각각 4개이므로 방정식

$|\sin x| = \dfrac{\sqrt{2}}{2}$의 실근의 개수는 8이다. **답** 8

447

전략 $\tan x = \dfrac{\sin x}{\cos x}$임을 이용하여 주어진 방정식을 $\sin x$에 대한 이차방정식의 꼴로 변형한다.

$2\cos x + 3\tan x = 0$에서

$\quad 2\cos x + 3 \times \dfrac{\sin x}{\cos x} = 0$

$\dfrac{\pi}{2} < x < \dfrac{3}{2}\pi$에서 $\cos x \ne 0$이므로 양변에 $\cos x$를 곱하면

$\quad 2\cos^2 x + 3\sin x = 0$

$\quad 2(1 - \sin^2 x) + 3\sin x = 0$

$\quad 2\sin^2 x - 3\sin x - 2 = 0$

$\quad (2\sin x + 1)(\sin x - 2) = 0$

$\quad \therefore \sin x = -\dfrac{1}{2}$ 또는 $\sin x = 2$

그런데 $-1 \le \sin x \le 1$이므로

$\quad \sin x = -\dfrac{1}{2}$

$\quad \therefore x = \dfrac{7}{6}\pi \left(\because \dfrac{\pi}{2} < x < \dfrac{3}{2}\pi\right)$ **답** $x = \dfrac{7}{6}\pi$

448

전략 방정식의 해를 구한 후 그중에서 부등식을 만족시키는 x의 값을 찾는다.

$4\cos^2 x - 1 = 0$에서

$\quad (2\cos x + 1)(2\cos x - 1) = 0$

$\quad \therefore \cos x = -\dfrac{1}{2}$ 또는 $\cos x = \dfrac{1}{2}$

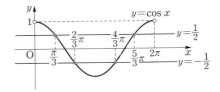

위의 그림에서

(i) $\cos x = -\dfrac{1}{2}$일 때, $\quad x = \dfrac{2}{3}\pi$ 또는 $x = \dfrac{4}{3}\pi$

(ii) $\cos x = \dfrac{1}{2}$일 때, $\quad x = \dfrac{\pi}{3}$ 또는 $x = \dfrac{5}{3}\pi$

(i), (ii)에서 주어진 방정식의 해는

$\quad x = \dfrac{\pi}{3}$ 또는 $x = \dfrac{2}{3}\pi$ 또는 $x = \dfrac{4}{3}\pi$

$\quad$ 또는 $x = \dfrac{5}{3}\pi$

이때 $\sin x \cos x < 0$을 만족시키는 x는 제2사분면 또는 제4사분면의 각이므로

$$x = \frac{2}{3}\pi \ \text{또는} \ x = \frac{5}{3}\pi$$

따라서 구하는 x의 값의 합은

$$\frac{2}{3}\pi + \frac{5}{3}\pi = \frac{7}{3}\pi$$

답 ②

449

전략 삼각함수의 그래프를 이용하여 주어진 부등식의 해를 구한다.

$\tan^2 x - (\sqrt{3}-1)\tan x < \sqrt{3}$ 에서

$$\tan^2 x - (\sqrt{3}-1)\tan x - \sqrt{3} < 0$$
$$(\tan x + 1)(\tan x - \sqrt{3}) < 0$$
$$\therefore -1 < \tan x < \sqrt{3}$$

오른쪽 그림에서 부등식의 해는

$$0 \le x < \frac{\pi}{3} \ \text{또는}$$

$$\frac{3}{4}\pi < x < \pi$$

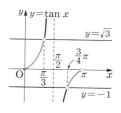

$$\therefore A = \left\{ x \,\middle|\, 0 \le x < \frac{\pi}{3} \ \text{또는} \ \frac{3}{4}\pi < x < \pi \right\}$$

④ $\dfrac{\pi}{3} < \dfrac{2}{3}\pi < \dfrac{3}{4}\pi$이므로 $\dfrac{2}{3}\pi \notin A$

답 ④

450

전략 $\tan x = t$로 치환하여 t에 대한 유리함수의 최댓값과 최솟값을 구한다.

$\tan x = t$로 놓으면 $0 \le x \le \dfrac{\pi}{4}$에서 $0 \le t \le 1$이고

$$y = \frac{2t+1}{t+2} = -\frac{3}{t+2} + 2$$

$0 \le t \le 1$일 때, 이 함수는

$t = 1$에서 최댓값 1,

$t = 0$에서 최솟값 $\dfrac{1}{2}$

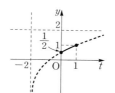

을 갖는다.

따라서 $M = 1$, $m = \dfrac{1}{2}$이므로

$$M - m = \frac{1}{2}$$

답 $\dfrac{1}{2}$

451

전략 $y = \sin \dfrac{\pi}{2}x$의 주기와 그래프의 대칭성을 이용하여 세 점 A, B, C의 x좌표 사이의 관계식을 구한다.

함수 $y = \sin \dfrac{\pi}{2}x$의 주기가 $\dfrac{2\pi}{\frac{\pi}{2}} = 4$이므로 곡선

$y = \sin \dfrac{\pi}{2}x \ (0 \le x \le 5)$가 x축과 만나는 점의 x좌표는 0, 2, 4이다.

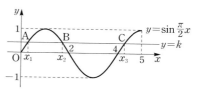

세 점 A, B, C의 x좌표를 각각 x_1, x_2, x_3이라 하면

$$x_2 = 2 - x_1, \ x_3 = 4 + x_1$$

이때 세 점 A, B, C의 x좌표의 합이 $\dfrac{25}{4}$이므로

$x_1 + x_2 + x_3 = \dfrac{25}{4}$에서

$$x_1 + (2 - x_1) + (4 + x_1) = \frac{25}{4}$$
$$x_1 + 6 = \frac{25}{4}$$
$$\therefore x_1 = \frac{1}{4}$$
$$\therefore \overline{AB} = x_2 - x_1 = (2 - x_1) - x_1 = 2 - 2x_1$$
$$= 2 - 2 \times \frac{1}{4} = \frac{3}{2}$$

답 ③

🧭 해설 Focus

곡선 $y = \sin \dfrac{\pi}{2}x$는 직선 $x = 1$에 대하여 대칭이므로

$$\frac{x_1 + x_2}{2} = 1 \qquad \therefore x_2 = 2 - x_1$$

또 함수 $y = \sin \dfrac{\pi}{2}x$의 주기가 4이므로

$$x_3 = 4 + x_1$$

452

전략 각 부등식을 풀어 연립부등식의 해를 구한다.

(i) $2\cos x < 1$에서 $\cos x < \dfrac{1}{2}$

$$\therefore \frac{\pi}{3} < x < \frac{5}{3}\pi$$

(ii) $2\sin x > 1$에서 $\sin x > \dfrac{1}{2}$

$\therefore \dfrac{\pi}{6} < x < \dfrac{5}{6}\pi$

(i), (ii)에서 연립부등식의 해는

$$\dfrac{\pi}{3} < x < \dfrac{5}{6}\pi$$

즉 $\alpha = \dfrac{\pi}{3}$, $\beta = \dfrac{5}{6}\pi$이므로

$$\sin(\alpha+\beta) = \sin\left(\dfrac{\pi}{3}+\dfrac{5}{6}\pi\right)$$

$$= \sin\dfrac{7}{6}\pi$$

$$= \sin\left(\pi+\dfrac{\pi}{6}\right)$$

$$= -\sin\dfrac{\pi}{6}$$

$$= -\dfrac{1}{2}$$

답 $-\dfrac{1}{2}$

453

전략 $y=|\sin x|$, $y=\cos x$의 그래프를 이용하여 주어진 부등식의 해를 구한다.

부등식 $|\sin x| < \cos x$
의 해는 $y=|\sin x|$의
그래프가 $y=\cos x$의
그래프보다 아래쪽에 있
는 x의 값의 범위이므로
오른쪽 그림에서

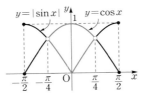

$$-\dfrac{\pi}{4} < x < \dfrac{\pi}{4}$$

답 $-\dfrac{\pi}{4} < x < \dfrac{\pi}{4}$

454

전략 이차방정식의 근과 계수의 관계를 이용한다.

x에 대한 이차방정식 $x^2-3x+1-2\sin^2\theta=0$이 부호가 서로 다른 두 실근을 가지려면 이차방정식의 근과 계수의 관계에 의하여

$$1-2\sin^2\theta < 0, \qquad \sin^2\theta > \dfrac{1}{2}$$

$$\therefore \sin\theta < -\dfrac{\sqrt{2}}{2} \ \text{또는} \ \sin\theta > \dfrac{\sqrt{2}}{2}$$

$\dfrac{\pi}{2} \leq \theta \leq \pi$에서 $0 \leq \sin\theta \leq 1$이므로

$$\sin\theta > \dfrac{\sqrt{2}}{2}$$

오른쪽 그림에서 조건을
만족시키는 θ의 값의 범
위는

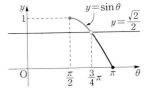

$$\dfrac{\pi}{2} \leq \theta < \dfrac{3}{4}\pi$$

따라서 $\alpha = \dfrac{\pi}{2}$, $\beta = \dfrac{3}{4}\pi$이므로

$$\sin\alpha - \tan\beta = \sin\dfrac{\pi}{2} - \tan\dfrac{3}{4}\pi$$

$$= 1 - \tan\left(\pi-\dfrac{\pi}{4}\right)$$

$$= 1 + \tan\dfrac{\pi}{4}$$

$$= 1 + 1 = 2$$

답 2

455

전략 $\cos^2\theta - 3\cos\theta - a + 9$의 최솟값이 0 이상임을 이용한다.

$\cos\theta = t$로 놓으면 $-1 \leq t \leq 1$이고 주어진 부등식은

$$t^2 - 3t - a + 9 \geq 0$$

$f(t) = t^2 - 3t - a + 9$라 하면

$$f(t) = \left(t-\dfrac{3}{2}\right)^2 - a + \dfrac{27}{4}$$

$-1 \leq t \leq 1$일 때, $f(t)$는 $t=1$에서 최솟값을 가지므로 부등식 $f(t) \geq 0$이 성립하려면

$$f(1) = 1 - 3 - a + 9 \geq 0$$

$$7 - a \geq 0 \qquad \therefore a \leq 7$$

답 $a \leq 7$

456

전략 $0 \leq x \leq \dfrac{3}{2}\pi$에서의 $\pi\cos x$의 값의 범위를 구한다.

$0 \leq x \leq \dfrac{3}{2}\pi$이므로 $-1 \leq \cos x \leq 1$

$$\therefore -\pi \leq \pi\cos x \leq \pi$$

즉 $\cos(\pi\cos x) = 0$에서

$$\pi\cos x = -\dfrac{\pi}{2} \ \text{또는} \ \pi\cos x = \dfrac{\pi}{2}$$

$$\therefore \cos x = -\dfrac{1}{2} \ \text{또는} \ \cos x = \dfrac{1}{2}$$

(i) $\cos x = -\dfrac{1}{2}$일 때, $x=\dfrac{2}{3}\pi$ 또는 $x=\dfrac{4}{3}\pi$

(ii) $\cos x = \dfrac{1}{2}$일 때, $x=\dfrac{\pi}{3}$

(i), (ii)에서 모든 실근의 합은

$$\dfrac{\pi}{3} + \dfrac{2}{3}\pi + \dfrac{4}{3}\pi = \dfrac{7}{3}\pi$$

답 $\dfrac{7}{3}\pi$

457

전략 두 함수의 그래프가 한 점에서 만나려면 방정식 $\cos x = \cos(\pi+x)+k$가 한 개의 실근을 가져야 함을 이용한다.

$\cos(\pi+x) = -\cos x$이므로 두 함수 $y=\cos x$, $y=-\cos x+k$의 그래프가 한 점에서 만나려면 방정식 $\cos x = -\cos x + k$, 즉 $2\cos x = k$가 한 개의 실근을 가져야 한다.

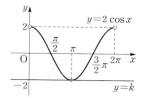

따라서 위의 그림과 같이 $y=2\cos x$의 그래프와 직선 $y=k$의 교점이 1개이어야 하므로

$$k=-2$$

답 -2

참고 (i) $k<-2$ 또는 $k\geq2$이면 방정식은 실근을 갖지 않는다.

(ii) $-2<k<2$이면 방정식은 서로 다른 두 실근을 갖는다.

458

전략 한 종류의 삼각함수로 통일한 후 삼각함수의 최댓값과 최솟값을 이용한다.

$\sin^2\theta - \cos\theta - a + 1 = 0$에서

$$(1-\cos^2\theta) - \cos\theta - a + 1 = 0$$
$$\therefore \cos^2\theta + \cos\theta - 2 = -a$$

$\cos\theta = t$로 놓으면 $-1 \leq t \leq 1$이고

$$t^2 + t - 2 = -a \qquad \cdots\cdots \bigcirc$$

$y = t^2 + t - 2$라 하면

$$y = \left(t+\frac{1}{2}\right)^2 - \frac{9}{4}$$

$-1 \leq t \leq 1$일 때, 이 함수는

$t=1$에서 최댓값 0,

$t=-\dfrac{1}{2}$에서 최솟값 $-\dfrac{9}{4}$

를 갖는다.

따라서 방정식 $\bigcirc$의 실근이 존재하려면

$$-\frac{9}{4} \leq -a \leq 0$$
$$\therefore 0 \leq a \leq \frac{9}{4}$$

답 $0 \leq a \leq \dfrac{9}{4}$

459

전략 주어진 포물선의 꼭짓점의 좌표를 구한 후 θ에 대한 부등식을 세운다.

$$y = x^2 - 2x\sin\theta + \cos^2\theta$$
$$= (x-\sin\theta)^2 - \sin^2\theta + \cos^2\theta$$

이므로 그래프의 꼭짓점의 좌표는

$$(\sin\theta,\ -\sin^2\theta + \cos^2\theta)$$

이때 그래프의 꼭짓점이 직선 $y=\sqrt{3}x+1$의 아래쪽에 있으므로

$$-\sin^2\theta + \cos^2\theta < \sqrt{3}\sin\theta + 1$$
$$-\sin^2\theta + (1-\sin^2\theta) < \sqrt{3}\sin\theta + 1$$
$$2\sin^2\theta + \sqrt{3}\sin\theta > 0$$
$$\sin\theta(2\sin\theta + \sqrt{3}) > 0$$
$$\therefore \sin\theta < -\frac{\sqrt{3}}{2} \text{ 또는 } \sin\theta > 0$$

$\pi \leq \theta < 2\pi$에서 $-1 \leq \sin\theta \leq 0$이므로

$$\sin\theta < -\frac{\sqrt{3}}{2}$$

오른쪽 그림에서 구하는 θ의 값의 범위는

$$\frac{4}{3}\pi < \theta < \frac{5}{3}\pi$$

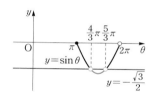

답 $\dfrac{4}{3}\pi < \theta < \dfrac{5}{3}\pi$

01 사인법칙
● 본책 196~200쪽

460

삼각형 ABC에서
$$C = 180° - (45° + 105°) = 30°$$
사인법칙에 의하여 $\dfrac{a}{\sin 45°} = \dfrac{20}{\sin 30°}$ 이므로
$$a \sin 30° = 20 \times \sin 45°$$
$$\therefore a = 20 \times \frac{\sqrt{2}}{2} \times 2 = 20\sqrt{2}$$
답 $20\sqrt{2}$

461

(1) 사인법칙에 의하여 $\dfrac{15}{\sin 30°} = \dfrac{30}{\sin C}$ 이므로
$$15 \sin C = 30 \sin 30°$$
$$\therefore \sin C = 30 \times \frac{1}{2} \times \frac{1}{15} = 1$$
$0° < C < 180°$ 이므로 $\quad C = 90°$
이때 삼각형 ABC에서
$$B = 180° - (30° + 90°) = 60°$$

(2) 사인법칙에 의하여
$$\frac{15}{\sin 30°} = \frac{b}{\sin 60°}$$
$$b \sin 30° = 15 \sin 60°$$
$$\therefore b = 15 \times \frac{\sqrt{3}}{2} \times 2 = 15\sqrt{3}$$

답 (1) $60°$ (2) $15\sqrt{3}$

[다른 풀이] (2) 삼각형 ABC는 $C = 90°$인 직각삼각형이
므로 피타고라스 정리에 의하여
$$b = \sqrt{c^2 - a^2} = \sqrt{30^2 - 15^2} = 15\sqrt{3}$$

462

사인법칙에 의하여 $\dfrac{6}{\sin 60°} = \dfrac{4}{\sin B}$ 이므로
$$6 \sin B = 4 \sin 60°$$
$$\therefore \sin B = 4 \times \frac{\sqrt{3}}{2} \times \frac{1}{6} = \frac{\sqrt{3}}{3}$$
$$\therefore \cos^2 B = 1 - \sin^2 B$$
$$= 1 - \left(\frac{\sqrt{3}}{3}\right)^2 = \frac{2}{3}$$
답 $\dfrac{2}{3}$

463

삼각형 ABC에서
$$B = 180° - (75° + 45°) = 60°$$
이때 삼각형 ABC의 외접원의 반지름의 길이를 R라
하면 사인법칙에 의하여
$$2R = \frac{3\sqrt{3}}{\sin 60°} = \frac{3\sqrt{3}}{\frac{\sqrt{3}}{2}} = 6$$
$$\therefore R = 3$$
따라서 외접원의 넓이는
$$\pi \times 3^2 = 9\pi$$
답 9π

464

$A + B + C = 180°$이고, $A : B : C = 3 : 2 : 1$이므로
$$A = 180° \times \frac{3}{6} = 90°$$
$$B = 180° \times \frac{2}{6} = 60°$$
$$C = 180° \times \frac{1}{6} = 30°$$
따라서 사인법칙에 의하여
$$a : b : c = \sin 90° : \sin 60° : \sin 30°$$
$$= 1 : \frac{\sqrt{3}}{2} : \frac{1}{2}$$
$$= 2 : \sqrt{3} : 1$$

답 $2 : \sqrt{3} : 1$

465

삼각형 ABC의 외접원의 반지름의 길이를 R라 하면
사인법칙에 의하여
$$\sin A = \frac{a}{2R}, \ \sin B = \frac{b}{2R}$$
이것을 주어진 식에 대입하면
$$a \times \left(\frac{a}{2R}\right)^2 = b \times \left(\frac{b}{2R}\right)^2$$
$$a^3 - b^3 = 0, \quad (a - b)(a^2 + ab + b^2) = 0$$
$$\therefore a = b \ \text{또는} \ a^2 + ab + b^2 = 0$$
그런데 $a > 0$, $b > 0$에서 $a^2 + ab + b^2 \neq 0$이므로
$$a = b$$
따라서 삼각형 ABC는 $a = b$인 이등변삼각형이다.
답 $a = b$인 이등변삼각형

466

거울의 반지름의 길이를 R라 하면 $\triangle ABC$에서 사인법칙에 의하여

$$2R = \frac{40}{\sin 45°} = \frac{40}{\frac{\sqrt{2}}{2}} = 40\sqrt{2}$$

$$\therefore R = 20\sqrt{2}\,(\text{cm})$$

따라서 거울의 둘레의 길이는

$$2\pi R = 2\pi \times 20\sqrt{2} = 40\sqrt{2}\pi\,(\text{cm})$$

답 $40\sqrt{2}\pi\,\text{cm}$

02 코사인법칙

• 본책 201~205쪽

467

(1) 코사인법칙에 의하여

$$a^2 = (\sqrt{2})^2 + 3^2 - 2 \times \sqrt{2} \times 3 \cos 135°$$

$$= 2 + 9 - 6\sqrt{2} \times \left(-\frac{\sqrt{2}}{2}\right)$$

$$= 17$$

그런데 $a > 0$이므로 $a = \sqrt{17}$

(2) 코사인법칙에 의하여

$$\cos A = \frac{2^2 + 3^2 - (\sqrt{7})^2}{2 \times 2 \times 3}$$

$$= \frac{1}{2}$$

그런데 $0° < A < 180°$이므로 $A = 60°$

답 (1) $\sqrt{17}$ (2) $60°$

468

삼각형 ABC에서 b가 가장 짧은 변의 길이이므로 B가 최소각의 크기이다.

코사인법칙에 의하여

$$\cos B = \frac{(\sqrt{3}+1)^2 + (\sqrt{6})^2 - 2^2}{2 \times (\sqrt{3}+1) \times \sqrt{6}}$$

$$= \frac{2\sqrt{3}(\sqrt{3}+1)}{2\sqrt{6}(\sqrt{3}+1)} = \frac{1}{\sqrt{2}}$$

그런데 $0° < B < 180°$이므로 $B = 45°$

따라서 최소각의 크기는 $45°$이다.

답 $45°$

469

삼각형 ABC에서 $B + C = 180° - A$이므로

$$\sin \frac{B+C-A}{2} = \sin \frac{180° - A - A}{2}$$

$$= \sin(90° - A) = \cos A$$

한편 $\dfrac{\sin A}{6} = \dfrac{\sin B}{5} = \dfrac{\sin C}{4}$에서

$$\sin A : \sin B : \sin C = 6 : 5 : 4$$

사인법칙에 의하여

$$a : b : c = \sin A : \sin B : \sin C = 6 : 5 : 4$$

따라서 $a = 6k$, $b = 5k$, $c = 4k\,(k > 0)$라 하면 코사인법칙에 의하여

$$\cos A = \frac{(5k)^2 + (4k)^2 - (6k)^2}{2 \times 5k \times 4k} = \frac{1}{8}$$

답 $\dfrac{1}{8}$

470

$a \cos B = b \cos A + c$에서

$$a \times \frac{c^2 + a^2 - b^2}{2ca} = b \times \frac{b^2 + c^2 - a^2}{2bc} + c$$

$$c^2 + a^2 - b^2 = b^2 + c^2 - a^2 + 2c^2$$

$$\therefore a^2 = b^2 + c^2$$

따라서 삼각형 ABC는 $A = 90°$인 직각삼각형이다.

답 $A = 90°$인 직각삼각형

471

삼각형 ABC에서 코사인법칙에 의하여

$$\overline{BC}^2 = 6^2 + 10^2 - 2 \times 6 \times 10 \cos 120°$$

$$= 36 + 100 - 120 \times \left(-\frac{1}{2}\right) = 196$$

$$\therefore \overline{BC} = 14\,(\text{m})\ (\because \overline{BC} > 0)$$

이때 연못의 반지름의 길이를 R라 하면 R는 삼각형 ABC의 외접원의 반지름의 길이이므로 사인법칙에 의하여

$$2R = \frac{14}{\sin 120°} = \frac{14}{\frac{\sqrt{3}}{2}} = \frac{28\sqrt{3}}{3}$$

$$\therefore R = \frac{14\sqrt{3}}{3}\,(\text{m})$$

따라서 연못의 반지름의 길이는 $\dfrac{14\sqrt{3}}{3}$ m이다.

답 $\dfrac{14\sqrt{3}}{3}\,\text{m}$

연습 문제

472

전략 먼저 사인법칙을 이용하여 B의 크기를 구한다.

사인법칙에 의하여

$$\frac{4}{\sin B} = \frac{4\sqrt{3}}{\sin 60°}, \qquad 4\sqrt{3}\sin B = 4\sin 60°$$

$$\therefore \ \sin B = 4 \times \frac{\sqrt{3}}{2} \times \frac{1}{4\sqrt{3}} = \frac{1}{2}$$

그런데 $C = 60°$에서 $0° < B < 120°$이므로

$$B = 30°$$

$$\therefore \ A = 180° - (30° + 60°) = 90°$$

따라서 사인법칙에 의하여

$$\frac{a}{\sin 90°} = \frac{4\sqrt{3}}{\sin 60°}$$

$$\therefore \ a = 4\sqrt{3} \times \frac{2}{\sqrt{3}} = 8$$

답 8

473

전략 사인법칙을 이용하여 주어진 식을 삼각형의 변의 길이에 대한 식으로 변형한다.

삼각형 ABC의 외접원의 반지름의 길이를 R라 하면

$$R = 3, \ a + b + c = 12$$

사인법칙에 의하여

$$\sin A + \sin B + \sin C = \frac{a}{2R} + \frac{b}{2R} + \frac{c}{2R}$$

$$= \frac{a+b+c}{2R}$$

$$= \frac{12}{6} = 2$$

답 2

474

전략 a, b를 c에 대한 식으로 나타낸다.

$$a + b - 2c = 0 \qquad \cdots\cdots \ \text{㉠}$$

$$2a - 3b + 3c = 0 \qquad \cdots\cdots \ \text{㉡}$$

㉠, ㉡을 연립하여 풀면 $\quad a = \dfrac{3}{5}c, \ b = \dfrac{7}{5}c$

$$\therefore \ \sin A : \sin B : \sin C = a : b : c$$

$$= \frac{3}{5}c : \frac{7}{5}c : c$$

$$= 3 : 7 : 5$$

답 3 : 7 : 5

475

전략 원에 내접하는 사각형에서 한 쌍의 대각의 크기의 합이 $180°$임을 이용하여 $\cos D$의 값을 구한다.

사각형 ABCD가 원에 내접하므로 $B + D = 180°$에서

$$D = 180° - B$$

$$\therefore \ \cos D = \cos(180° - B)$$

$$= -\cos B = -\frac{1}{4}$$

따라서 삼각형 ACD에서 코사인법칙에 의하여

$$\overline{AC}^2 = 2^2 + 3^2 - 2 \times 2 \times 3\cos D$$

$$= 4 + 9 - 12 \times \left(-\frac{1}{4}\right)$$

$$= 16$$

$$\therefore \ \overline{AC} = 4 \ (\because \ \overline{AC} > 0)$$

답 4

476

전략 삼각형에서 길이가 가장 긴 변의 대각이 최대각임을 이용한다.

$\sin A = \sqrt{2}\sin B = 2\sin C$에서

$$\sin A : \sin B : \sin C = 2 : \sqrt{2} : 1$$

$$\therefore \ a : b : c = \sin A : \sin B : \sin C$$

$$= 2 : \sqrt{2} : 1$$

$a = 2k$, $b = \sqrt{2}k$, $c = k \ (k > 0)$라 하면 a가 가장 긴 변의 길이이므로 최대각의 크기는 A이다.

따라서 코사인법칙에 의하여

$$\cos\theta = \cos A = \frac{(\sqrt{2}k)^2 + k^2 - (2k)^2}{2 \times \sqrt{2}k \times k}$$

$$= -\frac{\sqrt{2}}{4}$$

답 $-\dfrac{\sqrt{2}}{4}$

477

전략 사인법칙과 코사인법칙을 이용하여 각에 대한 식을 변에 대한 식으로 변형한다.

삼각형 ABC에서

$$A + C = 180° - B$$

$$\therefore \ \sin\frac{A-B+C}{2} = \sin\frac{180° - 2B}{2}$$

$$= \sin(90° - B)$$

$$= \cos B$$

즉 $\sin \dfrac{A-B+C}{2}\sin C=\sin A$에서

$\cos B\sin C=\sin A$

삼각형 ABC의 외접원의 반지름의 길이를 R라 하면

$$\dfrac{c^2+a^2-b^2}{2ca}\times\dfrac{c}{2R}=\dfrac{a}{2R}$$

$c^2+a^2-b^2=2a^2$ $\quad\therefore c^2=a^2+b^2$

따라서 삼각형 ABC는 $C=90°$인 직각삼각형이다.

답 ②

478

전략 출발한 지 10분 후의 두 사람과 학교 사이의 거리를 구한 후 코사인법칙을 이용한다.

학교의 위치를 O, 10분 후의 재현이와 혜리의 위치를 각각 A, B라 하면

$\overline{OA}=10\times100=1000\,(m)=1\,(km)$

$\overline{OB}=10\times60=600\,(m)=0.6\,(km)$

삼각형 OAB에서 코사인법칙에 의하여

$$\overline{AB}^2=1^2+0.6^2-2\times1\times0.6\times\cos120°$$

$$=1+0.36-1.2\times\left(-\dfrac{1}{2}\right)=1.96$$

$\therefore \overline{AB}=1.4\,(km)$

따라서 두 사람 사이의 거리는 1.4 km이다.

답 1.4 km

479

전략 먼저 피타고라스 정리를 이용하여 $\overline{BC}$의 길이를 구한다.

꼭짓점 A에서 선분 BC 에 내린 수선의 발을 H 라 하면 삼각형 AHC는 직각이등변삼각형이므로

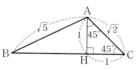

$\overline{AH}=\overline{HC}=1$

또 직각삼각형 ABH에서 피타고라스 정리에 의하여

$\overline{BH}^2=(\sqrt5)^2-1^2=4$

$\therefore \overline{BH}=2$ $(\because \overline{BH}>0)$

$\therefore \overline{BC}=\overline{BH}+\overline{HC}=2+1=3$

삼각형 ABC에서 사인법칙에 의하여

$$\dfrac{3}{\sin A}=\dfrac{\sqrt5}{\sin45°}$$

$\sqrt5\sin A=3\sin45°$

$\therefore \sin A=3\times\dfrac{\sqrt2}{2}\times\dfrac{1}{\sqrt5}=\dfrac{3\sqrt{10}}{10}$

답 $\dfrac{3\sqrt{10}}{10}$

480

전략 사인법칙을 이용하여 드론의 높이를 구한다.

드론의 높이를 h m라 하면 직각삼각형 PAQ에서

$h=\overline{AP}\times\sin30°$

$\therefore \overline{AP}=2h\,(m)$

삼각형 PAB에서

$\angle APB=180°-(60°+75°)=45°$

이므로 사인법칙에 의하여

$$\dfrac{2h}{\sin60°}=\dfrac{40}{\sin45°}$$

$h\sin45°=20\sin60°$

$\therefore h=20\times\dfrac{\sqrt3}{2}\times\dfrac{2}{\sqrt2}=10\sqrt6$

따라서 드론의 높이는 $10\sqrt6$ m이다.

답 $10\sqrt6$ m

481

전략 먼저 피타고라스 정리를 이용하여 $\overline{AF}$, $\overline{AH}$, $\overline{FH}$의 길이를 구한다.

주어진 직육면체에서

$\overline{AF}=\sqrt{1^2+1^2}=\sqrt2$, $\overline{AH}=\sqrt{2^2+1^2}=\sqrt5$,

$\overline{FH}=\sqrt{2^2+1^2}=\sqrt5$

삼각형 AFH에서 코사인법칙에 의하여

$$\cos\theta=\dfrac{(\sqrt2)^2+(\sqrt5)^2-(\sqrt5)^2}{2\times\sqrt2\times\sqrt5}$$

$$=\dfrac{1}{\sqrt{10}}=\dfrac{\sqrt{10}}{10}$$

답 $\dfrac{\sqrt{10}}{10}$

다른 풀이 삼각형 AFH는 $\overline{AH}=\overline{FH}=\sqrt5$인 이등변삼각형이 므로 점 H에서 $\overline{AF}$에 내린 수선의 발을 I라 하면

$\overline{AI}=\overline{FI}=\dfrac{\sqrt2}{2}$

따라서 직각삼각형 AIH에서

$$\cos\theta=\dfrac{\overline{AI}}{\overline{AH}}=\dfrac{\dfrac{\sqrt2}{2}}{\sqrt5}=\dfrac{\sqrt{10}}{10}$$

482

전략 먼저 코사인법칙을 이용하여 $\overline{BD}$의 길이를 구한다.

$\overline{AC}=6\sqrt{2}$이므로

$$\overline{AD}=\overline{DE}=\overline{CE}=\frac{1}{3}\overline{AC}=2\sqrt{2}$$

삼각형 ABD에서 $A=45°$이므로 코사인법칙에 의하여

$$\overline{BD}^2=6^2+(2\sqrt{2})^2-2\times6\times2\sqrt{2}\cos45°$$
$$=36+8-24\sqrt{2}\times\frac{\sqrt{2}}{2}=20$$
$$\therefore \overline{BD}=2\sqrt{5} \ (\because \overline{BD}>0)$$

이때 $\triangle ABD\equiv\triangle CBE$ (SAS 합동)이므로

$$\overline{BE}=\overline{BD}=2\sqrt{5}$$

따라서 삼각형 DBE에서 코사인법칙에 의하여

$$\cos\theta=\frac{(2\sqrt{5})^2+(2\sqrt{5})^2-(2\sqrt{2})^2}{2\times2\sqrt{5}\times2\sqrt{5}}=\frac{4}{5}$$

답 $\dfrac{4}{5}$

483

전략 $\triangle ABD$와 $\triangle BCD$에서 각각 코사인법칙을 이용한다.

□ABCD가 원에 내접하므로

$$A+C=180°$$

삼각형 ABD에서 코사인법칙에 의하여

$$\overline{BD}^2$$
$$=1^2+4^2-2\times1\times4\cos A$$
$$=17-8\cos A \qquad \cdots\cdots\ \bigcirc$$

또 삼각형 BCD에서 코사인법칙에 의하여

$$\overline{BD}^2=2^2+3^2-2\times2\times3\cos(180°-A)$$
$$=13+12\cos A \qquad \cdots\cdots\ \bigcirc\!\!\bigcirc$$

, $\bigcirc\!\!\bigcirc$에서 $17-8\cos A=13+12\cos A$

$$20\cos A=4 \quad \therefore \cos A=\frac{1}{5}$$

답 $\dfrac{1}{5}$

484

전략 한 원에서 중심각의 크기가 같은 현의 길이는 서로 같음을 이용하여 $\cos(\angle BAC)$의 값을 구한다.

$\angle BAC=\angle CAD=\theta$라 하면 삼각형 ABC에서 코사인법칙에 의하여

$$\overline{BC}^2=5^2+(3\sqrt{5})^2-2\times5\times3\sqrt{5}\cos\theta$$
$$=70-30\sqrt{5}\cos\theta \qquad \cdots\cdots\ \bigcirc$$

또 삼각형 ACD에서 코사인법칙에 의하여

$$\overline{CD}^2=(3\sqrt{5})^2+7^2-2\times3\sqrt{5}\times7\cos\theta$$
$$=94-42\sqrt{5}\cos\theta$$

이때 $\angle BAC=\angle CAD$에서 $\overline{BC}=\overline{CD}$이므로

$$\overline{BC}^2=\overline{CD}^2$$

즉 $70-30\sqrt{5}\cos\theta=94-42\sqrt{5}\cos\theta$이므로

$$12\sqrt{5}\cos\theta=24$$
$$\therefore \cos\theta=\frac{24}{12\sqrt{5}}=\frac{2\sqrt{5}}{5} \qquad \cdots\cdots\ \bigcirc\!\!\bigcirc$$

$\bigcirc$에 $\bigcirc\!\!\bigcirc$을 대입하면

$$\overline{BC}^2=70-30\sqrt{5}\times\frac{2\sqrt{5}}{5}=10$$
$$\therefore \overline{BC}=\sqrt{10} \ (\because \overline{BC}>0)$$

$0°<\theta<180°$에서 $\sin\theta>0$이므로 $\bigcirc\!\!\bigcirc$에 의하여

$$\sin\theta=\sqrt{1-\cos^2\theta}$$
$$=\sqrt{1-\left(\frac{2\sqrt{5}}{5}\right)^2}=\frac{\sqrt{5}}{5}$$

이때 구하는 원의 반지름의 길이를 R라 하면 삼각형 ABC에서 사인법칙에 의하여

$$2R=\frac{\overline{BC}}{\sin\theta}=\frac{\sqrt{10}}{\frac{\sqrt{5}}{5}}=5\sqrt{2}$$

$$\therefore R=\frac{5\sqrt{2}}{2}$$

따라서 구하는 원의 반지름의 길이는 $\dfrac{5\sqrt{2}}{2}$이다.

답 ①

485

전략 삼각형의 닮음과 합동을 이용하여 $\sin(\angle CAD)$의 값을 구한다.

오른쪽 그림과 같이 삼각형 ABC와 내접원의 접점을 각각 P, Q, R라 하면 □OQBR는 정사각형이므로

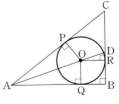

$$\overline{RB}=\overline{OR}=3$$
$$\therefore \overline{DR}=\overline{DB}-\overline{RB}=4-3=1$$

따라서 직각삼각형 DOR에서 피타고라스 정리에 의하여

$$\overline{OD}=\sqrt{\overline{OR}^2+\overline{DR}^2}$$
$$=\sqrt{3^2+1^2}=\sqrt{10}$$

이때 $\angle DOR=\theta$라 하면 직각삼각형 DOR에서

$$\sin\theta=\frac{1}{\sqrt{10}}=\frac{\sqrt{10}}{10}$$

한편 두 선분 AB, OR는 서로 평행하고
$\triangle OAP\equiv\triangle OAQ$ (RHS 합동)이므로

$$\angle OAP=\angle OAQ=\angle DOR=\theta$$
$$\therefore\sin(\angle CAD)=\sin(\angle OAP)$$
$$=\sin\theta$$
$$=\frac{\sqrt{10}}{10}$$

또 $\triangle ORD\infty\triangle ABD$ (AA 닮음)이므로
$\overline{OR}:\overline{AB}=\overline{DR}:\overline{DB}$에서

$$3:\overline{AB}=1:4\qquad\therefore\overline{AB}=12$$
$$\therefore\overline{AP}=\overline{AQ}=\overline{AB}-\overline{QB}=12-3=9$$

$\overline{CR}=\overline{CP}=x$라 하면 직각삼각형 ABC에서 피타고라스 정리에 의하여

$$12^2+(3+x)^2=(9+x)^2$$
$$144+9+6x+x^2=81+18x+x^2$$
$$12x=72\qquad\therefore x=6$$

즉 $\overline{CR}=6$이므로
$$\overline{CD}=\overline{CR}-\overline{DR}=6-1=5$$

삼각형 ADC의 외접원의 반지름의 길이를 R라 하면 사인법칙에 의하여

$$2R=\frac{\overline{CD}}{\sin(\angle CAD)}=\frac{5}{\frac{\sqrt{10}}{10}}=5\sqrt{10}$$

$$\therefore R=\frac{5\sqrt{10}}{2}$$

따라서 삼각형 ADC의 외접원의 넓이는

$$\pi R^2=\pi\times\left(\frac{5\sqrt{10}}{2}\right)^2=\frac{125}{2}\pi\qquad\qquad\text{답 ①}$$

참고 두 삼각형 OAP, OAQ에서
$\overline{AO}$는 공통, $\overline{OP}=\overline{OQ}$, $\angle OPA=\angle OQA=90°$
이므로 $\triangle OAP\equiv\triangle OAQ$ (RHS 합동)
또 두 삼각형 ORD, ABD에서
$\angle D$는 공통, $\angle ORD=\angle ABD=90°$
이므로 $\triangle ORD\infty\triangle ABD$ (AA 닮음)

486

전략 $p-q>0$이면 $p>q$임을 이용하여 가장 긴 변의 길이를 구한다.

각 변의 길이는 양수이므로 $2x+1>0$, $x^2-1>0$에서
$$x>1$$

이때 $x^2+x+1-(2x+1)=x(x-1)>0$이므로
$$x^2+x+1>2x+1$$
$x^2+x+1-(x^2-1)=x+2>0$이므로
$$x^2+x+1>x^2-1$$

즉 가장 긴 변의 길이가 x^2+x+1이므로 최대각은 길이가 x^2+x+1인 변의 대각이다.

최대각의 크기를 θ라 하면

$$\cos\theta=\frac{(2x+1)^2+(x^2-1)^2-(x^2+x+1)^2}{2(2x+1)(x^2-1)}$$
$$=\frac{-2x^3-x^2+2x+1}{2(2x^3+x^2-2x-1)}$$
$$=-\frac{1}{2}$$

그런데 $0°<\theta<180°$이므로 $\theta=120°$
따라서 최대각의 크기는 120°이다. 답 **120°**

487

전략 주어진 관계식을 이용하여 $\cos A$의 값을 구한다.

$a:b=\sin A:\sin B=\sqrt{2}:1$이므로
$$a=\sqrt{2}b$$
$$\therefore c^2=b^2+ac=b^2+\sqrt{2}bc$$

삼각형 ABC에서 코사인법칙에 의하여

$$\cos A=\frac{b^2+c^2-a^2}{2bc}$$
$$=\frac{b^2+(b^2+\sqrt{2}bc)-2b^2}{2bc}=\frac{\sqrt{2}}{2}$$

그런데 $0°<A<180°$이므로 $A=45°$
이때 $a:b=\sqrt{2}:1$에서 $a=\sqrt{2}k$, $b=k\,(k>0)$라 하면 사인법칙에 의하여

$$\frac{\sqrt{2}k}{\sin45°}=\frac{k}{\sin B}, \qquad\sqrt{2}\sin B=\sin45°$$

$$\therefore\sin B=\frac{\sqrt{2}}{2}\times\frac{1}{\sqrt{2}}=\frac{1}{2}$$

그런데 $0°<B<135°$이므로 $B=30°$
$$\therefore C=180°-(45°+30°)=105°\qquad\text{답 }\mathbf{105°}$$

488

(1) $S=\dfrac{1}{2}\times 4\times 5\times\sin 60°=10\times\dfrac{\sqrt{3}}{2}=5\sqrt{3}$

(2) $S=\dfrac{1}{2}\times 3\times 6\times\sin 45°=9\times\dfrac{\sqrt{2}}{2}=\dfrac{9\sqrt{2}}{2}$

(3) $S=\dfrac{1}{2}\times 5\times 6\times\sin 150°=15\times\dfrac{1}{2}=\dfrac{15}{2}$

답 (1) $5\sqrt{3}$ (2) $\dfrac{9\sqrt{2}}{2}$ (3) $\dfrac{15}{2}$

489

(1) 코사인법칙에 의하여
$$\cos A=\dfrac{6^2+5^2-5^2}{2\times 6\times 5}=\dfrac{3}{5}$$

(2) $0°<A<180°$에서 $\sin A>0$이므로
$$\sin A=\sqrt{1-\cos^2 A}=\sqrt{1-\left(\dfrac{3}{5}\right)^2}=\dfrac{4}{5}$$

(3) $\triangle ABC=\dfrac{1}{2}\times 6\times 5\times\dfrac{4}{5}=12$

답 (1) $\dfrac{3}{5}$ (2) $\dfrac{4}{5}$ (3) 12

490

(1) $\square ABCD=4\times\sqrt{3}\times\sin 30°$
$$=4\sqrt{3}\times\dfrac{1}{2}=2\sqrt{3}$$

(2) 평행사변형 $ABCD$에서
$B=180°-C$
$=180°-120°$
$=60°$

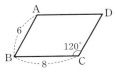

$\therefore \square ABCD=6\times 8\times\sin 60°$
$$=48\times\dfrac{\sqrt{3}}{2}=24\sqrt{3}$$

답 (1) $2\sqrt{3}$ (2) $24\sqrt{3}$

491

(1) $S=\dfrac{1}{2}\times 4\times 6\times\sin 60°=12\times\dfrac{\sqrt{3}}{2}=6\sqrt{3}$

(2) $S=\dfrac{1}{2}\times 10\times 8\times\sin 120°=40\times\dfrac{\sqrt{3}}{2}=20\sqrt{3}$

답 (1) $6\sqrt{3}$ (2) $20\sqrt{3}$

492

삼각형 ABC의 넓이가 7이므로
$$\dfrac{1}{2}\times 4\times 7\times\sin A=7$$

$$\therefore \sin A=\dfrac{1}{2}$$

그런데 $0°<A<180°$이므로
$$A=30° \text{ 또는 } A=150°$$

답 **30° 또는 150°**

493

$0°<C<180°$에서 $\sin C>0$이므로
$$\sin C=\sqrt{1-\left(\dfrac{\sqrt{5}}{3}\right)^2}=\dfrac{2}{3}$$

따라서 삼각형 ABC의 넓이는
$$\dfrac{1}{2}\times 8\times 6\times\dfrac{2}{3}=16$$

답 **16**

494

$\overline{AD}=x$라 하면 $\triangle ABC=\triangle ABD+\triangle ADC$에서
$$\dfrac{1}{2}\times 3\sqrt{3}\times 2\sqrt{3}\times\sin 60°$$
$$=\dfrac{1}{2}\times 3\sqrt{3}\times x\times\sin 30°$$
$$+\dfrac{1}{2}\times 2\sqrt{3}\times x\times\sin 30°$$
$$\dfrac{9\sqrt{3}}{2}=\dfrac{5\sqrt{3}}{4}x$$

$$\therefore x=\dfrac{18}{5}$$

따라서 선분 AD의 길이는 $\dfrac{18}{5}$이다.

답 $\dfrac{18}{5}$

495

코사인법칙에 의하여
$$\cos C=\dfrac{13^2+14^2-15^2}{2\times 13\times 14}=\dfrac{5}{13}$$

$0°<C<180°$에서 $\sin C>0$이므로
$$\sin C=\sqrt{1-\cos^2 C}$$
$$=\sqrt{1-\left(\dfrac{5}{13}\right)^2}=\dfrac{12}{13}$$

따라서 삼각형 ABC의 넓이는
$$\dfrac{1}{2}\times 13\times 14\times\dfrac{12}{13}=84$$

답 **84**

496

코사인법칙에 의하여

$$\cos C = \frac{13^2 + 8^2 - 7^2}{2 \times 13 \times 8} = \frac{23}{26}$$

$0° < C < 180°$에서 $\sin C > 0$이므로

$$\sin C = \sqrt{1 - \cos^2 C}$$

$$= \sqrt{1 - \left(\frac{23}{26}\right)^2} = \frac{7\sqrt{3}}{26}$$

$$\therefore \triangle ABC = \frac{1}{2} \times 13 \times 8 \times \frac{7\sqrt{3}}{26} = 14\sqrt{3}$$

이때 $\triangle ABC = \frac{1}{2} ab \sin C = \frac{1}{2} ab \times \frac{c}{2R} = \frac{abc}{4R}$에서

$$14\sqrt{3} = \frac{13 \times 8 \times 7}{4R} \qquad \therefore R = \frac{13\sqrt{3}}{3}$$

또 $\triangle ABC = \frac{1}{2} r(a+b+c)$에서

$$14\sqrt{3} = \frac{1}{2} r \times (13 + 8 + 7) \qquad \therefore r = \sqrt{3}$$

답 $R = \dfrac{13\sqrt{3}}{3}$, $r = \sqrt{3}$

497

삼각형 BCD에서 코사인법칙에 의하여

$$\cos C = \frac{4^2 + 8^2 - (4\sqrt{2})^2}{2 \times 4 \times 8} = \frac{3}{4}$$

$0° < C < 180°$에서 $\sin C > 0$이므로

$$\sin C = \sqrt{1 - \cos^2 C}$$

$$= \sqrt{1 - \left(\frac{3}{4}\right)^2} = \frac{\sqrt{7}}{4}$$

$$\therefore \square ABCD$$
$$= \triangle ABD + \triangle BCD$$
$$= \frac{1}{2} \times \sqrt{14} \times 4\sqrt{2} \times \sin 30°$$
$$\quad + \frac{1}{2} \times 4 \times 8 \times \frac{\sqrt{7}}{4}$$
$$= 2\sqrt{7} + 4\sqrt{7} = 6\sqrt{7}$$

답 $6\sqrt{7}$

498

$\overline{AD} = \overline{BC} = 7$이고, 평행사변형 ABCD의 넓이가 $21\sqrt{3}$이므로

$$6 \times 7 \times \sin A = 21\sqrt{3} \qquad \therefore \sin A = \frac{\sqrt{3}}{2}$$

그런데 $90° < A < 180°$이므로

$$A = 120°$$

답 $120°$

499

등변사다리꼴은 두 대각선의 길이가 같으므로 한 대각선의 길이를 x라 하면

$$\frac{1}{2} \times x \times x \times \sin 150° = 8, \qquad x^2 = 32$$

$$\therefore x = 4\sqrt{2} \ (\because x > 0)$$

답 $4\sqrt{2}$

500

헤론의 공식을 이용하면 $s = \dfrac{5+6+7}{2} = 9$이므로 삼각형 ABC의 넓이는

$$\sqrt{9(9-5)(9-6)(9-7)} = 6\sqrt{6}$$

답 $6\sqrt{6}$

다른 풀이 $\cos A = \dfrac{7^2 + 6^2 - 5^2}{2 \times 7 \times 6} = \dfrac{5}{7}$이므로

$$\sin A = \sqrt{1 - \cos^2 A} = \sqrt{1 - \left(\frac{5}{7}\right)^2} = \frac{2\sqrt{6}}{7}$$

$$\therefore \triangle ABC = \frac{1}{2} \times 7 \times 6 \times \frac{2\sqrt{6}}{7} = 6\sqrt{6}$$

연습 문제

501

전략 먼저 코사인법칙을 이용하여 $\overline{BC}$의 길이를 구한다.

코사인법칙에 의하여

$$\overline{BC}^2 = 8^2 + 6^2 - 2 \times 8 \times 6 \cos 60°$$
$$= 64 + 36 - 96 \times \frac{1}{2}$$
$$= 52$$
$$\therefore \overline{BC} = 2\sqrt{13} \ (\because \overline{BC} > 0)$$

삼각형 ABC의 넓이에서

$$\frac{1}{2} \times 2\sqrt{13} \times \overline{AH} = \frac{1}{2} \times 8 \times 6 \times \sin 60°$$

$$\sqrt{13} \times \overline{AH} = 24 \times \frac{\sqrt{3}}{2}$$

$$\therefore \overline{AH} = \frac{12\sqrt{3}}{\sqrt{13}} = \frac{12\sqrt{39}}{13}$$

답 $\dfrac{12\sqrt{39}}{13}$

502

전략 삼각형 ABC의 넓이를 이용하여 $\sin\theta$의 값을 구한다.

삼각형 ABC의 넓이가 $\sqrt{6}$이므로

$$\frac{1}{2}\times2\times\sqrt{7}\times\sin\theta=\sqrt{6}$$

$$\therefore\ \sin\theta=\frac{\sqrt{6}}{\sqrt{7}}$$

이때 $\sin\left(\dfrac{\pi}{2}+\theta\right)=\cos\theta$이고 $0<\theta<\dfrac{\pi}{2}$에서

$\cos\theta>0$이므로

$$\sin\left(\frac{\pi}{2}+\theta\right)=\cos\theta=\sqrt{1-\sin^2\theta}$$

$$=\sqrt{1-\left(\frac{\sqrt{6}}{\sqrt{7}}\right)^2}=\frac{\sqrt{7}}{7}$$

답 ⑤

503

전략 코사인법칙을 이용하여 $\cos C$의 값을 구한다.

코사인법칙에 의하여

$$\cos C=\frac{4^2+5^2-7^2}{2\times4\times5}=-\frac{1}{5}$$

$0°<C<180°$에서 $\sin C>0$이므로

$$\sin C=\sqrt{1-\cos^2 C}$$

$$=\sqrt{1-\left(-\frac{1}{5}\right)^2}=\frac{2\sqrt{6}}{5}$$

따라서 삼각형 ABC의 넓이는

$$\frac{1}{2}\times4\times5\times\frac{2\sqrt{6}}{5}=4\sqrt{6}$$

답 $4\sqrt{6}$

504

전략 두 대각선의 길이가 a, b이고 두 대각선이 이루는 각의 크기가 θ인 사각형의 넓이는 $\dfrac{1}{2}ab\sin\theta$임을 이용한다.

사각형 ABCD의 넓이가 3이므로

$$\frac{1}{2}\times3\times2\sqrt{3}\times\sin\theta=3$$

$$\therefore\ \sin\theta=\frac{\sqrt{3}}{3}$$

따라서 $\sin^2\theta=\dfrac{1}{3}$이므로

$$\cos^2\theta=1-\sin^2\theta=1-\frac{1}{3}=\frac{2}{3}$$

$$\therefore\ \tan^2\theta=\frac{\sin^2\theta}{\cos^2\theta}=\frac{\frac{1}{3}}{\frac{2}{3}}=\frac{1}{2}$$

답 $\dfrac{1}{2}$

505

전략 코사인법칙을 이용하여 $\overline{AC}$의 길이를 구한다.

삼각형 ABC에서 코사인법칙에 의하여

$$(\sqrt{13})^2=3^2+\overline{AC}^2-2\times3\times\overline{AC}\times\cos\frac{\pi}{3}$$

$$\overline{AC}^2-3\overline{AC}-4=0$$

$$(\overline{AC}+1)(\overline{AC}-4)=0$$

$$\therefore\ \overline{AC}=4\ (\because\ \overline{AC}>0)$$

따라서 삼각형 ABC의 넓이 S_1은

$$S_1=\frac{1}{2}\times3\times4\times\sin\frac{\pi}{3}$$

$$=6\times\frac{\sqrt{3}}{2}=3\sqrt{3}$$

$\overline{AD}\times\overline{CD}=9$이므로 삼각형 ACD의 넓이 S_2는

$$S_2=\frac{1}{2}\times\overline{AD}\times\overline{CD}\times\sin(\angle ADC)$$

$$=\frac{9}{2}\times\sin(\angle ADC)$$

이때 $S_2=\dfrac{5}{6}S_1$이므로

$$\frac{9}{2}\times\sin(\angle ADC)=\frac{5}{6}\times3\sqrt{3}$$

$$\therefore\ \sin(\angle ADC)=\frac{5\sqrt{3}}{9}$$

삼각형 ACD에서 사인법칙에 의하여

$$2R=\frac{4}{\frac{5\sqrt{3}}{9}}=\frac{36}{5\sqrt{3}}=\frac{12\sqrt{3}}{5}$$

$$\therefore\ R=\frac{6\sqrt{3}}{5}$$

$$\therefore\ \frac{R}{\sin(\angle ADC)}=\frac{\frac{6\sqrt{3}}{5}}{\frac{5\sqrt{3}}{9}}=\frac{54}{25}$$

답 ①

506

전략 한 원에서 호에 대한 중심각의 크기는 호의 길이에 정비례함을 이용한다.

오른쪽 그림과 같이 원의 중심을 O라 할 때

$$\angle AOB:\angle BOC:\angle COA$$

$$=\widehat{AB}:\widehat{BC}:\widehat{CA}$$

$$=3:4:5$$

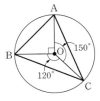

$$\therefore \angle AOB = 360° \times \frac{3}{12} = 90°,$$
$$\angle BOC = 360° \times \frac{4}{12} = 120°,$$
$$\angle COA = 360° \times \frac{5}{12} = 150°$$

따라서 삼각형 ABC의 넓이는

$$\triangle AOB + \triangle BOC + \triangle COA$$
$$= \frac{1}{2} \times 20^2 \times \sin 90° + \frac{1}{2} \times 20^2 \times \sin 120°$$
$$\quad + \frac{1}{2} \times 20^2 \times \sin 150°$$
$$= 200 + 100\sqrt{3} + 100$$
$$= 100(3 + \sqrt{3})$$

답 $100(3+\sqrt{3})$

507

전략 $\triangle ABC = \triangle ABD + \triangle ACD$임을 이용한다.

$\overline{BD} : \overline{CD} = 3 : 4 = \overline{AB} : \overline{AC}$이므로 $\overline{AD}$는 $\angle BAC$의 이등분선이다.

$$\therefore \angle BAD = \angle CAD = 60°$$

이때 $\triangle ABC = \triangle ABD + \triangle ACD$이므로

$$\frac{1}{2} \times 15 \times 20 \times \sin 120°$$
$$= \frac{1}{2} \times 15 \times \overline{AD} \times \sin 60°$$
$$\quad + \frac{1}{2} \times 20 \times \overline{AD} \times \sin 60°$$
$$75\sqrt{3} = \frac{15\sqrt{3}}{4} \times \overline{AD} + 5\sqrt{3} \times \overline{AD}$$
$$75\sqrt{3} = \frac{35\sqrt{3}}{4} \times \overline{AD}$$
$$\therefore \overline{AD} = \frac{60}{7} \ (\text{km})$$

따라서 구하는 직선 도로의 길이는 $\dfrac{60}{7}$ km이다.

답 $\dfrac{60}{7}$ km

508

전략 코사인법칙을 이용하여 $\overline{AB}$의 길이를 구한다.

삼각형 ABC에서 코사인법칙에 의하여

$$(\sqrt{7})^2 = \overline{AB}^2 + (\sqrt{3})^2 - 2\overline{AB} \times \sqrt{3} \cos 30°$$
$$7 = \overline{AB}^2 + 3 - 3\overline{AB}$$

$$\overline{AB}^2 - 3\overline{AB} - 4 = 0$$
$$(\overline{AB} + 1)(\overline{AB} - 4) = 0$$
$$\therefore \overline{AB} = 4 \ (\because \overline{AB} > 0)$$

따라서 평행사변형 ABCD의 넓이는

$$4 \times \sqrt{3} \times \sin 30° = 2\sqrt{3}$$

답 $2\sqrt{3}$

509

전략 $\triangle APQ = \frac{1}{2}\triangle ABC$임을 이용하여 $\overline{AP} \times \overline{AQ}$의 값을 구한다.

$\overline{AP} = x$, $\overline{AQ} = y$라 하면 $\triangle APQ = \frac{1}{2}\triangle ABC$이므로

$$\frac{1}{2} \times x \times y \times \sin 60° = \frac{1}{2} \times \frac{1}{2} \times 4 \times 6 \times \sin 60°$$
$$\frac{\sqrt{3}}{4}xy = 3\sqrt{3} \qquad \therefore xy = 12$$

삼각형 APQ에서 코사인법칙에 의하여

$$\overline{PQ}^2 = x^2 + y^2 - 2xy \cos 60°$$
$$= x^2 + y^2 - 2 \times 12 \times \frac{1}{2} = x^2 + y^2 - 12$$

이때 $x^2 > 0$, $y^2 > 0$이므로 산술평균과 기하평균의 관계에 의하여

$$x^2 + y^2 - 12 \geq 2\sqrt{x^2 y^2} - 12$$
$$= 2 \times 12 - 12$$
$$= 12 \ (\text{단, 등호는 } x = y \text{일 때 성립})$$
$$\therefore \overline{PQ} \geq \sqrt{12} = 2\sqrt{3}$$

따라서 선분 PQ의 길이의 최솟값은 $2\sqrt{3}$이다.

답 $2\sqrt{3}$

510

전략 $\triangle ACD + \triangle ABC = \triangle ABD + \triangle BCD$임을 이용한다.

삼각형 ACD는 $\angle D = 90°$인 직각삼각형이므로

$$\overline{AC} = \sqrt{8^2 + 4^2}$$
$$= 4\sqrt{5}$$

또 삼각형 ABC는 $\overline{AB} = \overline{BC}$인 직각이등변삼각형이므로 $\overline{AB}^2 + \overline{BC}^2 = \overline{AC}^2$에서

$$2\overline{AB}^2 = (4\sqrt{5})^2, \quad \overline{AB}^2 = 40$$
$$\therefore \overline{AB} = \overline{BC} = 2\sqrt{10}$$

$$\therefore \square ABCD = \triangle ACD + \triangle ABC$$
$$= \frac{1}{2} \times 8 \times 4 + \frac{1}{2} \times 2\sqrt{10} \times 2\sqrt{10}$$
$$= 36 \qquad \cdots\cdots \ \boxdot$$

한편 원주각의 성질에 의하여
$$\angle ADB = \angle ACB = 45°,$$
$$\angle CDB = \angle CAB = 45°$$
이므로 $\overline{BD} = x$라 하면
$$\square ABCD$$
$$= \triangle ABD + \triangle BCD$$
$$= \frac{1}{2} \times 8 \times x \times \sin 45° + \frac{1}{2} \times 4 \times x \times \sin 45°$$
$$= 3\sqrt{2}\,x \qquad \cdots\cdots \ \boxdot$$

$\boxdot$, $\boxdot$에서 $3\sqrt{2}\,x = 36$
$$\therefore x = 6\sqrt{2}$$
따라서 선분 BD의 길이는 $6\sqrt{2}$이다. **圓 $6\sqrt{2}$**

[다른 풀이] 원주각의 성질에 의하여
$$\angle ADB = \angle ACB = 45°,$$
$$\angle CDB = \angle CAB = 45°$$
$\overline{BD} = x$라 하면 삼각형 ABD에서 코사인법칙에 의하여
$$\overline{AB}^2 = 8^2 + x^2 - 2 \times 8 \times x \times \cos 45°$$
$$= x^2 - 8\sqrt{2}\,x + 64$$
또 삼각형 BCD에서 코사인법칙에 의하여
$$\overline{BC}^2 = x^2 + 4^2 - 2 \times x \times 4 \times \cos 45°$$
$$= x^2 - 4\sqrt{2}\,x + 16$$
이때 삼각형 ABC는 $\angle B = 90°$인 직각이등변삼각형
이므로 $\overline{AB} = \overline{BC}$
즉 $\overline{AB}^2 = \overline{BC}^2$이므로
$$x^2 - 8\sqrt{2}\,x + 64 = x^2 - 4\sqrt{2}\,x + 16$$
$$4\sqrt{2}\,x = 48 \qquad \therefore x = 6\sqrt{2}$$

개념 노트

원에서 한 호에 대한 원주각의 크기
는 모두 같다.
$\Rightarrow \angle AP_1B = \angle AP_2B$
$\qquad\qquad = \angle AP_3B$

---

01 등차수열 ● 본책 220~226쪽

511

(1) 수열 $\{3n\}$의 일반항 $a_n = 3n$에 $n = 1,\ 2,\ 3,\ 4$를
차례대로 대입하면
$$a_1 = 3 \times 1 = 3,\ a_2 = 3 \times 2 = 6,$$
$$a_3 = 3 \times 3 = 9,\ a_4 = 3 \times 4 = 12$$

(2) 수열 $\{2^n + 1\}$의 일반항 $a_n = 2^n + 1$에 $n = 1,\ 2,\ 3,$
4를 차례대로 대입하면
$$a_1 = 2^1 + 1 = 3,\ a_2 = 2^2 + 1 = 5,$$
$$a_3 = 2^3 + 1 = 9,\ a_4 = 2^4 + 1 = 17$$

(3) 수열 $\left\{\dfrac{1}{2n-1}\right\}$의 일반항 $a_n = \dfrac{1}{2n-1}$에 $n = 1,$

$2,\ 3,\ 4$를 차례대로 대입하면
$$a_1 = \frac{1}{2 \times 1 - 1} = 1,\ a_2 = \frac{1}{2 \times 2 - 1} = \frac{1}{3},$$
$$a_3 = \frac{1}{2 \times 3 - 1} = \frac{1}{5},\ a_4 = \frac{1}{2 \times 4 - 1} = \frac{1}{7}$$

(4) 수열 $\left\{\cos \dfrac{n\pi}{2}\right\}$의 일반항 $a_n = \cos \dfrac{n\pi}{2}$에 $n = 1,$

$2,\ 3,\ 4$를 차례대로 대입하면
$$a_1 = \cos \frac{\pi}{2} = 0,\ a_2 = \cos \pi = -1,$$
$$a_3 = \cos \frac{3\pi}{2} = 0,\ a_4 = \cos 2\pi = 1$$

圓 (1) 3, 6, 9, 12 　 **(2) 3, 5, 9, 17**
(3) 1, $\dfrac{1}{3}$, $\dfrac{1}{5}$, $\dfrac{1}{7}$ 　 **(4) 0, -1, 0, 1**

512

(1) $a_1 = \dfrac{1}{1},\ a_2 = \dfrac{1}{2},\ a_3 = \dfrac{1}{3},\ a_4 = \dfrac{1}{4},\ \cdots$

이므로 $a_n = \dfrac{1}{n}$

(2) $a_1 = 1 \times 3 = (2 \times 1 - 1) \times (2 \times 1 + 1),$
$a_2 = 3 \times 5 = (2 \times 2 - 1) \times (2 \times 2 + 1),$
$a_3 = 5 \times 7 = (2 \times 3 - 1) \times (2 \times 3 + 1),$
$a_4 = 7 \times 9 = (2 \times 4 - 1) \times (2 \times 4 + 1),\ \cdots$

이므로 $a_n = (2n-1)(2n+1)$

(3) $a_1 = \log 3 = \log 3^1$, $a_2 = \log 9 = \log 3^2$,

$a_3 = \log 27 = \log 3^3$, $a_4 = \log 81 = \log 3^4$, ⋯

이므로 $a_n = \log 3^n$

답 (1) $a_n = \dfrac{1}{n}$ (2) $a_n = (2n-1)(2n+1)$

(3) $a_n = \log 3^n$

513

(1) $33 - 27 = 6$에서 공차가 6이므로 주어진 수열은

$\boxed{9}$, 15, $\boxed{21}$, 27, 33, ⋯

(2) $\dfrac{1}{4} - \dfrac{3}{4} = -\dfrac{1}{2}$에서 공차가 $-\dfrac{1}{2}$이므로 주어진 수열은

$\dfrac{3}{4}$, $\dfrac{1}{4}$, $\boxed{-\dfrac{1}{4}}$, $-\dfrac{3}{4}$, $\boxed{-\dfrac{5}{4}}$, ⋯

답 (1) **9, 21**   (2) $-\dfrac{1}{4}$, $-\dfrac{5}{4}$

514

(1) $a_n = 2 + (n-1) \times 3 = 3n - 1$

(2) $a_n = 10 + (n-1) \times (-2) = -2n + 12$

(3) 첫째항이 1, 공차가 $6 - 1 = 5$이므로

$a_n = 1 + (n-1) \times 5 = 5n - 4$

(4) 첫째항이 3, 공차가 $\dfrac{8}{3} - 3 = -\dfrac{1}{3}$이므로

$a_n = 3 + (n-1) \times \left(-\dfrac{1}{3}\right) = -\dfrac{1}{3}n + \dfrac{10}{3}$

답 (1) $a_n = 3n - 1$ (2) $a_n = -2n + 12$

(3) $a_n = 5n - 4$ (4) $a_n = -\dfrac{1}{3}n + \dfrac{10}{3}$

515

세 수 1, x, 7이 이 순서대로 등차수열을 이루면 x가 1과 7의 등차중항이므로

$x = \dfrac{1+7}{2} = 4$ 답 **4**

516

(1) 주어진 등차수열의 공차를 d라 하면

$a_3 = 2 + 2d = 12$

∴ $d = 5$

∴ $a_n = 2 + (n-1) \times 5 = 5n - 3$

(2) 주어진 등차수열의 공차를 d라 하면

$a_5 = 3 + 4d = -5$

∴ $d = -2$

∴ $a_n = 3 + (n-1) \times (-2) = -2n + 5$

답 (1) $a_n = 5n - 3$ (2) $a_n = -2n + 5$

517

등차수열 $\{a_n\}$의 첫째항을 a라 하면

$a_3 = a + 2 \times (-7) = 12$ ∴ $a = 26$

∴ $a_n = 26 + (n-1) \times (-7) = -7n + 33$

$a_k = -7k + 33 = -23$이므로

$-7k = -56$ ∴ $k = 8$ 답 **8**

518

등차수열 $\{a_n\}$의 첫째항을 a, 공차를 d라 하면

$a_2 = a + d = 3$ ⋯⋯ ㉠

$a_7 = a + 6d = 13$ ⋯⋯ ㉡

㉠, ㉡을 연립하여 풀면 $a = 1$, $d = 2$

∴ $a_n = 1 + (n-1) \times 2 = 2n - 1$

199를 제 n 항이라 하면

$2n - 1 = 199$, $2n = 200$

∴ $n = 100$

따라서 199는 제100항이다.   답 **제100항**

519

등차수열 $\{a_n\}$의 첫째항을 a, 공차를 d라 하면

$a_6 + a_{15} = 61$에서

$(a + 5d) + (a + 14d) = 61$

∴ $2a + 19d = 61$ ⋯⋯ ㉠

$a_8 + a_{16} = 70$에서

$(a + 7d) + (a + 15d) = 70$

∴ $a + 11d = 35$ ⋯⋯ ㉡

㉠, ㉡을 연립하여 풀면 $a = 2$, $d = 3$

따라서 $a_n = 2 + (n-1) \times 3 = 3n - 1$이므로

$a_{31} = 3 \times 31 - 1 = 92$ 답 **92**

520

등차수열 $\{a_n\}$의 첫째항을 a, 공차를 d라 하면

$a_7 = a + 6d = 65$ ⋯⋯ ㉠

$a_{10} = a + 9d = 53$ ⋯⋯ ㉡

①, ⓒ을 연립하여 풀면　　　$a=89$, $d=-4$

$$\therefore a_n = 89 + (n-1) \times (-4)$$
$$= -4n + 93$$

$a_n < 0$에서　　$-4n+93 < 0$

$$\therefore n > \frac{93}{4} = 23.25$$

따라서 처음으로 음수가 되는 항은 제24항이다.

🗒 **제24항**

521

등차수열 $\{a_n\}$의 공차를 d라 하면 $a_5 - a_3 = -4$에서

$$(2+4d) - (2+2d) = -4$$
$$\therefore d = -2$$
$$\therefore a_n = 2 + (n-1) \times (-2)$$
$$= -2n + 4$$

$a_n < -50$에서　　$-2n+4 < -50$

$$-2n < -54　　\therefore n > 27$$

따라서 처음으로 -50보다 작아지는 항은 제28항이다.

🗒 **제28항**

522

주어진 등차수열의 첫째항이 -8, 제$(n+2)$항이 30
이므로

$$-8 + (n+1) \times 2 = 30$$
$$2n = 36　　\therefore n = 18$$

🗒 **18**

523

$f(x) = x^2 + ax + 2$를 $x+1$, $x-1$, $x-2$로 나누었
을 때의 나머지는 각각

$$f(-1) = 3-a, \ f(1) = 3+a, \ f(2) = 6+2a$$

따라서 세 수 $3-a$, $3+a$, $6+2a$가 이 순서대로 등차
수열을 이루므로

$$2(3+a) = (3-a) + (6+2a)$$
$$\therefore a = 3$$

🗒 **3**

📝 **개념 노트**

다항식 $f(x)$를 일차식 $x-a$로 나누었을 때의 나머지를
R라 하면
$$R = f(a)$$

524

세 근을 $a-d$, a, $a+d$라 하면 삼차방정식의 근과 계
수의 관계에 의하여

$$(a-d) + a + (a+d) = 3, \qquad 3a = 3$$
$$\therefore a = 1$$

따라서 $x^3 - 3x^2 - 6x + k = 0$의 한 근이 1이므로
방정식에 $x=1$을 대입하면

$$1 - 3 - 6 + k = 0　　\therefore k = 8$$

🗒 **8**

● 본책 227~234쪽

02 등차수열의 합

525

(1) $\dfrac{20(2+18)}{2} = 200$

(2) $\dfrac{8(-2+15)}{2} = 52$

(3) $\dfrac{10\{2 \times 1 + (10-1) \times 3\}}{2} = 145$

(4) $\dfrac{11\left\{2 \times \frac{1}{2} + (11-1) \times \left(-\frac{3}{2}\right)\right\}}{2} = -77$

(5) 첫째항이 -10, 공차가 $-8 - (-10) = 2$이므로
　구하는 합은

$$\frac{16\{2 \times (-10) + (16-1) \times 2\}}{2} = 80$$

🗒 (1) **200**　　(2) **52**　　(3) **145**
(4) **-77**　　(5) **80**

526

(1) 수열 1, 3, 5, 7, …은 첫째항이 1, 공차가
　$3-1=2$인 등차수열이므로

$$a_n = 1 + (n-1) \times 2 = 2n - 1$$

(2) 23을 제n항이라 하면

$$2n - 1 = 23　　\therefore n = 12$$

따라서 23은 제12항이다.

(3) $1 + 3 + 5 + 7 + \cdots + 23 = \dfrac{12(1+23)}{2} = 144$

🗒 (1) **$a_n = 2n-1$**　　(2) **제12항**　　(3) **144**

527

(1) 수열 15, 11, 7, 3, $\cdots$, -41은 첫째항이 15, 공차가 $11-15=-4$인 등차수열이므로 일반항 a_n은
$$a_n=15+(n-1)\times(-4)=-4n+19$$
-41을 제n항이라 하면
$$-4n+19=-41 \qquad \therefore n=15$$
$$\therefore 15+11+7+3+\cdots+(-41)$$
$$=\frac{15\{15+(-41)\}}{2}$$
$$=-195$$

(2) 수열 -12, -9, -6, -3, $\cdots$, 15는 첫째항이 -12, 공차가 $-9-(-12)=3$인 등차수열이므로 일반항 a_n은
$$a_n=-12+(n-1)\times3=3n-15$$
15를 제n항이라 하면
$$3n-15=15 \qquad \therefore n=10$$
$$\therefore -12+(-9)+(-6)+(-3)+\cdots+15$$
$$=\frac{10(-12+15)}{2}$$
$$=15$$

(3) 수열 $-\dfrac{1}{3}$, $-\dfrac{2}{3}$, -1, $-\dfrac{4}{3}$, $\cdots$, -5는 첫째항이 $-\dfrac{1}{3}$, 공차가 $-\dfrac{2}{3}-\left(-\dfrac{1}{3}\right)=-\dfrac{1}{3}$인 등차수열이므로 일반항 a_n은
$$a_n=-\frac{1}{3}+(n-1)\times\left(-\frac{1}{3}\right)=-\frac{n}{3}$$
-5를 제n항이라 하면
$$-\frac{n}{3}=-5 \qquad \therefore n=15$$
$$\therefore -\frac{1}{3}+\left(-\frac{2}{3}\right)+(-1)+\left(-\frac{4}{3}\right)+\cdots$$
$$+(-5)$$
$$=\frac{15\left\{-\dfrac{1}{3}+(-5)\right\}}{2}$$
$$=-40$$

🖪 (1) -195　(2) 15　(3) -40

528

(1) $n=1$일 때
$$a_1=S_1=1^2+2\times1=3$$

$n\geq2$일 때
$$\begin{aligned}a_n&=S_n-S_{n-1}\\&=n^2+2n-\{(n-1)^2+2(n-1)\}\\&=2n+1 \qquad\cdots\cdots ㉠\end{aligned}$$
이때 $a_1=3$은 ㉠에 $n=1$을 대입한 것과 같으므로
$$a_n=2n+1$$

(2) $n=1$일 때
$$a_1=S_1=2\times1^2-1=1$$
$n\geq2$일 때
$$\begin{aligned}a_n&=S_n-S_{n-1}\\&=2n^2-1-\{2(n-1)^2-1\}\\&=4n-2 \qquad\cdots\cdots ㉠\end{aligned}$$
따라서 구하는 수열의 일반항은
$$a_1=1,\ a_n=4n-2\ (n\geq2)$$

🖪 (1) $a_n=2n+1$
(2) $a_1=1,\ a_n=4n-2\ (n\geq2)$

참고　(2) ㉠에 $n=1$을 대입하면
$$a_1=4\times1-2=2$$
이 값은 $a_1=S_1$을 이용하여 얻은 값과 다르다.

529

$a_1=2\times1-6=-4$, $a_{15}=2\times15-6=24$
따라서 첫째항부터 제15항까지의 합은
$$\frac{15(-4+24)}{2}=150 \qquad\qquad 🖪\ 150$$

530

첫째항이 50, 제n항이 -10인 등차수열의 첫째항부터 제n항까지의 합이 220이므로
$$\frac{n\{50+(-10)\}}{2}=220, \qquad 20n=220$$
$$\therefore n=11$$
즉 제11항이 -10이므로 공차를 d라 하면
$$50+10d=-10 \qquad \therefore d=-6$$
따라서 주어진 등차수열의 제10항은
$$50+9\times(-6)=-4 \qquad\qquad 🖪\ -4$$

531

$$-5+x_1+x_2+\cdots+x_n+15=-5+90+15$$
$$=100$$

즉 첫째항이 -5, 끝항이 15, 항수가 $n+2$인 등차수열의 합이 100이므로

$$\frac{(n+2)(-5+15)}{2}=100$$

$$5(n+2)=100 \qquad \therefore n=18 \qquad \text{답 } 18$$

532

등차수열 $\{a_n\}$의 첫째항을 a, 공차를 d, 첫째항부터 제n항까지의 합을 S_n이라 하면

$$S_8=\frac{8(2a+7d)}{2}=104 \text{에서}$$

$$2a+7d=26 \qquad \cdots\cdots \text{㉠}$$

첫째항부터 제16항까지의 합이 $104+360=464$이므로 $S_{16}=\frac{16(2a+15d)}{2}=464$에서

$$2a+15d=58 \qquad \cdots\cdots \text{㉡}$$

㉠, ㉡을 연립하여 풀면 $a=-1$, $d=4$

따라서 구하는 합은

$$S_{24}=\frac{24\{2\times(-1)+23\times4\}}{2}=1080$$

답 1080

533

등차수열 $\{a_n\}$의 첫째항을 a, 공차를 d라 하면

$$a_6=a+5d=-9 \qquad \cdots\cdots \text{㉠}$$

$$a_{10}=a+9d=7 \qquad \cdots\cdots \text{㉡}$$

㉠, ㉡을 연립하여 풀면 $a=-29$, $d=4$

$$\therefore a_n=-29+(n-1)\times4=4n-33$$

$a_n>0$에서 $\quad 4n-33>0 \quad \therefore n>\dfrac{33}{4}=8.25$

즉 수열 $\{a_n\}$은 제9항부터 양수이므로 첫째항부터 제8항까지의 합이 최소이다.

이때 $a_8=4\times8-33=-1$이므로 구하는 최솟값은

$$S_8=\frac{8\{-29+(-1)\}}{2}=-120 \qquad \text{답 } -120$$

다른 풀이 $S_n=\dfrac{n\{2\times(-29)+(n-1)\times4\}}{2}$

$$=2n^2-31n=2\left(n-\frac{31}{4}\right)^2-\frac{961}{8}$$

따라서 n이 $\dfrac{31}{4}$에 가장 가까운 자연수, 즉 $n=8$일 때 S_n은 최소이므로 구하는 최솟값은

$$S_8=2\times8^2-31\times8=-120$$

534

100과 200 사이에 있는 자연수 중에서 5로 나누었을 때의 나머지가 2인 수를 작은 것부터 순서대로 나열하면

$$102,\ 107,\ 112,\ \cdots,\ 197$$

이것은 첫째항이 102, 공차가 5인 등차수열이므로 일반항 a_n은

$$a_n=102+(n-1)\times5=5n+97$$

197을 제n항이라 하면

$$5n+97=197 \qquad \therefore n=20$$

따라서 구하는 총합은 첫째항이 102, 끝항이 197, 항수가 20인 등차수열의 합이므로

$$\frac{20(102+197)}{2}=2990 \qquad \text{답 } 2990$$

535

삼각형 $PF'F$가 직각이등변삼각형이므로

$$\overline{OP}=\overline{OF}=\overline{OF'}$$

따라서 점 $P(0,\ n)$에 대하여

$$F(n,\ 0),\ F'(-n,\ 0)$$

$n=1$일 때, $F'(-1,\ 0)$, $F(1,\ 0)$이므로 삼각형 $PF'F$의 세 변 위에 있는 점 중에서 x좌표와 y좌표가 모두 정수인 점은

$$(-1,\ 0),\ (0,\ 0),\ (0,\ 1),\ (1,\ 0) \text{의 } 4\text{개}$$

$$\therefore a_1=4$$

$n=2$일 때, $F'(-2,\ 0)$, $F(2,\ 0)$이므로 삼각형 $PF'F$의 세 변 위에 있는 점 중에서 x좌표와 y좌표가 모두 정수인 점은

$$(-2,\ 0),\ (-1,\ 0),\ (0,\ 0),\ (1,\ 0),\ (2,\ 0),$$

$$(-1,\ 1),\ (0,\ 2),\ (1,\ 1) \text{의 } 8\text{개}$$

$$\therefore a_2=8$$

$n=3$일 때, $F'(-3,\ 0)$, $F(3,\ 0)$이므로 삼각형 $PF'F$의 세 변 위에 있는 점 중에서 x좌표와 y좌표가 모두 정수인 점은

$$(-3,\ 0),\ (-2,\ 0),\ (-1,\ 0),\ (0,\ 0),\ (1,\ 0),$$

$$(2,\ 0),\ (3,\ 0),\ (-2,\ 1),\ (-1,\ 2),\ (0,\ 3),$$

$$(1,\ 2),\ (2,\ 1) \text{의 } 12\text{개}$$

$$\therefore a_3=12$$

$$\vdots$$

즉 수열 $\{a_n\}$은 첫째항이 4, 공차가 4인 등차수열이므로 $a_n=4+(n-1)\times 4=4n$

따라서 첫째항부터 제8항까지의 합은

$$\frac{8(4+32)}{2}=144$$

답 **144**

🔎 해설 Focus

세 점 $P(0, n)$, $F(n, 0)$, $F'(-n, 0)$에 대하여 삼각형 $PF'F$의 세 변 위에 있는 점 중에서 x좌표, y좌표가 모두 정수인 점은

$(-n, 0)$, $(-n+1, 0)$, $\cdots$, $(n, 0)$ ⇨ $(2n+1)$개
$(-n+1, 1)$, $(-n+2, 2)$, $\cdots$, $(-1, n-1)$,
$(0, n)$, $(1, n-1)$, $\cdots$, $(n-2, 2)$,
$(n-1, 1)$ ⇨ $(2n-1)$개
∴ $a_n=(2n+1)+(2n-1)=4n$

536

$n=1$일 때
$$a_1=S_1=2\times 1^2-3\times 1=-1$$
$n\geq 2$일 때
$$\begin{aligned}a_n&=S_n-S_{n-1}\\&=(2n^2-3n)-\{2(n-1)^2-3(n-1)\}\\&=4n-5\end{aligned}$$ ······ ㉠

이때 $a_1=-1$은 ㉠에 $n=1$을 대입한 것과 같으므로
$$a_n=4n-5$$
$1\leq a_n\leq 50$에서 $1\leq 4n-5\leq 50$, $6\leq 4n\leq 55$
$$\therefore \frac{3}{2}\leq n\leq \frac{55}{4}$$
따라서 자연수 n은 2, 3, 4, $\cdots$, 13의 12개이다.

답 **12**

537

$n=1$일 때
$$a_1=S_1=1^2-2\times 1+k=k-1$$
$n\geq 2$일 때
$$\begin{aligned}a_n&=S_n-S_{n-1}\\&=(n^2-2n+k)-\{(n-1)^2-2(n-1)+k\}\\&=2n-3\end{aligned}$$ ······ ㉠

이때 수열 $\{a_n\}$이 첫째항부터 등차수열을 이루려면
$a_1=k-1$과 ㉠에 $n=1$을 대입한 값이 같아야 하므로
$$k-1=2\times 1-3 \quad \therefore k=0$$

답 **0**

538

전략 주어진 조건을 이용하여 등차수열 $\{a_n\}$의 첫째항과 공차를 구한다.

등차수열 $\{a_n\}$의 첫째항을 a, 공차를 d라 하면
$$a_3=a+2d=\log_3 8$$ ······ ㉠
$$a_5=a+4d=\log_3 32$$ ······ ㉡
㉡-㉠을 하면 $2d=\log_3 32-\log_3 8=\log_3 4$
$$\therefore d=\frac{1}{2}\log_3 4=\log_3 2$$
㉠에 이것을 대입하면
$$a+2\log_3 2=\log_3 8$$
$$\therefore a=3\log_3 2-2\log_3 2=\log_3 2$$
따라서 $a_n=\log_3 2+(n-1)\log_3 2=n\log_3 2$이므로
$$a_{10}=10\log_3 2$$

답 **$10\log_3 2$**

다른 풀이 $\begin{aligned}a_{10}&=a_5+5d\\&=\log_3 32+5\log_3 2\\&=10\log_3 2\end{aligned}$

539

전략 등차수열 $\{a_n\}$의 첫째항을 a, 공차를 d라 하고 주어진 조건을 이용하여 a와 d에 대한 방정식을 세운다.

등차수열 $\{a_n\}$의 첫째항을 a, 공차를 d라 하면 제2항과 제6항은 절댓값이 같고 부호가 반대이므로
$a_2+a_6=0$에서
$$(a+d)+(a+5d)=0$$
$$\therefore a+3d=0$$ ······ ㉠
또 제3항이 -2이므로
$$a+2d=-2$$ ······ ㉡
㉠, ㉡을 연립하여 풀면 $a=-6$, $d=2$
따라서 첫째항은 -6, 공차는 2이다.

답 **첫째항: -6, 공차: 2**

540

전략 $a_n>0$을 만족시키는 자연수 n의 최솟값을 구한다.

등차수열 $\{a_n\}$의 첫째항을 a, 공차를 d라 하면
$a_2=-37$에서 $a+d=-37$ ······ ㉠
$a_6-a_3=9$에서 $(a+5d)-(a+2d)=9$
$$\therefore d=3$$

㉠에 $d=3$을 대입하면

$a+3=-37 \quad \therefore a=-40$

$\therefore a_n=-40+(n-1)\times 3=3n-43$

$a_n>0$에서 $\quad 3n-43>0$

$\therefore n>\frac{43}{3}=14.\times\times\times$

따라서 처음으로 양수가 되는 항은 제15항이다.

답 **제15항**

541

전략 세 수 p, q, r가 이 순서대로 등차수열을 이루면 $q=\frac{p+r}{2}$임을 이용한다.

세 수 a, b, c가 이 순서대로 등차수열을 이루므로

$b=\frac{a+c}{2}$ ...... ㉠

세 수 $-c$, $2b$, $4a$가 이 순서대로 등차수열을 이루므로

$2b=\frac{-c+4a}{2}$

$\therefore b=\frac{4a-c}{4}$ ...... ㉡

㉠, ㉡에서 $\quad \frac{a+c}{2}=\frac{4a-c}{4}$

$2(a+c)=4a-c$

$3c=2a \quad \therefore a=\frac{3}{2}c$

㉠에 이것을 대입하면 $\quad b=\frac{5}{4}c$

$\therefore \frac{a+b}{c}=\frac{\frac{3}{2}c+\frac{5}{4}c}{c}=\frac{\frac{11}{4}c}{c}=\frac{11}{4}$

답 $\frac{11}{4}$

542

전략 연속하는 자연수는 공차가 1 또는 -1인 등차수열을 이룬다.

연속하는 10개의 자연수 중에서 가장 작은 수를 k라 하면 10개의 자연수는 첫째항이 k, 공차가 1인 등차수열을 이루므로

$\frac{10(2\times k+9\times 1)}{2}=525$

$2k+9=105 \quad \therefore k=48$

따라서 구하는 가장 작은 수는 48이다.

답 **48**

543

전략 등차수열의 합의 공식을 이용하여 $1+a_1+a_2+a_3+\cdots+a_{18}+2$의 값을 구한다.

첫째항이 1, 끝항이 2, 항수가 20인 등차수열의 합은

$\frac{20(1+2)}{2}=30$

즉 $1+a_1+a_2+a_3+\cdots+a_{18}+2=30$이므로

$a_1+a_2+a_3+\cdots+a_{18}=27$

답 **27**

544

전략 수열 $\{a_n\}$의 첫째항부터 제n항까지의 합을 S_n이라 하면 $a_{10}=S_{10}-S_9$임을 이용한다.

$S_n=n^2+kn+1$, $T_n=2n^2-3n-1$이라 하면

$a_{10}=b_{10}$이므로 $\quad S_{10}-S_9=T_{10}-T_9$

$(10^2+10k+1)-(9^2+9k+1)$

$=(2\times 10^2-3\times 10-1)-(2\times 9^2-3\times 9-1)$

$19+k=35 \quad \therefore k=16$

답 **16**

545

전략 주어진 조건을 이용하여 등차수열 $\{a_n\}$의 첫째항을 구한다.

등차수열 $\{a_n\}$의 첫째항을 a라 하면 $a_3a_6=220$에서

$\{a+2\times(-4)\}\{a+5\times(-4)\}=220$

$(a-8)(a-20)=220$

$a^2-28a-60=0, \quad (a+2)(a-30)=0$

$\therefore a=-2$ 또는 $a=30$

(i) $a=-2$이면

$a_7=-2+6\times(-4)=-26<0$

(ii) $a=30$이면

$a_7=30+6\times(-4)=6>0$

(i), (ii)에서 $\quad a=30$

$\therefore a_4=30+3\times(-4)=18$

답 **18**

546

전략 α가 1과 β의 등차중항임을 이용하여 n의 값을 구한다.

세 수 1, α, β가 이 순서대로 등차수열을 이루므로

$\alpha=\frac{1+\beta}{2}$ ...... ㉠

한편 $x^2-nx+4(n-4)=0$에서

$(x-4)(x-n+4)=0$

$\therefore x=4$ 또는 $x=n-4$

(ⅰ) $\alpha=4$, $\beta=n-4$이면

㉠에서 $4=\dfrac{1+(n-4)}{2}$

$8=n-3$ ∴ $n=11$

(ⅱ) $\alpha=n-4$, $\beta=4$이면

㉠에서 $n-4=\dfrac{1+4}{2}$

∴ $n=\dfrac{13}{2}$

이때 n은 자연수이므로 조건을 만족시키지 않는다.

(ⅰ), (ⅱ)에서 $n=11$ 답 ③

547

전략 직각삼각형의 세 변의 길이를 $a-d$, a, $a+d$라 하고 식을 세운다.

직각삼각형의 세 변의 길이를 각각 $a-d$, a, $a+d$ $(d>0)$라 하면 피타고라스 정리에 의하여

$(a+d)^2=(a-d)^2+a^2$

$a^2-4ad=0$, $a(a-4d)=0$

∴ $a=4d$ (∵ $a\neq0$)

따라서 세 변의 길이는 각각 $3d$, $4d$, $5d$이다.

이때 삼각형의 넓이가 54이므로

$\dfrac{1}{2}\times3d\times4d=54$, $d^2=9$

∴ $d=3$ (∵ $d>0$)

따라서 구하는 세 변의 길이의 합은

$3d+4d+5d=12d=12\times3=36$ 답 36

548

전략 주어진 수열의 합을 두 등차수열 $\{a_n\}$, $\{b_n\}$의 첫째항과 공차를 이용하여 나타낸다.

두 등차수열 $\{a_n\}$, $\{b_n\}$의 공차를 각각 d_1, d_2라 하면

$a_1+b_1=5$, $d_1+d_2=-2$

∴ $(a_1+a_2+a_3+\cdots+a_{18})$
$+(b_1+b_2+b_3+\cdots+b_{18})$

$=\dfrac{18(2a_1+17d_1)}{2}+\dfrac{18(2b_1+17d_2)}{2}$

$=9(2a_1+17d_1)+9(2b_1+17d_2)$

$=9\{2(a_1+b_1)+17(d_1+d_2)\}$

$=9\{2\times5+17\times(-2)\}$

$=-216$ 답 -216

다른 풀이 수열 $\{a_n+b_n\}$은 첫째항이 5, 공차가 -2인 등차수열이므로

$(a_1+a_2+a_3+\cdots+a_{18})$
$+(b_1+b_2+b_3+\cdots+b_{18})$
$=(a_1+b_1)+(a_2+b_2)+(a_3+b_3)+\cdots$
$+(a_{18}+b_{18})$
$=\dfrac{18\{2\times5+17\times(-2)\}}{2}$
$=-216$

549

전략 등차수열 $\{a_n\}$의 첫째항을 a, 공차를 d라 하고 주어진 조건을 이용하여 a, d의 값을 구한다.

등차수열 $\{a_n\}$의 첫째항을 a, 공차를 d, 첫째항부터 제n항까지의 합을 S_n이라 하자.

$a_1+a_2+a_3+\cdots+a_{10}=10$에서

$S_{10}=\dfrac{10(2a+9d)}{2}=10$

∴ $2a+9d=2$ ……㉠

$a_1+a_2+a_3+\cdots+a_{20}=10+50=60$이므로

$S_{20}=\dfrac{20(2a+19d)}{2}=60$

∴ $2a+19d=6$ ……㉡

㉠, ㉡을 연립하여 풀면

$a=-\dfrac{4}{5}$, $d=\dfrac{2}{5}$

∴ $a_{21}+a_{22}+a_{23}+\cdots+a_{40}$

$=S_{40}-S_{20}$

$=\dfrac{40\left\{2\times\left(-\dfrac{4}{5}\right)+39\times\dfrac{2}{5}\right\}}{2}-60$

$=280-60=220$ 답 220

550

전략 S_n의 최댓값은 첫째항부터 양수인 마지막 항까지의 합이다.

등차수열 $\{a_n\}$의 첫째항을 a, 공차를 d라 하면

$a_3=a+2d=17$ ……㉠

또 $a_2:a_7=4:1$에서

$(a+d):(a+6d)=4:1$

$4(a+6d)=a+d$

∴ $3a+23d=0$ ……㉡

㉠, ㉡을 연립하여 풀면
$$a=23, \ d=-3$$
$$\therefore a_n=23+(n-1)\times(-3)=-3n+26$$
$a_n<0$에서 $\quad -3n+26<0$
$$\therefore n>\frac{26}{3}=8.\times\times\times$$
따라서 등차수열 $\{a_n\}$은 제9항부터 음수이므로 첫째항부터 제8항까지의 합이 최대이다.
이때 $a_8=-3\times8+26=2$이므로 구하는 최댓값은
$$\frac{8(23+2)}{2}=100$$
답 **100**

551

전략 두 자리 자연수 중에서 4로 나누어떨어지는 수, 7로 나누어떨어지는 수의 수열을 구한다.

두 자리 자연수 중에서 4로 나누어떨어지는 수는
$$12, \ 16, \ 20, \ \cdots, \ 96$$
$96=12+4\times21$에서 4로 나누어떨어지는 수의 총합은 첫째항이 12, 끝항이 96, 항수가 22인 등차수열의 합이므로
$$\frac{22(12+96)}{2}=1188$$
두 자리 자연수 중에서 7로 나누어떨어지는 수는
$$14, \ 21, \ 28, \ \cdots, \ 98$$
$98=14+7\times12$에서 7로 나누어떨어지는 수의 총합은 첫째항이 14, 끝항이 98, 항수가 13인 등차수열의 합이므로
$$\frac{13(14+98)}{2}=728$$
한편 두 자리 자연수 중에서 4와 7의 최소공배수인 28로 나누어떨어지는 수는
$$28, \ 56, \ 84$$
이므로 그 합은 $\quad 28+56+84=168$
따라서 두 자리 자연수 중에서 4 또는 7로 나누어떨어지는 수의 총합은
$$1188+728-168=1748$$
답 **1748**

552

전략 $S_{k+2}-S_k=a_{k+1}+a_{k+2}$임을 이용하여 등차수열 $\{a_n\}$의 첫째항과 k 사이의 관계식을 구한다.

$S_{k+2}-S_k=a_{k+1}+a_{k+2}$이므로
$$a_{k+1}+a_{k+2}=-12-(-16)=4$$
등차수열 $\{a_n\}$의 첫째항을 a라 하면
$$(a+k\times2)+\{a+(k+1)\times2\}=4$$
$$2a+4k+2=4$$
$$\therefore a=-2k+1 \quad\quad \cdots\cdots ㉠$$
따라서 $S_k=-16$에서
$$\frac{k\{2(-2k+1)+(k-1)\times2\}}{2}=-16$$
$$k^2=16$$
$$\therefore k=4 \ (\because k는 \ 자연수)$$
㉠에 $k=4$를 대입하면 $\quad a=-7$
$$\therefore a_{2k}=a_8=-7+7\times2=7$$
답 ②

553

전략 세 수 p, q, r가 이 순서대로 등차수열을 이루면 $2q=p+r$임을 이용한다.

세 수 a, 1, e가 이 순서대로 등차수열을 이루므로
$$a+e=2 \quad\quad\quad \cdots\cdots ㉠$$
세 수 e, 6, f가 이 순서대로 등차수열을 이루므로
$$e+f=12 \quad\quad\quad \cdots\cdots ㉡$$
㉠$-$㉡을 하면 $\quad a-f=-10$
세 수 b, c, 6이 이 순서대로 등차수열을 이루므로
$$b+6=2c \quad\quad\quad \cdots\cdots ㉢$$
세 수 1, c, d가 이 순서대로 등차수열을 이루므로
$$1+d=2c \quad\quad\quad \cdots\cdots ㉣$$
㉢$-$㉣을 하면
$$b-d+5=0 \quad\quad \therefore b-d=-5$$
$$\therefore a+b-(d+f)=(a-f)+(b-d)$$
$$=-15$$
답 **-15**

554

전략 조건 ㈎, ㈏를 이용하여 a_1+a_n의 값을 구한다.

조건 ㈎에서
$$a_1+a_2+a_3+a_4=24 \quad\quad \cdots\cdots ㉠$$
조건 ㈏에서
$$a_{n-3}+a_{n-2}+a_{n-1}+a_n=156 \quad\quad \cdots\cdots ㉡$$
㉠$+$㉡을 하면
$$a_1+a_2+a_3+a_4+a_{n-3}+a_{n-2}+a_{n-1}+a_n=180$$

$$(a_1+a_n)+(a_2+a_{n-1})+(a_3+a_{n-2})$$
$$+(a_4+a_{n-3})$$
$$=180$$
$$4(a_1+a_n)=180 \qquad \therefore a_1+a_n=45$$

따라서 조건 (다)에서
$$\frac{n(a_1+a_n)}{2}=540, \qquad \frac{45n}{2}=540$$
$$\therefore n=24$$

답 **24**

(다른 풀이) 주어진 등차수열의 공차를 d라 하면 조건 (가)에서

$$a_1+a_2+a_3+a_4=\frac{4(2a_1+3d)}{2}=24$$
$$\therefore 2a_1+3d=12 \qquad \cdots\cdots \boxdot$$

조건 (나)에서

$$a_n+a_{n-1}+a_{n-2}+a_{n-3}=\frac{4(2a_n-3d)}{2}=156$$
$$\therefore 2a_n-3d=78 \qquad \cdots\cdots \boxdot$$

$\boxdot+\boxdot$을 하면 $\quad 2(a_1+a_n)=90$
$$\therefore a_1+a_n=45$$

해설 Focus

등차수열 $\{a_n\}$의 첫째항을 a, 공차를 d라 하면
$$a_1+a_n=a+\{a+(n-1)d\}$$
$$=2a+(n-1)d$$
$$a_2+a_{n-1}=(a+d)+\{a+(n-2)d\}$$
$$=2a+(n-1)d$$
$$a_3+a_{n-2}=(a+2d)+\{a+(n-3)d\}$$
$$=2a+(n-1)d$$
$$a_4+a_{n-3}=(a+3d)+\{a+(n-4)d\}$$
$$=2a+(n-1)d$$
$$\therefore a_1+a_n=a_2+a_{n-1}=a_3+a_{n-2}=a_4+a_{n-3}$$

555

전략 조건 (가)에서 a_{k-2}가 a_{k-3}과 a_{k-1}의 등차중항임을 이용하여 a_{k-2}의 값을 구한다.

세 수 $a_{k-3}, a_{k-2}, a_{k-1}$이 이 순서대로 등차수열을 이루므로 조건 (가)에 의하여

$$a_{k-2}=\frac{a_{k-3}+a_{k-1}}{2}=\frac{-24}{2}=-12$$

조건 (나)에서 $S_k=k^2$이므로

$$\frac{k(a_1+a_k)}{2}=k^2 \qquad \therefore a_1+a_k=2k \ (\because k\neq 0)$$

이때 $a_1+a_k=(a_1+2d)+(a_k-2d)=a_3+a_{k-2}$이므로 $\quad a_3+a_{k-2}=2k$

$$\therefore k=\frac{a_3+a_{k-2}}{2}=\frac{42+(-12)}{2}=15$$

답 **③**

(다른 풀이) 수열 $\{a_n\}$의 첫째항을 a, 공차를 d라 하면
$$a_3=a+2d=42 \qquad \cdots\cdots \boxdot$$

조건 (가)에 의하여 $a_{k-2}=\frac{a_{k-3}+a_{k-1}}{2}=-12$이므로

$$a+(k-3)d=-12 \qquad \cdots\cdots \boxdot$$

조건 (나)에서 $\quad \frac{k\{2a+(k-1)d\}}{2}=k^2$

$$\therefore 2a+(k-1)d=2k \ (\because k\neq 0) \cdots\cdots \boxdot$$

$\boxdot-\boxdot$을 하면 $\quad a+(k-3)d=2k-42$

이 식에 $\boxdot$을 대입하면
$$-12=2k-42 \qquad \therefore k=15$$

556

전략 S_n을 이용하여 수열 $\{a_n\}$의 일반항을 구한 후 수열 $\{a_n\}$이 제몇 항에서 처음으로 양수가 되는지 구한다.

$n=1$일 때
$$a_1=S_1=1^2-20\times 1=-19$$

$n\geq 2$일 때
$$a_n=S_n-S_{n-1}$$
$$=(n^2-20n)-\{(n-1)^2-20(n-1)\}$$
$$=2n-21 \qquad \cdots\cdots \boxdot$$

이때 $a_1=-19$는 $\boxdot$에 $n=1$을 대입한 것과 같으므로
$$a_n=2n-21$$

$a_n>0$에서 $\quad 2n-21>0$
$$\therefore n>\frac{21}{2}=10.5$$

따라서 수열 $\{a_n\}$은 첫째항부터 제10항까지는 음수이고 제11항부터는 양수이므로

$$|a_1|+|a_2|+|a_3|+\cdots+|a_{15}|$$
$$=-(a_1+a_2+\cdots+a_{10})$$
$$+(a_{11}+a_{12}+\cdots+a_{15})$$
$$=-S_{10}+(S_{15}-S_{10})$$
$$=S_{15}-2S_{10}$$
$$=(15^2-20\times 15)-2(10^2-20\times 10)$$
$$=125$$

답 **125**

557

(1) $\dfrac{-2}{1}=-2$에서 공비가 -2이므로 주어진 수열은

$$1,\ -2,\ \boxed{4},\ -8,\ \boxed{16},\ \cdots$$

(2) $\dfrac{1}{32}\div\dfrac{1}{16}=\dfrac{1}{2}$에서 공비가 $\dfrac{1}{2}$이므로 주어진 수열은

$$\dfrac{1}{2},\ \boxed{\dfrac{1}{4}},\ \boxed{\dfrac{1}{8}},\ \dfrac{1}{16},\ \dfrac{1}{32},\ \cdots$$

(3) $\dfrac{-54}{18}=-3$에서 공비가 -3이므로 주어진 수열은

$$\boxed{2},\ \boxed{-6},\ 18,\ -54,\ 162,\ \cdots$$

(4) $\dfrac{-1}{-\sqrt{2}}=\dfrac{\sqrt{2}}{2}$에서 공비가 $\dfrac{\sqrt{2}}{2}$이므로 주어진 수열은

$$-\sqrt{2},\ -1,\ \boxed{-\dfrac{\sqrt{2}}{2}},\ -\dfrac{1}{2},\ \boxed{-\dfrac{\sqrt{2}}{4}},\ \cdots$$

달 (1) **4, 16**　(2) $\dfrac{1}{4},\ \dfrac{1}{8}$

(3) **2, -6**　(4) $-\dfrac{\sqrt{2}}{2},\ -\dfrac{\sqrt{2}}{4}$

558

(4) 첫째항이 3, 공비가 $\dfrac{-6}{3}=-2$이므로

$$a_n=3\times(-2)^{n-1}$$

(5) 첫째항이 -2, 공비가 $-\dfrac{3}{2}$이므로

$$a_n=-2\times\left(-\dfrac{3}{2}\right)^{n-1}$$

(6) 첫째항이 2, 공비가 $\dfrac{2\sqrt{3}}{2}=\sqrt{3}$이므로

$$a_n=2\times(\sqrt{3})^{n-1}$$

답 (1) $a_n=2^{n-1}$

(2) $a_n=5\times(-1)^{n-1}$

(3) $a_n=4\times\left(\dfrac{1}{3}\right)^{n-1}$

(4) $a_n=3\times(-2)^{n-1}$

(5) $a_n=-2\times\left(-\dfrac{3}{2}\right)^{n-1}$

(6) $a_n=2\times(\sqrt{3})^{n-1}$

559

세 수 2, x, 18이 이 순서대로 등비수열을 이루면 x가 2와 18의 등비중항이므로

$$x^2=2\times18=36\qquad\therefore x=\pm6$$

답 **-6 또는 6**

560

(1) 등비수열 $\{a_n\}$의 첫째항을 a라 하면

$$a_3=a\times(-2)^2=8\qquad\therefore a=2$$
$$\therefore a_n=2\times(-2)^{n-1}$$

(2) $a_k=2\times(-2)^{k-1}=-64$이므로

$$(-2)^{k-1}=-32=(-2)^5$$
$$k-1=5\qquad\therefore k=6$$

답 (1) $a_n=2\times(-2)^{n-1}$　(2) **6**

561

등비수열 $\{a_n\}$의 첫째항을 a, 공비를 r라 하면

$$a_3=ar^2=\dfrac{1}{9}\qquad\cdots\cdots\ \bigcirc$$
$$a_6=ar^5=-3\qquad\cdots\cdots\ \bigcirc$$

$\bigcirc\div\bigcirc$을 하면

$$r^3=-27\qquad\therefore r=-3$$

$\bigcirc$에 $r=-3$을 대입하면

$$9a=\dfrac{1}{9}\qquad\therefore a=\dfrac{1}{81}$$
$$\therefore a_n=\dfrac{1}{81}\times(-3)^{n-1}$$
$$=(-3)^{-4}\times(-3)^{n-1}$$
$$=(-3)^{n-5}$$

-27을 제n항이라 하면

$$(-3)^{n-5}=-27=(-3)^3$$
$$n-5=3\qquad\therefore n=8$$

따라서 -27은 제8항이다.

답 **제8항**

562

등비수열 $\{a_n\}$의 첫째항을 a, 공비를 r라 하면 $a_1-a_4=56$에서

$$a-ar^3=56$$
$$\therefore a(1-r)(1+r+r^2)=56\qquad\cdots\cdots\ \bigcirc$$

$a_1+a_2+a_3=14$에서

$a+ar+ar^2=14$

$\therefore a(1+r+r^2)=14$ ...... ㉡

㉠÷㉡을 하면 $1-r=4$

$\therefore r=-3$

㉡에 $r=-3$을 대입하면 $7a=14$

$\therefore a=2$

따라서 $a_n=2\times(-3)^{n-1}$이므로

$a_5=2\times(-3)^4=162$ **目 162**

563

등비수열 $\{a_n\}$의 첫째항을 a라 하면

$a_2=a\times3=6$ $\therefore a=2$

$\therefore a_n=2\times3^{n-1}$

$a_n>1000$에서 $2\times3^{n-1}>1000$

$\therefore 3^{n-1}>500$

이때 $3^5=243$, $3^6=729$이므로

$n-1\geq6$ $\therefore n\geq7$

따라서 처음으로 1000보다 커지는 항은 제7항이다.

目 제7항

564

주어진 등비수열의 첫째항이 1, 제$(n+2)$항이 729이므로

$1\times(\sqrt{3})^{n+1}=729=(\sqrt{3})^{12}$

$n+1=12$ $\therefore n=11$ **目 11**

565

$f(x)=x^2+2x+a$를 $x+1$, $x-1$, $x-2$로 나누었을 때의 나머지는 각각

$f(-1)=a-1$, $f(1)=a+3$, $f(2)=a+8$

따라서 세 수 $a-1$, $a+3$, $a+8$이 이 순서대로 등비수열을 이루므로

$(a+3)^2=(a-1)(a+8)$

$a^2+6a+9=a^2+7a-8$

$\therefore a=17$

즉 $f(x)=x^2+2x+17$이므로 $f(x)$를 $x+2$로 나누었을 때의 나머지는

$f(-2)=17$ **目 17**

566

4, a, b와 b, c, 64가 각각 이 순서대로 등비수열을 이루므로

$a^2=4b$ ...... ㉠

$c^2=64b$ ...... ㉡

또 a, b, c가 이 순서대로 등차수열을 이루므로

$2b=a+c$ ...... ㉢

㉠, ㉡에서 $c^2=16a^2$

$\therefore c=4a$ ($\because a$, c는 양수)

㉢에 이것을 대입하면 $2b=a+4a$

$\therefore b=\dfrac{5}{2}a$

㉠에 이것을 대입하면 $a^2=4\times\dfrac{5}{2}a$

$a^2-10a=0$, $a(a-10)=0$

$\therefore a=10$ ($\because a>0$)

따라서 $b=\dfrac{5}{2}\times10=25$, $c=4\times10=40$이므로

$a+b+c=75$ **目 75**

567

세 근을 a, ar, ar^2이라 하면 삼차방정식의 근과 계수의 관계에 의하여

$a+ar+ar^2=6$이므로

$a(1+r+r^2)=6$ ...... ㉠

$a\times ar+ar\times ar^2+ar^2\times a=-24$이므로

$a^2r(1+r+r^2)=-24$ ...... ㉡

$a\times ar\times ar^2=-k$이므로

$(ar)^3=-k$ $\therefore k=-(ar)^3$ ...... ㉢

㉡÷㉠을 하면 $ar=-4$

㉢에 이것을 대입하면

$k=-(-4)^3=64$ **目 64**

568

$\overline{AA_1}=\overline{AD_1}=2$이므로 정사각형 $A_1B_1C_1D_1$의 한 변의 길이는

$\sqrt{2^2+2^2}=2\sqrt{2}$

$\overline{A_1A_2}=\overline{A_1D_2}=\sqrt{2}$이므로 정사각형 $A_2B_2C_2D_2$의 한 변의 길이는

$\sqrt{(\sqrt{2})^2+(\sqrt{2})^2}=2$

$\overline{A_2A_3}=\overline{A_2D_3}=1$이므로 정사각형 $A_3B_3C_3D_3$의 한 변의 길이는

$$\sqrt{1^2+1^2}=\sqrt{2}$$

$$\vdots$$

정사각형 $A_nB_nC_nD_n$의 한 변의 길이는

$$2\sqrt{2}\times\left(\frac{\sqrt{2}}{2}\right)^{n-1}$$

따라서 정사각형 $A_{10}B_{10}C_{10}D_{10}$의 한 변의 길이는

$$2\sqrt{2}\times\left(\frac{\sqrt{2}}{2}\right)^{9}=\frac{1}{8}$$

이므로 둘레의 길이는

$$4\times\frac{1}{8}=\frac{1}{2}$$

답 $\dfrac{1}{2}$

04 등비수열의 합

● 본책 245~253쪽

569

(1) $\dfrac{2(3^6-1)}{3-1}=3^6-1=728$

(2) $\dfrac{4\left\{1-\left(-\dfrac{1}{2}\right)^8\right\}}{1-\left(-\dfrac{1}{2}\right)}=\dfrac{8}{3}\left\{1-\left(-\dfrac{1}{2}\right)^8\right\}=\dfrac{85}{32}$

(3) $\dfrac{\sqrt{2}\left\{(\sqrt{2})^7-1\right\}}{\sqrt{2}-1}=(2+\sqrt{2})(8\sqrt{2}-1)$

$$=14+15\sqrt{2}$$

(4) 첫째항이 1, 공비가 $\dfrac{-2}{1}=-2$이므로 구하는 합은

$$\dfrac{1\times\left\{1-(-2)^{10}\right\}}{1-(-2)}=\dfrac{1}{3}\left\{1-(-2)^{10}\right\}$$

$$=-341$$

(5) 첫째항이 0.1, 공비가 $\dfrac{0.01}{0.1}=0.1$이므로

$$\dfrac{0.1\times(1-0.1^{12})}{1-0.1}=\dfrac{1-0.1^{12}}{9}$$

답 (1) 728　(2) $\dfrac{85}{32}$　(3) $14+15\sqrt{2}$

　　(4) -341　(5) $\dfrac{1-0.1^{12}}{9}$

570

(1) 수열 1, 2, 4, 8, …은 첫째항이 1, 공비가 $\dfrac{2}{1}=2$인 등비수열이므로

$$a_n=1\times2^{n-1}=2^{n-1}$$

(2) 256을 제n항이라 하면

$$2^{n-1}=256=2^8,\qquad n-1=8$$

$$\therefore n=9$$

따라서 256은 제9항이다.

(3) $1+2+4+8+\cdots+256=\dfrac{1\times(2^9-1)}{2-1}=511$

답 (1) $a_n=2^{n-1}$　(2) 제9항　(3) 511

571

(1) 수열 $\dfrac{1}{2}$, $\dfrac{1}{4}$, $\dfrac{1}{8}$, $\dfrac{1}{16}$, …, $\dfrac{1}{1024}$은 첫째항이 $\dfrac{1}{2}$, 공비가 $\dfrac{1}{4}\div\dfrac{1}{2}=\dfrac{1}{2}$인 등비수열이므로 일반항 a_n은

$$a_n=\dfrac{1}{2}\times\left(\dfrac{1}{2}\right)^{n-1}=\left(\dfrac{1}{2}\right)^{n}$$

$\dfrac{1}{1024}$을 제n항이라 하면

$$\left(\dfrac{1}{2}\right)^{n}=\dfrac{1}{1024}=\left(\dfrac{1}{2}\right)^{10}\qquad\therefore n=10$$

$$\therefore\ \dfrac{1}{2}+\dfrac{1}{4}+\dfrac{1}{8}+\dfrac{1}{16}+\cdots+\dfrac{1}{1024}$$

$$=\dfrac{\dfrac{1}{2}\left\{1-\left(\dfrac{1}{2}\right)^{10}\right\}}{1-\dfrac{1}{2}}$$

$$=1-\left(\dfrac{1}{2}\right)^{10}=\dfrac{1023}{1024}$$

(2) 주어진 식은 첫째항이 $\dfrac{2}{3}$, 공비가 $-\dfrac{2}{9}\div\dfrac{2}{3}=-\dfrac{1}{3}$인 등비수열의 첫째항부터 제5항까지의 합이므로

$$\dfrac{2}{3}-\dfrac{2}{9}+\dfrac{2}{27}-\dfrac{2}{81}+\dfrac{2}{243}$$

$$=\dfrac{\dfrac{2}{3}\left\{1-\left(-\dfrac{1}{3}\right)^{5}\right\}}{1-\left(-\dfrac{1}{3}\right)}$$

$$=\dfrac{1}{2}\left\{1-\left(-\dfrac{1}{3}\right)^{5}\right\}=\dfrac{122}{243}$$

(3) 수열 5, 10, 20, 40, …, 320은 첫째항이 5, 공비가 $\dfrac{10}{5}=2$인 등비수열이므로 일반항 a_n은

$a_n=5\times2^{n-1}$

320을 제n항이라 하면

$$5\times2^{n-1}=320, \qquad 2^{n-1}=64=2^6$$

$$n-1=6 \qquad \therefore n=7$$

$$\therefore 5+10+20+40+\cdots+320$$

$$=\frac{5(2^7-1)}{2-1}$$

$$=5(2^7-1)=635$$

(4) $\log_2 4+\log_2 4^3+\log_2 4^9+\log_2 4^{27}+\log_2 4^{81}$

$$=\log_2 2^2+\log_2 2^6+\log_2 2^{18}+\log_2 2^{54}+\log_2 2^{162}$$

$$=2+6+18+54+162$$

따라서 첫째항이 2, 공비가 $\dfrac{6}{2}=3$인 등비수열의 첫

째항부터 제5항까지의 합이므로

$$(\text{주어진 식})=\frac{2(3^5-1)}{3-1}$$

$$=3^5-1=242$$

답 (1) $\dfrac{1023}{1024}$ (2) $\dfrac{122}{243}$

(3) **635** (4) **242**

572

(1) $n=1$일 때

$$a_1=S_1=2^1-1=1$$

$n\geq2$일 때

$$a_n=S_n-S_{n-1}$$

$$=2^n-1-(2^{n-1}-1)=2^{n-1}(2-1)$$

$$=2^{n-1} \qquad \cdots\cdots ㉠$$

이때 $a_1=1$은 ㉠에 $n=1$을 대입한 것과 같으므로

$$a_n=2^{n-1}$$

(2) $n=1$일 때

$$a_1=S_1=3^1+2=5$$

$n\geq2$일 때

$$a_n=S_n-S_{n-1}$$

$$=3^n+2-(3^{n-1}+2)=3^{n-1}(3-1)$$

$$=2\times3^{n-1}$$

따라서 구하는 수열의 일반항은

$$a_1=5, \ a_n=2\times3^{n-1} \ (n\geq2)$$

답 (1) $a_n=2^{n-1}$

(2) $a_1=5, \ a_n=2\times3^{n-1} \ (n\geq2)$

573

주어진 등비수열의 일반항을 a_n, 공비를 r라 하면

$$a_4=2r^3=-54$$

$$r^3=-27 \qquad \therefore r=-3$$

따라서 첫째항부터 제10항까지의 합은

$$\frac{2\{1-(-3)^{10}\}}{1-(-3)}=\frac{1-3^{10}}{2}$$

답 $\dfrac{1-3^{10}}{2}$

574

주어진 등비수열의 일반항을 a_n, 첫째항을 a, 공비를 r
라 하면

$$a_1+a_3=a+ar^2=-10$$

$$\therefore a(1+r^2)=-10 \qquad \cdots\cdots ㉠$$

이때 ㉠에서 $r=1$이면

$$2a=-10 \qquad \therefore a=-5$$

그런데 $a=-5, \ r=1$이면 첫째항부터 제4항까지의

합이 $4\times(-5)=-20$이므로

$$r\neq1$$

즉 $\dfrac{a(1-r^4)}{1-r}=20$이므로

$$\frac{a(1+r^2)(1+r)(1-r)}{1-r}=20$$

$$\therefore a(1+r^2)(1+r)=20 \qquad \cdots\cdots ㉡$$

㉡÷㉠을 하면 $\quad 1+r=-2$

$$\therefore r=-3$$

㉠에 $r=-3$을 대입하면

$$10a=-10$$

$$\therefore a=-1$$

답 -1

575

주어진 등비수열의 첫째항을 a, 공비를 r라 하면 첫째
항부터 제10항까지의 합이 2이므로

$$\frac{a(1-r^{10})}{1-r}=2 \qquad \cdots\cdots ㉠$$

또 제21항부터 제30항까지의 합은 첫째항이 ar^{20}, 공
비가 r인 등비수열의 첫째항부터 제10항까지의 합과
같고 그 합이 8이므로

$$\frac{ar^{20}(1-r^{10})}{1-r}=8 \qquad \cdots\cdots ㉡$$

ⓛ÷ⓞ을 하면 $r^{20}=4$

  $\therefore r^{10}=2 \ (\because r^{10}>0)$

제11항부터 제20항까지의 합은 첫째항이 ar^{10}, 공비가 r인 등비수열의 첫째항부터 제10항까지의 합과 같으므로

$$\frac{ar^{10}(1-r^{10})}{1-r}=\frac{a(1-r^{10})}{1-r}\times r^{10}$$
$$=2\times 2=4 \qquad \text{답 } \mathbf{4}$$

[다른 풀이] 주어진 등비수열의 첫째항을 a, 공비를 r, 첫째항부터 제n항까지의 합을 S_n이라 하면

$$S_{10}=\frac{a(1-r^{10})}{1-r}=2 \qquad \cdots\cdots \text{ⓒ}$$

$S_{30}-S_{20}=8$이므로

$$\frac{a(1-r^{30})}{1-r}-\frac{a(1-r^{20})}{1-r}=8$$
$$\frac{a(1-r^{10})(1+r^{10}+r^{20})-a(1-r^{10})(1+r^{10})}{1-r}$$
$$=8$$
$$\frac{a(1-r^{10})}{1-r}\times r^{20}=8$$

이 식에 ⓒ을 대입하면 $r^{20}=4$

  $\therefore r^{10}=2 \ (\because r^{10}>0)$

따라서 구하는 합은

$$S_{20}-S_{10}=\frac{a(1-r^{20})}{1-r}-\frac{a(1-r^{10})}{1-r}$$
$$=\frac{a(1-r^{10})(1+r^{10})-a(1-r^{10})}{1-r}$$
$$=\frac{a(1-r^{10})}{1-r}\times r^{10}$$
$$=2\times 2=4$$

576

등비수열 $\{a_n\}$의 첫째항을 a, 공비를 r라 하면

$$a_2=ar=4 \qquad \cdots\cdots \text{ⓞ}$$
$$a_5=ar^4=32 \qquad \cdots\cdots \text{ⓛ}$$

ⓛ÷ⓞ을 하면 $r^3=8$ $\therefore r=2$

ⓞ에 $r=2$를 대입하면

  $2a=4$ $\therefore a=2$

따라서 첫째항부터 제n항까지의 합을 S_n이라 하면

$$S_n=\frac{2(2^n-1)}{2-1}$$
$$=2^{n+1}-2$$

$S_n>1000$에서 $2^{n+1}-2>1000$

  $\therefore 2^{n+1}>1002$

이때 $2^9=512$, $2^{10}=1024$이므로

  $n+1\geq 10$ $\therefore n\geq 9$

따라서 수열 $\{a_n\}$의 첫째항부터 제9항까지의 합이 처음으로 1000보다 커진다.   답 **제9항**

577

규칙 ㉮, ㉯를 만족시키도록 나머지 칸에 수를 써넣으면 오른쪽 그림과 같다.

				2			
			8	4	2		
		32	16	8	4	2	
	128	64	32	16	8	4	2

따라서 네 번째 줄의 7개의 수의 합은 첫째항이 128이고 공비가 $\frac{1}{2}$인 등비수열의 첫째항부터 제7항까지의 합과 같으므로

$$\frac{128\left\{1-\left(\frac{1}{2}\right)^7\right\}}{1-\frac{1}{2}}=254 \qquad \text{답 } \mathbf{254}$$

578

1회 시행에서 색칠한 부분의 넓이는 한 변의 길이가 3인 정사각형의 넓이의 $\frac{1}{9}$이므로

$$9\times \frac{1}{9}=1$$

2회 시행에서 색칠한 부분의 넓이는

$$1\times \frac{1}{9}\times 8=\frac{8}{9}$$

3회 시행에서 색칠한 부분의 넓이는

$$\frac{1}{9}\times \frac{1}{9}\times 8^2=\left(\frac{8}{9}\right)^2$$
$$\vdots$$

따라서 시행을 8회 반복했을 때 색칠한 부분의 넓이의 합은

$$1+\frac{8}{9}+\left(\frac{8}{9}\right)^2+\cdots+\left(\frac{8}{9}\right)^7$$
$$=\frac{1\times\left\{1-\left(\frac{8}{9}\right)^8\right\}}{1-\frac{8}{9}}$$
$$=9\left\{1-\left(\frac{8}{9}\right)^8\right\} \qquad \text{답 } \mathbf{9\left\{1-\left(\frac{8}{9}\right)^8\right\}}$$

579

$\log_3 (S_n + 3) = n + 1$에서　　$S_n + 3 = 3^{n+1}$

　　$\therefore S_n = 3^{n+1} - 3$

$n = 1$일 때

　　$a_1 = S_1 = 3^2 - 3 = 6$

$n \geq 2$일 때

　　$a_n = S_n - S_{n-1} = (3^{n+1} - 3) - (3^n - 3)$

　　　　$= 2 \times 3^n$　　　　　$\cdots\cdots$ ㉠

이때 $a_1 = 6$은 ㉠에 $n = 1$을 대입한 것과 같으므로

　　$a_n = 2 \times 3^n$

따라서 $p = 2$, $q = 3$이므로

　　$p - q = -1$　　　　　　　　　　답 -1

580

$n = 1$일 때

　　$a_1 = S_1 = 2 \times 3^1 + k = 6 + k$

$n \geq 2$일 때

　　$a_n = S_n - S_{n-1}$

　　　　$= (2 \times 3^n + k) - (2 \times 3^{n-1} + k)$

　　　　$= 4 \times 3^{n-1}$　　　　$\cdots\cdots$ ㉠

이때 수열 $\{a_n\}$이 첫째항부터 등비수열을 이루려면

$a_1 = 6 + k$와 ㉠에 $n = 1$을 대입한 값이 같아야 하므로

　　$6 + k = 4$　　$\therefore k = -2$　　　　답 -2

581

매년 초에 적립한 금액의 원리합계는 다음과 같다.

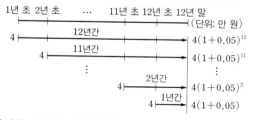

따라서 12년째 말의 적립금의 원리합계를 S만 원이라

하면

　　$S = 4(1 + 0.05) + 4(1 + 0.05)^2 + \cdots$

　　　　$+ 4(1 + 0.05)^{12}$

　　　$= \dfrac{4(1 + 0.05)\{(1 + 0.05)^{12} - 1\}}{(1 + 0.05) - 1}$

　　　$= \dfrac{4 \times 1.05 \times (1.8 - 1)}{0.05} = 67.2$

따라서 적립금의 원리합계는 67만 2천 원이다.

답 **67만 2천 원**

582

매년 말에 적립한 금액의 원리합계는 다음과 같다.

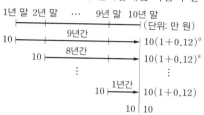

따라서 10년째 말의 적립금의 원리합계를 S만 원이라

하면

　　$S = 10 + 10(1 + 0.12) + 10(1 + 0.12)^2 + \cdots$

　　　　$+ 10(1 + 0.12)^9$

이것은 첫째항이 10, 공비가 $1 + 0.12$인 등비수열의

첫째항부터 제10항까지의 합이므로

　　$S = \dfrac{10\{(1 + 0.12)^{10} - 1\}}{(1 + 0.12) - 1}$

　　　$= \dfrac{10(3.1 - 1)}{0.12} = 175$

따라서 적립금의 원리합계는 175만 원이다.

답 **175만 원**

583

매년 초에 적립해야 하는 금액을 a만 원이라 하면 10

년째 말의 적립금의 원리합계는

　　$a(1 + 0.04) + a(1 + 0.04)^2 + \cdots$

　　　　$+ a(1 + 0.04)^{10}$ (만 원)

이것은 첫째항이 $a(1 + 0.04)$, 공비가 $1 + 0.04$인 등

비수열의 첫째항부터 제10항까지의 합이므로 원리합

계가 260만 원이 되려면

　　$\dfrac{a(1 + 0.04)\{(1 + 0.04)^{10} - 1\}}{(1 + 0.04) - 1} = 260$

　　$\dfrac{a \times 1.04 \times (1.5 - 1)}{0.04} = 260$

　　$13a = 260$　　$\therefore a = 20$

따라서 매년 20만 원씩 적립해야 한다.

답 **20만 원**

연습 문제

584

전략 $a_5=8a_2$에서 등비수열 $\{a_n\}$의 공비를 구한다.

등비수열 $\{a_n\}$의 첫째항을 a, 공비를 r라 하면

$a_5=8a_2$이므로

$$ar^4=8ar, \qquad r^3=8 \ (\because a\neq0, \ r\neq0)$$

$$\therefore r=2$$

$$\therefore \frac{a_3a_4}{a_2a_6}=\frac{ar^2\times ar^3}{ar\times ar^5}=\frac{1}{r}=\frac{1}{2}$$

답 $\dfrac{1}{2}$

585

전략 첫째항이 1, 제5항이 100임을 이용하여 주어진 등비수열의 공비를 구한다.

주어진 등비수열의 공비를 r라 하면 첫째항이 1,

제5항이 100이므로

$$1\times r^4=100 \qquad \therefore r^2=10 \ (\because r^2>0)$$

따라서 $a_2=1\times r^2=10$이므로

$$4\log a_2=4\log 10=4$$

답 4

다른 풀이 주어진 등비수열의 공비를 r라 하면 세 수 1, a_2, 100은 이 순서대로 공비가 r^2인 등비수열을 이루므로

$$a_2{}^2=1\times 100 \qquad \therefore a_2=10 \ (\because a_2>0)$$

586

전략 a가 5와 b의 등비중항임을 이용하여 a와 b 사이의 관계식을 구한다.

세 실수 5, a, b가 이 순서대로 등비수열을 이루므로

$$a^2=5b \qquad\qquad \cdots\cdots \ \ominus$$

$\log_a 5b+\log_b 5=\dfrac{7}{3}$에 ㉠을 대입하면

$$\log_a a^2+\log_b 5=\frac{7}{3}$$

$$2+\log_b 5=\frac{7}{3}$$

$$\log_b 5=\frac{1}{3}, \qquad b^{\frac{1}{3}}=5$$

$$\therefore b=5^3=125$$

㉠에 $b=125$를 대입하면

$$a^2=5\times 125=25^2$$

$$\therefore a=-25 \ \text{또는} \ a=25$$

이때 로그의 밑의 조건에서 $a>0$, $a\neq1$이므로

$$a=25$$

$$\therefore a+b=150$$

답 150

587

전략 먼저 주어진 조건을 이용하여 등비수열의 공비를 구한다.

주어진 등비수열의 첫째항을 a, 공비를 r라 하면

제10항이 6이므로

$$ar^9=6 \qquad\qquad \cdots\cdots \ \ominus$$

제15항이 192이므로

$$ar^{14}=192 \qquad\qquad \cdots\cdots \ \bigcirc$$

㉡÷㉠을 하면

$$r^5=32 \qquad \therefore r=2$$

㉠에 $r=2$를 대입하면 $\qquad a\times 2^9=6$

$$\therefore a=\frac{3}{2^8}$$

즉 제9항은 $ar^8=\dfrac{3}{2^8}\times 2^8=3$이므로 제9항부터

제16항까지의 합은 첫째항이 3, 공비가 2인 등비수열의 첫째항부터 제8항까지의 합과 같다.

따라서 구하는 합은

$$\frac{3(2^8-1)}{2-1}=765$$

답 765

588

전략 수열 $\{a_n\}$의 일반항을 이용하여 수열 $\{a_na_{n+1}\}$의 일반항을 구한다.

수열 $\{a_n\}$은 첫째항이 1, 공비가 2인 등비수열이므로

$$a_n=1\times 2^{n-1}=2^{n-1}$$

$$\therefore a_na_{n+1}=2^{n-1}\times 2^n=2^{2n-1}$$

$n=1$일 때, $\qquad a_1a_2=2$

$n=2$일 때, $\qquad a_2a_3=2^3=8$

$n=3$일 때, $\qquad a_3a_4=2^5=32$

$$\vdots$$

즉 수열 $\{a_na_{n+1}\}$은 첫째항이 2이고 공비가 $8\div2=4$인 등비수열이므로 첫째항부터 제10항까지의 합은

$$\frac{2(4^{10}-1)}{4-1}=\frac{2}{3}(4^{10}-1)$$

답 $\dfrac{2}{3}(4^{10}-1)$

(다른 풀이) $a_n a_{n+1} = 2^{n-1} \times 2^n = 2 \times 4^{n-1}$

즉 수열 $\{a_n a_{n+1}\}$은 첫째항이 2이고 공비가 4인 등비수열이다.

해설 Focus

수열 $\{a_n\}$, $\{b_n\}$이 각각 공비가 r_1, r_2인 등비수열일 때

$$a_n = a_1 r_1^{n-1}, \ b_n = b_1 r_2^{n-1}$$
$$\therefore \ a_n b_n = a_1 b_1 \times (r_1 r_2)^{n-1}$$

따라서 수열 $\{a_n b_n\}$은 첫째항이 $a_1 b_1$, 공비가 $r_1 r_2$인 등비수열이다.

589

전략 주어진 등비수열의 첫째항을 a, 공비를 r라 하고 등비수열의 합의 공식을 이용한다.

주어진 등비수열의 첫째항을 a, 공비를 r, 첫째항부터 제 n 항까지의 합을 S_n이라 하면

$$S_6 = \frac{a(1-r^6)}{1-r} = 4 \qquad \cdots\cdots \ \unicode{x24D8}$$

$$S_{12} = \frac{a(1-r^{12})}{1-r}$$
$$= \frac{a(1-r^6)(1+r^6)}{1-r} = 12 \qquad \cdots\cdots \ \unicode{x24DB}$$

$\unicode{x24DB} \div \unicode{x24D8}$을 하면

$$1 + r^6 = 3 \qquad \therefore \ r^6 = 2$$

따라서 첫째항부터 제 18 항까지의 합은

$$S_{18} = \frac{a(1-r^{18})}{1-r}$$
$$= \frac{a(1-r^6)(1+r^6+r^{12})}{1-r}$$
$$= \frac{a(1-r^6)}{1-r} \times (1+r^6+r^{12})$$
$$= 4 \times (1+2+2^2) = 28 \qquad \blacksquare \ \mathbf{28}$$

590

전략 주어진 등비수열의 첫째항과 공비를 이용하여 S_n을 구한다.

주어진 등비수열의 첫째항이 $\frac{1}{2}$, 공비가 $\frac{1}{4} \div \frac{1}{2} = \frac{1}{2}$이므로

$$S_n = \frac{\frac{1}{2}\left\{1 - \left(\frac{1}{2}\right)^n\right\}}{1 - \frac{1}{2}} = 1 - \left(\frac{1}{2}\right)^n$$

$|S_n - 1| < 10^{-3}$에서 $\left|1 - \left(\frac{1}{2}\right)^n - 1\right| < \frac{1}{1000}$

$$\left(\frac{1}{2}\right)^n < \frac{1}{1000}$$

$$\therefore \ 2^n > 1000$$

이때 $2^9 = 512$, $2^{10} = 1024$이므로

$$n \geq 10$$

따라서 자연수 n의 최솟값은 10이다. $\blacksquare \ \mathbf{10}$

591

전략 주어진 조건을 이용하여 등차수열 $\{a_n\}$의 공차와 등비수열 $\{b_n\}$의 공비 사이의 관계식을 구한다.

등차수열 $\{a_n\}$의 공차를 d, 등비수열 $\{b_n\}$의 공비를 r라 하면

$b_3 = -a_2$에서 $3r^2 = -(3+d)$

$$\therefore \ d = -3r^2 - 3 \qquad \cdots\cdots \ \unicode{x24D8}$$

$a_2 + b_2 = a_3 + b_3$에서

$$(3+d) + 3r = (3+2d) + 3r^2$$

$$\therefore \ d = -3r^2 + 3r \qquad \cdots\cdots \ \unicode{x24DB}$$

$\unicode{x24D8}$, $\unicode{x24DB}$에서

$$-3r^2 - 3 = -3r^2 + 3r$$

$$\therefore \ r = -1$$

$\unicode{x24D8}$에 $r = -1$을 대입하면

$$d = -3 - 3 = -6$$

$$\therefore \ a_3 = 3 + 2 \times (-6) = -9 \qquad \blacksquare \ \unicode{x2460}$$

592

전략 주어진 등비수열의 일반항 a_n에 대하여 $a_n > 1000$을 만족시키는 자연수 n의 최솟값을 구한다.

주어진 등비수열의 첫째항이 1, 공비가 $\frac{5}{2} \div 1 = \frac{5}{2}$이므로 일반항 a_n은

$$a_n = 1 \times \left(\frac{5}{2}\right)^{n-1} = \left(\frac{5}{2}\right)^{n-1}$$

$a_n > 1000$에서 $\left(\frac{5}{2}\right)^{n-1} > 1000$

양변에 상용로그를 취하면

$$\log \left(\frac{5}{2}\right)^{n-1} > \log 1000$$

$$(n-1) \log \frac{10}{4} > 3$$

$$(n-1)(\log 10 - 2\log 2) > 3$$

$$n-1 > \frac{3}{1-2\log 2}$$

$$\therefore n > \frac{3}{1-2\log 2} + 1$$

$$= \frac{3}{1-2\times 0.3} + 1$$

$$= 8.5$$

따라서 처음으로 1000보다 커지는 항은 제9항이다.

답 **제9항**

593

전략 y는 x와 z의 등비중항이고 $2y$는 x와 $3z$의 등차중항임을 이용한다.

세 수 x, y, z가 이 순서대로 등비수열을 이루므로

$$y^2 = xz \qquad\qquad \cdots\cdots \ \text{㉠}$$

세 수 x, $2y$, $3z$가 이 순서대로 등차수열을 이루므로

$$2y = \frac{x+3z}{2} \qquad \therefore x = 4y - 3z$$

㉠에 이것을 대입하면

$$y^2 = (4y-3z)z$$
$$y^2 - 4yz + 3z^2 = 0, \qquad (y-z)(y-3z) = 0$$
$$\therefore y = z \ \text{또는} \ y = 3z$$

이때 $y \neq z$이므로 $\qquad y = 3z$

$$\therefore r = \frac{z}{y} = \frac{1}{3}$$

답 $\dfrac{1}{3}$

다른 풀이 세 수 x, y, z는 이 순서대로 공비가 r인 등비수열을 이루므로

$$y = xr, \ z = xr^2 \qquad\qquad \cdots\cdots \ \text{㉡}$$

세 수 x, $2y$, $3z$는 이 순서대로 등차수열을 이루므로

$$4y = x + 3z$$

이 식에 ㉡을 대입하면 $\quad 4xr = x + 3xr^2$

$$\therefore 3xr^2 - 4xr + x = 0$$

이때 $x \neq 0$이므로 양변을 x로 나누면

$$3r^2 - 4r + 1 = 0, \qquad (3r-1)(r-1) = 0$$
$$\therefore r = \frac{1}{3} \ (\because r \neq 1)$$

참고 $x=0$이면 $y=0$, $z=0$이므로

$$x = y = z$$

또 $r=1$이면 $\quad x=y=z$

이때 x, y, z는 서로 다른 세 수이므로

$$x \neq 0, \ r \neq 1$$

594

전략 수열 $\{a_n\}$의 공비를 r라 하고 $a_1 + a_3 + a_5 + \cdots + a_{2k-1}$과 $a_2 + a_4 + a_6 + \cdots + a_{2k}$를 각각 r에 대한 식으로 나타낸다.

등비수열 $\{a_n\}$의 공비를 r라 하면 수열 $\{a_{2n-1}\}$, $\{a_{2n}\}$은 모두 공비가 r^2인 등비수열이므로

$$a_1 + a_3 + a_5 + \cdots + a_{2k-1}$$
$$= \frac{r^{2k}-1}{r^2-1} = 91 \qquad\qquad \cdots\cdots \ \text{㉠}$$
$$a_2 + a_4 + a_6 + \cdots + a_{2k}$$
$$= \frac{r(r^{2k}-1)}{r^2-1} = 273 \qquad\qquad \cdots\cdots \ \text{㉡}$$

㉡÷㉠을 하면 $\qquad r = 3$

㉠에 $r=3$을 대입하면

$$\frac{3^{2k}-1}{8} = 91, \qquad 3^{2k} = 729 = 3^6$$
$$2k = 6 \qquad \therefore k = 3$$

답 **3**

다른 풀이 등비수열 $\{a_n\}$의 공비를 r라 하면

$$a_1 + a_3 + a_5 + \cdots + a_{2k-1}$$
$$= 1 + r^2 + r^4 + \cdots + r^{2k-2} = 91 \quad \cdots\cdots \ \text{㉢}$$
$$a_2 + a_4 + a_6 + \cdots + a_{2k}$$
$$= r + r^3 + r^5 + \cdots + r^{2k-1}$$
$$= r(1 + r^2 + r^4 + \cdots + r^{2k-2})$$
$$= 273 \qquad\qquad \cdots\cdots \ \text{㉣}$$

㉣÷㉢을 하면 $\qquad r = 3$

595

전략 주어진 수열의 제 n 항이 $10^n - 1$임을 이용한다.

주어진 수열의 첫째항부터 제 n 항까지의 합은

$$9 + 99 + 999 + \cdots + \underbrace{999\cdots 9}_{n\text{개}}$$
$$= (10-1) + (10^2-1) + (10^3-1) + \cdots + (10^n-1)$$
$$= (10 + 10^2 + 10^3 + \cdots + 10^n) - n$$
$$= \frac{10(10^n-1)}{10-1} - n$$

첫째항이 10, 공비가 10인 등비수열의 첫째항부터 제 n 항까지의 합

$$= \frac{10}{9}(10^n-1) - n$$
$$= \frac{10^{n+1} - 9n - 10}{9}$$

답 $\dfrac{10^{n+1} - 9n - 10}{9}$

596

전략 $\dfrac{S_{3n}}{S_n}$ 을 r에 대한 식으로 나타낸 후 r^n의 값을 구한다.

주어진 등비수열의 첫째항을 a라 하면

$$\frac{S_{3n}}{S_n}=\frac{\dfrac{a(r^{3n}-1)}{r-1}}{\dfrac{a(r^n-1)}{r-1}}=\frac{r^{3n}-1}{r^n-1}$$

$$=\frac{(r^n-1)(r^{2n}+r^n+1)}{r^n-1}$$

$$=r^{2n}+r^n+1$$

즉 $r^{2n}+r^n+1=7$이므로

$$(r^n)^2+r^n-6=0, \qquad (r^n+3)(r^n-2)=0$$

$$\therefore r^n=2\ (\because r>1)$$

$$\therefore \frac{S_{2n}}{S_n}=\frac{\dfrac{a(r^{2n}-1)}{r-1}}{\dfrac{a(r^n-1)}{r-1}}=\frac{r^{2n}-1}{r^n-1}$$

$$=\frac{(r^n+1)(r^n-1)}{r^n-1}$$

$$=r^n+1$$

$$=2+1=3$$

답 3

597

전략 수열 $\{a_n\}$의 첫째항을 a, 공비를 r라 하고 주어진 조건을 a, r에 대한 식으로 나타낸다.

등비수열 $\{a_n\}$의 첫째항을 a, 공비를 r라 하면

$$a_1+a_2+a_3+\cdots+a_n$$

$$=\frac{a(1-r^n)}{1-r}=36 \qquad \cdots\cdots \text{㉠}$$

$$a_{n+1}+a_{n+2}+a_{n+3}+\cdots+a_{2n}$$

$$=ar^n+ar^{n+1}+ar^{n+2}+\cdots+ar^{2n-1}$$

$$=\frac{ar^n(1-r^n)}{1-r}=18 \qquad \cdots\cdots \text{㉡}$$

㉡÷㉠을 하면 $\quad r^n=\dfrac{1}{2}$

$$\therefore a_{2n+1}+a_{2n+2}+a_{2n+3}+\cdots+a_{3n}$$

$$=ar^{2n}+ar^{2n+1}+ar^{2n+2}+\cdots+ar^{3n-1}$$

$$=\frac{ar^{2n}(1-r^n)}{1-r}$$

$$=\frac{a(1-r^n)}{1-r}\times(r^n)^2$$

$$=36\times\left(\frac{1}{2}\right)^2=9$$

답 9

598

전략 주어진 식을 수열 $\{a_n\}$의 첫째항과 공비에 대한 식으로 변형한다.

$S_{n+3}-S_n=13\times3^{n-1}$에서

$$a_{n+1}+a_{n+2}+a_{n+3}=13\times3^{n-1} \qquad \cdots\cdots \text{㉠}$$

등비수열 $\{a_n\}$의 첫째항을 a, 공비를 r라 하고

㉠에 $n=1$을 대입하면

$$a_2+a_3+a_4=13$$

$$ar+ar^2+ar^3=13$$

$$\therefore ar(1+r+r^2)=13 \qquad \cdots\cdots \text{㉡}$$

㉠에 $n=2$를 대입하면

$$a_3+a_4+a_5=13\times3$$

$$ar^2+ar^3+ar^4=39$$

$$\therefore ar^2(1+r+r^2)=39 \qquad \cdots\cdots \text{㉢}$$

㉢÷㉡을 하면 $\quad r=3$

㉡에 $r=3$을 대입하면

$$a\times3\times(1+3+3^2)=13$$

$$\therefore a=\frac{1}{3}$$

따라서 $a_n=\dfrac{1}{3}\times3^{n-1}=3^{n-2}$이므로

$$a_4=3^2=9$$

답 9

(다른 풀이) 등비수열 $\{a_n\}$의 첫째항을 a, 공비를 r라 하면 ㉠에서

$$ar^n+ar^{n+1}+ar^{n+2}=ar(1+r+r^2)\times r^{n-1}$$

$$=13\times3^{n-1}$$

따라서 $ar(1+r+r^2)=13$, $r=3$이므로

$$a=\frac{1}{3}$$

599

전략 주어진 조건을 이용하여 등비수열의 공비에 대한 식을 세운다.

주어진 등비수열의 공비를 r라 하면 첫째항이 $\dfrac{1}{2}$,

제 $(n+2)$ 항이 8이므로

$$\frac{1}{2}\times r^{n+1}=8$$

$$\therefore r^{n+1}=16 \qquad \cdots\cdots \text{㉠}$$

한편

$$\frac{1}{2} \times a_1 \times a_2 \times \cdots \times a_n \times 8$$

$$= \frac{1}{2} \times \frac{1}{2}r \times \frac{1}{2}r^2 \times \cdots \times \frac{1}{2}r^n \times 8$$

$$= 4 \times \left(\frac{1}{2}\right)^n \times r^{\underbrace{1+2+\cdots+n}_{\text{첫째항이 1, 끝항이 } n, \text{ 항수가 } n \text{인}}}$$

$$= 2^{-n+2} \times r^{\frac{n(n+1)}{2}} \quad \text{등차수열의 합}$$

이므로

$$2^{-n+2} \times r^{\frac{n(n+1)}{2}} = 512$$

$$2^{-n+2} \times (r^{n+1})^{\frac{n}{2}} = 512$$

이 식에 ㉠을 대입하면

$$2^{-n+2} \times 16^{\frac{n}{2}} = 512$$

$$2^{n+2} = 2^9, \qquad n+2 = 9$$

$$\therefore n = 7$$

㉠에 $n=7$을 대입하면 $r^8 = 16$

$$\therefore r = \sqrt{2} \ (\because r > 0)$$

이때 a_4는 주어진 수열의 제5항이므로

$$a_4 = \frac{1}{2} \times (\sqrt{2})^4 = 2 \qquad \boxed{\text{답}}\ \mathbf{2}$$

600

전략 x_1, x_2, x_3, $\cdots$을 직접 구하고 규칙을 찾아 수열 $\{x_n\}$의 일반항을 구한다.

두 점 P_1, A의 y좌표가 같으므로 점 P_1의 x좌표는 $16^x = 2^{64}$에서

$$2^{4x} = 2^{64} \qquad 4x = 64$$

$$\therefore x = 16$$

이때 두 점 P_1, Q_1의 x좌표가 같으므로

$$x_1 = 16$$

두 점 P_2, Q_1의 y좌표가 같고 $Q_1(16, 2^{16})$이므로 점 P_2의 x좌표는 $16^x = 2^{16}$에서

$$2^{4x} = 2^{16}, \qquad 4x = 16$$

$$\therefore x = 4$$

이때 두 점 P_2, Q_2의 x좌표가 같으므로

$$x_2 = 4$$

두 점 P_3, Q_2의 y좌표가 같고 $Q_2(4, 2^4)$이므로 점 P_3의 x좌표는 $16^x = 2^4$에서

$$2^{4x} = 2^4, \qquad 4x = 4$$

$$\therefore x = 1$$

이때 두 점 P_3, Q_3의 x좌표가 같으므로

$$x_3 = 1$$

$$\vdots$$

따라서 수열 $\{x_n\}$은 첫째항이 16이고 공비가 $\frac{1}{4}$인 등비수열이므로

$$x_n = 16 \times \left(\frac{1}{4}\right)^{n-1}$$

$$= 2^4 \times 2^{-2n+2} = 2^{6-2n}$$

한편 $x_n < \frac{1}{k}$을 만족시키는 n의 최솟값이 6이 되려면 $x_5 \geq \frac{1}{k}$, $x_6 < \frac{1}{k}$이어야 한다.

즉 $\frac{1}{2^4} \geq \frac{1}{k}$, $\frac{1}{2^6} < \frac{1}{k}$이므로

$$\frac{1}{64} < \frac{1}{k} \leq \frac{1}{16}$$

$$\therefore 16 \leq k < 64$$

따라서 자연수 k는 16, 17, 18, $\cdots$, 63의 48개이다.

$$\boxed{\text{답}}\ ①$$

601

전략 등비수열의 합의 공식을 이용하여 유리와 서준이가 받는 금액을 각각 구해 본다.

유리와 서준이가 받는 금액을 각각 A만 원, B만 원이라 하면

$$A = 20(1+0.05) + 20(1+0.05)^2 + \cdots$$
$$+ 20(1+0.05)^{10}$$

$$= \frac{20(1+0.05)\{(1+0.05)^{10}-1\}}{(1+0.05)-1}$$

$$= 420(1.05^{10}-1)$$

$$B = 40(1+0.05) + 40(1+0.05)^2 + \cdots$$
$$+ 40(1+0.05)^5$$

$$= \frac{40(1+0.05)\{(1+0.05)^5-1\}}{(1+0.05)-1}$$

$$= 840(1.05^5-1)$$

$$\therefore \frac{A}{B} = \frac{420(1.05^{10}-1)}{840(1.05^5-1)}$$

$$= \frac{1.05^5+1}{2} = \frac{1.28+1}{2}$$

$$= 1.14$$

따라서 유리가 받는 금액은 서준이가 받는 금액의 1.14배이다.

$$\boxed{\text{답}}\ \mathbf{1.14배}$$

2 수열의 합

III. 수열

01 ∑의 뜻과 그 성질

● 본책 258~264쪽

602

(1) 수열 $1, 3, 5, \cdots$의 제 k항을 a_k라 하면

$$a_k = 2k-1$$

$$\therefore 1+3+5+\cdots+(2n-1)$$

$$= \sum_{k=1}^{n}(2k-1)$$

(2) 수열 $2, 4, 8, \cdots$의 제 k항을 a_k라 하면

$$a_k = 2^k$$

$$\therefore 2+4+8+\cdots+2^{n+1} = \sum_{k=1}^{n+1} 2^k$$

(3) 수열 $\dfrac{1}{2}, \dfrac{1}{3}, \dfrac{1}{4}, \cdots$의 제 k항을 a_k라 하면

$$a_k = \frac{1}{k+1}$$

$$\therefore \frac{1}{2}+\frac{1}{3}+\frac{1}{4}+\cdots+\frac{1}{n+1}$$

$$= \sum_{k=1}^{n} \frac{1}{k+1}$$

(4) 수열 $2, 5, 8, \cdots$은 첫째항이 2, 공차가 3인 등차수열이므로 제 k항을 a_k라 하면

$$a_k = 2+(k-1)\times 3 = 3k-1$$

이때 $3k-1=29$에서

$$k=10$$

$$\therefore 2+5+8+\cdots+29$$

$$= \sum_{k=1}^{10}(3k-1)$$

(5) 수열 $4, 4, 4, \cdots$의 제 k항을 a_k라 하면

$$a_k = 4$$

$$\therefore 4+4+4+4+4 = \sum_{k=1}^{5} 4$$

(6) 수열 $1\times 2, 2\times 3, 3\times 4, \cdots$의 제 k항을 a_k라 하면

$$a_k = k(k+1)$$

이때 $12\times 13 = k(k+1)$에서

$$k=12$$

$$\therefore 1\times 2+2\times 3+3\times 4+\cdots+12\times 13$$

$$= \sum_{k=1}^{12} k(k+1)$$

답 풀이 참조

603

(1) $\displaystyle\sum_{k=1}^{10}(5k+1)$

$$= (5\times 1+1)+(5\times 2+1)+(5\times 3+1)+\cdots$$
$$+(5\times 10+1)$$

$$= \mathbf{6+11+16+\cdots+51}$$

(2) $\displaystyle\sum_{i=1}^{7} 3^{i-1} = 3^{1-1}+3^{2-1}+3^{3-1}+\cdots+3^{7-1}$

$$= \mathbf{1+3+9+\cdots+729}$$

(3) $\displaystyle\sum_{k=1}^{6} 3 = 3+3+3+3+3+3$

(4) $\displaystyle\sum_{n=1}^{8}\{(-1)^n \times n\}$

$$= -1\times 1+(-1)^2\times 2+(-1)^3\times 3+\cdots$$
$$+(-1)^8\times 8$$

$$= \mathbf{-1+2-3+\cdots+8}$$

(5) $\displaystyle\sum_{k=3}^{n} 2^k = 2^3+2^4+2^5+\cdots+2^n$

$$= \mathbf{8+16+32+\cdots+2^n}$$

(6) $\displaystyle\sum_{j=1}^{n} \frac{1}{j(j+1)}$

$$= \frac{1}{1\times 2}+\frac{1}{2\times 3}+\frac{1}{3\times 4}+\cdots+\frac{1}{n(n+1)}$$

$$= \mathbf{\frac{1}{2}+\frac{1}{6}+\frac{1}{12}+\cdots+\frac{1}{n(n+1)}}$$

답 풀이 참조

604

(1) $\displaystyle\sum_{k=1}^{20}(4a_k+1) = 4\sum_{k=1}^{20} a_k + \sum_{k=1}^{20} 1$

$$= 4\times 10+1\times 20 = 60$$

(2) $\displaystyle\sum_{k=1}^{20}(3a_k-2b_k) = 3\sum_{k=1}^{20} a_k - 2\sum_{k=1}^{20} b_k$

$$= 3\times 10-2\times(-30) = 90$$

답 (1) **60** (2) **90**

605

$$\sum_{k=1}^{99} k(a_k-a_{k+1})$$

$$= (a_1-a_2)+2(a_2-a_3)+3(a_3-a_4)+\cdots$$
$$+98(a_{98}-a_{99})+99(a_{99}-a_{100})$$

$$= a_1+a_2+a_3+\cdots+a_{98}+a_{99}-99a_{100}$$

$$= \sum_{k=1}^{99} a_k - 99a_{100} = 15-99\times\frac{1}{9} = 4$$

답 4

606

$\sum_{k=1}^{10}(a_k+a_{k+1})$

$=(a_1+a_2)+(a_2+a_3)+(a_3+a_4)+\cdots$

$\qquad +(a_9+a_{10})+(a_{10}+a_{11})$

$=a_1+2(a_2+a_3+\cdots+a_{10})+a_{11}$

$=1+2(a_2+a_3+\cdots+a_{10})+a_{11}$

$=30 \qquad\qquad\qquad\qquad \cdots\cdots ㉠$

또 $\sum_{k=1}^{10}a_k=10$에서

$\qquad a_1+a_2+a_3+\cdots+a_{10}=10$

$\qquad \therefore a_2+a_3+\cdots+a_{10}=10-a_1$

$\qquad\qquad\qquad\qquad\qquad =10-1$

$\qquad\qquad\qquad\qquad\qquad =9 \qquad \cdots\cdots ㉡$

㉠에 ㉡을 대입하면

$\qquad 1+2\times9+a_{11}=30$

$\qquad \therefore a_{11}=11 \qquad\qquad$ 답 **11**

607

ㄱ. $\sum_{k=1}^{9}(a_k-a_{10-k})$

$\qquad =(a_1-a_9)+(a_2-a_8)+(a_3-a_7)+\cdots$

$\qquad\qquad +(a_9-a_1)$

$\qquad =(a_1+a_2+a_3+\cdots+a_9)$

$\qquad\qquad -(a_1+a_2+a_3+\cdots+a_9)$

$\qquad =0$ (참)

ㄴ. $\sum_{k=1}^{5}\{2k\times(-1)^k\}$

$\qquad =2\times(-1)+4\times(-1)^2+6\times(-1)^3$

$\qquad\qquad +8\times(-1)^4+10\times(-1)^5$

$\qquad =-2+4-6+8-10$ (거짓)

ㄷ. $\sum_{k=1}^{10}\left(\dfrac{1}{2k-1}+\dfrac{1}{2k}\right)$

$\qquad =\left(\dfrac{1}{1}+\dfrac{1}{2}\right)+\left(\dfrac{1}{3}+\dfrac{1}{4}\right)+\left(\dfrac{1}{5}+\dfrac{1}{6}\right)+\cdots$

$\qquad\qquad +\left(\dfrac{1}{19}+\dfrac{1}{20}\right)$

$\qquad =\sum_{k=1}^{20}\dfrac{1}{k}$ (참)

이상에서 옳은 것은 ㄱ, ㄷ이다.

답 ㄱ, ㄷ

608

$\sum_{k=1}^{9}(2a_k+1)^2-\sum_{k=1}^{9}(a_k-2)^2$

$=\sum_{k=1}^{9}\{(2a_k+1)^2-(a_k-2)^2\}$

$=\sum_{k=1}^{9}(3a_k^2+8a_k-3)$

$=3\sum_{k=1}^{9}a_k^2+8\sum_{k=1}^{9}a_k-\sum_{k=1}^{9}3$

$=3\times15+8\times(-5)-3\times9$

$=-22 \qquad\qquad\qquad$ 답 **-22**

609

$\sum_{k=1}^{n}(a_k+b_k)^2=\sum_{k=1}^{n}(a_k^2+2a_kb_k+b_k^2)$

$\qquad\qquad\qquad\quad =\sum_{k=1}^{n}(a_k^2+b_k^2)+2\sum_{k=1}^{n}a_kb_k$

이므로

$\qquad 60=40+2\sum_{k=1}^{n}a_kb_k, \qquad 2\sum_{k=1}^{n}a_kb_k=20$

$\qquad \therefore \sum_{k=1}^{n}a_kb_k=10 \qquad\qquad$ 답 **10**

610

(1) $\sum_{k=1}^{30}(3\times2^k)-\sum_{k=16}^{30}(3\times2^k)$

$\qquad =\sum_{k=1}^{15}(3\times2^k)=3\sum_{k=1}^{15}2^k$

$\qquad =3\times\dfrac{2(2^{15}-1)}{2-1}=6(2^{15}-1)$

(2) $\sum_{k=1}^{10}\dfrac{5^k+(-3)^k}{4^k}$

$\qquad =\sum_{k=1}^{10}\left(\dfrac{5}{4}\right)^k+\sum_{k=1}^{10}\left(-\dfrac{3}{4}\right)^k$

$\qquad =\dfrac{\dfrac{5}{4}\left\{\left(\dfrac{5}{4}\right)^{10}-1\right\}}{\dfrac{5}{4}-1}+\dfrac{-\dfrac{3}{4}\left\{1-\left(-\dfrac{3}{4}\right)^{10}\right\}}{1-\left(-\dfrac{3}{4}\right)}$

$\qquad =5\left\{\left(\dfrac{5}{4}\right)^{10}-1\right\}-\dfrac{3}{7}\left\{1-\left(-\dfrac{3}{4}\right)^{10}\right\}$

$\qquad =5\times\left(\dfrac{5}{4}\right)^{10}-5-\dfrac{3}{7}+\dfrac{3}{7}\times\left(\dfrac{3}{4}\right)^{10}$

$\qquad =5\times\left(\dfrac{5}{4}\right)^{10}+\dfrac{3}{7}\times\left(\dfrac{3}{4}\right)^{10}-\dfrac{38}{7}$

답 (1) $6(2^{15}-1)$

(2) $5\times\left(\dfrac{5}{4}\right)^{10}+\dfrac{3}{7}\times\left(\dfrac{3}{4}\right)^{10}-\dfrac{38}{7}$

611

등차수열 $\{a_n\}$의 공차를 d라 하면 $a_5-a_2=15$에서

$$3d=15 \qquad \therefore d=5$$

$$\therefore a_n=3+(n-1)\times 5=5n-2$$

따라서 $a_{11}=5\times 11-2=53$, $a_{20}=5\times 20-2=98$이므로

$$\sum_{k=11}^{20} a_k=\frac{10(53+98)}{2}=755$$

답 755

다른 풀이 등차수열 $\{a_n\}$의 공차가 5이므로

$$\sum_{k=11}^{20} a_k=\sum_{k=1}^{20} a_k-\sum_{k=1}^{10} a_k$$

$$=\frac{20(2\times 3+19\times 5)}{2}-\frac{10(2\times 3+9\times 5)}{2}$$

$$=1010-255=755$$

612

$$\sum_{k=1}^{6} a_k+\sum_{k=1}^{6} b_k$$

$$=\frac{a_1\{(\sqrt{2})^6-1\}}{\sqrt{2}-1}+\frac{b_1\{1-(-\sqrt{2})^6\}}{1-(-\sqrt{2})}$$

$$=7(\sqrt{2}+1)a_1-7(\sqrt{2}-1)b_1$$

$$=14a_1 \ (\because a_1=b_1)$$

즉 $14a_1=168$이므로

$$a_1=b_1=12$$

$$\therefore a_3+b_3=12\times(\sqrt{2})^2+12\times(-\sqrt{2})^2=48$$

답 48

다른 풀이 $\displaystyle\sum_{k=1}^{6} a_k+\sum_{k=1}^{6} b_k$

$$=a_1+\sqrt{2}a_1+2a_1+2\sqrt{2}a_1+4a_1+4\sqrt{2}a_1$$

$$\quad +b_1-\sqrt{2}b_1+2b_1-2\sqrt{2}b_1+4b_1-4\sqrt{2}b_1$$

$$=14a_1 \ (\because a_1=b_1)$$

02 자연수의 거듭제곱의 합

● 본책 265~269쪽

613

(1) $\displaystyle\sum_{k=1}^{10}(2k+1)=2\sum_{k=1}^{10}k+\sum_{k=1}^{10}1$

$$=2\times\frac{10\times 11}{2}+1\times 10$$

$$=110+10=120$$

(2) $\displaystyle\sum_{k=1}^{7}(k^2+k-1)=\sum_{k=1}^{7}k^2+\sum_{k=1}^{7}k-\sum_{k=1}^{7}1$

$$=\frac{7\times 8\times 15}{6}+\frac{7\times 8}{2}-1\times 7$$

$$=140+28-7=161$$

(3) $\displaystyle\sum_{k=1}^{5}(4k^3-3k^2)=4\sum_{k=1}^{5}k^3-3\sum_{k=1}^{5}k^2$

$$=4\times\left(\frac{5\times 6}{2}\right)^2-3\times\frac{5\times 6\times 11}{6}$$

$$=900-165=735$$

(4) $\displaystyle\sum_{k=1}^{8}(2k+1)(3k-1)$

$$=\sum_{k=1}^{8}(6k^2+k-1)$$

$$=6\sum_{k=1}^{8}k^2+\sum_{k=1}^{8}k-\sum_{k=1}^{8}1$$

$$=6\times\frac{8\times 9\times 17}{6}+\frac{8\times 9}{2}-1\times 8$$

$$=1224+36-8=1252$$

(5) $\displaystyle\sum_{k=1}^{6}k(k^2+2)=\sum_{k=1}^{6}(k^3+2k)=\sum_{k=1}^{6}k^3+2\sum_{k=1}^{6}k$

$$=\left(\frac{6\times 7}{2}\right)^2+2\times\frac{6\times 7}{2}$$

$$=441+42=483$$

답 (1) **120** (2) **161** (3) **735**

(4) **1252** (5) **483**

614

(1) $\displaystyle\sum_{k=1}^{9}(2k-3)^2-\sum_{k=1}^{9}(2k)^2$

$$=\sum_{k=1}^{9}\{(2k-3)^2-(2k)^2\}$$

$$=\sum_{k=1}^{9}(-12k+9)=-12\sum_{k=1}^{9}k+\sum_{k=1}^{9}9$$

$$=-12\times\frac{9\times 10}{2}+9\times 9$$

$$=-540+81=-459$$

(2) $\displaystyle\sum_{k=1}^{5}(k+1)^3-\sum_{k=1}^{5}(k-1)^3$

$$=\sum_{k=1}^{5}\{(k+1)^3-(k-1)^3\}$$

$$=\sum_{k=1}^{5}(6k^2+2)=6\sum_{k=1}^{5}k^2+\sum_{k=1}^{5}2$$

$$=6\times\frac{5\times 6\times 11}{6}+2\times 5$$

$$=330+10=340$$

(3) $\displaystyle\sum_{k=1}^{10}(k^2-k+1)+\sum_{i=1}^{10}(i^2+i-1)$

$\quad=\displaystyle\sum_{k=1}^{10}(k^2-k+1)+\sum_{k=1}^{10}(k^2+k-1)$

$\quad=\displaystyle\sum_{k=1}^{10}\{(k^2-k+1)+(k^2+k-1)\}$

$\quad=\displaystyle\sum_{k=1}^{10}2k^2=2\sum_{k=1}^{10}k^2$

$\quad=2\times\dfrac{10\times11\times21}{6}=770$

冒 (1) -459　(2) 340　(3) 770

615

(1) 수열 2, 4, 6, ⋯의 일반항을 a_n이라 하면

$\quad a_n=2n$

$a_n=50$에서　$2n=50$　$\therefore n=25$

$\quad\therefore 2+4+6+\cdots+50=\displaystyle\sum_{k=1}^{25}2k$

$\qquad\qquad\qquad\qquad\quad=2\times\dfrac{25\times26}{2}$

$\qquad\qquad\qquad\qquad\quad=650$

(2) 수열 1^2, 3^2, 5^2, ⋯의 일반항을 a_n이라 하면

$\quad a_n=(2n-1)^2$

$a_n=19^2$에서　$(2n-1)^2=19^2$

$\quad 2n-1=19$　$\therefore n=10$

$\quad\therefore 1^2+3^2+5^2+\cdots+19^2$

$\qquad=\displaystyle\sum_{k=1}^{10}(2k-1)^2$

$\qquad=\displaystyle\sum_{k=1}^{10}(4k^2-4k+1)$

$\qquad=4\displaystyle\sum_{k=1}^{10}k^2-4\sum_{k=1}^{10}k+\sum_{k=1}^{10}1$

$\qquad=4\times\dfrac{10\times11\times21}{6}-4\times\dfrac{10\times11}{2}+1\times10$

$\qquad=1540-220+10=1330$

(3) $5^3+6^3+7^3+\cdots+15^3$

$\quad=\displaystyle\sum_{k=5}^{15}k^3=\sum_{k=1}^{15}k^3-\sum_{k=1}^{4}k^3$

$\quad=\left(\dfrac{15\times16}{2}\right)^2-\left(\dfrac{4\times5}{2}\right)^2$

$\quad=14400-100=14300$

冒 (1) 650　(2) 1330　(3) 14300

[다른 풀이] (3) 수열 5^3, 6^3, 7^3, ⋯의 일반항을 a_n이라 하면　$a_n=(n+4)^3$

$a_n=15^3$에서　$(n+4)^3=15^3$

$\quad n+4=15$　$\therefore n=11$

$\quad\therefore 5^3+6^3+7^3+\cdots+15^3$

$\qquad=\displaystyle\sum_{k=1}^{11}(k+4)^3$

$\qquad=\displaystyle\sum_{k=1}^{11}(k^3+12k^2+48k+64)$

$\qquad=\left(\dfrac{11\times12}{2}\right)^2+12\times\dfrac{11\times12\times23}{6}$

$\qquad\quad+48\times\dfrac{11\times12}{2}+64\times11$

$\qquad=4356+6072+3168+704$

$\qquad=14300$

616

$\displaystyle\sum_{k=1}^{10}\dfrac{k^3}{k+3}+\sum_{k=1}^{10}\dfrac{k(4k+3)}{k+3}$

$=\displaystyle\sum_{k=1}^{10}\dfrac{k^3+4k^2+3k}{k+3}$

$=\displaystyle\sum_{k=1}^{10}\dfrac{k(k+1)(k+3)}{k+3}$

$=\displaystyle\sum_{k=1}^{10}k(k+1)=\sum_{k=1}^{10}(k^2+k)$

$=\displaystyle\sum_{k=1}^{10}k^2+\sum_{k=1}^{10}k$

$=\dfrac{10\times11\times21}{6}+\dfrac{10\times11}{2}$

$=385+55=440$　　　　冒 440

617

$a_n=2n^2-n+1$이므로

$\quad\displaystyle\sum_{k=1}^{8}a_k=\sum_{k=1}^{8}(2k^2-k+1)$

$\qquad\quad=2\displaystyle\sum_{k=1}^{8}k^2-\sum_{k=1}^{8}k+\sum_{k=1}^{8}1$

$\qquad\quad=2\times\dfrac{8\times9\times17}{6}-\dfrac{8\times9}{2}+1\times8$

$\qquad\quad=408-36+8=380$　　　冒 380

618

$1^2+2^2+3^2+\cdots+k^2=\dfrac{k(k+1)(2k+1)}{6}$이므로

$\quad\displaystyle\sum_{k=1}^{5}(1^2+2^2+3^2+\cdots+k^2)$

$\quad=\displaystyle\sum_{k=1}^{5}\dfrac{k(k+1)(2k+1)}{6}$

144

$$=\sum_{k=1}^{5}\frac{2k^3+3k^2+k}{6}$$

$$=\frac{1}{3}\sum_{k=1}^{5}k^3+\frac{1}{2}\sum_{k=1}^{5}k^2+\frac{1}{6}\sum_{k=1}^{5}k$$

$$=\frac{1}{3}\times\left(\frac{5\times6}{2}\right)^2+\frac{1}{2}\times\frac{5\times6\times11}{6}$$

$$+\frac{1}{6}\times\frac{5\times6}{2}$$

$$=75+\frac{55}{2}+\frac{5}{2}=105$$

답 **105**

619

(1) 주어진 수열의 제 k 항을 a_k 라 하면

$$a_k=1+2+3+\cdots+k=\frac{k(k+1)}{2}$$

따라서 구하는 합은

$$\sum_{k=1}^{8}\frac{k(k+1)}{2}$$

$$=\sum_{k=1}^{8}\frac{k^2+k}{2}=\frac{1}{2}\sum_{k=1}^{8}k^2+\frac{1}{2}\sum_{k=1}^{8}k$$

$$=\frac{1}{2}\times\frac{8\times9\times17}{6}+\frac{1}{2}\times\frac{8\times9}{2}$$

$$=102+18=120$$

(2) 주어진 수열의 제 k 항을 a_k 라 하면

$$a_k=(k+1)k^2=k^3+k^2$$

따라서 구하는 합은

$$\sum_{k=1}^{8}(k^3+k^2)=\sum_{k=1}^{8}k^3+\sum_{k=1}^{8}k^2$$

$$=\left(\frac{8\times9}{2}\right)^2+\frac{8\times9\times17}{6}$$

$$=1296+204=1500$$

답 (1) **120** (2) **1500**

620

수열 $\{a_n\}$ 의 첫째항부터 제 n 항까지의 합을 S_n 이라

하면 $S_n=\sum_{k=1}^{n}a_k=3^n-1$

$n=1$ 일 때

$$a_1=S_1=3^1-1=2$$

$n\geq2$ 일 때

$$a_n=S_n-S_{n-1}=(3^n-1)-(3^{n-1}-1)$$

$$=2\times3^{n-1} \qquad\cdots\cdots\ \text{㉠}$$

이때 $a_1=2$ 는 ㉠에 $n=1$ 을 대입한 것과 같으므로

$$a_n=2\times3^{n-1}$$

$$\therefore\ \sum_{k=1}^{11}\frac{ka_k}{a_{k+1}}=\sum_{k=1}^{11}\frac{k\times2\times3^{k-1}}{2\times3^k}$$

$$=\sum_{k=1}^{11}\frac{k}{3}=\frac{1}{3}\sum_{k=1}^{11}k$$

$$=\frac{1}{3}\times\frac{11\times12}{2}=22$$

답 **22**

621

(1) $$\sum_{l=1}^{6}\left(\sum_{k=1}^{l}kl\right)=\sum_{l=1}^{6}\left(l\sum_{k=1}^{l}k\right)=\sum_{l=1}^{6}\left\{l\times\frac{l(l+1)}{2}\right\}$$

$$=\frac{1}{2}\sum_{l=1}^{6}(l^3+l^2)$$

$$=\frac{1}{2}\times\left\{\left(\frac{6\times7}{2}\right)^2+\frac{6\times7\times13}{6}\right\}$$

$$=\frac{1}{2}\times(441+91)$$

$$=266$$

(2) $\sum_{i=1}^{j}2=2j$ 이므로

$$\sum_{j=1}^{k}\left(\sum_{i=1}^{j}2\right)=\sum_{j=1}^{k}2j=2\sum_{j=1}^{k}j$$

$$=2\times\frac{k(k+1)}{2}=k^2+k$$

$$\therefore\ \sum_{k=1}^{9}\left\{\sum_{j=1}^{k}\left(\sum_{i=1}^{j}2\right)\right\}=\sum_{k=1}^{9}(k^2+k)$$

$$=\frac{9\times10\times19}{6}+\frac{9\times10}{2}$$

$$=285+45$$

$$=330$$

답 (1) **266** (2) **330**

622

$$\sum_{n=1}^{m}\left(\sum_{i=1}^{n}i\right)=\sum_{n=1}^{m}\frac{n(n+1)}{2}$$

$$=\frac{1}{2}\left(\sum_{n=1}^{m}n^2+\sum_{n=1}^{m}n\right)$$

$$=\frac{1}{2}\left\{\frac{m(m+1)(2m+1)}{6}+\frac{m(m+1)}{2}\right\}$$

$$=\frac{m(m+1)(m+2)}{6}$$

따라서 $\dfrac{m(m+1)(m+2)}{6}=56$ 이므로

$$m(m+1)(m+2)=6\times7\times8$$

$$\therefore\ m=6$$

답 **6**

연습문제

623

전략 $\sum\limits_{k=1}^{n} a_k = a_1 + a_2 + a_3 + \cdots + a_n$임을 이용한다.

$$\sum_{k=0}^{9}(2k+2)^2 + \sum_{k=1}^{10}(2k-1)^2$$
$$= (2^2+4^2+6^2+\cdots+20^2)$$
$$\quad + (1^2+3^2+5^2+\cdots+19^2)$$
$$= 1^2+2^2+3^2+\cdots+20^2$$
$$= \sum_{k=1}^{20} k^2$$

답 ②

624

전략 n이 홀수인 경우와 짝수인 경우로 나누어 a_n을 구한다.

자연수 k에 대하여

(i) $n=2k-1$일 때
$$n^2 = (2k-1)^2$$
$$= 4k^2-4k+1$$
$$= 2(2k^2-2k)+1$$

이므로 $a_{2k-1}=1$

(ii) $n=2k$일 때
$$n^2 = (2k)^2 = 4k^2 = 2\times 2k^2$$이므로
$$a_{2k}=0$$

(i), (ii)에서
$$\sum_{k=1}^{100} a_k = 1+0+1+0+\cdots+1+0$$
$$= 1\times 50 = 50$$

답 50

625

전략 $a_{10} = \sum\limits_{k=1}^{10} a_k - \sum\limits_{k=1}^{9} a_k$임을 이용한다.

$\sum\limits_{k=1}^{15} a_k - \sum\limits_{k=1}^{9} \dfrac{a_k}{2} = 75$에서

$$2\sum_{k=1}^{15} a_k - \sum_{k=1}^{9} a_k = 150 \qquad \cdots\cdots ㉠$$

$\sum\limits_{k=1}^{15} 2a_k - \sum\limits_{k=1}^{10} a_k = 120$에서

$$2\sum_{k=1}^{15} a_k - \sum_{k=1}^{10} a_k = 120 \qquad \cdots\cdots ㉡$$

㉠$-$㉡을 하면 $-\sum\limits_{k=1}^{9} a_k + \sum\limits_{k=1}^{10} a_k = 30$

$$\therefore a_{10} = 30$$

답 30

626

전략 수열 $\{a_n\}$의 첫째항과 공비를 구한 후 등비수열의 합의 공식을 이용한다.

$$\sum_{k=1}^{9} a_k = 2\cos\pi + 2^2\cos 2\pi + 2^3\cos 3\pi + \cdots$$
$$\qquad\qquad + 2^9\cos 9\pi$$
$$= -2 + 2^2 - 2^3 + \cdots - 2^9$$
$$= -2 + (-2)^2 + (-2)^3 + \cdots + (-2)^9$$
$$= \frac{-2\{1-(-2)^9\}}{1-(-2)}$$
$$= -342$$

답 -342

627

전략 이차방정식의 근과 계수의 관계를 이용하여 a_n을 구한다.

이차방정식의 근과 계수의 관계에 의하여
$$a_n = \frac{n+2}{n^2+3n+2} = \frac{n+2}{(n+1)(n+2)}$$
$$= \frac{1}{n+1}$$

$$\therefore \sum_{k=1}^{11} \frac{1}{a_k} = \sum_{k=1}^{11}(k+1) = \sum_{k=1}^{11} k + \sum_{k=1}^{11} 1$$
$$= \frac{11\times 12}{2} + 1\times 11$$
$$= 66+11 = 77$$

답 77

628

전략 주어진 식을 간단히 한 후 자연수의 거듭제곱의 합을 이용한다.

$$\sum_{k=1}^{10}(3k^2+2) + \sum_{k=2}^{10}(3k^2-2)$$
$$= \sum_{k=1}^{10}(3k^2+2) + \left\{\sum_{k=1}^{10}(3k^2-2) - (3\times 1^2-2)\right\}$$
$$= \sum_{k=1}^{10}\{(3k^2+2)+(3k^2-2)\} - 1$$
$$= \sum_{k=1}^{10} 6k^2 - 1 = 6\sum_{k=1}^{10} k^2 - 1$$
$$= 6\times \frac{10\times 11\times 21}{6} - 1$$
$$= 2310-1 = 2309$$

답 2309

629

전략 수열 $1\times 19,\ 2\times 18,\ 3\times 17,\ \cdots$의 제 k항을 구한다.

수열 $1\times 19,\ 2\times 18,\ 3\times 17,\ \cdots$의 제 k항을 a_k라 하면
$$a_k = k(20-k) = -k^2 + 20k$$

$$\therefore 1\times19+2\times18+3\times17+\cdots+19\times1$$
$$=\sum_{k=1}^{19}(-k^2+20k)=-\sum_{k=1}^{19}k^2+20\sum_{k=1}^{19}k$$
$$=-\frac{19\times20\times39}{6}+20\times\frac{19\times20}{2}$$
$$=-2470+3800=1330$$

답 **1330**

630

전략 $S_n=\sum\limits_{k=1}^{n}a_k$라 하면 $a_1=S_1$, $a_n=S_n-S_{n-1}\,(n\geq2)$임을 이용한다.

수열 $\{a_n\}$의 첫째항부터 제 n 항까지의 합을 S_n이라

하면 $\quad S_n=\sum\limits_{k=1}^{n}a_k=\dfrac{n}{n+1}$

$n=1$일 때, $\quad a_1=S_1=\dfrac{1}{1+1}=\dfrac{1}{2}$

$n\geq2$일 때

$$a_n=S_n-S_{n-1}=\frac{n}{n+1}-\frac{n-1}{n}$$
$$=\frac{n^2-(n-1)(n+1)}{n(n+1)}$$
$$=\frac{1}{n(n+1)} \qquad\cdots\cdots ㉠$$

이때 $a_1=\dfrac{1}{2}$은 ㉠에 $n=1$을 대입한 것과 같으므로

$$a_n=\frac{1}{n(n+1)}$$
$$\therefore \sum_{k=1}^{12}\frac{1}{a_k}=\sum_{k=1}^{12}k(k+1)=\sum_{k=1}^{12}(k^2+k)$$
$$=\sum_{k=1}^{12}k^2+\sum_{k=1}^{12}k$$
$$=\frac{12\times13\times25}{6}+\frac{12\times13}{2}$$
$$=650+78=728$$

답 **728**

631

전략 $\dfrac{a_{k+1}-a_k}{a_k a_{k+1}}=\dfrac{1}{a_k}-\dfrac{1}{a_{k+1}}$임을 이용하여 $\sum\limits_{k=1}^{n}\dfrac{a_{k+1}-a_k}{a_k a_{k+1}}$를 합의 꼴로 나타낸 후 간단히 한다.

$$\sum_{k=1}^{n}\frac{a_{k+1}-a_k}{a_k a_{k+1}}$$
$$=\sum_{k=1}^{n}\left(\frac{1}{a_k}-\frac{1}{a_{k+1}}\right)$$
$$=\left(\frac{1}{a_1}-\frac{1}{a_2}\right)+\left(\frac{1}{a_2}-\frac{1}{a_3}\right)+\left(\frac{1}{a_3}-\frac{1}{a_4}\right)+\cdots$$
$$\quad+\left(\frac{1}{a_n}-\frac{1}{a_{n+1}}\right)$$

$$=\frac{1}{a_1}-\frac{1}{a_{n+1}}$$
$$=-\frac{1}{4}-\frac{1}{a_{n+1}}$$

이므로 $\quad -\dfrac{1}{4}-\dfrac{1}{a_{n+1}}=\dfrac{1}{n}$

$$\therefore \frac{1}{a_{n+1}}=-\frac{1}{n}-\frac{1}{4}$$

양변에 $n=12$를 대입하면

$$\frac{1}{a_{13}}=-\frac{1}{12}-\frac{1}{4}=-\frac{1}{3}$$
$$\therefore a_{13}=-3$$

답 ④

632

전략 $a_{10}=S_{10}-S_9$임을 이용한다.

$$S_n=\sum_{k=1}^{n+1}(k^2+1)-\sum_{k=1}^{n}(k^2-1)$$
$$=\sum_{k=1}^{n+1}k^2+\sum_{k=1}^{n+1}1-\sum_{k=1}^{n}k^2+\sum_{k=1}^{n}1$$
$$=(n+1)^2+(n+1)+n$$
$$=n^2+4n+2$$
$$\therefore a_{10}=S_{10}-S_9$$
$$=(10^2+4\times10+2)-(9^2+4\times9+2)$$
$$=142-119=23$$

답 **23**

다른 풀이 $S_n=\sum\limits_{k=1}^{n+1}(k^2+1)-\sum\limits_{k=1}^{n}(k^2-1)$
$$=\left[\sum_{k=1}^{n}(k^2+1)+\{(n+1)^2+1\}\right]$$
$$\quad-\sum_{k=1}^{n}(k^2-1)$$
$$=\sum_{k=1}^{n}\{(k^2+1)-(k^2-1)\}+(n+1)^2+1$$
$$=\sum_{k=1}^{n}2+(n+1)^2+1$$
$$=2\times n+(n^2+2n+1)+1$$
$$=n^2+4n+2$$

633

전략 등비수열의 합의 공식을 이용하여 $1+2+2^2+\cdots+2^{k-1}$을 간단히 한다.

$$1+2+2^2+\cdots+2^{k-1}=\frac{1\times(2^k-1)}{2-1}$$
$$=2^k-1$$

$$\therefore \sum_{k=1}^{n}(1+2+2^2+\cdots+2^{k-1})$$
$$=\sum_{k=1}^{n}(2^k-1)$$
$$=\sum_{k=1}^{n}2^k-\sum_{k=1}^{n}1$$
$$=\frac{2\times(2^n-1)}{2-1}-1\times n$$
$$=2\times2^n-n-2$$

따라서 $a=2$, $b=-1$, $c=-2$이므로
$$abc=4 \qquad \text{답 } 4$$

634

전략 Σ의 정의를 이용하여 등차수열 $\{a_n\}$의 공차를 구한다.

등차수열 $\{a_n\}$의 공차를 $d\,(d>0)$라 하면
$$\sum_{k=4}^{8}|2a_k-30|$$
$$=|2a_4-30|+|2a_5-30|+|2a_6-30|$$
$$\quad+|2a_7-30|+|2a_8-30|$$
$$=|2(15-2d)-30|+|2(15-d)-30|$$
$$\quad+|2\times15-30|+|2(15+d)-30|$$
$$\quad+|2(15+2d)-30|$$
$$=|-4d|+|-2d|+0+|2d|+|4d|$$
$$=4d+2d+2d+4d=12d$$

따라서 $12d=24$이므로
$$d=2$$
$$\therefore a_7=a_6+d=15+2=17 \qquad \text{답 } 17$$

635

전략 주어진 식을 합의 꼴로 나타낸 후 자연수의 거듭제곱의 합을 이용한다.

$$\sum_{k=1}^{10}k^2+\sum_{k=2}^{10}k^2+\sum_{k=3}^{10}k^2+\cdots+\sum_{k=10}^{10}k^2$$
$$=(1^2+2^2+3^2+\cdots+10^2)$$
$$\quad+(2^2+3^2+4^2+\cdots+10^2)$$
$$\quad+(3^2+4^2+5^2+\cdots+10^2)+\cdots$$
$$\quad+10^2$$
$$=1^2+2\times2^2+3\times3^2+\cdots+10\times10^2$$
$$=1^3+2^3+3^3+\cdots+10^3$$
$$=\sum_{k=1}^{10}k^3=\left(\frac{10\times11}{2}\right)^2$$
$$=3025 \qquad \text{답 } 3025$$

636

전략 $\sum_{k=1}^{n}ka_k=\dfrac{n(n+1)(n+2)}{6}$임을 이용하여 수열 $\{na_n\}$의 일반항을 구한다.

수열 $\{na_n\}$의 첫째항부터 제 n항까지의 합을 S_n이라 하면
$$S_n=\sum_{k=1}^{n}ka_k=\frac{n(n+1)(n+2)}{6}$$

$n=1$일 때
$$a_1=S_1=\frac{1\times2\times3}{6}=1$$

$n\geq2$일 때
$$na_n=S_n-S_{n-1}$$
$$=\frac{n(n+1)(n+2)}{6}-\frac{(n-1)n(n+1)}{6}$$
$$=\frac{n(n+1)}{2} \qquad \cdots\cdots \ \text{㉠}$$

이때 $a_1=1$은 ㉠에 $n=1$을 대입한 것과 같으므로
$$na_n=\frac{n(n+1)}{2}$$
$$\therefore a_n=\frac{n+1}{2}$$
$$\therefore \sum_{k=1}^{10}a_k=\sum_{k=1}^{10}\frac{k+1}{2}=\frac{1}{2}\left(\sum_{k=1}^{10}k+\sum_{k=1}^{10}1\right)$$
$$=\frac{1}{2}\times\left(\frac{10\times11}{2}+1\times10\right)$$
$$=\frac{65}{2} \qquad \text{답 } \frac{65}{2}$$

637

전략 상수인 것과 상수가 아닌 것을 구분하여 안쪽에 있는 Σ부터 차례대로 계산한다.

$$\sum_{k=1}^{5}(3k-1)2^{j-1}=2^{j-1}\sum_{k=1}^{5}(3k-1)$$
$$=2^{j-1}\left(3\sum_{k=1}^{5}k-\sum_{k=1}^{5}1\right)$$
$$=2^{j-1}\left(3\times\frac{5\times6}{2}-1\times5\right)$$
$$=40\times2^{j-1}$$
$$\therefore (\text{주어진 식})=\sum_{j=1}^{5}(40\times2^{j-1})$$
$$=40\sum_{j=1}^{5}2^{j-1}$$
$$=40\times\frac{1\times(2^5-1)}{2-1}$$
$$=1240 \qquad \text{답 } 1240$$

638

전략 등차수열 $\{a_n\}$의 공차가 음수인 경우와 양수인 경우로 나누어 생각한다.

세 수 a_4, a_5, a_6이 이 순서대로 등차수열을 이루므로

$$a_5 = \frac{a_4 + a_6}{2} = 0$$

따라서 등차수열 $\{a_n\}$의 공차를 d $(d \neq 0)$라 하면

$$a_1 = a_5 - 4d = -4d, \ a_2 = a_5 - 3d = -3d,$$
$$a_3 = a_5 - 2d = -2d, \ a_4 = a_5 - d = -d,$$
$$a_6 = a_5 + d = d, \ a_7 = a_5 + 2d = 2d,$$
$$a_8 = a_5 + 3d = 3d$$

(i) $d < 0$인 경우

$n \leq 4$일 때, $a_n > 0$이므로

$$|a_n| + a_n = a_n + a_n = 2a_n$$

$n \geq 6$일 때, $a_n < 0$이므로

$$|a_n| + a_n = -a_n + a_n = 0$$

$$\therefore \sum_{k=1}^{8} (|a_k| + a_k)$$
$$= 2a_1 + 2a_2 + 2a_3 + 2a_4 + 0 + 0 + 0 + 0$$
$$= 2 \times (-4d) + 2 \times (-3d)$$
$$\quad + 2 \times (-2d) + 2 \times (-d)$$
$$= -20d$$

따라서 $-20d = 48$이므로

$$d = -\frac{12}{5}$$

그런데 d는 정수이므로 조건을 만족시키지 않는다.

(ii) $d > 0$인 경우

$n \leq 4$일 때, $a_n < 0$이므로

$$|a_n| + a_n = -a_n + a_n = 0$$

$n \geq 6$일 때, $a_n > 0$이므로

$$|a_n| + a_n = a_n + a_n = 2a_n$$

$$\therefore \sum_{k=1}^{8} (|a_k| + a_k)$$
$$= 0 + 0 + 0 + 0 + 0 + 2a_6 + 2a_7 + 2a_8$$
$$= 2 \times d + 2 \times 2d + 2 \times 3d$$
$$= 12d$$

따라서 $12d = 48$이므로 $\quad d = 4$

(i), (ii)에서 $\quad d = 4$

$$\therefore a_{10} = a_5 + 5d = 5 \times 4 = 20$$

답 20

참고 등차수열 $\{a_n\}$의 공차가 0이면 $a_1 = a_2 = \cdots = a_8 = 0$

이므로 $\quad \displaystyle\sum_{k=1}^{8} (|a_k| + a_k) = 0$

639

전략 $\displaystyle\sum_{n=1}^{20} a_n$을 n이 짝수인 항의 합과 홀수인 항의 합으로 나누어 나타낸다.

$$\sum_{n=1}^{20} a_n = a_1 + a_2 + a_3 + \cdots + a_{20}$$
$$= (a_1 + a_3 + a_5 + \cdots + a_{19})$$
$$\quad + (a_2 + a_4 + a_6 + \cdots + a_{20})$$
$$= \sum_{n=1}^{10} a_{2n-1} + \sum_{n=1}^{10} a_{2n}$$
$$= \sum_{n=1}^{10} \frac{(2n-2)^2}{2} + \sum_{n=1}^{10} \left\{ \frac{(2n)^2}{2} - 2n \right\}$$
$$= 2 \sum_{n=1}^{10} (n^2 - 2n + 1) + 2 \sum_{n=1}^{10} (n^2 - n)$$
$$= 2 \sum_{n=1}^{10} \{ (n^2 - 2n + 1) + (n^2 - n) \}$$
$$= 2 \sum_{n=1}^{10} (2n^2 - 3n + 1)$$
$$= 2 \times \left(2 \times \frac{10 \times 11 \times 21}{6} - 3 \times \frac{10 \times 11}{2} + 1 \times 10 \right)$$
$$= 2 \times (770 - 165 + 10)$$
$$= 1230$$

답 1230

640

전략 직선의 방정식을 이용하여 점 B_n의 좌표를 구하고 S_n을 n에 대한 식으로 나타낸다.

점 $A_n(n, n^2)$을 지나고 직선 $y = nx$에 수직인 직선의 방정식은

$$y - n^2 = -\frac{1}{n}(x - n)$$

$$\therefore y = \boxed{\text{(가)} -\frac{1}{n}} \times x + n^2 + 1$$

이 식에 $y = 0$을 대입하면

$$0 = -\frac{1}{n}x + n^2 + 1 \qquad \therefore x = n^3 + n$$

$$\therefore B_n(n^3 + n, 0)$$

두 점 A_n, B_n의 좌표를 이용하여 S_n을 구하면

$$S_n = \frac{1}{2} \times (n^3 + n) \times n^2$$

$$= \boxed{\text{(나)} \ \frac{n^5 + n^3}{2}}$$

따라서

$$\sum_{n=1}^{8} \frac{S_n}{n^3} = \sum_{n=1}^{8} \frac{\dfrac{n^5+n^3}{2}}{n^3} = \sum_{n=1}^{8} \frac{n^2+1}{2}$$

$$= \frac{1}{2}\left(\sum_{n=1}^{8} n^2 + \sum_{n=1}^{8} 1\right)$$

$$= \frac{1}{2} \times \left(\frac{8 \times 9 \times 17}{6} + 1 \times 8\right)$$

$$= \frac{1}{2} \times (204+8) = \boxed{\text{(다)} \ 106}$$

이다.

즉 $f(n) = -\dfrac{1}{n}$, $g(n) = \dfrac{n^5+n^3}{2}$, $r=106$이므로

$$f(1) + g(2) + r = -1 + \frac{2^5+2^3}{2} + 106$$

$$= 125 \qquad \qquad \text{답 ⑤}$$

📓 **개념 노트**

두 직선 $y=mx+n$, $y=m'x+n'$이 수직이면
$$mm' = -1$$

03 여러 가지 수열의 합
● 본책 273~278쪽

641

주어진 수열의 제 k 항을 a_k라 하면

$$a_k = \frac{1}{1+2+3+\cdots+k} = \frac{1}{\dfrac{k(k+1)}{2}}$$

$$= \frac{2}{k(k+1)}$$

$$= 2\left(\frac{1}{k} - \frac{1}{k+1}\right)$$

따라서 구하는 합은

$$\sum_{k=1}^{8} a_k = \sum_{k=1}^{8} 2\left(\frac{1}{k} - \frac{1}{k+1}\right)$$

$$= 2\left\{\left(1-\frac{1}{2}\right) + \left(\frac{1}{2} - \frac{1}{3}\right) + \cdots \right.$$

$$\left. + \left(\frac{1}{8} - \frac{1}{9}\right)\right\}$$

$$= 2\left(1 - \frac{1}{9}\right) = \frac{16}{9} \qquad \text{답 } \frac{16}{9}$$

642

수열 $\{a_n\}$의 첫째항부터 제 n 항까지의 합을 S_n이라 하면

$$S_n = \sum_{k=1}^{n} a_k = n^2+4n$$

$n=1$일 때

$$a_1 = S_1 = 1^2 + 4 \times 1 = 5$$

$n \geq 2$일 때

$$a_n = S_n - S_{n-1}$$

$$= (n^2+4n) - \{(n-1)^2 + 4(n-1)\}$$

$$= 2n+3 \qquad \qquad \cdots\cdots ㉠$$

이때 $a_1 = 5$는 ㉠에 $n=1$을 대입한 것과 같으므로

$$a_n = 2n+3$$

$$\therefore \sum_{k=1}^{n} \frac{1}{a_k a_{k+1}} = \sum_{k=1}^{n} \frac{1}{(2k+3)(2k+5)}$$

$$= \sum_{k=1}^{n} \frac{1}{2}\left(\frac{1}{2k+3} - \frac{1}{2k+5}\right)$$

$$= \frac{1}{2}\left\{\left(\frac{1}{5} - \frac{1}{7}\right) + \left(\frac{1}{7} - \frac{1}{9}\right) + \cdots \right.$$

$$\left. + \left(\frac{1}{2n+3} - \frac{1}{2n+5}\right)\right\}$$

$$= \frac{1}{2}\left(\frac{1}{5} - \frac{1}{2n+5}\right)$$

$$= \frac{n}{5(2n+5)}$$

$$\text{답 } \frac{n}{5(2n+5)}$$

643

$$\sum_{k=1}^{n} \frac{1}{f(k)} = \sum_{k=1}^{n} \frac{1}{\sqrt{k+1} + \sqrt{k+2}}$$

$$= \sum_{k=1}^{n} \frac{\sqrt{k+1} - \sqrt{k+2}}{(\sqrt{k+1}+\sqrt{k+2})(\sqrt{k+1}-\sqrt{k+2})}$$

$$= \sum_{k=1}^{n} (\sqrt{k+2} - \sqrt{k+1})$$

$$= (\sqrt{3} - \sqrt{2}) + (\sqrt{4} - \sqrt{3}) + \cdots$$

$$+ (\sqrt{n+2} - \sqrt{n+1})$$

$$= \sqrt{n+2} - \sqrt{2}$$

따라서 $\sqrt{n+2} - \sqrt{2} = 2\sqrt{2}$이므로

$$\sqrt{n+2} = 3\sqrt{2}, \qquad n+2 = 18$$

$$\therefore n = 16$$

답 16

644

$x^2-(2n+1)x+n(n+1)=0$에서

$(x-n)(x-n-1)=0$

$\therefore x=n$ 또는 $x=n+1$

따라서 $\alpha_n=n$, $\beta_n=n+1$ 또는 $\alpha_n=n+1$, $\beta_n=n$이므로

$\displaystyle\sum_{k=1}^{80}\frac{1}{\sqrt{\alpha_k}+\sqrt{\beta_k}}$

$\displaystyle=\sum_{k=1}^{80}\frac{1}{\sqrt{k}+\sqrt{k+1}}$

$\displaystyle=\sum_{k=1}^{80}\frac{\sqrt{k}-\sqrt{k+1}}{(\sqrt{k}+\sqrt{k+1})(\sqrt{k}-\sqrt{k+1})}$

$\displaystyle=\sum_{k=1}^{80}(\sqrt{k+1}-\sqrt{k})$

$=(\sqrt{2}-1)+(\sqrt{3}-\sqrt{2})+\cdots+(\sqrt{81}-\sqrt{80})$

$=\sqrt{81}-1=8$

冒 8

645

(1) $\displaystyle\sum_{k=1}^{999}\log\left(1+\frac{1}{k}\right)$

$\displaystyle=\sum_{k=1}^{999}\log\frac{k+1}{k}$

$\displaystyle=\log\frac{2}{1}+\log\frac{3}{2}+\log\frac{4}{3}+\cdots+\log\frac{1000}{999}$

$\displaystyle=\log\left(\frac{2}{1}\times\frac{3}{2}\times\frac{4}{3}\times\cdots\times\frac{1000}{999}\right)$

$=\log 1000=3$

(2) $\displaystyle\sum_{k=1}^{14}\log_2\{\log_{k+1}(k+2)\}$

$=\log_2(\log_2 3)+\log_2(\log_3 4)$

$\quad+\log_2(\log_4 5)+\cdots+\log_2(\log_{15}16)$

$=\log_2(\log_2 3\times\log_3 4\times\log_4 5\times\cdots\times\log_{15}16)$

$\displaystyle=\log_2\left(\frac{\log 3}{\log 2}\times\frac{\log 4}{\log 3}\times\frac{\log 5}{\log 4}\times\cdots\times\frac{\log 16}{\log 15}\right)$

$\displaystyle=\log_2\left(\frac{\log 16}{\log 2}\right)=\log_2(\log_2 16)$

$=\log_2 4=2$

冒 (1) 3 (2) 2

646

수열 $\{a_n\}$의 첫째항부터 제 n 항까지의 합을 S_n이라 하면

$\displaystyle S_n=\sum_{k=1}^{n}a_k=\log_2(n^2+n)$

$n=1$일 때

$a_1=S_1=\log_2 2=1$

$n\geq2$일 때

$a_n=S_n-S_{n-1}$

$\quad=\log_2(n^2+n)-\log_2\{(n-1)^2+(n-1)\}$

$\quad=\log_2(n^2+n)-\log_2(n^2-n)$

$\quad=\log_2\dfrac{n^2+n}{n^2-n}$

$\quad=\log_2\dfrac{n+1}{n-1}$

따라서 $k\geq2$에서

$a_{2k-1}=\log_2\dfrac{2k}{2k-2}=\log_2\dfrac{k}{k-1}$

이므로

$\displaystyle\sum_{k=2}^{32}a_{2k-1}$

$\displaystyle=\sum_{k=2}^{32}\log_2\frac{k}{k-1}$

$\displaystyle=\log_2\frac{2}{1}+\log_2\frac{3}{2}+\log_2\frac{4}{3}+\cdots+\log_2\frac{32}{31}$

$\displaystyle=\log_2\left(\frac{2}{1}\times\frac{3}{2}\times\frac{4}{3}\times\cdots\times\frac{32}{31}\right)$

$=\log_2 32=5$

冒 5

647

주어진 수열을 같은 수끼리 묶으면

$(1),\ (3,3),\ (5,5,5),\ (7,7,7,7),\ \cdots$

n번째 묶음에 있는 수는 $2n-1$이므로 25가 처음으로 나타나는 항은 13번째 묶음의 첫 번째 항이다.

이때 n번째 묶음의 항의 개수는 n이므로 첫 번째 묶음부터 12번째 묶음까지의 항의 개수는

$\displaystyle\sum_{k=1}^{12}k=\frac{12\times13}{2}=78$

따라서 25가 처음으로 나타나는 항은 제79항이다.

冒 제 79 항

648

(1) 주어진 수열을 분모가 같은 항끼리 묶으면

$\left(\dfrac{1}{2}\right),\ \left(\dfrac{1}{3},\dfrac{2}{3}\right),\ \left(\dfrac{1}{4},\dfrac{2}{4},\dfrac{3}{4}\right),$

$\left(\dfrac{1}{5},\dfrac{2}{5},\dfrac{3}{5},\dfrac{4}{5}\right),\ \cdots$

n번째 묶음은

$$\frac{1}{n+1},\ \frac{2}{n+1},\ \frac{3}{n+1},\ \cdots,\ \frac{n}{n+1}$$

이므로 $\dfrac{17}{20}$은 19번째 묶음의 17번째 항이다.

이때 n번째 묶음의 항의 개수는 n이므로 첫 번째 묶음부터 18번째 묶음까지의 항의 개수는

$$\sum_{k=1}^{18} k = \frac{18 \times 19}{2} = 171$$

따라서 $171 + 17 = 188$이므로 $\dfrac{17}{20}$은 제188항이다.

(2) 첫 번째 묶음부터 13번째 묶음까지의 항의 개수는

$$\sum_{k=1}^{13} k = \frac{13 \times 14}{2} = 91$$

이므로 제95항은 14번째 묶음의 4번째 항이다.

이때 14번째 묶음은

$$\frac{1}{15},\ \frac{2}{15},\ \frac{3}{15},\ \frac{4}{15},\ \cdots,\ \frac{13}{15},\ \frac{14}{15}$$

이므로 제95항은 $\dfrac{4}{15}$이다.

답 (1) 제188항 (2) $\dfrac{4}{15}$

● 본책 279~280쪽

연습 문제

649

전략 $\dfrac{1}{4k^2-1} = \dfrac{1}{(2k-1)(2k+1)}$을 부분분수로 변형한다.

$$\sum_{k=1}^{n} \frac{1}{4k^2-1} = \sum_{k=1}^{n} \frac{1}{(2k-1)(2k+1)}$$

$$= \sum_{k=1}^{n} \frac{1}{2}\left(\frac{1}{2k-1} - \frac{1}{2k+1}\right)$$

$$= \frac{1}{2}\left\{\left(1 - \frac{1}{3}\right) + \left(\frac{1}{3} - \frac{1}{5}\right) + \cdots \right.$$
$$\left. + \left(\frac{1}{2n-1} - \frac{1}{2n+1}\right)\right\}$$

$$= \frac{1}{2}\left(1 - \frac{1}{2n+1}\right)$$

$$= \frac{n}{2n+1}$$

따라서 $\dfrac{n}{2n+1} = \dfrac{25}{51}$이므로

$$51n = 50n + 25$$

$$\therefore n = 25$$

답 25

650

전략 다항식 $a_n x^2 - a_n - 3$이 $x - n$으로 나누어떨어짐을 이용하여 $a_n\,(n \geq 2)$을 구한다.

다항식 $a_n x^2 - a_n - 3$이 $x - n$으로 나누어떨어지므로

$$a_n n^2 - a_n - 3 = 0, \qquad (n^2-1)a_n = 3$$

$n \geq 2$일 때, $\qquad a_n = \dfrac{3}{n^2-1}$

$$\therefore \sum_{k=2}^{10} a_k = \sum_{k=2}^{10} \frac{3}{k^2-1}$$

$$= \sum_{k=2}^{10} \frac{3}{(k-1)(k+1)}$$

$$= \sum_{k=2}^{10} \frac{3}{2}\left(\frac{1}{k-1} - \frac{1}{k+1}\right)$$

$$= \frac{3}{2}\left\{\left(1 - \frac{1}{3}\right) + \left(\frac{1}{2} - \frac{1}{4}\right) \right.$$
$$+ \left(\frac{1}{3} - \frac{1}{5}\right) + \cdots$$
$$+ \left(\frac{1}{8} - \frac{1}{10}\right) + \left(\frac{1}{9} - \frac{1}{11}\right)\right\}$$

$$= \frac{3}{2}\left(1 + \frac{1}{2} - \frac{1}{10} - \frac{1}{11}\right)$$

$$= \frac{108}{55}$$

답 $\dfrac{108}{55}$

651

전략 $\log a_k$에 $k=2,\ 3,\ 4,\ \cdots,\ 20$을 차례대로 대입하여 합의 꼴로 나타낸 후 로그의 성질을 이용한다.

$$\sum_{k=2}^{20} \log a_k$$

$$= \sum_{k=2}^{20} \log\left(1 + \frac{1}{k^2-1}\right)$$

$$= \sum_{k=2}^{20} \log \frac{k^2}{k^2-1}$$

$$= \sum_{k=2}^{20} \log\left(\frac{k}{k-1} \times \frac{k}{k+1}\right)$$

$$= \log\left(\frac{2}{1} \times \frac{2}{3}\right) + \log\left(\frac{3}{2} \times \frac{3}{4}\right) + \log\left(\frac{4}{3} \times \frac{4}{5}\right)$$
$$+ \cdots + \log\left(\frac{20}{19} \times \frac{20}{21}\right)$$

$$= \log\left\{\left(\frac{2}{1} \times \frac{2}{3}\right) \times \left(\frac{3}{2} \times \frac{3}{4}\right) \times \left(\frac{4}{3} \times \frac{4}{5}\right) \times \cdots \right.$$
$$\left. \times \left(\frac{20}{19} \times \frac{20}{21}\right)\right\}$$

$$= \log\left(2 \times \frac{20}{21}\right) = \log \frac{40}{21}$$

따라서 $p = 21$, $q = 40$이므로 $\qquad p + q = 61$ **답** 61

652

전략 먼저 수열 $\dfrac{3}{1^2}$, $\dfrac{5}{1^2+2^2}$, $\dfrac{7}{1^2+2^2+3^2}$, $\cdots$의 제k항을 구한다.

수열 $\dfrac{3}{1^2}$, $\dfrac{5}{1^2+2^2}$, $\dfrac{7}{1^2+2^2+3^2}$, $\cdots$의 제k항을 a_k라 하면

$$a_k=\dfrac{2k+1}{1^2+2^2+3^2+\cdots+k^2}$$
$$=\dfrac{2k+1}{\sum\limits_{n=1}^{k}n^2}=\dfrac{2k+1}{\dfrac{k(k+1)(2k+1)}{6}}$$
$$=\dfrac{6}{k(k+1)}$$
$$=6\left(\dfrac{1}{k}-\dfrac{1}{k+1}\right)$$

따라서 구하는 합은

$$\sum_{k=1}^{10}a_k=\sum_{k=1}^{10}6\left(\dfrac{1}{k}-\dfrac{1}{k+1}\right)$$
$$=6\left\{\left(1-\dfrac{1}{2}\right)+\left(\dfrac{1}{2}-\dfrac{1}{3}\right)+\cdots\right.$$
$$\left.+\left(\dfrac{1}{10}-\dfrac{1}{11}\right)\right\}$$
$$=6\left(1-\dfrac{1}{11}\right)=\dfrac{60}{11}$$

답 $\dfrac{60}{11}$

653

전략 직선이 원의 중심을 지남을 이용하여 a_n을 구한다.

직선 $y=x+a_n$이 원 $(x-2n)^2+(y-2n^2)^2=n^2$을 이등분하려면 직선 $y=x+a_n$이 원의 중심 $(2n,\ 2n^2)$을 지나야 하므로

$$2n^2=2n+a_n$$
$$\therefore a_n=2n^2-2n=2n(n-1)$$
$$\therefore \sum_{k=2}^{15}\dfrac{1}{a_k}=\sum_{k=2}^{15}\dfrac{1}{2k(k-1)}$$
$$=\sum_{k=2}^{15}\dfrac{1}{2}\left(\dfrac{1}{k-1}-\dfrac{1}{k}\right)$$
$$=\dfrac{1}{2}\left\{\left(1-\dfrac{1}{2}\right)+\left(\dfrac{1}{2}-\dfrac{1}{3}\right)+\cdots\right.$$
$$\left.+\left(\dfrac{1}{14}-\dfrac{1}{15}\right)\right\}$$
$$=\dfrac{1}{2}\left(1-\dfrac{1}{15}\right)$$
$$=\dfrac{7}{15}$$

답 $\dfrac{7}{15}$

654

전략 수열의 합과 일반항 사이의 관계를 이용하여 a_n을 구한다.

수열 $\left\{\dfrac{1}{(2n-1)a_n}\right\}$의 첫째항부터 제$n$항까지의 합을 S_n이라 하면

$$S_n=\sum_{k=1}^{n}\dfrac{1}{(2k-1)a_k}=n^2+2n$$

$n=1$일 때

$$\dfrac{1}{a_1}=S_1=1^2+2\times1=3 \qquad \therefore a_1=\dfrac{1}{3}$$

$n\geq2$일 때

$$\dfrac{1}{(2n-1)a_n}=S_n-S_{n-1}$$
$$=n^2+2n-\{(n-1)^2+2(n-1)\}$$
$$=2n+1$$
$$\therefore a_n=\dfrac{1}{(2n-1)(2n+1)}$$
$$=\dfrac{1}{2}\left(\dfrac{1}{2n-1}-\dfrac{1}{2n+1}\right) \qquad \cdots\cdots \text{㉠}$$

이때 $a_1=\dfrac{1}{3}$은 ㉠에 $n=1$을 대입한 것과 같으므로

$$a_n=\dfrac{1}{2}\left(\dfrac{1}{2n-1}-\dfrac{1}{2n+1}\right)$$
$$\therefore \sum_{n=1}^{10}a_n=\sum_{n=1}^{10}\dfrac{1}{2}\left(\dfrac{1}{2n-1}-\dfrac{1}{2n+1}\right)$$
$$=\dfrac{1}{2}\left\{\left(1-\dfrac{1}{3}\right)+\left(\dfrac{1}{3}-\dfrac{1}{5}\right)+\cdots\right.$$
$$\left.+\left(\dfrac{1}{19}-\dfrac{1}{21}\right)\right\}$$
$$=\dfrac{1}{2}\left(1-\dfrac{1}{21}\right)=\dfrac{10}{21}$$

답 ①

655

전략 $\sum\limits_{k=1}^{n}a_k$를 이용하여 a_n을 구한다.

수열 $\{a_n\}$의 첫째항부터 제n항까지의 합을 S_n이라 하면 $\quad S_n=\sum\limits_{k=1}^{n}a_k=2n^2-n$

$n=1$일 때

$$a_1=S_1=2\times1^2-1=1$$

$n\geq2$일 때

$$a_n=S_n-S_{n-1}$$
$$=(2n^2-n)-\{2(n-1)^2-(n-1)\}$$
$$=4n-3 \qquad \cdots\cdots \text{㉠}$$

이때 $a_1=1$은 ㉠에 $n=1$을 대입한 것과 같으므로

$$a_n=4n-3$$

$$\therefore \sum_{k=1}^{n} \frac{1}{\sqrt{a_k}+\sqrt{a_{k+1}}}$$

$$=\sum_{k=1}^{n} \frac{1}{\sqrt{4k-3}+\sqrt{4k+1}}$$

$$=\sum_{k=1}^{n} \frac{\sqrt{4k-3}-\sqrt{4k+1}}{(\sqrt{4k-3}+\sqrt{4k+1})(\sqrt{4k-3}-\sqrt{4k+1})}$$

$$=\sum_{k=1}^{n} \frac{1}{4}(-\sqrt{4k-3}+\sqrt{4k+1})$$

$$=\frac{1}{4}\{(-1+\sqrt{5})+(-\sqrt{5}+\sqrt{9})+\cdots$$

$$+(-\sqrt{4n-3}+\sqrt{4n+1})\}$$

$$=\frac{1}{4}(-1+\sqrt{4n+1})$$

따라서 $\frac{1}{4}(-1+\sqrt{4n+1})=\frac{3}{2}$이므로

$$-1+\sqrt{4n+1}=6, \qquad \sqrt{4n+1}=7$$

$$4n+1=49$$

$$\therefore n=12 \qquad \qquad \boxed{답}\ 12$$

656

전략 $\sum_{k=1}^{15} \dfrac{1}{\sqrt{a_k}+\sqrt{a_{k+1}}}$ 을 등차수열 $\{a_n\}$의 첫째항에 대한 식으로 나타낸다.

등차수열 $\{a_n\}$의 첫째항과 공차를 모두 $a\ (a>0)$라 하면

$$a_n=a+(n-1)a=an$$

$$\therefore \sum_{k=1}^{15} \frac{1}{\sqrt{a_k}+\sqrt{a_{k+1}}}$$

$$=\sum_{k=1}^{15} \frac{1}{\sqrt{ak}+\sqrt{a(k+1)}}$$

$$=\sum_{k=1}^{15} \frac{\sqrt{ak}-\sqrt{a(k+1)}}{\{\sqrt{ak}+\sqrt{a(k+1)}\}\{\sqrt{ak}-\sqrt{a(k+1)}\}}$$

$$=\sum_{k=1}^{15} \frac{1}{a}\{-\sqrt{ak}+\sqrt{a(k+1)}\}$$

$$=\frac{1}{a}\{(-\sqrt{a}+\sqrt{2a})+(-\sqrt{2a}+\sqrt{3a})$$

$$+\cdots+(-\sqrt{15a}+\sqrt{16a})\}$$

$$=\frac{1}{a}(-\sqrt{a}+\sqrt{16a})$$

$$=\frac{3\sqrt{a}}{a}$$

따라서 $\dfrac{3\sqrt{a}}{a}=2$이므로 $\qquad \dfrac{9}{a}=4$

$$\therefore a=\frac{9}{4}$$

즉 $a_n=\dfrac{9}{4}n$이므로 $\qquad a_4=\dfrac{9}{4}\times 4=9 \qquad \boxed{답}\ ④$

657

전략 각 줄에 나열된 수들의 규칙성을 찾는다.

위에서 k번째 줄에 나열된 수들은 첫째항이 k, 공차가 1, 항수가 k인 등차수열을 이루므로 위에서 k번째 줄에 나열된 수들의 합은

$$\frac{k\{2k+(k-1)\times 1\}}{2}=\frac{3k^2-k}{2}$$

따라서 위에서 첫 번째 줄부터 8번째 줄까지 나열된 모든 수의 합은

$$\sum_{k=1}^{8} \frac{3k^2-k}{2}=\frac{1}{2}\left(3\sum_{k=1}^{8} k^2-\sum_{k=1}^{8} k\right)$$

$$=\frac{1}{2}\times\left(3\times\frac{8\times 9\times 17}{6}-\frac{8\times 9}{2}\right)$$

$$=\frac{1}{2}\times(612-36)=288$$

$$\boxed{답}\ 288$$

658

전략 $\dfrac{1}{a_k a_{k+1}}$ 의 값의 부호를 조사하여 S의 값을 구한다.

수열 $\{a_n\}$은 첫째항이 -9, 공차가 2인 등차수열이므로

$$a_n=-9+(n-1)\times 2=2n-11$$

이때 $a_n>0$에서 $\qquad 2n-11>0$

$$\therefore n>\frac{11}{2}$$

따라서 수열 $\{a_n\}$은 첫째항부터 제5항까지는 음수이고, 제6항부터는 양수이다.

$$\therefore S=\sum_{k=1}^{10}\left|\frac{1}{a_k a_{k+1}}\right|$$

$$=\sum_{k=1}^{4} \frac{1}{a_k a_{k+1}}-\frac{1}{a_5 a_6}+\sum_{k=6}^{10} \frac{1}{a_k a_{k+1}}$$

$$=\sum_{k=1}^{4} \frac{1}{(2k-11)(2k-9)}$$

$$-\frac{1}{(2\times 5-11)(2\times 6-11)}$$

$$+\sum_{k=6}^{10} \frac{1}{(2k-11)(2k-9)}$$

$$= \sum_{k=1}^{4} \frac{1}{2}\left(\frac{1}{2k-11} - \frac{1}{2k-9}\right) + 1$$
$$+ \sum_{k=6}^{10} \frac{1}{2}\left(\frac{1}{2k-11} - \frac{1}{2k-9}\right)$$
$$= \frac{1}{2}\left\{\left(-\frac{1}{9}+\frac{1}{7}\right)+\left(-\frac{1}{7}+\frac{1}{5}\right)\right.$$
$$\left.+\left(-\frac{1}{5}+\frac{1}{3}\right)+\left(-\frac{1}{3}+1\right)\right\}$$
$$+1$$
$$+\frac{1}{2}\left\{\left(1-\frac{1}{3}\right)+\left(\frac{1}{3}-\frac{1}{5}\right)+\left(\frac{1}{5}-\frac{1}{7}\right)\right.$$
$$\left.+\left(\frac{1}{7}-\frac{1}{9}\right)+\left(\frac{1}{9}-\frac{1}{11}\right)\right\}$$
$$=\frac{1}{2}\left(-\frac{1}{9}+1\right)+1+\frac{1}{2}\left(1-\frac{1}{11}\right)$$
$$=\frac{4}{9}+1+\frac{5}{11}=\frac{188}{99}$$
$$\therefore 99S=99\times\frac{188}{99}=188$$

답 **188**

🔎 **해설 Focus**

$\frac{1}{a_k a_{k+1}}$은 a_k와 a_{k+1}의 값의 부호가 같으면 양수이고 다르면 음수이다.

이때 $k\le 5$이면 $a_k<0$, $k\ge 6$이면 $a_k>0$이므로 $\frac{1}{a_k a_{k+1}}$의 값의 부호는 다음과 같다.

(i) $k+1\le 5$, 즉 $k\le 4$일 때

a_k와 a_{k+1}이 모두 음수이므로 $\frac{1}{a_k a_{k+1}}$은 양수이다.

(ii) $k=5$일 때

a_5는 음수, a_6은 양수이므로 $\frac{1}{a_5 a_6}$은 음수이다.

(iii) $k\ge 6$일 때

a_k와 a_{k+1}이 모두 양수이므로 $\frac{1}{a_k a_{k+1}}$은 양수이다.

이상에서

$$\sum_{k=1}^{10}\left|\frac{1}{a_k a_{k+1}}\right|$$
$$=\sum_{k=1}^{4}\frac{1}{a_k a_{k+1}}-\frac{1}{a_5 a_6}+\sum_{k=6}^{10}\frac{1}{a_k a_{k+1}}$$

659

전략 $a_{n+1}=a_n^2+3a_n$에서 $a_n+3=\frac{a_{n+1}}{a_n}$임을 이용한다.

$a_1=10$이고 $a_{n+1}=a_n^2+3a_n$이므로

$$a_{n+1}>a_n$$

따라서 $a_n\ne 0$이므로 $a_{n+1}=a_n^2+3a_n$의 양변을 a_n으로 나누면

$$\frac{a_{n+1}}{a_n}=a_n+3$$
$$\therefore \sum_{k=1}^{30}\log(a_k+3)$$
$$=\sum_{k=1}^{30}\log\frac{a_{k+1}}{a_k}$$
$$=\log\frac{a_2}{a_1}+\log\frac{a_3}{a_2}+\log\frac{a_4}{a_3}+\cdots$$
$$+\log\frac{a_{31}}{a_{30}}$$
$$=\log\left(\frac{a_2}{a_1}\times\frac{a_3}{a_2}\times\frac{a_4}{a_3}\times\cdots\times\frac{a_{31}}{a_{30}}\right)$$
$$=\log\frac{a_{31}}{a_1}=\log a_{31}-\log a_1$$
$$=\log a_{31}-\log 10$$
$$=\log a_{31}-1$$

답 ④

660

전략 $\sum_{k=1}^{m}a_k$를 m에 대한 식으로 나타내고 그 값이 100 이하의 자연수가 되기 위한 조건을 구한다.

$a_n=\log_2\sqrt{\frac{2(n+1)}{n+2}}=\frac{1}{2}\log_2\frac{2(n+1)}{n+2}$이므로

$$\sum_{k=1}^{m}a_k$$
$$=\sum_{k=1}^{m}\frac{1}{2}\log_2\frac{2(k+1)}{k+2}$$
$$=\frac{1}{2}\left\{\log_2\frac{2\times 2}{3}+\log_2\frac{2\times 3}{4}+\log_2\frac{2\times 4}{5}\right.$$
$$\left.+\cdots+\log_2\frac{2(m+1)}{m+2}\right\}$$
$$=\frac{1}{2}\log_2\left\{\frac{2\times 2}{3}\times\frac{2\times 3}{4}\times\frac{2\times 4}{5}\times\cdots\right.$$
$$\left.\times\frac{2(m+1)}{m+2}\right\}$$
$$=\frac{1}{2}\log_2\frac{2^{m+1}}{m+2}$$
$$=\frac{1}{2}\{m+1-\log_2(m+2)\} \qquad \cdots\cdots ㉠$$

따라서 $\sum_{k=1}^{m}a_k$의 값이 100 이하의 자연수가 되려면 $\log_2(m+2)$가 자연수가 되어야 하므로 $m+2$는 2의 거듭제곱의 꼴이어야 한다.

(ⅰ) $m+2=2^2$, 즉 $m=2$일 때 ㉠에서
$$\sum_{k=1}^{m} a_k = \frac{1}{2}(2+1-\log_2 2^2)$$
$$= \frac{1}{2}(2+1-2) = \frac{1}{2}$$
이때 자연수가 아니므로 조건을 만족시키지 않는다.

(ⅱ) $m+2=2^3$, 즉 $m=6$일 때 ㉠에서
$$\sum_{k=1}^{m} a_k = \frac{1}{2}(6+1-\log_2 2^3)$$
$$= \frac{1}{2}(6+1-3) = 2$$

(ⅲ) $m+2=2^4$, 즉 $m=14$일 때 ㉠에서
$$\sum_{k=1}^{m} a_k = \frac{1}{2}(14+1-\log_2 2^4)$$
$$= \frac{1}{2}(14+1-4) = \frac{11}{2}$$
이때 자연수가 아니므로 조건을 만족시키지 않는다.

(ⅳ) $m+2=2^5$, 즉 $m=30$일 때 ㉠에서
$$\sum_{k=1}^{m} a_k = \frac{1}{2}(30+1-\log_2 2^5)$$
$$= \frac{1}{2}(30+1-5) = 13$$

(ⅴ) $m+2=2^6$, 즉 $m=62$일 때 ㉠에서
$$\sum_{k=1}^{m} a_k = \frac{1}{2}(62+1-\log_2 2^6)$$
$$= \frac{1}{2}(62+1-6) = \frac{57}{2}$$
이때 자연수가 아니므로 조건을 만족시키지 않는다.

(ⅵ) $m+2=2^7$, 즉 $m=126$일 때 ㉠에서
$$\sum_{k=1}^{m} a_k = \frac{1}{2}(126+1-\log_2 2^7)$$
$$= \frac{1}{2}(126+1-7) = 60$$

(ⅶ) $m+2=2^8$, 즉 $m=254$일 때 ㉠에서
$$\sum_{k=1}^{m} a_k = \frac{1}{2}(254+1-\log_2 2^8)$$
$$= \frac{1}{2}(254+1-8) = \frac{247}{2}$$

즉 $m+2 \geq 2^8$이면 $\sum\limits_{k=1}^{m} a_k > 100$이므로 조건을 만족

시키지 않는다.

이상에서　　$m=6$ 또는 $m=30$ 또는 $m=126$

따라서 모든 m의 값의 합은
$$6+30+126=162$$

답 ④

01 수열의 귀납적 정의　　● 본책 282~288쪽

661

(1) $a_1=2$, $a_{n+1}=2a_n+3$이므로
$$a_2=2a_1+3=2\times2+3=7$$
$$a_3=2a_2+3=2\times7+3=17$$
$$a_4=2a_3+3=2\times17+3=37$$

(2) $a_1=1$, $a_{n+1}=a_n^2-1$이므로
$$a_2=a_1^2-1=1^2-1=0$$
$$a_3=a_2^2-1=0^2-1=-1$$
$$a_4=a_3^2-1=(-1)^2-1=0$$

(3) $a_1=2$, $a_{n+1}=\dfrac{1}{a_n}$이므로
$$a_2=\frac{1}{a_1}=\frac{1}{2}$$
$$a_3=\frac{1}{a_2}=\frac{1}{\frac{1}{2}}=2$$
$$a_4=\frac{1}{a_3}=\frac{1}{2}$$

(4) $a_1=\dfrac{1}{3}$, $\dfrac{1}{a_{n+1}}=\dfrac{1}{a_n}+2$이므로
$$\frac{1}{a_2}=\frac{1}{a_1}+2=\frac{1}{\frac{1}{3}}+2=5\text{에서}\quad a_2=\frac{1}{5}$$
$$\frac{1}{a_3}=\frac{1}{a_2}+2=\frac{1}{\frac{1}{5}}+2=7\text{에서}\quad a_3=\frac{1}{7}$$
$$\frac{1}{a_4}=\frac{1}{a_3}+2=\frac{1}{\frac{1}{7}}+2=9\text{에서}\quad a_4=\frac{1}{9}$$

(5) $a_1=5$, $a_2=2$, $a_{n+2}=a_n+a_{n+1}$이므로
$$a_3=a_1+a_2=5+2=7$$
$$a_4=a_2+a_3=2+7=9$$

답 (1) **37**　(2) **0**　(3) $\dfrac{1}{2}$

(4) $\dfrac{1}{9}$　(5) **9**

662

(1) $a_{n+1}-a_n=4$이므로 수열 $\{a_n\}$은 공차가 4인 등차
수열이다.

이때 첫째항이 -4이므로

$$a_n=-4+(n-1)\times 4=4n-8$$

(2) $a_{n+1}=3a_n$이므로 수열 $\{a_n\}$은 공비가 3인 등비수열이다.

이때 첫째항이 1이므로

$$a_n=1\times 3^{n-1}=3^{n-1}$$

(3) $2a_{n+1}=a_n+a_{n+2}$이므로 수열 $\{a_n\}$은 등차수열이다.

이때 첫째항이 12, 공차가 $a_2-a_1=9-12=-3$이므로

$$a_n=12+(n-1)\times(-3)=-3n+15$$

(4) $a_{n+1}{}^2=a_na_{n+2}$이므로 수열 $\{a_n\}$은 등비수열이다.

이때 첫째항이 5, 공비가 $a_2\div a_1=-10\div 5=-2$이므로

$$a_n=5\times(-2)^{n-1}$$

답 (1) $a_n=4n-8$　(2) $a_n=3^{n-1}$
　　(3) $a_n=-3n+15$　(4) $a_n=5\times(-2)^{n-1}$

663

(1) $a_{n+1}=a_n+n^2$의 n에 1, 2, 3, $\cdots$, 6을 차례대로 대입하면

$$a_2=a_1+1^2$$
$$a_3=a_2+2^2=a_1+1^2+2^2$$
$$a_4=a_3+3^2=a_1+1^2+2^2+3^2$$
$$\vdots$$
$$\therefore a_7=a_6+6^2=a_1+1^2+2^2+3^2+\cdots+6^2$$
$$=3+\frac{6\times 7\times 13}{6}=94$$

(2) $a_{n+1}=\dfrac{n+1}{n}a_n$의 n에 1, 2, 3, $\cdots$, 6을 차례대로 대입하면

$$a_2=2a_1$$
$$a_3=\frac{3}{2}a_2=\frac{3}{2}\times 2a_1$$
$$a_4=\frac{4}{3}a_3=\frac{4}{3}\times\frac{3}{2}\times 2a_1$$
$$\vdots$$
$$\therefore a_7=\frac{7}{6}a_6=\frac{7}{6}\times\frac{6}{5}\times\frac{5}{4}\times\cdots\times 2a_1$$
$$=7a_1=7\times 1=7$$

답 (1) **94**　(2) **7**

664

$a_{n+2}-a_{n+1}=a_{n+1}-a_n$이므로 수열 $\{a_n\}$은 등차수열이다.

이때 첫째항이 -5, 공차가 $a_2-a_1=-3-(-5)=2$이므로

$$a_n=-5+(n-1)\times 2=2n-7$$
$$\therefore \sum_{k=1}^{20}a_k=\sum_{k=1}^{20}(2k-7)=2\sum_{k=1}^{20}k-\sum_{k=1}^{20}7$$
$$=2\times\frac{20\times 21}{2}-7\times 20$$
$$=420-140=280$$

답 **280**

665

$\dfrac{a_{n+1}}{a_n}=\dfrac{a_{n+2}}{a_{n+1}}$이므로 수열 $\{a_n\}$은 등비수열이다.

수열 $\{a_n\}$의 공비를 r라 하면

$$\frac{a_6}{a_1}=\frac{a_8}{a_3}=\frac{a_{10}}{a_5}=r^5$$
$$\frac{a_6}{a_1}+\frac{a_8}{a_3}+\frac{a_{10}}{a_5}=15$$에서
$$r^5+r^5+r^5=15, \qquad 3r^5=15$$
$$\therefore r^5=5$$

이때 첫째항이 1이므로

$$a_{21}=1\times r^{20}=(r^5)^4=5^4=625$$

답 **625**

666

$a_{n+1}-a_n=2n$에서

$$a_{n+1}=a_n+2n$$

n에 1, 2, 3, $\cdots$을 차례대로 대입하면

$$a_2=a_1+2$$
$$a_3=a_2+4=a_1+2+4$$
$$a_4=a_3+6=a_1+2+4+6$$
$$\vdots$$
$$\therefore a_n=a_1+2+4+6+\cdots+2(n-1)$$
$$=5+\sum_{k=1}^{n-1}2k$$
$$=5+2\times\frac{(n-1)n}{2}$$
$$=n^2-n+5$$

따라서 $a_k=115$에서　$k^2-k+5=115$

$$k^2-k-110=0, \qquad (k+10)(k-11)=0$$
$$\therefore k=11\ (\because k는\ 자연수)$$

답 **11**

667

$a_{n+1}=2^n a_n$의 n에 1, 2, 3, $\cdots$을 차례대로 대입하면

$$a_2=2a_1$$
$$a_3=2^2 a_2=2^2\times 2a_1$$
$$a_4=2^3 a_3=2^3\times 2^2\times 2a_1$$
$$\vdots$$
$$\therefore\ a_n=2^{n-1}\times 2^{n-2}\times 2^{n-3}\times\cdots\times 2a_1$$
$$=2^{1+2+3+\cdots+(n-1)}\times 1$$
$$=2^{\frac{(n-1)n}{2}}$$

따라서 $a_k=2^{36}$에서

$$2^{\frac{(k-1)k}{2}}=2^{36},\qquad \frac{(k-1)k}{2}=36$$
$$k^2-k-72=0,\qquad (k+8)(k-9)=0$$
$$\therefore\ k=9\ (\because k\text{는 자연수})$$

답 **9**

668

$a_{n+1}=\begin{cases} 2a_n & (n\text{은 홀수}) \\ a_n-1 & (n\text{은 짝수}) \end{cases}$의 n에 1, 2, 3, $\cdots$, 9를

차례대로 대입하면

$$a_2=2a_1=2\times 3=6$$
$$a_3=a_2-1=6-1=5$$
$$a_4=2a_3=2\times 5=10$$
$$a_5=a_4-1=10-1=9$$
$$a_6=2a_5=2\times 9=18$$
$$a_7=a_6-1=18-1=17$$
$$a_8=2a_7=2\times 17=34$$
$$a_9=a_8-1=34-1=33$$
$$\therefore\ a_{10}=2a_9=2\times 33=66$$

답 **66**

669

$a_1=3$, $a_2=4$, $a_n+a_{n+1}+a_{n+2}=12$이므로

$a_1+a_2+a_3=12$에서 $\quad 3+4+a_3=12$
$$\therefore\ a_3=5$$
$a_2+a_3+a_4=12$에서 $\quad 4+5+a_4=12$
$$\therefore\ a_4=3$$
$a_3+a_4+a_5=12$에서 $\quad 5+3+a_5=12$
$$\therefore\ a_5=4$$
$$\vdots$$

따라서 수열 $\{a_n\}$은 3, 4, 5가 이 순서대로 반복된다.

이때 $50=3\times 16+2$이므로

$$a_{50}=4$$

답 **4**

670

$S_n=-a_n+n$에서

$$S_{n+1}=-a_{n+1}+n+1$$

한편 $a_{n+1}=S_{n+1}-S_n\ (n=1,\ 2,\ 3,\ \cdots)$이므로

$$a_{n+1}=-a_{n+1}+n+1-(-a_n+n)$$
$$=-a_{n+1}+a_n+1$$
$$\therefore\ a_{n+1}=\frac{1}{2}a_n+\frac{1}{2}$$

n에 1, 2, 3, $\cdots$, 7을 차례대로 대입하면

$$a_2=\frac{1}{2}a_1+\frac{1}{2}=\frac{1}{2}\times\frac{1}{2}+\frac{1}{2}=\left(\frac{1}{2}\right)^2+\frac{1}{2}$$
$$a_3=\frac{1}{2}a_2+\frac{1}{2}=\frac{1}{2}\left\{\left(\frac{1}{2}\right)^2+\frac{1}{2}\right\}+\frac{1}{2}$$
$$=\left(\frac{1}{2}\right)^3+\left(\frac{1}{2}\right)^2+\frac{1}{2}$$
$$a_4=\frac{1}{2}a_3+\frac{1}{2}=\frac{1}{2}\left\{\left(\frac{1}{2}\right)^3+\left(\frac{1}{2}\right)^2+\frac{1}{2}\right\}+\frac{1}{2}$$
$$=\left(\frac{1}{2}\right)^4+\left(\frac{1}{2}\right)^3+\left(\frac{1}{2}\right)^2+\frac{1}{2}$$
$$\vdots$$
$$\therefore\ a_8=\left(\frac{1}{2}\right)^8+\left(\frac{1}{2}\right)^7+\left(\frac{1}{2}\right)^6+\cdots+\frac{1}{2}$$
$$=\frac{\frac{1}{2}\left\{1-\left(\frac{1}{2}\right)^8\right\}}{1-\frac{1}{2}}$$
$$=1-\left(\frac{1}{2}\right)^8=\frac{255}{256}$$

답 $\dfrac{255}{256}$

671

(1) 농도가 5 %인 소금물 100 g에서 소금물 20 g을 덜어 낸 다음 물 20 g을 넣은 후의 소금물에 들어 있는 소금의 양은

$$\frac{5}{100}\times(100-20)=4\ (\text{g})$$

이때 소금물의 농도는

$$\frac{4}{100}\times 100=4\ (\%)$$
$$\therefore\ a_1=4$$

(2) $(n+1)$회 시행 후 소금물에 들어 있는 소금의 양은 농도가 a_n %인 소금물 100 g에서 소금물 20 g을 덜어 낸 다음 물 20 g을 넣은 후의 소금물에 들어 있는 소금의 양이므로

$$\frac{a_n}{100} \times (100-20) = \frac{4}{5} a_n \text{ (g)}$$

이때 소금물의 농도는

$$\frac{\frac{4}{5} a_n}{100} \times 100 = \frac{4}{5} a_n \ (\%)$$

$$\therefore a_{n+1} = \frac{4}{5} a_n \ (n=1, 2, 3, \cdots)$$

답 (1) **4** (2) $a_{n+1} = \dfrac{4}{5} a_n \ (n=1, 2, 3, \cdots)$

개념 노트

① (소금물의 농도) $= \dfrac{\text{(소금의 양)}}{\text{(소금물의 양)}} \times 100 \ (\%)$

② (소금의 양) $= \dfrac{\text{(소금물의 농도)}}{100} \times \text{(소금물의 양)}$

연습 문제 ──── ● 본책 289~291쪽

672

전략 수열 $\{a_n\}$이 등차수열임을 이용하여 일반항 a_n을 구한다.

$a_{n+2} - 2a_{n+1} + a_n = 0$, 즉 $2a_{n+1} = a_n + a_{n+2}$이므로 수열 $\{a_n\}$은 등차수열이다.

이때 공차가 $a_2 - a_1 = 2a_1 - a_1 = a_1$이므로

$$a_n = a_1 + (n-1) \times a_1 = na_1$$

$a_{10} = 20$에서 $10a_1 = 20$ $\therefore a_1 = 2$

따라서 $a_n = 2n$이므로

$$a_6 = 2 \times 6 = 12$$

답 12

673

전략 수열 $\{a_n\}$이 등비수열임을 이용하여 일반항 a_n을 구한다.

$a_{n+1}^2 = a_n a_{n+2}$이므로 수열 $\{a_n\}$은 등비수열이다.

이때 첫째항이 1, 공비가 $a_2 \div a_1 = 3 \div 1 = 3$이므로

$$a_n = 1 \times 3^{n-1} = 3^{n-1}$$

따라서 $a_{10} = 3^9$이므로

$$\log_3 a_{10} = \log_3 3^9 = 9$$

답 9

674

전략 주어진 식의 n에 1, 2, 3, $\cdots$을 차례대로 대입하여 규칙을 찾는다.

$$a_{n+1} = a_n + \frac{1}{\sqrt{n+2} + \sqrt{n+1}}$$
$$= a_n + \frac{\sqrt{n+2} - \sqrt{n+1}}{(\sqrt{n+2} + \sqrt{n+1})(\sqrt{n+2} - \sqrt{n+1})}$$
$$= a_n + \sqrt{n+2} - \sqrt{n+1}$$

n에 1, 2, 3, $\cdots$을 차례대로 대입하면

$$a_2 = a_1 + \sqrt{3} - \sqrt{2}$$
$$a_3 = a_2 + \sqrt{4} - \sqrt{3} = a_1 + \sqrt{3} - \sqrt{2} + \sqrt{4} - \sqrt{3}$$
$$= a_1 + \sqrt{4} - \sqrt{2}$$
$$a_4 = a_3 + \sqrt{5} - \sqrt{4} = a_1 + \sqrt{4} - \sqrt{2} + \sqrt{5} - \sqrt{4}$$
$$= a_1 + \sqrt{5} - \sqrt{2}$$
$$\vdots$$
$$\therefore a_n = a_1 + \sqrt{n+1} - \sqrt{2}$$
$$= \sqrt{2} + \sqrt{n+1} - \sqrt{2}$$
$$= \sqrt{n+1}$$

$a_n > 10$에서

$$\sqrt{n+1} > 10, \qquad n+1 > 100$$
$$\therefore n > 99$$

따라서 자연수 n의 최솟값은 100이다. **답 100**

675

전략 a_{n+1}을 a_n에 대한 식으로 나타낸 후 n에 1, 2, 3, $\cdots$, 15를 차례대로 대입하여 a_{16}의 값을 구한다.

$\sqrt{n+1}\, a_{n+1} = \sqrt{n}\, a_n$에서

$$a_{n+1} = \frac{\sqrt{n}}{\sqrt{n+1}} a_n$$

n에 1, 2, 3, $\cdots$, 15를 차례대로 대입하면

$$a_2 = \frac{1}{\sqrt{2}} a_1$$
$$a_3 = \frac{\sqrt{2}}{\sqrt{3}} a_2 = \frac{\sqrt{2}}{\sqrt{3}} \times \frac{1}{\sqrt{2}} a_1 = \frac{1}{\sqrt{3}} a_1$$
$$a_4 = \frac{\sqrt{3}}{\sqrt{4}} a_3 = \frac{\sqrt{3}}{\sqrt{4}} \times \frac{1}{\sqrt{3}} a_1 = \frac{1}{\sqrt{4}} a_1$$
$$\vdots$$
$$\therefore a_{16} = \frac{1}{\sqrt{16}} a_1 = \frac{1}{4} \times 4 = 1$$

답 1

676

전략 a_{n+1}을 a_n에 대한 식으로 나타낸 후 n에 1, 2, 3, …을 차례대로 대입하여 $a_k>12$인 자연수 k의 최솟값을 구한다.

$a_{n+1}+a_n=(-1)^{n+1}\times n$에서

$\qquad a_{n+1}=-a_n+(-1)^{n+1}\times n$

n에 1, 2, 3, …을 차례대로 대입하면

$\qquad a_2=-a_1+(-1)^2\times 1=-12+1=-11$

$\qquad a_3=-a_2+(-1)^3\times 2=11-2=9$

$\qquad a_4=-a_3+(-1)^4\times 3=-9+3=-6$

$\qquad a_5=-a_4+(-1)^5\times 4=6-4=2$

$\qquad a_6=-a_5+(-1)^6\times 5=-2+5=3$

$\qquad a_7=-a_6+(-1)^7\times 6=-3-6=-9$

$\qquad a_8=-a_7+(-1)^8\times 7=9+7=16$

$\qquad \vdots$

따라서 $n\leq 7$일 때 $a_n\leq 12$이고 $a_8>12$이므로 구하는 자연수 k의 최솟값은 8이다. **답** ④

677

전략 주어진 식의 n에 1, 2, 3, …을 차례대로 대입하여 수가 반복되는 규칙을 찾는다.

$a_{n+1}=\begin{cases} 3a_n & (a_n<8) \\ a_n-8 & (a_n\geq 8) \end{cases}$ 의 n에 1, 2, 3, …을 차례대로 대입하면

$\qquad a_2=3a_1=3\times 1=3$

$\qquad a_3=3a_2=3\times 3=9$

$\qquad a_4=a_3-8=9-8=1$

$\qquad \vdots$

따라서 수열 $\{a_n\}$은 1, 3, 9가 이 순서대로 반복된다.

이때 $60=3\times 20$이므로

$\qquad a_{60}=9$ **답 9**

678

전략 주어진 상황을 이해하고 a_n과 a_{n+1} 사이의 관계식을 구한다.

$(n+1)$일 후에 수족관에 남아 있는 물의 양 a_{n+1} L는 n일 후에 수족관에 남아 있는 물의 양 a_n L의 $\dfrac{1}{2}$ 배에 30 L를 더한 것이므로

$\qquad a_{n+1}=\dfrac{1}{2}a_n+30\ (n=1,\ 2,\ 3,\ \cdots)$

답 $a_{n+1}=\dfrac{1}{2}a_n+30\ (n=1,\ 2,\ 3,\ \cdots)$

679

전략 주어진 관계식을 간단히 하고 수열 $\{a_n\}$이 등차수열임을 알아낸다.

$(a_n+a_{n+1})^2=4a_na_{n+1}+4$에서

$\qquad a_n{}^2+2a_na_{n+1}+a_{n+1}{}^2=4a_na_{n+1}+4$

$\qquad a_n{}^2-2a_na_{n+1}+a_{n+1}{}^2=4$

$\qquad \therefore (a_n-a_{n+1})^2=4$

그런데 $a_{n+1}>a_n$이므로 $\qquad a_n-a_{n+1}=-2$

$\qquad \therefore a_{n+1}-a_n=2$

즉 수열 $\{a_n\}$은 첫째항이 1, 공차가 2인 등차수열이므로

$\qquad a_n=1+(n-1)\times 2=2n-1$

$\qquad \therefore a_{20}=2\times 20-1=39$ **답 39**

680

전략 주어진 식의 n에 2, 3, 4, 5를 차례대로 대입하여 a_6을 p에 대한 식으로 나타낸다.

$a_{n+1}=a_n+3^n-p$의 n에 2, 3, 4, 5를 차례대로 대입하면

$\qquad a_3=a_2+3^2-p=3+3^2-p$

$\qquad a_4=a_3+3^3-p=3+3^2+3^3-2p$

$\qquad a_5=a_4+3^4-p$

$\qquad\quad =3+3^2+3^3+3^4-3p$

$\qquad \therefore a_6=a_5+3^5-p$

$\qquad\quad =3+3^2+3^3+3^4+3^5-4p$

$\qquad\quad =\dfrac{3(3^5-1)}{3-1}-4p$

$\qquad\quad =363-4p$

즉 $363-4p=355$이므로

$\qquad 4p=8 \qquad \therefore p=2$ **답 2**

681

전략 주어진 관계식을 이용하여 a_{11}, a_{12}, a_{13}을 각각 a_4에 대한 식으로 나타낸다.

$a_{11}=4a_4-1$, $a_{12}=2a_4$, $a_{13}=a_4+5$이므로

$\qquad a_{11}+a_{12}+a_{13}=(4a_4-1)+2a_4+(a_4+5)$

$\qquad\qquad\qquad\qquad =7a_4+4$

이때 $a_4=a_1+5=2+5=7$이므로

$\qquad a_{11}+a_{12}+a_{13}=7\times 7+4=53$

답 53

682

전략 이차방정식의 근과 계수의 관계를 이용하여 a_{n-1}과 a_n 사이의 관계식을 구한다.

이차방정식의 근과 계수의 관계에 의하여

$$\alpha+\beta=\frac{a_n}{a_{n-1}},\ \alpha\beta=\frac{1}{a_{n-1}}$$

이므로

$$3\alpha-\alpha\beta+3\beta=3(\alpha+\beta)-\alpha\beta$$
$$=3\times\frac{a_n}{a_{n-1}}-\frac{1}{a_{n-1}}$$
$$=\frac{3a_n-1}{a_{n-1}}$$

따라서 $\dfrac{3a_n-1}{a_{n-1}}=1$이므로

$$a_n=\frac{1}{3}a_{n-1}+\frac{1}{3}$$

n에 2, 3, 4, 5를 차례로 대입하면

$$a_2=\frac{1}{3}a_1+\frac{1}{3}=\frac{1}{3}\times2+\frac{1}{3}=1$$
$$a_3=\frac{1}{3}a_2+\frac{1}{3}=\frac{1}{3}\times1+\frac{1}{3}=\frac{2}{3}$$
$$a_4=\frac{1}{3}a_3+\frac{1}{3}=\frac{1}{3}\times\frac{2}{3}+\frac{1}{3}=\frac{5}{9}$$
$$\therefore a_5=\frac{1}{3}a_4+\frac{1}{3}=\frac{1}{3}\times\frac{5}{9}+\frac{1}{3}=\frac{14}{27}$$

답 $\dfrac{14}{27}$

683

전략 주어진 식의 n에 2, 3, 4, …를 차례로 대입하여 수가 반복되는 규칙을 찾는다.

$a_1=1,\ a_2=2,\ a_3=4,\ a_{n-1}a_{n+1}=a_na_{n+2}$이므로

$a_1a_3=a_2a_4$에서　　$1\times4=2\times a_4$
　　$\therefore a_4=2$
$a_2a_4=a_3a_5$에서　　$2\times2=4\times a_5$
　　$\therefore a_5=1$
$a_3a_5=a_4a_6$에서　　$4\times1=2\times a_6$
　　$\therefore a_6=2$
$a_4a_6=a_5a_7$에서　　$2\times2=1\times a_7$
　　$\therefore a_7=4$
$a_5a_7=a_6a_8$에서　　$1\times4=2\times a_8$
　　$\therefore a_8=2$
　　　　$\vdots$

따라서 수열 $\{a_n\}$은 1, 2, 4, 2가 이 순서대로 반복되므로

$$\sum_{k=1}^{20}a_k=(a_1+a_2+a_3+a_4)$$
$$+(a_5+a_6+a_7+a_8)+\cdots$$
$$+(a_{17}+a_{18}+a_{19}+a_{20})$$
$$=5\times(1+2+4+2)$$
$$=45$$

답 **45**

684

전략 수열의 합과 일반항 사이의 관계를 이용하여 수열 $\{a_n\}$이 어떤 수열인지 찾는다.

수열 $\{a_n\}$의 첫째항부터 제n항까지의 합을 S_n이라 하면

$$a_n=\sum_{k=1}^{n-1}a_k=S_{n-1}$$
$$\therefore a_{n+1}=S_n$$

한편 $a_n=S_n-S_{n-1}\ (n=2,\ 3,\ 4,\ \cdots)$이므로

$$a_n=a_{n+1}-a_n$$
$$\therefore a_{n+1}=2a_n\ (n\geq2)$$

따라서 수열 $\{a_n\}$은 $a_1=1,\ a_2=S_1=a_1=1$이고 둘째항부터 공비가 2인 등비수열이므로

$$a_1=1,\ a_n=2^{n-2}\ (n\geq2)$$
$$\therefore a_{11}=2^9=512$$

답 **512**

(다른 풀이) $a_n=\displaystyle\sum_{k=1}^{n-1}a_k=a_1+a_2+\cdots+a_{n-1}$이므로

$$a_2=a_1=1$$
$$a_3=a_1+a_2=1+1=2$$
$$a_4=a_1+a_2+a_3=2+2=4$$
$$a_5=a_1+a_2+a_3+a_4=4+4=8$$
$$\vdots$$
$$\therefore a_n=2^{n-2}\ (n\geq2)$$

685

전략 주어진 식을 변형하여 a_n과 a_{n+1} 사이의 관계식을 구한다.

$2S_n=S_{n+1}+S_{n-1}-n^2$에서

$$S_{n+1}+S_{n-1}-2S_n=n^2$$
$$(S_{n+1}-S_n)-(S_n-S_{n-1})=n^2$$
$$a_{n+1}-a_n=n^2$$
$$\therefore a_{n+1}=a_n+n^2\ (n\geq2)$$

n에 2, 3, 4, $\cdots$, 9를 차례대로 대입하면

$$a_3=a_2+2^2=1+2^2$$
$$a_4=a_3+3^2=1+2^2+3^2$$
$$a_5=a_4+4^2=1+2^2+3^2+4^2$$
$$\vdots$$
$$\therefore a_{10}=1+2^2+3^2+\cdots+9^2$$
$$=\sum_{k=1}^{9}k^2=\frac{9\times10\times19}{6}$$
$$=285$$

답 285

참고 $a_1=0$, $a_2=1$이므로 $a_2=a_1+1^2$

따라서 $n\geq1$일 때 $a_{n+1}=a_n+n^2$이 성립한다.

686

전략 주어진 과정을 이해하고 빈칸에 알맞은 것을 추론한다.

모든 자연수 n에 대하여 점 P_n의 좌표를 $(a_n, 0)$이라 하자.

$\overline{OP_{n+1}}=\overline{OP_n}+\overline{P_nP_{n+1}}$이므로

$$a_{n+1}=a_n+\overline{P_nP_{n+1}} \qquad \cdots\cdots \text{㉠}$$

이다.

삼각형 OP_nQ_n과 삼각형 $Q_nP_nP_{n+1}$이 닮음이므로

$\overline{OP_n}:\overline{P_nQ_n}=\overline{P_nQ_n}:\overline{P_nP_{n+1}}$이고, 점 Q_n의 좌표는 $(a_n, \sqrt{3a_n})$이므로

$$a_n:\sqrt{3a_n}=\sqrt{3a_n}:\overline{P_nP_{n+1}}$$
$$a_n\times\overline{P_nP_{n+1}}=3a_n$$
$$\therefore \overline{P_nP_{n+1}}=\boxed{\text{㈎ }3} \ (\because a_n\neq0)$$

이때 ㉠에서

$$a_{n+1}=a_n+3$$

즉 수열 $\{a_n\}$은 첫째항이 1, 공차가 3인 등차수열이므로

$$a_n=1+(n-1)\times3=3n-2$$

따라서 삼각형 $OP_{n+1}Q_n$의 넓이 A_n은

$$A_n=\frac{1}{2}\times\overline{OP_{n+1}}\times\overline{P_nQ_n}$$
$$=\frac{1}{2}\times a_{n+1}\times\sqrt{3a_n}$$
$$=\frac{1}{2}\times\{3(n+1)-2\}\times\sqrt{3(3n-2)}$$
$$=\frac{1}{2}\times(\boxed{\text{㈏ }3n+1})\times\sqrt{9n-6}$$

이다.

즉 $p=3$, $f(n)=3n+1$이므로

$$p+f(8)=3+25=28$$

답 ⑤

687

전략 주어진 조건을 이용하여 a_2의 값을 구한다.

$a_7=a_2\times a_3-2$이므로

$$2=a_2a_3-2 \qquad \therefore a_2a_3=4$$

이때 $a_3=a_2\times a_1-2$이므로

$$a_2(a_1a_2-2)=4 \qquad\cdots\cdots \text{㉠}$$

또 $a_2=a_2\times a_1+1$이므로

$$a_1a_2=a_2-1 \qquad\cdots\cdots \text{㉡}$$

㉠에 ㉡을 대입하면

$$a_2(a_2-1-2)=4$$
$$a_2^2-3a_2-4=0, \qquad (a_2+1)(a_2-4)=0$$
$$\therefore a_2=-1 \text{ 또는 } a_2=4$$

(i) $a_2=-1$이면 ㉡에서

$$-a_1=-1-1 \qquad \therefore a_1=2$$

(ii) $a_2=4$이면 ㉡에서

$$4a_1=4-1 \qquad \therefore a_1=\frac{3}{4}$$

그런데 $a_1>1$이므로 조건을 만족시키지 않는다.

(i), (ii)에서 $a_1=2$, $a_2=-1$

따라서 $a_{2n}=-a_n+1$이므로

$$a_{30}=-a_{15}+1 \qquad\cdots\cdots \text{㉢}$$

$a_{2n+1}=-a_n-2$이므로

$$a_{15}=-a_7-2=-2-2=-4$$

㉢에 이것을 대입하면

$$a_{30}=4+1=5$$

답 5

688

전략 $a_1+a_2+a_3$의 최댓값과 최솟값을 각각 구한다.

조건 ㈎에서 $a_4=3$이므로 모든 수열 $\{a_n\}$에 대하여 $\sum_{k=4}^{40}a_k$의 값은 하나로 정해진다.

따라서 M은 $a_1+a_2+a_3$의 최댓값과 $\sum_{k=4}^{40}a_k$의 값의 합이고 m은 $a_1+a_2+a_3$의 최솟값과 $\sum_{k=4}^{40}a_k$의 값의 합이다.

이때 조건 ㈏를 이용하여 a_3, a_2, a_1의 값을 차례로 구하면 다음과 같다.

(i) $a_3\geq0$이라 하면 $a_3-4=3$에서 $a_3=7$

$a_3<0$이라 하면 $-2a_3+1=3$에서 $a_3=-1$

(ii) ⓐ $a_3=7$일 때

$a_2 \geq 0$이라 하면 $a_2-4=7$에서　　$a_2=11$

$a_2 < 0$이라 하면 $-2a_2+1=7$에서　　$a_2=-3$

ⓑ $a_3=-1$일 때

$a_2 \geq 0$이라 하면 $a_2-4=-1$에서　　$a_2=3$

$a_2 < 0$이라 하면 $-2a_2+1=-1$에서　　$a_2=1$

이때 $a_2 < 0$이므로 조건을 만족시키지 않는다.

ⓐ, ⓑ에서

$a_2=11$, $a_3=7$ 또는 $a_2=-3$, $a_3=7$

또는 $a_2=3$, $a_3=-1$

(iii) ⓐ $a_2=11$일 때

$a_1 \geq 0$이라 하면 $a_1-4=11$에서　　$a_1=15$

$a_1 < 0$이라 하면 $-2a_1+1=11$에서　　$a_1=-5$

ⓑ $a_2=-3$일 때

$a_1 \geq 0$이라 하면 $a_1-4=-3$에서　　$a_1=1$

$a_1 < 0$이라 하면 $-2a_1+1=-3$에서　　$a_1=2$

이때 $a_1 < 0$이므로 조건을 만족시키지 않는다.

ⓒ $a_2=3$일 때

$a_1 \geq 0$이라 하면 $a_1-4=3$에서　　$a_1=7$

$a_1 < 0$이라 하면 $-2a_1+1=3$에서　　$a_1=-1$

ⓐ, ⓑ, ⓒ에서

$a_1=15$, $a_2=11$, $a_3=7$

또는 $a_1=-5$, $a_2=11$, $a_3=7$

또는 $a_1=1$, $a_2=-3$, $a_3=7$

또는 $a_1=7$, $a_2=3$, $a_3=-1$

또는 $a_1=-1$, $a_2=3$, $a_3=-1$

이상에서 $a_1+a_2+a_3$의 값은

$15+11+7=33$ 또는 $-5+11+7=13$

또는 $1+(-3)+7=5$ 또는 $7+3+(-1)=9$

또는 $-1+3+(-1)=1$

따라서 $M=33+\sum\limits_{k=4}^{40}a_k$, $m=1+\sum\limits_{k=4}^{40}a_k$이므로

$M-m=33+\sum\limits_{k=4}^{40}a_k-\left(1+\sum\limits_{k=4}^{40}a_k\right)=32$

답 **32**

참고　$a_4=3$, $a_5=a_4-4=-1$, $a_6=-2a_5+1=3$, $\cdots$

이므로

$a_{2k}=3$, $a_{2k+1}=-1$ (단, k는 2 이상의 자연수)

$\therefore \sum\limits_{k=4}^{40}a_k=18\times\{3+(-1)\}+3=39$

---

02 수학적 귀납법

III-3
수학적 귀납법

689

조건 ㈎에서 $p(1)$이 참이므로 조건 ㈐에 의하여 $p(3)$이 참이다.

$p(3)$이 참이므로 조건 ㈐에 의하여 $p(6)$이 참이다.

$p(6)$이 참이므로 조건 ㈐에 의하여 $p(10)$이 참이다.

$p(10)$이 참이므로 조건 ㈐에 의하여 $p(16)$이 참이다.

따라서 반드시 참인 명제는 $p(16)$이다.　답 ⑤

690

ㄱ. 조건 ㈎에서 $p(1)$이 참이므로

$p(3)$, $p(5)$, $p(7)$, $\cdots$, $p(2l+1)$

도 참이다. (단, l은 자연수이다.)

이때 $51=2\times25+1$이므로 $p(51)$은 참이다.

ㄴ. 조건 ㈎에서 $p(1)$이 참이므로

$p(5)$, $p(9)$, $p(13)$, $\cdots$, $p(4l+1)$

도 참이다. (단, l은 자연수이다.)

그런데 $51=4\times12+3$이므로 $p(51)$이 참인지는 알 수 없다.

ㄷ. 조건 ㈎에서 $p(1)$이 참이므로

$p(2)$, $p(5)$, $p(14)$, $p(41)$, $p(122)$, $\cdots$

도 참이다.

따라서 $p(51)$이 참인지는 알 수 없다.

이상에서 조건 ㈏가 될 수 있는 것은 ㄱ뿐이다.

답 ㄱ

691

(1) $1^2+2^2+3^2+\cdots+n^2$

$=\dfrac{1}{6}n(n+1)(2n+1)$　　$\cdots\cdots$ ㉠

(i) $n=1$일 때

(좌변)$=1^2=1$

(우변)$=\dfrac{1}{6}\times1\times2\times3=1$

따라서 ㉠이 성립한다.

(ii) $n=k$일 때, ㉠이 성립한다고 가정하면

$1^2+2^2+3^2+\cdots+k^2$

$=\dfrac{1}{6}k(k+1)(2k+1)$

양변에 $(k+1)^2$을 더하면
$$1^2+2^2+3^2+\cdots+k^2+(k+1)^2$$
$$=\frac{1}{6}k(k+1)(2k+1)+(k+1)^2$$
$$=\frac{1}{6}(k+1)\{k(2k+1)+6(k+1)\}$$
$$=\frac{1}{6}(k+1)(2k^2+7k+6)$$
$$=\frac{1}{6}(k+1)(k+2)(2k+3)$$

따라서 $n=k+1$일 때에도 ㉠이 성립한다.

(i), (ii)에서 모든 자연수 n에 대하여 ㉠이 성립한다.

(2) $\dfrac{1}{1\times3}+\dfrac{1}{3\times5}+\dfrac{1}{5\times7}+\cdots$
$$+\frac{1}{(2n-1)(2n+1)}=\frac{n}{2n+1}\qquad\cdots\cdots㉠$$

(i) $n=1$일 때

$$(좌변)=\frac{1}{1\times3}=\frac{1}{3}$$

$$(우변)=\frac{1}{3}$$

따라서 ㉠이 성립한다.

(ii) $n=k$일 때, ㉠이 성립한다고 가정하면

$$\frac{1}{1\times3}+\frac{1}{3\times5}+\frac{1}{5\times7}+\cdots$$
$$+\frac{1}{(2k-1)(2k+1)}$$
$$=\frac{k}{2k+1}$$

양변에 $\dfrac{1}{(2k+1)(2k+3)}$을 더하면

$$\frac{1}{1\times3}+\frac{1}{3\times5}+\frac{1}{5\times7}+\cdots$$
$$+\frac{1}{(2k-1)(2k+1)}$$
$$+\frac{1}{(2k+1)(2k+3)}$$
$$=\frac{k}{2k+1}+\frac{1}{(2k+1)(2k+3)}$$
$$=\frac{k(2k+3)+1}{(2k+1)(2k+3)}$$
$$=\frac{2k^2+3k+1}{(2k+1)(2k+3)}$$
$$=\frac{(k+1)(2k+1)}{(2k+1)(2k+3)}=\frac{k+1}{2k+3}$$

따라서 $n=k+1$일 때에도 ㉠이 성립한다.

(i), (ii)에서 모든 자연수 n에 대하여 ㉠이 성립한다.

📖 풀이 참조

692

(1) $2^n>n^2$ $\qquad\cdots\cdots㉠$

(i) $n=5$일 때

$$(좌변)=2^5=32$$

$$(우변)=5^2=25$$

이때 $32>25$이므로 ㉠이 성립한다.

(ii) $n=k\ (k\geq5)$일 때, ㉠이 성립한다고 가정하면

$$2^k>k^2$$

양변에 2를 곱하면

$$2^k\times2>2k^2\qquad\therefore\ 2^{k+1}>2k^2$$

그런데 $k\geq5$이면

$$k^2-2k-1=(k-1)^2-2>0$$

이므로 $k^2>2k+1$

$$\therefore\ 2^{k+1}>2k^2=k^2+k^2$$
$$>k^2+2k+1$$
$$=(k+1)^2$$

따라서 $n=k+1$일 때에도 ㉠이 성립한다.

(i), (ii)에서 $n\geq5$인 모든 자연수 n에 대하여 ㉠이 성립한다.

(2) $1+\dfrac{1}{2^2}+\dfrac{1}{3^2}+\cdots+\dfrac{1}{n^2}<2-\dfrac{1}{n}\qquad\cdots\cdots㉠$

(i) $n=2$일 때

$$(좌변)=1+\frac{1}{2^2}=\frac{5}{4}$$

$$(우변)=2-\frac{1}{2}=\frac{3}{2}$$

이때 $\dfrac{5}{4}<\dfrac{3}{2}$이므로 ㉠이 성립한다.

(ii) $n=k\ (k\geq2)$일 때, ㉠이 성립한다고 가정하면

$$1+\frac{1}{2^2}+\frac{1}{3^2}+\cdots+\frac{1}{k^2}<2-\frac{1}{k}$$

양변에 $\dfrac{1}{(k+1)^2}$을 더하면

$$1+\frac{1}{2^2}+\frac{1}{3^2}+\cdots+\frac{1}{k^2}+\frac{1}{(k+1)^2}$$
$$<2-\frac{1}{k}+\frac{1}{(k+1)^2}\qquad\cdots\cdots㉡$$

이때

$$2-\frac{1}{k}+\frac{1}{(k+1)^2}-\left(2-\frac{1}{k+1}\right)$$
$$=\frac{1}{(k+1)^2}+\frac{1}{k+1}-\frac{1}{k}$$
$$=\frac{k+k(k+1)-(k+1)^2}{k(k+1)^2}$$
$$=\frac{-1}{k(k+1)^2}<0$$

이므로

$$2-\frac{1}{k}+\frac{1}{(k+1)^2}$$
$$<2-\frac{1}{k+1} \qquad \cdots\cdots ㉢$$

㉡, ㉢에서

$$1+\frac{1}{2^2}+\frac{1}{3^2}+\cdots+\frac{1}{k^2}+\frac{1}{(k+1)^2}$$
$$<2-\frac{1}{k+1}$$

따라서 $n=k+1$일 때에도 ㉠이 성립한다.

(ⅰ), (ⅱ)에서 $n\geq 2$인 모든 자연수 n에 대하여 ㉠이 성립한다.

답 풀이 참조

● 본책 296~298쪽

연습 문제

693

전략 명제 $p(n)$이 참이면 명제 $p(n+3)$이 참임을 이용하여 참, 거짓을 판별한다.

ㄱ. $p(1)$이 참이면 주어진 조건에 의하여
$$p(4),\ p(7),\ p(10),\ \cdots,\ p(3k+1)$$
이 참이지만 $p(3k)$가 참인지는 알 수 없다. (거짓)

ㄴ. $p(2)$가 참이면 주어진 조건에 의하여
$$p(5),\ p(8),\ p(11),\ \cdots,\ p(3k+2)$$
가 참이다. (참)

ㄷ. ㄱ, ㄴ에서 $p(1)$이 참이면 $p(3k+1)$이 참이고, $p(2)$가 참이면 $p(3k+2)$가 참이다.

또 $p(3)$이 참이면
$$p(6),\ p(9),\ p(12),\ \cdots,\ p(3k)$$
가 참이다.

따라서 $p(1)$, $p(2)$, $p(3)$이 참이면 $p(k)$가 참이다. (참)

이상에서 옳은 것은 ㄴ, ㄷ이다. **답** ㄴ, ㄷ

694

전략 조건 ㈎, ㈏를 이용하여 반드시 참인 명제의 꼴을 구한다.

조건 ㈎에서 $p(1)$이 참이고 조건 ㈏에서 $p(n)$이 참이면 $p(2n)$이 참이므로
$$p(2),\ p(4),\ p(8),\ \cdots,\ p(2^{\alpha})$$
이 참이다. (단, α는 음이 아닌 정수이다.)

또 조건 ㈏에서 $p(n)$이 참이면 $p(3n)$이 참이므로
$$p(3),\ p(9),\ p(27),\ \cdots,\ p(3^{\beta})$$
이 참이다. (단, β는 음이 아닌 정수이다.)

따라서 조건 ㈎, ㈏에 의하여 $p(2^{\alpha}\times 3^{\beta})$이 참이다.

① $p(24)=p(2^3\times 3)$
② $p(30)=p(2\times 3\times 5)$
③ $p(36)=p(2^2\times 3^2)$
④ $p(48)=p(2^4\times 3)$
⑤ $p(96)=p(2^5\times 3)$

따라서 반드시 참이라고 할 수 없는 명제는 ②이다.

답 ②

695

전략 $n=k+1$일 때의 등식에 유의하여 양변에 적당한 식을 더한다.

(ⅱ) $n=k$일 때, ㉠이 성립한다고 가정하면
$$1\times 2+2\times 2^2+3\times 2^3+\cdots+k\times 2^k$$
$$=(k-1)\times 2^{k+1}+2$$

양변에 $\boxed{㈎\ (k+1)\times 2^{k+1}}$을 더하면
$$1\times 2+2\times 2^2+3\times 2^3+\cdots$$
$$+k\times 2^k+\boxed{㈎\ (k+1)\times 2^{k+1}}$$
$$=(k-1)\times 2^{k+1}+2+\boxed{㈎\ (k+1)\times 2^{k+1}}$$
$$=2k\times 2^{k+1}+2$$
$$=\boxed{㈏\ k}\times 2^{k+2}+2$$

따라서 $n=k+1$일 때에도 ㉠이 성립한다.

(i), (ii)에서 모든 자연수 n에 대하여 ㉠이 성립한다.

즉 $f(k)=(k+1)\times 2^{k+1}$, $g(k)=k$이므로

$$f(2)+g(3)=3\times 2^3+3=27$$

답 27

696

전략 $n=k$일 때 9^n-1이 8의 배수라고 가정하면 $n=k+1$일 때도 9^n-1이 8의 배수가 되도록 주어진 식을 변형한다.

(ii) $n=k$일 때, 9^n-1이 8의 배수라고 가정하면

$$9^k-1=8N \quad (N은\ 자연수)$$

으로 놓을 수 있다.

이때 $n=k+1$이면

$$
\begin{aligned}
9^{k+1}-1&=\boxed{(가)\ 9}\times 9^k-1 \\
&=8\times 9^k+9^k-1 \\
&=8\times 9^k+8N \\
&=\boxed{(나)\ 8}\times(9^k+N)
\end{aligned}
$$

따라서 $n=k+1$일 때에도 9^n-1은 8의 배수이다.

(i), (ii)에서 모든 자연수 n에 대하여 9^n-1은 8의 배수이다.

답 (가) 9 (나) 8

697

전략 $\sum\limits_{k=1}^{m+1}a_k=\sum\limits_{k=1}^{m}a_k+a_{m+1}$임을 이용한다.

(ii) $n=m$일 때, (*)이 성립한다고 가정하면

$$\sum_{k=1}^{m}a_k=2^{m(m+1)}-(m+1)\times 2^{-m}$$

이다. $n=m+1$일 때,

$$
\begin{aligned}
&\sum_{k=1}^{m+1}a_k \\
&=\sum_{k=1}^{m}a_k+a_{m+1} \\
&=2^{m(m+1)}-(m+1)\times 2^{-m} \\
&\quad+(2^{2m+2}-1)\times\boxed{(가)\ 2^{m(m+1)}}+m\times 2^{-m-1} \\
&=2^{m(m+1)}(1+2^{2m+2}-1) \\
&\quad-\Big(m+1-\frac{m}{2}\Big)\times 2^{-m} \\
&=\boxed{(가)\ 2^{m(m+1)}}\times\boxed{(나)\ 2^{2m+2}}-\frac{m+2}{2}\times 2^{-m} \\
&=2^{(m+1)(m+2)}-(m+2)\times 2^{-(m+1)}
\end{aligned}
$$

이다.

따라서 $n=m+1$일 때도 (*)이 성립한다.

(i), (ii)에 의하여 모든 자연수 n에 대하여

$$\sum_{k=1}^{n}a_k=2^{n(n+1)}-(n+1)\times 2^{-n}$$

이다.

즉 $f(m)=2^{m(m+1)}$, $g(m)=2^{2m+2}$이므로

$$\frac{g(7)}{f(3)}=\frac{2^{16}}{2^{12}}=2^4=16$$

답 ④

698

전략 $n=k+1$일 때의 ㉠의 우변의 식을 이용하여 ㈏에 알맞은 식을 구한다.

(i) $n=2$일 때

$$(좌변)=1+\frac{1}{2}=\boxed{(가)\ \frac{3}{2}}$$

$$(우변)=\frac{4}{3}$$

이때 $\dfrac{3}{2}>\dfrac{4}{3}$이므로 ㉠이 성립한다.

(ii) $n=k\ (k\geq 2)$일 때, ㉠이 성립한다고 가정하면

$$1+\frac{1}{2}+\frac{1}{3}+\cdots+\frac{1}{k}>\frac{2k}{k+1}$$

양변에 $\dfrac{1}{k+1}$을 더하면

$$
\begin{aligned}
&1+\frac{1}{2}+\frac{1}{3}+\cdots+\frac{1}{k}+\frac{1}{k+1} \\
&>\frac{2k}{k+1}+\frac{1}{k+1}=\frac{2k+1}{k+1}
\end{aligned}
$$

이때

$$
\begin{aligned}
&\frac{2k+1}{k+1}-\boxed{(나)\ \frac{2k+2}{k+2}} \\
&=\frac{(2k+1)(k+2)-(2k+2)(k+1)}{(k+1)(k+2)} \\
&=\frac{k}{(k+1)(k+2)}>0
\end{aligned}
$$

이므로

$$\frac{2k+1}{k+1}>\frac{2k+2}{k+2}$$

$$\therefore\ 1+\frac{1}{2}+\frac{1}{3}+\cdots+\frac{1}{k}+\frac{1}{k+1}$$

$$>\boxed{(나)\ \frac{2k+2}{k+2}}$$

따라서 $n=k+1$일 때에도 ㉠이 성립한다.

(ⅰ), (ⅱ)에서 $n \geq 2$인 모든 자연수 n에 대하여 ㉠이 성립한다.

즉 $\alpha = \dfrac{3}{2}$, $f(k) = \dfrac{2k+2}{k+2}$이므로

$$f(\alpha) = f\left(\dfrac{3}{2}\right) = \dfrac{2 \times \dfrac{3}{2} + 2}{\dfrac{3}{2} + 2}$$

$$= \dfrac{10}{7}$$

답 $\dfrac{10}{7}$

699

전략 $n=k+1$일 때의 ㉠의 좌변의 식을 이용하여 ㈎에 알맞은 식을 구한다.

(ⅰ) $n=2$일 때

(좌변) $= 2 + a_1 = 2 + 1 = 3$,

(우변) $= 2a_2 = 2\left(1 + \dfrac{1}{2}\right) = 3$

이므로 ㉠이 성립한다.

(ⅱ) $n=k$ $(k \geq 2)$일 때, ㉠이 성립한다고 가정하면

$$k + a_1 + a_2 + a_3 + \cdots + a_{k-1} = ka_k$$

양변에 ㈎ $a_k + 1$을 더하면

$$(k+1) + a_1 + a_2 + a_3 + \cdots + a_{k-1} + a_k$$
$$= ka_k + ㈎ \boxed{a_k + 1}$$
$$= (k+1)a_k + 1$$
$$= (k+1)\left(a_{k+1} - ㈏ \boxed{\dfrac{1}{k+1}}\right) + 1$$
$$= (k+1)a_{k+1}$$

따라서 $n=k+1$일 때에도 ㉠이 성립한다.

(ⅰ), (ⅱ)에서 $n \geq 2$인 모든 자연수 n에 대하여 ㉠이 성립한다.

즉 $f(k) = a_k + 1$, $g(k) = \dfrac{1}{k+1}$이므로

$$f(4) - g(11) = a_4 + 1 - \dfrac{1}{11+1}$$
$$= 1 + \dfrac{1}{2} + \dfrac{1}{3} + \dfrac{1}{4} + 1 - \dfrac{1}{12}$$
$$= 3$$

답 3